马病
类症鉴别诊断与安全用药

汪恩强　主编

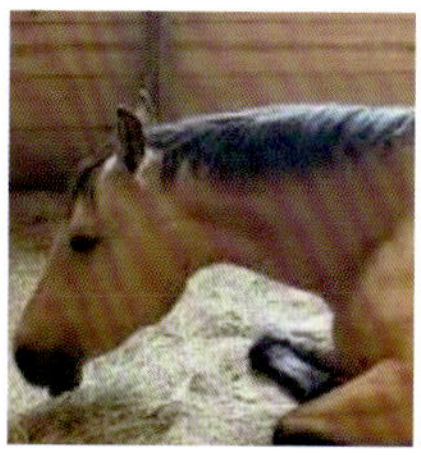

化学工业出版社

·北京·

图书在版编目（CIP）数据

马病类症鉴别诊断与安全用药 / 汪恩强主编. 北京：化学工业出版社，2025. 6. -- ISBN 978-7-122-47770-5

Ⅰ. S858.21

中国国家版本馆 CIP 数据核字第 20250DZ551 号

责任编辑：邵桂林　　文字编辑：樊贵丹　师明远

责任校对：田睿涵　　装帧设计：韩　飞

出版发行：化学工业出版社

（北京市东城区青年湖南街 13 号　邮政编码 100011）

印　　装：河北京平诚乾印刷有限公司

787mm×1092mm　1/16　印张 30　字数 754 千字

2026 年 1 月北京第 1 版第 1 次印刷

购书咨询：010-64518888　　售后服务：010-64518899

网　　址：http：//www.cip.com.cn

凡购买本书，如有缺损质量问题，本社销售中心负责调换。

定　　价：198.00 元

编写人员名单

主　编　汪恩强

副主编　马玉忠　刘明超
　　　　卫顺生　沃东军

参　编　汪恩强　马玉忠
　　　　刘明超　卫顺生
　　　　沃东军　陈振师
　　　　田春玲　许立阳
　　　　李俊杰　申　珊
　　　　罗飞飞　刘佳玮
　　　　靳天雄

前 言

PREFACE

随着经济全球化和我国经济的快速发展，现代马业已经转变为以赛马、表演展览、骑乘娱乐等形式为主的庞大产业，中国马业迎来了前所未有的发展机遇。马科学专业作为我国新兴专业，在马的相关产业及科学研究方面还处于相对落后的局面，经验丰富的马兽医人才相当缺乏，马病诊治难度较大，严重制约养马业的发展。目前我国针对马病诊治方面的教材和科技书籍较少，迫切需要这方面的图书和资料。

基于此，我们编写了《马病类症鉴别诊断与安全用药》一书。全书按马的不同系统疾病来编排，分别为以消化系统为主症的类症鉴别与安全用药、以呼吸系统为主症的类症鉴别与安全用药、以循环系统为主症的类症鉴别与安全用药、以泌尿生殖系统为主症的类症鉴别与安全用药、以神经和运动系统为主症的类症鉴别与安全用药、以表被系统为主症的类症鉴别与安全用药。每种病分别介绍概念、发病原因、临床症状、剖检变化、实验室诊断、类症鉴别、预防措施和安全用药，并配以彩图，以做到直观明了、图文并茂、通俗易懂。

本书可作为马科学专业和动物医学专业马病防治课程的教材以及兽医工作者、马场专业技术人员、马场兽医、马俱乐部管理人员、养马爱好者、养马专业户的良好参考书。

由于编者水平有限，书中难免有不妥之处，敬请同行专家批评指正。另外，书中参考或引用了部分专家同行的文献资料，在此表示诚挚的感谢！

编 者

CONTENTS 目录

第一章 以消化系统为主症的类症鉴别与安全用药

第二章 以呼吸系统为主症的类症鉴别与安全用药

第三章 以循环系统为主症的类症鉴别与安全用药

第四章 以泌尿生殖系统为主症的类症鉴别与安全用药

第五章 以神经和运动系统为主症的类症鉴别与安全用药

第六章　以表被系统为主症的类症鉴别与安全用药

参考文献

第一章

以消化系统为主症的类症鉴别与安全用药

一、水疱性口炎

水疱性口炎是由水疱性口炎病毒引起的马的一种急性、热性传染病。其临床特征为口腔黏膜发生水疱，流泡沫样唾液，间或在蹄冠和趾间皮肤上发生水疱。为人畜共患的重大疫病，1821 年发生于北美，之后在非洲、南美洲广泛流行。

（一）发病原因

本病的病原为水疱性口炎病毒，属于弹状病毒科水疱病毒属，为线性单股负链 RNA 病毒。病毒粒子有 5 种结构蛋白：糖蛋白（G）、基质蛋白（M）、核蛋白（N）、磷酸蛋白（NS）和 RNA 聚合酶大蛋白（L）。G 蛋白具有型特异性，可刺激产生中和抗体和血凝抑制抗体; N 蛋白和 M 蛋白具有不同血清型交叉反应的特性。通过中和试验和补体结合试验可将水疱性口炎病毒分为两个血清型：印第安纳型和新泽西型，且两者无交叉免疫性。

病毒对环境因素不稳定，对乙醚敏感，58℃加热 30 min 即可灭活，2% 氢氧化钠或 1% 福尔马林能在数分钟内将病毒杀死，在直射阳光和紫外线照射下可迅速死亡，病毒在 50% 甘油磷酸盐缓冲液（pH 为 7.5）中可存活 4 ～ 6 个月，在 4℃可生存 100 h，真空干燥、于冰箱中保存 5 个月内失去活力。

（二）流行病学

马属动物易感，病马是主要传染源。病马的唾液和水疱液中含有大量病毒，在水疱形成前 96 h 就可从唾液中排出病毒。病毒可通过被污染的饲料、饮水、饲养用具而经消化道侵入体内；也可通过损伤的皮肤和黏膜而引起感染；还可通过媒介昆虫叮咬而传染。

本病具有明显的季节性，多流行于夏、秋季节，秋末趋于平息，也有冬季暴发的报道。本病呈地方流行性，在美洲常发生于低洼热带雨林和亚热带地区。有些疫区可连年发生，但传染性不强。

（三）临床症状

自然感染潜伏期 3 ～ 5 d，人工感染 1 ～ 3 d。

马最基本的损伤发生在口腔，尤其是唇和舌面，起初黏膜变白或有微量的渗出液，进而破溃、糜烂。当水疱出现时，疾病迅速发展，频繁流涎，随后有发热反应，表现为精神沉郁、厌食，但饮水正常，病马空嚼、磨牙，从嘴中流出黏稠液体。感染马常在食槽或其他物体上摩擦嘴唇，有时损伤会波及口咽和鼻骨，导致咽下困难、鼻流血或呼吸困难。蹄部的损伤最初表现为蹄冠充血和溃疡，继之蹄冠出现裂缝或持续性跛行，如果继发细菌感染则会加重病情。

（四）剖检变化

主要病理变化发生在口腔、乳头、蹄及蹄冠周围，形成水疱。

（五）实验室诊断

1. 病毒分离鉴定

采取水疱皮研磨成 10% 的悬液或采集水疱液，经绒毛尿囊膜或尿囊腔途经接种于 7 ～ 13 d 鸡胚，于 37℃培养，鸡胚常于 24 ～ 48 h 死亡；也可接种于猪肾细胞和鸡胚成纤维细胞，并形成蚀斑。然后用中和试验进行鉴定。

2. 血清学诊断

世界动物卫生组织（OIE）推荐的有间接夹心酶联免疫吸收分析（ELISA）、液相阻断 ELISA、竞争 ELISA、病毒中和试验、补体接合试验。夹心 ELISA 是当前诊断水疱性口炎的常用方法，用于该病毒各种血清型鉴定，也可用于区别其他水疱性疾病。

3. 聚合酶链式反应（PCR）技术

选择恰当引物用 PCR 方法可以扩增出水疱性口炎新泽西株和印第安纳株的不同核酸片段，从而区别这两个血清型，同时也可以诊断此病。

（六）类症鉴别

1. 口炎

一般由饲养管理不当引起，不具有传染性，仅表现口腔局部的病变，轻度口炎一般体温不升高。

2. 黏膜型马痘

是由痘病毒引起的，又叫传染性脓疱性口炎，在唇内侧、齿龈、舌、舌系带、颊部等黏膜发生特征性痘疹，幼驹发病较为严重。除口腔外，在系部和球节处以及外生殖器皮肤上也会出现脓疱、痘疹。

（七）预防措施和安全用药

1. 预防措施

加强饲养管理，增强体质和免疫力，常发地区应对易感动物进行水疱性口炎弱毒苗和灭活苗免疫注射。

2. 安全用药

发生本病时应及时隔离病畜及可疑病畜，对疫区严格封锁。封锁期间严禁从封锁区内运出饲料、畜产品及易感动物，人员通过时应严格消毒。对畜舍、场地和用具用2%～4%氢氧化钠溶液、10%石灰乳、0.2%～0.5%过氧乙酸或1%强力消毒灵喷洒消毒。动物粪便应堆积发酵处理或用5%氨水消毒。一般经过14 d再无病畜发生，可以解除封锁，解除封锁时进行一次终末消毒。

本病一般可以自愈。为促使本病早日痊愈，缩短病程，特别是为防止继发感染，应在严格隔离的条件下对病畜进行对症治疗。口腔可用清水、食醋或0.1%高锰酸钾进行冲洗，糜烂面上涂以1%～2%明矾或碘甘油或使用冰硼散（冰片15 g、硼砂150 g、芒硝18 g，研磨成粉末）治疗。蹄部可用3%来苏儿溶液洗涤，然后涂以松馏油或鱼石脂软膏。乳房可用2%～3%硼酸水洗涤，然后涂以红霉素软膏或其他防腐软膏。如果奶牛正值泌乳期，应定期将奶挤出，以防发生乳腺炎。

二、轮状病毒病

轮状病毒病是由轮状病毒感染引起多种动物共患的一种消化道疾病。临床上以厌食、呕吐、腹泻、脱水和体重减轻为特征。幼龄驹临床症状明显且常引起死亡，成年动物一般呈隐性感染。

（一）发病原因

轮状病毒属于呼肠孤病毒科、轮状病毒属，无囊膜，双股RNA病毒，有双层衣壳，直径65～75 nm，已报道了7个抗原性差异的轮状病毒血清群（A～G），各血清群轮状病毒均有独特的电泳型。在哺乳动物中，以A、B、C群检出较为普遍，A群为典型的轮状病毒。

（二）流行病学

各种年龄的马属动物都可感染，且感染率高达90%～100%，但多呈隐性经过，只有新生或幼龄驹感染时可造成严重的临床症状和死亡。患病动物和隐性感染者是本病的主要传染源，可由污染饲料、饮水、垫草及土壤等媒介物经口传播。

本病多发于晚秋、冬季、早春，环境寒冷、环境潮湿、卫生条件差、饲料品质不良、感染其他疾病等应激因素对本病的发生、发展、病程及转归产生严重影响。

（三）临床症状

多发生于 1 ～ 6 周龄马驹，病驹表现体温升高，食欲减少或废绝。水样腹泻，粪便色黄，有的粪便黏稠发绿，白细胞减少。重症病驹常因高度衰弱、脱水而死亡，大多数经 3 ～ 7 d 康复。

（四）剖检变化

病变主要限于消化道。胃壁弛缓，肠腔内充满凝乳块和乳汁。小肠尤其是空、回肠肠壁菲薄，半透明，内容物液状。有时小肠出现广泛性出血，肠系膜淋巴结肿大，胆囊肿大。

（五）实验室诊断

1. 病原学检查

电镜检查是常用的诊断方法。一般粪样中的病毒粒子达 10^8 个才能获得阳性结果。因此，应收集发病初期的腹泻粪样，其含毒量较高，易于检出。

2. 聚丙烯酰胺凝胶电泳（PAGE）法

为目前常用方法。利用轮状病毒基因组分 11 片段的特征，直接从粪便中提取核酸，PAGE、银染观察，区分人和动物的轮状病毒。

3. 血清学方法

ELISA 双抗体夹心法，已被世界卫生组织（WHO）列为标准检测方法。

4. 分子生物学方法

核酸探针杂交技术、PCR 技术。

（六）类症鉴别

1. 大肠杆菌病

大肠杆菌病主要是由产肠毒素大肠杆菌引起 7 日龄以内幼驹的剧烈腹泻，除腹泻外个别病驹还可出现肺炎、脑炎和关节肿胀。

2. 马沙门氏菌病

马沙门氏菌病由沙门氏菌引起，多发生于春秋季节，一般呈散发。6 月龄以内的幼驹主要表现结肠炎、败血症、关节肿大、支气管肺炎等；妊娠中后期的头胎母马发生流产。血液、脾、淋巴结以及肌肉内可检出鼠伤寒沙门氏菌或肠炎沙门氏菌。

3. 急性盲结肠炎

多在应激状态下发病，起病突然，经过急剧，微循环障碍等全身症状迅速增重，白细胞急剧减少，多于 24 h 内死亡。

4. 马炭疽

肠型炭疽腹痛剧烈，排血样粪，体温也升高，在濒死或死后，于血液内可检出炭疽杆菌，炭疽沉降反应呈阳性。

5. 胃肠炎

胃肠炎主要由饲养管理不当引起，多呈散发，不具有传染性，各种年龄的马均有发生，但发病率和死亡率较低。

（七）预防措施和安全用药

1. 预防措施

改善环境卫生条件，加强营养，实施全进全出的管理措施、定期消毒，有益于减少发病率及死亡率。

2. 安全用药

采取补液，应用肠道收敛剂、免疫球蛋白制剂，饲喂含葡萄糖 - 甘氨酸的电解质溶液等措施，以最大限度地减轻由轮状病毒感染引起的脱水和体重减轻。抗生素可防继发感染。口服葡萄糖盐液（配方：氯化钠 3.5 g、碳酸氢钠 2.5 g、氯化钾 1.5 g、葡萄糖 20 g、常水 1000 mL），每千克体重 30 ～ 40 mL，每日 2 次，效果良好。同时，进行对症治疗。

三、大肠杆菌病

大肠杆菌病主要是由产肠毒素大肠杆菌引起幼驹的一种急性传染病，以剧烈腹泻为特征。

（一）发病原因

大肠杆菌是中等大小的杆菌，有鞭毛，无芽孢，革兰氏阴性。易在普通琼脂上生长，形成凸起、光滑、湿润的乳白色菌落；在麦康凯培养基上形成中等大小、圆形、表面光滑、边缘整齐的粉红色小菌落；在伊红美蓝琼脂上形成带金属光泽的黑色菌落；在 SS 琼脂培养基上生长不良或不生长，生长者呈红色，也可形成粗糙的菌落，菌落较大、干燥、表面粗糙、边缘不整齐；部分菌株在绵羊血液琼脂培养基上呈 β 溶血。

大肠杆菌的抗原构造由菌体抗原（O）、鞭毛抗原（H）和微荚膜抗原（K）组成，这 3 种抗原互相组合可构成几千个血清型，引起幼驹发病的血清型主要有 O8、O9、O78、O101 等。

（二）流行病学

本病多发生于生后 7 日龄以内幼驹，主要通过被污染的乳头、饮水或舔食粪便等经消化道感染，也可经脐带感染，子宫内感染很少见。饲养管理和卫生条件不良，能降低机体抵抗力的各项因素，都可促进本病发生，有时引起幼驹大批发病死亡。

（三）临床症状

病驹体温突然升高至40℃以上，发生剧烈下痢，肛门失禁，不断流出液状粪便，呈白色或灰白色，内含大量黏液，有时混有血液。病驹精神委顿，眼球下陷（图1-3-1），贫血消瘦，常卧地，吃奶时站立困难。最后呈现高度衰弱，常在数日内死亡。个别病驹可能出现肺炎和脑炎症状。病程长者，下痢和便秘交替出现，关节肿胀，出现跛行。病死率一般为10%～20%。

（四）剖检变化

剖检可见尸体严重脱水，皮下、黏膜和浆膜下水肿、淤血和出血。胃黏膜脱落，有点状出血。小肠、盲肠和结肠有出血性炎症（图1-3-2）。心内、外膜有出血点。脾肿大，包膜下有出血点。淋巴结肿大。病程长的关节肿大，关节内有大量混有纤维蛋白的红黄色液体。

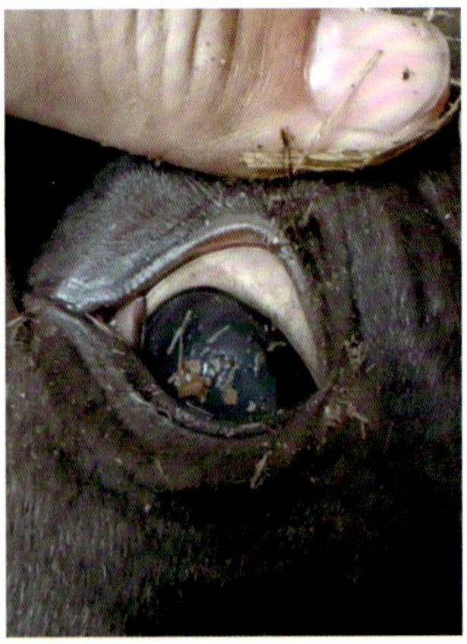

图1-3-1 眼球下陷

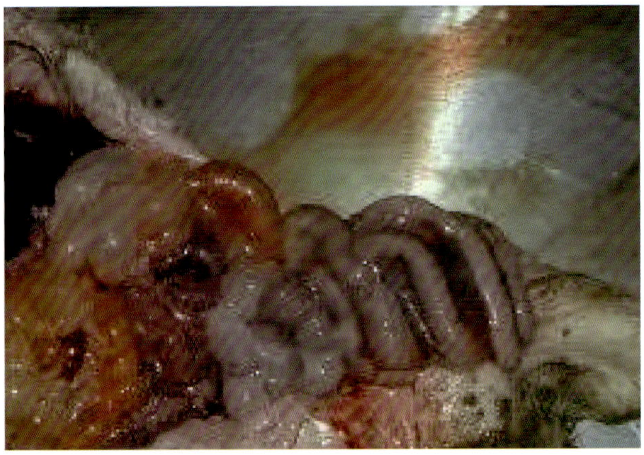

图1-3-2 小肠、盲肠和结肠有出血性炎症

（五）类症鉴别

1. 轮状病毒病

轮状病毒病是由轮状病毒感染引起1～6周龄马驹的一种急性腹泻疾病，具有一定传染性，常引起幼驹死亡。

2. 马沙门氏菌病

马沙门氏菌病由沙门氏菌引起，多发生于春秋季节，一般呈散发。6月龄以内的幼驹主要表现结肠炎、败血症、关节肿大、支气管肺炎等；妊娠中后期的头胎母马发生流产。血液、脾、淋巴结以及肌肉内可检出鼠伤寒沙门氏菌或肠炎沙门氏菌。

3. 急性盲结肠炎

多在应激状态下发病，起病突然，经过急剧，微循环障碍等全身症状迅速增重，白细胞急剧减少，多于 24 h 内死亡。

4. 马炭疽

肠型炭疽腹痛剧烈，排血样粪，体温也升高，在濒死或死后，于血液内可检出炭疽杆菌，炭疽沉降反应呈阳性。

5. 胃肠炎

胃肠炎主要由饲养管理不当引起，多呈散发，不具有传染性，各种年龄的马均有发生，但发病率和死亡率较低。

（六）预防措施和安全用药

1. 预防措施

加强饲养管理，搞好环境卫生，及时清除粪便，厩床、运动场保持清洁和干燥，防止幼驹舔食粪便和污物。有的马场给初生驹戴上嘴笼（用铁丝编制的），采取定时哺乳方法，对预防本病效果明显。

2. 安全用药

治疗原则为抗菌消炎、止泻、缓解脱水、调理胃肠道功能等。根据药敏试验结果，抗菌消炎可肌内注射硫酸头孢喹肟 1 mg/kg 体重、庆大霉素注射液 2 mg/kg 体重，每日 1 次，连用 3 ～ 5 d，同时每间隔 6 h 肌内注射硫酸小檗碱 24 mL/ 头，连用 2 d。止泻可口服次硝酸铋 5 g/ 头、活性炭 15 g/ 头，每天早晚各 1 次，连用 3 ～ 5 d。缓解脱水可静脉注射 5% 葡萄糖生理盐水 500 ～ 2000 mL、15% 碳酸氢钠注射液 100 ～ 150 mL、维生素 B_{12} 注射液 10 mL、10% 维生素 C 注射液 10 mL，每日 1 次，连用 3 d。调节胃肠道功能可口服益生菌制品，连续投喂 5 ～ 7 d。

也可用中药方剂：白头翁 20 g，诃子、陈皮、苍术、神曲、黄芪、泽泻、茯苓各 10 g，金银花、厚朴各 8 g，黄连、当归、甘草、青皮、赤芍、郁金、党参、木香各 5 g，加水煎服，每日 2 次，连用 3 ～ 5 d。

四、巴氏杆菌病

巴氏杆菌病是由多杀性巴氏杆菌引起幼驹的一种急性、发热性、败血性传染病，以高热、腹泻和炎性肿胀为特征。

（一）发病原因

多杀性巴氏杆菌是一种细小、两端钝圆的革兰氏阴性球状短杆菌，不能运动，无鞭毛，无芽孢，多单个存在。病料涂片用瑞氏、吉姆萨或碱性美蓝染色见菌体呈明显的两极浓染，培养物的两极浓染现象不明显。

需氧兼性厌氧，在血清或血液的普通培养基上生长良好，37℃培养 18 ～ 24 h，形成灰白色、光滑、湿润、隆起、边缘整齐的中等大小菌落。在加有血清和血红蛋白培养基上呈荧光性。不溶血。在麦康凯和含有胆盐培养基上不生长。血清肉汤中培养初期轻度浑浊，24 h 后上清液清亮，管底出现灰白色絮状沉淀，表面形成菌环。

该菌抵抗力弱，在干燥空气中仅存活 2 ～ 3 d，在血液、排泄物或分泌物中可存活 6 ～ 10 d，但在腐败尸体中可存活 1 ～ 6 个月；阳光直射下数分钟死亡，高温立即死亡。常用消毒药将其杀死，对青霉素、链霉素、四环素、土霉素、磺胺类等药物敏感。

（二）流行病学

本菌为条件致病菌，存在于健康马的上呼吸道内。病马体内可排出毒力较强的多杀性巴氏杆菌，通过呼吸道和消化道传染，亦有经皮肤伤口或蚊蝇叮咬而感染的。该病常年可发生，在气温变化大、阴湿寒冷时更易发病，常呈散发性或地方流行性。但幼驹可大批发病，特别是在断乳、驱赶、饲养管理的改变、环境气候变化等应激条件，易造成群发。

（三）临床症状

主要发生于幼驹，临床上分为高热和麻痹型、腹泻型、水肿型。

1. 高热和麻痹型

见于流行初期和中期。病驹体温升高，一般在 40℃以上，精神不振，口腔黏膜呈灰白色，眼结膜潮红或带黄色，脉搏急促。少数病例流浆液性鼻汁。发病后期，病驹脊椎两侧反应迟钝或完全消失，唇下垂，不能回缩，肠音沉衰或消失；伏卧时，前肢外展，后肢向后外方，膝部着地。濒死期腋下和内股部出汗。病程一般不超过 2 d，短的几个小时死亡。该型预后不良，死亡率可达 90%。仅出现高热而无麻痹症状的病驹，上述症状较缓和，口腔黏膜潮红、不呈灰白色，也无特异的伏卧姿势，死亡率显著下降，不到 4%。

2. 腹泻型

见于流行中后期。病驹体温稍升高，一般不超过 40℃。可视黏膜潮红，排软便或水样腹泻。肠音衰减或沉衰，四肢及脊椎两侧反应敏感。预后一般良好，病死率不到 2%。

3. 水肿型

见于流行中后期。病驹体温稍升高，一般为 39.5 ～ 40.5℃。常于头部、颈部和肩前部出现炎性肿胀，头部肿胀呈河马头状。预后一般良好，病死率不到 2%。

（四）剖检变化

主要以肠道的浆膜、胸膜和心包膜的出血性变化为主。大、小肠浆膜血管充盈呈细枝状，散在大量针头至豆大的出血点，严重病例整个肠段的浆膜严重出血，呈暗红色，但黏膜病理变化不明显；心外膜，特别是在冠状沟和纵沟的脂肪层上散在大量出血斑点；脊椎两侧胸膜散在大量米粒至绿豆大的出血点，排列成长带状；脑膜充血，有出血点；肺特别是肺尖部常有豆大的出血点；肝、脾一般无明显病变。

（五）实验室诊断

无菌取病料（心血、脾、肝、水肿液及胸腔积液）进行涂片，染色（吉姆萨染色、美蓝染色、革兰氏染色等），镜检见大量两极着色深的卵圆形小杆菌。如果患马死前应用了大量磺胺类药物和抗生素，可能检测不到细菌，所以最好从未治疗的病马采集病料。

（六）类症鉴别

1. 马炭疽

肠型炭疽腹痛剧烈，排血样粪，体温也升高，在濒死或死后，于血液内可检出炭疽杆菌，炭疽沉降反应呈阳性。

2. 急性盲结肠炎

多在应激状态下发病，起病突然，经过急剧，微循环障碍等全身症状迅速增重，白细胞急剧减少，多于 24 h 内死亡。

3. 恶性水肿

是由以腐败梭菌为主的多种梭菌引起的一种经创伤感染的急性传染病，一般为散发，在伤口周围出现气性炎性水肿，并迅速扩散蔓延。肝脏浆膜制成涂片或触片染色，可见到长丝状菌体。

（七）预防措施和安全用药

1. 预防措施

加强饲养管理和环境卫生，减少应激，提高幼驹免疫力。兽医或饲养员处理病驹时，要有生物安全措施，保证舍内通风良好，减少污染的飞沫和尘埃含量，以避免呼吸道感染。常发地区，每年在断奶前 20 ～ 30 d，对幼驹注射疫苗 1 次。

2. 安全用药

对发病的马及时隔离和治疗。被污染场地和用具要彻底消毒，正确处理尸体。为控制疫情发展，用多价抗出血性败血症高免血清对全群马皮下注射，幼驹 20 ～ 30 mL，成年马 40 ～ 60 mL，1 周后再接种出血性败血症菌苗。

及早治疗，抗生素有较好疗效，依据药敏试验结果来选敏感抗菌药物。可用多价抗出血性败血症高免血清静脉注射，对早期病例疗效显著，幼驹 60 mL，成年马 500 ～ 1000 mL，12 ～ 24 h 后无明显好转者，可以重复用药。可用 10% 磺胺嘧啶静脉注射，幼驹 60 ～ 120 mL，成年马 140 ～ 200 mL。注射用硫酸链霉素（200 ～ 300）$\times 10^4$ IU 溶于注射用水 10 ～ 15 mL，一次肌内注射，每天 3 次。也可以选用其他敏感药物进行治疗。

五、耶尔森菌病

耶尔森菌病是由耶尔森菌属中的有关致病菌引起的人兽共患病的总称。本病因菌种不同而表现不同的临床症状和病理变化，其中具有重要性的是由小肠结肠炎耶尔森菌引起的腹泻和由伪结核耶尔森菌引起的伪结核病。本病在世界各地分布广泛，我国也有存在。

（一）发病原因

耶尔森菌属在分类上属于肠杆菌科，共有 11 个种，其中 4 个种有致病性，即鼠疫耶尔森菌、小肠结肠炎耶尔森菌、伪结核耶尔森菌和鲁氏耶尔森菌，对马主要是小肠结肠炎耶尔森菌和伪结核耶尔森菌。本菌为短杆状至球杆状，革兰氏阴性，有两极染色倾向，无芽孢，无荚膜。本菌抵抗力不强，一般消毒药均能将其杀死。

患病和带菌的动物是传染源，病原菌随粪尿排出体外，污染饲料、饮水和周围环境。主要通过与感染动物接触或摄食被污染的饲草或饮水经消化道感染，其次是通过皮肤创伤、呼吸道和交配等感染。本病多为散发，多发生于冬春寒冷季节，秋季次之，夏季少见。营养不良、受惊和寄生虫侵袭导致动物抵抗力下降或免疫功能受抑制时，易于诱发本病。

（二）临床症状和剖检变化

小肠结肠炎耶尔森菌病多为隐性感染，无明显临诊症状。病初厌食、消瘦、体温升高、腹泻，严重时肛门失禁。后期体温下降、不食、尿少、皮肤发绀。剖检病变为卡他性胃肠炎和肝脏形成结节性病理变化。

伪结核耶尔森菌病常呈慢性经过，一般仅有胃肠道临诊症状、肠系膜淋巴结炎等，其中腹泻是常见的症状，但由于其临诊症状不典型，极易延误治疗，导致发生肠外多种自身免疫性并发症。剖检病变主要是在肠壁、肠系膜以及各实质器官形成粟粒状干酪样坏死，肠系膜淋巴结肿大。

（三）类症鉴别

小肠结肠炎耶尔森菌病应与以下腹泻类疾病区别。

1. 轮状病毒病

轮状病毒病是由轮状病毒感染引起 1 ～ 6 周龄马驹的一种急性腹泻疾病，具有一定传染性，常引起幼驹死亡。

2. 大肠杆菌病

大肠杆菌病主要由产肠毒素大肠杆菌引起 7 日龄以内幼驹的剧烈腹泻，除腹泻外个别病驹还可出现肺炎、脑炎和关节肿胀。

3. 马沙门氏菌病

马沙门氏菌病由沙门氏菌引起，多发生于春秋季节，一般呈散发。6 月龄以内的幼驹主要表现结肠炎、败血症、关节肿大、支气管肺炎等；妊娠中后期的头胎母马发生流产。血液、脾、淋巴结以及肌肉内可检出鼠伤寒沙门氏菌或肠炎沙门氏菌。

4. 急性盲结肠炎

多在应激状态下发病，起病突然，经过急剧，微循环障碍等全身症状迅速增重，白细胞急剧减少，多于 24 h 内死亡。

5. 马炭疽

肠型炭疽腹痛剧烈，排血样粪，体温也升高，在濒死或死后，于血液内可检出炭疽杆菌，炭疽沉降反应呈阳性。

6. 胃肠炎

胃肠炎主要由饲养管理不当引起，多呈散发，不具有传染性，各种年龄的马均有发生，但发病率和死亡率较低。

（四）预防措施和安全用药

1. 预防措施

加强饲养管理，健全卫生防疫制度，加强检疫，做好环境卫生和消毒工作，加强卫生监督，开展消毒、灭鼠、灭蝇和灭蟑螂工作，防止其排泄物污染饲料、食品和饮水，发现病畜要及时隔离治疗。

2. 安全用药

应用青霉素、链霉素、土霉素、庆大霉素、卡那霉素、泰乐菌素、四环素、氟哌酸或磺胺类药物治疗。链霉素按每千克体重 10 ～ 20 mg，肌内注射，每日 2 次。庆大霉素按每千克体重 1. 0 ～ 1.5 mg，肌内注射，每日 2 次。四环素按每千克体重 5 ～ 10 mg，肌内注射，每日 2 次。疗程一般为 1 ～ 4 周，同时注意对症治疗及局部治疗，可提高疗效。

六、马绦虫病

马绦虫病是由马裸头绦虫寄生于马属动物的小肠和大肠而引起的一种常见消化道寄生虫病，临床上以消化不良、间歇性疝痛、腹泻、消瘦和贫血为特征。

（一）发病原因

在我国马绦虫病主要由裸头科裸头属的大裸头绦虫和叶状裸头绦虫以及副裸头属的侏儒副裸头绦虫引起。

叶状裸头绦虫寄生于马的小肠后半部，也见于盲肠，常在回盲口的狭小部位群集寄生。虫体呈乳白色，短而厚，大小为（2.5 ～ 5.2）cm×（0.8 ～ 1.4）cm，头节小，上有 4 个吸盘，每一吸盘后方各有一个特征性的耳垂状附属物，无顶突和小钩。体节短而宽，成节有一套生殖器官，生殖孔开口于体节侧缘。虫卵直径为 65 ～ 80μm，内含梨形器，器内有六钩蚴。

大裸头绦虫寄生于马的小肠，特别是空肠，偶见于胃中。虫体大小为 8.0 cm×2.5 cm。头节大，上有 4 个吸盘，无顶突和小钩。颈节极短或无。体节短而宽，成节有一套生殖器官，生殖孔开口于一侧。子宫横行，睾丸在体中部，孕节子宫内充满虫卵。卵内有梨形器，器内含六钩蚴，直径为 50 ～ 60 μm。

侏儒副裸头绦虫较少见。寄生于马的十二指肠、空肠和回肠，偶见于胃中，虫体短小，大小为 3 mm×5 mm，头节小，吸盘呈梨隙样，虫卵大小为 51 μm×37 μm。

（二）流行病学

马属动物为易感动物，地螨为中间宿主，马因吞食含似囊尾蚴的地螨而感染。5 ～ 7 月龄幼驹到 1 ～ 2 岁的小马易感染，随年龄的增长而获得免疫力。

本病呈世界性分布，在我国各地均有报道，特别在新疆、内蒙古及青海等牧区，经常呈地方性流行，东北牧区发生较少。对 2 岁以下幼驹危害严重，可导致高度消瘦，甚至因肠破裂而死亡。本病有明显的季节性，8 月份感染率最高，马匹多在夏末秋初感染，至冬季或翌年春季出现病状。

（三）临床症状

临床可见消化不良，间歇性疝痛和腹泻，并引起进行性消瘦和贫血。大量感染叶状裸头绦虫时，回肠、盲肠、结肠均遍布溃疡。回盲口狭部阻塞，发生急性卡他性肠炎和黏膜脱落，往往导致死亡。重度感染大裸头绦虫和侏儒副裸头绦虫时，可引起卡他性或出血性肠炎。虫体寄生部位黏膜损伤、发炎和水肿，形成增生性环形出血性溃疡，一旦溃疡穿孔，便引起急性腹膜炎，导致死亡。

（四）剖检变化

叶状裸头绦虫有在回盲口的狭小部位群集寄生的特征，常达数十或数百条之多，均以其吸盘吸附着肠黏膜，而造成黏膜炎症、水肿、损伤，形成组织增生的环形出血性溃疡。特别是当重剧感染时，由于肉芽组织迅速增生，形成状似网球的肿块，此种渐进性组织增生，可导致局部或全部的回盲口阻塞。对急性大量感染的病例，可致回肠、结肠、盲肠大面积溃疡，发生急性卡他性肠炎和黏膜脱落。

（五）实验室诊断

肉眼检查粪便可发现孕卵节片，剖检在肠道发现成虫。用饱和盐水浮集法进行粪便检查，发现大量虫卵即可确诊。

（六）类症鉴别

1. 马副蛔虫病

马副蛔虫病由马副蛔虫寄生于小肠引起，呈慢性经过，发病初期表现肠炎症状，持续 3 d 后，呈现支气管肺炎症状，感染多发于秋、冬季。粪便中可检查到蛔虫卵。

2. 胃肠炎

胃肠炎主要由饲养管理不当引起，多呈散发，不具有传染性，各种年龄的马均有发生，但多为急性或亚急性，发病率和死亡率较低。

3. 大肠杆菌病

大肠杆菌病主要由产肠毒素大肠杆菌引起 7 日龄以内幼驹的剧烈腹泻，除腹泻外个别病驹还可出现肺炎、脑炎和关节肿胀。

4. 轮状病毒病

轮状病毒病是由轮状病毒感染引起 1 ～ 6 周龄马驹的一种急性腹泻疾病，具有一定传染性，常引起幼驹死亡。

（七）预防措施和安全用药

1. 预防措施

预防马绦虫病的发生，关键是管理好牧场。对放牧马预防发病主要从减少地螨着手，如翻耕、换茬、种植农作物、改善牧场排水系统，这样可以大大减少地螨的滋生与存在，从而逐步消除地螨。改变夜牧习惯，雨天尽可能改为舍饲，减少马匹感染绦虫病的机会。对马匹进行预防性驱虫，驱虫后的粪便应集中堆积发酵，以杀灭虫卵。

2. 安全用药

硫双二氯酚，按每千克体重 7 mg 内服；二氯酚，按每千克体重 20 mg 内服；氯硝柳胺，按每千克体重 88 mg 投药；南瓜子 400 g、槟榔 50 g，给药前绝食 12 h，先投服炒熟碾碎的南瓜子粉末 400 g，经 1 h 后，灌服槟榔末 50 g。

七、马副蛔虫病

马副蛔虫病是由蛔科副蛔属的马副蛔虫寄生于马属动物的小肠（有时可见于胃内）而引起的一种常见消化系统寄生虫病，对幼驹危害最大。

（一）发病原因

马副蛔虫是马属动物体内最粗大的一种寄生性线虫，虫体近似圆柱形，两端较细，黄白色（图 1-7-1）。雄虫长 150 ～ 280 mm，雌虫长 180 ～ 370 mm。头端有 3 个发达的唇片，唇片间有间唇，在唇片后方虫体稍狭窄，因而使头部显著膨大，故又称大头蛔虫。虫卵近似圆形，呈黄白或黄褐色，直径 90 ～ 100 μm，虫卵表面有不光滑的蛋白膜，卵壳厚，卵内有一圆形未分裂的卵胚（图 1-7-2）。

虫卵随宿主粪便排出体外，在适宜外界环境条件下，需经 10 ～ 15 d 发育成感染性虫卵，马食入感染性虫卵至发育为成虫需 2 ～ 2.5 个月。

（二）流行病学

马副蛔虫病广泛流行，但以幼驹感染性最强，老年马多为带虫者，散布病原体。感染率与感染强度和饲养管理有关，感染多发于秋、冬季。虫卵对外界不利因素抵抗力较强，适宜温度为 10 ～ 37℃，39℃时可发生变性，气温低于 10℃，虫卵停止发育，但不死亡，遇适宜条件仍可继续发育为感染性虫卵。故冬季舍内蛔虫卵的存在，成为早春季节的感染来源。马副蛔虫卵对理化因素有很强的抵抗力。只有 5% 硫酸、5% 苛性钠、50℃以上的高温及长期干燥，才能有效地杀死蛔虫卵。

图 1-7-1　马副蛔虫

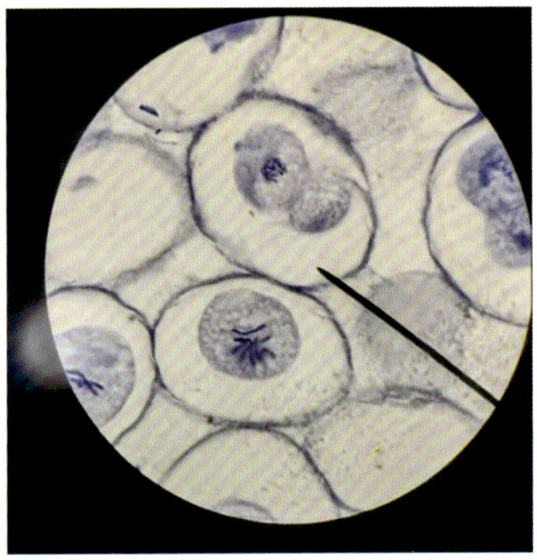

图 1-7-2　马副蛔虫卵

（三）临床症状

本病主要危害幼驹，成年马多为带虫者。发病初期（幼虫移行期）呈现肠炎症状，持续 3 d 后，呈现支气管肺炎症状（蛔虫性肺炎），表现为咳嗽、短期发热、流浆液性或黏液性鼻汁。后期即成虫寄生期呈卡他性肠炎、出血症状，腹泻与便秘交替出现，严重时发生肠阻塞、肠破裂，有时虫体钻入胆管或胰，可引起相应的症状，如呕吐、黄疸等。幼驹生长发育停滞。马副蛔虫的代谢产物及其他有毒物质，导致造血器官及神经系统中毒，发生过敏反应，如痉挛、兴奋以及贫血、消化障碍等。马副蛔虫在小肠内寄生，夺取宿主大量营养。幼虫钻入肠黏膜移行时，可能带入病原微生物，造成继发感染。

（四）剖检变化

幼虫移行时，损伤肠壁、肝肺毛细血管和肺泡壁，可引起肝细胞变性、肺出血及炎症。小肠内寄生大量马副蛔虫（图 1-7-3）。

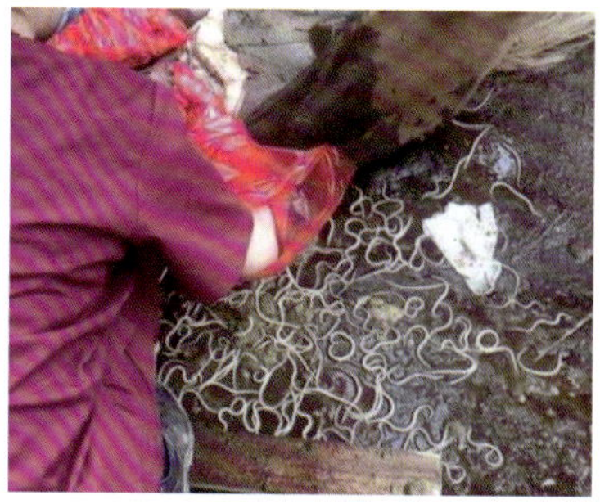

图 1-7-3　小肠内寄生大量马副蛔虫

（五）实验室诊断

粪便检查采用直接涂片法和饱和盐水浮集法。有时可见自然排出的蛔虫，或剖检时检出蛔虫均可确诊。

（六）类症鉴别

1. 马绦虫病

马绦虫病是由马裸头绦虫寄生于小肠和大肠而引起，呈慢性经过，表现间歇性疝痛、腹泻、消瘦和贫血。本病有明显的季节性，8 月份感染率最高。粪便中可检查到绦虫卵。

2. 胃肠炎

胃肠炎主要是由饲养管理不当引起的，多呈散发，不具有传染性，各种年龄的马均有发生，但多为急性或亚急性，发病率和死亡率较低。

3. 大肠杆菌病

大肠杆菌病主要由产肠毒素大肠杆菌引起 7 日龄以内幼驹的剧烈腹泻，除腹泻外个别病驹还可出现肺炎、脑炎和关节肿胀。

4. 轮状病毒病

轮状病毒病是由轮状病毒感染引起 1 ～ 6 周龄马驹的一种急性腹泻疾病，具有一定传染性，常引起幼驹死亡。

5. 肺炎

肺炎是由突然受到冷的刺激引起，体温升高，一般呈急性经过，单纯表现呼吸道症状，一般不表现肠炎症状，也没有消瘦、贫血表现。

（七）预防措施和安全用药

1. 预防措施

加强饲养管理，每年春秋季各进行一次药物驱虫，驱虫后圈中 3 ～ 5 d 内的粪便集中堆积发酵处理，防止虫卵扩散。孕马在产前 2 个月驱虫。注意饲料、饮水卫生，饲养用具要定期清洗消毒，避免被马副蛔虫卵污染。保持厩舍和运动场卫生，粪便要及时清理，固定于马属动物接触不到的指定地点集中堆积发酵处理。发现患病动物及时治疗。

2. 安全用药

发现病马及时治疗。驱蛔灵（枸橼酸哌哔嗪），按每千克体重 150 ～ 200 mg，一次投服。轻症病马可减少至每千克体重 100 mg，连服 3 ～ 4 次，每次间隔 5 ～ 6 d。噻苯唑，每千克体重 50 ～ 100 mg。阿苯达唑片，按每千克体重 8 ～ 10 mg 均匀拌料饲喂。阿苯达唑伊维菌素片，按每千克体重 10 mg，均匀混料饲喂。丙硫咪唑，按每千克体重 10 ～ 20 mg，配制成混悬液一次灌服。伊维菌素，按每千克体重 0.2 mg，一次皮下注射。

八、马消化道线虫病

马消化道线虫病主要由圆线虫属以及其他属的多种线虫寄生于盲肠和结肠而引起马属动物的一种感染率最高、分布最广的肠道线虫病。我国各地马匹的感染率平均为 87.2%，在患马体内寄生的虫体最多可达 10 万条。本病常为幼驹发育不良的原因，成年马则引起慢性肠卡他，以致使役能力降低，尤其当幼虫移行时，引起动脉炎、血栓性疝痛、胰腺炎和腹膜炎，可导致死亡，造成重大的经济损失。

（一）发病原因

病原种类很多，在体内常混合寄生，主要有以下几种：

1. 马圆线虫

寄生于盲肠和结肠。虫体较大，呈灰红色或红褐色，口囊发达，呈卵圆形，口缘有发达的内叶冠与外叶冠。在口囊内的背侧壁上有一背沟，其基部有一大型、尖端分叉的背齿，口囊底部腹侧有 2 个亚腹侧齿。雄虫长 25 ～ 35 mm，有发达的交合伞。雌虫长 38 ～ 47 mm，虫卵呈椭圆形，卵壳薄，大小为（70 ～ 85）μm×（40 ～ 47）μm。

2. 无齿圆线虫

又名无齿阿尔夫线虫，寄生于盲肠和结肠。虫体呈深灰色或红褐色，头部稍大，口囊前宽后狭，口囊内也具有背沟，无齿。雄虫长 23 ～ 28 mm。雌虫长 33 ～ 44 mm。虫卵呈椭圆形，大小为（78 ～ 88）μm×（48 ～ 52）μm。

3. 普通圆线虫

又名普通戴拉风线虫，寄生于盲肠和结肠。虫体呈深灰色或血红色，口囊壁上有背沟，底部有 2 个耳状的亚背侧齿。外叶冠边缘呈花边状构造。雄虫长 14 ～ 16 mm。雌虫长 20 ～ 24 mm。虫卵椭圆形，大小为（83 ～ 93）μm×（48 ～ 52）μm。

4. 其他

寄生于马的盲肠和结肠中的尚有多种虫体，主要为三齿属、盆口属、食道齿属、毛线属、盂口属、辐首属及杯环属的虫体。

（二）流行病学

马属动物易感，寄生于消化道中的圆线虫的生活史属直接发育类型，不需要中间宿主，虫卵随粪便或尿液排出体外，在 25℃左右和潮湿的条件下，约经 1 周可孵化为感染性的第 3 期幼虫被马匹食入而感染。主要经口感染，圆线虫在宿主体内的寿命，短的不足 2 个月，但感染量大、多为混合感染。主要发生于放牧的马群，特别是在阴雨、多雾和多露的天气，清晨和傍晚放牧是马匹最易感染的时机。

未发育的虫卵，对 0℃以下的低温抵抗力甚低，极易死亡；但如已发育到卵内形成幼虫，则对 0℃以下的低温有较强的抵抗力，可存活数周之久。干燥对初产的虫卵有较大的杀灭力；发育到含幼虫的卵对干燥也有较强的抵抗力。在低温下，卵内幼虫呈休眠状态，遇温度升高时，即在数分钟内孵化。如虫卵落入水中，在距水面 3 mm 以下时，则因氧气不足而不能发育。感染性幼虫的抵抗力很强，在含水 8%～12% 的马粪中能存活 1 年以上，在青饲料上能保持感染力达 2 年之久，但在直射阳光下容易死亡。

（三）临床症状

成虫寄生于肠道引起的疾病，多发生于夏末和秋季，常在冬季饲养条件变差时转为严重。成虫大量寄生时，可呈急性发作。表现为大肠炎和消瘦。开始时食欲不振，易疲倦，异嗜，数周后出现带恶臭的下痢，腹痛，粪便中见虫体排出。消瘦（图 1-8-1），浮肿，最后陷于恶病质而死亡。少量寄生时呈慢性经过，食欲减退，下痢，轻度腹痛和贫血，如不治疗可能逐渐加重。

幼虫移行期所引起的症状，以普通圆线虫引起的血栓性疝痛最为多见，且最为严重。常突然发作，持续时间不等，但经常复发；不发时表现完全正常。疝痛的程度，轻重不等。轻型者，开始时表现为不安，打滚，频频排粪，但脉搏与呼吸正常；数小时后，症状自然消失。重型者疼痛剧烈，病畜作犬坐或四足朝天仰卧，腹围增大，腹壁极度紧张，排粪频繁，呼吸加快，体温升高，如不及时治疗，多以死亡告终。马圆线虫幼虫的移行引起肝、胰损伤，临床表现为疝痛、食欲减退和精神抑郁。无齿圆线虫幼虫则引起腹膜炎、急性毒血症、黄疸和体温升高等。

（四）剖检变化

病马消瘦、贫血、有腹水，全身水肿，恶病质。肠管内可见大量虫体吸附于黏膜上，附着处可见有小出血点、小齿痕或溃疡。肠壁上有大小不等的结节。

马圆形线虫的幼虫在肝脏上形成的结节，结节密布，粟粒大，圆形，灰白色，坚硬，结节周围有薄层结缔组织包裹，境界分明，切割时有沙砾感。马圆线虫幼虫在肝内造成出血性虫道，引起肝细胞损伤，胰脏则由于肉芽组织的侵入而形成纤维性病灶（图 1-8-2）。

普通圆线虫幼虫移行阶段，可在前肠系膜动脉和回盲结肠动脉上形成动脉瘤。动脉瘤呈圆柱形、菱形、椭圆形或其他不规则的形状，大小不等，最大者可达拳头到小儿头大，外层坚硬，管壁增厚、扩张，内膜粗糙，有血栓形成，并见虫体附着（图 1-8-3）。

无齿圆线虫幼虫引起腹腔内有大量淡黄—红色腹水，腹膜下可见有许多红黑色斑块状的幼虫结节。

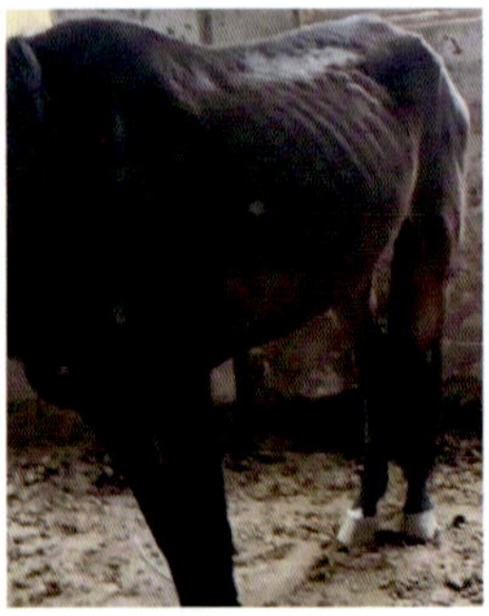

图 1-8-1 患马贫血，消瘦

图 1-8-2 马圆形线虫的幼虫在肝脏上形成的结节

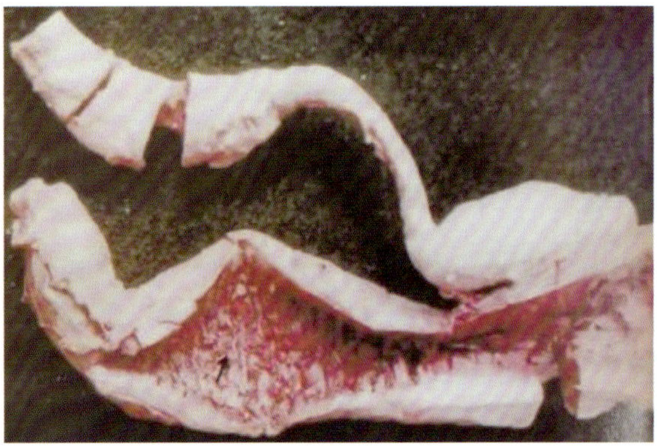

图 1-8-3 普通圆线虫性动脉炎

（五）实验室诊断

粪便虫卵检查即可诊断，可根据第 3 期幼虫的形态进行虫种鉴别。由于这类线虫的广泛分布，几乎所有马的粪便中均有其虫卵存在，为了判断其致病程度，需先进行虫卵计数，确定感染强度，一般认为每克粪便中虫卵数在 1000 个以上时即应进行驱虫。

幼驹粪便内虫卵可能是吞食母马粪便所致，一般认为出生后 26 周检查到马圆线虫虫卵、出生后 12 ～ 14 周检查到普通圆线虫虫卵、出生后 55 周检查到无齿圆线虫虫卵，才能作为诊断的依据。

（六）类症鉴别

1. 马绦虫病

马绦虫病由马裸头绦虫寄生于小肠和大肠而引起，表现间歇性疝痛、腹泻、消瘦和贫血。一般不出现腹膜炎，粪便中可检查到绦虫卵。

2. 胃肠炎

胃肠炎主要是由饲养管理不当引起，多呈散发，没有明显季节性，也不会出现贫血、黄疸、血栓性疝痛、胰腺炎和腹膜炎等症状。

3. 大肠杆菌病

大肠杆菌病主要由产肠毒素大肠杆菌引起 7 日龄以内幼驹的剧烈腹泻，除腹泻外个别病驹还可出现肺炎、脑炎和关节肿胀。

4. 轮状病毒病

轮状病毒病是由轮状病毒感染引起 1 ～ 6 周龄马驹的一种急性腹泻疾病，具有一定传染性，常引起幼驹死亡。

（七）预防措施和安全用药

1. 预防措施

加强饲养管理，搞好马厩环境清洁卫生，粪便应及时清扫、堆积发酵。牧场应避免载畜量过多，有条件时可实行轮牧，或与牛、羊轮牧（因马与牛、羊共同感染的虫种极少），幼驹和成年马应分群放牧。尽可能地避开潮湿牧地和幼虫活跃的时间放牧。每年对马进行定期驱虫，一般在春秋季各进行 1 次。服用低剂量硫化二苯胺（1 ～ 2 g）有预防作用。

2. 安全用药

阿苯达唑，按每千克体重 5 ～ 10 mg，一次量内服；左旋咪唑，按每千克体重 5 mg，一次皮下注射或肌内注射；噻苯咪唑，按每千克体重 50 mg，一次量内服；噻嘧啶，按每千克体重 15 ～ 25 mg，一次量内服；依维菌素，按每千克体重 0.2 mg，一次皮下注射。

对幼虫引起的疾病，特别是马的栓塞性疝痛，除采用一般的疝痛治疗方法外，尚可用 10% 樟脑（每次 20 ～ 30 mL）或苯甲酸钠咖啡因 3.0 ～ 5.0 g 以升高血压，促使侧支循环的形成。还可以注射肝素（350 kg 的马给 500 mg）等抗凝血剂以减少血栓的形成。

九、马胃线虫病

马胃线虫（图 1-9-1）病，亦称马柔线虫病，是由旋尾科柔线属的蝇柔线虫、小口柔线虫和大口德拉西线虫的成虫寄生在马属动物的胃内引起的。此外，蝇柔线虫的幼虫还可以引起马的皮肤和肺的柔线虫病。在我国各地均有分布。

图 1-9-1　马胃线虫

（一）发病原因

柔线属具有圆筒形口囊，边缘有两片侧唇。食道的前部为肌质部，后部为腺质部，雄虫的尾部通常卷曲，有侧翼和乳突；交合刺不等长，异形。雌虫阴门靠近虫体中部。卵壳厚，内含幼虫。蝇柔线虫，虫体呈黄色或橙红色，头部有两个较小的三叶唇；咽呈圆筒形，有厚的角质壁。小口柔线虫，形态与蝇柔线虫相似，但较大；在咽的前部有一个背齿和一个腹齿。大口德拉西线虫，头部有两片宽大而不分叶的侧唇，并有一条明显的横沟与体部隔开；咽呈漏斗形。

3 种线虫的发育史基本相同，都需中间宿主。大口德拉西线虫和蝇柔线虫的中间宿主为家蝇和厩螫蝇，小口柔线虫的中间宿主为厩螫蝇。感染方式有以下三种：第一，当厩螫蝇吸血时，幼虫突破喙部，落入厩螫蝇叮咬的伤口；第二，家蝇舔食马的唇部或伤口时，幼虫破喙部而出，落在唇上的幼虫即被吞咽入胃；第三，马摄食了落入饲料或饮水中的蝇。大口德拉西线虫的幼虫在马胃内经 44 ～ 64 d 发育为成虫，寄生在马胃壁上。蝇柔线虫和小口柔线虫寄生在胃黏膜上，以头端钻入胃的腺体中。

（二）临床症状

成虫寄生在胃内，引起慢性胃卡他，幼虫可引起皮肤和肺脏疾患。严重感染时，患畜出现慢性胃肠炎，进行性消瘦，食欲不振，消化不良，还有周期性疝痛现象。皮肤柔线虫病多发生在温暖地带，并多发生于马体上容易受伤的部位，如颈部、胸部、背部和四肢等处。小伤口可能因伤口扩大，表面粗糙，有干酪性肉芽增生。至冬季逐渐平息，并自行康复。

（三）剖检变化

3 种胃线虫均以机械性刺激和代谢产物作用于宿主。大口德拉西线虫是致病力最强的一种，经常在马胃腺部形成相当大的瘤肿。瘤肿的顶部有一个或几个小孔，其中有许多藏有虫体瘘管。轻压瘤肿时，即由孔内排出脓状物，其中含有虫体和幼虫，化脓菌侵入时，导致瘤肿化脓；严重的可造成胃破裂，引起腹膜炎。蝇柔线虫和小口柔线虫机械地刺激胃黏膜，引起创伤以至溃疡，同时引起腺体萎缩，破坏胃的分泌和运动机能。蝇柔线虫和大口德拉西线虫的幼虫造成皮肤柔线虫病（夏季溃疡）。落在马鼻黏膜上的幼虫可能移行到肺，形成柔线虫性结节，内含脓性物质和幼虫。

（四）类症鉴别

1. 胃肠卡他

胃肠卡他由饲养管理不当引起，表现异嗜，口臭，便秘与腹泻交替发生，粪便内有消化不全的食物，粪便中检查不到线虫卵。

2. 马副蛔虫病

马副蛔虫病由马副蛔虫寄生于小肠而引起，呈慢性经过，发病初期表现肠炎症状，持续 3 d 后，呈现支气管肺炎症状，感染多发于秋、冬季。粪便中可检查到蛔虫卵。

3. 马消化道线虫病

马消化道线虫病主要由圆线虫属以及其他属的多种线虫寄生于盲肠和结肠而引起，各种年龄均可感染，主要发生于放牧的马群，夏末和秋季多发，表现肠炎、消瘦、贫血、黄疸、血栓性疝痛、胰腺炎和腹膜炎。粪便中可检查到圆线虫虫卵。

（五）预防措施和安全用药

1. 预防措施

搞好卫生，每天清除厩舍内的马粪，粪便堆积发酵，不仅能杀死柔线虫的幼虫，且可杀死蝇类的幼虫。秋、冬季节进行预防性驱虫，以减少虫卵对外界的污染。消灭厩舍内的蝇子。保护伤口，预防皮肤柔线虫。

2. 安全用药

二硫化碳，按每 100 kg 体重 5 mL 口服，对蝇柔线虫和小口柔线虫有良效。用法：停食一夜，次日早晨以胃管投服 2% 碳酸氢钠溶液 8 ～ 10 L 洗胃，使虫体寄生部位的黏液软化，抽净胃内的碳酸氢钠溶液后，将二硫化碳混入面粉糊中，用胃管投服。也可用四氯化碳，成年马 20 ～ 40 mL、1 ～ 2 岁马 10 ～ 20 mL、1 岁以下马 5 ～ 10 mL，混入面粉糊中用胃管投服。碘溶液（碘 1 g、碘化钾 2 g、水 1500 mL 配成）4 ～ 4.5 L，胃管投服。用药前 15 min 给马皮下注射吗啡 0.2 ～ 0.3 g，使幽门括约肌收缩，药物在胃中可停留 30 ～ 40 min。丙硫咪唑 3 ～ 6 g，按每千克体重 10 ～ 20 mg，一次口服。皮肤柔线虫病可用手术摘除治疗。外用药可选用 2% ～ 3% 台盼蓝溶液涂擦溃疡并注射于溃疡四周边缘皮肤深处。也可用石膏粉 100 g、明矾 20 g、樟脑粉 10 g，共研细末，撒布皮肤创面。

十、马胃蝇蛆病

马胃蝇蛆病是由双翅目胃蝇科胃蝇属昆虫的幼虫阶段寄生于马属动物胃肠道内所引起的一种慢性消化系统寄生虫病。临床上以高度贫血、消瘦、中毒、使役力下降，严重时衰竭死亡为特征。全国各地均有发生。

（一）发病原因

本病由双翅目胃蝇科胃蝇属的红尾胃蝇、鼻胃蝇、兽胃蝇和肠胃蝇 4 个种引起。形态基本相似，像蜜蜂，体长 9 ～ 16 mm，身上密布绒毛，口器退化，复眼，触角小，产卵管向腹下弯曲（图 1-10-1）。第 3 期幼虫（成熟幼虫）粗长，13 ～ 20 mm，有口前钩，虫体由 11 节构成，每节有刺 1 ～ 2 列。虫体前端稍尖，后端齐平，有 1 对后气门。成虫不营寄生生活，也不采食，交配后，雄虫即死亡。雌虫则于炎热的白天飞近马体，产卵于被毛上。卵孵化成第 1 期幼虫，在皮肤上

图 1-10-1　马胃蝇蛆

爬行，引起马痒感。马啃咬皮肤时食入幼虫而感染。健康马匹通过接触患病马匹，导致幼虫爬到健康马匹身上从而导致感染。或者患病马匹通过粪便将虫卵排入生活的环境中，污染牧草、饲槽、饮水等，健康的马匹通过接触被污染的饲料、饮水、用具等经消化道感染。

（二）流行病学

全国各地均有发生，主要流行于西北、东北及内蒙古地区。成蝇活动季节多在 5 ～ 9 月份，以 8 ～ 9 月份最盛。干旱、炎热气候、管理不良以及马匹消瘦利于本病流行。多雨、阴天不利于马胃蝇发育。

（三）临床症状

成虫产卵时，骚扰马匹，使其不能安心休息和采食。马胃蝇幼虫在整个寄生期间均有致病作用，病情轻重与马匹体质和幼虫数量及虫体寄生部位有关。幼虫移行时，上下颌、肩部瘙痒，移行至口腔时，病马表现流涎、咳嗽、打喷嚏、咀嚼和吞咽困难，口腔黏膜有水肿或溃疡，有时饮水从鼻孔流出。幼虫移行至胃及十二指肠后，表现慢性胃肠炎、出血性胃肠炎等，长期寄生使胃的运动机能和分泌机能发生障碍，病马表现为食欲减退、消化不良、贫血、周期性疝痛、多汗、消瘦、使役能力下降，严重的可因渐进性衰弱而死亡。当马胃蝇幼虫移行至直肠或排出在肛门周围附着，由于其锐钩刺激直肠黏膜和肛门周围皮肤，引起直肠充血、发炎，表现排粪频繁或努责。幼虫刺激肛门发生瘙痒，病马摩擦尾部，尾根毛蓬乱，造成肛门周围皮肤脱落、充血、皮疹、湿疹，甚至诱发化脓性感染。

（四）剖检变化

口腔、舌部和咽喉部发生水肿、炎症或溃疡。胃肠道内有大量胃蝇蛆寄生（图 1-10-2），胃黏膜水肿、炎症，形成火山口状溃疡（图 1-10-3），甚至胃穿孔和较大血管损伤，有时幼虫阻塞幽门部和十二指肠，直肠黏膜充血、炎症。

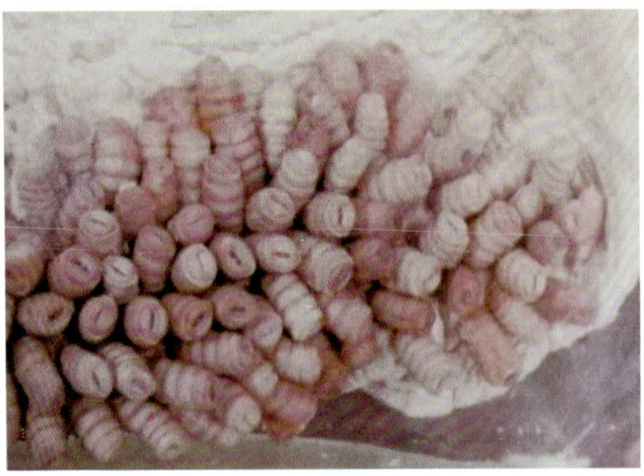

图 1-10-2 马胃壁上寄生的胃蝇蛆

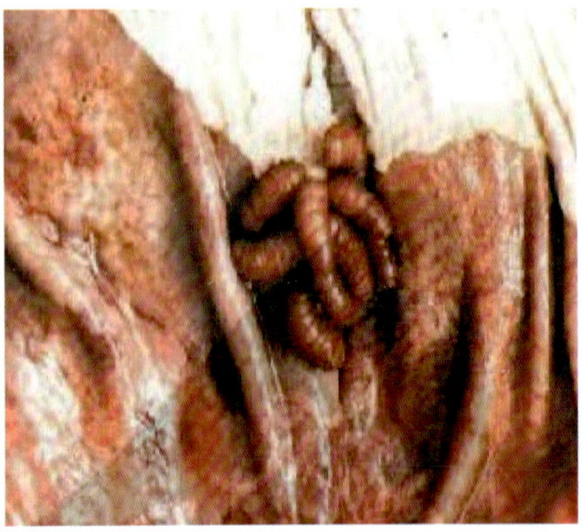

图 1-10-3 胃黏膜水肿、炎症、溃疡

（五）类证鉴别

1. 口炎

一般是由饲养管理不当引起，多呈散发，无明显地区性和季节性，马的体表没有蝇卵，口腔、咽部没有虫体寄生，春季马粪中没有胃蝇幼虫，也不出现胃肠炎症状。

2. 胃肠炎

胃肠炎主要是由饲养管理不当引起，多呈散发，无明显地区性和季节性，马的体表没有蝇卵，口腔、咽部没有虫体寄生，春季马粪中没有胃蝇幼虫，也不出现口炎症状。

（六）预防措施和安全用药

1. 预防措施

流行区每年秋、冬两季进行预防性驱虫，这样既可保证马匹安全过冬，又能消灭幼虫，可达到消灭病原的目的。体表的虫卵可用热蜡洗刷或点着的酒精棉球烧燎。杀死体表1期幼虫可用1%～2%敌百虫水溶液喷洒或涂擦马体，每6～10 d重复1次。口腔内幼虫可涂擦5%敌百虫豆油，涂1～3次即可。

2. 安全用药

肛门外的虫体，用手摘除，并用碘酒涂擦患处。如发现直肠有虫体，可用1%敌百虫溶液300 mL灌肠。体内虫体可用依维菌素，按每千克体重0.2～0.3 mg皮下注射。兽用精制敌百虫，按每千克体重30～40 mg，配成10%～20%水溶液，1次投服，用药后4 h内禁饮。或用盐酸左咪唑，每千克体重8 mg，内服。二硫化碳，成年马20 mL，2岁内幼驹9 mL，分早、中、晚3次给药，每次1/3，用胃管投服。投药前2 h停喂，投药后最好停止使役3 d。本药能驱除全部幼虫。妊娠马、胃肠病马、虚弱马忌用。

十一、口炎

口炎是口腔黏膜炎症的统称，包括舌炎、腭炎和齿龈炎等。临床上以流涎、采食和咀嚼障碍为特征。按炎症性质分为卡他性、水疱性、纤维素性、溃疡性、霉菌性和蜂窝织炎性等类型，以卡他性、水疱性、溃疡性和霉菌性口炎较为常见。

（一）发病原因

病因有两类，原发性因素和继发性因素。

原发性因素有机械性、冷热性和化学性刺激，机械性刺激如粗硬饲料、尖锐异物、锐齿、口衔等，是引起原发性口炎的最常见病因。冷热性刺激主要见于过热、过冷或冰冻的饲料和饮水。化学性刺激如强酸、强碱或其他有腐蚀性的药物等被马误食误服。有时则由食入品质不良、腐败、发酵和霉败饲料而引起。

继发性因素多继发于舌伤、咽喉炎、消化不良和纤维性骨营养不良等。也可继发于某些传染病，如马传染性贫血，马疱疹病毒性口炎、中毒病，如汞、铅和钡中毒等。营养缺乏也可以引起，如维生素 A、维生素 B_2、烟酸、维生素 C 及锌等缺乏，佝偻病患马也会发生口炎。

（二）临床症状

1. 卡他性口炎

卡他性口炎主要表现口腔黏膜潮红、增温、肿胀和疼痛。表现采食和咀嚼障碍，拒食粗硬饲料，采食谨慎，咀嚼缓慢，有时咀嚼几下将食团吐出。口腔湿润，唾液增多呈白色泡沫状附于口唇边缘（图 1-11-1）或呈牵丝状流出，重症口炎患马口腔有大量唾液流出（图 1-11-2）。由于口腔黏膜疼痛，病马常抗拒口腔检查，检查口腔可见口腔黏膜潮红，唇、颊、硬腭、牙龈及舌等处肿胀，有损伤或烂斑（图 1-11-3 ～图 1-11-5），口温增高，舌面被覆多量舌苔，散发甘臭或腐败臭味。如无并发症，全身症状不明显，一般预后良好，往往经 7 ～ 10 d 痊愈。呈慢性经过的卡他性口炎，其症状轻微，病程较长，黏膜肥厚。

图 1-11-1 唾液增多，附于口唇边缘

图 1-11-2 大量唾液流出

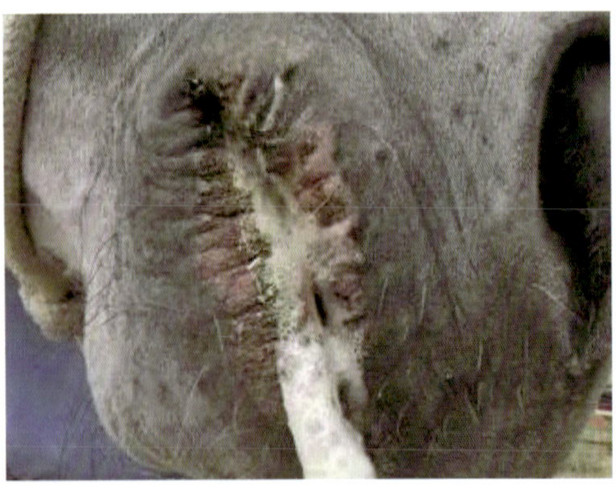

图 1-11-3 口唇肿胀

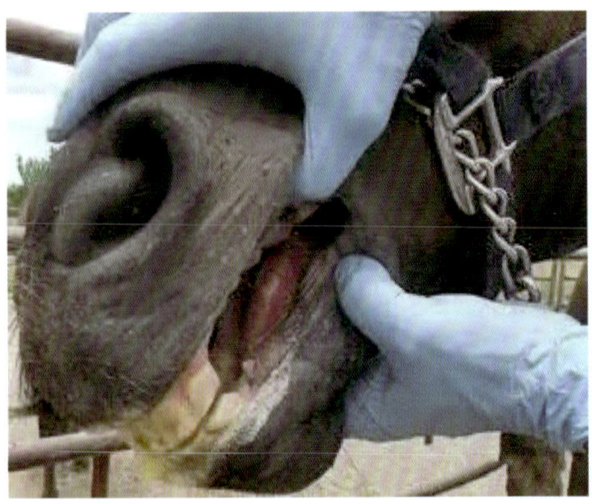

图 1-11-4 牙龈肿胀

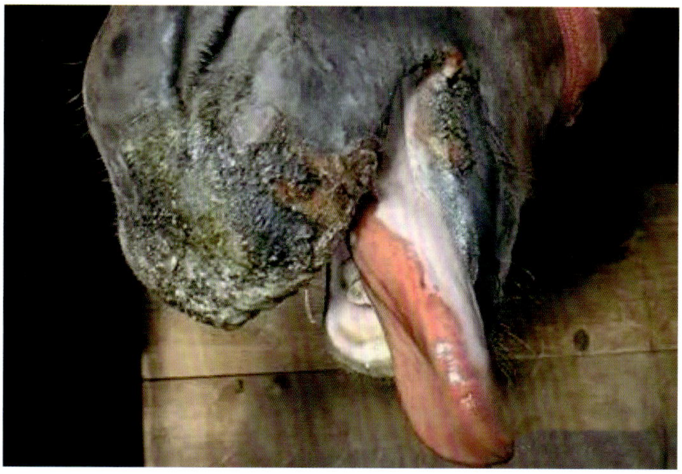

图 1-11-5　舌面肿胀、糜烂

2. 水疱性口炎

水疱性口炎以口腔黏膜表层生成充满透明浆液水疱为特征，患马口内疼痛，大量流涎，采食显著减少。有时体温稍升高，精神变差。除具有卡他性口炎症状外，在唇、颊、齿龈、硬腭及舌等处的黏膜上有大小不等的水疱，壁薄，内含透明或黄色的液体。水疱破裂后形成边缘不整的鲜红色糜烂面，5 ～ 6 d 后上皮新生而愈合。如有并发症，则病程可能延长。

3. 蜂窝织炎性口炎

是口腔黏膜及其深部组织的炎症。口腔黏膜上有大小不等的糜烂、坏死或溃疡，口内流出灰色不洁的恶臭唾液。当炎症蔓延至咽喉部时，咽周围淋巴结肿大，病马拒食并有一定的全身症状；当炎症蔓延至颌下、咽后及气管时，则病程延长，多预后不良。

4. 溃疡性口炎

是口腔黏膜的糜烂性、坏死性炎症。在口腔黏膜上有大小不等的糜烂、坏死或溃疡，齿龈易出血，口流灰色不洁而有恶臭气味的唾液。由于口腔黏膜疼痛，采食和咀嚼困难，常伴有消化不良，且有一定的全身症状。治疗正确可经 10 ～ 15 d 痊愈；如病马体质虚弱，治疗不当，可导致败血症而预后不良。

5. 霉菌性口炎

霉菌性口炎主要见于幼驹，以口腔黏膜上有灰白色略微隆起的斑点为特征。病初期口腔黏膜发生白色或灰白色小斑点，逐渐增大，变为灰色乃至黄色伪膜，周围有红晕。剥离去伪膜，可见鲜红色烂斑，易出血。末期，上皮新生，伪膜脱落，自然康复。表现采食障碍，吞咽困难，流涎，口有恶臭，便秘或腹泻，多因营养衰竭而死亡。

（三）类症鉴别

1. 黏膜型马痘

是由痘病毒引起的，又叫传染性脓疱性口炎，在唇内侧、齿龈、舌、舌系带、颊部等黏膜发生特征性痘疹，幼驹发病较为严重。除口腔外，在系部和球节处以及外生殖器皮肤上也会出现脓疱、痘疹。

2. 咽炎

主症为吞咽障碍、大量流涎、饮水及饲料从鼻孔逆出，咽部黏膜红肿，咽部触诊疼痛、敏感。

（四）预防措施和安全用药

1. 预防措施

加强饲养管理，合理调配饲料，避免饲喂粗硬尖锐、腐败、发酵、发霉的饲草，清除饲料中的异物；正确使用口衔和开口器，避免损伤口腔黏膜；定期检查口腔，牙齿磨灭不齐时，应及时修整；防止误食毒物；经口投服刺激性药物时，避免浓度过大。

2. 安全用药

治疗原则是消除病因，加强护理，净化口腔，抗菌消炎。

消除病因：如除去异物，修正锐齿，治疗中毒病、霉菌病、传染病等原发病。假如怀疑为传染病，病马必须隔离并用单独的饲槽饮喂。

加强护理：给予病畜柔软而易消化的饲料，以维持其营养。草食动物可给予营养丰富的青绿饲料、优质的青干草和麸皮粥，肉食动物和杂食动物可给予牛奶、肉汤、鸡蛋等。对于长期不能采食或咀嚼的动物，应及时补糖输液，或者经胃导管给予流质食物。

净化口腔：口炎初期，可用弱的消毒收敛剂冲洗口腔，3 ～ 4 次 /d。炎症轻时，可用 1% 食盐水、2% ～ 3% 硼酸溶液或碳酸氢钠溶液洗涤口腔；炎症重而有口臭时，用 0.1% 高锰酸钾溶液、0.5% 过氧化氢溶液或 0.1% 雷夫奴尔溶液冲洗；唾液分泌旺盛时为了收敛，用 1% ～ 2% 明矾溶液或鞣酸溶液洗涤。慢性口炎时，可涂擦 1% ～ 5% 蛋白银溶液或 0.2% ～ 0.5% 硝酸银溶液。水疱性、溃疡性和霉菌性口炎时，除用前述药液冲洗口腔外，在糜烂和溃疡面上可涂布碘酊甘油（5% 碘酊 1 份、甘油 9 份）或 1% 磺胺甘油乳剂。

抗菌消炎：为防止继发感染或对于病情较重者，除口腔的局部处理外，还应使用磺胺类药物或抗生素，同时给予维生素制剂配合治疗。可用磺胺明矾合剂（长效磺胺粉 10 g，明矾 2 ～ 3 g）或青黛散（青黛 15 g、黄连 10 g、黄柏 10 g、薄荷 5 g、桔梗 10 g、儿茶 10 g），研为细末，装入布袋内，热水浸湿后，衔于口内。吃草时取下，饮水时不必取下，通常每日更换 1 次。

对继发性口炎，应积极治疗原发病。

针灸：血针通关、玉堂穴，仅针 1 次。

十二、齿槽骨膜炎

齿槽骨膜炎是齿根和齿槽壁之间软组织发生的炎症，也是牙周病发展的另一种形式。多发于马属动物的下颌齿。

（一）发病原因

凡是可以引起牙齿、齿龈、齿槽、颌骨等损伤或炎症的各种原因，例如齿病处理不当时的机械性损伤等均是本病的直接原因。此外，由于口蹄疫及溃疡性口炎时造成的齿龈疾病、牙齿疾病（如齿裂、龋齿、齿髓炎等），颌骨骨折，放线菌病，以及粗饲料、异物、齿石入齿龈与齿槽之间而使齿龈与齿分离等都会导致本病被继发。

（二）临床症状

患非化脓性齿槽骨膜炎时，动物只发生暂时性采食障碍，咀嚼异常，经 6 ～ 8 d 症状减轻或消失，但多数转为慢性。继发骨膜炎时，齿根部齿的骨质增生而形成骨赘，由此而发生齿根与齿槽完全粘连。弥散性齿槽骨膜炎可见饲草或饲料和坏死组织混合，发出奇臭气味，病齿在齿槽中松动，严重者甚至可用手拔出，有时病齿失位。

患化脓性齿槽骨膜炎时，齿龈水肿、出血、剧痛，并有恶臭，病齿四周还有化脓性瘘管，并由此排出少量脓汁。下颌臼齿瘘管开口于下颌间隙、下颌骨边缘或外壁；上颌齿瘘管则通向上颌窦，引起化脓性窦炎及同侧鼻孔流出脓汁。齿根部化脓用 X 线检查时，可见到齿根部与齿槽间透光区增大呈椭圆形或梨形。若欲判断瘘管的通道，可先用造影剂碘油灌注瘘管，再进行 X 线摄片。

（三）类症鉴别

1. 口炎

一般是由饲养管理不当引起，不具有传染性，仅表现口腔局部的病变，轻度口炎一般体温不升高。

2. 副鼻窦炎和副鼻窦蓄脓

主要由外伤引起，头部常呈现倾斜姿势，鼻孔持续流浆液性、黏液性、脓性的腐臭鼻液，低头时流出大量脓液。副鼻窦炎时局部触诊敏感、增温；副鼻窦蓄脓时叩诊窦腔疼痛并发浊音，随叩诊流出大量脓性鼻液。

（四）预防措施和安全用药

对非化脓性齿槽骨膜炎，给予柔软饲料，每次饲喂后可用 0.1% 高锰酸钾溶液冲洗口腔，齿龈部涂布碘甘油。对弥散性齿槽骨膜炎，则宜尽早拔齿，术后冲洗，填塞抗生素纱布条于齿槽内，直至生长肉芽为止。对化脓性齿槽骨膜炎，应在齿龈部刺破或切开排脓，对已松动的病齿则应拔除，但不应单纯考虑拔牙，应注意其瘘管波及的范围。发生在上臼齿时往往因为从口腔来的饲料、饲草等进入上颌窦而造成上颌窦蓄脓，如不配合圆锯术则治疗效果不佳。发生在下颌骨骨髓炎的瘘管则应扩大瘘管孔，尤其是骨的部分，剔出死骨，用锐匙刮净腔内感染物，骨腔内用消毒药冲洗后填上油质纱布条引流，或用干纱布外压以吸脓，消毒后用火棉胶封闭，这样可防止杂菌感染。随着脓汁的逐渐减少而延长换药时间，直至伤口愈合为止。当有全身症状时配合应用全身性抗生素。

十三、咽炎

咽炎是咽部黏膜及其深层组织的炎症。临床上以吞咽障碍、大量流涎、饮水及饲料从鼻孔逆出为特征，是马骡的常发病。

（一）发病原因

原发性咽炎主要是由各种机械性、冷热性和化学性刺激引起，基本与口炎病因相同。此外，粗暴地插入胃管及马胃蝇蛆寄生，机体过度疲劳或受寒感冒，引起机体抗病能力下降，咽部常在菌大量繁殖，也会导致咽炎的发生。

继发性咽炎常伴随于邻近器官的炎性疾病，多见于马腺疫、血斑病、口炎、食道炎、传染性上呼吸道炎、流行性感冒及马的咽炭疽等病经过中。

（二）临床症状

病马可能拒绝采食或饮水，倘若勉强采食时，咀嚼缓慢；吞咽时明显疼痛，病马伸颈晃头，刨地不安，伴以咳嗽或将食团吐出；饮水时则顺鼻孔逆水。病马口鼻流涎，口角及两侧鼻孔常流出混有黏液和食物的唾液（图 1-13-1）。拒绝检查口腔，口腔内常积聚多量黏稠的唾液，在打开口腔时涌出。咽部敏感、肿痛，表现为头颈伸展，转动不灵活，从外部用手压迫喉头可引起暴发性咳嗽，下颌淋巴结肿胀，全身症状不明显。纤维素性咽炎或蜂窝织炎性咽炎，除具有上述症状外，鼻液中常混有白色薄膜，局部肿胀较显著，全身症状也较明显，体温多升高，并有呼吸困难。

马病毒感染后的慢性咽炎比较常见。在早期和比较急性的病例，内窥镜检查可能见到水肿。在较长期的病例见有淋巴样浸润和滤泡增生。患马咽部黏膜增厚，色暗红，淋巴滤泡与黏液腺呈颗粒状（图 1-13-2），间有咽部肌肉结缔组织增生，致使咽腔狭窄，吞咽困难，局部无热痛，肿胀不明显，体温正常。如有继发性细菌感染，则在咽黏膜上和鼻孔内有脓性渗出物。持久咳嗽的病马，特别是在运动期间，呼吸困难，容易疲乏。可能继发咽鼓管囊感染，可能发生咽鼓管囊蓄脓。

（三）类症鉴别

1. 口炎

仅表现口腔局部的病变，轻度口炎一般体温不升高，没有吞咽困难症状。

2. 唾液腺炎

仅表现唾液腺局部红肿、敏感，没有咽部触诊疼痛、敏感症状，也无吞咽困难症状。

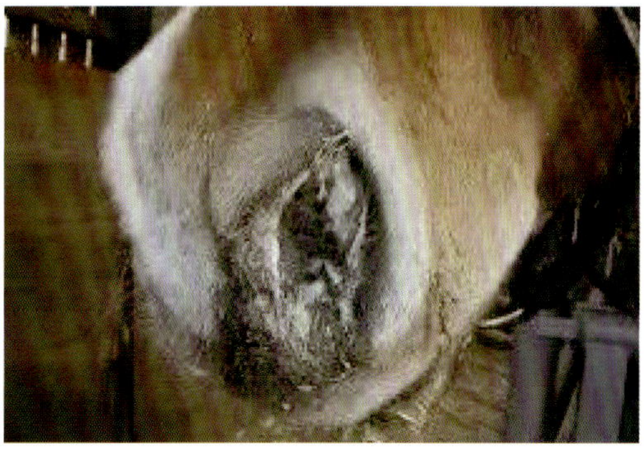

图 1-13-1　鼻孔流出混有黏液的唾液

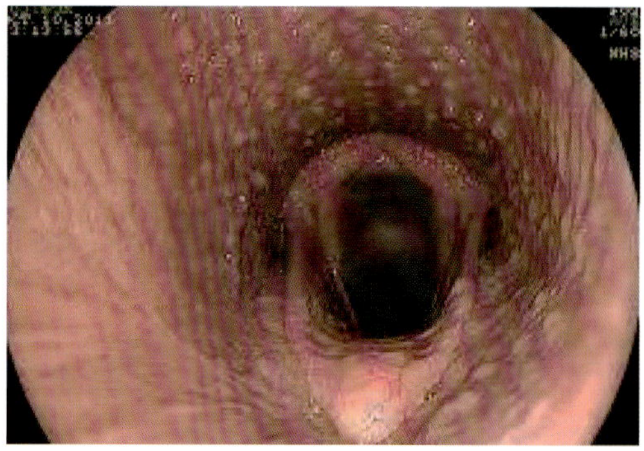

图 1-13-2　咽黏膜增厚，淋巴滤泡呈颗粒状

3. 食道炎

主要表现食管疼痛和咽下困难，没有咽部触诊疼痛、敏感症状。

4. 马腺疫

是由马腺疫链球菌引起，马驹多发，体温升高，鼻腔黏膜和咽部黏膜呈急性卡他化脓性炎症，并从两侧鼻孔流出大量浓厚的脓性鼻漏，下颌淋巴结急性肿胀形成脓肿。以脓汁涂片染色镜检可检查到马腺疫链球菌。

（四）预防措施和安全用药

1. 预防措施

加强饲养管理，避免饲喂霉败、冰冻的饲料；保持圈舍卫生，防止受寒、过劳，增强防卫机能；对于咽部邻近器官炎症应及时治疗；应用胃管、投药器时，应细心操作，避免损伤咽黏膜。

2. 安全用药

治疗原则为加强护理，抗菌消炎。

① 加强护理：将病马放在通风良好、温暖、干燥的圈舍内。轻症病马，可给予柔软易消化草料，并勤喂水；重症病马，应禁止经口、鼻灌服药物或营养液，以免误咽，可静脉注射 10% ～ 25% 葡萄糖溶液，或进行营养灌肠以维持机体营养。如怀疑为传染病引起的，要隔离饲养。

② 抗菌消炎：病初咽部先冷敷后热敷，每日 3 ～ 4 次，每次 20 ～ 30 min，也可用 10% 樟脑酒精、鱼石脂软膏、止痛消炎膏涂布。对非蜂窝织炎性咽炎，可选用复方醋酸铅散（醋酸铅 10 g、明矾 5 g、薄荷脑 1 g、白陶土 80 g）作成膏剂用来咽部局部外敷。必要时，用 3% 食盐水喷雾吸入，有良好效果。病情严重的用 10% 水杨酸钠溶液 100 mL，静脉注射，或用普鲁卡因青霉素 G 200 万～ 300 万 IU，肌内注射，每天 1 次。若出现高度呼吸困难并有窒息现象时用封闭疗法进行急救，有一定效果，用 0.25% 普鲁卡因溶液 50 mL，青霉素 100 万 IU，混合后作咽喉部封闭。或用 20% 磺胺嘧啶钠溶液 50 mL，10% 水

杨酸钠溶液 100 mL，分别静脉注射，每日 2 次。有窒息危险时施行气管切开术。

中药可选用青黛散（青黛 15 g、黄连 10 g、黄柏 10 g、薄荷 5 g、桔梗 10 g、儿茶 10 g）、口咽散（青黛 15 g、冰片 5 g、白矾 15 g、黄连 15 g、黄柏 15 g、硼砂 10 g、柿霜 10 g、栀子 10 g）口衔剂。临用时，将药物共为细末，装入袋中衔于口内，仅在吃草时拿下来，每天更换 1 次。也可用青黛散或冰硼散（冰片 50 g、朱砂 60 g、硼砂 100 g、元明粉 500 g，共为极细末，混匀密闭保存，每次取 5 g）吹撒患处，每日 3 ～ 5 次，连用 3 ～ 4 d。慢性咽炎可用瓜蒌 3 个，玄参、连翘各 100 g，山兰根、胖大海、昆布、桔梗、天花粉各 50 g，共为细末。用水冲调后灌服。每天 1 剂，连用 3 d。

十四、咽气癖

咽气癖又称咬槽摄气癖，是马特有的一种吞咽空气的行为。

（一）发病原因

迄今不明。一般认为是休闲无聊养成的恶癖。群居马常互相模仿而群发。

（二）临床症状

病马上颌门齿抵住硬物（如围栏、水槽、饲槽、马桩、缰绳）作为支撑点，缩颈屈头一口一口地吞咽空气，发出咽气的咕噜声（图 1-14-1，图 1-14-2）；有的无支撑而凭空吞咽；上颌门齿过度磨损，而胸头肌粗大；严重的常伴发消化不良。偶尔继发慢性胃扩张。此病与咬槽癖很像，咬槽癖也咬硬物、伸颈，但咬槽癖的马不往肚子里吞气，听不到咕噜声。

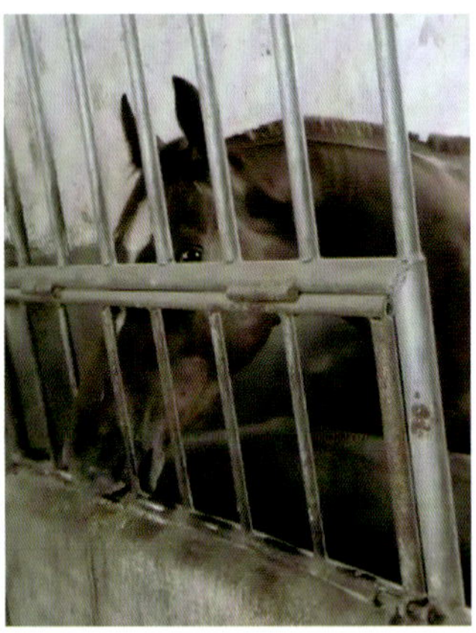

图 1-14-1 上颌门齿抵住围栏作为支撑点

图 1-14-2 上颌门齿抵住马桩作为支撑点

（三）类症鉴别

1. 口炎

主要表现口腔黏膜红肿、糜烂，流口水，采食障碍等症状，没有吞咽困难表现，也无吞咽空气动作。

2. 咽炎

主症为吞咽障碍、大量流涎、饮水及饲料从鼻孔逆出，咽部黏膜红肿，咽部触诊疼痛、敏感，无吞咽空气动作。

（四）预防措施和安全用药

1. 预防措施

咽气癖的预防措施就是让马“有事可做”，每天按时多次饲喂少量干草，可以考虑使用一个小的网袋装草。若兽医允许并且马比较安静，可以每天将马牵出，让其在牧场自由采食几次。人工采集一些鲜草额外喂马。运动马即使已退役休养，但仍需要每天进行刷拭打理。有些马会喜欢玩具，可买一些玩具放在马厩里供其玩耍，减少无聊感。播放音乐也可以分散马的注意力。

2. 安全用药

（1）防咽气圈（或防咽气颈带）　防咽气圈是由皮革制成（特制的下部附有带尖刺金属片的宽 4 cm 厚的皮带），紧扣于马颈部的上端（咽喉部）。马咽气的时候，颈带会给马的咽喉部产生压力阻止其咽气；马不咽气的时候，颈带不会给马带来不适，但是对于一些患有顽固的咽气癖的马并不管用。防咽气圈对于一些马的咽气癖有治愈的功效，但也有不少马需要一直佩戴防咽气圈。

（2）电击项圈　这个项圈形似于“防咽气圈”，操作者可以用遥控器按钮控制项圈发出电击或电震。当马用切齿咬住物体欲咽气时，操作者就可以予以电击，但是由于不能实时监控，马会很谨慎地选择咽气的时间，最终对咽气癖没有疗效。

（3）电围栏　在小块草场，四周用铁丝做电围栏，对于阻止咬物咽气癖是一个比较有效的办法。马一咬围栏就会触电，尽管马可以寻找安全的地方，但是电围栏的应用还是取得了比较好的效果。

（4）止咬物或相关产品　把马经常咬的地方，都喷上无毒的但味道难闻的物质，使马无法找到咽气时需要啃咬的地方，但是有一些马会逐渐习惯这种味道，所以马主必须及时更换喷涂物质的种类，才能让马始终厌恶这些味道。止咬物呈喷漆状，因此可以喷到任何表面，与电围栏可以同时使用。

（5）神经肌肉切除术（锉癖术）　神经肌肉切除术是一种比较安全的外科小手术，主要是将胸头肌、胸骨舌骨肌、胸骨甲状肌和肩胛舌骨肌横断部分（10 cm）切除，使马咽气时肌肉无法收缩，但对正常呼吸无影响。

（6）针刺疗法　取穴鬐甲、三川、鞍花、脾俞、关元俞、胃俞，电针刺激 20 ～ 30 min，每天 1 次，连续 3 ～ 4 次，间歇 3 ～ 4 d，再给 1 ～ 2 个疗程，治愈率达 20% 左右。

（7）纳洛酮　纳洛酮是一种注射用的抗抑制剂，可以抑制内啡肽的形成，因此它可以抑制马在咽气时获得的那种快感。但是这种药物的作用时间很短，还有待继续研究具有类似作用且时间能够更长的药物来代替。

十五、唾液腺炎

唾液腺炎是腮腺、颌下腺和舌下腺炎症的统称，包括腮腺炎、颌下腺炎和舌下腺炎，其中以腮腺炎较为多见，其次是颌下腺炎，舌下腺炎较少发生。

（一）发病原因

原发性唾液腺炎的病因是饲料中芒刺或尖锐异物刺伤唾液腺管，唾液腺受到附着的病原微生物的侵害。继发性唾液腺炎，常继发于口炎、咽炎、维生素A缺乏症、马腺疫、马传染性胸膜肺炎、马穗状葡萄菌毒素中毒病及流行性腮腺炎等疾病。

（二）临床症状

任何一种唾液腺炎都具有流涎，头颈伸展（两侧性）或歪斜（一侧性）；采食、咀嚼和吞咽障碍；腺体局部有红、肿、热、痛等共同症状。

1. 腮腺炎

患急性腮腺炎时，病马单侧或双侧耳后方肿胀、温热、疼痛，口腔气味恶臭；患化脓性腮腺炎时，肿胀部增温，触诊有波动感和捻发音，叩诊呈鼓音，并有脓液从腮腺管口流出，口腔有恶臭气味；严重的化脓性腮腺炎还波及颊、口腔底壁及颈部，体温升高，血液学检查则白细胞数增多；患慢性腮腺炎时，临床症状不明显，触诊肿胀部硬固。

2. 颌下腺炎

下颌骨角内后侧增温、肿胀、疼痛，舌下肉阜（颌下腺开口处）红肿。当腺体化脓时，触压舌尖旁侧、口腔底壁的颌下腺管，有脓液流出，炎性舌下囊肿时则感觉有鹅卵大波动性肿块，口腔恶臭。

3. 舌下腺炎

口腔底部和舌下皱襞红肿，颌下间隙肿胀、增温，患马疼痛敏感，腺叶突出于舌下两侧的口腔黏膜表面，最后化脓并溃烂，口腔恶臭。

（三）类症鉴别

1. 口炎

主症在口腔，口腔黏膜潮红、肿胀或有水疱、溃疡。

2. 咽炎

主症为吞咽障碍，触诊咽部疼痛敏感。

3. 马腺疫

马腺疫由马腺疫链球菌引起，马驹多发，体温升高，鼻腔黏膜和咽部黏膜呈急性卡他化脓性炎症，并从两侧鼻孔流出大量浓厚的脓性鼻漏，下颌淋巴结急性肿胀形成脓肿。以脓汁涂片染色镜检可检查到马腺疫链球菌。

4. 食道炎

主要表现食管疼痛和咽下困难，唾液腺局部没有炎症表现。

（四）预防措施和安全用药

1. 预防措施

应搞好平时的饲料管理工作，注意饲料的质量和调理，防止马受寒；对于口炎、咽炎等邻近器官的炎症，应及时治疗，以防炎症蔓延。

2. 安全用药

病的初期着重消炎，轻症的腮腺炎肿胀部的皮肤用 50% 酒精温敷后，涂擦碘软膏（碘 4 g、碘化钾 4 g、甘油 12 mL、猪油 80 mL）或鱼石脂软膏，并应用抗生素或磺胺类药物等抗菌药物。如已化脓，并有全身症状的，应切开排脓，用 3% 过氧化氢或 0.1% 高锰酸钾溶液冲洗脓腔，并注射抗生素。慢性唾液腺炎，其肿胀变为肿结，难以消除，可涂擦 5% 碘酊。继发性唾液腺炎，应着重治疗原发病。此外，应注意加强护理，环境要清洁、通风；给予易消化而富有营养的饲料，停止使役。

中兽医将唾液腺炎称为腮黄或腮肿，治疗以清热解毒、消黄止痛、活血排脓为主。可肌内注射板蓝根或鱼腥草注射液 20 ～ 30 mL。内服加味消黄散：知母、黄芩各 30 g，栀子、大黄、连翘各 35 g，黄药子、贝母、白药子、郁金、白芷各 25 g，甘草、升麻各 20 g，朴硝、生石膏各 100 g，水煎去渣，加蜂蜜 200 g，鸡蛋清 4 个，同调，一次内服。外敷白芨拔毒散：白芨 30 g，白蔹、大黄各 25 g，雄黄、黄柏各 20 g，白矾 15 g，木鳖子 12 g，共研为末，用蛋清调，涂患部。颌下腺炎可服加味黄连栀子汤：黄连 10 g，栀子、连翘、板蓝根各 30 g，知母、薄荷各 20 g，黄芩 18 g，大黄 35 g，甘草 15 g，水煎去渣，一次内服。

十六、食道炎

食道炎是食道黏膜及其深层组织的炎性疾病。

（一）发病原因

原发性病因主要是机械性刺激、温热性刺激和化学性刺激，机械性刺激如粗硬饲草、尖锐异物、胃管的粗暴探诊和投药等损伤食道黏膜；温热性刺激如过热的饲料、饮水及在治疗中服用过热的药物导致灼伤食道；化学性刺激主要由于氨水、酒精、松节油、盐酸、酒石酸锑钾等具有腐蚀性物质直接损伤食道黏膜引起炎症，并常伴有口腔和咽的炎症过程。

继发性病因常见于食道阻塞、食道狭窄、食道憩室、食道扩张、口炎、咽炎、胃肠炎、马胃蝇蛆病等疾病过程中。此外，饲料中缺乏维生素，也可促进食道炎的发生。

（二）临床症状

一般具有食管疼痛和咽下困难的表现。马在急性期口鼻流涎，体温上升，吞咽时，头颈不断伸曲，神情紧张，呻吟，常有前肢刨地等疼痛反应，因吞咽时引起疼痛，病马拒绝饮食，故病马表现想吃而又不能吃。如果食道炎是在颈部，则在颈静脉沟触诊可引起疼痛并能摸到肿胀的食道，触诊时患马敏感并可引起逆蠕动或呕吐动作，呕吐物经口和鼻流出，混有黏液、血块、伪膜和食糜。颈段食道穿孔，常继发蜂窝织炎，颈沟部局部疼痛、肿胀，触诊有捻发音，最终形成食管瘘，或沿筋膜面浸润而造成压迫性食道梗阻和毒血症；胸段食道穿孔，多继发坏死性纵隔炎、胸膜炎甚至脓毒败血症。

（三）类症鉴别

1. 口炎

主症在口腔，口腔黏膜潮红、肿胀或有水疱、溃疡。

2. 咽炎

主症为吞咽障碍，触诊咽部疼痛敏感。

3. 马腺疫

马腺疫由马腺疫链球菌引起，马驹多发，体温升高，鼻腔黏膜和咽部黏膜呈急性卡他化脓性炎症，并从两侧鼻孔流出大量浓厚的脓性鼻漏，下颌淋巴结急性肿胀形成脓肿。以脓汁涂片染色镜检可检查到马腺疫链球菌。

4. 唾液腺炎

仅表现唾液腺局部红肿、敏感，没有食管疼痛和咽下困难症状。

（四）预防措施和安全用药

首先禁食 2 ～ 3 d，并静脉注射葡萄糖和复方氯化钠液，以补充营养和电解质；全身用磺胺类药物或抗生素，以控制感染；病初冷敷后热敷，促进消炎；内服少量消毒和收敛药如 0.1% 高锰酸钾溶液或 1% 明矾溶液或 0.5% ～ 1% 鞣酸溶液等，为了减轻刺激性，可同时加入适量的黏浆剂，如阿拉伯胶等；疼痛不安时，可皮下注射安乃近，或用水合氯醛灌肠；颈部食道发生脓肿或穿孔时，可实施外科手术疗法，胸部食道坏死、穿孔无有效疗法。再给饲料时应细心观察，所有的饲料都应拌湿以防止干饲料可能在机能尚未完全恢复的食道中积聚。

十七、食道阻塞

食道阻塞即食道通路被食物或其他异物所阻塞所致的一种疾病。临床上多以突然发病、口鼻流涎、咽下障碍为特征，一般病情较重、发展较快，尤其是胸部食道阻塞易被误诊。

（一）发病原因

原发性阻塞多因车船运输、长途赶运或行军，陷于饥饿状态，当饲喂时采食过急，摄取大口草料（如谷物和糠麸），咀嚼不全，唾液混合不充分，匆忙吞咽，而使草料阻塞于食道中；在采食草料、小块豆饼、胡萝卜等时，因突然受到惊吓，吞咽过急而引起；也可因全身麻醉，食道神经功能尚未完全恢复即采食，从而导致阻塞。

继发性阻塞常伴随于食管炎症、痉挛、麻痹、狭窄、扩张、憩室等疾病中，纵隔部或肺根部的淋巴结肿大、甲状腺肿、颈部或纵隔部脓肿等对食管的挤压也会引起。

（二）临床症状

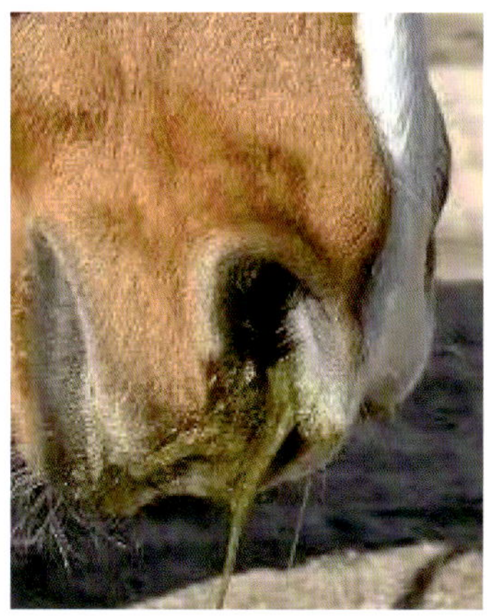

图 1-17-1　混有饲料的唾液从口鼻逆出

多呈急性过程，病马突然退槽，停止采食，神情紧张，惊恐不安，摇头缩颈，不断地做吞咽动作，随之食物回流，积聚在梗塞部前面的饲料和唾液不断从口鼻逆出（图 1-17-1），以后逆出的则为鸡蛋清样液体，常伴有咳嗽。马用力吞咽与干呕，不断起卧，骚动不安。约 1 h 后吞咽的频率减少，患马变得安静。颈部食管梗塞时，可在左侧颈静脉沟处看到膨大的阻塞部，触诊可摸到梗塞物，用胃管探诊也能感知阻塞物。胸部食管梗塞时，左侧颈静脉沟处既看不到也摸不到阻塞物，用胃管探诊能感知胸部食道有阻塞，如有大量唾液蓄积于梗塞物前方食管内，则触诊颈部食管有波动感，如以手沿食管向上顺次推压，则有大量的泡沫状唾液由口鼻流出。当食管发生麻痹时，见不到逆出现象，但当食管过度充满则唾液可顺口腔和鼻孔淌出，也可能被吸入肺内。

（三）诊断要点

突然起病；口鼻流涎；伴有吞咽及逆呕动作的咽下障碍；食道检查有异物存在；视诊、触诊，颈部食道阻塞有局限性坚固肿胀，胸部食道阻塞无；食道探诊，颈部食道阻塞食道颈部受阻，胸部食道阻塞食道胸部受阻。

（四）类症鉴别

1. 食道狭窄

呈慢性经过；饮水及液状食物能通过食道，细导管能通过，粗导管不能通过；X 线造影检查可发现食道狭窄部位。

2. 食道炎

痛性咽下障碍；触诊或探诊食道时，病马敏感疼痛；流涎量不太大，其中往往含有黏液、血液和坏死组织等炎性产物。

3. 食道痉挛

病情呈阵发性和一过性；病情发作时，触诊食道如硬索状，探诊时胃管不能通过；缓解期吞咽正常而且用解痉药效果确实。

4. 食道麻痹

探诊时胃管插入无阻力；无逆呕动作；往往伴有咽麻痹和舌麻痹。

5. 食道憩室

病情呈缓慢经过；胃管探诊时，有时通过、有时受阻；该病常继发食道阻塞。

6. 胃扩张

呼吸困难、呕吐、有疝痛症状，呕吐物酸臭，而食管阻塞时口鼻逆出物不具酸味，且无疝痛症状。

（五）预防措施和安全用药

1. 预防措施

加强饲养管理，保持神情安静，避免惊恐不安；定时饲喂，避免饥饿状态下采食过急；过于饥饿的马，应先喂草后喂料，少喂勤添；饲喂块根、块茎饲料时，应切碎后再喂；饼粕类饲料应经水泡制后，按量饲喂；堆放的马铃薯、胡萝卜、玉米、甘薯等，应防止偷食；施行全身麻醉者，应在食道机能完全恢复后饲喂。

2. 安全用药

治疗原则：解除阻塞，疏通食道，补液补碱。咽后食道起始部阻塞时，装上开口器用手取出；颈部和胸部食道阻塞时，应根据阻塞物的性状和阻塞的程度，采取相应的治疗措施。

（1）缓解痉挛，润滑管腔　用水合氯醛 10 ～ 25 g/ 次，配成 1% ～ 5% 浓度灌肠，或用 5% 水合氯醛酒精溶液 200 ～ 300 mL，静脉注射。然后用 1% ～ 2% 普鲁卡因液 10 ～ 20 mL，混合 100 ～ 200 mL 植物油或液体石蜡灌入食道。也可皮下注射或肌内注射 30% 安乃近 20 ～ 30 mL。在缓解痉挛、润滑管腔的基础上，多数可获治愈。经 1 ～ 2 h 尚未见效时，可采取下列方法疏通食道。

（2）解除阻塞，疏通食道

① 上推法：将病马保定，用开口器将口腔打开，一人用双手在食道两侧将阻塞物推向咽部，另一人将手伸入咽内取出，常用于马的颈部食道上段的阻塞。

② 下送法：用胃管插入食道内抵住阻塞物，缓慢地将阻塞物向下推送，主要用于胸部食道阻塞。

③ 通噎法：把马缰绳短拴在左前肢系凹部，尽量使头低垂，驱赶上坡，往返 2 ～ 3 次，借助颈部肌肉收缩，将梗阻物纳入胃内。如果先灌入少量植物油，鼻吹芸薹散（芸薹子、瓜蒂、胡椒、皂角各等份，麝香少许，研为细末），更能促进其效果。

④ 打气法：将胃管插入食道，其外端连上打气筒，一人握住胃管将其顶在阻塞物上，助手打气 3 ～ 5 次，术者趁势推动胃管，有时可将阻塞物推入胃中。但须注意，打气不要过多，推送不宜过猛，以防食道破裂。

⑤ 打水法：将普通胃管插入食道，抵于阻塞物上，用灌肠器急速打水数下，可将阻塞物冲下，或用水反复冲洗，可将阻塞物排出。本法适用于粒状饲料长串阻塞。

⑥ 药物疗法：也可先灌注液体石蜡或植物油 100 ～ 200 mL，然后皮下注射 3% 盐酸毛果芸香碱液或新斯的明 3 mL，经 3 ～ 4 h 见效。

⑦ 手术疗法：如上述诸法均无效，则应果断进行食管切开术，取出梗塞物。切开食管壁，取出大而坚固的阻塞物或刺伤了食管壁的尖锐异物。本法适用于颈部食道阻塞。

（3）补液补碱 病程较长者，应注意消炎、强心、补液补碱或以营养液灌肠，维持机体营养，增进治疗效果。疏通食道后 1 ～ 3 d 内应用抗菌药物防治食道炎，并给予流质饲料或柔软易消化的饲料。

十八、急性胃扩张

急性胃扩张是由于胃排空机能障碍和（或）贪食过多，使胃急剧膨胀而引起的一种急性腹痛病。临床上以食后突然发病、剧烈腹痛、口腔黏滑、嗳气、腹围不大而呼吸急迫为特征。按病因分为原发性胃扩张和继发性胃扩张；按内容物性状分为食滞性胃扩张、气胀性胃扩张和液胀性胃扩张（积液性胃扩张）。急性胃扩张多发生于马，经过急剧，如果发现晚或延误治疗，往往造成死亡。

（一）发病原因

原发性胃扩张主要是由于采食过量难消化和容易膨胀的饲料（如燕麦、大麦、豆类、豆饼、谷物的渣头及蒿子秆等）或采食了易于发酵的嫩青草、蔫青草或堆积发热变黄的青草以及发霉的草料而发病；食后重役、役后即食、偷食大量精料、饱食后突然喝大量冷水、突然变更饲料等，更容易发病。马的咽气癖、慢性消化不良、肠蠕虫病、肠系膜动脉瘤等，使胃壁分泌和运动机能遭到破坏而发病。

继发性胃扩张，主要继发于小肠阻塞、小肠变位、小肠蛔虫性阻塞、小肠炎、胃内肿瘤或脓肿等疾病。胃状膨大部、小结肠等完全阻塞性大肠便秘的后期或大肠臌气的肠管压迫小肠使小肠闭塞不通时，也可继发胃扩张。

（二）临床症状

原发性急性胃扩张多在采食后不久或数小时后突然起病；继发性的一般先有原发病表现，然后才出现胃扩张的症状。

原发性急性胃扩张，表现为食欲废绝，精神沉郁，眼结膜发红甚至发绀，鼻流粪水，嗳气（嗳气时，左侧颈静脉沟部可见到食管逆蠕动波）。有的动物还表现干呕或呕吐。心率加快，呼吸迫促（甚至拉锯样），每分钟可达 20 ～ 50 次；体温变化不大，高者 39℃左右；局部或全身出汗；重症者常伴有眼窝凹陷、皮肤弹力减退、红细胞压积（HCT）增高、血沉减慢等脱水体征；血中氯离子降低而碱储升高，发生代谢性碱中毒。

腹痛，病初多呈轻微间歇性腹痛，很快即发展成剧烈而持续的腹痛，患马卧地滚转（图 1-18-1 ～图 1-18-3），急起急卧，或快步急走，或往前直冲，或搴唇似笑（图 1-18-4）。喜前高后低站立，有的呈犬坐姿势（图 1-18-5），啃咬胸部。病初口腔湿润而酸臭，随后发黏，重症干燥，味奇臭，出现黄腻苔、频频嗳气；口色除有相应变化外，齿龈边缘部分比其他可视黏膜颜色变化更为明显（图 1-18-6）。腹围一般不大，但气胀性胃扩张于左侧 14 ～ 17 肋中部，即其髋骨突水平线上下稍显突出。在该处叩诊，常发鼓音或金属音，听诊可闻短促而高亢的胃蠕动音如沙沙声、金属音、流水音等，每分钟 3 ～ 5 次或更多，在导胃排出积聚的气体和液体性内容物之后，这种声音很快减少或消失。病初肠音活泼，频频排少量而松软的松馏油粪便（图 1-18-7），随病情发展，肠音逐渐减弱，最后消失，排粪减少或停止。

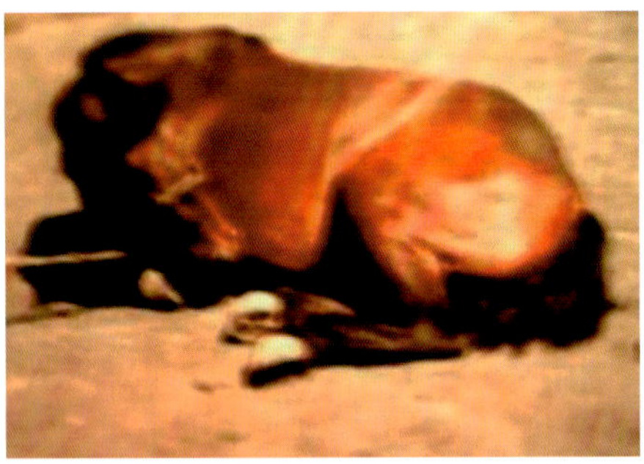

图 1-18-1 卧地不起

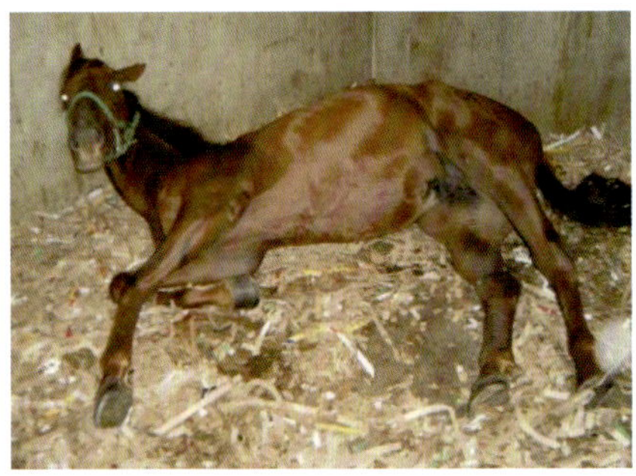

图 1-18-2 患马侧卧

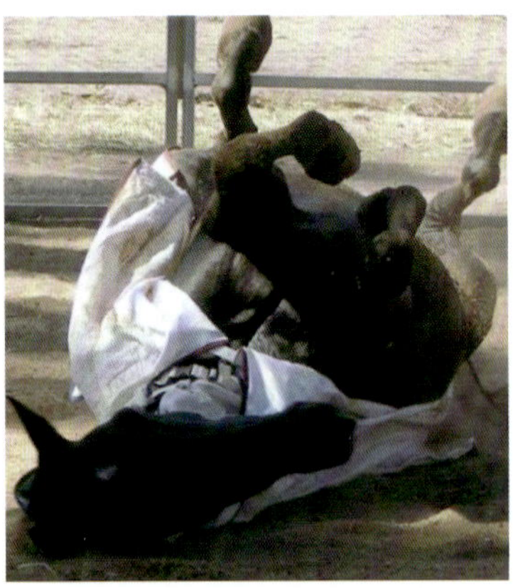

图 1-18-3 患马卧地滚转

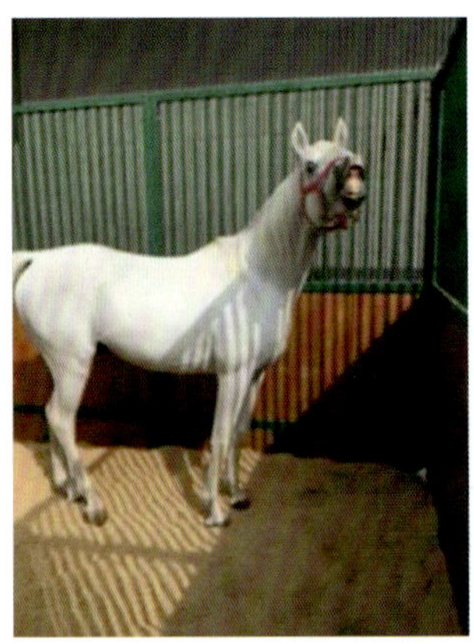

图 1-18-4 患马搴唇似笑

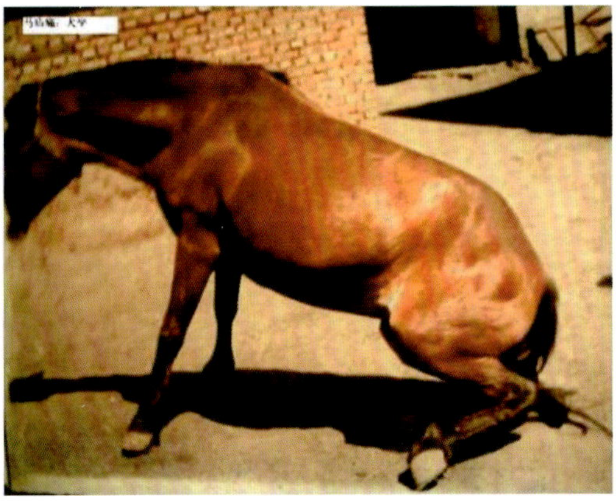

图 1-18-5　犬坐姿势

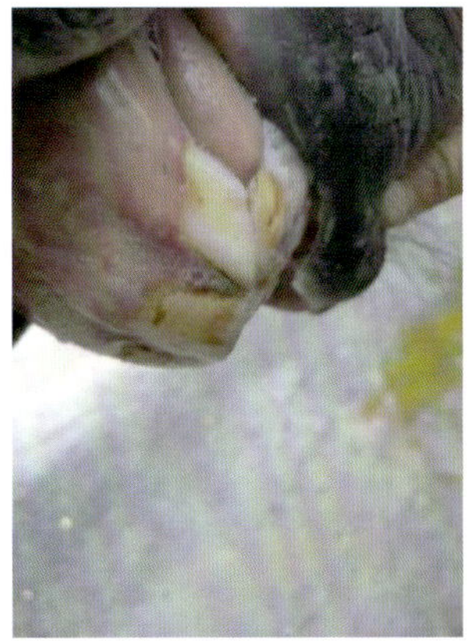

图 1-18-6　马急性胃扩张口色

图 1-18-7　松馏油粪便

① 胃管检查：气胀性胃扩张，排出大量酸臭气体和少量食糜后，腹痛减轻或消失；食滞性胃扩张，仅能排出少量气体及粥状食糜，甚至排不出食糜，用胃管导胃后腹痛不减轻；积液性胃扩张，从胃管自行流出大量（5 ～ 20 L）黄绿色或黄褐色酸臭液体（胆色素检查呈阳性反应），而气体和食糜均甚少，多是继发性的。先有原发病的表现，以后才出现呼吸迫促、吸气、呕吐、腹痛加剧以及胃蠕动音等胃扩张所固有的症状。

② 直肠检查：在左肾前下方常能摸到膨大的胃后壁，随呼吸前后移动，触压紧张而有弹性（气胀性或积液性）或呈捏粉样硬度（食滞性）。这是马急性胃扩张的固定体征和示病体征，李毓义等的经验表明，直肠检查对于食滞性胃扩张的诊断至关重要。在临床上，往往由于食滞性胃扩张病马的腹痛和呼吸迫促的症状不太明显；吸气和食管逆蠕动音比较稀少，胃蠕动音几乎缺无，而误诊为肠性腹痛病，常在直肠检查后才得以确诊。

继发性胃扩张，在原发病的基础上病情很快转重。其特点是大多数动物经鼻流出少量粪水；插入胃管后，间断或连续地排出大量具有酸臭气味、呈淡黄色或暗黄绿色的液体，并混有少量食糜和黏液，其量可达 5 ～ 10 L，随着液体的排出，动物逐渐安静。经一定时间后，又复发，再次经胃管排出大量液体，病情又有所缓解，如此反复发作。两次发作的间隔时间越短，表示小肠不通的部位距离胃越近。胃液检查时胃液中的胆色素，呈阳性反应。

（三）类症鉴别

1. 肠痉挛

口腔湿润，间歇性腹痛，肠音高朗连绵，粪便稀软带水，全身症状轻微。直肠检查感觉肛门紧缩，直肠紧压手臂，狭窄部较难入手。

2. 便秘初期

口腔稍干燥，眼结膜潮红，腹痛逐渐加重。直肠检查可发现结粪块。

3. 肠臌气

腹围膨大而肷窝平满或隆突，右侧尤为明显；触诊紧张而有弹性，叩诊呈鼓音。直肠检查，肠管充满气体，腹压增高，检手进入困难。

4. 肠变位

全身症状迅速恶化；剧烈腹痛；小肠变位易继发积液性胃扩张，大肠变位易继发肠臌气；腹腔穿刺液检查，穿刺液中混血；直肠检查，直肠内空虚，腹压较大，检手前进困难，可摸到局部气肠，某段肠管的位置、形状及走向发生改变。

5. 肠结石

依据长期大量饲喂富磷精料的生活史、慢性消化不良和轻度腹痛并反复发作的病史，颇似完全阻塞性大肠便秘而投以泻剂后病情反倒加重的现象。直肠检查，壶腹部空虚，黏膜干燥而粘手，狭窄部紧缩，入手后常感到大结肠积气，通常在小结肠起始部或其前段可摸到拳头大至铅球大、圆形或椭圆形的坚硬结石。

6. 肠积沙

有食沙的生活史，在半荒漠草原和多沙石地区大批发生，呈现慢性消化不良，经常表现隐微或轻微腹痛，或反复发作中度乃至剧烈腹痛。直肠检查，某肠段积有黏硬粗糙的沙包，且触之表现剧痛或淘洗粪便发现大量沙石或煤渣。

7. 肠系膜动脉血栓 – 栓塞

反复发作性腹痛，一定程度的发热，腹腔穿刺液混血。直肠检查，触诊前肠系膜动脉根部粗硬、搏动微弱而感到管壁震颤，同时又摸到某肠段有不感痛的局部气胀。

8. 小肠蛔虫性堵塞

一般发生于 1 ～ 3 岁马驹。具反复发作性腹痛病史，腹痛特别剧烈，黄疸很明显，体温常升高，肠音活泼，直肠检查偶尔能摸到被虫体堵塞的肉样肠段。

9. 胃破裂

在倒地滚转或一阵呕吐动作之后，腹痛突然减轻或停止，但全身症状迅速恶化；病马惊惧；目光凝视、呆立不动；两唇弛垂，口色蓝紫或灰白；肢体厥冷；眼眶、耳根、胸前、肘后、股内等局部出汗或全身汗液淋漓，有的汗出如油；肌肉震颤，站立不动或卧地不起，腹壁紧张而敏感；脉搏细弱而频数，体温升高或低下；腹腔穿刺有大量污秽的红褐绿色胃内容物流出，往往混有草末。

10. 膈破裂

全身症状迅速加重，突然呈现高度呼吸困难乃至窒息而死。当肠管嵌闭在膈破裂口时，腹痛加剧，很快死亡。

（四）预防措施和安全用药

1. 预防措施

加强饲养管理，特别是在劳役过度、极度饥饿时，应注意饲料调理，少喂勤添，避免采食过急；加强管理，防止马进入饲料房或仓库偷吃精料。

2. 安全用药

治疗原则：制酵解压、镇痛解痉、补液强心、加强护理。

（1）制酵解压　制止胃内容物腐败发酵和降低胃内压，是缓和胃膨胀、防止胃和膈破裂的急救措施，兼有消除腹痛和缓解幽门痉挛的作用。

① 气胀性胃扩张：在导胃减压后经胃管灌服适量制酵剂即可，如水合氯醛酒精合剂（水合氯醛 15 ～ 25 g，75% 酒精 50 mL，福尔马林 10 ～ 20 mL，温水 500 mL）或鱼石脂酒精溶液（鱼石脂 15 ～ 20 g，75% 酒精 80 ～ 100 mL、温水 500 mL），或者灌服鱼石脂 15 ～ 25 g、酒精 80 ～ 100 mL、芳香氨醑 80 ～ 100 mL、温水 1000 mL。经过导胃减压并灌服制酵剂后，症状随即缓和乃至消失。

② 食滞性胃扩张：因采食了大量细粒状或粉状饲料所致，故治疗的重点是反复洗胃，每次灌温水 1 ～ 2 L，反复灌吸，直至吸出液基本无酸臭味时为止。若洗胃效果不好，可用液体石蜡 500 ～ 1000 mL+ 稀盐酸（或乳酸）15 ～ 20 mL+ 普鲁卡因粉 3 ～ 4 g，常温水 500 mL，一次灌服。严禁使用大量盐类泻剂。

③ 积液性胃扩张：多为继发性，重点是治疗原发性，导胃减压只是治标，仅能暂时缓解症状。但当排出胃内的大量液体之后，应立即用乳酸 15 ～ 20 mL、酒精 100 ～ 200 mL、液体石蜡 500 ～ 1000 mL，加水适量，一次灌服。也可灌服食醋 0. 5 ～ 1 L 或酸菜水 1 ～ 2 L。当使用酸性药物治疗不但不能奏效，反而加重病情时，应改用碱性药物，如口服碳酸氢钠 100 ～ 200 g、液体石蜡 500 ～ 1000 mL。

（2）镇痛解痉　解压后实施。可静脉注射安溴注射液 50 ～ 100 mL 或 5% 水合氯醛酒精注射液 100 ～ 200 mL。

（3）补液强心　多用于重症后期，应根据病情及时强心补液，维持正常血容量，改善心血管机能，增强机体抗病力。依据其脱水失盐的性质，最好补给等渗或高渗氯化钠液或林格氏液，切勿补给碳酸氢钠溶液。

（4）加强护理　适当保定，防止撞伤。

中兽医称急性胃扩张为大肚结，治疗以消积破气、化谷宽肠为主。宜用调气攻坚散：藿香、丁香、广木香、醋三棱、醋莪术、大腹皮、泽泻各 24 g，醋香附、醋青皮、炒枳壳各 30 g，炒神曲、焦山楂、炒麦芽各 45 g，半夏、焦大白各 21 g，水煎 2 次，得药液 2000 ～ 3000 mL，加入食醋 0.5 kg、香油 500 mL，导胃后内服。

《马腹痛病》书中介绍下列诸法可供选择：5% 水合氯醛酒精液 300 ～ 500 mL，一次静脉注射；0.5% 普鲁卡因液 200 mL、10% 氯化钠液 300 mL，一次静脉注射；10% 戊巴比妥钠液 20 mL，肌内注射；0.25% 普鲁卡因液 250 ～ 350 mL，两侧肾脂肪囊内注入；1% 普鲁卡因液 150 ～ 200 mL，两侧腹交感神经干阻断；水合氯醛 15 ～ 30 g、酒精 30 ～ 60 mL、福尔马林 15 ～ 20 mL、温水 500 mL，混合灌服；乳酸 8 ～ 15 mL，或稀盐酸 20 ～ 30 mL，或稀醋酸 40 ～ 60 mL，温水 500 mL，灌服；食醋 0.5 ～ 1 kg 或酸菜水 1 ～ 2 kg，灌服；普鲁卡因粉 3 ～ 4 g、稀盐酸 15 ～ 20 mL、液体石蜡 500 ～ 1000 mL、常水 500 ～ 1000 mL，混合后灌服；水合氯醛 15 ～ 25 g、樟脑 2 ～ 4 g、95% 酒精 20 ～ 40 mL、乳酸 8 ～ 12 mL、松节油 20 ～ 40 mL、温水 500 ～ 1000 mL，混合灌服。

十九、胃肠卡他

胃肠卡他又称卡他性胃肠炎或消化不良，是指胃肠黏膜表层炎症，并伴有胃肠神经支配失调及消化机能紊乱的疾病。临床上有以胃机能紊乱为主和以肠机能紊乱为主两种表现类型，马多患以胃机能紊乱为主的胃卡他。

（一）发病原因

原发性病因主要有饲养管理不当。例如：草料质量不良，如饲草过于粗硬、霜冻、霉败、堆积发热、含泥沙较多等；草料加工调制不当，如饲草过长或过短，硬料未泡软，颗粒料未粉碎，粉料过多；饮喂不当，如饲喂过热过冷、饥饱不一，突然改变饮喂顺序或变换草料，饮喂不定时、不定量，水质不良或饮水不足，渴后暴饮、劳逸不均，喂后即役、役后即喂等。

常继发于胃肠道寄生虫病、牙病、骨软症、纤维性骨营养不良、咽气癖、过劳、中毒等疾病。

（二）临床症状

全身症状不明显，体温、呼吸和脉搏变化不大。

1. 急性胃卡他

患病动物食欲减退或废绝，常打哈欠，有的病马有异嗜现象。可视黏膜黄染。口症明显，唾液黏稠，口甘臭或恶臭，舌面被覆灰白色舌苔；肠音弱或无；粪便成球，干小而色暗，表面附少量黏液，含消化不全的饲料（见图 1-19-1）。

2. 急性肠卡他

食欲变化不明显。口腔湿润，舌苔较薄，口臭较轻。可视黏膜黄染轻微。最突出的症状是腹泻和贪饮。粪便呈稀糊状乃至水样，放恶臭，混有黏液、血液和未经消化的饲料。肠音多增强。

3. 慢性胃肠卡他

精神下降，食欲不定，多异嗜，有口症。便秘与腹泻交替发生，肠音增强、不整或减弱，粪便内有消化不全的食物。病程数月至数年，可出现贫血现象。

图1-19-1　粪便干小，表面附少量黏液

（三）类症鉴别

1. 马胃线虫病

马胃线虫病是由旋尾科柔线属的线虫寄生在胃内引起。成虫寄生在胃内引起慢性胃卡他，幼虫可引起皮肤和肺脏疾患。粪便中可检查到线虫虫卵。

2. 胃肠炎

全身症状重剧，主要表现为体温升高、腹泻、腹痛、脱水等症状，有时出现兴奋、痉挛或昏睡等神经症状。

（四）预防措施和安全用药

1. 预防措施

加强饲养管理，合理使役和适当运动，增强体质，保证健康。

2. 安全用药

除去病因、加强护理、清肠制酵、调整胃肠机能。

（1）除去病因、加强护理　首先除去病因，如因饲料品质不良所致，应更换营养全面、易消化的优质饲料，补充维生素和矿物质；如是牙齿磨灭不整造成的，应修整牙齿等。注意通风干燥，着重食饵疗法，病初减饲 1 ～ 2 d 并给予优质易消化食物，如青草、麸皮粥、稀粥、米汤、炒焦的高粱或米粉糊等，但量不要过多，次数不宜过频，给予充足饮水。最好是放牧，吃青草、晒太阳可加速治愈。

（2）清肠制酵　对排粪迟滞、胃肠道积滞多量消化不全产物或炎性产物的病马，必须给予清肠制酵剂。清理胃肠最好是根据粪便酸碱性用药，粪便呈酸性反应的，可用盐类泻剂，如芒硝或人工盐，一般用 250 ～ 300 g，鱼石脂 15 ～ 20 g，常水 5000 ～ 6000 mL，一次内服。如粪便呈碱性反应的，可用食盐 200 ～ 300 g，鱼石脂 15 ～ 20 g，常水 5000 ～ 6000 mL，一次内服；或液体石蜡 500 ～ 1000 mL，加水适量内服。

（3）调整胃肠机能　为调整和恢复胃肠功能，在清理胃肠后，可适当选用健胃剂。以胃机能障碍为主的胃肠卡他，用苦味和酸类健胃剂为宜。如稀盐酸 10 ～ 30 mL 混于 500 mL 水中饮服，每日 2 次，连用 5 ～ 7 d 为一疗程。同时服用龙胆酊或苦味酊 50 ～ 80 mL，或龙胆末 20 ～ 50 g，制成舔剂，一次内服，每日 1 ～ 2 次。

以肠机能为主的胃肠卡他，可用党参健脾散、加味四君子汤、参苓白术散、温脾健胃散等中药方剂及人工盐内服。对肠道内发酵旺盛、产气较多，或不断放屁的病马，选用芳香性或辛辣味健胃剂，如橙皮酊 20 ～ 50 mL，或姜酊 40 ～ 80 mL，或大蒜酊 40 ～ 80 mL，或氨茴香精 20 ～ 100 mL，加水 500 mL，一次内服，每日 1 ～ 2 次。

对酸性胃肠卡他用人工盐或碳酸盐缓冲合剂 80 ～ 100 g，加各健胃剂，温水 3 ～ 5 L 灌服，对碱性胃肠卡他病马，用 10% 氯化钠注射液 300 ～ 400 mL、20% 安钠咖注射液 10 ～ 20 mL、5% 硫胺素 20 ～ 40 mL，一次静脉注射。

中药可用平胃散（以胃卡他为主）和健脾散（以肠卡他为主）治疗。

对胃肠有轻微炎症、粪便内黏液较多的病马，可内服抗生素。

二十、胃肠炎

胃肠炎是指胃肠黏膜表层和黏膜下深层组织的重剧性炎症，临床上以腹泻、腹痛、脱水、酸碱平衡失调和自体中毒为主要特征。胃肠炎按病程经过分为急性胃肠炎和慢性胃肠炎；按病因分为原发性胃肠炎和继发性胃肠炎；按炎症性质分为黏液性胃肠炎（以胃肠黏膜被覆多量黏液为特征的炎症）、出血性胃肠炎（以胃肠黏膜弥漫性或斑点状出血为特征的炎症）、化脓性胃肠炎（以胃肠黏膜形成脓性渗出物为特征的炎症）、纤维素性胃肠炎（以胃肠黏膜坏死和形成溃疡为特征的炎症）。

（一）发病原因

原发性胃肠炎发病原因主要有饲养失宜；饲喂品质不良饲料和饮水（发霉变质，冰冻腐烂，误食蓖麻、巴豆等有毒植物，食入了尖锐的异物及酸、碱、磷、砷、汞、铅等）；使役管理不善；应激（过度使役，紧张，车船输送，舍内拥挤受热，环境阴暗潮湿，卫生条件差，气候骤变等）等。此外，滥用抗生素，一方面是细菌产生耐药性；另一方面是在用药过程中造成肠道的菌群失调引起二重感染，如幼驹在使用广谱抗生素治愈肺炎后不久，由于胃肠道的菌群失调而引起胃肠炎。

继发性胃肠炎，常继发于急性胃肠卡他、肠便秘、肠变位等疾病。

（二）临床症状

① 急性胃肠炎：表现精神沉郁，闭目呆立，食欲减退或废绝，饮欲亢进，口腔干燥，口臭难闻，舌苔重呈黄褐色；腹泻，粪便稀呈粥样或水样，腥臭，粪便中混有未消化饲料、黏液、血液和脱落的黏膜组织，有的混有脓液。有不同程度的腹痛和肌肉震颤，喜卧或回顾腹部，肚腹蜷缩。疾病初期，肠音增强，随后逐渐减弱甚至消失；当炎症波及直肠时，排粪呈现里急后重；病至后期，肛门松弛，排粪呈现失禁自痢（见图 1-20-1）。体温升高，皮温不整，心率增快，呼吸加快，眼结膜潮红或发绀，巩膜黄染，眼窝凹陷，皮肤干燥，弹性减退（图 1-20-2），血液浓稠，尿少色暗。随着病情恶化，自体中毒症状明显，

病马衰弱无力，局部或全身肌肉震颤，体温降至正常温度以下，耳尖、鼻端和四肢末梢发凉，出冷汗，脉搏细数或不感于手，体表静脉萎陷，精神高度沉郁甚至昏睡或昏迷，结膜和口色蓝紫，微血管再充盈时间延长，有时出现兴奋、痉挛或昏睡等神经症状。

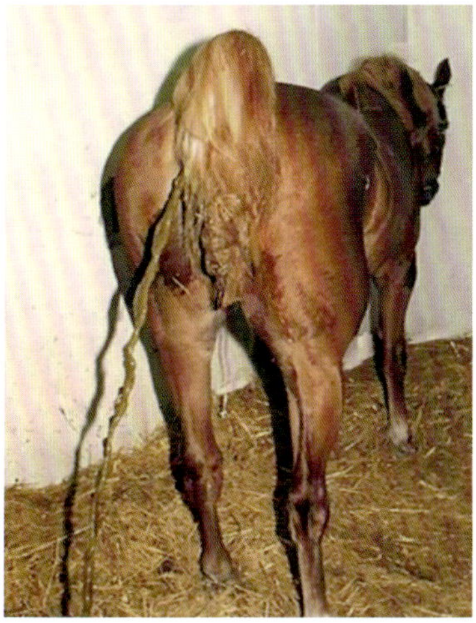

图 1-20-1　肛门松弛，失禁自痢

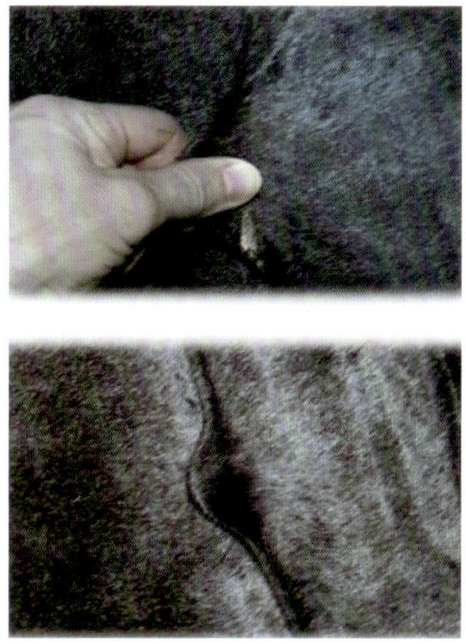

图 1-20-2　皮肤干燥，弹性减退

② 慢性胃肠炎：动物精神不振，衰弱，食欲不定，时好时坏，挑食；异嗜，往往喜爱舔食砂土、墙壁和粪尿。便秘，或者便秘与腹泻交替，并有轻微腹痛，肠音不整。体温、脉搏、呼吸常无明显改变。

实验室检查，白细胞总数增多，中性粒细胞比例增大，核左移。血液黏稠，血沉减慢，红细胞压积增高。

（三）剖检变化

肠浆膜和肠系膜充血发红（图 1-20-3），肠臌气（图 1-20-4），肠黏膜及黏膜下层水肿、充血、出血，有纤维蛋白性炎症，出现纤维蛋白伪膜和上皮碎片（图 1-20-5），有的呈现急性肠管坏死（图 1-20-6）。

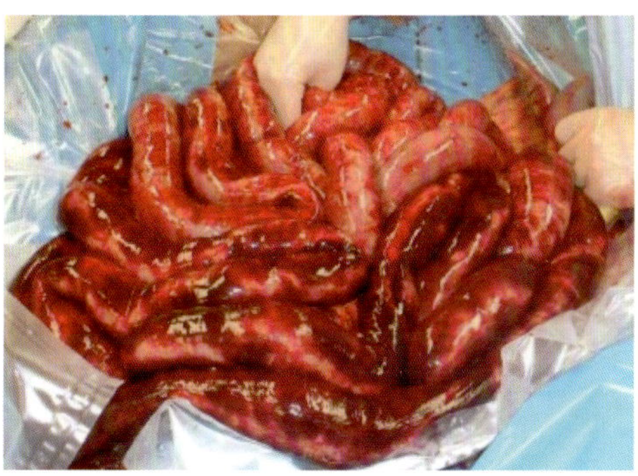

图 1-20-3　肠浆膜和肠系膜充血发红

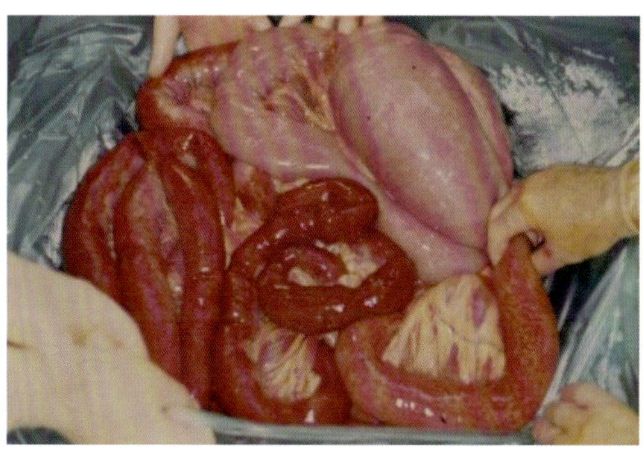

图 1-20-4　肠臌气

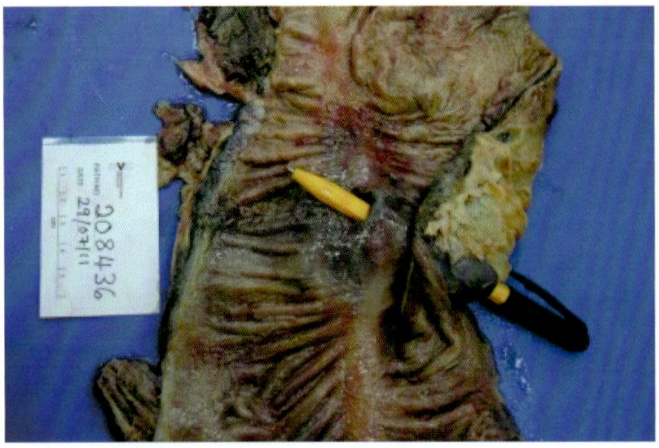

图 1-20-5 纤维蛋白伪膜和上皮碎片

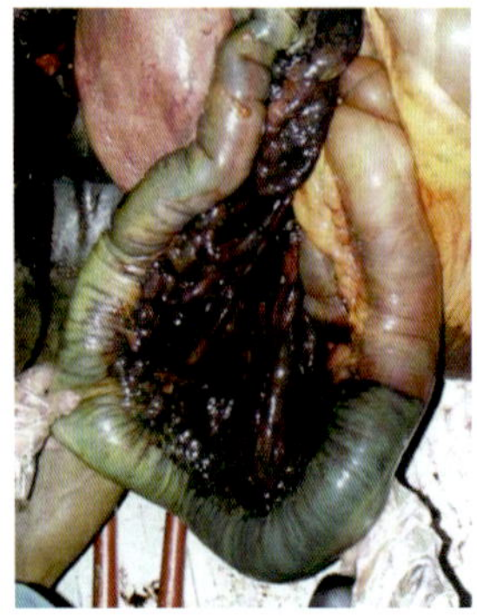

图 1-20-6 肠管坏死

（四）类症鉴别

1. 轮状病毒病

轮状病毒病是由轮状病毒感染引起 1 ～ 6 周龄马驹的一种急性腹泻疾病，具有一定传染性，常引起幼驹死亡。

2. 大肠杆菌病

大肠杆菌病主要由产肠毒素大肠杆菌引起 7 日龄以内幼驹的剧烈腹泻，除腹泻外个别病驹还可出现肺炎、脑炎和关节肿胀。

3. 马沙门氏菌病

该病由沙门氏菌引起，多发生于春秋季节，一般呈散发。6 月龄以内的幼驹主要表现结肠炎、败血症、关节肿大、支气管肺炎等；妊娠中后期的头胎母马发生流产。血液、脾、淋巴结以及肌肉内可检出鼠伤寒沙门氏菌或肠炎沙门氏菌。

4. 急性盲结肠炎

多在应激状态下发病，起病突然，经过急剧，微循环障碍等全身症状迅速增重，白细胞急剧减少，病马多于 24 h 内死亡。

5. 马炭疽

肠型炭疽腹痛剧烈，排血样粪，体温也升高，在濒死或死后，于血液内可检出炭疽杆菌，炭疽沉降反应呈阳性。

（五）预防措施和安全用药

1. 预防措施

搞好饲养管理工作，不用霉败饲料饲喂动物，不让动物采食有毒物质和有刺激性、腐蚀性的化学物质；防止各种应激因素的刺激；做好定期预防接种和驱虫工作。

2. 安全用药

治疗原则是抑菌消炎、缓泻止泻、预防脱水、解除中毒、维护心脏功能、增强机体抵抗力。

（1）抑菌消炎　可依据病情和药物敏感试验，选用抗菌消炎药物。一般可灌服 0.1% 高锰酸钾溶液 2000 ～ 3000 mL，或者用磺胺脒（琥珀酰磺胺噻唑、酞磺胺噻唑）30 ～ 40 g、次硝酸铋 20 ～ 30 g，常水适量，内服，配伍用抗菌增效剂三甲氧苄氨嘧啶（TMP）等。也可内服诺氟沙星（每千克体重 10 mg），或者每千克体重肌内注射庆大霉素 1500 ～ 3000IU，或庆大 - 小诺霉素 1 ～ 2 mg、环丙沙星 2 ～ 5 mg、乙基环丙沙星 2. 5 ～ 3. 5 mg 等抗菌药物。

（2）缓泻止泻　缓泻适用于病马肠音弱，粪干、色暗或排粪迟滞，或有大量黏液，排恶臭稀粪而胃肠内仍有大量异常内容物积滞时，为促进胃肠内容物排出，减轻自体中毒，应采取缓泻。常用液体石蜡（或植物油）500 ～ 1000 mL、鱼石脂 10 ～ 30 g、酒精 50 mL，内服；也可用硫酸钠 100 ～ 300 g（或人工盐 150 ～ 400 g）、鱼石脂 10 ～ 30 g、酒精 50 mL，常水适量，内服。在用泻剂时，要注意防止剧泻。据国外资料报道，槟榔碱 8 mg 皮下注射，每 20 分钟一次，直至病状改善和稳定时为止，对马急性胃肠炎陷于肠弛缓状态时的清肠效果最好。

止泻适用于肠内积粪已基本排净，粪稀如水，频泻不止，腥臭味不大，不带黏液时，常用吸附剂和收敛剂，如药用炭 200 ～ 300 g 加常水 1 ～ 2 L，内服，或用硅炭银片 30 ～ 50 g、鞣酸蛋白 20 g、碳酸氢钠 40 g，加水适量灌服；还可灌服炒面 0. 5 ～ 1 kg、浓茶水 1000 ～ 2000 mL。

（3）预防脱水　在病马未拉稀或刚刚拉稀，出现脱水症状时即开始补液，则见效快。一旦大量腹泻之后或已重剧脱水才实施补液，则效果差，恢复也慢。以补等渗溶液为主，如复方氯化钠（NaCl）、生理盐水、5% 葡萄糖生理盐水等，加输一定量的 10% 低分子右旋糖酐溶液，兼有扩充血容量和疏通微循环的作用。补液数量可依据脱水程度和心、肾的机能而定，一般以开始大量排尿作为液体补足的临床监护措施。也可根据红细胞压积（HCT）、血钾、血浆二氧化碳结合力（CO_2CP）等检验资料，按下列公式计算出补液的量及补充氯化钾、碳酸氢钠等物质的量。

补充等渗 NaCl 溶液估计量（mL）=［（HCT 测定值 -HCT 正常值）/HCT 正常值］× 体重（kg）×0.25×1000

从静脉内补液时，应留有余地，当日一般先给 1/2 或 2/3 的缺水估计量，边补充边观察，其余量可在次日补完。当病马心力极度衰竭时，不宜大量快速输液，但少量慢速输液又不能及时补足循环容量，可用 5% 葡萄糖生理盐水或复方氯化钠溶液腹腔注射，或用 1% 温盐水内服或灌肠，每次 3000 ～ 4000 mL，每 4 ～ 6 小时一次。如有条件可给动物输入全血或血浆、血清。为了维护心脏功能，可在补液的基础上应用西地兰、毒毛旋花子苷 K、地高辛、安钠咖等强心剂。

在胃肠炎经过中，血钾往往降低，要适时补钾。可按氯化钾（KCl）0.75g/L 的浓度，静脉滴注，至血钾得到矫正为止，或采血清用生化分析仪测钾离子浓度，根据钾离子降低的实际情况确定补钾量。

补充 KCl 估计量（g）=（血清 K^+ 正常值 – 血清 K^+ 测定值）× 体重（kg）×0.25÷14

式中，0.25 为动物细胞外液以 25%（0.25）计算；14 为 1 g KCl 约折合 14 mmol K^+。

从静脉补 KCl 时，浓度不超过 0.3%，输入速度不宜过快，先输 2/3 的量，另 1/3 视具体情况续给；口服时以饮水方式给药。

（4）解除中毒　解除自体中毒可用 5% 葡萄糖加维生素 C 静脉注射；纠正酸中毒则常用 5% 碳酸氢钠（$NaHCO_3$）液补碱，补碱量依据血浆 CO_2 结合力测定值估算，通常以病马血浆 CO_2 结合力测定值比正常值每降低 3.5%，即补给 5% 碳酸氢钠液 500 mL。

补充 5%$NaHCO_3$ 溶液估计量（mL）=（CO_2CP 正常值 −CO_2CP 测定值）× 体重（kg）× 0.25÷0.6

式中，CO_2CP 值的单位为 mmol/L ；0.25 为动物细胞外液以 25%（0.25）计算；0.6 为 1 mL 5% $NaHCO_3$ 约折合 0.6 mmol $NaHCO_3$。

$NaHCO_3$ 的补充，可先输 2/3 的量，另 1/3 可视具体情况续给。

（5）对症治疗　发烧时可用柴胡注射液、安乃近注射液、安痛定注射液等肌内注射。胃肠道出血时，可用 10% 氯化钙液 100 ～ 150 mL，一次静脉注射；0.5% 兽用止血针注射液 5 ～ 10 mL，肌内注射，每日 1 次。调理胃肠机能可用复合维生素 B 和维生素 B_1，肌内注射。

中兽医称肠炎为肠黄，治以清热解毒、消黄止痛、活血化瘀为主。宜用郁金散（郁金 36 g，大黄 50 g，栀子、诃子、黄连、白芍、黄柏各 18 g，黄芩 15 g）或白头翁汤（白头翁 72 g，黄连、黄柏、秦皮各 36 g）。

治疗的同时应搞好环境卫生；当动物 4 ～ 5 d 未吃食物时，可灌炒面糊或小米汤、麸皮大米粥。开始采食时，应给予易消化的饲草、饲料和清洁饮水，然后逐渐转为正常饲养。

二十一、马属动物急性结肠炎

马属动物急性结肠炎是一种非传染性急性盲肠、结肠黏膜及其深层组织的重剧性炎症，又称急性盲结肠炎、急性出血性盲结肠炎、急性结肠炎综合征、结肠炎、出血水肿性结肠炎、应激后腹泻、衰竭性休克等，是以盲肠、大结肠尤其下行大结肠的水肿、出血和坏死为病理特征的一种急性、高度致死性疾病，临床上以体温升高、呼吸加快、精神沉郁甚至昏迷、粪便稀软腥臭、排粪频繁等暴发性腹泻和速发进行性内毒素休克为特征。以马、骡多发，驴较少见。各种年龄段的马均可发生，但以 2 ～ 10 岁青壮年马多见。本病常年散发，有时呈群发流行。

（一）发病原因

发病原因尚无定论，但多数学者认为并已被证实是由于突然改变饲料，过量采食高淀粉饲料（尤其是玉米粉）；气候骤变、过度疲劳和兴奋、手术、车船运输、妊娠分娩以及流感、马传贫、上呼吸道感染等疾病经过中，动物处于应激状态；滥用抗生素，特别是内服或注射土霉素、四环素等广谱抗生素等，使肠道微生态环境改变，肠道菌群失调，其中如大肠杆菌、沙门氏菌等革兰氏阴性菌大量增殖并崩解释放出多量肠毒素和内毒素，导致病马的内毒素血症和内毒素休克。亦有人认为可能是某种原虫所造成的。

（二）临床症状

突然发生急剧的腹泻是本病的主要特征。急性病例一般无明显的前驱症状即突然出现腹泻。病马精神高度沉郁乃至昏睡，食欲废绝而有饮欲，口腔干燥、恶臭，黏膜发绀，舌面被覆多量黄白色舌苔。体温升高到 39 ～ 40℃。呼吸加快，每分钟 30 ～ 40 次。心率显著增快，每分钟 60 ～ 80 次，甚至 100 次以上，心音弱而浑浊，重者不能自行站立。多数暴发性腹泻，粪便恶臭或腥臭，呈粥状、糊状或水样，黄褐色，粪内常夹杂多量未消化谷粒或混有血液、黏液或泡沫，潜血检查有的呈弱阳性。腹围逐渐增大，腹部冲击性触诊可感到肠管内潴留大量液体。小肠音沉衰，大肠音活泼，多数出现流水或金属音，甚至在腹泻前，听到频繁而高朗的金属性大肠音，有时距离马几步之外都可听到。粪内白细胞和革兰氏阴性小杆菌增多，而革兰氏阳性菌消失或偶见几个菌体。

本病病情发展迅速，严重脱水、酸中毒、心力衰竭、微循环障碍和外周循环障碍的指征明显，并可能呈现低血容量性休克状态，或由于内毒素致发中毒性休克。病马肌肉震颤，局部或全身出汗，皮温降低，耳、鼻、四肢发凉，口腔黏膜紫红或发绀，呼吸浅表频数，脉搏细数或不感于手，心律失常，第一心音增强而第二心音减弱，时有阵发性心动过速。病马出现尿血、便血等广泛出血，常伴有低血压，休克，呼吸功能与肝、肾功能衰竭和溶血性贫血。尿液浓稠，少尿以至无尿等。齿龈黏膜、口腔和舌等黏膜常迅速变成暗红色、紫色或蓝紫色，乃至黑紫色。用指压齿龈黏膜，毛细血管再充盈时间常由正常的 1 s 延长至 5 ～ 9 s，血压显著下降，中心静脉压极低或为负值。急性暴发性病例 3 h 内、亚急性病例 24 ～ 48 h 内死亡。多数病例预后不良，病死率 70% 左右。

心电图检查显示心房扩张和心房负荷过重，心电图（A-B 导联）的 T 波尖锐高耸，双支对称，S 波加深，显示心肌损伤和冠状动脉供血不足；P 波形态高尖，振幅增高。

（三）剖检变化

尸体高度脱水，皮下血管充满暗色、焦油样不凝血液，皮下出血。盲肠及大结肠的病变明显，浆膜面发绀，肠内积满恶臭泡沫状内容物（图 1-21-1），黏膜面充血、水肿，并有散在小点出血和坏死，但未形成溃疡（图 1-21-2）；黏膜下高度水肿，但出血不明显，肠内极少有纯净的血液，盲肠及下层结肠病变最严重，上层结肠、回肠和结肠后段变化不尽一致，盲结肠淋巴结充血水肿。胃、十二指肠和空肠没有明显的变化。胰腺和泌尿生殖系统一般没有病变，肝脏充满暗色浓稠不凝血液，由切面溢出。脾脏充血，淋巴滤泡及淋巴组织萎缩。肺呈肺泡性气肿、充血，有时水肿，肾上腺、气管、鼻腔、喉囊、鼻窦有出血点及出血斑，少数见有鼻炎、局灶性肺炎及慢性胸膜炎。心脏扩张，心肌质地较软，切面呈煮肉灰色。心外膜有小点出血及大块出血，有的见有局灶性心肌炎及慢性心内膜炎。脑组织一般变化不大，有的报道神经细胞组织有退行性变化。

（四）实验室诊断

红细胞压积和血浆总蛋白明显升高，有的病例红细胞压积在 65% ～ 70% 之间。白细胞总数显著下降，出现核左移，约有 2/3 的病例低于正常数值，但个别病例白细胞总数上升（可能与并发症有关）。白细胞分类计数，多数病例表现为中性粒细胞减少且胞浆内出现中毒性颗粒，而淋巴细胞相对增多；中性粒细胞 / 淋巴细胞比值逆转是本病的特点之一。血小板数下降（比正常值下降 1/3 ～ 2/3），纤维蛋白原降低，凝血酶原时间延长，血浆复钙时间延长，血浆鱼精蛋白副凝试验阳性。血液 pH 低于 7.3，HCO_3^- 低于 20 mmol/L，Na^+ 低于 130 mmol/L，K^+ 低于 3 mmol/L，尿素氮高于 17.1 mmol/L，血浆二氧化碳结合力下降，非蛋白氮、乳酸含量升高。在休克初期血糖升高达 10.4 mmol/L。尿液检查呈酸性反应，pH 低于 7.0，并出现蛋白质，尿沉渣中可发现肾上皮细胞、红细胞、白细胞和管型。

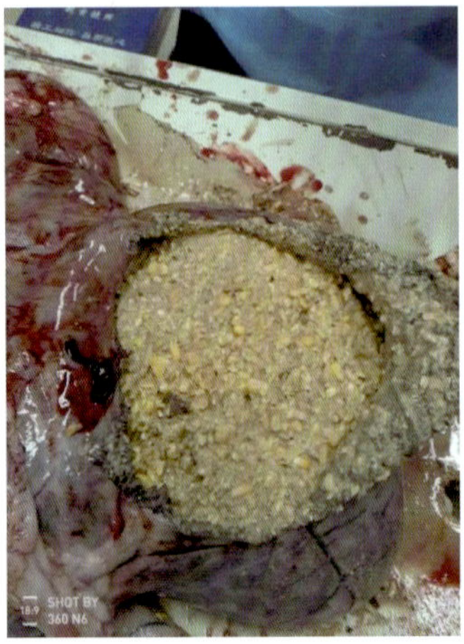

图 1-21-1 浆膜面发绀，肠内积满恶臭内容物

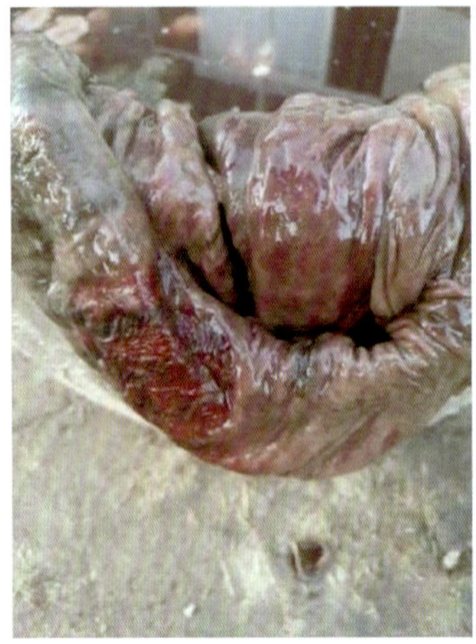

图 1-21-2 黏膜充血、水肿、出血和坏死

（五）类症鉴别

1. 马沙门氏菌病

马沙门氏菌病由沙门氏菌引起，多发生于春秋季节，一般呈散发。6 月龄以内的幼驹主要表现结肠炎、败血症、关节肿大、支气管肺炎等；妊娠中后期的头胎母马发生流产。血液、脾、淋巴结以及肌肉内可检出鼠伤寒沙门氏菌或肠炎沙门氏菌。

2. 马巴氏杆菌病

马巴氏杆菌病是由多杀性巴氏杆菌引起幼驹的一种急性、发热性、败血性传染病，临床上分为高热和麻痹型、腹泻型、水肿型。水肿型常于头部、颈部和肩前部出现炎性肿胀，头部肿胀呈河马头状。肝被膜触片细菌学检查可检查到巴氏杆菌。

3. 轮状病毒病

轮状病毒病是由轮状病毒感染引起 1 ～ 6 周龄马驹的一种急性腹泻疾病，具有一定传染性，常引起幼驹死亡。

4. 大肠杆菌病

其主要由产肠毒素大肠杆菌引起 7 日龄以内幼驹的剧烈腹泻，除腹泻外，个别病驹还可出现肺炎、脑炎和关节肿胀。

5. 马炭疽

肠型炭疽腹痛剧烈，排血样粪，体温也升高，在濒死或死后，于血液内可检出炭疽杆菌，炭疽沉降反应呈阳性。

6. 胃肠炎

胃肠炎主要由饲养管理不当引起，多呈散发，不具有传染性，各种年龄的马均有发生，但发病率和死亡率较低。

（六）预防措施和安全用药

1. 预防措施

喂饲优质干草，合理饲喂精料，坚持使役与休闲相结合，特别是在每年的农忙季节，应注意不要过劳，可以减少本病发生。

2. 安全用药

本病发病急、发展快、病程短，若抢救不及时，很快死亡。因此，必须迅速采取抗菌消炎、扩容解痉、解除酸中毒和维护心肾功能等治疗措施，必要时供氧。

（1）抗菌消炎　抗菌消炎是治疗急性结肠炎的中心环节，首选针对革兰氏阴性菌的抗生素药物，控制肠道内革兰氏阴性菌继续增殖并防止全身感染，如庆大霉素（每千克体重 1500 ～ 3000 U）、头孢噻呋钠或头孢噻啶（每千克体重 15 ～ 20 mg）、乙基环丙沙星（每千克体重 2 ～ 5 mg）、诺氟沙星（每千克体重 10 mg）等药物，肌内注射或静脉注射。为中和内毒素和扩张血管，可配合应用糖皮质激素，如氢化可的松、地塞米松等。

（2）扩容解痉　扩容解痉是抗休克、急救的核心措施，切记扩容在前、解痉在后，不容颠倒，否则会进一步降低血压。补液扩容，及时给予等渗盐水和低分子右旋糖酐，静脉注射，解除低血容量性休克。实施输液时，要注意掌握补液数量、种类、顺序和速度，严密监护补液效应，并适时应用扩血管药物，以改善组织的微循环灌注。常用氯丙嗪、多巴胺注射液或盐酸异丙肾上腺素。

内毒素休克的特点是血糖初高后低，因此，初期输含盐液体，腹泻为等渗性脱水，选用等渗液如复方氯化钠液、5% 葡萄糖生理盐水、生理盐水为宜；后期输葡萄糖液；微循环严重瘀滞的患马，宜输注低分子右旋糖酐液以疏通微循环，常用 6% 低分子右旋糖酐液，静脉注射，马一次 3000 ～ 4000 mL，多连用 2 次。在补足血容量的基础上，要及时应用扩血管药改善微循环，常用 1% 多巴胺注射液 10 ～ 20 mL 或 0.5% 盐酸异丙肾上腺素注射液 2 ～ 4 mL。也可应用肾上腺皮质激素，如地塞米松（5 ～ 10 mg/ 次），每 4 ～ 6h 重复注射一次，直到休克解除为止。静脉滴注或 0.25% 盐酸氯丙嗪液肌内注射，一次 8 ～ 24 mL，隔 6 ～ 8 h 一次。

补液的量要足，补液数量参见胃肠炎的治疗，输液至红细胞压积接近正常，表示血容量又重新恢复。输液速度应先快后慢，最后滴注。微循环高度障碍、严重休克的病马最初以每分钟每千克体重 1 mL 的速度，15 ～ 30 min 后，以每分钟每千克体重 0.25 ～ 0.5 mL 的速度为宜，红细胞压积值在 50% 以上时，每小时可输液体 5000 mL。可以根据中心静脉压测定结果决定补充血容量的方式，当血压低、中心静脉压不高时，表示血容量不足，需大量、快速输液，以提高血容量，改善循环功能，挽救危重病畜；但血压低、中心静脉压高，意味着心脏功能不全，则需先强心，然后补充血容量。而且，在休克早期，以补充复方氯化钠和低分子右旋糖酐为好。

（3）解除酸中毒　本病酸中毒发展极快且严重，及时大量输注碳酸氢钠是十分必要的。依据血浆二氧化碳结合力的数值，代入计算公式，算出应该补加碳酸氢钠注射液的用量。

需补 5% 碳酸氢钠注射液（mL）=（50- 血浆 CO_2 结合力测定值）×0.5× 体重（kg）

也可参考尿液 pH 的变化数值，决定碱性补液的用量，以尿液 pH 回升到 7.5 ～ 8.0 为宜。组方为低分子右旋糖酐、5% 碳酸氢钠、复方氯化钠（或 5% 葡萄糖生理盐水）以 1∶1∶2 比例混合。

（4）维护心肾功能　及时应用强心剂、利尿剂，适时补钾等治疗措施。可静脉滴注西地兰、地高辛或毒毛旋花子苷 K 注射液，内服氢氯噻嗪或静脉滴注呋塞米（速尿）等利尿剂。钾的补充数量可参见胃肠炎的治疗，用氯化钾加入复方氯化钠溶液中，缓缓静脉输入；同时随时注意听取心音及心率的变化，及时调整输入速度。若无化验条件，比较安全的补钾方法是胃管投服氯化钾粉，每次 30 g，2 ～ 3 次 /d。

二十二、肠痉挛

马肠痉挛又称肠痛、痉挛疝、卡他性肠痛、卡他性肠痉挛，是由于肠平滑肌受到异常刺激发生痉挛性收缩所致的一种腹痛病，临床上以间歇性腹痛和肠音增强为特征，中兽医称为冷痛和伤水起卧。

（一）发病原因

1. 寒冷刺激

如汗后淋雨，寒夜露宿，气温骤降，风雪侵袭，采食冰冻饲料或重役后暴饮冷水。

2. 化学性刺激

如采食霉烂酸败饲料，病马消化不良时其肠胃内的异常分解产物等致发的肠痉挛，多伴有胃肠卡他性炎症，故特称卡他性肠痉挛或卡他性肠痛。

3. 易发肠痉挛的内在因素

寄生性肠系膜动脉瘤所致副交感神经紧张性增高和（或）交感神经紧张性降低。肠道寄生虫、肠溃疡和慢性炎症提高了壁内神经丛包括肠黏膜下神经丛（麦氏神经丛）和肠肌神经丛（欧氏神经丛）的敏感性。

（二）临床症状

1. 腹痛

间歇性的腹痛是肠痉挛的特征。腹痛发作时，病马表现出前肢刨地（图 1-22-1）、后肢踢腹（图 1-22-2）、回顾腹部（图 1-22-3）、起卧不安、卧地滚转（图 1-22-4），持续 5 ～ 10 min 后，便进入间歇期。在间歇期，病马外观上似无病，安静站立（图 1-22-5），有的尚能采食和饮水。但经过 10 ～ 30 min，腹痛再次发作，随后腹痛越来越轻，间歇期越来越长，若给予适当治疗或稍作运动，即可痊愈。

图 1-22-1　前肢刨地

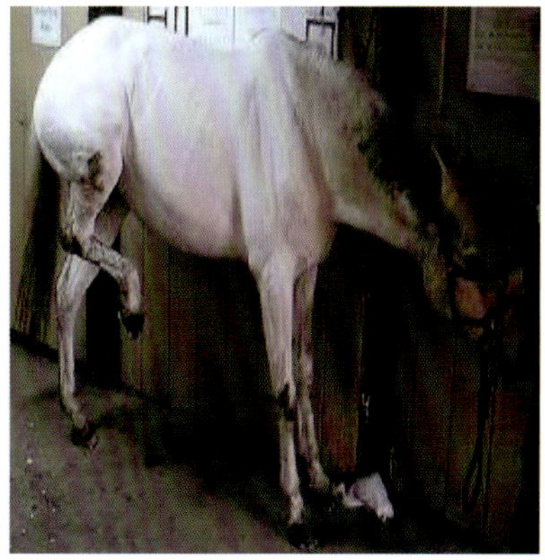

图 1-22-2　后肢踢腹

图 1-22-3　回顾腹部

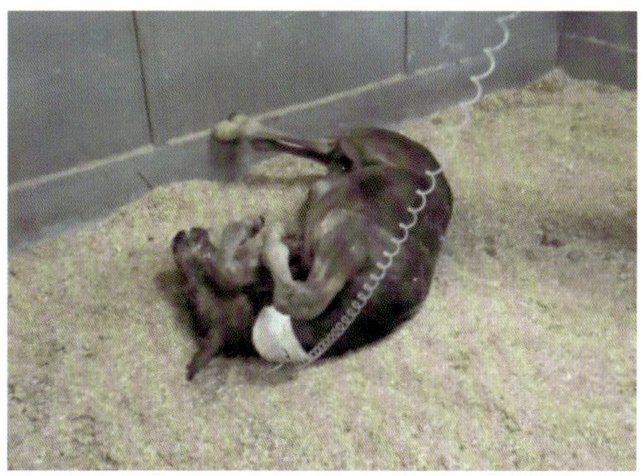

图 1-22-4　卧地滚转

2. 肠音

大、小肠音增强，连绵不断，有时在数步之外都可听到高朗的肠音，有时带有金属音。

3. 排粪

随肠音增强，排粪次数也相应增加，粪便很快由干变稀，但其量逐渐减少，粪松散带水或稀软（图 1-22-6），含未消化纤维或谷粒，有酸臭味，有时混有黏液。

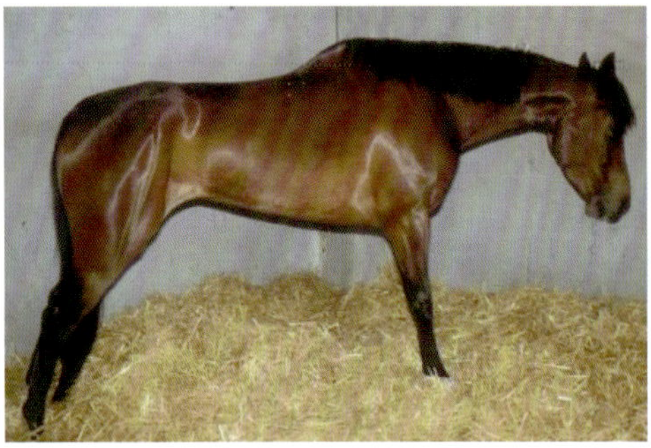

图 1-22-5 间歇期安静站立

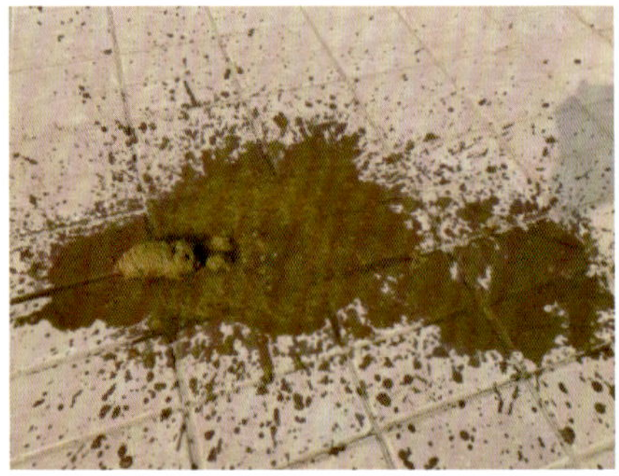

图 1-22-6 排水样粪便

4. 全身症状

病轻者，口腔湿润，口色正常或色淡；病重者，口色发白（图 1-22-7），口温偏低，耳鼻部发凉。除腹痛发作时呼吸急促外，体温、呼吸、脉搏变化不大。

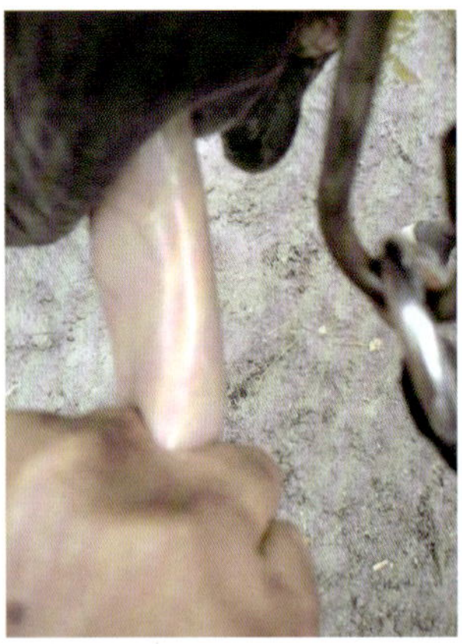

图 1-22-7 口色、舌头发白

若病程延续，腹痛发作愈益频繁，肠音转为沉衰，而全身症状渐进增重时，常表明继发了肠变位，则预后不良。也有肠痉挛数小时之后，腹痛不减轻反而增重，肠音减弱，不见排粪，应注意检查是否继发肠便秘。

（三）类症鉴别

1. 急性胃扩张

采食后突然起病或在其他腹痛病的经过中病情突然加重，主要表现剧烈腹痛、鼻流粪水、眼眶和耳根出汗、口腔湿润而酸臭、频频吸气、腹围不大而呼吸迫促。作食管及胃的听诊，可听到食管逆蠕动音和胃蠕动音。直肠检查，在左肾前下方常能摸到膨大的胃后壁，随呼吸前后移动。

2. 肠便秘

口腔稍干燥，眼结膜潮红，腹痛逐渐加重。直肠检查可发现结粪块。

3. 肠臌气

腹围膨大而肷窝平满或隆突，右侧尤为明显；触诊紧张而有弹性，叩诊呈鼓音。直肠检查，肠管充满气体，腹压增高，检手进入困难。

4. 肠变位

全身症状迅速恶化；剧烈腹痛；小肠变位易继发积液性胃扩张，大肠变位易继发肠臌气；腹腔穿刺液检查，穿刺液中混血；直肠检查，直肠内空虚，腹压较大，检手前进困难，可摸到局部气肠，某段肠管的位置、形状及走向发生改变。

5. 肠结石

依据长期大量饲喂富磷精料的生活史、慢性消化不良和轻度腹痛并反复发作的病史，颇似完全阻塞性大肠便秘而投以泻剂后病情反倒增重的现象。直肠检查，壶腹部空虚，黏膜干燥而粘手，狭窄部紧缩，入手后常感到大结肠积气，通常在小结肠起始部或其前段可摸到拳头大至铅球大、圆形或椭圆形的坚硬结石。

6. 肠积沙

有食沙的生活史，在半荒漠草原和多沙石地区大批发生，呈现慢性消化不良，经常表现隐微或轻微腹痛，或反复发作中度乃至剧烈腹痛。直肠检查，某肠段积有黏硬粗糙的沙包，且触之表现剧痛或淘洗粪便发现大量沙石或煤渣。

7. 肠系膜动脉血栓－栓塞

反复发作性腹痛，一定程度的发热，腹腔穿刺液混血。直肠检查，触诊前肠系膜动脉根部粗硬、搏动微弱而感到管壁震颤，同时又摸到某肠段有不感痛的局部气胀。

8. 急性肠卡他

一般无腹痛或轻微腹痛，若病程中出现中度或剧烈间歇性腹痛，且肠音如雷鸣的，表明已继发卡他性肠痉挛。

9. 子宫痉挛

有间歇性腹痛表现，多发生于妊娠末期，腹肋部可见胎动，而肠音及排粪不见明显异常。

10. 膀胱括约肌痉挛（尿疝）

均见于公马及骟马，腹痛剧烈，汗液淋漓，频作排尿姿势但无尿排出，插入导尿管于膀胱颈口部受阻。直肠检查可发现膀胱积尿，而肠音及排粪无明显异常。

（四）预防措施和安全用药

1. 预防措施

加强饲养管理，注意保暖防寒，避免汗后雨淋、寒夜露宿、暴饮冷水、采食冰冻或霉烂酸败饲料等。

2. 安全用药

治疗原则是解痉镇痛，清肠制酵。

（1）解痉镇痛　因寒冷刺激所致的肠痉挛，单纯实行解痉镇痛即可。可皮下或肌内注射 30% 安乃近注射液 20 ～ 40 mL 或静脉注射安溴注射液 50 ～ 100 mL，也可静脉注射 5% 水合氯醛酒精注射液 100 ～ 200 mL，或肌内注射盐酸消旋山莨菪碱注射液 3 ～ 5 mL

（10 mg/mL）。

（2）清肠制酵　急性肠卡他继发的肠痉挛，在缓解痉挛制止疼痛后，还应清肠制酵。可用水合氯醛 8 g、樟脑粉 8 g、植物油（或液体石蜡）500 mL，内服，或者用人工盐 300 g、鱼石脂 10 g、酒精 50 mL、温水 5000 mL，胃管一次投服。还可用芳香氨酮 30 ～ 60 mL、陈皮酊 50 ～ 80 mL、姜酊 30 ～ 50 mL、水合氯醛 8 g，加水溶解，内服。

中兽医治以温中散寒、和血顺气为主。宜用橘皮散：青皮、陈皮、官桂、小茴香、白芷、当归、台乌各 15 g，细辛 6 g、元胡 12 g、厚朴 20 g，共研为末，加白酒 60 mL，开水冲，候温灌服；针刺分水、三江、姜牙、耳尖等穴或电针关元俞。

二十三、肠臌气

马肠臌气是由于采食大量易发酵饲料，肠内产气过盛和（或）排气不畅，致使肠管过度膨胀而引起的一种腹痛病。临床上以腹痛剧烈、腹围膨大而肷窝平满或隆突、病程短急为特征，又称肠臌胀、风气疝及中兽医称“肚胀”或“气结”等。

（一）发病原因

1. 原发性病因

常见的有吞食过量易发酵饲料，如新鲜多汁、堆积发热、雨露浸淋的青草、幼嫩苜蓿、黑麦、玉米、豆饼等豆类精料，而此后又饮用大量冷水则更易发病。其次是与某些应激因素有关，如初到高原、过劳应激与运输应激等。

2. 继发性病因

常见于完全阻塞性大肠便秘、大肠变位或结石性小肠堵塞。弥漫性腹膜炎引起反射性肠弛缓、出血性坏死性肠炎引起的肌源性肠弛缓及卡他性肠痉挛等，均可继发本病。

（二）临床症状

1. 原发性病例

常在采食易发酵饲料后 2 ～ 4 h 发病，表现的典型症状有：

（1）腹痛　病初因肠肌反射性痉挛呈间歇性腹痛；随着肠管的膨胀，很快转为持续性剧烈腹痛；后期，因肠管极度膨胀而陷于麻痹，腹痛减弱或消失。

（2）消化系统体征　初期，肠音高朗并带金属音调；排少量稀粪和气体；以后，肠音沉衰或消失，排粪、排气完全停止。

（3）全身症状　在腹痛的 1 ～ 2 h 内，腹围急剧膨大，肷窝平满或隆突，右侧尤为明显（图 1-23-1）；触诊紧张而有弹性，叩诊呈鼓音；呼吸迫促用力甚至呈窒息危象，脉搏疾速，静脉怒张，可视黏膜潮红或发绀（图 1-23-2，图 1-23-3）。直肠检查，除直肠和小结肠外，全部肠管充满气体，腹压增高，检手进入困难，各部肠袢胀满腹腔、彼此挤压，相对位置发生改变。

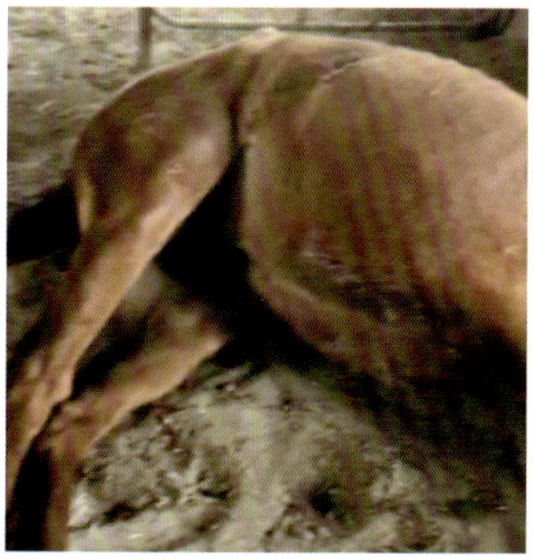

图 1-23-1 腹围急剧膨大

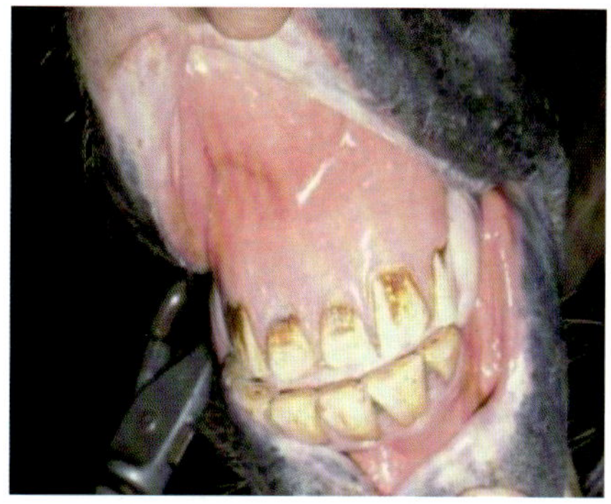

图 1-23-2 口腔黏膜发红

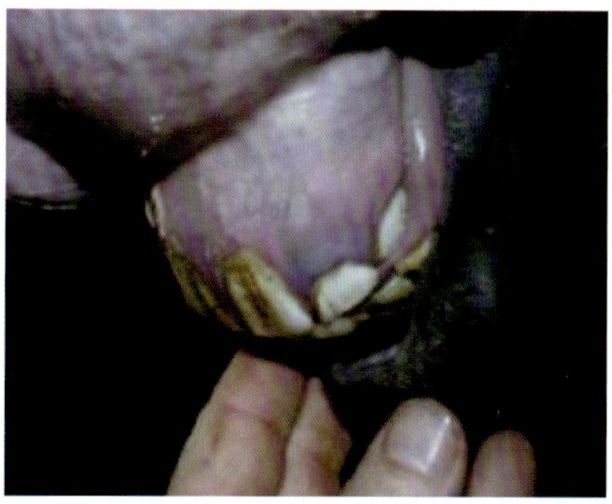

图 1-23-3 口腔黏膜发绀

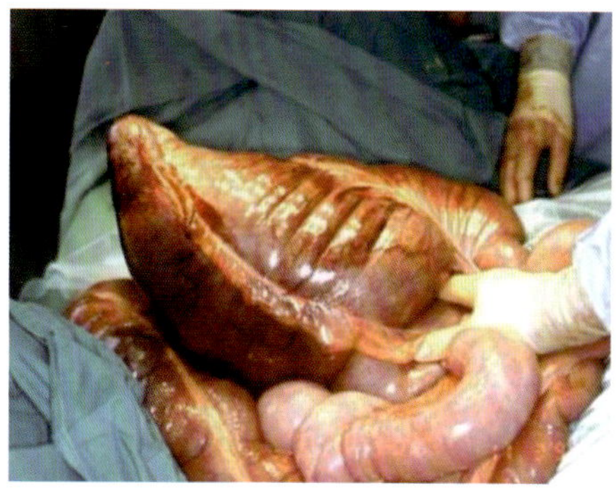

图 1-23-4 肠臌气

2. 继发性病例

常在完全阻塞性大肠便秘或完全闭塞性大肠变位等原发病 4 ～ 6 h 之后，才逐渐显现肠臌气的典型症状。

原发性肠臌气，病程短急，经过一般为 10 h 左右，早发现早治疗，多可痊愈。重剧病例则常在数小时乃至 1 h 内死亡。致死的直接原因是窒息、急性心力衰竭、肠破裂和膈破裂。继发性肠臌气，病程较缓，其预后随原发病而定。

（三）剖检变化

皮肤和黏膜发绀，腹部膨大，腹内压增高，肠浆膜发绀，肠道内积有大量气体，尤其是盲肠臌气明显（图 1-23-4）。

（四）类症鉴别

1. 急性胃扩张

采食后突然起病或在其他腹痛病的经过中病情突然加重，主要表现剧烈腹痛、鼻流粪水、眼眶和耳根出汗、口腔湿润而酸臭、频频吸气、腹围不大而呼吸迫促。作食管及胃的听诊，可听到食管逆蠕动音和胃蠕动音。直肠检查，在左肾前下方常能摸到膨大的胃后壁，随呼吸前后移动。

2. 肠痉挛

口腔湿润，间歇性腹痛，肠音高朗连绵，粪便稀软带水，全身症状轻微。直肠检查感肛门紧缩，直肠紧压手臂，狭窄部较难入手。

3. 肠便秘

口腔稍干燥，眼结膜潮红，腹痛逐渐加重。直肠检查可发现结粪块。

4. 肠变位

全身症状迅速恶化；剧烈腹痛；小肠变位易继发积液性胃扩张，大肠变位易继发肠臌气；腹腔穿刺液检查，穿刺液中混血；直肠检查，直肠内空虚，腹压较大，检手前进困难，可摸到局部气肠，某段肠管的位置、形状及走向发生改变。

5. 肠结石

依据长期大量饲喂富磷精料的生活史、慢性消化不良和轻度腹痛并反复发作的病史，颇似完全阻塞性大肠便秘而投以泻剂后病情反倒增重的现象。直肠检查，壶腹部空虚，黏膜干燥而粘手，狭窄部紧缩，入手后常感到大结肠积气，通常在小结肠起始部或其前段可摸到拳头大至铅球大、圆形或椭圆形的坚硬结石。

6. 肠积沙

有食沙的生活史，在半荒漠草原和多沙石地区大批发生，呈现慢性消化不良，经常表现隐微或轻微腹痛，或反复发作中度乃至剧烈腹痛。直肠检查，某肠段积有黏硬粗糙的沙包，且触之表现剧痛或淘洗粪便发现多量沙石或煤渣。

7. 肠系膜动脉血栓 – 栓塞

反复发作性腹痛，一定程度的发热，腹腔穿刺液混血。直肠检查，触诊前肠系膜动脉根部粗硬、搏动微弱而感到管壁震颤，同时又摸到某肠段有不感痛的局部气胀。

8. 小肠蛔虫性堵塞

一般发生于 1 ～ 3 岁马驹。具反复发作性腹痛病史，腹痛特别剧烈，黄疸很明显，体温常升高，肠音活泼。直肠检查偶尔能摸到被虫体堵塞的肉样肠段。

（五）预防措施和安全用药

1. 预防措施

加强饲养管理，防止一次大量采食易发酵饲料。

2. 安全用药

肠臌气治疗的原则是解痉镇痛、排气减压和清肠制酵。原发性肠臌气病情发展急速，尤应遵循此原则实施紧急抢救。

（1）解痉镇痛　下列方法效果均好，可根据情况选用。

①普鲁卡因粉 1.0 ～ 1.2 g、温水 300 ～ 500 mL，直肠灌入；②水合氯醛硫酸镁注射液（含 8% 水合氯醛、10% 硫酸镁）200 ～ 300 mL，一次静脉注射；③ 0.5% 普鲁卡因溶液 100 mL、10% 氯化钠注射液 200 ～ 300 mL、20% 安钠咖注射液 20 ～ 40 mL，混合一次静脉注射；④ 0.25% 盐酸普鲁卡因 200 ～ 300 mL，静脉注射；⑤水合氯醛 15 ～ 25 g、樟脑粉 4 ～ 6 g、酒精 40 ～ 60 mL、乳酸 10 ～ 20 mL、松节油 10 ～ 20 mL，混合后加水 500 ～ 1000 mL，胃管投服，兼有解痉镇痛和制酵作用；⑥ 0.5% ～ 1% 普鲁卡因溶液 100 ～ 150 mL，两侧胸膜外腰交感神经干阻断；⑦ 30% 安乃近液 20 ～ 30 mL，肌内注射；⑧针刺后海、气海、大肠俞等穴。

（2）排气减压　在病马腹围显著膨大，呼吸高度困难而出现窒息危象时，应首先实施排气减压的急救措施。用细长封闭针头在右侧肷窝或左侧腹肋部穿刺盲肠与左侧大结肠；也可用注射针头在直肠内穿肠放气；伴发气胀性胃扩张的，可插入胃管排气放液。由于肠管移位或相互挤压而阻碍积气排出的，可在解痉镇痛之后，通过直肠用检手轻轻晃动、小心清理并按摩膨胀的肠管，以促进肠内积气排出，常可收到一通百通、立竿见影的效果。

（3）清肠制酵　通常要在排气基本通畅、腹痛和窒息危象已经缓和后实施。用人工盐 250 ～ 350 g、氨茴香精 40 ～ 60 mL、福尔马林 10 ～ 15 mL、松节油 20 ～ 30 mL，加水 5 ～ 6 L，胃管投服。也可用人工盐 200 ～ 300 g、克辽林 15 ～ 20 mL、水 5000 ～ 6000 mL，胃管投服。

在高原地区，当大批骡马在野外同时发生原发性肠臌气时，除采用穿肠排气急救措施外，还可就地取材，灌服浓茶水 1 ～ 1.5 L、白酒 150 ～ 250 mL，也有较好的效果。《马腹痛病》书中介绍用麝香 1 ～ 2 g、酒精 80 ～ 100 mL、温水适量，胃管投服，试治 31 例原发性肠臌气病马，经 30 min 至 2 h，全部治愈。

二十四、肠便秘

马肠便秘又称肠阻塞、肠秘结、肠内容物停滞、便秘疝，是因马属动物肠运动与分泌机能紊乱，内容物停滞不能后移，致使一段或几段肠管发生完全或不完全阻塞的一组腹痛病。临床上以食欲减退或废绝、口腔干燥、肠音沉衰或消失、排粪减少或停止、腹痛、直肠检查可摸到秘结的粪块为特征，是马属动物最常见、最多发的一种胃肠性腹痛病。马肠便秘按秘结部位可分为小肠便秘和大肠便秘；按秘结程度可分为完全阻塞性便秘和不完全阻塞性便秘等。

（一）发病原因

引起肠阻塞的原因尚不完全清楚，但与下列因素有关：

1. 饲喂过多的粗硬饲料

粗硬的饲草是决定肠阻塞发生的基本因素，如花生蔓、老苜蓿、甘薯蔓、豌豆蔓、麦秸、谷草等，特别是当其受潮、发霉、变湿而柔韧，切铡不够碎时，不易嚼细，难于消化，其危险性更大。也有因吞食了异物，如绳、干草网而阻塞于骨盆曲或横结肠的病例（图 1-24-1）。

图 1-24-1　肠道异物

2. 日粮的突然改变

特别是由放牧转为舍饲，由喂青草、青干草转为喂上述粗硬饲料时，可以引起肠内容物 pH 的变化、肠内菌群改变等一系列肠道内环境的急剧变动，胃肠的植物神经控制失去平衡，肠的蠕动由最初的增强变为减弱，致使肠内容物停滞而发生阻塞。

3. 饮水不足

当供水不足或久渴失饮、大量出汗等引起机体缺乏水分，达到一定程度时，必然会影响机体体液的动态平衡。这不仅引起消化液分泌不足，而且造成血浆水分向大肠内渗出减少而回收增加，以致肠蠕动机能减退，肠内容物在某段肠管内滞留，推进困难，水分不断被吸收。当内容物愈来愈硬结时，移动更不易，逐渐形成肠道阻塞。

4. 食盐不足

草食动物体内的钠和氯主要来源于食盐。如果饲喂食盐不足，特别是炎热季节或剧烈劳役，动物大量出汗，经汗液所排出的无机成分主要是钠、氯和钾。当食盐和其他无机物缺乏到一定程度，不仅能引起胃肠蠕动变弱，而且使分泌机能减弱，从而增加肠内容物后移阻力，而引起阻塞。

5. 气候突变

在兽医临床上，每当气候突变（如气温下降、降雨、降雪等）的头几天，马骡胃肠性腹痛病，尤其是肠阻塞的动物就增多。其机理尚不完全清楚，一般认为是这些突变的气候因素，可使动物处于应激状态，即所谓的气象应激。这与此时动物体内的儿茶酚胺分泌亢进，致使组织的血液通过量减少，血氧不足使平滑肌发生痉挛性收缩有关。

6. 其他因素

诸如马骡抢食或采食后咀嚼不充分、唾液混合不全、食团囫囵吞下、牙齿磨灭不整、消化不良、采食后立即使役、肠道寄生虫侵袭等因素都可成为促使肠阻塞发生的因素。

(二)临床症状

根据不同部位肠阻塞的临床表现，大致可分为共同症状和特有症状。

1. 共同症状

(1)腹痛　就肠阻塞而言，凡结粪坚硬且呈完全阻塞，继发肠臌气或胃扩张，肠系膜被强烈牵引或并发肠变位的动物，腹痛剧烈，表现回头顾腹（图 1-24-2）、前肢刨地（图 1-24-3）、犬坐（图 1-24-4）、伸颈咬牙（图 1-24-5）等；反之，则较缓和。一般来讲，小肠、小结肠阻塞时的腹痛比大结肠阻塞时的剧烈。但是也应考虑到病期和个体因素的差异。

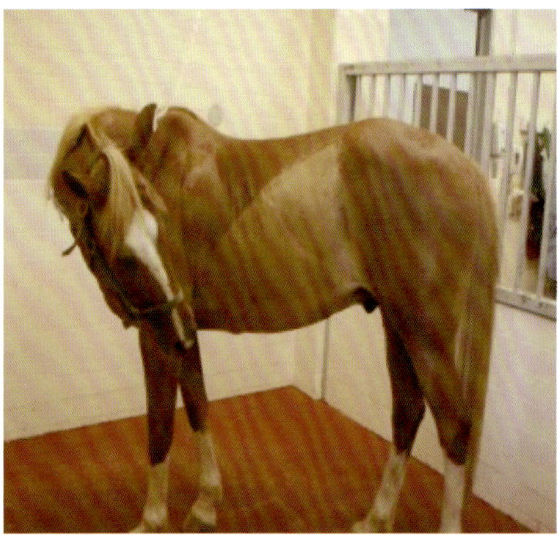

图 1-24-2　回头顾腹

图 1-24-3　前肢刨地

图 1-24-4　犬坐姿势

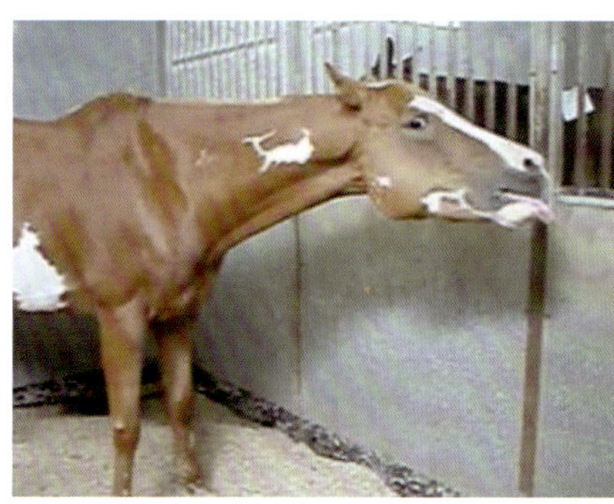

图 1-24-5　伸颈咬牙

(2)口腔变化　病初口色、湿润度基本正常。随着疾病的发展，口色变红或红中带黄，或者呈暗红甚至发绀（图 1-24-6）；口发黏甚至干燥；舌苔逐渐变明显，色灰白带黄，厚腻形成裂纹，口臭。病情越重，口腔变化越快；病期越久，变化也越明显。

(3)肠音　病初肠音频繁而偏强，尤其在肠腔不完全阻塞的动物，此现象持续时间较长，动物排粪次数增多，甚至出现排软粪现象，后则肠音变弱。实践观察表明，两侧肠

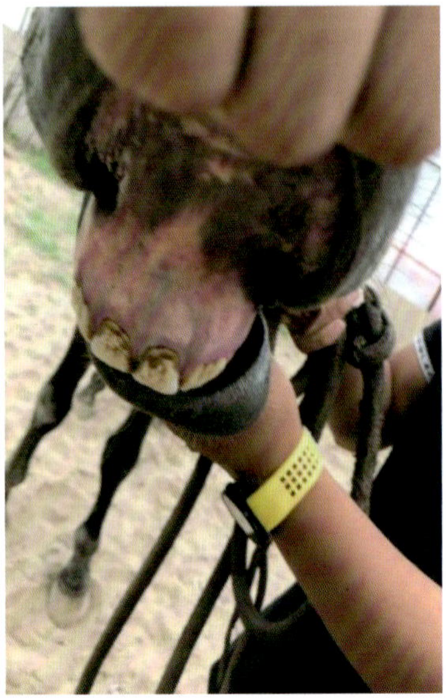

图 1-24-6 口腔黏膜发绀

音变弱过程有其规律性：当代表大肠蠕动情况的盲肠音比小肠音明显地变弱时，表示阻塞部位发生在大肠；反之，多为小肠阻塞。但是，两侧肠音出现这种规律性变化，仅仅限于肠音由强开始变弱的初期阶段，而当中后期两侧肠音都变弱时，则无此差异，此时肠音极弱，间隔时间明显延长甚至肠音消失。若听到不同程度的金属音，则表示肠臌气状态已形成。

（4）全身反应　眼结膜颜色变化基本上与口色一致。而饮食欲的变化，除肠管不完全阻塞者尚保持极低的饮食欲外，其余动物饮食欲均废绝；当动物出现饮食欲时，则为疾病好转的象征。疾病初期，体温、呼吸和脉搏多无明显变化；当继发肠炎、蹄叶炎、腹膜炎等疾病时，可引起体温升高；若继发胃扩张和肠臌气时，则呼吸急促。脉搏在病危时则快而弱甚至脉不感于手。如机体脱水过程进一步发展，可引起循环衰竭，乃至发生休克。

（5）血液学变化　肠阻塞的病情由轻转重，血沉逐渐变慢；红细胞与血红蛋白含量，随病情加重而增加；严重病例可见白细胞增多，病至末期减少者预后不良。

2. 特有症状

（1）小肠阻塞　小肠阻塞分为十二指肠阻塞、空肠阻塞和回肠阻塞，多在采食中或采食后数小时内发病。发生阻塞的部位距离胃越近，发病越快、越重，越容易继发胃扩张。小肠阻塞多呈现剧烈腹痛，鼻流粪水，颈部食管出现逆蠕动波。直肠检查：在前肠系膜根后方、右肾附近触到约有手腕粗、表面光滑、质地黏硬、呈块状或圆柱状的阻塞肠管，为十二指肠阻塞；在盲肠底部内侧摸到左右走向的香肠样硬固体，其左端游离，可被牵动，右端位置较为固定（因回肠末端与盲肠相连），空肠普遍膨胀，为回肠阻塞；当摸到的阻塞部位是游离的，并有一段或部分空肠发生膨胀，为空肠阻塞。

（2）大肠阻塞　大肠阻塞常发生的部位是骨盆曲、小结肠、胃状膨大部和盲肠。前两个部位多为完全阻塞，后两个常为不完全阻塞。

① 骨盆曲阻塞：动物常呈现剧烈腹痛，但肠臌气多不严重。直肠检查可在骨盆腔前缘下方摸到肘样弯曲的粗肠管，内有硬结粪，而有时阻塞的骨盆曲伸向腹腔的右方或向后伸至骨盆腔内。

② 小结肠阻塞：从发病起就呈现剧烈腹痛；当继发肠臌气时，腹围增大，腹痛加剧。病初盲肠音偏强，以后减弱或消失。直肠检查通常于耻骨前缘的水平线上或体中线的左侧（有时偏向右侧）可触到拳头大的粪块。但由于小结肠肠系膜较长，游离性较大，位置多不固定，而且阻塞肠段往往因重力关系沉于肠管之间或压在左腹侧结肠侧下方，故有时不易摸到结粪所在的肠段。特别是当发生肠臌气之后，腹压增加，直肠检查更为困难，宜先穿肠放气再进行检查，以被拉紧的肠系膜为线索，适当牵引，有时可寻摸到结粪肠段。

③ 胃状膨大部阻塞：不完全阻塞者，病情发展缓慢，病期较长，通常为 3 ～ 10d；多为间歇性轻度腹痛，常呈侧卧、四肢伸展状，只排少量稀粪或粪水（所谓热结旁流）。完全阻塞者，症状比不完全阻塞的病例发展快而严重，腹痛也较剧烈，病期亦短。直肠检查可在腹腔右前方摸到随呼吸而略有前后移动的半球状阻塞物。

④ 左侧大结肠阻塞：左腹侧结肠较左背侧结肠的管腔粗大，前者多为不完全阻塞，后者常为完全阻塞。从二者发病情况来看，有原发性阻塞和继发性阻塞。继发性阻塞常分别继发于骨盆曲和胃状膨大部阻塞。从其临床症状看，原发性完全阻塞的病例，其症状类似骨盆曲或胃状膨大部完全阻塞的病例；继发性阻塞的症状以原发病为转移。直肠检查在左腹下部可摸到左腹侧结肠或左背侧结肠内的坚硬结粪，为该部位阻塞的特点。但同时也应注意检查骨盆曲和胃状膨大部有无结粪存在，以便区别原发性或继发性肠阻塞。

⑤ 全大结肠阻塞：动物呈慢性腹痛，肠音明显减弱，病情发展缓慢。直肠检查，凡能摸到的大结肠，其内都充满坚硬粪便。

⑥ 盲肠阻塞：它是发展较慢、病期较长（10 ～ 15 d）、腹痛轻微的一种大肠阻塞。饮食欲明显减退，但在排泄具有恶臭气味的稀粪（图 1-24-7）时，饮水量有增加趋势；排粪量明显减少，干粪和稀粪交替出现（图 1-24-8，图 1-24-9）；肠音减弱，尤其以盲肠音减弱最为明显。体温、呼吸和脉搏都无明显变化；动物逐渐消瘦。直肠检查可见盲肠内充满坚硬粪便。

⑦ 直肠便秘：多发生于老弱马、骡和驴，腹痛较轻微，仅表现摇尾、举尾（图 1-24-10），频频作排粪姿势，但排不出粪便。全身无明显变化，有时可继发肠臌气。手入直肠即可确诊。

此外，两个部位同时发生阻塞的病例也较常见，如小结肠两个部位阻塞、小结肠与骨盆曲同时发生阻塞、骨盆曲和胃状膨大部同时阻塞以及小肠两个部位同时阻塞。当直肠检查时，应注意辨别上述情况，以便为判断预后和拟订治疗措施提供可靠依据。

一般来讲，小肠、小结肠阻塞比盲肠和大结肠各部阻塞病情发展快而且重，病期多为 1 ～ 2 d。若小肠阻塞继发胃扩张，或者小结肠阻塞继发严重的肠臌气，都可使病情恶化而缩短病期。盲肠和大结肠各部阻塞，尤其是不完全阻塞的病例，病期可达半月之久。

图 1-24-7 盲肠不完全阻塞持续腹泻

图 1-24-8 干粪便中大量黏液

图1-24-9 盲肠不完全阻塞带油稀粪便

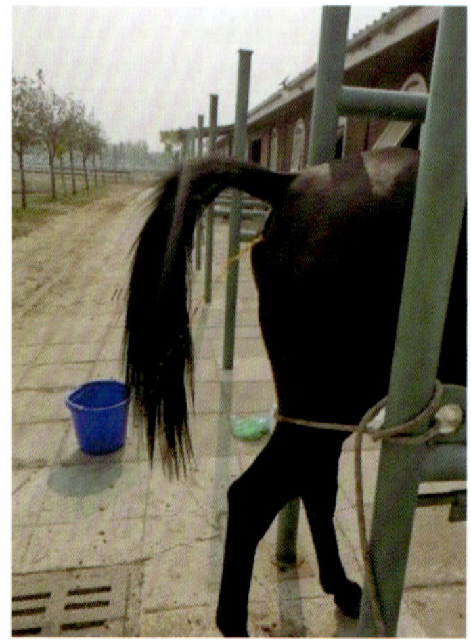

图1-24-10 直肠便秘表现摇尾、举尾

（三）类症鉴别

1. 急性胃扩张

采食后突然起病或在其他腹痛病的经过中病情突然加重，主要表现剧烈腹痛、鼻流粪水、眼眶和耳根出汗、口腔湿润而酸臭、频频吸气、腹围不大而呼吸迫促。作食管及胃的听诊，可听到食管逆蠕动音和胃蠕动音。直肠检查，在左肾前下方常能摸到膨大的胃后壁，随呼吸前后移动。

2. 肠痉挛

口腔湿润，间歇性腹痛，肠音高朗连绵，粪便稀软带水，全身症状轻微。直肠检查感肛门紧缩，直肠紧压手臂，狭窄部较难入手。

3. 肠臌气

腹围膨大而肷窝平满或隆突，右侧尤为明显；触诊紧张而有弹性，叩诊呈鼓音。直肠检查，肠管充满气体，腹压增高，检手进入困难。

4. 肠变位

全身症状迅速恶化；剧烈腹痛；小肠变位易继发积液性胃扩张，大肠变位易继发肠臌气；腹腔穿刺液检查，穿刺液中混血；直肠检查，直肠内空虚，腹压较大，检手前进困难，可摸到局部气肠，某段肠管的位置、形状及走向发生改变。

5. 肠结石

依据长期大量饲喂富磷精料的生活史、慢性消化不良和轻度腹痛并反复发作的病史，颇似完全阻塞性大肠便秘而投以泻剂后病情反倒增重的现象。直肠检查，壶腹部空虚，黏膜干燥而粘手，狭窄部紧缩，入手后常感到大结肠积气，通常在小结肠起始部或其前段可摸到拳头大至铅球大、圆形或椭圆形的坚硬结石。

6. 肠积沙

有食沙的生活史，在半荒漠草原和多沙石地区大批发生，呈现慢性消化不良，经常表现隐微或轻微腹痛，或反复发作中度乃至剧烈腹痛。直肠检查，某肠段积有黏硬粗糙的沙包，且触之表现剧痛或淘洗粪便发现大量沙石或煤渣。

7. 肠系膜动脉血栓 – 栓塞

反复发作性腹痛，一定程度的发热，腹腔穿刺液混血。直肠检查，触诊前肠系膜动脉根部粗硬、搏动微弱而感到管壁震颤，同时又摸到某肠段有不感痛的局部气胀。

8. 小肠蛔虫性堵塞

一般发生于 1 ～ 3 岁马驹。具反复发作性腹痛病史，腹痛特别剧烈，黄疸很明显，体温常升高，肠音活泼。直肠检查偶尔能摸到被虫体堵塞的肉样肠段（图 1-24-11）。

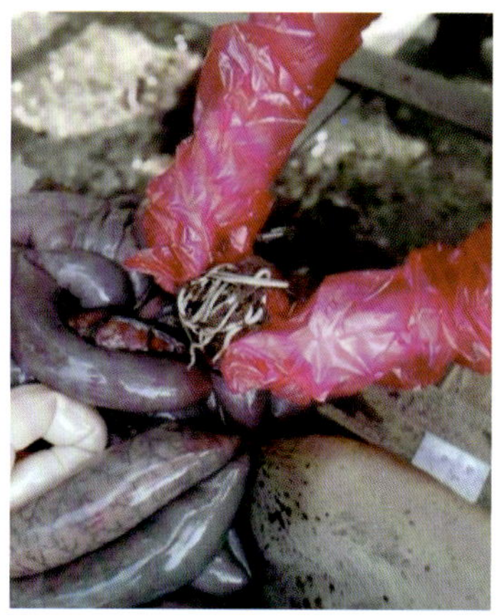

图 1-24-11　寄生虫性肠阻塞

（四）预防措施和安全用药

1. 预防措施

加强饲养管理，防止饲草受潮霉败，不喂粗硬难以消化的草料，适当运动，及时治疗胃肠道某些慢性疾病，增强胃肠消化功能。有关研究确认，马骡肠便秘的首要致病因素是饲草坚韧和咀嚼不全，并经实践验证“干草干料增加食盐”饲喂法是一项切实可行、行之有效的马骡肠便秘预防办法。

2. 安全用药

根据病情灵活应用“静”“通”“补”“减”“护”的治疗原则，做到“急则治其标，缓则治其本”，适时解决不同时期的突出问题。

（1）治疗原则

①“静”即镇痛：目的在于阻断疼痛对大脑皮层的刺激，以恢复大脑皮层对全身机能的调节作用，消除肠管痉挛，缓解腹痛，并为诊疗工作创造方便条件。多用于完全阻塞性便秘。兽医临床上常用的药物有 5% 水合氯醛酒精注射液 100 ～ 200 mL、安溴注射液 50 ～ 100 mL、20% 硫酸镁注射液 80 ～ 120 mL、30% 安乃近注射液 20 ～ 40 mL、2.5% 盐酸氯丙嗪注射液 8 ～ 16 mL。也可用 0.25% ～ 0.5% 普鲁卡因注射液作肾脂肪囊注射，针刺三江、分水、姜牙等穴位，但禁用阿托品、东莨菪碱、山莨菪碱、琥珀酰胆碱和吗啡作为镇痛解痉药。

②“通”即疏通：目的在于消散结粪、疏通肠道，是治疗肠阻塞的根本措施和中心环节。常用的方法有药物泻法、生物软化法、直肠破结法和手术破结法。

③“补”即补液强心：目的在于维护心血管功能，纠正脱水与失盐，调整酸碱平衡，缓解自体中毒，以增强机体抗病力，提高疗效。用于重症便秘或便秘中后期。根据机体脱水和心功能状况，可采取多次静脉注射补液的方法。对小肠阻塞，宜大量静脉注射含氯化钠和氯化钾的等渗平衡液，如用复方氯化钠注射液；完全阻塞性大肠阻塞，宜静脉注射5% 葡萄糖、复方氯化钠液和 5% 碳酸氢钠注射液；对不完全阻塞性大肠便秘，可用 0.9% 氯化钠溶液，并应用含等渗氯化钠和适量氯化钾的温水进行口服补液和灌肠补液。心功能不全者，可肌内注射 20% 安钠咖注射液 10 ～ 20 mL。

④“减”即胃肠减压：目的在于减低胃肠内压，消除膨胀性疼痛，防止胃肠破裂，缓解循环与呼吸障碍。用于继发胃扩张和肠臌气的病例。及时用胃管导出胃内积液，或者穿肠放气，解除胃肠臌胀状态，降低腹内压，改善血液循环机能。

⑤“护”即护理：适当进行牵遛活动，防止动物急剧滚转和摔伤。

（2）治疗方法

① 小肠阻塞。小肠阻塞，尤其是十二指肠阻塞时，极易继发胃扩张，故应及时利用胃管排除胃内酸臭液体（有时需要多次排出）。然后灌服液体石蜡（或植物油）1000 ～ 2000 mL、水合氯醛 15 ～ 25 g、鱼石脂 10 ～ 15 g、乳酸 10 ～ 15 mL。小肠阻塞禁用盐类泻剂。直肠检查时，若能摸到结粪部位，则根据其移动的范围，采用压、握等手法，使结粪破碎。如结粪较长且坚硬，用上述手法和泻剂不能破碎消除时，应及早采取手术破结法，即剖腹隔肠破结或切开肠管取出结粪，或者切除该段肠管作吻合术。

② 大肠阻塞。疏通肠道的常用方法有直肠破结法、药物泻法、碳酸盐缓冲剂法等。

a. 直肠破结法：可选用适当的手法（以压、捶法为主）隔肠破除骨盆曲、小结肠阻塞的结粪。破结时，严防用力过猛、动作粗暴，以免损伤肠壁，造成肠破裂或肠穿孔。此外，顶压胃状膨大部的结粪，也可起到一定的治疗作用。必要时也可采用手术破结法。

b. 药物泻法：利用油类、盐类泻剂治疗肠阻塞。常用的油类泻剂有液体石蜡 500 ～ 1000 mL、植物油 500 ～ 2000 mL、蓖麻油 200 ～ 300 mL；常用的盐类泻剂有硫酸钠或硫酸镁 300 ～ 800 g（稀释成 6% 的浓度）、人工盐 300 ～ 800 g、3% 食盐溶液（每千克体重 0.8 g），临床上常将油类与盐类泻剂合并应用。同时，配合应用镇痛剂、制酵剂和酊剂（大黄酊、陈皮酊）。关于泻剂种类的选择和用量的确定，应视动物体质的强弱、结粪的硬度，进行适当调配。年老体弱、怀孕的动物，宜加大油类泻剂的用量，减少盐类泻剂用量；年轻体壮、结粪坚硬者，盐类泻剂用量宜大，减少油类泻剂的用量。常用配方：硫酸钠 200 ～ 300 g、液体石蜡 500 ～ 1000 mL、水合氯醛 15 ～ 25 g、芳香氨酯 30 ～ 60 mL、陈皮酊 50 ～ 80 mL，加水溶解，胃管灌服（成年马、骡）；液体石蜡 150 mL、甘油 100 mL、鱼石脂 10 g、酒精 50 mL，常水适量，内服（半岁驹）。

c. 碳酸盐缓冲剂法：不完全性肠阻塞可内服碳酸盐缓冲剂（碳酸钠 150 g、碳酸氢钠 250 g、氯化钠 100 g、氯酸钾 20 g，常水 8 ～ 14 L）。

d. 生物学软化法：应用醋曲、酵母粉和发面等，治疗顽固性盲肠阻塞、胃状膨大部阻塞。醋曲（即制作食醋用的曲种）300 ～ 500 g，充分研细，加温水（37 ～ 39℃）3 ～ 5 L、水合氯醛 15 ～ 25 g，边搅边灌服（用胃管灌），或者加适量温水，调成糊状，灌服。

发面（即已发酵的面团）0.5～1 kg，加温水适量，调成糊状，灌服。酵母粉 500 g、温水 1000～2000 mL，一次灌服。

e. 电针治结：电疗机一台，10 cm 长新针两支。动物站立保定，取关元俞穴（位于背最长肌下缘与最后肋骨交点的凹陷处，左右各一穴）。穴位剪毛、消毒；针与水平呈 45° 角，斜向内下方刺入 7～8 cm 深（以针尖刺入肾囊为度）；在针柄上分别连接两个电极，电压和频率的调节须由低到高、由慢到快，维持强直状态数秒；然后，再倒转调节钮，即由高到低、由快到慢；如此反复一次约需 10 min，重复操作 2～3 次即可。通电后，腹肌呈现与电流频率相一致的节律性收缩，肠音增强。主治大结肠和小结肠轻度阻塞。

f. 中药疗法：中兽医称肠阻塞为结症，治以通肠利便、消积理气为主。治疗大肠阻塞，可用大承气汤、加味承气汤、麻仁承气汤、当归苁蓉汤和加减化铁膏。大承气汤：大黄 120 g、厚朴 60 g、枳实 60 g、芒硝 120 g，将前三味药研成细末，再加芒硝，开水冲，候温灌服。方中若加神曲、麻仁、青木香、香附子、木通，称加味承气汤。单加麻仁者，称为麻仁承气汤。气胀者加木香、莱菔子；体壮结粪坚硬者加玉片、二丑、千金子；热盛者加金银花、连翘、栀子等。当归苁蓉汤：用于老龄、体弱、产前和产后的便秘。当归 120～240 g（麻油炒）、肉苁蓉 60～120 g（黄酒浸蒸）、番泻叶 30～60 g、广木香 15～20 g、川厚朴 20～30 g、炒枳壳 30～60 g、醋香附 30～60 g（另研）、瞿麦 15～20 g、通草 10～15 g、六曲 70 g，共研为末（香附另研），开水调成糊状，慢火煎 10 min 为度，注意搅动，勿令煎焦。候温加入生麻油 250～500 mL，灌服。怀孕动物去瞿麦、通草，加炒白芍以安胎。加减化铁膏：千金子 60～90 g、二丑 30 g、滑石 30 g、木香 15 g、通草 10 g，共研为末，加猪油 250～500 g 或煎汤后再加猪油，灌服。用于治疗盲肠、胃状膨大部阻塞。

③ 直肠便秘。应用掏结法，边掏边灌肠，往往可以迅速治愈。直肠黏膜发炎肿胀者，用 0.1% 高锰酸钾溶液和 5% 硫酸镁溶液分别灌肠；并以 0.25% 盐酸普鲁卡因注射液 30～50 mL、青霉素（80～160）$\times10^4$ U，后海穴封闭。也可用液体石蜡灌肠，有助于排出结粪。

④ 多段肠阻塞。根据具体病例可采用压、捶等手法破除结粪，或者采用手术破结法。而单纯药物疗法效果欠佳，容易拖延病期，引起继发症，造成不良后果。关于各个部位肠阻塞，除上述一些主要疗法外，为提高疗效，缩短病期，尚可酌情选用下列辅助疗法：为促进肠蠕动和分泌机能，可用 10% 氯化钠注射液 300～500 mL，静脉注射；灌服泻剂后出现肠音者，可皮下注射 0.1% 氨甲酰胆碱注射液 1～2 mL；用肥皂水或 1% 食盐水灌肠。

二十五、肠变位

肠变位又称机械性肠阻塞、变位疝，是指因肠管自然位置发生改变，致使肠系膜或肠间膜受到挤压绞榨，肠管血液循环障碍，肠腔陷于部分或完全闭塞的一组重剧性腹痛病。

肠变位分为肠扭转、肠套叠、肠缠结、肠嵌顿四种类型。肠扭转，即肠管沿自身纵轴或以肠系膜基部为轴而作不同程度的偏转，较常见的有左侧大结肠扭转等（图 1-25-1）。肠套叠，即一段肠管套入其邻接的肠管内（图 1-25-2）。肠缠结，又名肠缠络或肠绞窄，即一段肠管以其他肠管、肠系膜基部、精索或韧带为轴心进行缠绕而形成络结。较常见的有空肠、小结肠缠结（图 1-25-3）。肠嵌顿，又称肠嵌闭（旧名疝气），即一段肠管连同其肠系膜坠入与腹腔相通的天然孔或破裂口内，使肠壁血液循环障碍而肠腔闭塞。

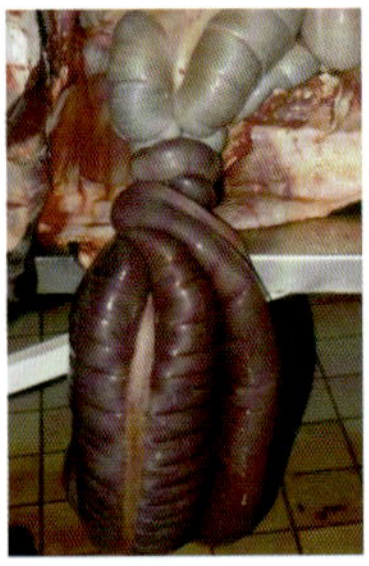

图 1-25-1 马肠扭转

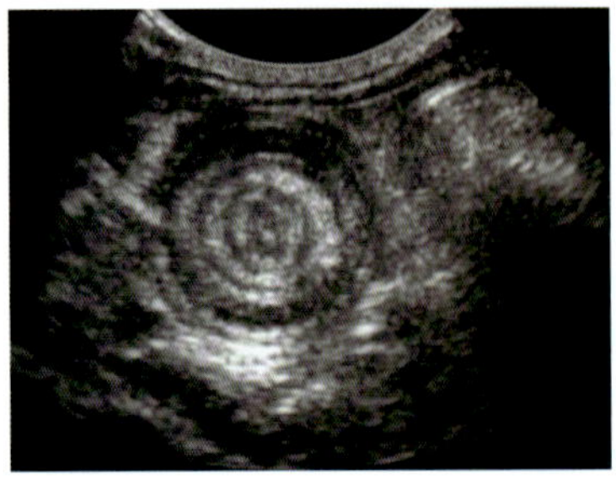

图 1-25-2 马肠套叠 B 超影像

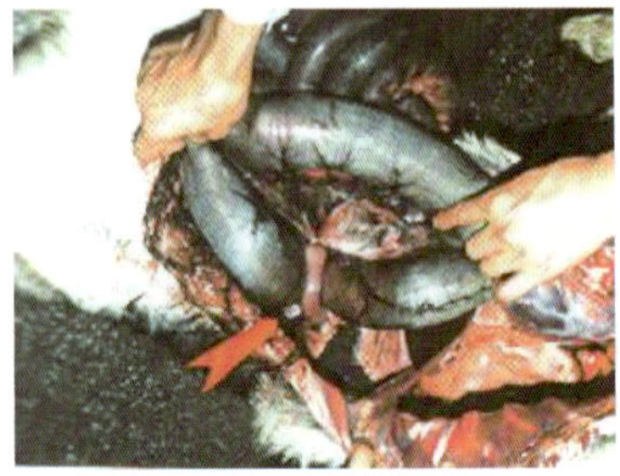

图 1-25-3 马肠缠结

（一）发病原因

1. 原发性肠变位

主要见于肠扭转和肠嵌闭。因在奔跑、跳跃、交配、难产等腹内压急剧增大的条件下，小肠或小结肠被挤入腹腔天然孔和病理裂口而发生闭塞。或重剧腹痛时马连续滚转，左侧大结肠与腹壁之间无系膜韧带固定而处于相对游离状态，此时上行结肠和下行结肠即可沿其纵轴偏转或发生扭转。

2. 继发性肠变位

多发生于肠痉挛、肠臌气、肠便秘等腹痛病的经过中。因肠管运动机能紊乱而失去固有的运动协调性；肠管充满状态发生改变，有的膨胀紧张，有的空虚松弛，或因起卧滚转与体位急促变换等，均可致使肠管原来的相对位置发生改变。

（二）临床症状

典型的呈剧烈腹痛，排粪停止而常排出黏液和血液，迅速出现休克危象。

1. 腹痛

（1）肠腔完全闭塞的肠变位　初期呈中度间歇性腹痛；2 ～ 4 h 后即转为持续性剧烈腹痛，大剂量镇痛剂难以奏效；至病后期，则变为持续而沉重的腹痛，显示典型的腹膜性疼痛表现，肌肉震颤，站立而不愿走动，后肢后送，出现典型的伸腰姿势（图 1-25-4）趴着而不敢滚转，拱背站立而腹紧缩，牵行时慢步轻移拐大弯。

（2）肠腔不全闭塞的肠变位　如骨盆曲折转、盲肠尖套叠等，肠管嵌入较宽大的突然孔或破裂口，腹痛相对较轻。

2. 消化系统

食欲废绝，口腔干燥，肠音沉衰或消失，排粪停止或排少量恶臭稀粪并混有黏液和血液。均继发胃扩张和（或）肠臌气。

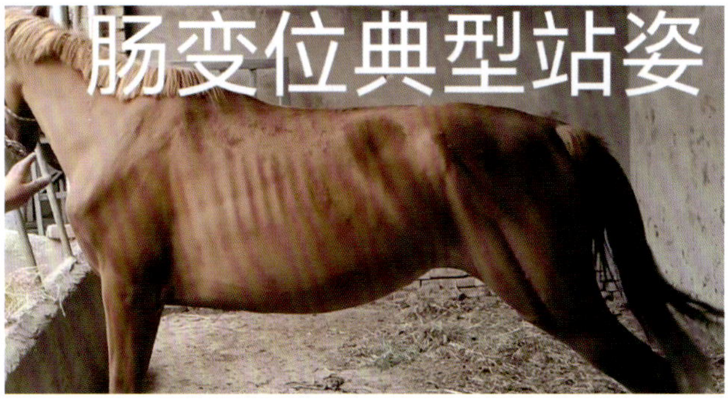

图 1-25-4　后肢后送，出现典型的伸腰姿势

3. 全身症状

多在数小时内迅速加重，肌肉震颤，全身出汗，脉搏细数，呼吸迫促，体温大多升高（39℃以上）。后期主要表现休克危象，精神高度沉郁，舌色青紫或灰白，四肢及耳鼻发凉，脉弱不感手，微循环不良，微血管再充盈时间延长（4 s 以上），血液暗红而黏滞等。

4. 腹腔穿刺

病后 2 ～ 4 h 内穿刺液明显增多，从淡红黄色到血水样，含有多量红、白细胞及蛋白质。小肠的腹股沟管嵌闭，腹腔液可无变化。

5. 直肠检查

完全闭塞性肠变位直肠检查的共同特点是，直肠内空虚，腹压较大，检手前进困难，可摸到局部气肠；肠系膜紧张如索状，朝一定方向倾斜而拽拉不动；某段肠管的位置、形状及走向发生改变，触压或牵引则病马剧痛不安；排气减压后触摸，仍如同往常。不同肠段、不同类型的肠变位，其直肠检查变化亦各有特点。

（三）剖检变化

剖检肠变位病尸，除可见变位肠段连同其肠系膜或肠间膜的病变外，肠腔内均积有多量混血、混浊、含纤维蛋白碎片的渗漏液，腹膜上有纤维素附着。据报道，在肠变位病死马几乎都能看到肾上腺皮质和胰腺的出血、变性乃至坏死，这些变化通常是内毒素性休克和弥漫性血管内凝血的结果。这显然是造成肠变位病情险恶、病程短急的又一重要致死因素。

（四）类症鉴别

1. 急性胃扩张

采食后突然起病或在其他腹痛病的经过中病情突然加重，主要表现剧烈腹痛、鼻流粪水、眼眶和耳根出汗、口腔湿润而酸臭、频频吸气、腹围不大而呼吸迫促。作食管及胃的听诊，可听到食管逆蠕动音和胃蠕动音。直肠检查，在左肾前下方常能摸到膨大的胃后壁，随呼吸前后移动。

2. 肠痉挛

口腔湿润，间歇性腹痛，肠音高朗连绵，粪便稀软带水，全身症状轻微。直肠检查感肛门紧缩，直肠紧压手臂，狭窄部较难入手。

3. 肠便秘

口腔稍干燥，眼结膜潮红，腹痛逐渐加重，排粪量减少，粪球干硬，大小不均，覆有黏液，肠音减弱或消失，直肠检查可发现结粪块。

4. 肠臌气

腹围膨大而肷窝平满或隆突，右侧尤为明显；触诊紧张而有弹性，叩诊呈鼓音。直肠检查，肠管充满气体，腹压增高，检手进入困难。

5. 肠结石

依据长期大量饲喂富磷精料的生活史、慢性消化不良和轻度腹痛并反复发作的病史，颇似完全阻塞性大肠便秘而投以泻剂后病情反倒增重的现象。直肠检查，壶腹部空虚，黏膜干燥而粘手，狭窄部紧缩，入手后常感到大结肠积气，通常在小结肠起始部或其前段可摸到拳头大至铅球大、圆形或椭圆形的坚硬结石。

6. 肠积沙

有食沙的生活史，在半荒漠草原和多沙石地区大批发生，呈现慢性消化不良，经常表现隐微或轻微腹痛，或反复发作中度乃至剧烈腹痛。直肠检查，某肠段积有黏硬粗糙的沙包，且触之表现剧痛或淘洗粪便发现大量沙石或煤渣。

7. 肠系膜动脉血栓－栓塞

反复发作性腹痛，一定程度的发热，腹腔穿刺液混血。直肠检查，触诊前肠系膜动脉根部粗硬、搏动微弱而感到管壁震颤，同时又摸到某肠段有不感痛的局部气胀。

8. 小肠蛔虫性堵塞

一般发生于 1 ～ 3 岁马驹。具反复发作性腹痛病史，腹痛特别剧烈，黄疸很明显，体温常升高，肠音活泼。直肠检查偶尔能摸到被虫体堵塞的肉样肠段。

9. 胃破裂

在倒地滚转或一阵呕吐动作之后，腹痛突然减轻或停止，但全身症状迅速恶化；病马惊惧；目光凝视、呆立不动；两唇弛垂，口色蓝紫或灰白；肢体厥冷；眼眶、耳根、胸前、肘后、股内等局部出汗或全身汗液淋漓，有的汗出如油；肌肉震颤，站立不动或卧地不起，腹壁紧张而敏感；脉搏细弱而频数，体温升高或低下；腹腔穿刺有大量污秽的红褐绿色胃内容物流出，往往混有草末。

（五）预防措施和安全用药

本病的病情危重，病程短急，一般经过 12 ～ 48 h 不等，多因急性心力衰竭和内毒素休克而死亡。尽早手术整复，严禁投服一切泻剂，是肠变位的基本治疗原则。

1. 术前准备

先采取导胃或排气减压、补液、强心、镇痛措施，维护全身机能；再灌服抗生素（新霉素或链霉素），制止肠道菌群紊乱，减少内毒素生成。

2. 手术实施

全麻，仰卧或半仰卧保定；依据怀疑变位的肠段和类型确定手术径路，作腹中线切开、肋弓后平行切开或腹胁部切开；创口不短于 20 ～ 30 cm，力争直视下操作；尽量吸除闭塞部前侧的胃肠内容物；切除变位肠段，进行断端吻合。

3. 术后监护

一是进行常规护理，如维护心肾功能、调整水盐代谢和酸碱平衡以及防止术后感染。二是要重点治疗肠弛缓，防止内毒素性休克，为此应通过临床观察、内毒素检验和凝血检验等，监测病程进展。

二十六、肠结石

肠结石，又名结石性肠堵塞，是由于马属动物肠内形成结石，堵塞肠腔而引起的一种腹痛病。临床特征为慢性消化不良，反复发作性腹痛，伴有食欲废绝、肠音沉衰、继发臌气等小结肠完全堵塞的临床表现，投服泻剂后病情反而加重。老龄马多发，一般不发生于 4 岁以下的马骡。

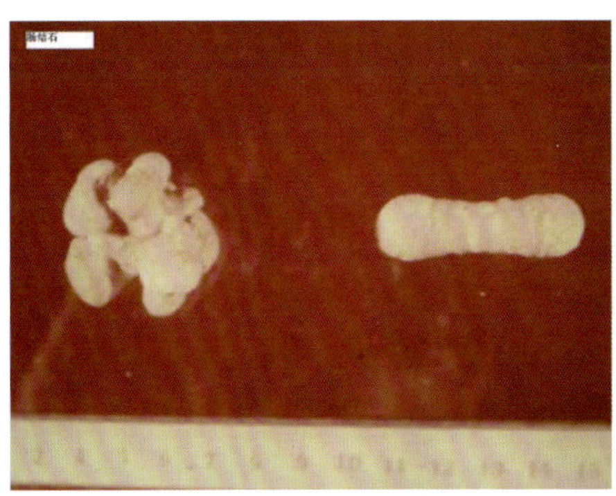

图 1-26-1 肠结石

肠内凝结物按其构成可分为矿物性凝结物、植物纤维、动物毛球、异物团块等四种，前一种乃真性肠结石，后三种则统称假性肠结石。真性肠结石（马宝），呈圆形、椭圆形或多边形，如豆大、桃核大、鹅卵大、铅球大乃至柚子大，重量数十克至数千克不等。其外表圆滑，结构致密，质地坚实而沉重（图 1-26-1）。假性肠结石（粪石），包括植物粪石和毛球粪石等，多呈圆形或类圆形，如鸡蛋大至小儿头大，表面粗糙而不平整，结构疏松，质量比同体积的真性肠结石轻得多。

（一）发病原因

马属动物肠结石形成的原因、条件和过程，尚不十分清楚。长期大量饲喂麸皮、米糠等含磷丰富精料的马骡多发肠结石。

（二）临床症状

一是慢性消化不良（碱性肠卡他），病马长年累月食欲减退或不定，粪便松散、粥状、臭味大或干稀交替。二是反复发作性腹痛，病马在数月或数年期间，有数次或数十次腹痛发作，腹痛通常是轻微的，只表现为刨蹄、踢腹、卧地、回顾、背腰下沉而四肢开张等。发作持续时间，短的数小时，长的若干日，给予解痉镇痛处置，腹痛即很快消失，不予处置亦能自行缓解。重症病马，腹痛剧烈或沉重，有的不断起卧滚转，有的拱腰缩腹，运步拘谨，站立不动或卧地不起，肠音沉衰或消失，有时可闻金属性肠音，口腔干燥，排粪停止，肚腹膨大，结膜暗红黄染，脉搏疾速，呼吸促迫。总之，肠结石病马的临床表现与完全阻塞性大肠便秘相似。直肠检查：壶腹部空虚，黏膜干燥而粘手，狭窄部紧缩，入手后常感到大结肠积气，偶尔在骨盆曲，有时在胃状膨大部，通常在小结肠起始部或其前段可摸到拳头大至铅球大、圆形或椭圆形的坚硬结石。触动堵塞部肠段，病马即剧痛不安。

（三）类症鉴别

1. 急性胃扩张

采食后突然起病或在其他腹痛病的经过中病情突然加重，主要表现剧烈腹痛、鼻流粪水、眼眶和耳根出汗、口腔湿润而酸臭、频频吸气、腹围不大而呼吸迫促。作食管及胃的听诊，可听到食管逆蠕动音和胃蠕动音。直肠检查，在左肾前下方常能摸到膨大的胃后壁，随呼吸前后移动。

2. 肠痉挛

口腔湿润，间歇性腹痛，肠音高朗连绵，粪便稀软带水，全身症状轻微。直肠检查感肛门紧缩，直肠紧压手臂，狭窄部较难入手。

3. 肠便秘

口腔稍干燥，眼结膜潮红，腹痛逐渐加重，排粪量减少，粪球干硬，大小不均，覆有黏液，肠音减弱或消失，直检可发现结粪块。

4. 肠臌气

腹围膨大而肷窝平满或隆突，右侧尤为明显；触诊紧张而有弹性，叩诊呈鼓音。直肠检查，肠管充满气体，腹压增高，检手进入困难。

5. 肠变位

全身症状迅速恶化；剧烈腹痛；小肠变位易继发积液性胃扩张，大肠变位易继发肠臌气；腹腔穿刺液检查，穿刺液中混血；直肠检查，直肠内空虚，腹压较大，检手前进困难，可摸到局部气肠，某段肠管的位置、形状及走向发生改变。

6. 肠积沙

有食沙的生活史，在半荒漠草原和多沙石地区大批发生，呈现慢性消化不良，经常表现隐微或轻微腹痛，或反复发作中度乃至剧烈腹痛。直肠检查，某肠段积有黏硬粗糙的沙包，且触之表现剧痛或淘洗粪便发现大量沙石或煤渣。

7. 肠系膜动脉血栓 – 栓塞

反复发作性腹痛，一定程度的发热，腹腔穿刺液混血。直肠检查，触诊前肠系膜动脉根部粗硬、搏动微弱而感到管壁震颤，同时又摸到某肠段有不感痛的局部气胀。

8. 小肠蛔虫性堵塞

一般发生于 1 ～ 3 岁马驹。具反复发作性腹痛病史，腹痛特别剧烈，黄疸很明显，体温常升高，肠音活泼，直肠检查偶尔能摸到被虫体堵塞的肉样肠段。

（四）预防措施和安全用药

1. 预防措施

加强饲养管理，合理调配饲料，避免长期大量饲喂麸皮、米糠等含磷丰富的精料。

2. 安全用药

急性发作的结石性肠堵塞病马，应首先按急腹症实施解痉镇痛、穿肠减压、补液强心等对症处置，以缓和病情，禁止投服泻剂。

对小结肠起始部或前段小结肠的结石堵塞，可反复进行高压灌肠，使结石退回到胃状膨大部，求得相对治愈。择时剖腹切肠取石：半仰卧保定，在剑状软骨后方 15 cm、腹底部白线偏右 2 ～ 3 cm 处向后与腹白线平行作 20 cm 长的切口；左侧横卧保定，在第 7 ～ 11 肋骨相对应的肋弓线后 4 ～ 5 cm 的右腹壁肋弓平行线上，作 20 cm 长的切口，其前端约距腹白线 15 cm。两种手术径路，可使胃状膨大部得到比较充分的暴露，且能将移行结肠（小结肠起始部）和前段结肠拽出腹创，便于侧切取石。

二十七、肠积沙

肠积沙，又名沙疝，是骡马异嗜或误食大量沙石，逐渐沉积于肠内所致的一种腹痛病，其临床特征为长期消化障碍，渐进性瘦弱，粪内混沙，反复发作腹痛，伴以肠不完全堵塞乃至完全堵塞的各种症状。肠积沙多呈地区性群发，在半荒漠草原和多沙石地区，常造成相当大的损失。

（一）发病原因

骡马吃进沙石的原因无非是误食和异嗜。误食沙石多见于大风沙地区，饲料内混有多量细沙，而喂前不淘不洗或淘洗不净；半荒漠草原或沙质草场放牧，特别是在暴风雨之后，牧草上叶柄部附有多量沙子，且沙地疏松，食草时连根带沙拔起；长期饮用混有泥沙的河水、渠水、浅井水、涝地水；长期在厚积细沙而水流湍急的浅滩、浅溪处给群马放饮；骡马喂盐不足，矿物质和维生素等营养物质缺乏时，发生异嗜而啃舔碱土、瓦砾、煤渣，引发本病。

（二）临床症状

轻症病马，食欲不定，味觉反常，有舌苔，口臭，消瘦虚弱，不耐使役，腹泻和便秘交替，呈慢性消化不良的基本症状，但又不同于一般性消化不良，本病有两个特点：一是经常表现隐微或轻微的腹痛，或者四肢集拢，背腰拱起，偶尔可见前蹄刨地和回头顾腹，短时间垂头站立而不愿走动，或者小心翼翼择地而卧，伸肢横躺而不愿起立。二是粪便内混有沙石或煤渣，以致粪色发暗，严重的呈深灰色；用手捻搓可感知坚硬颗粒的存在；用水反复淘洗，可获得一定量的细沙或煤渣。重症病马，则反复发作伴有肠炎的肠堵塞症状，呈中度或剧烈腹痛，食欲废绝，肠音减弱以至沉衰，脉搏和呼吸增数，结膜潮红或发绀，全身症状明显或重剧。直肠检查，黏膜潮红、干燥，手臂粘有沉落的沙粒。入手后可发现大结肠骨盆曲部、胃状膨大部或十二指肠有黏硬粗糙的沙包，触压堵塞部肠段动物即表现剧痛不安。

（三）剖检变化

盲肠尖，大结肠的胸骨曲、骨盆曲、膈曲和胃状膨大部沉积多量沙石，沉积量少的有 3 ～ 5 kg，多的可达 20 ～ 30 kg，甚至更多。胃肠黏膜卡他性炎症、出血和坏死，盲肠、左下大结肠及胃状膨大部不完全堵塞，甚至造成肠穿孔或破裂。

（四）类症鉴别

1. 急性胃扩张

采食后突然起病或在其他腹痛病的经过中病情突然加重，主要表现剧烈腹痛、鼻流粪水、眼眶和耳根出汗、口腔湿润而酸臭、频频吸气、腹围不大而呼吸迫促。作食管及胃的听诊，可听到食管逆蠕动音和胃蠕动音。直肠检查，在左肾前下方常能摸到膨大的胃后壁，随呼吸前后移动。

2. 肠痉挛

口腔湿润，间歇性腹痛，肠音高朗连绵，粪便稀软带水，全身症状轻微。直肠检查感肛门紧缩，直肠紧压手臂，狭窄部较难入手。

3. 肠便秘

口腔稍干燥，眼结膜潮红，腹痛逐渐加重，排粪量减少，粪球干硬、大小不均、覆有黏液，肠音减弱或消失，直肠检查可发现结粪块。

4. 肠臌气

腹围膨大而肷窝平满或隆突，右侧尤为明显；触诊紧张而有弹性，叩诊呈鼓音。直肠检查，肠管充满气体，腹压增高，检手进入困难。

5. 肠变位

全身症状迅速恶化；剧烈腹痛；小肠变位易继发积液性胃扩张，大肠变位易继发肠臌气；腹腔穿刺液检查，穿刺液中混血；直肠检查，直肠内空虚，腹压较大，检手前进困难，可摸到局部气肠，某段肠管的位置、形状及走向发生改变。

6. 肠结石

依据长期大量饲喂富磷精料的生活史，慢性消化不良和轻度腹痛并反复发作的病史，颇似完全阻塞性大肠便秘而投以泻剂后病情反倒增重的现象。直肠检查，壶腹部空虚，黏膜干燥而粘手，狭窄部紧缩，入手后常感到大结肠积气，通常在小结肠起始部或其前段可摸到拳头大至铅球大、圆形或椭圆形的坚硬结石。

7. 肠系膜动脉血栓 – 栓塞

反复发作性腹痛，一定程度的发热，腹腔穿刺液混血。直肠检查，触诊前肠系膜动脉根部粗硬、搏动微弱而感到管壁震颤，同时又摸到某肠段有不感痛的局部气胀。

8. 小肠蛔虫性堵塞

一般发生于 1 ～ 3 岁马驹。具反复发作性腹痛病史，腹痛特别剧烈，黄疸很明显，体温常升高，肠音活泼，直肠检查偶尔能摸到被虫体堵塞的肉样肠段。

（五）预防措施和安全用药

治疗原则是增强胃肠蠕动和分泌机能、排除肠道积沙和消除肠道炎症。应用油类泻剂，特别是动物油，治疗肠积沙有良好效果。猪油 500 ～ 1000 g，加 1% 温热盐水 8 ～ 16 L 投服，继之每隔 1 ～ 2 h 皮下注射 1 次小剂量毛果芸香碱等拟副交感神经药，在 12 h 内即可将大部分积沙排出。用液体石蜡 500 ～ 1000 mL、大黄 100 ～ 200 g、温水 5 L，灌服。并配合 10% 氯化钠溶液静脉注射，以增强胃肠蠕动，促成软粪，排除积沙。在排沙的同时，可兼用健胃消炎方剂，以缩短疗程。同时密切注意控制肠道炎症及防止酸中毒，可用磺胺、抗生素和 5% 碳酸氢钠注射液、5% 葡萄糖生理盐水溶液输液。治疗肠积沙时，应慎用盐类泻剂。因为大剂量应用盐类泻剂，只能加深沙粒在肠管内的沉积，反而更不利于肠内积沙的排除。在应用神经类泻剂时，患畜必须无严重脱水、心脏状态良好，以及肠音没有废绝，否则会使患马病情恶化，最后因肠管破裂而死。在整个治疗过程中，要多给饮水。

中药可选用二丑膏加减：大黄 30 g、二丑 30 g、神曲 30 g、麦芽 30 g、焦楂 30 g、苍术 30 g、青皮 30 g、枳实 20 g、木通 15 g、茯苓 15 g、泽泻 15 g、猪苓 15 g、甘草 15 g，共研为末，引用猪板油 250 g ～ 500 g，开水冲，候温灌服。

保守治疗无效者可采取手术治疗，方法为：将马右斜侧卧保定，用静松灵 140 mg 颈静脉推注麻醉，切口部位选择腹中线切口，术部进行常规消毒，安置创布，依次切开皮肤和皮下结缔组织，沿腹白线切开一小口后用组织钳向上提起后用钝头剪将切口扩至

30 cm 左右，将左下大结肠牵拉出腹腔后用大纱布隔离，切开大结肠的背侧，取出肠道中的阻塞物，用 12 号丝线连续螺旋缝合肠管后用生理盐水冲洗切口后再次内翻缝合，缝合口涂布油剂青霉素，还纳回腹腔。取出右下大结肠，按左下大结肠的手术方法取出积沙。检查其余肠管，未发现异常后腹腔中倒入油剂青霉素，用 14 号丝线结节缝合腹壁和肌肉层，结节缝合皮肤，对合切口，碘伏消毒后包扎结系绷带。术后静脉注射 0.9% 生理盐水 1000 mL、青霉素钠 1440 万 IU、地塞米松 40 mg；复方盐水 1000 mL，维生素 C 5 g；10% 葡萄糖 1500 mL，酚磺乙胺 0.8 g，每天 1 次，连续注射 5 d；氨苄西林钠 0.25 g、地塞米松 5 mg、2% 普鲁卡因 4 mL、灭菌用水 6 mL 混合后伤口两侧封闭，每天 1 次，连续 3 d，3 d 后拆除结系绷带，手术切口使用金因肽（促表皮生长因子）外喷，每天 2 次，连续 7 d，7 d 后用碘酒每天消毒 1 次。术后第一天禁食，少量饮水，第二天开始饲喂切碎的优质苜蓿草，为正常采食量的 1/5，分 3 次喂完。后逐日增加少量饲料，10 d 后转为正常饲养。

二十八、肠系膜动脉血栓 - 栓塞

肠系膜动脉血栓 - 栓塞，即蠕虫性肠系膜动脉炎，或蛎虫性动脉瘤，旧名血栓塞疝，是普通圆线虫幼虫所致寄生性动脉炎，使肠系膜动脉形成血栓，其分支发生栓塞，所分布肠段供血不足而引起的腹痛病。其病理学特征是肠系膜动脉及其分支乃至肠壁的小动脉内可见血栓或普通圆虫幼虫，相应肠段发生浆液性出血性浸润或出血性梗死。其主要临床特征包括不定期反复发作的轻度至剧烈腹痛；伴有轻热、中热乃至高热；腹腔穿刺液混血；直肠检查触有不感痛的局部气肠。

据国内外资料报道，90% ～ 94% 的马匹不同程度地受到圆线虫的侵袭。本病多发生于 6 月龄至 4 岁的幼驹或青年马，老龄马很少发生，这或许是因为老龄马能产生获得性免疫。

（一）发病原因

马圆线虫的高感染率及其幼虫在肠动脉系统内的移行，使绝大多数马匹都存在一定程度的动脉损伤。结果导致动脉壁显著增厚，管腔内填塞血栓，血栓包有幼虫。

（二）临床症状

1. 反复发作性腹痛

腹痛的程度不等，或轻微或中度或剧烈，每次发作持续数分钟至半小时，轻微的腹痛发作常被忽略；严重者，腹痛极其剧烈，甚至达到狂暴不安的程度。在间歇期，病畜采食饮水正常，宛如健马。发作的频率不定，有若干周一次的，也有一周多次的，甚至一日数次的。每次发作即使不予处置亦多能自行缓解。无可见的外部原因而反复发作腹痛，是本病的主要临床特征之一。

2. 消化道症状

病初肠音增强，以后减弱，有的大小肠音均消失。有时腹泻，粪便稀软、恶臭并带血。严重的常继发肠臌气或不完全阻塞性大肠便秘，则排粪迟滞甚至停止。

3. 全身症状

在重症发作期间比较明显，多伴有微热、中热乃至高热，持续 1 ～ 5 d 不等，脉搏和呼吸逐渐增数。继发出血性肠炎和腹膜炎的致死性病例，则全身症状重剧，心动疾速，恒有高热。轻症病例，发作期短暂，全身症状不明显。

4. 腹腔穿刺

轻症病例，腹腔穿刺液无大改变。伴发出血性梗死和腹膜炎的重症病例，则腹腔穿刺液明显增多，外观混浊，呈黄红色、樱桃红色乃至血样，含多量红细胞、白细胞和大量蛋白质。

5. 直肠检查

大部分病例可于前肠系膜动脉根部及其分支处，特别是回盲结肠动脉起始部触摸到小指粗或拇指粗变硬的动脉管，呈梭形、核桃大、串珠状膨隆，搏动明显减弱而感有管壁震颤。

轻症的常在数次腹痛发作之后，由于代偿性侧支循环的建立而自然治愈，预后良好。重症的，侧支循环很难建立，腹痛发作逐渐频繁，多在 1 ～ 2 周内因出血坏死性肠炎、腹膜炎和内毒素性休克而死亡。

（三）类症鉴别

1. 急性胃扩张

采食后突然起病或在其他腹痛病的经过中病情突然加重，主要表现剧烈腹痛、鼻流粪水、眼眶和耳根出汗、口腔湿润而酸臭、频频吸气、腹围不大而呼吸迫促。作食管及胃的听诊，可听到食管逆蠕动音和胃蠕动音。直肠检查，在左肾前下方常能摸到膨大的胃后壁，随呼吸前后移动。

2. 肠痉挛

口腔湿润，间歇性腹痛，肠音高朗连绵，粪便稀软带水，全身症状轻微。直检感肛门紧缩，直肠紧压手臂，狭窄部较难入手。

3. 肠便秘

口腔稍干燥，眼结膜潮红，腹痛逐渐加重，排粪量减少，粪球干硬，大小不均，覆有黏液，肠音减弱或消失，直检可发现结粪块。

4. 肠臌气

腹围膨大而肷窝平满或隆突，右侧尤为明显；触诊紧张而有弹性，叩诊呈鼓音。直肠检查，肠管充满气体，腹压增高，检手进入困难。

5. 肠变位

全身症状迅速恶化；剧烈腹痛；小肠变位易继发积液性胃扩张，大肠变位易继发肠臌气；腹腔穿刺液检查，穿刺液中混血；直肠检查，直肠内空虚，腹压较大，检手前进困难，可摸到局部气肠，某段肠管的位置、形状及走向发生改变。

6. 肠结石

依据长期大量饲喂富磷精料的生活史，慢性消化不良和轻度腹痛并反复发作的病史，颇似完全阻塞性大肠便秘而投以泻剂后病情反倒增重的现象。直肠检查，壶腹部空虚，黏膜干燥而粘手，狭窄部紧缩，入手后常感到大结肠积气，通常在小结肠起始部或其前段可摸到拳头大至铅球大、圆形或椭圆形的坚硬结石。

7. 肠积沙

有食沙的生活史，在半荒漠草原和多沙石地区大批发生，呈现慢性消化不良，经常表现隐微或轻微腹痛，或反复发作中度乃至剧烈腹痛。直肠检查，某肠段积有黏硬粗糙的沙包，且触之表现剧痛或淘洗粪便发现大量沙石或煤渣。

8. 小肠蛔虫性堵塞

一般发生于 1 ～ 3 岁马驹。具反复发作性腹痛病史，腹痛特别剧烈，黄疸很明显，体温常升高，肠音活泼，直肠检查偶尔能摸到被虫体堵塞的肉样肠段。

（四）预防措施和安全用药

迄今尚无理想的治疗方法。治疗的要点在于杀灭移行于动脉中的普通圆线虫幼虫，促使已形成的血栓发生纤维蛋白溶解，扩张肠系膜动脉系统，加强代偿性侧支循环的建立。

圆线虫实验感染后 1 周，用噻苯达唑按每千克体重 440 mg 的剂量连续 2 d 投服，可获得较好的疗效，动脉病变中的圆线虫幼虫几乎都不能存活。

低分子右旋糖酐能使血小板的聚集性降低，具有明显的抗凝血作用，可用于试治肠系膜动脉血栓 - 栓塞病马。方法是 10% 低分子右旋糖酐 500 ～ 1000 mL，静脉滴注，1 次 /d，9 d 为一疗程，2 ～ 3 个疗程即可见效。

葡萄糖酸钠是强有力的选择性腹部内脏血管扩张剂，20% ～ 25% 葡萄糖酸钠 500 ～ 1000mL，缓慢静脉注射，2 次 /d，可疏通血栓闭塞的动脉，并促进侧支循环的建立，对本病显示较好的疗效。

除上述疗法外，可依据病情实施镇痛解痉、补液强心、制止内毒素性休克等对症疗法。

二十九、直肠脱

直肠脱是指直肠一部分，甚至大部分向外翻转脱出至肛门外的一种病理状态，严重的病例在发生直肠脱的同时并发肠套叠或直肠疝。

（一）发病原因

直肠脱是由多种原因综合造成的结果，但主要原因是直肠韧带松弛，直肠黏膜下层组织和肛门括约肌松弛和机能不全。而直肠全层肠壁脱垂，则是由于直肠发育不全、萎缩或神经营养不良、松弛无力，不能保持直肠正常位置所引起。直肠脱的诱因为长时间泻痢、便秘、病后瘦弱、病理性分娩或用刺激性药物灌肠后引起强烈努责，腹内压增高促使直肠向外突出。此外，马胃蝇蛆在直肠肛门停留，也是诱发本病的原因。中医把直肠脱看成是全身性疾病的局部表现，故有“脏冷脱肛”的论述。多为饲养失调，年老体弱，劳逸过度，中气不足，元阳衰弱，气虚下陷的结果。

（二）临床症状

病症较轻的病马卧地或排粪后部分脱出，即直肠部分性或黏膜性脱垂。当发生黏膜性脱垂时，直肠黏膜的皱襞往往在一定的时间内不能自行复位，若长时间出现此症状则脱出黏膜发炎肿胀，导致无法自行复位。临床诊断可在肛门口处见到圆球形、颜色淡红或暗红的肿胀。随着炎症和水肿的发展，则直肠壁全层脱出，即直肠完全脱垂。诊断时可见到由肛门内突出呈圆柱状下垂的肿胀物。由于脱出的肠管被肛门括约肌箝压，而导致血液循环障碍，水肿更加严重，同时因受外界的污染，表面污秽不洁，沾有泥土和草屑等，甚至发生黏膜出血、糜烂、坏死和继发损伤。此时，病马常伴有全身症状，体温升高，食欲减退，精神沉郁，并且频频努责，做排粪姿势。

（三）类症鉴别

应与脱肛鉴别。脱肛常发生在排粪后，脱出的直肠末端黏膜呈暗红色半球状，表面有轮状皱缩，中央有肠道的开口，初期常能自行缩回。如果脱出的黏膜发炎、水肿、体积增大，则不易恢复原位。如果脱出的黏膜发生损伤，可引起感染或坏死。而直肠脱常继发于脱肛之后，也有原发的。其特点是脱出物为直肠壁，体积大，呈圆柱状，由肛门垂下且向下弯曲，往往发生损伤、坏死，甚至由于直肠壁破裂而引起结肠脱出。直肠脱常伴发套叠，此时表现为圆柱状肿胀物向上弯曲，手指可沿直肠脱出物和肛门之间插入。

（四）预防措施和安全用药

病初及时治疗便秘、下痢、阴道脱等。并注意饲喂青草和软干草，充分饮水。对脱出的直肠，则根据具体情况，参照下述方法及早进行治疗。

1. 整复

是治疗直肠脱的首要任务，其目的是使脱出的肠管恢复到原位，适用于发病初期或黏膜性脱垂的病例。整复应尽可能在直肠壁及肠周围蜂窝组织未发生水肿以前施行。方法是先用 0.25% 温热的高锰酸钾溶液或 1% 明矾溶液清洗患部，除去污物或坏死黏膜，然后用手指谨慎地将脱出的肠管还纳原位。为了保证顺利地整复，可使马躯体后部稍高。为了减轻疼痛和挣扎，最好给病马施行荐尾硬膜外麻醉或直肠后神经传导麻醉。在肠管还纳复原后，可在肛门处给予温敷以防再脱。

2. 剪黏膜法

是我国民间传统治疗直肠脱的方法，适用于脱出时间较长，水肿严重，黏膜干裂或坏死的病例。其操作方法是按“洗、剪、擦、送、温敷”五个步骤进行。先用温水洗净患部，继以温防风汤（防风、荆芥、薄荷、苦参、黄柏各 12.0 g，花椒 3.0g，加水适量煎两沸，去渣，候温待用）冲洗患部。之后用剪刀剪除或用手指剥除干裂坏死的黏膜，再用消毒纱布兜住肠管，撒上适量明矾粉末揉擦，挤出水肿液，用温生理盐水冲洗后，涂 1% ～ 2% 的碘石蜡油润滑，然后从肠腔口开始，谨慎地将脱出的肠管向内翻入肛门内。在送入肠管时，术者应将手臂随之伸入肛门内，使直肠完全复位。最后在肛门外进行温敷。

3. 固定法

对于还纳的直肠仍继续脱出时，在肛门周围可行荷包缝合，但要留出 2 指的开口，经 7 ～ 10 d 即可拆除缝线。应用本疗法时，须特别注意护理，如果病马排粪困难，应每隔 3 ～ 6 h 用温肥皂水灌肠，然后用手指将直肠内的积粪取出，之后灌入油脂，使黏膜润滑，有助于排粪。

4. 直肠周围注射酒精或明矾液

本法是在整复的基础上进行的，其目的是利用药物使直肠周围结缔组织增生，借以固定直肠。临床上常用 70% 酒精溶液或 10% 明矾溶液注入直肠周围结缔组织中。方法是在距肛门孔 2 ～ 3 cm 处，肛门上方和左、右两侧直肠旁组织内分点注射 70% 酒精 3 ～ 5 mL 或 10% 明矾溶液 5 ～ 10 mL，另加 2% 盐酸普鲁卡因溶液 3 ～ 5 mL。注射的针头沿直肠侧直前方刺入 3 ～ 10 cm。为了使进针方向与直肠平行，避免针头远离直肠或刺破直肠，在进针时应将食指插入直肠内引导进针方向，操作时应边进针边用食指触知针尖位置并随时纠正方向。

5. 直肠部分截除术

手术切除用于脱出过多、整复有困难、脱出的直肠发生坏死、穿孔或有套叠而不能复位的病例。

行荐尾间隙硬膜外麻醉或局部浸润麻醉，手术方法有以下两种。

（1）直肠部分切除术　在充分清洗消毒脱出肠管的基础上，取两根灭菌的普用麻醉针头或细编织针，紧贴肛门外交叉刺穿脱出的肠管将其固定，若是直肠管腔较粗大，最好先在直肠内插入一根橡胶管或塑料管，然后用针交叉固定，进行手术，在固定针后方约 2 cm 处，将直肠环形切开，充分止血后，用细丝线和圆针，把肠管两层断端的浆膜和肌层分别做结节缝合，然后用单纯连续缝合法缝合内外两层黏膜层。缝合结束后用 0.25% 高锰酸钾溶液充分冲洗、蘸干，涂以碘甘油或抗生素药物。

（2）黏膜下层切除术　适用于单纯性直肠脱，在距肛门周缘约 1 cm 处，环形切开达黏膜下层，向下剥离，并翻转黏膜层，将其剪除，最后顶端黏膜边缘与肛门周围黏膜边缘用肠线作结节缝合，整复脱出部，肛门口作荷包缝合。

当并发套叠性直肠脱时，采用温水灌肠，力求以手将套叠肠管挤回盆腔，若不成功，则切开脱出直肠外壁，用手指将套叠的肠管推回肛门内，或开腹进行手术整复。为防止复发，应将肛门固定。

术后应将病马置于清洁干燥的厩舍内，喂予柔软饲草，防止病马卧地，如排粪困难，用肥皂水浅部灌肠，或内服缓泻剂，并根据病情采取镇痛、消炎等对症疗法。

6. 封闭疗法

普鲁卡因溶液盆腔器官封闭，效果良好。

三十、直肠损伤

直肠损伤包括两类，一类是直肠黏膜和肌层的损伤，但浆膜完整无损称直肠不全破裂；另一类为直肠壁各层完全破损称直肠全破裂或直肠穿孔。根据破裂的部位，又分为腹膜内直肠破裂和腹膜外直肠破裂两种，腹膜内直肠破裂时，肠内容物流入腹腔，常造成病马死亡；腹膜外直肠破裂时，则粪便污染直肠周围蜂窝组织。

（一）发病原因

引起直肠损伤的原因大致有以下几方面：

1. 机械性损伤

如直肠检查时，病马突然骚动或努责，误将直肠戳破，或灌肠时被灌肠器尖端刺破，有时可遇到不明原因的直肠内发现木棍、秸秆等异物，导致直肠破裂。

2. 火器创

如枪弹、弹片等所致的损伤。

3. 病理性损伤

如骨盆骨折、病理性分娩、肛门附近发生创伤并发直肠损伤等。

（二）临床症状

1. 直肠前段破裂（腹腔内直肠破裂）

是位于腹腔被有浆膜的直肠前段破裂，可分为不全破裂与全破裂。

（1）不全破裂　为直肠黏膜和肌层破裂，仅黏膜破裂时，出血较少，多能自然治愈。黏膜和肌层同时破裂时，尤其撕破面积较大时，出血较多，排血便，直肠检查可摸到破口，创面粗糙，有的形成创囊，囊内蓄积血块和粪便，以后局部出现炎性肿胀。

（2）全破裂　为直肠壁的全层破裂。穿孔后，肠内容物落入腹腔，病马表现肌肉震颤，全身出汗，呼吸促迫，心脏衰弱，轻度腹痛，腹壁紧张而敏感，时作排粪姿势，有时排血便，精神高度萎靡，直检时可摸到破口，体温升高食欲废绝，很快会出现急性弥漫性腹膜炎症状。

2. 直肠后段破裂（腹膜外直肠破裂）

这段直肠无被膜覆盖，由疏松结缔组织与肌肉和邻近器官相连。黏膜和肌层同时破裂，粪便进入直肠周围组织，易引起直肠周围蜂窝织炎和脓肿。

（三）类症鉴别

1. 直肠脱

常继发于脱肛之后，其特点是脱出物为直肠壁，体积大，呈圆柱状，由肛门垂下且向下弯曲，往往发生损伤、坏死，甚至由于直肠壁破裂而引起结肠脱出。直肠脱常伴发套叠，此时表现为圆柱状肿胀物向上弯曲，手指可沿直肠脱出物和肛门之间插入。

2. 直肠便秘

多发生于老弱马、骡和驴，腹痛较轻微，仅表现摇尾、举尾，频频作排粪姿势，但排不出粪便。全身无明显变化，有时可继发肠臌气。手入直肠即可确诊。

（四）预防措施和安全用药

1. 一般处理

保证病马处于安静状态防止破溃口内容物流入腹腔。为使病马安静，可静脉注射5%水合氯醛溶液200～300 mL，然后根据病情及时处理。仅仅损伤直肠黏膜和出血不多的病例，可不予以治疗，如损伤直肠黏膜和肌层且创口较大，出血较多，则应适当增加止血药物的使用，并在轻微压力下向直肠内注入收敛剂。直肠损伤部分可用云南白药涂敷。当直肠内有积粪，应及时仔细地掏出积粪，以减少对损伤部的刺激和压迫，并喂给柔软的饲料和适量盐类泻剂。当直肠周围发生蜂窝织炎或脓肿时，可在肛门侧方肿胀的低位处，切开排脓。

2. 保守疗法

适用于无浆膜区的损伤和前部有浆膜区较小范围的损伤，目的在于保护局部创面，防止造成破裂孔。方法是在直肠破损处创面的创囊内，填塞浸有抗生素的脱脂棉，借以保护局部创面，防止粪便蓄积而将浆膜撑破。为了提高治疗效果，要及时地将直肠内的粪便掏出，并给予少量柔软的饲料和适量的盐类泻剂，以使粪便稀软而减少刺激。此类病例的治疗预后极为重要，应注意饲养管理，加强营养，以增强抗病能力，并配合必要的对症疗法或全身抗生素的应用。在治疗过程中，应每天检查创口的变化情况，并根据病情的发展而采取相应的治疗措施。

3. 手术疗法

凡直肠全破裂的病例均应及早施行手术治疗，提高疗效。手术治疗方法较多，现介绍下面几种方法：

（1）直肠内单手缝合法　适用于直肠后段破裂或人工直肠脱出有困难的病例。

柱栏内站立保定，取 2% 盐酸普鲁卡因注射液 30 ～ 40 mL，行荐尾硬膜外麻醉。选小号或中号全弯针，穿以 1 ～ 1.5m 长的 10 号缝线，以拇指和食指持针尖，手掌保护针身，将缝线送入直肠内，用中指和无名指触摸和固定创缘，以掌心推动针尾，穿透肠壁全层，从一侧创缘至对侧创缘，第一针缝毕后，将针线握在手掌中，谨慎地拉出体外，两个线尾在肛门外打第一结扣，助手牵引线尾，术者用食指将线结推送到直肠内缝合部位，再由助手在外打一个结，送到直肠内缝合部，使之形成一针结节缝合，用同样方法对整个破裂口进行全层单纯连续缝合，每缝一针均需拉紧缝线。缝完破裂口须作细致检查，必要时可作补充缝合，最后打结并剪除线尾，用白芨糊剂涂敷缝合处。

直肠内单手缝合法的缺点是缝合时仅用单手操作，又不能在直视下进行，所以，没有熟练的缝合技巧，往往缝合不够紧密。

（2）长柄全弯针缝合法　本缝合法用特制长柄缝针。全弯针弧度的直径约 3 cm，距针尖 0.6 cm 处有一挂线针孔。缝合方法与直肠内单手缝合基本相同。术者在直肠内的手只需固定创缘和确定进针部位，推针动作则由另一手在体外转动针柄进行。

（3）直肠缝合器缝合法　是长柄全弯针缝合法的一种改进新法，是应用特制的 T64 型直肠缝合器，结合应用直肠手术窥镜，进行直肠破裂处缝合，其操作方法基本与上述缝合法类同，由于缝合器内配有线梭、刀片、线导，从而简化了在直肠内打结、剪线等操作。

（4）肛门旁侧切开缝合法　适应于直肠各部位破裂的缝合，但手术难度大，需对直肠壁及其周围组织进行广泛的分离，易误伤血管和神经，为此，要求术前熟知局部解剖，术中操作仔细，否则将导致直肠麻痹、蜂窝织炎等后遗症的发生。

（5）人工直肠脱出术　本法适用于直肠壶腹前段狭窄部的损伤。

侧卧保定或柱栏内站立保定。全身麻醉，同时作阴部神经与直肠后神经传导麻醉，也可行荐尾硬膜外麻醉，同时作阴部神经与直肠后神经传导麻醉。麻醉后 15 ～ 20 min，针刺肛门反应减弱时即可施行人工脱出直肠。方法是在探寻到破裂口后，术者手指夹持小块纱布进入直肠内，拇指与中指夹住破裂口创缘两侧，谨慎而徐缓地向外牵引破裂口的黏膜，使其翻至肛门外，形成人工直肠脱。直肠脱出后，助手手指隔着纱布夹持破裂口使之固定，并用青霉素生理盐水冲洗破裂口，术者迅速而准确地连续缝合外翻的黏膜和肌层后，还纳到直肠腔内。缝合部参照直肠损伤的保守疗法进行处理。

三十一、急性实质性肝炎

急性实质性肝炎是在致病因素作用下，肝脏发生以肝细胞变性、坏死为主要特征的一种急性疾病，临床上以黄疸、肝区触痛、肝浊音区增大和一定的神经症状为特征。

（一）发病原因

本病主要由感染性因素与中毒性因素引起。长期饲喂霉败草料，误食有毒物质（如砷、磷、锑、硒、铜等）或其他化学农药或有毒植物（如千里光属植物、野百合等），是引起本病的主要原因。在一些传染病（如马传染性贫血、传染性脑脊髓炎、马传染性胸膜肺炎、出血性败血症、沙门氏菌病、钩端螺旋体病等）和寄生虫病（如肝片吸虫病、锥虫病及梨形虫病等）及脓毒症的经过中，由于毒素刺激肝脏，继发肝炎。在胃肠炎经过中，由于腐败发酵的异常产物大量被吸收，也能引起本病。

（二）临床症状

病马有的兴奋不安，有的精神沉郁，昏睡或昏迷。食欲减退，全身无力，体温稍升高（39 ～ 39.5℃）或正常，脉搏数减少，可视黏膜黄染，皮肤瘙痒。顽固性的消化障碍，开始排干粪，以后转为腹泻，或腹泻与便秘交替发生，粪便色淡、臭味大，呈灰白绿色或淡褐色，有油样外观，病马常有轻微腹痛。触诊肝区敏感，肝肿大明显时，叩诊可出现肝浊音区。经常出现神经症状，一般先兴奋后转为昏睡或昏迷。肌肉痉挛和搐搦，运动不协调，步态不稳，左右摇摆。后期不能站立。尿色发暗，尿中可检查出胆红素，若肝细胞发生坏死，则有酪氨酸和亮氨酸结晶，若继发肾病，则有肾上皮细胞、管型和蛋白质。

血清中胆红素增多，胆红素定性试验呈双相反应或直接反应。血清硫酸锌浊度和麝香草酚浊度均增高。血清丙氨酸转氨酶（ALT）、天冬氨酸转氨酶（AST）、乳酸脱氢酶（LDH）及山梨醇脱氢酶（SDH）活性均增高。

（三）剖检变化

急性实质性肝炎初期，肝脏肿大，呈黄土色或黄褐色，表面和切面有大小不等、形状不整的出血性病灶，胆囊缩小。中、后期，肝脏表面有大小不等的灰黄色或灰白色小点或斑块；当肝细胞坏死范围广泛时，肝脏体积缩小，被膜皱缩，边缘薄，质地柔软，呈灰黄色或红黄相间。在后期，坏死的肝小叶溶解、肝小叶结构破坏，网状纤维支架明显；汇管区充血、水肿和炎性细胞浸润，胆管上皮增生。

（四）类症鉴别

1. 急性胃肠卡他

黄疸轻微，无热症，肝区检查和肝功能无变化。

2. 急性肝营养不良

呈地方流行性，伴有其他实质器官变性或出血；肝代谢和解毒机能降低或消失，呈进行性黄疸；中枢神经系统严重紊乱。

3. 肝硬变

病程较长，常伴有慢性胃肠炎、黄疸、肝脾综合征；逐渐消瘦，后期腹腔积液，碱性磷酸酶（AKP）和单胺氧化酶（MAO）活性升高。

4. 马传染性贫血

高度贫血，明显浮肿，间歇热型，血液检查可见吞铁细胞。

（五）预防措施和安全用药

1. 预防措施

加强饲养管理，防止霉败饲料、有毒植物以及化学毒物的中毒；加强卫生防疫，防止感染，增强肝脏功能，保证家畜健康。

2. 安全用药

治疗原则是排除病因，加强护理，保肝利胆，清肠止酵以及其他对症治疗。

（1）排除病因，加强护理　及时治疗原发病，停止饲喂霉败草料或有毒植物。更换优质草料，给予富含糖类、维生素和钙的饲料，如麦麸、玉米、胡萝卜、青草或优质干草，避免喂给富含脂肪的饲料，并减少蛋白质性饲料。

（2）保肝利胆　静脉注射 25% 葡萄糖液 500 ～ 1000 mL，2 次 /d；5% 葡萄糖生理盐水注射液 2 ～ 3 L，5% 维生素 C 注射液 30 mL，维生素 B_1 注射液，静脉注射，2 次 /d；必要时，可用 2% 肝泰乐注射液 50 ～ 100 mL，静脉注射，2 次 /d；一次内服 40 ～ 60 片酵母片或复合维生素 B，2 次 /d。服用氯化胆碱（每千克体重 20 ～ 40 mg）或甲硫氨酸（每千克体重 20 ～ 40 mg）、肝泰乐等保肝药，以利移除肝脏中的脂肪。为防止肝性昏迷，防止肠道腐败产氨，可内服抗生素，如金霉素 6 ～ 9 g，一日分三次内服，新霉素效果也良好。

（3）清肠止酵　人工盐或硫酸钠 250 ～ 300 g，鱼石脂 15 ～ 20 g，加水配成 5% 溶液，一次灌服。

（4）其他对症治疗　对于黄疸明显的病马，可用天冬氨酸钾镁 40 ～ 100 mL，加入 5% 葡萄糖注射液内，缓慢静脉注射；具有出血性素质的病马，应静脉注射 10% 氯化钙注射液 100 ～ 150 mL，肌内注射 1% 维生素 K_3 注射液 10 ～ 30 mL；为抑制炎症反应，可用氢化可的松等肾上腺皮质激素进行治疗；当出现肝昏迷时，可静脉注射甘露醇，降低颅内压，改善脑循环；病马表现疼痛或狂躁不安时，可应用水合氯醛或安溴注射液，镇静止痛。

（5）中兽医疗法　按照辨证施治原则，当肝脏湿热，胆汁外溢，黄疸鲜明，则应利湿消炎，清热泻火。宜用茵陈汤加味：茵陈 200 g、栀子 80 g、大黄 40 g、黄芩 60 g、板蓝根 200 g，水煎去渣，内服。若湿重于热，精神困倦，食滞腹痛，尿黄短少时，应加枳实、神曲以破积散满；消食和胃加茯苓、滑石、车前子；利尿清热，渗湿利水加猪苓、泽泻，当肝脏寒湿，湿热内蕴，黄疸晦暗，脉性沉迟，则应温化寒湿，强脾健胃。宜用茵陈四逆汤加味：茵陈 200 g、炮附子 30 g、干姜 20 g、茯苓 60 g、白术 60 g、陈皮 40 g、甘草 20 g，水煎去渣，内服。若肝气郁结，肝区疼痛，举止不安时，可加柴胡、郁金、元胡、香附，以疏肝解郁，理气止痛。

三十二、马吸虫病

马吸虫病是由肝片吸虫引起的一种寄生虫病，临床上以肝炎、胆管炎，并伴有全身性中毒现象和营养障碍为特征。危害相当严重，尤其对幼驹可引起大批死亡。

（一）发病原因

肝片吸虫背腹扁平，呈柳叶状，前端宽于后端，前端伸展呈圆锥状突起，活时棕红色。片形吸虫的终末宿主主要是马和牛、羊、骆驼等，中间宿主主要为椎实螺科的淡水螺。成虫的寄生期限为3～5年。虫卵随粪便排出体外，在水中孵出毛蚴，钻入椎实螺体内发育成尾蚴，离开螺体，在水生植物或水面上形成囊蚴。放牧马吃草或饮水时吞入囊蚴，幼虫在体内移行到肝脏钻进胆管，发育为成虫。

本病发生与中间宿主螺类密切相关。多发生在低洼、湖泊、草滩、沼泽地带，多雨年份，特别在久旱逢雨的温暖季节可促使本病暴发和流行。我国北方地区，夏秋两季是主要感染季节。

（二）临床症状

轻度感染往往无明显症状，感染数量多时则可出现临床症状，急性型表现精神沉郁，食欲减退或消失，体温升高，贫血，腹痛，腹泻，肝肿大有压痛，有时突然死亡。慢性型多发于冬、春季，是成虫引起的症状，表现逐渐消瘦，食欲减退，下痢，贫血，怀孕马流产，因极度消瘦而死亡。

（三）剖检变化

片形吸虫病的急性病理变化包括肠壁和肝组织的严重损伤、出血、出现肝肿大；慢性感染，由于虫体的刺激和代谢物的毒素作用，引起慢性胆管炎、慢性肝炎和贫血现象。

（四）类症鉴别

1. 急性实质性肝炎

体温轻度升高、黄疸、顽固性消化不良、粪恶臭色淡、肝区触诊敏感、主要是昏睡和痉挛等，血清丙氨酸转氨酶（ALT）、天冬氨酸转氨酶（AST）活性增高。马吸虫病主要发生在夏秋季节，除上述症状外粪便检查可查到吸虫虫卵，死后可在肝实质中找到幼小虫体或从胆管中找到较大虫体或成虫。

2. 急性肝营养不良

呈地方流行性，伴有其他实质器官变性或出血；肝代谢和解毒机能降低或消失，呈进行性黄疸；中枢神经系统严重紊乱。

3. 马传染性贫血

高度贫血，明显浮肿，间歇热型，血液检查可见吞铁细胞。

（五）预防措施和安全用药

1. 预防措施

驱虫与粪便发酵是积极的预防措施，每年应进行二次驱虫，秋末冬初和冬末春初各一次。粪便发酵可杀死虫卵，尤其是驱虫后排出的粪便和虫体更应发酵。消灭中间宿主椎实螺，饮水和饲草要卫生，饮水最好用自来水、井水和清洁流动的河水，选择干燥地区放牧。

2. 安全用药

应在早期诊断的基础上及时治疗，选用适当药物驱除肝片吸虫，如硝氯酚，只对成虫有效，粉剂按每千克体重 3 ～ 4 mg，一次口服；或针剂按每千克体重 0.5 ～ 1 mg，深部肌内注射。丙硫咪唑（抗蠕敏），对成虫效果好，对童虫效果较差，按每千克体重 10 mg，一次口服。溴酚磷（蛭得净），对成虫和童虫均有良好的驱杀效果，用于治疗急性病例，按每千克体重 12 mg，一次口服。三氯苯唑（肝蛭净），对成虫、幼虫和童虫均有良好的驱杀效果，用于治疗急性病例，用 10% 混悬液或含 900 mg 的丸剂，按每千克体重 10 mg，经口投服。

三十三、腹膜炎

腹膜炎是腹膜壁层和脏层炎症的统称。按病因分为原发性和继发性腹膜炎；按病程经过分为急性和慢性腹膜炎；按病变范围分为弥漫性和局限性腹膜炎；按渗出物性质分为浆液性、纤维蛋白性、出血性、化脓性及腐败性腹膜炎。

（一）发病原因

1. 原发性病因

原发性病因因受寒、过劳或某些理化因素的影响，机体防卫机能降低时受到大肠杆菌、沙门氏菌、链球菌和葡萄球菌等条件致病菌的侵害；腹壁创伤、手术感染（创伤性腹膜炎）；腹腔和盆腔脏器穿孔或破裂（穿孔性腹膜炎）；直肠检查引起直肠破裂。

2. 继发性病因

继发性的见于腹膜邻接脏器感染性炎症的蔓延，如肠炎、肠变位、子宫炎、膀胱炎等，因脏壁损伤，脏器内细菌侵入腹膜致使发炎（基延性腹膜炎），细菌血行感染，如巴氏杆菌病、鼻疽及炭疽等病程经过中。

（二）临床症状

1. 急性弥漫性腹膜炎

急性弥漫性腹膜炎最突出而固定的症状是腹膜性疼痛表现，如不断回顾腹部，弓背，持续站立，想卧而又不敢卧，或卧下后很快又起立，避免运动，运步小心，腹壁紧张等，全身症状重剧，病马表现精神沉郁，食欲废绝，体温升高，呼吸疾速且浅表，胸式呼吸明显，脉搏快而弱。腹围不同程度地膨大（图 1-33-1），肠音减弱或消失，常继发肠臌气。触诊腹部敏感疼痛，渗出液多时叩诊腹部有水平浊音，穿刺腹腔有数量不等或性质不同的渗出液流出。马急性弥漫性腹膜炎的病程为 2 ～ 4 d，但穿孔性腹膜炎常因毒血症或中毒性休克在 12 h 内死亡。

2. 急性局限性腹膜炎

急性局限性腹膜炎的症状与弥漫性的相似，但症状较轻，全身症状不明显，仅表现轻微腹痛甚至无腹痛表现，体温中度升高，仅在触诊炎灶部位的腹壁时，病马才表现出腹痛反应。

3. 慢性腹膜炎

主要表现慢性胃肠卡他症状，反复发生腹泻、便秘或臌气，有的因腹水量多而腹部膨大（图 1-33-2）。全身症状不明显，偶尔可因肠粘连而表现肠狭窄症状。

腹腔穿刺，渗出液为深黄色混浊液体（图 1-33-3，图 1-33-4），相对密度高于 1.018，蛋白质总量在 30 g/L 以上，利凡他（Rivalta）试验为阳性，细胞计数常大于 5×10^8 个 /L。根据不同病因，分别以中性白细胞或淋巴细胞为主，细菌学检查，可找到病原菌。如腹腔积液中有严重变性的中性粒细胞、细菌（尤其是被白细胞吞噬的细菌）或排泄物，则诊断为脓毒性腹膜炎。剖检腹腔各脏器粘连（图 1-33-5）。

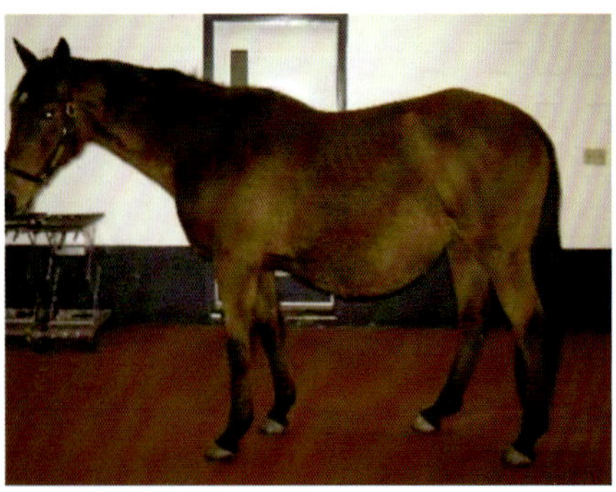

图 1-33-1 急性弥漫性腹膜炎腹围膨大

图 1-33-2 慢性腹膜炎腹水

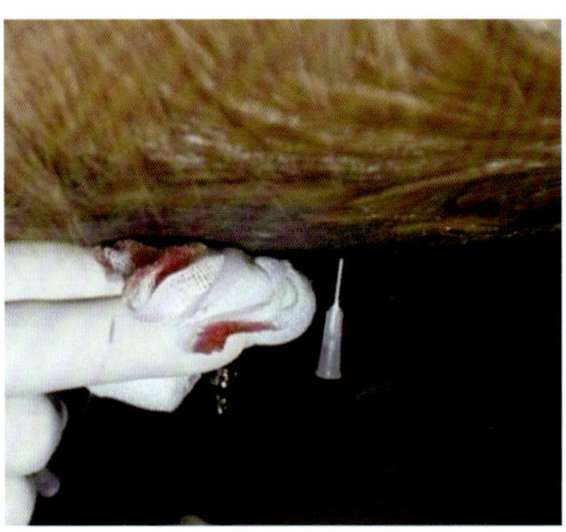

图 1-33-3 腹腔穿刺方法

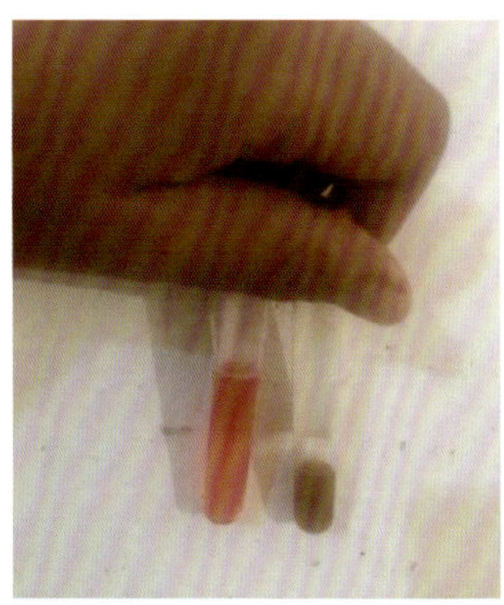

图 1-33-4 渗出液为混浊液体

（三）类症鉴别

1. 急性实质性肝炎

体温轻度升高、黄疸、顽固性消化不良、粪恶臭色淡、肝区触诊敏感、主要是昏睡和痉挛等，血清丙氨酸转氨酶（ALT）、天冬氨酸转氨酶（AST）活性增高。

2. 肝硬变

病程较长，常伴有慢性胃肠炎、黄疸、肝脾综合征；逐渐消瘦，后期腹腔积液，碱性磷酸酶（AKP）和单胺氧化酶（MAO）活性升高。

3. 腹水症

腹水症为腹腔内积聚漏出液（图 1-33-6），呈淡黄色透明液体或稍混浊的淡黄色液体，相对密度低于 1.018，一般不凝固，蛋白质总量在 25 g/L 以下，Rivalta 试验和细菌学检查均为阴性。

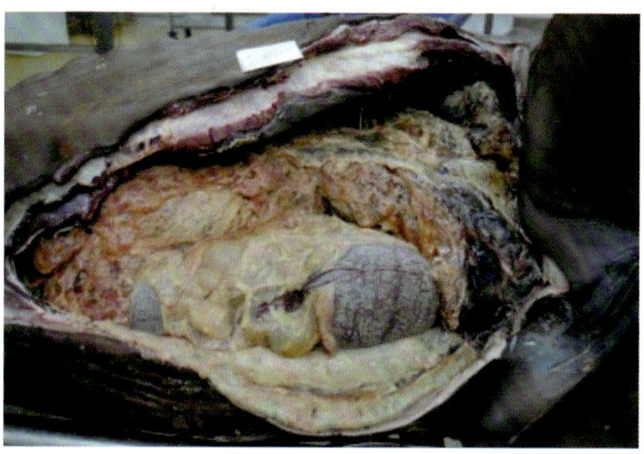

图 1-33-5　腹腔各脏器粘连

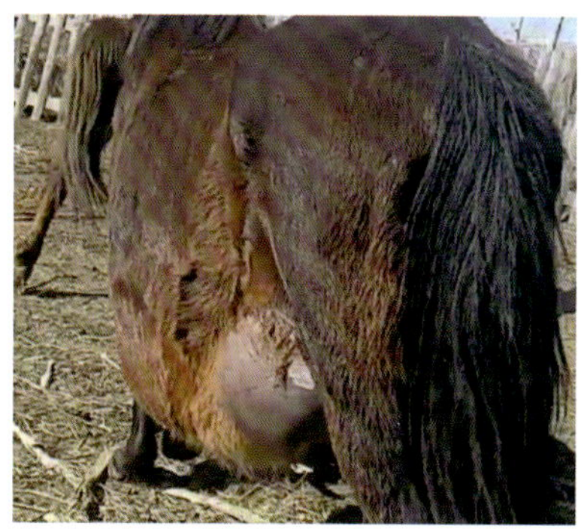

图 1-33-6　腹水症

（四）预防措施和安全用药

治疗原则是抗菌消炎，制止渗出，纠正水盐代谢。

1. 抗菌消炎

运用广谱抗生素或多种抗生素联合进行静脉注射、肌内注射或大剂量腹腔注入，如用青霉素、链霉素各 200 万 IU，0.25% 普鲁卡因 300 mL，5% 葡萄糖液 500 ～ 1000 mL，加温至 37℃左右，一次腹腔注射（也可加入 0.2 ～ 0.5 g 氢化可的松），每天 1 次，连用 3 ～ 5 d。

为消除腹膜炎性刺激的反射影响，减轻疼痛，可用 0.25% 普鲁卡因 150 ～ 200 mL，作两侧肾脂肪囊内封闭；还可用安及近、盐酸吗啡、水合氯醛等。

2. 制止渗出

可静脉注射 10% 氯化钙或 10% 葡萄糖酸钙溶液 100 ～ 150 mL，40% 乌洛托品 20 ～

30 mL，生理盐水 1500 mL。

3. 纠正水盐代谢

为纠正水，电解质与酸碱平衡失调，可用 5% 葡萄糖生理盐水或复方氯化钠溶液（20 ～ 40 mL/kg 体重）静脉注射，每日 2 次。对出现心律失常，全身无力及肠弛缓等缺钾症状的病马，可在盐水内加适量 10% 氯化钾溶液，静脉滴注。用 5% 碳酸氢钠静脉注射纠正酸碱失衡。腹腔积液过多时可穿腹引流，温生理盐水冲洗腹腔；出现内毒素休克危象的应按中毒性休克实施抢救。

脏器穿孔或破裂引起的腹膜炎，应及时外科手术治疗。

三十四、马妊娠毒血症

马妊娠毒血症是母马妊娠末期的一种严重的代谢性疾病，临床上以产前顽固性食欲和饮欲废绝为主要特征。如发病距产期较远，多数病马维持不到分娩就母子双亡。本病主要见于怀骡驹的马，马怀马驹则极少发生。绝大多数发生于 4 ～ 5 月份，产前的数天至 1 个月以内、产前 10 d 以内发病者居多；1 ～ 3 胎的母马发病最多，但任一胎次都可发病；发病率与年龄、品种、体型及配种公畜均无明显关系，但膘情好，妊娠后期不使役、不运动的马易发本病。此病在中国北方地区常有发生，死亡率高达 70% 左右，是对马养殖业危害较大的疾病之一。欧洲报道的矮种马高脂血症与本病非常相似。

（一）发病原因

发病原因及发病机理还不十分清楚，胎儿过大尤其是马怀骡驹时是引起本病主要原因；其次与怀孕期缺乏运动及饲养管理不当也具有密切关系。胎儿发育迅速，体格较大，使母体的新陈代谢和内分泌系统的负担加重。特别是在怀孕末期，胎儿生长迅速，代谢过程愈加旺盛，需要从母体摄取大量营养物质，但如母体因运动不足，饲养不良，没有青绿饲料，精料也没有合理搭配，饲喂不足、单一，或消化吸收机能降低，就不得不动用储存的糖原、体脂和蛋白质，优先满足胎儿发育的需要，而使母体受到亏损，引起代谢机能障碍，以及造成维生素、矿物质及必需氨基酸的缺乏而引发本病。

（二）临床症状

主要特征是产前食欲渐减，或者突然食欲废绝。病马常由顽固性食欲减退发展为食欲废绝。眼结膜呈红黄色或橘红色。口干舌燥，苔黄腻或白腻，严重时口黏，舌色青黄或淡白。病初腹胀、粪球干小而量少，表面被覆淡黄色黏液，后期粪呈糊状或黑色。肠音极弱或消失，尿稠色黄。呼吸浅而快，心音快而弱，有时节律不齐。体温一般正常，后期有时可达 40℃以上。少数病马伴发蹄叶炎。

重症马分娩时多伴有阵缩无力，发生难产。病马常早产 9 d 左右。即使足月分娩，胎儿亦因发育不良而于出生后很快死亡，母马一般在产后逐渐好转，开始恢复食欲。也有 2 ～ 3 d 后开始采食的，但体力恢复甚慢，一般经 2 ～ 4 周才能痊愈。严重病例顺产后亦可死亡。

病马表现低糖血症、高酮血症、血浆游离脂肪酸浓度增高。血液生化分析，可见肝功能受损，麝香草酚浊度试验（TTT）、天冬氨酸氨基转移酶（AST）、血清总胆红素含量明显升高。此外，表现明显的高脂血症，如血清总脂、血清β-脂蛋白、胆固醇和甘油三酯均显著升高。

（三）剖检变化

尸体多数肥胖，血液黏稠，凝固不良，血浆呈不同程度的乳白色。内脏器官的主要变化为肝、肾严重脂肪浸润，实质器官及全身静脉充血、出血。有广泛性的血管内血栓形成。肝脏肿大，呈土黄色，部分间有红黄色斑块；质脆易破，切面油腻，肝小叶充血，严重病例可见生前肝破裂迹象。肾脏土黄色或有土黄色条纹，质软，被膜常与肾组织粘连，切面光滑，多有黄色条斑或出血区。肾小球略肿大，部分区域的肾小球充血，肾小管上皮细胞有脂肪浸润，实质变性或坏死较为严重，肾上腺异常增大，体积与重量均增加 4 ～ 5 倍。双侧卵巢肿大，有充血、瘀血和溶血现象。

（四）类症鉴别

1. 急性实质性肝炎

体温轻度升高、黄疸、顽固性消化不良、粪恶臭色淡、肝区触诊敏感、主要是昏睡和痉挛等，血清丙氨酸转氨酶（ALT）、天冬氨酸转氨酶（AST）活性增高。但与妊娠无关。

2. 急性胃肠卡他

黄疸轻微，无热症，肝区检查和肝功能无变化，也与妊娠无关。

3. 急性肝营养不良

呈地方流行性，伴有其他实质器官变性或出血；肝代谢和解毒机能降低或消失，呈进行性黄疸；中枢神经系统严重紊乱。

（五）预防措施和安全用药

1. 预防措施

针对发病原因，对孕马合理使役、增加运动，以增强孕马的代谢机能，防止或大大减少本病的发生。并注意饲料品种多样化，合理搭配饲料，供给足够的营养物质，避免长期饲喂单一饲料，对预防本病也很重要。

2. 安全用药

治疗原则为促进脂肪代谢、去脂降脂、保肝解毒。

12.5% 肌醇注射液 30 ～ 50 mL、维生素 C 2 ～ 3 g，分别混于 10% 葡萄糖注射液 1000 mL 中，静脉滴注，每日 1 ～ 2 次。必须坚持用药，直至食欲恢复为止。频繁改用其他药物，可能导致不良后果。

复方胆碱片 6.0 ～ 9.0 g、乳酶生 0.5 ～ 1 g、酵母粉（或食母生）20 ～ 30 g、磷酸酯酶片 3.0 ～ 4.0 g、稀盐酸 15 mL，加水适量胃管投服，每日 1 ～ 2 次。如不用稀盐酸，则可加胰酶片 3.0 ～ 6.0g。上述两种方法可以同时应用。应用上述方法的同时，还可将氢化可的松 0.3 ～ 0.6 g 加入 500 mL5% 葡萄糖注射液中，静脉注射，1 次 /d，连用 3 d，作为辅助治疗。肌注复合维生素 B、辅酶 A、三磷酸腺苷（ATP）、抗弥散性血管内凝血（DIC）药物（如肝素）及其他降血脂药及保肝药（如肝复欣）等，可以提高治愈率。加用肝素，采用不同的中药方剂辨证施治，亦可提高治愈率。

采用中药治疗，有助于改善病情。一般来说，在发病初期治以清热、利湿利胆为主，辅以健脾。方用加味龙胆泻肝汤：茵陈 60 g、栀子 30 g、柴胡 30 g、胆草 60 g、黄芩 20 g、半夏 15 g、陈皮 20 g、苍术 30 g、厚朴 30 g、车前 20 g、藿香 30 g、甘草 15 g、滑石 30 g(另包后入)，煎汤去渣，加滑石及蜂蜜各 25 g，灌服。在发病的中后期，治以益气血、补脾胃为主，辅以解瘀利湿。方用强肝汤：党参 60 g、黄芪 45 g、当归 30 g、白芍 25 g、生地黄 30 g、山药 30 g、黄精 25 g、丹参 30 g、郁金 30 g、泽泻 25 g、茵陈 45 g、板蓝根 30 g、山楂 60 g、神曲 60 g、秦艽 20 g，水煎服。此外，内服莱菔子散以辅助，可理气止痛、消食导滞。其配方为：莱菔子 120 g、枳实 25 g、枳壳 30 g、香附子 30 g、木香 21 g、乌药 21 g、青皮 21 g、三仙各 75 g、白芍 25 g，共研为末，开水冲调投服。

产后食欲不振时，宜气血双补，活血祛瘀。方用八珍汤合生化汤：当归 25g、川芎 15 g、熟地黄 30 g、白芍 25 g、党参 30 g、白术 25 g、茯苓 30 g、炙甘草 15 g、桃仁 15 g、红花 20 g、山楂 30 g、陈皮 25 g、益母草 30 g，水煎服。

在治疗期间应加强护理，应尽可能设法引起病马食欲，例如更换饲料品种，饲喂新鲜青草、苜蓿、胡萝卜及麸皮等，或者在春草发芽时将病马牵至青草地，任其自由活动和采食，对于改善病情，促进病马痊愈，有很大的帮助。

由于病马身体虚弱，分娩时往往因阵缩无力发生难产，而且胎儿的生活力不强，有的还可能发生窒息。因此，临产时必须及时助产。

病马产驹后一般可迅速好转，当治疗无显著效果且又接近产期时，可应用前列腺素 F2α 或氯前列烯醇等进行人工引产。也可用氢化可的松注射液 500 mg、生理盐水或葡萄糖盐水 500 ～ 1000 mL 稀释后，缓慢静注，每日 1 次，连用 2 次后减半，再静注 3 ～ 5 次。

三十五、黄曲霉毒素中毒

黄曲霉毒素中毒是采食被黄曲霉污染的饲料而引起的一种霉败饲料中毒病，临床上以全身出血、消化机能紊乱、腹水、神经症状等为特征，主要的病理学变化为肝细胞变性、坏死、出血，胆管和肝细胞增生。

（一）发病原因

黄曲霉毒素（AFT）主要是黄曲霉和寄生曲霉等产生的有毒代谢产物。黄曲霉毒素并不是单一物质，而是一类结构极相似的化合物。它们在紫外线照射下都发荧光，根据它们产生的荧光颜色可分为两大类，发出蓝紫色荧光的称 B 族毒素，包括黄曲霉毒素 B1（AFB1）和 B2（AFB2）；发出黄绿色荧光的称 G 族毒素，有黄曲霉毒素 G1（AFG1）和 G2（AFG2）。这四种毒素中又以 AFB1 的毒性及致癌性最强，所以在检验饲料中黄曲霉毒素含量和进行饲料卫生科学评价时，一般以 AFB1 作为主要检测指标。黄曲霉毒素是目前已发现的各种霉菌毒素中最稳定的一种，在通常的加热条件下不易破坏。黄曲霉毒素遇碱能迅速分解，荧光消失，但遇酸又可复原。很多氧化剂如次氯酸钠、过氧化氢等均可破坏其毒性。黄曲霉毒素中毒发生的原因大多是采食被上述产毒霉菌污染的花生、玉米、豆类、麦类、棉籽及其副产品所致。本病一年四季均可发生，但在多雨季节，温度和湿度又较适宜时较多发，若饲料加工、储藏不当，更容易被黄曲霉菌所污染，增加黄曲霉毒素中毒的机会。我国长江沿岸及其以南地区的饲料污染黄曲霉毒素较为严重，而华北、东北及西北地区的饲料污染黄曲霉毒素则相对较少。已报道黄曲霉毒素可引起马急性肝功能衰竭（神经症状和黄疸）。

（二）临床症状

黄曲霉毒素是一类肝毒物质，中毒后以肝脏损伤为主，同时还伴有血管通透性破坏和中枢神经损伤等，因此临床特征表现为黄疸、出血、水肿和神经症状。中毒马表现精神沉郁，食欲缺乏，震颤，黄疸（图 1-35-1），水样腹泻，衰竭，一般 2 ～ 6 周死亡。

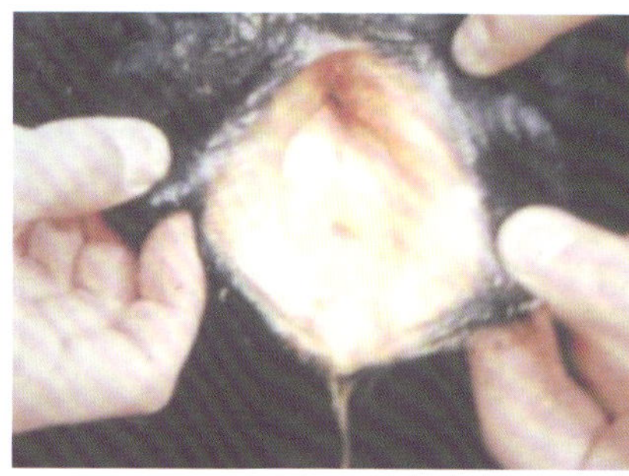

图 1-35-1　阴道黏膜黄染

（三）剖检变化

脑软化，肝细胞坏死和肝脏纤维化，胆管增生，出血性肠炎，心肌变性。

（四）类症鉴别

1. 马吸虫病

是由肝片吸虫引起，主要发生于夏秋季节，临床上表现肝炎、胆管炎、营养障碍。粪便检查可查到吸虫虫卵，死后可在肝实质中找到幼小虫体或从胆管中找到较大虫体或成虫。

2. 钩端螺旋体病

是由钩端螺旋体引起，表现发热、皮肤与黏膜发黄并有点状出血、皮肤干裂和坏死、急性肝损伤、肾损伤和神经症状。血液、尿液、脑脊液等病料可见钩端螺旋体。

3. 急性实质性肝炎

体温轻度升高、黄疸、顽固性消化不良、粪恶臭色淡、肝区触诊敏感、主要是昏睡和痉挛等，血清丙氨酸转氨酶（ALT）、天冬氨酸转氨酶（AST）活性增高。

（五）预防措施和安全用药

1. 预防措施

预防本病的关键是饲料的防霉和去毒，禁止饲喂发霉饲料，或将黄曲霉毒素含量控制在规定的允许量以内。

（1）防止饲料发霉　防霉是预防饲草、饲料被黄曲霉菌及其毒素污染的根本措施。引起饲料霉变的因素主要是温度与相对湿度，因此在饲草收割时应充分晒干，且勿雨淋。饲料应置阴凉干燥处，勿使受潮、淋雨，为了防止发霉，还可使用化学熏蒸法或防霉剂。常用的防霉剂有丙酸钠、丙酸钙，每吨饲料中添加 1 ～ 2 kg，可安全存放 8 周以上。

（2）霉变饲料的去毒处理　霉变饲料不宜饲喂，发霉严重的饲料应废弃；轻度发霉的饲料去除其中的毒素后仍可饲喂。常用的去毒方法有：

① 连续水洗法。此法简单易行，成本低，费时少。具体操作是将饲料粉碎后，用清水反复浸泡漂洗多次，至浸泡的水呈无色时可供饲用。

化学去毒法：最常用的是碱处理法。在碱性条件下，可使黄曲霉毒素结构中的内酯环破坏，形成香豆素钠盐而溶于水，再用水冲洗将毒素除去。可用 5% ～ 8% 石灰水浸泡霉败饲料 3 ～ 5 h 后，再用清水淘净，晒干便可饲喂；也可用每千克饲料拌入 12.5 g 农用氨水，混匀后倒入缸内，封口 3 ～ 5 d，去毒效果达 90% 以上，但饲喂前应挥发除去残余的氨气；还可用 0.1% 漂白粉水溶液浸泡处理等。

② 物理吸附法。常用的吸附剂有活性炭、白陶土、黏土、高岭土、沸石等，特别是沸石可牢固地吸附黄曲霉毒素，从而阻止黄曲霉毒素经胃肠道吸收。

③ 微生物去毒法。据报道，无根根霉、米根霉、橙色黄杆菌以及枯草杆菌等对除去粮食中黄曲霉毒素有较好效果。

（3）定期监测饲料

严格实施饲料中黄曲霉毒素最高容许量标准。许多国家都已经制定了饲料中黄曲霉毒素容许量标准。日本规定饲料中 AFB1 的容许量标准为 0.01 ～ 0.02 mg/kg，我国发布的饲料卫生标准（GB 13078—2017）规定黄曲霉毒素 B_1 的容许量（mg/kg）为：玉米≤ 0.05，花生饼、粕≤ 0.05。

2. 安全用药

本病尚无特效疗法，中毒时应立即停喂霉败饲料，改喂富含碳水化合物的青绿饲料和高蛋白饲料，减少或不喂含脂肪过多的饲料。一般轻度病例，不给任何药物治疗，可逐渐康复。重度病例，应及时投服泻剂如硫酸钠、人工盐等，加速胃肠道毒物的排出。同时，采用保肝和止血疗法，可用 20% ～ 50% 葡萄糖溶液、维生素 C、葡萄糖酸钙或 10% 氯化钙溶液。对狂躁病马，可静脉注射戊巴比妥或苯巴比妥 5.0 ～ 11.0 mg/kg 体重，不能使用安定。心脏衰弱时，皮下或肌内注射强心剂。为了防止继发感染，可应用抗生素制剂，但严禁使用磺胺类药物。

第二章

以呼吸系统为主症的类症鉴别与安全用药

一、马流行性感冒

马流行性感冒简称马流感，是由正黏病毒科流感病毒属马 A 型流感病毒引起的马属动物的一种急性高度接触性呼吸道传染病，临床上以发烧、结膜潮红、咳嗽、流浆液性鼻液或脓性鼻漏、母马流产等为特征，病理学变化为急性支气管炎、细支气管炎、间质性肺炎与继发性支气管肺炎。世界动物卫生组织将其列为必须通报疫病。

（一）发病原因

马流感病毒是正黏病毒科流感病毒属马 A 型流感病毒，主要是 H7N7 和 H3N8 亚型病毒引起的呼吸系统疾病。本病毒对乙醚、氯仿、丙酮等有机溶剂敏感，常用消毒药容易将其灭活，如甲醛、氧化剂、稀酸、卤素化合物（如漂白粉和碘剂）等都能迅速破坏其传染性。流感病毒对热比较敏感，56℃加热 30 min、60℃加热 10 min、65 ～ 70℃加热，数分钟即丧失活性。病毒对低温抵抗力较强，在有甘油保护的情况下可保持活力 1 年以上。

病马是主要传染源，康复马和隐性感染马在一定时间内也能带毒和排毒。不同年龄、品种、性别的马均易感，但以 2 岁以下的幼龄马最易感。主要经呼吸道和消化道感染，康复公马精液中长期存在病毒，因此，可通过交配传染。在新发区传播迅速，流行猛烈，发病率可高达 60% ～ 80%，但病死率低于 5%。以天气阴冷的秋末至初春多发，运输、拥挤和营养不良等因素也可诱发。

发病的马匹中常有一些临诊症状轻微呈顿挫型经过的，或更多的一些呈隐性感染。

（二）临床症状

H7N7 亚型所致的疾病比较温和，H3N8 亚型所致的疾病较重，且更呈趋肺性，并易继发细菌感染。潜伏期为 2 ～ 10 d，多在 3 ～ 4 d 后发病。该病的主要临床特征为发热、结膜潮红、咳嗽、流浆液性或脓性鼻漏、母马流产等。

典型病例表现发热、体温升高到39.5℃，稽留1～2 d或4～5 d，然后徐徐降至常温，如有复相体温反应，则发生继发感染。最初2～3 d内呈现经常的干咳，随后逐渐变为湿咳，持续2～3周，亦常发生鼻炎，先为水样鼻液后变成黏稠鼻液。H7N7亚型病毒感染时常发生轻微喉炎，有继发感染时才呈现喉、咽和喉囊的病症。病马发热时都呈现全身症状，表现精神委顿、食欲降低、呼吸和脉搏频数、眼结膜充血浮肿，大量流泪。H7N7亚型病毒所致的变化，往往呈呼吸表浅加快，甚至有时气喘。病马在发热期常表现肌肉震颤，肩部的肌肉最明显，病马因肌肉酸痛而不愿活动。H3N8亚型病毒感染引起的发热高达41.5℃，多数马都在发病的第4 d后，因继发细菌感染而呈复相发热。

发病的马匹中常有一些症状轻微者，呈顿挫型经过，并多为隐性感染。

（三）剖检变化

病变主要发生在马的呼吸道，可见呼吸道黏膜水肿、充血，H3N8亚型感染马较H7N7亚型感染马更有趋肺性。H3N8亚型感染马易出现细支气管炎、支气管炎或肺炎，其肺发生水肿、充血或淤血，同时下颌淋巴结肿胀、充血，肝、肾、脾脏和淋巴结肿胀。

（四）类症鉴别

1. 马腺疫

马腺疫是由马腺疫链球菌引起，马驹多发，体温升高，鼻腔黏膜和咽部黏膜呈急性卡他性化脓性炎症，并从两侧鼻孔流出大量浓厚的脓性鼻漏，下颌淋巴结急性肿胀形成脓肿。以脓汁涂片染色镜检，可检查到马腺疫链球菌。

2. 马传染性胸膜肺炎

多发生于秋、冬季及早春季节，传播缓慢，临床上以稽留热、纤维素性肺炎或纤维素性胸膜肺炎为特征。

3. 支气管炎

支气管炎主要由寒冷或其他理化因素刺激引起，全身症状较轻，频发咳嗽、流黏液性或黏脓性鼻液，胸部听有啰音，而叩诊无明显变化。X线检查，肺部有较粗纹理的支气管阴影，但无炎性病灶阴影。

4. 马病毒性动脉炎

马病毒性动脉炎由马动脉炎病毒引起，临床上以发热，淋巴细胞减少，眼睑和四肢水肿，步态僵硬，呼吸道和消化道黏膜的卡他性炎，鼻炎和结膜炎，怀孕母马流产等为特征。

5. 马传染性鼻肺炎

马传染性鼻肺炎由马传染性鼻肺炎病毒引起，呈地方流行性，多发生于秋、冬季和早春。幼驹主要表现上呼吸道黏膜卡他性炎症，怀孕母马于怀孕后的 8 ～ 11 个月发生流产。鼻黏膜上皮细胞可检查到嗜酸性核内包涵体。

6. 马传染性支气管炎

多于晚秋突然暴发流行，传染性强、传播迅速、发病率高，以阵发性咳嗽和全身症状轻微为特征。开始表现为鼻卡他，体温略升高，整体表现不明显，1 d 后通常无症状，但马匹精神不佳，后体温再次升高，有些会发现流脓性鼻汁、呼吸加快、咳嗽等症状，有些马匹会有脓性结膜炎、口腔黏膜变淡，听诊时病马呼吸音加重，有啰音，特别是在马运动后明显咳嗽、鼻涕多。若护理得当，通常两三周痊愈，否则会加重病情而导致死亡。

7. 感冒

由于受到冷的刺激引起，全身症状轻微，不具有传染性。

8. 马肺炎

病马表现为呼吸道卡他、流鼻液、结膜充血、水肿。如果仅此症状，无其他感染，通常一两周可痊愈。如果继发其他感染，可引起咽炎、肠炎、屈腱炎及腱鞘炎。临床分为两型：鼻腔型肺炎，多发于幼龄马，潜伏期为 2 ～ 3 d，症状为发热、结膜充血、水肿、下颌淋巴结肿大以及流鼻液。若无继发感染，一周可痊愈。如并发咽炎、肠炎，可引起死亡。流产型肺炎，此种见于妊娠马，潜伏期长，多在感染 1 ～ 4 个月后发生流产。少数母马足月生下幼驹，但通常因为异常衰弱，重度呼吸困难及黄疸，2 ～ 3 d 内死亡。

（五）预防措施和安全用药

1. 预防措施

可采用建立健全疫情报告制度、加强地区间的联防措施进行预防。实际饲养过程中，需对马匹进行严格的饲养管理，尤其加强冬春季节马匹的饲养管理，做好防寒保暖工作，饲喂干净的水和营养丰富的饲料。另外，一定要做好日常消毒清洁工作，做好马饮食饮水用具的消毒，及时更换马圈的垫料，选择多种消毒剂，按照合适剂量进行消毒。

坚持自繁自养，尽量不从外地购马，或者从非疫区购买。经严格检疫的健康马，购回后要隔离观察半个月以上，确认无病后方可混群饲养。

做好免疫接种工作，可接种用 H7N7 和 H3N8 亚型病毒制备的双价灭活疫苗，有很好的保护效果，但疫苗保护期较短，一般不超过 6 个月，因此要定期进行抗体水平监测。一月龄马驹及没有注射过流感疫苗的马匹，首次接种后，间隔 28 d 进行第二次免疫接种，以巩固免疫效果，之后每半年接种一次。

2. 安全用药

目前尚无有效的治疗药物，但是只要停止使役，注意护理，保持舍内清洁即能很快恢复。当流行发生时病马必须隔离饲养 2 周以上；被污染的厩舍严格消毒；被污染的粪便必须堆积发酵 2 个月。

治疗主要以对症治疗为主，注意清肺止咳并防止继发感染。可选择磺胺嘧啶钠、樟脑磺酸钠、左氧氟沙星、地塞米松等进行治疗。青霉素 G 钠（700 ～ 800）$\times 10^4$ IU，肌内注射，每天 2 次，连用 3 ～ 5 d。10% 磺胺嘧啶钠 50 mL，肌内注射，每天 1 次，连用 3 d。复方林可霉素 50 mL，肌内注射，每天 1 次，连用 3 ～ 5 d。也可静脉注射 5% 葡萄糖生理盐水 500 mL，盐酸环丙沙星 1000 mg；或 10% 葡萄糖 500 mL、10% 磺胺嘧啶钠 200 mL，混合静注，每天 1 次，连用 2 ～ 4 d。病马高热时，可肌内注射安痛定或安乃近 20 ～ 30 mL，每天 2 次，连用 3 ～ 5 d。

中药以清肺止咳和清热解毒为主要目的，常用方剂如下：

方 1：清瘟败毒散，即生石膏 400 g、牛蒡子 50 g、大青叶 50 g、黄芩 50 g、生地黄 50 g、栀子 40 g、桔梗 30 g、玄参 50 g、连翘 40 g、薄荷 20 g、甘草 30 g，开水冲，候温灌服或水煎灌服，1 日 1 剂。

方 2：金银花 100 g、野菊花 100 g、一枝黄花 100 g、紫苏 50 g、薄荷 50 g、陈皮 50 g。用法：上药切细入锅加水煎沸 1 h，取液 600 mL，候温灌服，1 日 1 剂。

方 3：板蓝根、甘草、鱼腥草各 30 g，穿心莲 25 g，金银花 50 g，连翘、桔梗各 40 g，混合研末，开水冲服，1 日 1 次，连续服用 3 d。

二、马传染性鼻肺炎

马传染性鼻肺炎又名马病毒性流产，是由马传染性鼻肺炎病毒引起马的一种急性、发热性、高度接触性传染病。临床上以发热、厌食、上呼吸道黏膜卡他性炎症、白细胞减少和流产为特征。

马传染性鼻肺炎自 20 世纪 30 年代在美国发现本病以后，目前已分布于世界各地，许多国家和地区都证明本病的存在。在我国，解放军兽医大学于 1980 年从东北两个马场的流产胎儿首次分离到了马传染性鼻肺炎病毒，随后又开展了流行病学调查，结果表明本病在我国马群中广泛存在。

（一）发病原因

马传染性鼻肺炎病毒属于疱疹病毒科的马疱疹病毒 1 型，该病毒可分为 2 个亚型，即亚型 1 又称胎儿亚型，主要引起流产；亚型 2 又称呼吸系统型，主要引起呼吸道症状。马传染性鼻肺炎病毒不能在宿主体外长时间存活，对乙醚、氯仿、乙醇、胰蛋白酶和肝素等都很敏感。能被许多表面活性剂如肥皂等灭活，0.35% 甲醛液可迅速灭活病毒，pH 4 以下和 pH 10 以上迅速灭活。pH 6.0 ～ 6.7 最适于病毒保存，冷冻保存时以 -70℃以下为佳。在 56℃下约经 10 min 灭活，对紫外线照射和反复冻融都很敏感。

在自然条件下只感染马属动物，各种年龄的马均可感染，但常发生于青年马匹，尤以 2 岁以下幼驹发病最多。病马和康复后的带毒马是传染源，主要经呼吸道传染，也可通过消化道或交配传播。可呈地方流行性，多发生于秋、冬季和早春。

初次发生本病的马群，往往先在育成马群中出现鼻肺炎表现，并迅速蔓延传播，通常可在 3 ～ 4 个月内使 80% ～ 100% 的马匹遭受感染。在幼马发病 1 ～ 4 个月后，孕马出现流产，并多发生于妊娠第 8 ～ 11 个月，流产率达 65% ～ 70%，高的达到 90%。但在老疫区，大多只见 1 ～ 2 岁的幼马发病，表现鼻肺炎症状，孕马群中的流产率不高。

（二）临床症状

该病的潜伏期为 2 ～ 10 d，幼驹呈鼻肺炎症状，怀孕母马发生流产。

1. 幼驹

幼驹发病初期高热，体温高达 39.5 ～ 41℃，可持续 2 ～ 7 d。鼻黏膜和眼结膜充血、水肿，流出多量浆液性乃至黏脓性鼻液，下颌淋巴结肿大，食欲稍减，体温下降后可恢复正常。发热的同时白细胞数减少，而且主要是嗜中性粒细胞减少，体温下降后可恢复正常。若无细菌继发感染，多呈良性经过，1 ～ 2 周可完全恢复正常。若发病后调教或劳役过度，易引起细菌继发感染，发生咽炎、喉炎、肺炎和肠炎等，表现咳嗽，呼吸困难，病程延长，造成死亡。

2. 成年马

怀孕马和空怀母马感染后潜伏期很长，一般 1 ～ 4 个月，多呈隐性经过，仅个别病马有一过性体温升高，呼吸道症状很轻微。但妊娠母马感染后可导致流产，流产多发生在怀孕后的 8 ～ 11 个月，流产前不出现任何前驱症状，突然发生不明原因的流产，偶有类似流感的表现，通常胎儿和胎盘一并排出，无胎衣滞留现象。流产的胎儿多为死胎，一般比较新鲜，无自溶和腐败现象。接近足月产出的马驹可能是活的，但衰竭，不能站立，呼吸困难，黏膜黄染，常于数小时或 2 ～ 3 d 死亡。母马流产后基本像正常分娩一样很快恢复正常，无恶露排出，也不影响以后配种和受孕。

马疱疹病毒 1 型偶尔引起马的神经系统疾病，表现为运动失调，前肢、后肢和腰部僵硬麻痹，以至瘫痪不能站立。病程长短不一，有的流产后减轻，可逐渐恢复；病程持续 10 d 以上的，往往以死亡转归。

（三）剖检变化

鼻肺炎患驹上呼吸道充血、发炎和糜烂，局部腺体呈增生变化。侵及肺脏时，间质发生水肿和纤维蛋白浸润。严重感染病例呼吸道上皮细胞和淋巴结中心显著坏死，并可在细支气管上皮细胞看到典型嗜酸性核内包涵体。

流产胎儿具有特征性病理变化。体表外观新鲜，皮下常有不同程度的水肿和出血，可视黏膜黄染。心肌出血，肺水肿和胸、腹水增量。肝包膜下散在针尖大到粟粒大灰黄色坏死灶，是本病的主要眼观特征。组织学检查时可在坏死灶周围细胞、小叶间胆管上皮细胞和肺细支气管上皮内发现嗜酸性核内包涵体。肺脏可见支气管上皮细胞坏死，肺泡上皮细胞核内有包涵体。脱落的支气管上皮使很多细支气管堵塞。脾淋巴组织呈现以细胞核破裂为特征的坏死，类似变化也见于淋巴结和胸腺。生前呈现神经症状的病马，大脑显示化脓性脑炎变化。

（四）类症鉴别

1. 马流行性感冒

马流行性感冒由马流感病毒引起，传染性极强，发病率很高，体温升高，全身症状明显。眼结膜水肿，鼻黏膜卡他性炎症症状明显，母马表现流产。从鼻液或咽喉拭子中可分离获得血凝性流感病毒。

2. 马病毒性动脉炎

马病毒性动脉炎由马动脉炎病毒引起，临床上以发热，淋巴细胞减少，眼睑和四肢水肿，步态僵硬，呼吸道和消化道黏膜的卡他性炎，鼻炎和结膜炎，怀孕母马流产等为特征。

3. 马腺疫

马腺疫由马腺疫链球菌引起，马驹多发，体温升高，鼻腔黏膜和咽部黏膜呈急性卡他化脓性炎症，并从两侧鼻孔流出大量浓厚的脓性鼻漏，下颌淋巴结急性肿胀形成脓肿。以脓汁涂片染色镜检，可检查到马腺疫链球菌。

4. 马传染性胸膜肺炎

多发生于秋、冬季及早春季节，传播缓慢，临床上以稽留热、纤维素性肺炎或纤维素性胸膜肺炎为特征。

5. 马传染性支气管炎

马传染性支气管炎是由病毒引起的，多于晚秋突然暴发流行，传染性强、传播迅速、发病率高，以阵发性咳嗽和全身症状轻微为特征。

6. 马沙门氏菌病

马沙门氏菌病由沙门氏菌引起，多发生于春秋季节，一般呈散发。6 月龄以内的幼驹主要表现结肠炎、败血症、关节肿大、支气管肺炎等；妊娠中后期的头胎母马发生流产。血液、脾、淋巴结以及肌肉内可检出鼠伤寒沙门氏菌或肠炎沙门氏菌。

（五）预防措施和安全用药

1. 预防措施

平时应加强饲养管理，严格执行兽医卫生防疫制度，尤其要加强妊娠马的饲养管理，不使其与流产母马、胎儿和患驹接触。由于 2 岁以下幼驹最为易感，因而断奶后应及时与患病母马隔离并防止与其他马群接触，以防感染发病。育成马和母马隔开饲养，减少应激，将马匹饲养于干净通风良好的环境，能够有效地降低发病率并且减轻感染的严重程度。对被污染的垫草、饲料及流产排出物彻底消毒，厩舍、运动场、工作服及各种用具应清洗消毒。

目前已有 EHV1 和 EHV4 二价灭活疫苗，推荐的疫苗接种免疫程序是：5 ～ 6 月龄首免，4 ～ 6 周后二次免疫，然后每间隔 6 个月再加强免疫一次。母马在妊娠 2 ～ 3 个月和 6 ～ 7 个月各接种 1 次。也可用马疱疹病毒 1 型感染马的胎儿正常皮肤和皮下结缔组织培养物制备的灭活苗作免疫接种，从生后第 1 年开始，逐年接种疫苗，可取得良好免疫效果。

2. 安全用药

本病尚无有效的治疗方法。流产母马无需治疗，单纯的鼻肺炎病马也无需治疗，只要加强管理，注意让马休息，可自愈。当有细菌感染时可选用磺胺类药物及抗生素治疗。

三、非洲马瘟

非洲马瘟是由非洲马瘟病毒引起马属动物的一种急性或亚急性虫媒性传染病。临床上以发热、皮下结缔组织与肺水肿以及内脏出血为特征，马对此病的易感性最高，病死率达95%。中国尚无本病发生，OIE 将其列为法定报告疫病。

（一）发病原因

非洲马瘟病毒为呼肠孤病毒科中环状病毒属的成员，现已知有 9 个血清型，各型之间没有交叉免疫反应，不同型病毒的毒力强弱也不相同。病毒对乙醚等有机溶剂不敏感，对热的抵抗力较强，在 37℃下可存活 37 d，而 50℃ 3 h、60℃ 15 min 可被灭活。本病毒对酸的抵抗力弱，pH 5.9 以下则被灭活。

病马、带毒马及其含毒血液、分泌物、排泄物和脱落组织是本病的主要传染源，主要通过媒介昆虫如库蠓、伊蚊和库蚊等吸血传播。马属动物对本病易感，且马最为易感，特别是幼龄马。多见于温热潮湿且吸血昆虫滋生季节，常呈地方流行或暴发流行，传播迅速。

（二）临床症状

本病的潜伏期 3 ～ 9 d，以发热、皮下结缔组织与肺水肿为主要特征，临床上分为肺型、心型、肺心型及发热型。

① 肺型：呈急性经过，多见于流行初期和新发病地区，潜伏期 3 ～ 5 d。病马体温迅速升高达 40 ～ 42℃，咳嗽，呼吸困难，肺水肿，不久鼻孔扩张，流出大量泡沫样的鼻汁（图 2-3-1），头向下伸直，耳向下垂，前肢开张并有大面积出汗。该类病马多于出现症状后不久因呼吸困难而死亡。

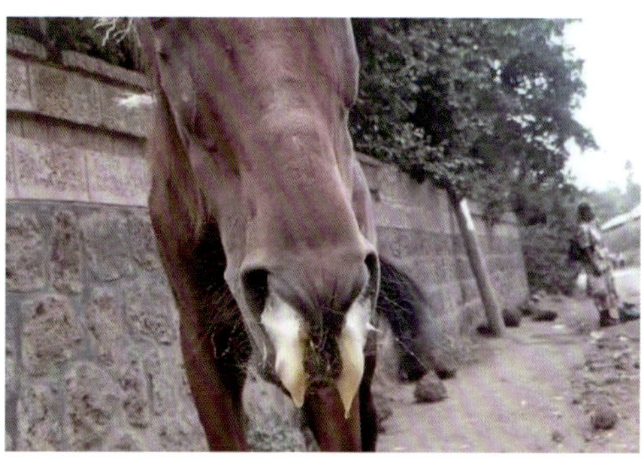

图 2-3-1　流出大量泡沫样鼻汁

② 心型：呈亚急性经过，多见于部分免疫马匹或弱毒株感染的马匹，潜伏期和病程均较急性长，持续10多天。表现为头部、颈部、前胸部皮下水肿（图2-3-2），发热；眼睑水肿，眼结膜充血、水肿、出血（图2-3-3）；口唇和腭等部位肿胀，并向胸、肩及腹部扩展。有时呼吸数增加，呈腹式呼吸。濒死期病马出现呼吸次数迅速增加、倒地横卧、肌肉震颤、出汗等表现。

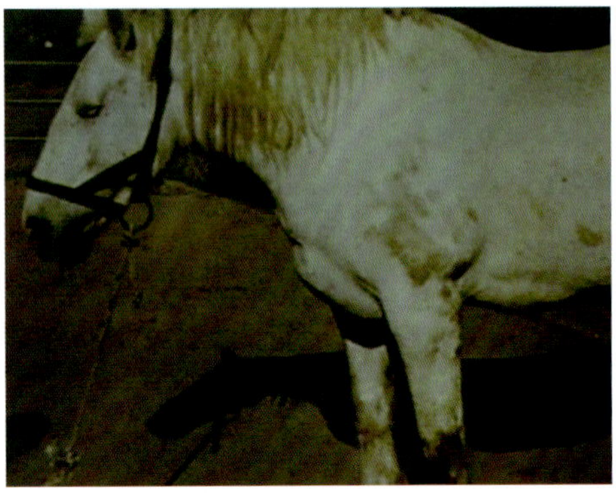

图2-3-2 前胸部皮下水肿

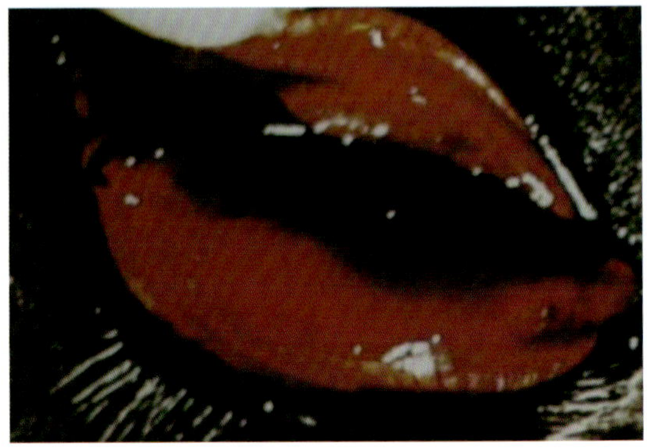

图2-3-3 眼结膜充血、水肿、出血

③ 肺心型：表现为肺型和心型两型的综合临床症状，多呈亚急性经过。

④ 发热型：该型症状轻微，病程短，多发生于具有一定抵抗力的动物感染。潜伏期5～9 d后体温升高，经过4～5 d后又恢复。表现为发热初期食欲不振、结膜轻度发炎、脉搏和呼吸数增加等症状，病程为1～2周。

（三）剖检变化

① 肺型：本病的特征是肺水肿、小叶间充满透明的液体；全肺呈粉红色或红色，压迫肺组织时则从切面流出泡沫样液体；急性死亡的病马可见气管和鼻腔内具有来自肺脏的白色泡沫；胸腔内充满大量黄色透明的液体。

② 心型：常见皮下组织和肌间组织出现大量的黄色明胶样水肿，肌肉呈茶褐色并有出血。心包内充满黄色或红褐色液体，心脏表面存在点状或斑状出血。肺脏在非混合型感染时萎陷，有时有点状出血。消化道变化与急性型相似，胃底部充血，肠系膜、腹膜、盲肠和结肠的浆膜存在点状出血。肝脏肿大呈暗褐色，脂肪变性及充血。脾脏肿大，有大量出血点。

（四）类症鉴别

1. 马传染性贫血

高度贫血，明显浮肿，间歇热型，血液检查可见吞铁细胞。

2. 炭疽

是由炭疽杆菌引起，临床上主要表现体温升高、腹胀、腹痛、体表炎性肿胀、天然孔出血、血液凝固不良呈煤焦油样、尸体极易腐败等。末梢血可检查到粗大的炭疽杆菌，Ascoli 反应阳性。

3. 马病毒性动脉炎

是由马动脉炎病毒引起，临床上以发热，淋巴细胞减少，眼睑和四肢水肿，步态僵硬，呼吸道和消化道黏膜的卡他性炎，鼻炎和结膜炎，怀孕母马流产等为特征。

4. 马钩端螺旋体病

是由钩端螺旋体引起，表现发热、皮肤与黏膜发黄并有点状出血、皮肤干裂和坏死、急性肝损伤、肾损伤和神经症状。血液、尿液、脑脊液等病料可见钩端螺旋体。

5. 马伊氏锥虫病

是由伊氏锥虫引起的，临床上主要表现弛张热、进行性消瘦、贫血、间歇热、黏膜出血、黄疸、体躯下部浮肿和神经症状等。血液病原学检查可检出锥虫。

6. 马梨形虫病

是由巴贝斯虫寄生于红细胞内所引起，临床上主要表现高热、贫血、黄疸、呼吸困难、可视黏膜有出血点、血红蛋白尿和肢体下部水肿等。血液检查，红细胞内可发现巴贝斯虫虫体。

（五）预防措施和安全用药

非洲马瘟是马属动物唯一的 A 类疫病，可通过库蠓属雌蠓传播。因此季节、生态和地理等因素对本病的流行具有重要影响。禁止从本病流行国家进口单蹄动物是杜绝引进本病的最好方法，控制方法包括禁止进口或过境运输非洲马瘟病毒感染国家或地区的马科动物及其精液和胚胎等相关材料；对从无非洲马瘟国家进口的马科动物要经过法定检验检疫程序；从污染国参赛返回的马匹，必须进行严格的检疫，并隔离观察 2 个月。感染区应对未感染马进行免疫接种，如多价苗、单价苗（适用于病毒已定型）、单价灭活苗（仅适用于血清 4 型）。

本病无有效治疗药物。当发现可疑病例时，应及时确诊，并严格隔离可疑病马，做好防蚊虫工作。扑杀病马及同群马，病死马尸体应焚烧或深埋，周围环境进行严格消毒处理。

四、马传染性支气管炎

马传染性支气管炎又名马传染性咳嗽，是由病毒引起马的一种以咳嗽为特征的传染性强、传播迅速的传染病。世界各地均有发生。

近年在美洲和非洲发生一种由马鼻病毒感染引起的与本病极其类似的呼吸道疾病，但它们是否为同一疾病或两者存在何种关系，目前尚不清楚。

（一）发病原因

本病病原是一种亲细胞性病毒，但这种病毒的特性及其分类位置，迄今尚不清楚。病毒在病极盛期存在于肺脏，发热时也存在于血液中。病毒对外界环境的抵抗力较弱，用2% 苛性钠溶液可迅速杀灭。

本病多于晚秋突然暴发流行，在自然条件下，本病每隔几年暴发一次，短时间内感染整个马群。传播方式主要是通过患马咳嗽喷出的气溶胶经马吸入而感染，被污染的饲料和饮水能否经消化道途径感染尚不能肯定。马在感染后，多在 2 ～ 3 周内恢复健康。

（二）临床症状

潜伏期为 1 ～ 6 d（多数为 1 ～ 3 d）。患马最初稍显精神委顿，出现结膜炎及鼻卡他。鼻黏膜潮红，流出少量浆液性鼻汁，咽喉部知觉过敏。体温微有升高（39 ～ 40℃），经12 ～ 24 h 恢复正常。与此同时发生干而粗的阵发性咳嗽，出现的次数甚多，几乎成为患马最主要的症状。随着时间的推移，咳嗽逐渐减少，多于 2 ～ 3 周内恢复正常。

倘若患马受到使役或其他不良饲养管理的影响，在机体抵抗力下降的情况下可能继发支气管肺炎，体温重新升高（39.5 ～ 40.4℃），呈不规则热，呼吸和心跳加快，流黏液脓性鼻汁，结膜潮红，分泌多量黏液脓性眼眵，至后期表现明显精神沉郁，食欲减损或废绝，咳嗽加重。多数病例由于发生慢性支气管炎、肺膨胀不全、肺硬化及肺气肿而变为哮喘症。

（三）剖检变化

单纯病毒所致的病变只有支气管卡他，支气管分支中含有一种微黄色玻璃样黏液。支气管淋巴结呈髓样肿胀。组织学检查可见支气管周围有淋巴细胞及大单核细胞浸润。继发感染的病例多呈化脓性支气管肺炎和实质器官的变性，偶尔可见败血性变化。

（四）类症鉴别

1. 马流行性感冒

是由马流感病毒引起，传染性极强，发病率很高，体温升高，全身症状明显。眼结膜水肿，鼻黏膜卡他性炎症症状明显，母马表现流产。从鼻液或咽喉拭子中可分离获得血凝性流感病毒。

2. 马传染性胸膜肺炎

多发生于秋、冬季及早春季节，传播缓慢，临床上以稽留热、纤维素性肺炎或纤维素性胸膜肺炎为特征。

3. 支气管炎

主要由寒冷或其他理化因素刺激引起，全身症状较轻，频发咳嗽、流黏液性或黏液脓性鼻液，胸部听有啰音，而叩诊无明显变化。X 线检查，肺部有较粗纹理的支气管阴影，但无炎性病灶阴影。

4. 马传染性鼻肺炎

是由马传染性鼻肺炎病毒引起，呈地方流行性，多发生于秋、冬季和早春。幼驹主要表现上呼吸道黏膜卡他性炎症，怀孕母马于怀孕后的 8 ～ 11 个月发生流产。鼻黏膜上皮细胞可检查到嗜酸性核内包涵体。

5. 感冒

由于受到冷的刺激引起，全身症状轻微，不具有传染性。

（五）预防措施和安全用药

1. 预防措施

没有有效预防方法，只有尽量设法防止继发症的发生。

2. 安全用药

将患马置于清洁、干燥和温暖的环境中，令其充分休息。一般病例不用治疗，即可自行痊愈。对继发感染的病例，应及时选用青霉素、链霉素、土霉素、卡那霉素等抗生素或磺胺类药物进行治疗。

五、马鼻疽

马鼻疽是由鼻疽伯氏菌引起马属动物的一种接触性传染病。临床特征为鼻腔、喉头、气管黏膜和皮肤上形成特异性鼻疽结节、溃疡和瘢痕，在肺脏、淋巴结或其他实质脏器中形成特异性的鼻疽结节。马多为慢性经过，驴、骡常呈急性，人也可感染。该病曾在世界各国广泛流行，危害严重。近几十年来大多数经济发达国家已先后消灭了本病，在我国也几乎已被消灭。

（一）发病原因

该病的病原为鼻疽伯氏菌，革兰染色阴性，两端钝圆，无运动性，不形成荚膜和芽孢。幼龄菌的形态比较整齐，老龄培养物中菌体则呈明显的多形态性，用美蓝染色后再用碘液处理老龄菌体时可见其内部有着色不均的颗粒或菌体两端浓染现象。

本菌对外界抵抗力较强，在腐败的污水中能生存 2 ～ 4 周，在室温下可存活数月到 1.5 年，在潮湿的马厩内可生存 20 ～ 30 d，一般化学消毒剂杀死本菌则需要 1 h 左右。但 55℃ 10 min、80℃ 5 min 内可被杀死；在阳光直射下经 24 h 即可被灭活；在含有 0.5% 有效氯的消毒液中 5 min 内被杀死；对金霉素、土霉素、四环素、新霉素及磺胺嘧啶等磺胺类药物敏感，但对青霉素、红霉素、杆菌肽、呋喃西林等不敏感。

马属动物对本病易感，尤其以驴骡感染后常呈急性经过，但感染率比马低，马多呈慢性经过。鼻疽病马是本病的传染源，尤其开放性鼻疽马最危险。主要经消化道传染，多由病马与健康马同槽饲喂、同桶饮水而发生，可经损伤皮肤、黏膜传染，也可经呼吸道传染，个别经胎盘和交配传染。本病一年四季都可发生，新发地区常呈暴发流行，多呈急性经过；常发地区，马鼻疽多呈慢性经过。

（二）临床症状

本病潜伏期长短不一，自然感染的潜伏期4周或更长。临床上分为急性型、慢性型；根据病菌侵害的部位不同，又分为肺鼻疽、鼻腔鼻疽、皮肤鼻疽。

1. 急性型鼻疽

病马最初体温升高39～41℃，呈弛张热型，精神沉郁，食欲减退或消失，可视黏膜潮红，脉搏加快60～80次/min，呼吸加快。下颌淋巴结肿大（常为一侧性），表面凹凸不平，有痛感。病马红细胞及血红蛋白减少，血沉加快，白细胞增多，核左移，淋巴细胞减少。急性型鼻疽主要表现为鼻腔鼻疽、肺鼻疽和皮肤鼻疽3种形式。

（1）鼻腔鼻疽　发病初期鼻腔黏膜潮红，一侧或两侧鼻孔流出少量浆液-黏液性鼻汁，不久鼻腔黏膜表面出现微突起的、边缘红色的、粟粒大黄色小结节。随着疾病发展结节的中心坏死、溃烂，形成大小不等、边缘稍隆起的溃疡，并排出灰黄脓性或带血鼻涕。重者可致鼻中隔和鼻甲骨壁黏膜坏死脱落，甚至鼻中隔穿孔。此时，可从一侧或两侧鼻孔流出大量恶臭的脓性鼻漏。呼吸时可听到拉风箱式的鼾声。最后由于病情恶化，病马极度衰竭而死或由于饲养环境条件的改善，鼻腔溃疡逐渐愈合形成灰白色星芒状瘢痕而转为慢性鼻疽。

（2）肺鼻疽　当肺部出现大量病变时，称为肺鼻疽。除有不同程度的全身性症状之外，表现日渐消瘦，干咳，时而咳出带血的黏液，流脓性鼻液（图2-5-1），呼吸增数呈腹式呼吸。病重时叩诊肺部有浊音，听诊有湿啰音和支气管呼吸音。

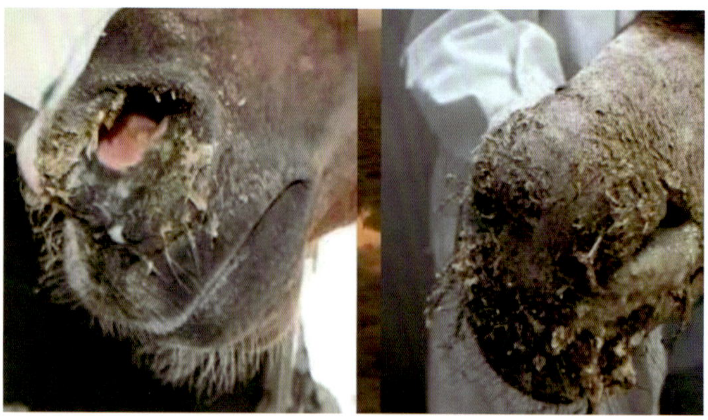

图2-5-1　患马流脓性鼻液

（3）皮肤鼻疽　皮肤鼻疽多发生在前肢、后肢、胸、头、颈及阴囊等部位的皮肤（图2-5-2～图2-5-5）。病初皮肤某处发生局限性浮肿、疼痛、发热，肿胀部位出现大小不等的结节，结节破裂可排出灰黄色或带血的黏稠分泌物（图2-5-6），并形成边缘不整溃疡，形如喷火口状。鼻疽结节可沿淋巴管蔓延，形成串珠状肿，结节破溃又形成新的溃疡。当腿部局部皮肤高度增厚时可形成“象皮腿”（图2-5-7）。该型发展到后期多因为发生鼻腔鼻疽而死亡。

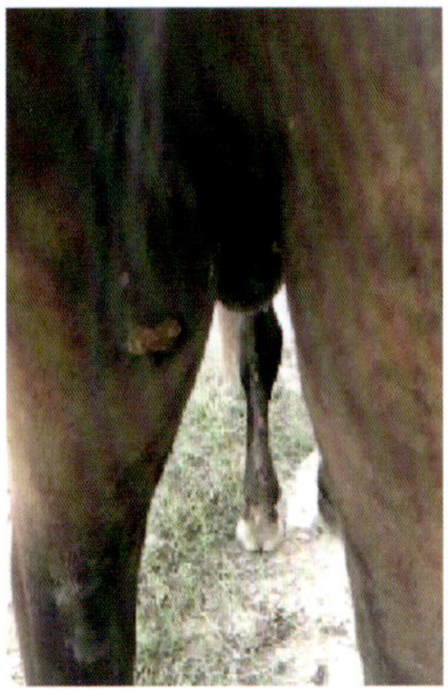

图 2-5-2 后肢鼻疽结节

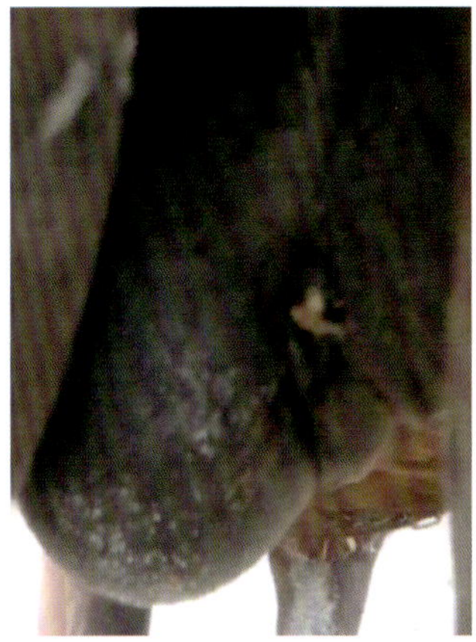

图 2-5-3 会阴部鼻疽结节

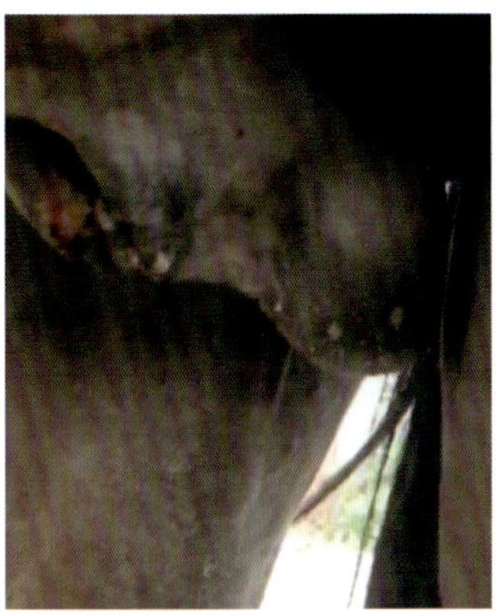

图 2-5-4 阴囊鼻疽结节

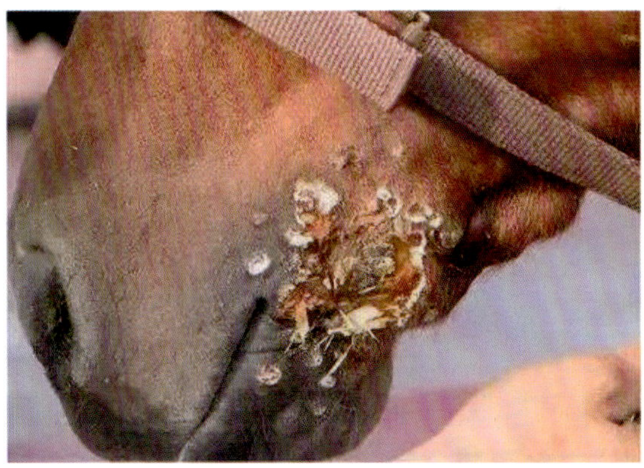

图 2-5-5 头面部鼻疽结节

图 2-5-6 鼻疽结节破溃

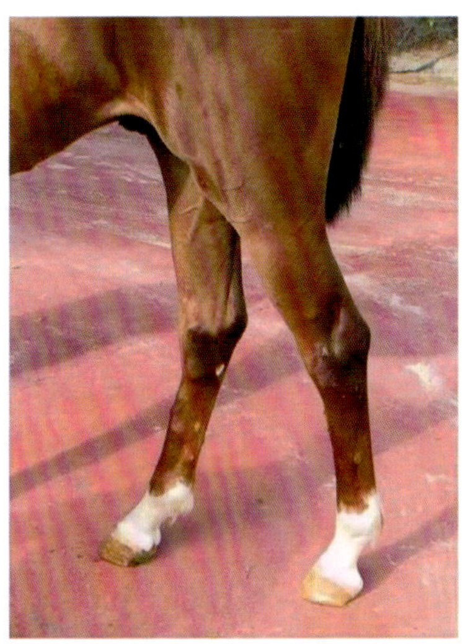

图 2-5-7 后肢皮肤鼻疽结节，局部皮肤增厚

2. 慢性型鼻疽

感染马多呈此种病型，也可由急性型鼻疽转化而来。病马消瘦（图 2-5-8），全身症状不明显或逐渐消失，有的可持续数月至数年，但可查到某些残留的感染表现或鼻疽病灶。机体抵抗力降低时，又转为急性或开放性鼻疽。

（三）剖检变化

除上述皮肤鼻疽和鼻腔鼻疽的病理变化外，在肺脏、淋巴结、肝脏和脾脏等处也具有明显的病理变化，其中以肺脏的病变最具有特征性，占 95% 以上，表现为鼻疽性结节和鼻疽性肺炎的变化（图 2-5-9）。在该病的早期，各器官的鼻疽性结节以渗出性结节为主，结节大小不一，从粟粒大到核桃大小，并伴有充血和出血变化；随着病情的发展可转化为增生性结节，即中心坏死、化脓、干酪化，周围有增生性组织形成的红晕包裹。病的后期，结节性病灶可能被机体吸收或被钙化。此外可见淋巴管化脓并形成糜烂性溃疡，全身淋巴结出现髓样肿胀，进而化脓形成干酪样的结节。有时可见鼻中隔穿孔。

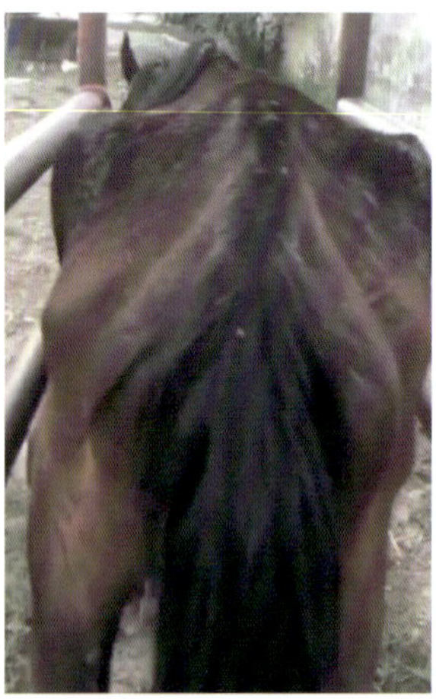

图 2-5-8 病马消瘦

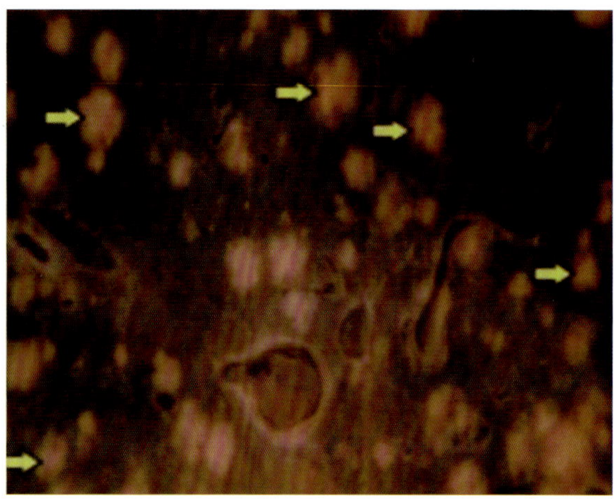

图 2-5-9 肺脏的鼻疽性结节

（四）类症鉴别

1. 马流行性淋巴管炎

马流行性淋巴管炎由伪皮疽组织胞浆菌引起，主要表现为皮肤、下颌淋巴结及鼻腔黏膜发生肉芽肿性结节、脓肿、溃疡，淋巴管索状肿及串珠状结节。常呈慢性经过，体温一般不升高，全身症状不明显。病变处渗出物涂片镜检，可见大量的酵母样菌体。

2. 马腺疫

马腺疫由马腺疫链球菌引起，马驹多发，体温升高，鼻腔黏膜和咽部黏膜呈急性卡他化脓性炎症，并从两侧鼻孔流出大量浓厚的脓性鼻漏，下颌淋巴结急性肿胀形成脓肿。以脓汁涂片染色镜检，可检查到马腺疫链球菌。

3. 马流行性感冒

马流行性感冒由马流感病毒引起，传染性极强，发病率很高，体温升高，全身症状明显。眼结膜水肿，鼻黏膜卡他性炎症症状明显，母马表现流产。从鼻液或咽喉拭子中可分离获得血凝性流感病毒。

4. 鼻炎

临床上以流鼻液和打喷嚏为主要特征，仅局限鼻腔黏膜局部的炎症，没有结节和溃疡病变，饮食欲和体温一般无明显变化。

（五）预防措施和安全用药

1. 预防措施

本病目前尚无适用的疫苗，应采取养、检、隔、处、消等综合性措施进行控制和消灭。加强饲养管理，增强体质，认真执行兽医卫生制度，控制传播途径，防止鼻疽的侵入。加强检疫工作，春、秋季各检疫一次，每次检疫时进行临诊检查、鼻疽菌素点眼，阳性者采血做补体结合试验。检疫阳性的感染或发病马应立即扑杀，尸体进行焚烧或深埋。对环境彻底消毒，可用 3% 来苏儿、10% 石灰乳、2% 热碱水、10% ～ 20% 漂白粉等。

2. 安全用药

必须治疗时，在严格条件下，组织专人治疗，磺胺类药物和四环素族抗生素对鼻疽有疗效。常用的药物包括磺胺二甲基嘧啶、四环素、土霉素等。在治疗过程中应加强隔离和消毒措施，防止病原菌的散播。病马难以彻底治愈，临床康复后仍应隔离使役。

六、马类鼻疽

马类鼻疽是由类鼻疽假单胞菌（又称类鼻疽杆菌）引起的多种动物共患的一种细菌性传染病。马患类鼻疽的症状与鼻疽类似，其临床特征是急性败血症，鼻腔和眼有脓性分泌物，有时出现关节炎。特征性病变是受害组织器官如皮肤、肺、肝、脾、淋巴结等处发生化脓性炎症和特异性肉芽肿结节。本病主要发生在东南亚地区。我国自 20 世纪 70 年代以来，在广东南部和海南省也证实有本病的存在。据近年报道，本病有从传统流行地区向外扩展的趋势。

（一）发病原因

类鼻疽假单胞菌为革兰氏阴性短杆菌，具有两极浓染特性，在形态上与鼻疽假单胞菌相似，所不同的是有鞭毛能运动。抗原结构复杂，与鼻疽假单胞菌有共同抗原，我国研制的类鼻疽单抗可区别这两种菌。类鼻疽假单胞菌对多种抗生素有天然耐药性，但对四环素、多西环素、卡那霉素和磺胺类敏感。在自然土壤和水中能存活 1 年，不耐高热、低温，常用消毒药就能将其杀灭。

类鼻疽假单胞菌是热带地区水和泥土中常在菌，尤以死水中分离率更高，马接触污染的泥水即可感染。主要经皮肤外伤、结膜或消化道感染，也可因吸入气溶胶经呼吸道感染。我国南方热带甚至某些亚热带地区对该菌的生存比较适合，其中以稻田水、土壤以及稻田的泥土中分离率最高。降雨量与类鼻疽的发生呈正相关，雨季和洪水泛滥季节往往造成类鼻疽的流行。

（二）临床症状

常呈慢性或隐性经过，缺乏明显的症状，可归纳为肠炎型、肺炎型和脑炎型三种类型。肠炎型的急性病马可见体温升高、食欲废绝、腹泻、疝痛和局部水肿；慢性型表现为逐渐消瘦、下痢、虚弱和水肿症状，偶尔在体表形成化脓灶。肺炎型表现为体温升高、食欲废绝、呼吸困难、咳嗽、流黏液脓性鼻汁、肺部听诊有浊音区和啰音，有的在鼻黏膜上出现结节，最后可出现肺部感染症状。脑炎型表现为眼球震颤、步样蹒跚、肌肉痉挛或强直、角弓反张、横卧倒地，此型病马的死亡率极高。

（三）剖检变化

主要表现化脓性炎症。急性感染在体内各部位发现小脓肿和坏死灶；亚急性和慢性感染病变常局限于某些器官，最常侵害器官是肺脏，其次是肝、脾、淋巴结、肾、皮肤，其他如骨骼肌、关节、骨髓、睾丸、前列腺、肾上腺、脑和心肌也可能见到病变。

（四）类症鉴别

马类鼻疽的症状与马鼻疽类似，都会出现鼻黏膜结节、溃疡以及肺炎症状，而马类鼻疽尚有肠炎和脑炎症状，而且两者病原不同，马鼻疽是由鼻疽伯氏菌引起，类鼻疽是由类鼻疽假单胞菌引起。对可疑菌落用抗类鼻疽阳性血清做凝集试验，或用纯化的类鼻疽菌素点眼和皮内试验加以鉴别。

（五）预防措施和安全用药

1. 预防措施

本病无菌苗，采取一般防疫卫生措施，防止污染本菌的土壤和水经损伤的皮肤、黏膜感染。首先加强引进动物的检疫，防止引入患病和带菌动物而污染原来清净的地区。新发病地区或养殖场应对患病动物采取严厉的措施，扑杀并销毁感染患病动物及其周围的啮齿动物，对同群动物进行抗菌药物的预防性治疗，同时采取严格彻底的消毒措施，防止病原体污染土壤和水源而造成疫情的扩散传播。该病的疫区应定期检疫、消毒，消灭鼠害，防止水源、饲料和土壤污染；发现患病动物应及时隔离、消毒和治疗。

2. 安全用药

对急性病例须采取强有力的治疗措施，早期选用数种敏感的抗菌药物联合治疗，疗程宜较长（1～3个月），常用的治疗药物有四环素、多西环素、卡那霉素和磺胺类等。无治疗价值的动物应及时淘汰扑杀，死亡和患病动物的尸体应焚烧或高温化制处理，禁止食用。

七、Q 热

Q 热是由贝氏柯克斯体引起的一种多种动物共患急性传染病。临床上以发热和间质性肺炎为特征。多为隐性感染，分布于大部分国家和地区，我国内蒙古、四川、云南、新疆、西藏等 10 多个省、自治区、直辖市存在本病。

（一）发病原因

贝氏柯克斯体为立克次体科、立克次体亚科、柯克斯体属，也称为贝氏立克次体，菌体球杆状，无鞭毛，无荚膜。革兰染色阴性，但不稳定；用吉姆萨染色呈紫色，麦氏染色呈红色，吉姆尼茨染色呈鲜红色。贝氏柯克斯体对外界环境抵抗力极强，在自然环境中可存活数天至数周，巴斯德消毒法不能把牛乳中污染的病原体全部杀死。1% 来苏儿溶液、2% 福尔马林溶液、3% ～ 5% 石炭酸、2% 漂白粉或 3% 双氧水中，经 1 ～ 5 min 死亡。

Q 热是一种自然疫源性疾病，病原体可随分泌物、排泄物及分娩时的羊水、胎盘等污染土壤和空气，蜱在自然界保存和传播贝氏柯克斯体方面起着关键作用，蜱在叮吸感染 Q 热的野生动物（主要是啮齿类动物）血液后，贝氏柯克斯体在蜱体内繁殖，并在蜱体内保存很长时间。当马进入疫源地，常因食入被污染的饲草或被感染的蜱叮咬而感染。该病可经呼吸道、消化道及血液等途径传播，以呼吸道感染为主，通常是因为吸入传染性气雾和污染的尘埃而感染，其次是经直接接触（或间接接触）感染和经蜱叮咬而感染。一般呈散发，但如发生呼吸道感染，则可能呈暴发流行。一年四季均可发生。

（二）临床症状

动物感染后多数呈亚临床经过，表现发热、食欲缺乏、消化不良、消瘦、流产、死胎等。少数病例出现鼻炎、结膜炎、支气管肺炎、关节肿胀、乳房炎等症状。

（三）剖检变化

Q 热形成特殊病变的肉芽肿，血管病变主要有内皮细胞肿胀，可有血栓形成。小支气管肺泡中有纤维蛋白、淋巴细胞及大单核细胞组成的渗出液，严重者类似大叶性肺炎。肝脏有广泛的肉芽肿样浸润；心脏可发生心肌炎、心内膜炎及心包炎；其他脾、肾、睾丸亦可发生病变。

（四）类症鉴别

1. 马流行性感冒

是由马流感病毒引起，传染性极强，发病率很高，体温升高，全身症状明显。眼结膜水肿，鼻黏膜卡他性炎症症状明显，母马表现流产。从鼻液或咽喉拭子中可分离获得血凝性流感病毒。

2. 大叶性肺炎

呈稽留热型，病程发展迅速，流出铁锈色鼻液，肺部叩诊呈大片浊音区，肺部听诊支气管呼吸音增强。X 线检查，呈均匀一致的大面积浓密阴影。

3. 小叶性肺炎

呈弛张热型，胸部听诊肺泡呼吸音减弱，可听到捻发音，肺部叩诊出现大小不等的浊音区。X 线检查表现斑片状或斑点状的渗出性阴影。

（五）预防措施和安全用药

1. 预防措施

非疫区应加强引进动物的检疫，防止引入隐性感染或带毒动物。疫区可通过临床观察和血清学检查，发现阳性动物及时隔离治疗；患病动物的奶或其他产品需经过严格的无害化处理方可应用；对血清学试验阳性的怀孕动物应进行严格隔离，烧掉或深埋其分娩有关的废物。

2. 安全用药

首选药物为四环素族抗生素，如甲烯土霉素、四环素、多西环素和甲氧苄氨嘧啶等，但用药剂量和疗程均要足，一般需连用 2 周。

八、马腺疫

马腺疫是由马腺疫链球菌引起的马属动物的一种急性接触性传染病。典型病例以发热、鼻黏膜和咽喉黏膜发炎、下颌淋巴结肿胀化脓为特征。马腺疫又叫槽结，该病常发生在冬末春初气候潮湿多变季节。主要发生于幼驹，壮龄马和老龄马很少发病，多呈散发性，偶尔呈地方流行性。在我国的牧区和农区几乎年年都有发生，危害较大。

（一）发病原因

马链球菌马亚种旧称马腺疫链球菌，为链球菌属，该菌革兰染色阳性，需氧或兼性厌氧菌，产生明显的 β 溶血（图 2-8-1）。在病灶中常呈长链，几十个甚至几百个菌体相互连接呈串珠状；在培养物和鼻液中为短链，短的只有几个甚至两个菌相连（图 2-8-2）。菌体呈球状或椭圆形，无运动性，不形成芽孢，但可形成荚膜。

本菌对外界环境的抵抗力较强，耐干燥，在干燥的脓汁或血液内能存活数周。但菌体对热的抵抗力不强，煮沸则立即死亡。对一般消毒药敏感，5% 石炭酸溶液、0.1% 氯化汞（升汞）溶液、2% 甲醛溶液、3.5% 来苏儿溶液等 10 min 内可杀死本菌。本菌对龙胆紫、结晶紫、青霉素、磺胺类药物等敏感，故临床上常用这些药品治疗。

本菌主要存在于患马的鼻汁、颌下淋巴结脓肿及转移性脓肿的脓汁中，当并发支气管炎、胸膜炎时，在肺、胸水中也有本菌的存在。病马和健康带菌马是本病的主要传染源，健康马通过被污染的饲料和饮水经口感染。当病马咳嗽或打喷嚏时，常能喷出含病菌的气溶胶样微粒，长时间飘浮于空气中，使健康马吸入上呼吸道而感染。此外，还有通过交配及皮肤损伤感染。马最易感，骡及驴次之，4 个月至 4 岁的马最易感，尤其 1 ～ 2 岁幼龄马发病最多，1 ～ 2 个月的幼驹和 5 岁以上的马感染性较低。不良因素容易诱发本病，如圈舍通风不良、温度过高、湿度过大、气候骤变等都可成为发生马腺疫的有利条件。本病多发生于春、秋季节（一般是 9 月份开始至次年三四月）和气候多变时，其他季节多呈散发。

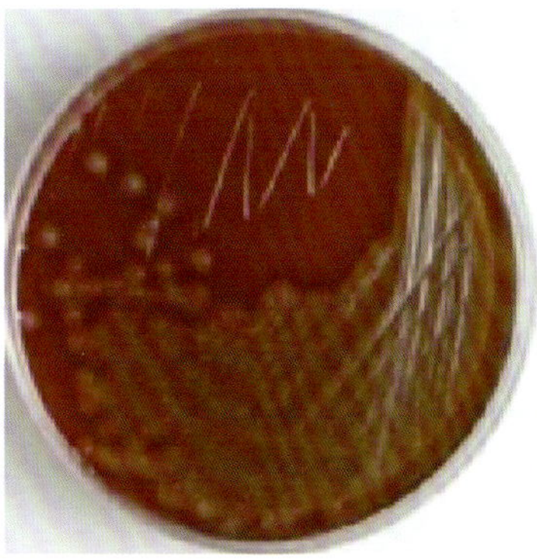

图 2-8-1 马腺疫链球菌呈 β 溶血

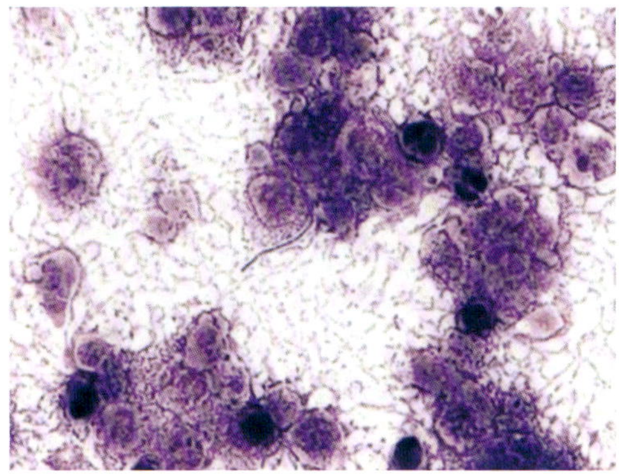

图 2-8-2 马腺疫脓汁中短链链球菌

（二）临床症状

本病潜伏期为 1 ～ 8 d，但当机体抵抗力受到感冒、过劳等不良因素影响时，潜伏期可缩短至 1 ～ 2 d。临床常见有一过型腺疫、典型腺疫和恶性腺疫 3 种病型。

1. 一过型腺疫

多见于流行后期，病马出现鼻黏膜的卡他性炎症。鼻黏膜潮红，流浆液性或黏液性鼻汁，体温轻度升高，下颌淋巴结轻度肿胀。此时若加强饲养管理、增强机体的抵抗力，则病情不再继续发展，能够很快自愈。

2. 典型腺疫

绝大多数患马属于此型。以发热、鼻黏膜急性卡他和下颌淋巴结急性炎性肿胀、化脓为特征。病初表现精神沉郁，食欲减少，体温升高达 40 ～ 41℃，呼吸喘粗，脉搏增数，心跳加快，2 d 后即出现鼻黏膜急性卡他症状。鼻黏膜潮红、干燥、发热，流水样浆液性鼻液，3 ～ 4 d 后变为黄白色脓性鼻液（图 2-8-3），并随咳嗽、喷嚏被大量排出。炎症波及咽喉部时则咽喉敏感，呼吸、咳嗽、吞咽困难，胃内容物从鼻孔逆流而出。大多数病马下颌淋巴结急性炎性肿胀，有鸡蛋或拳头大，充满整个下颌间隙，触之硬固、有热痛感（图 2-8-4），经 4 ～ 6 d 化脓变软，破溃后流出大量黄白色黏稠脓汁（图 2-8-5）。随着体温下降，炎性肿胀逐渐消失，全身症状好转，创内肉芽组织增生。若无并发症则逐渐痊愈，病程一般 10 ～ 20 d。

3. 恶性腺疫

发生马腺疫时，如果治疗不当或由于其他原因造成机体抵抗力降低，引起自身免疫性并发症，如四肢末端皮炎、坏死（图 2-8-6）。病原菌由下颌淋巴结的化脓灶经淋巴管或血液转移到其他淋巴结及内脏器官，造成全身性脓毒败血症，致使动物死亡。比较常见的有喉囊卡他、额窦卡他、咽部淋巴结化脓、颈部淋巴结化脓、纵隔淋巴结化脓、肠系膜淋巴结化脓。

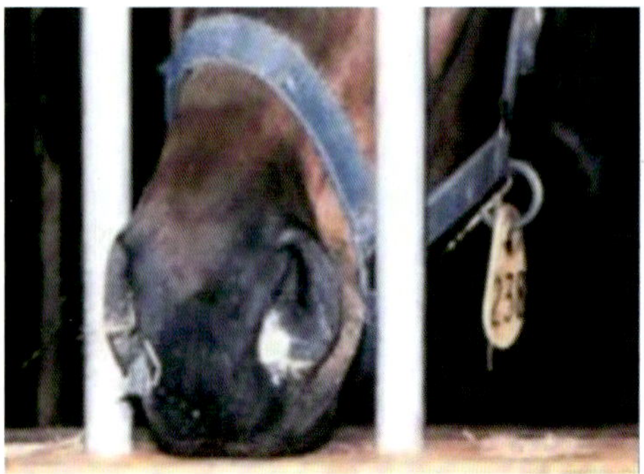

图 2-8-3　马腺疫脓性鼻液

图 2-8-4　下颌淋巴结肿大

图 2-8-5　颈前淋巴结、腮腺淋巴结、咽喉淋巴结肿大破溃

图 2-8-6　四肢末端皮炎、坏死

（三）剖检变化

马腺疫的主要病理变化为鼻黏膜、咽黏膜呈卡他性化脓性炎症，以及淋巴结显著肿大、炎性充血和化脓性炎症。鼻、咽黏膜有黏液脓性分泌物，并有多数出血斑点，喉、额窦、鼻旁窦、耳咽管及泪管等黏膜也可见这些病变。下颌淋巴结显著肿大和炎性充血，后期形成核桃至拳头大的脓肿，此外，还常见咽后淋巴结肿大、化脓，脓肿内含有大量黄色奶酪样脓汁。有时可见到化脓性心包炎、胸膜炎、腹膜炎及在肺脏、肝脏、肾脏、脾脏、脑、脊髓、乳房、睾丸、骨骼肌及心肌等有大小不等的化脓灶和出血点（图 2-8-7 ～图 2-8-9）。

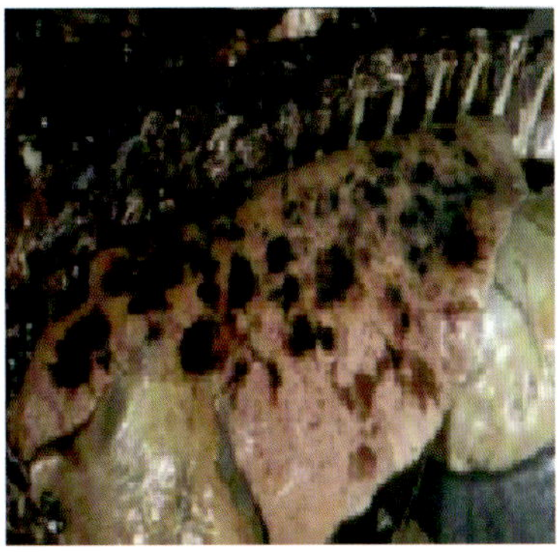

图 2-8-7　肺脏紫癜

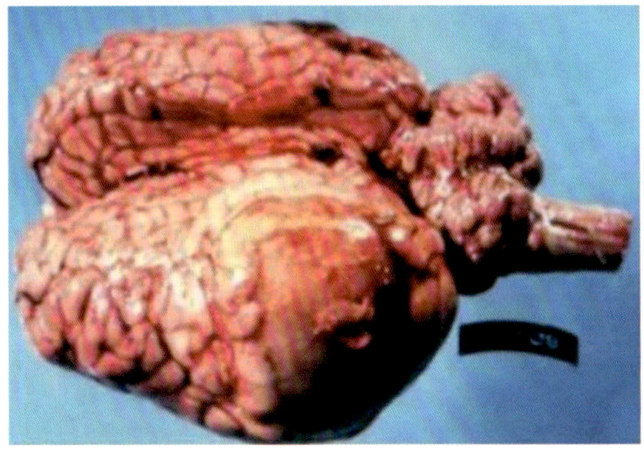

图 2-8-8　转移性脑脓肿

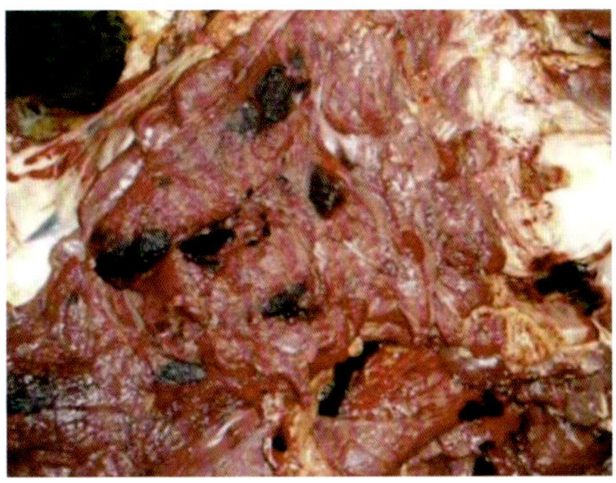

图 2-8-9　血栓性或坏死性肌炎

（四）类症鉴别

1. 马鼻疽

马鼻疽的流行无季节性和年龄的区别，多呈慢性经过；鼻腔鼻疽时下颌淋巴结肿胀、硬固、无热痛、不化脓、不能移动，检查鼻腔黏膜，有时可发现鼻疽结节、溃疡或放射状瘢痕，并且鼻疽菌素点眼呈阳性反应。

2. 鼻卡他

一般为单发，缺乏传染性；体温微升，鼻黏膜充血肿胀，鼻腔流出浆液、黏液性以至黏脓性鼻漏，颌下淋巴结不肿胀或轻微肿胀，但不化脓。

（五）预防措施和安全用药

1. 预防措施

平时加强饲养管理、改善饲养环境是预防本病的重要环节，要做到易发季节增加精饲料，提高机体抗病能力。加强检疫，发现疫病应立即隔离治疗，同时对圈舍、运动场、马槽和用具进行严格消毒。选用当地新分离菌株制成的多价灭活菌苗进行免疫接种，可提高免疫效果，免疫期约 6 个月。每吨饲料中加入土霉素 400 g，连喂 2 周，也有一定的预防效果。

2. 安全用药

如果出现呼吸道症状，出现高烧和极度不适，肺部、腹部出现转移性脓肿者，须及时治疗。仅为下颌淋巴结肿大，无呼吸道症状者，无需治疗。

病初，下颌淋巴结轻度肿胀未化脓时，用磺胺、青霉素及头孢菌素类进行治疗，发热时可注射安乃近。肌内注射青霉素钠 1200 万 IU，每天 2 ～ 3 次，连用 3 d。10% 磺胺嘧啶钠溶液，幼驹 50 ～ 100 mL，成年马 100 ～ 200 mL，静脉注射，早晚各 1 次。严重者进行全身治疗，5% 葡萄糖溶液 500 mL、生理盐水 500 mL、维生素 C 30 mL、双黄连注射液 30 mL、头孢噻呋钠 20 ～ 25 g，一次静脉滴注，连用 3 d。针刺三江、姜牙、分水、耳尖、尾尖、肺俞等穴。

下颌淋巴结开始化脓而没有破溃的硬固肿胀，可涂擦鱼石脂或 10% ～ 20% 松节油软膏等，促使脓肿成熟。脓肿出现柔软而波动时，可手术割开脓灶，使之充分排出脓汁，同时用 0.1% 高锰酸钾液冲洗创口，经数日治愈。对继发肺炎、腮腺炎的病马，应采取综合治疗，可结合注射抗生素药物，防止细菌扩散，引起脓毒败血症和继发其他疾病，造成死亡。

用腺疫外毒素和抗血清进行特异性治疗。早期注射外毒素可阻止化脓，使淋巴结消肿；于化脓后注射，可缩短病程并退热。外毒素的用量为 1 岁以下的病驹，皮下注射 50 mL，其他为 100 mL，如有需要可在 5 ～ 6 d 后再注射一次。抗血清对早期病例有效，可皮下注射或静脉注射，用量为 100 ～ 200 mL。

中药治疗也有疗效。病初期：薄荷 15 g，金银花、连翘、大黄、板蓝根各 30 g，牛蒡子、玄参、黄芩各 21 g，僵蚕、马勃各 12 g，共研为末或煎汤，按病驹大小，分 2 ～ 3 次投服。病中期：颌下淋巴结肿胀化脓时用黄芪、马勃各 12 g，甘草、牛蒡子各 9 g，当归、郁金、栀子、黄药子、黄芩、连翘、桔梗、花粉、穿山甲、皂角刺、金银花各 15 g，煎汤，引用蜂蜜 120 g、鸡蛋清 4 个，按病驹大小分 1 次或分 2 次灌服。

九、幼驹红球菌性肺炎

幼驹红球菌性肺炎是由马红球菌引起幼驹的一种以化脓性支气管肺炎为特征的传染病，过去称其为马棒状杆菌感染或幼驹化脓性肺炎。

（一）发病原因

本病病原为马红球菌，是一种土壤常在菌，广泛存在于草食动物中，特别是马的粪便及其生活环境中，该菌对一般理化因素有中等抵抗力。60℃经过 1 h 死亡，2% 甲醛溶液、5% 石炭酸溶液可迅速将其杀死。该菌主要存在于马粪、地表面及水中，马粪为良好的生长环境，在温、湿季节能大量繁殖。

本病常呈散发，多见于 1 ～ 6 月龄的马驹，大部分感染幼驹在 4 月龄之前出现临床症状。主要通过患驹的分泌物、排泄物所污染的饲料及饮水经过消化道感染，也可经呼吸道吸入污染的尘埃而感染。本病多于夏季发生，发病率为 5% ～ 17%，死亡率高达 80%。常发生于马场的产驹季节，传播较快，流行期长的可达 2 ～ 3 个月，短的仅十数日。某些病毒感染、寄生虫侵袭及各种应激反应常可成为本病暴发的诱因。

（二）临床症状

主要呈化脓性支气管肺炎的症状。患驹病初精神稍显不振，不时发生轻咳。以后随着体温的升高（40 ～ 41.5℃），呈现精神委顿，食欲减退，呆立不动。眼结膜潮红，羞明，流泪，半闭，并有黏性分泌物。咳嗽逐渐加重，呼吸增数（50 ～ 60 次 /min）而迫促，鼻孔有黏液脓性分泌物流出。病情严重时，呈现高度呼吸困难，两前肢向外开展。部分病例可见腹泻或关节肿大。肺部听诊，初期可听到湿性啰音，至后期病变部位肺泡音消失，叩诊病变部有浊音。患驹多于 1 ～ 2 周内死亡。

（三）剖检变化

患驹肺部可见大小不等的散在或融合性的脓肿，内含黄白色干酪样脓汁，肺门淋巴结肿大化脓。支气管及小支气管内充满含泡沫的灰红色脓汁，有的病例伴发胸膜炎或粘连。实质器官有大量出血点，有的大肠黏膜出现溃疡性病变；有的伴有非化脓性多发性滑膜炎、化脓性关节炎及骨髓炎等。此外，还有溃疡性淋巴管炎、蜂窝织炎和皮下脓肿等病变。

（四）类症鉴别

1. 小叶性肺炎

不分年龄和季节，散发，呈弛张热型，胸部听诊肺泡呼吸音减弱，可听到捻发音，肺部叩诊出现大小不等的浊音区，X 线检查表现斑片状或斑点状的渗出性阴影。

2. 马流行性感冒

是由马流感病毒引起，传染性极强，发病率很高，各种年龄均可发病。眼结膜水肿，鼻黏膜卡他性炎症症状明显，母马表现流产。从鼻液或咽喉拭子中可分离获得血凝性流感病毒。

3. 大叶性肺炎

不分年龄和季节，散发，呈稽留热型，病程发展迅速，流出铁锈色鼻液，肺部叩诊呈大片浊音区，肺部听诊支气管呼吸音增强。X 线检查，呈均匀一致的大面积浓密阴影。

（五）预防措施和安全用药

1. 预防措施

目前尚无控制本病的有效疫苗，只能采取综合性防制措施。平时应对母马及幼驹加强饲养管理，实行轮牧，圈舍的粪便要及时清除和堆肥消毒，严格贯彻定期消毒制度，消除一切诱发因素。最好安排母马在冬季产驹，以避免幼驹在易感阶段发生感染。

2. 安全用药

由于红球菌在细胞内寄生，能在巨噬细胞内繁殖，可引起肉芽肿病变并形成较厚的干酪样物质，因此很多药物在体内都不起作用。感染幼驹一旦呈现明显的支气管肺炎时，药物治疗法多不理想。

常用药物有红霉素、利福平、新胂凡纳明（九一四）、链霉素、四环素等。红霉素和利福平联合用药可有效地治疗幼驹红球菌病，能显著降低幼驹的死亡率。红霉素的剂量为每千克体重 25 mg，每隔 8 h 或 12 h 用一次，口服给药。利福平的剂量为每千克体重 5 mg，每隔 12 h 用一次；或每千克体重 10 mg，每隔 24 h 用一次，口服给药，治愈率可达 88%。还可用新胂凡纳明进行治疗，剂量为每千克体重 10 mg，以 5% 葡萄糖溶液或生理盐水溶解后静脉注射，每 3 d 一次。链霉素及四环素的应用，都需要早期并大量使用才能取得疗效。在治疗过程中，应注意观察治疗效果及抗生素引起的副作用，及时调整治疗方案。

应将患驹安排在凉爽通风的环境中，给予适当的食物和饮水，加强护理。对血氧严重不足的患驹可进行吸氧治疗。对高热和厌食的患驹可用非激素类型的消炎药物进行对症治疗。也可试用细胞因子（如白细胞介素 -2、干扰素）进行治疗。

十、马传染性胸膜肺炎

马传染性胸膜肺炎又名马胸疫，是马属动物的一种急性传染病，临床上以纤维素性肺炎或纤维素性胸膜肺炎为特征，并偶有伴发皮下和腱鞘的浆液性浸润。我国目前只有个别地区散在发生，多见于秋、冬季及早春的舍饲期间。

（一）发病原因

本病的病原迄今未能阐明，病马和带毒马是主要的传染源。各种年龄的马属动物均有易感性，但主要发生于 4 ～ 10 岁的壮龄动物，1 岁以下的幼驹极少发生。重型马的易感性较强，病情也较严重。病原通过病马咳嗽时喷出气溶胶直接吸入到呼吸道黏膜而感染，污染的饲料及饮水也是一种传播途径。厩舍里马匹拥挤、潮湿、通风不良、卫生条件差、长途运输及受凉感冒等，都能促进本病的发生。

（二）临床症状

潜伏期长短不一，一般为 10 ～ 60 d。临床表现可分为 2 种类型。

1. 典型胸疫

患马多无前驱症状，突然出现体温升高（40 ～ 41℃），呈稽留热，持续 6 ～ 9 d 或更长，以后迅速或逐渐降至常温。患马在发热的同时，表现精神沉郁，心跳加快，食欲不振或废绝。结膜潮红、水肿。全身震颤，四肢无力。呼吸数增加，呈腹式呼吸。病初流少量浆液性鼻液，至中后期流脓性红黄色或铁锈色鼻液。听诊时，初期出现粗厉肺泡音和啰音，继而肺泡音减弱或消失，出现支气管呼吸音，后期可听到湿性啰音及捻发音。当发生胸膜肺炎时，患马表现胸廓疼痛，呈短浅的腹式呼吸，以后呈胸、腹式呼吸。听诊有摩擦音，当有大量渗出液时，摩擦音即消失。叩诊时，则出现水平浊音区。典型胸疫多经 8 ～ 14 d 后完全康复，继发并发症的病例多预后不良。

血液学检查，初期白细胞总数无大变化，而淋巴细胞数增多，嗜中性粒细胞减少。中后期白细胞总数增多，其中嗜中性粒细胞显著增多、淋巴细胞减少。病情好转后，白细胞总数及血象恢复正常。

2. 非典型胸疫

一部分病例呈顿挫型经过，患马体温突然升高并呈现全身症状，经过 2 ～ 3 d 后，体温迅速降至常温，其他全身症状也随之消失，恢复健康。另一部分病例，既不取典型胸疫经过，也不表现为顿挫型经过，患马呈现不规则热型，先出现稽留热，而后多次反复发热，症状表现也较复杂，往往是患马继发肺化脓、胃肠炎等并发症的结果。

（三）剖检变化

典型胸疫病变主要表现纤维素性肺炎或纤维素性胸膜肺炎，肺脏肝变，呈红色和灰白色相间的大理石样（图 2-10-1），间质变厚增宽，呈白色索状。继发感染的病例，肺组织内有大小不等的坏死灶或化脓灶，或形成空洞；肺坏疽时，病灶内充满污秽绿褐色具有恶臭味的粥样物。发生胸膜炎时，胸腔内积有大量淡黄色渗出液，并混有纤维素凝固块和附着于胸膜、膈及心包上的絮状物或与膈相粘连（图 2-10-2）。此外，心脏、肝脏及肾脏常可见到变性，胃肠黏膜及浆膜出血，脾脏及淋巴结呈中度急性肿胀。

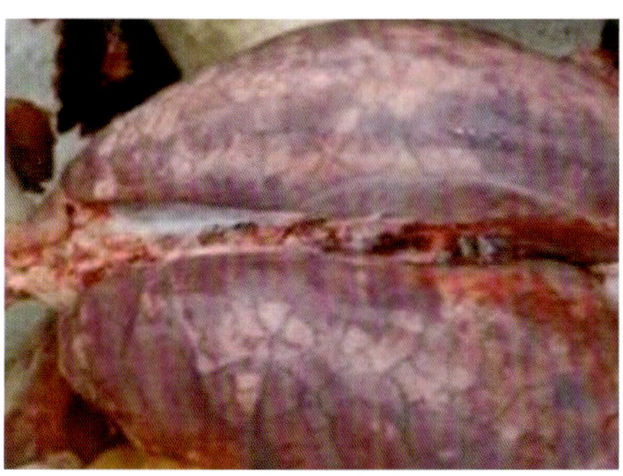

图 2-10-1 肺脏肝变，呈红色和灰白色相间的大理石样

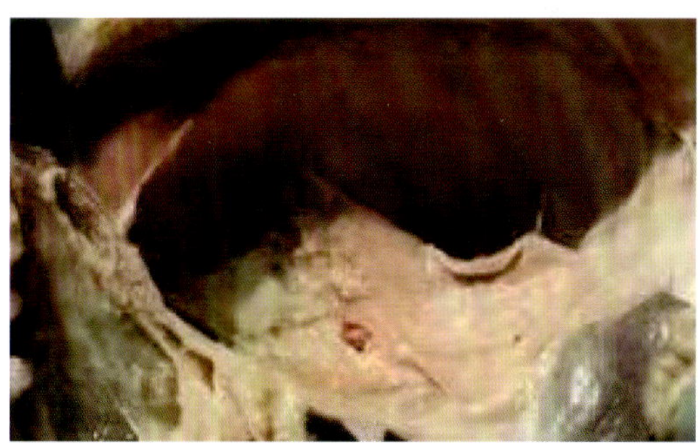

图 2-10-2 胸腔大量纤维素和胸膜粘连

（四）类症鉴别

1. 马流行性感冒

是由马流感病毒引起，传染性极强，发病率很高，体温升高，全身症状明显。眼结膜水肿，鼻黏膜卡他性炎症症状明显，母马表现流产。从鼻液或咽喉拭子中可分离获得血凝

性流感病毒。

2. 马传染性支气管炎

是由病毒引起的，多于晚秋突然暴发流行，传染性强、传播迅速、发病率高，以阵发性咳嗽和全身症状轻微为特征。

3. 支气管炎

主要由寒冷或其他理化因素刺激引起，全身症状较轻，频发咳嗽、流黏液性或黏液脓性鼻液，胸部听有啰音，而叩诊无明显变化。X 线检查，肺部有较粗纹理的支气管阴影，但无炎性病灶阴影。

4. 马病毒性动脉炎

是由马动脉炎病毒引起，临床上以发热，淋巴细胞减少，眼睑和四肢水肿，步态僵硬，呼吸道和消化道黏膜的卡他性炎，鼻炎和结膜炎，怀孕母马流产等为特征。

5. 马传染性鼻肺炎

是由马传染性鼻肺炎病毒引起，呈地方流行性，多发生于秋、冬季和早春。幼驹主要表现上呼吸道黏膜卡他性炎症，怀孕母马于怀孕后的 8 ～ 11 个月发生流产。鼻黏膜上皮细胞可检查到嗜酸性核内包涵体。

6. 感冒

由于受到冷的刺激引起，全身症状轻微，不具有传染性。

7. 大叶性肺炎

呈稽留热型，病程发展迅速，流出铁锈色鼻液，肺部叩诊呈大片浊音区，肺部听诊支气管呼吸音增强。X 线检查，呈均匀一致的大面积浓密阴影。

8. 小叶性肺炎

呈弛张热型，胸部听诊肺泡呼吸音减弱，可听到捻发音，肺部叩诊出现大小不等的浊音区。X 线检查表现斑片状或斑点状的渗出性阴影。

（五）预防措施和安全用药

1. 预防措施

平时应加强饲养管理，严格执行兽医卫生防疫措施，提高马匹的抵抗力。当马群中发生本病时，应立即隔离，污染的马厩、运动场及用具等可用 2% ～ 4% 氯氧化钠溶液或 3% 来苏儿液消毒。在本病流行期间，对新购进的马匹，必须经过 2 个月以上的检疫方能与健马混群。

2. 安全用药

早期应用新胂凡纳明静脉注射是治疗本病唯一的特效疗法。同时实施对症治疗，加强护理，大多数患马可以治愈。

新胂凡纳明的剂量按 0.015 g/kg 体重计算，一般用 4 ～ 4.5 g。临用前将药物溶解于微温的 5% ～ 10% 葡萄糖溶液 50 ～ 100 mL 中，缓慢静脉注射，用药后大多数病例的体温于 2 ～ 4 d 内降至正常。倘若用药时间过晚，即不可能取得预期疗效。

为了预防继发细菌感染，可选用青霉素（肌内注射 0.5 万～ 1 万 IU/kg 体重）、链霉素、土霉素（肌内注射 5 ～ 10 mg/kg 体重）、卡那霉素（肌内注射 10 ～ 15 mg/kg 体重）等抗生素或磺胺类药物进行治疗。此外，对并发消化障碍的病例，及时内服缓泻剂，以清理胃肠。发生胸膜炎时，可采用强心剂、利尿剂及钙制剂。必要时进行穿胸术，分次排出胸水。如有大量纤维素凝块沉积时，可向胸腔内注入胰蛋白酶及青霉素（200 万～ 500 万 IU，用 30 mL 蒸馏水稀释，再加入氢化可的松 100 ～ 200 mg），以促进其溶解吸收，并达到抗菌消炎目的。

中药治疗可用清瘟败毒散：石膏 120 g，水牛角 30 g，黄连 18 g，桔梗 24 g，淡竹叶 60 g，甘草 9 g，生地黄、山栀、丹皮、黄芩、赤芍、玄参、知母、连翘各 30 g，水煎 1 次灌服。

对重症马应设专人护理，安静休息，给予易消化的饲料。在治疗期间，少喂食盐，对初愈病马应加强饲养管理，逐渐复壮，防止扩大传播。

十一、鼻炎

鼻炎是鼻腔黏膜的炎症。临床上以流鼻液和打喷嚏为主要特征，以鼻腔黏膜充血、肿胀和萎缩等为主要病变。根据炎症性质不同，将其分为浆液性、黏液性和脓性鼻炎。

（一）发病原因

1. 原发性鼻炎

主要是由受寒感冒，吸入刺激性的气体（如吸入氨、硫化氢、烟雾等）、化学药物（如吸入农药、化肥以及盐酸、硫酸和硝酸等）和多种变应原（如花粉，环境中的尘埃和尘螨及真菌等）及机械性刺激（如粗硬的秸秆、麦芒、昆虫及使用胃管或鼻喉镜不当等）等引起，其中受寒感冒在其原发性病因中起主导作用。

2. 继发性鼻炎

常见于马鼻疽、马腺疫、马传染性胸膜肺炎、马流感、咽喉炎、副鼻窦炎、支气管炎和肺炎等疾病过程中。

（二）临床症状

1. 急性卡他性鼻炎

病马精神、食欲无明显变化。鼻黏膜潮红、肿胀，敏感性增高，常打喷嚏或摇头擦鼻，由于鼻黏膜高度肿胀，鼻腔变窄，可引起鼻狭窄音及吸气性呼吸困难。一侧或两侧鼻孔流出浆液性、黏液性鼻液，后期则为脓性并逐渐减少变干，呈痂皮状附于鼻孔周围（图 2-11-1）。有的下颌淋巴结肿胀。伴发结膜炎时，羞明流泪。若继发咽炎或喉炎，则可能出现吞咽困难或咳嗽等症状。

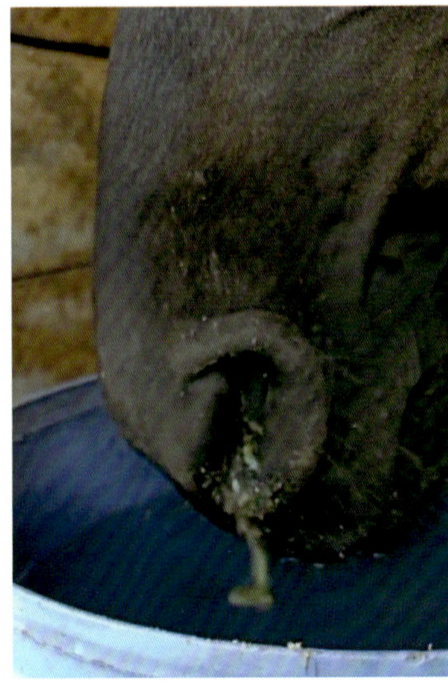

图 2-11-1 流脓性鼻液

2. 慢性卡他性鼻炎

病情发展缓慢，长期流鼻液，鼻液时多时少，其性状可能是浆液性、黏液性、黏液脓性。鼻黏膜有时呈现糜烂及溃疡，鼻孔下方皮肤因长期受鼻液的侵蚀，而引起局部皮肤糜烂，往往遗留无色素瘢痕。病马的精神、饮食欲和体温一般无明显变化。

3. 纤维素性鼻炎

病初的症状基本上同卡他性鼻炎，进而鼻黏膜有明显的出血及肿胀，且逐渐于黏膜上形成灰黄色或红黄色纤维素性伪膜。经若干天后，伪膜自行脱落，显露出红色且有出血的糜烂面。黏膜下层有浆液性、脓性或出血性浸润。常流胶冻状黄色并混有血丝的鼻液。病马有精神萎靡、食欲减退、体温升高等变化。下颌淋巴结有时肿胀。

（三）类症鉴别

1. 鼻腔鼻疽

初期鼻黏膜潮红肿胀，一侧或两侧鼻孔流出灰白色、黏液性鼻液，其后鼻黏膜上形成小米粒至高粱粒大小的灰白色、圆形小结节，突出于黏膜面，结节迅速坏死、崩解，形成深浅不一的溃疡，有些病灶逐渐愈合，形成放射状或冰花状的瘢痕。下颌淋巴结肿大。鼻疽菌素点眼试验阳性。

2. 马腺疫

是由马腺疫链球菌引起，马驹多发，体温升高，鼻腔黏膜和咽部黏膜呈急性卡他化脓性炎症，并从两侧鼻孔流出大量浓厚的脓性鼻漏，下颌淋巴结急性肿胀形成脓肿。以脓汁涂片染色镜检，可检查到马腺疫链球菌。

3. 马流行性感冒

马流行性感冒传染性极强，发病率很高，体温升高，眼结膜水肿，鼻黏膜卡他性炎症症状明显。从鼻液或咽喉拭子中可分离获得血凝性流感病毒。

4. 副鼻窦炎

多为一侧性鼻液，特别在低头时大量流出。

（四）预防措施和安全用药

1. 预防措施

防止马受寒感冒和其他致病因素的刺激是预防本病发生的关键。加强日常的饲养管理，注意厩舍的通风、卫生清洁和消毒工作，减少刺激性气体的蓄积及病原的滋生，加强传染性疾病的预防接种工作，定期驱虫和杀蚊蝇等，在寒冷季节注意厩舍防寒保暖。

2. 安全用药

首先除去致病因素。轻度的卡他性鼻炎，将病马置于温暖、通风良好的厩舍内，改善饲养管理条件，除去致病因素，一般即可自愈。

病情严重的患马，可用温生理盐水、1% 碳酸氢钠溶液、1% 磺胺溶液、1% 明矾液、2% ～ 3% 硼酸液、0.1% 的鞣酸溶液、0.1% 的高锰酸钾溶液等冲洗鼻腔，每日 1 ～ 2 次，冲洗后涂以青霉素或磺胺软膏，也可向鼻腔内撒布青霉素或磺胺类粉剂，或用 1% 复方碘甘油喷雾，连用 10 d。鼻黏膜严重充血肿胀影响呼吸时，可用可卡因 0.1 g、0.1% 肾上腺素 1 mL、蒸馏水 20 mL 混合后滴鼻，每日 2 ～ 3 次，或用滴鼻净涂擦；也可用糖皮质激素或 15% 麻黄碱滴鼻，每日 2 ～ 3 次；也可用 2% 可辽林或 2% 松节油进行蒸汽吸入，每日 2 ～ 3 次，每次 15 ～ 20 min。对体温升高、全身症状明显的病马，应及时采取全身疗法，可选用抗生素和抗病毒药物进行综合治疗，可应用氨苄西林，20 mg/kg 体重口服，2 ～ 3 次 /d，并酌情配合使用干扰素和广谱的抗病毒药物利巴韦林。对慢性细菌性鼻炎可根据微生物培养及药敏试验，用有效的抗生素治疗 3 ～ 6 周。对霉菌性鼻炎应根据真菌病原体的鉴定结果，用抗真菌药物进行治疗。

中兽医疗法：食盐（炒）、白矾（烤干）各等份，共为细末，取少许吹入鼻内，每天 1 次，连用 2 ～ 3 次。苍耳子散加减：苍耳子 30 g、辛夷 25 g、白芷 15 g、薄荷 15 g、菊花 25 g、黄芩 15 g、栀子 20 g、苏叶 30 g，水煎取汁，候温加蜂蜜 100 g，鸡蛋清 4 枚，一次灌服，每日 1 剂，连服 2 ～ 3 剂。清肺散：百合 45 g、桑白皮 45 g、贝母 40 g、黄药子 30 g、白药子 30 g、栀子 45 g、天花粉 35 g、知母 45 g、黄芩 50 g、黄檗 30 g、大黄 30 g、桔梗 30 g、甘草 20 g，共为细末，开水冲调，候温入蜂蜜 150 g，鸡蛋清 4 枚，一次灌服，每日 1 剂，连服 2 ～ 3 剂。

十二、鼻出血

鼻出血是指鼻腔或副鼻窦血管破裂而发生的出血现象。它既是一种原发性鼻腔出血的疾病，也是许多疾病过程中的一种临床症状。

（一）发病原因

原发性鼻出血多为机械性损伤鼻腔黏膜，如粗暴地插入胃管、鼻喉镜、吸入异物、寄生虫等损伤鼻黏膜。继发性鼻出血是由鼻黏膜严重的炎症、鼻腔息肉及恶性肿瘤等引起，也见于中暑、脑充血等高热性疾病经过中。此外，一些具有出血性素质的疾病，如炭疽、鼻疽、马传贫等传染病，维生素 C 和维生素 K 缺乏等营养代谢病，血斑病，血小板减少症及抗凝血类杀鼠药中毒等疾病中也常伴有鼻出血症状。马的肺脏损害引起支气管腔内出血也导致鼻出血，赛马正当比赛时鼻孔出血并且可能很快死亡，最常见的原因是肺出血。

（二）临床症状

血液从一侧或两侧鼻孔（因机械性损伤而出血的，一般多呈一侧性出血；其他因素引起的多呈两侧性出血）呈点滴状、线状或喷射状流出（图 2-12-1），一般呈鲜红色，不含气泡或仅有少量较大的气泡。若为炎性疾病引起的出血，则血中混有黏液或脓汁。出血量取决于损伤范围及血管破裂的程度，通常短时间的少量出血，无明显的全身症状；而长时间的大量出血时，病马惊恐不安，结膜苍白，心跳加快，呼吸迫促，如不及时止血，可在 8 ～ 12 h 内死亡。

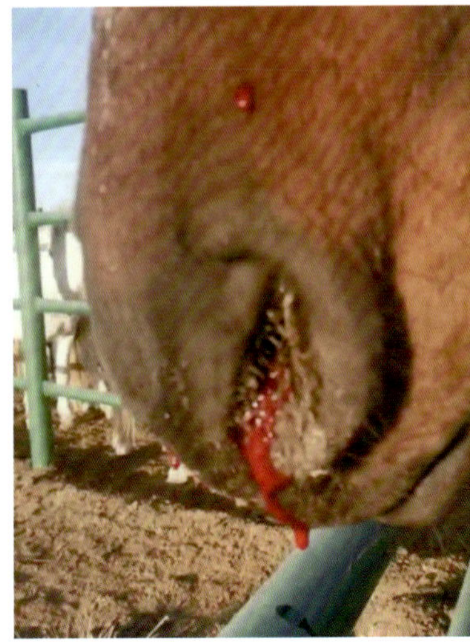

图 2-12-1 血液鲜红色，呈点滴状、线状流出

（三）类症鉴别

1. 胃出血

血液呈褐色，随呕吐由两侧鼻孔流出，通常有酸臭味并含有少量胃内容物或黏液。

2. 肺出血

血色鲜红，从下呼吸道咳出并通过口和两侧鼻孔流出，并带有大量较均匀的小泡沫，常伴有咳嗽或气喘，气管及肺部有广泛的湿啰音，且全身症状明显。

（四）预防措施和安全用药

1. 预防措施

加强日常的饲养管理，供给全价营养，杜绝在高温闷热的环境下长时间使役或运动，避免家畜头和鼻面部受伤害；使用胃管、鼻喉镜检查鼻腔时，切忌粗暴，小心操作，避免损伤鼻黏膜；严禁滥用抗生素，以免破坏肠道正常菌群而影响维生素 K 的合成；及时治疗具有出血素质的原发病。

2. 安全用药

本病治疗，首先应确定和消除引起出血的原因。小出血不必特别治疗，使病马安静，头部稍抬高，用冷水浇头或冷敷额部和鼻部，一般数分钟内即可止血。也可用气球压迫法：将导尿管前端插入椭圆形气球颈部，扎紧，将气球送入出血鼻腔内，导尿管的另一端接打气筒向气球内适量充气，然后扎紧导尿管，一般保持 5 ～ 10 min 即可。

如出血不止，可向鼻腔内注入 1% ～ 2% 明矾溶液或 1% 鞣酸溶液等收敛剂。如果一侧鼻孔出血不止时，可用浸有 0.01% ～ 0.02% 肾上腺素溶液的纱布条填塞鼻腔。同时注射止血剂，如静脉注射 10% 氯化钙 50 ～ 100 mL 或止血敏 1.5 ～ 3 g；肌内或皮下注射安络血注射液 10 ～ 20 mL，2 ～ 3 次 /d；肌内注射维生素 K_3 注射液 100 ～ 300 mg，2 ～ 3 次 /d；皮下或静脉注射维生素 C 注射液 1 ～ 3 g，连用 3 ～ 5 d。此外，中药冰片、血余炭或生龙骨、生白矾各等份，共研磨成末，吹入鼻腔内，也有较好的止血作用。有条件的可以输血。

十三、喉炎及喉囊病

喉炎是喉黏膜及黏膜下层组织的炎症，临床上以阵发性或剧烈咳嗽、喉部敏感和吸气性呼吸困难为特征。按病因分为原发性和继发性喉炎；按病程经过分为急性和慢性喉炎；按炎症的性质可分为急性卡他性喉炎、纤维素性喉炎和化脓性喉炎。临床上以急性喉炎为多见，多发生于寒冷的晚秋及冬、春季节。

喉囊病包括喉囊炎、喉囊积脓、喉囊霉菌病和喉囊臌胀等，是喉囊黏膜及其周围淋巴结炎症的统称，仅发生于马属动物。

（一）发病原因

原发性的喉炎主要是由于各种理化因素及机械性刺激引起，如过度寒冷的刺激，粗暴插入胃管，吸入烟尘、尘埃或刺激性气体及异物等。还可发生喉软骨基质的化脓性炎症，主要发生于幼龄杂交马。继发性喉炎主要是邻近器官炎症的蔓延，如鼻炎、咽炎、支气管炎等，尤其常与咽炎合并发生咽喉炎。也可继发于某些传染病，如马腺疫、马鼻疽、马传染性支气管炎、马流感等。

喉囊病多继发于鼻炎、咽炎、喉炎、马腺疫、腮腺炎和鼻疽等。马上呼吸道感染（尤其是链球菌感染），脓液积聚于喉囊可发生喉囊积脓；在病因作用下，喉囊黏膜充血，并有大量黏液或黏液脓性渗出物，或大量腐败气体，充满喉囊，引起喉囊臌胀；喉囊霉菌病主要由于致病性曲霉菌（如构巢曲霉、烟曲霉）和毛霉菌通过耳咽管侵入发生感染而发病。

（二）临床症状

喉炎的主要表现为剧烈或持续性的咳嗽，病初呈短暂、干性痛咳，声音短促强大，后转为湿而长的咳嗽，病程较长时声音嘶哑。按压喉部、饮冷水、采食干料或早晚吸入寒冷或有灰尘的空气、吞咽粗糙食物以及投服药物等均可引起剧烈的咳嗽。病马有时流浆液性、黏液性或黏液脓性鼻液，下颌淋巴结肿大。一般体温升高，严重者体温可达 40℃以上。患马头颈伸展，避免向两侧转动，喉部肿痛。触诊喉部，病马表现疼痛敏感、躲闪并出现连续性强烈咳嗽。听诊喉部和气管，有明显的喉狭窄音和湿啰音。喉头水肿可在数小时内发生，表现吸气性呼吸困难，喉头有喘鸣音。随着吸气困难加剧，呼吸频率减慢，可视黏膜发绀，脉搏增加。如伴发咽炎时，则出现吞咽困难及流涎现象。喉部肿胀严重者，下颌淋巴结急性肿大，结膜发绀，甚至引发窒息而死亡。慢性喉炎，多呈干性咳嗽，尤以早晚更为明显，病程较长，病情呈周期性好转或复发，而当喉部结缔组织增生、黏膜显著肥厚、喉腔狭窄时，则呈持续的吸气性呼吸困难。

喉囊发炎时，喉囊部位局部温度增高、肿胀、疼痛，触诊患部坚实或有波动感，或有弹性。喉囊积气时，叩诊呈鼓音。喉囊积脓时，同侧鼻孔流出黏液性或脓性污秽、恶臭的鼻液，尤其在低头饮水，采食咀嚼或压迫病侧喉囊时鼻液流出增多。本病多发生于一侧喉囊，患侧鼻孔流脓性鼻液（图 2-13-1），头向健侧倾斜。穿刺喉囊可抽出液体或脓汁。喉囊严重肿胀或继发咽炎、喉炎时，可出现咳嗽、呼吸困难（喘鸣音）、吞咽障碍。触诊腮腺区肿胀、疼痛，严重时头部活动受限，还表现体温升高、精神沉郁、食欲降低等。

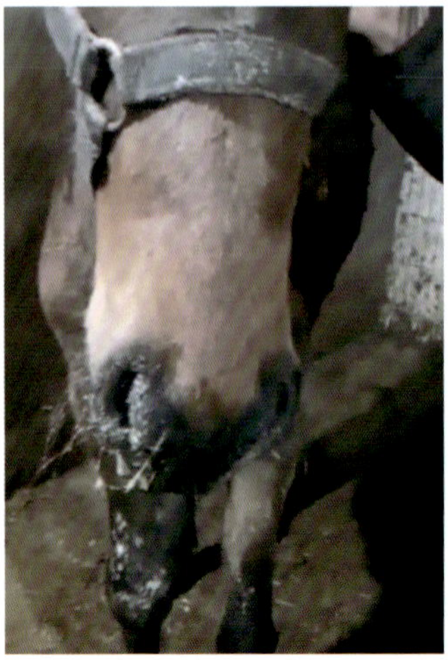

图 2-13-1 患侧鼻孔流脓性鼻液

（三）类症鉴别

1. 咽炎

主要以吞咽障碍为主，吞咽时食物和饮水常从两侧鼻孔流出，咳嗽较轻。

2. 喉水肿

发病短急，突发高度的吸气性呼吸困难，并伴有明显喘鸣音和惊恐不安，往往有窒息危象。

3. 支气管炎

主要由于寒冷或其他理化因素刺激引起，全身症状较轻，频发咳嗽，流黏液性或黏液脓性鼻液，胸部听诊有啰音，而叩诊无明显变化。X 线检查，肺部有较粗纹理的支气管阴影，但无炎性病灶阴影。

4. 喉囊炎和副鼻窦蓄脓鉴别

副鼻窦蓄脓全身症状不明显，常在低头、摆头时流出大量腐臭鼻液。叩诊窦腔呈浊音，且流出大量脓性鼻液。配合喉囊穿刺可鉴别。

（四）预防措施和安全用药

1. 预防措施

加强饲养管理，定期通风换气，减少舍内废气蓄积；在寒冷季节注意防寒保暖，加强耐寒锻炼，防止受寒感冒；在粉尘飞扬的季节或化学刺激性气体外溢的场所，尽量避免吸入刺激性气味或粉尘；应规范操作鼻喉镜检查，及时治疗原发病。

2. 安全用药

本病治疗原则为去除病因，消炎镇痛，镇咳祛痰。

（1）去除病因

除去引起喉炎的寒冷因素及其他理化刺激因子，尽量避免刺激喉部，供给优质松软或流质的食物和清洁饮水。若怀疑有传染病，应立即隔离饲养，治疗原发病。

（2）消炎镇痛

病初，宜用冰袋冷敷喉头或喉囊，而后用10%食盐水温敷，2次/d；也可对肿胀的喉头或喉囊涂擦10%樟脑酒精、复方醋酸铅散、松节油或鱼石脂软膏等。缓解疼痛主要采用喉头或喉囊封闭，可用0.25%普鲁卡因20～30 mL、青霉素40万～100万IU混合，1次/d，进行封闭治疗。对重症喉炎病例，可静脉或肌内注射磺胺类药或抗生素，如静脉注射10%磺胺二甲嘧啶液100～150 mL，1次/d；或肌内注射青霉素80万～120万IU，2次/d。

如喉囊内有大量浓稠的脓汁不易排出时，可通过喉囊穿刺或喉囊切开术，用消毒的生理盐水100～200 mL冲洗喉囊，然后再用手挤压喉囊，反复多次，使喉囊内的脓汁完全排出为止。然后再注入5%磺胺溶液50～100 mL，或50～100 mL蒸馏水加入（40～80）$\times 10^4$IU青霉素。对顽固性病例可进行手术引流。久治不愈者则切开喉囊，用防腐收敛剂冲洗，也可口服碘化钾。先天性喉囊臌气引起的喉囊积脓，只有通过手术方法治疗。对出现全身反应的病马，可内服或注射抗生素或磺胺类药物。

（3）镇咳祛痰

当患马频繁咳嗽时，应及时内服祛痰镇咳药，常用人工盐20～30 g，茴香粉50～100 g，混合后1次内服；或碳酸氢钠15～30 g，远志酊30～40 mL，温水500mL，一次内服；或氯化铵15 g，杏仁水35 mL，远志酊30～40 mL，温水500 mL，一次内服。有窒息危象时，须行气管切开术。

中药治疗。选用具有清热解毒、消肿利喉的普济消毒饮：黄芩、玄参、柴胡、桔梗、连翘、马勃、薄荷各30 g，黄连15 g，橘红、牛蒡子各24 g，甘草、升麻各8 g，僵蚕9 g，板蓝根45 g，水煎，1次内服。也可用加味消黄散：知母、黄芩、牛蒡子、山豆根、桔梗、天花粉、射干各18 g，黄药子、白药子、贝母、郁金各15 g，栀子、大黄、连翘各21 g，甘草、黄连各12 g，朴硝60 g，共研末，加鸡蛋清4个，蜂蜜120 g，开水冲服，或水煎服。另外可用雄黄拔毒散：雄黄、栀子、大黄各30 g，冰片3 g，白芷6 g，共研末，用醋调成糊状，涂于咽喉外部，2～3次/d，有一定效果。

十四、副鼻窦炎和副鼻窦蓄脓

副鼻窦炎是副鼻窦黏膜受感染所引起的一种炎性病症，以上颌窦炎多见。副鼻窦蓄脓是指副鼻窦内的黏膜发生化脓性炎症而导致的窦腔内脓汁潴留，额窦和上颌窦蓄脓在临床上较为常见。

（一）发病原因

主要原因是劳役过度、创伤、气候骤变、额骨或上颌骨骨折等，也可并发或继发于鼻卡他，草料残渣、麦芒等异物进入窦腔，以及面部挫伤、鼻咽黏膜炎、马鼻疽、上臼齿槽骨膜炎、龋齿、骨软症、骨折、马腺疫、放线菌病、肿瘤等疾病。

（二）临床症状

病马精神不振，食欲减少，口色鲜红，脉象洪大，头颈常呈现倾斜姿势（图 2-14-1），或全身症状不明显。一侧或两侧鼻孔持续流浆液性、黏液性，以至脓性的腐臭鼻液，常表现为低头、摆头等动作，低头或强力呼吸、咳嗽时流出大量脓液。如果脓性鼻液中带有新鲜血液，表明窦内有骨折性损伤；混有草屑或饲料，表明龋齿或牙齿缺损与上颌窦相通；混有腐败血液则表明窦内有坏疽或恶性肿瘤。窦壁骨骼膨隆（图 2-14-2），幼驹尤其明显。副鼻窦炎时局部触诊敏感、增温，副鼻窦蓄脓时叩诊窦腔疼痛并发浊音，随叩诊流出大量脓性鼻液，有吸气性呼吸困难和鼻腔狭窄音，穿刺可抽出脓性分泌物（图 2-14-3）。上颌窦蓄脓通常表现为一侧下颌淋巴结肿胀，可以移动，且无痛感，严重时由于波及鼻泪管，会出现流泪现象。

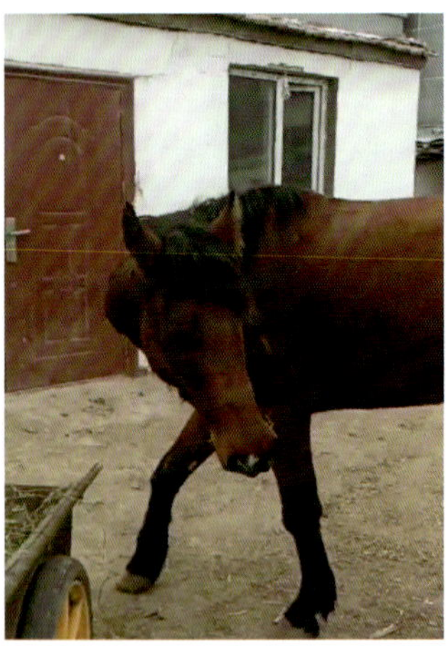

图 2-14-1 头颈呈现倾斜姿势

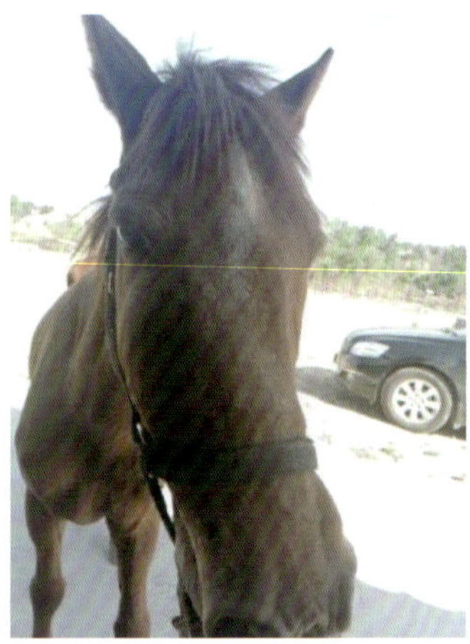

图 2-14-2 副鼻窦蓄脓窦壁骨骼膨隆

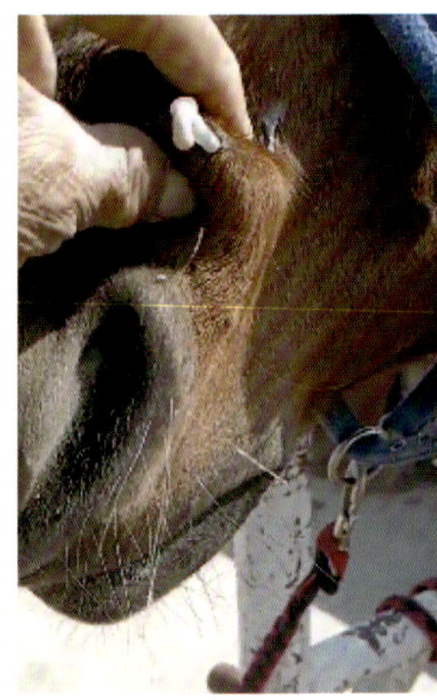

图 2-14-3 穿刺可抽出脓性分泌物

（三）类症鉴别

1. 马腺疫

是由马腺疫链球菌引起，马驹多发，体温升高，鼻腔黏膜和咽部黏膜呈急性卡他化脓性炎症，并从两侧鼻孔流出大量浓厚的脓性鼻漏，下颌淋巴结急性肿胀形成脓肿。以脓汁涂片染色镜检，可检查到马腺疫链球菌。

2. 马鼻疽

是由鼻疽伯氏菌引起，临床上主要表现弛张热型，一侧下颌淋巴结肿大，鼻腔、喉头、气管黏膜和皮肤上形成特异性鼻疽结节、喷火口状溃疡和星芒状瘢痕，在肺脏、淋巴结或其他实质脏器中形成特异性的鼻疽结节。细菌学检查可分离到鼻疽伯氏菌，鼻疽菌素点眼呈阳性反应。

3. 鼻炎

临床上以流鼻液和打喷嚏为主要特征，仅局限鼻腔黏膜局部的炎症。

（四）预防措施和安全用药

对急性副鼻窦炎，可全身应用敏感的抗生素或磺胺类药物，连用 10 ～ 14 d。抗生素要首选青霉素类、头孢菌素类，然后根据药敏试验结果变换抗生素。同时，配合肌内注射或静脉注射 20% 硫酸镁溶液 100 mL，每日 1 次，4 ～ 5 次为一个疗程。

对于副鼻窦蓄脓，要选择适当位置进行手术。用吸引器或连接橡皮管的注射器吸出脓汁，再用 0.1% 高锰酸钾或新洁尔灭灌注冲洗，随后用微温的生理盐水冲洗，同时采用灭菌纱布导入窦内吸干后，填入抗生素油剂纱布，如此处理直至化脓减少或停止。

中药用辛夷散或加味知柏散有一定疗效。

① 辛夷散：辛夷 45 g，酒知母 30 g，沙参 21 g，木香 9 g，郁金 15 g，明矾 9 g，研细后开水冲服，连服 3 ～ 5 剂，重症 4 ～ 6 剂，然后隔天一剂，一般服 7 ～ 8 剂。

② 加味知柏散：酒知母 60 ～ 120 g，酒黄柏 60 ～ 120 g，广木香 15 ～ 30 g，制乳香 30 ～ 60 g，制没药 30 ～ 60 g，连翘 24 ～ 45 g，桔梗 15 ～ 30 g，金银花 15 ～ 30 g，荆芥 9 ～ 15 g，防风 9 ～ 15 g，甘草 9 ～ 15 g，水煎灌服，隔日一剂，可服 3 ～ 5 剂。

十五、喘鸣症

喘鸣症又称喉偏瘫或喉返神经病，主要是返神经麻痹、声带弛缓、喉舒张肌萎缩所致杓状软骨及声带不能在吸气时外翻，致使喉腔狭窄，造成吸气性呼吸困难，临床上以高度吸气性呼吸困难和喘鸣（哨音）为特征。临床上常见于左侧杓状软骨和声带持久性不全麻痹或麻痹，右侧或两侧性麻痹比较少见。体型较大的品种和同一品种中的母马及体格较大的马发病率较高，特别是英国纯血优良马或杂种马多见。任何年龄均可发生，但以 3 ～ 7 岁多见。

（一）发病原因

病因迄今尚不完全清楚，一般认为与遗传因素有关，是一种先天性的返回神经远端轴索变性引起喉肌轻瘫，杓状软骨及声带不能在吸气时外翻，喉腔狭窄，随着吸气时气流的冲击，发生异常的喉狭窄音，造成吸气性呼吸困难。临床上，以左侧麻痹居多，右侧麻痹其次，双侧麻痹较少见。

引起神经麻痹的原因，主要是某些传染病如马腺疫、马媾疫、传染性胸膜肺炎等病的病原微生物所产生的毒素对神经的毒害麻痹作用；某些麻痹神经的农药、毒物或毒草中毒；局部食管扩张、肿瘤或肿大的淋巴结、甲状腺压迫神经发生麻痹；过度紧张地快速奔跑，喉头局部神经处于超出生理机能的紧张状态等。偶尔见于头部过度扭动或颈静脉周围渗漏刺激性药物之后。

（二）临床症状

本病一般为慢性经过，典型临床症状是吸气性呼吸困难并伴发响亮的喉狭窄音，如同吹笛、干啰音或喘鸣声。病初，病马在安静时一般不表现症状，只在重役、剧烈运动、挤压喉部、将头抬起或使头低下稍偏向右侧时才出现喘鸣音和吸气性呼吸困难（图 2-15-1）。运动乏力、头部恢复正常姿势或重役后休息，喘鸣症状即行消失。随着病情的加重，即使在轻度使役或运动时也可出现明显的喘鸣音和吸气性呼吸困难，鼻孔开张，吸气时肋间凹陷，腹部收缩。严重者，倒地挣扎，惊恐不安，全身出汗，呈窒息危象。有的病马吞咽草料也可引起喘鸣。触诊左侧喉软骨凹陷，压迫右侧杓状软骨，即可出现剧烈的吸气性呼吸困难，甚至窒息。由于喉裂不能紧闭，人工诱咳很难引起咳嗽，即使诱咳成功，也为嘶哑或无声的长咳。如病程很长或返回神经完全麻痹且病因又不明的，一般很难治愈；凡能查明并消除病因，且神经麻痹能恢复的，则预后良好。

图 2-15-1　剧烈运动时出现喘鸣音和吸气性呼吸困难

（三）类症鉴别

1. 喉炎

特别是纤维蛋白性喉炎，主要表现喉头敏感，剧烈咳嗽，体温升高，呼吸困难及喉狭窄音。喉镜检查喉头黏膜红肿。

2. 杓状软骨病

用内窥镜检查发现软骨横向增厚，失去原来特征性的“黄豆”状，外展和内收受到限制，在患病一侧的腭咽弓边缘明显。随着病程的发展，勺状软骨中轴表面变形，肉芽组织从黏膜中突起，对侧杓状软骨可能出现小病变。当杓状软骨稍微增厚或两侧病变程度相似时，则不易鉴别。如果右侧软骨运动性降低，即可诊断为杓状软骨病。

（四）预防措施和安全用药

1. 预防措施

加强饲养管理，防止外源性毒物中毒，根治引起喘鸣症的原发病。对有喘鸣症的病马，不能作为种畜繁殖，以防本病通过遗传扩散。

2. 安全用药

治疗原则为消除吸气性杂音和扩大喉腔。治疗原发病的同时，手术是治疗本病的有效方法。对于不从事剧烈运动的病马，通过手术将喉室切开有一定疗效。赛马一般进行喉修复成形术，可有效减轻呼吸气流阻力，但术后可能出现咳嗽或食物从鼻腔返流等并发症。通过手术切开喉头，切除麻痹的声带和杓状软骨，也有较好的效果。因周围淋巴结肿大和炎性渗出物压迫所致的，可内服碘化钾 5 g，2 次 /d。也可在喉头局部温敷，喉部周围涂擦汞软膏、斑蝥软膏以及注射 70% 酒精 5 mL（加 0.5 mL 注射用藜芦素），也可一天注射藜芦素和酒精，隔天注射 1% 硝酸士的宁 5 mL。应用红外线或紫外线照射以及电针治疗具有良好的效果。电针治疗方法为：从下颌骨和臂头肌的前缘引一水平线，在连线的中点处向喉方向斜刺入 3 cm；该点下方 1 cm 为另一针刺点，向斜上方气管斜刺入 7 ～ 10 cm，针尖抵气管环，但不刺伤气管，然后连接电疗机两极。电压与频率的调节由低到高，由慢到快，以病马能耐受为度，每日 2 次，有良好的效果。

十六、支气管炎

支气管炎是各种原因引起支气管黏膜表层或深层的炎症，临床上以咳嗽、流鼻液、胸部听诊啰音和不定型热为特征。按发生部位分为大支气管炎和细支气管炎；按病程分为急性支气管炎和慢性支气管炎。如果继发感染了腐败菌则为腐败性支气管炎。春秋季节或气候突变时容易发病。

（一）发病原因

1. 感染

寒冷刺激是原发性支气管炎的主要原因。寒冷能使机体的抵抗力降低，特别是破坏呼吸道的屏障功能，存在于呼吸道上的病原菌乘机繁殖而呈现致病作用，引起支气管炎。春秋季节气候多变，贼风侵袭，寒夜露宿，汗后被雨淋，突然饮食大量冰冻水或饲料等都易引起感冒而发生本病。

2. 理化因素

吸入氨气、氯气、烟等刺激性气体及尘埃、真菌孢子和火灾时的闷热空气等，均可刺激呼吸道黏膜，而引起支气管炎。将药物误投入呼吸道，以及吞咽障碍时异物误入气管常引起腐败性支气管炎。

3. 继发性因素

主要继发于马腺疫、马鼻疽、马流行性感冒、维生素 A 和维生素 C 缺乏症等疾病。另外，喉炎、肺炎及胸膜炎等疾病时，由于炎症的蔓延，也可继发支气管炎。

4. 诱因

饲养管理粗放，如环境卫生条件差、通风不良、闷热潮湿以及饲料营养不平衡等，导致机体抵抗力下降，均可成为支气管炎发生的诱因。

大多数慢性支气管炎通常由急性转变而来，常见于致病因素未能及时消除，长期反复作用，或未能及时治疗，饲养管理及使役不当。老龄动物由于呼吸道防御功能下降，慢性支气管炎发病率较高。另外，本病可由心脏瓣膜病、慢性肺脏疾病（如马鼻疽、结核病、肺蠕虫病、肺气肿等）或肾炎等继发引起。

（二）临床症状

1. 急性大支气管炎

急性大支气管炎的主要症状是阵发性咳嗽，病马全身症状轻微，呼吸、脉搏稍增数，体温正常或升高 0.5 ～ 1℃，不定型热，一般持续 2 ～ 3 d 后下降。初期呈短、干、痛咳，以后因渗出物增多而变为湿而长的咳嗽。从两侧鼻孔流浆液性、黏液性或黏液脓性鼻液，咳嗽后鼻液量增多。胸部听诊，肺泡呼吸音增强，可听到干啰音或湿啰音。人工诱咳，可出现声音高朗的持续性咳嗽。胸部叩诊一般无变化。急性大支气管炎，一般经过 1 ～ 2 周，只要能及时治疗，预后良好。并发于传染病时，发高热且有重剧的全身症状。

2. 急性细支气管炎

多由急性支气管炎发展而来，全身症状重剧，食欲减退，体温升高 1 ～ 2℃，脉搏增数。呼吸疾速且高度困难，呈呼气性呼吸困难，病马头颈伸直，鼻孔开张。可视黏膜呈蓝紫色。有弱痛咳，极少能咳出痰液。胸部听诊，肺泡呼吸音增强，可听到干啰音、捻发音及小水泡音。胸部叩诊音比正常高朗，若继发肺泡气肿，则呈过清音，肺叩诊界后移。细支气管炎病情比较重，病程也较长，且往往伴发支气管肺炎和继发肺泡气肿，预后应慎重。

3. 慢性支气管炎

无论是黑夜还是白昼，运动还是安静时均出现明显咳嗽，尤其在饮冷水、运动、采食或是早晚受冷空气刺激时更为明显，多为干、痛咳嗽，持续性咳嗽是本病的特征，咳嗽可拖延数月甚至数年，一般痰量较少，有时混有少量血液。人工诱咳阳性，胸部可长期听到干啰音。无并发症时，一般全身症状不明显。后期，由于支气管壁结缔组织增生而变厚，支气管管腔狭窄，长期呈现呼吸困难。叩诊一般无变化，当出现肺气肿时，叩诊呈过清音或鼓音，叩诊界后移，由于长期食欲不良和疾病消耗，病马逐渐消瘦，有的发生贫血。

4. 腐败性支气管炎

主要是因吸入异物引起的支气管炎，除具有急性支气管炎的全部症状外，全身症状重剧，出现呼吸困难，呼出气带腐败恶臭，两侧鼻孔流污秽不洁的带腐败臭的鼻液，听诊肺部可能出现空瓮性呼吸音，体温不及肺坏疽高，鼻液中无弹力纤维。腐败性支气管炎多预后不良。

血液检查，白细胞数增加，中性粒细胞比例升高。X 线检查仅为肺纹理增粗。

（三）剖检变化

支气管黏膜充血，呈斑点状或条纹状发红，有些部位瘀血。疾病初期，黏膜肿胀，渗出物少，主要为浆液性渗出物。中后期则有大量黏液性或黏液脓性渗出物。黏膜下层水肿，有淋巴细胞和分叶核细胞浸润。

（四）类症鉴别

1. 大叶性肺炎

呈稽留热型，病程发展迅速，流出铁锈色鼻液，肺部叩诊呈大片浊音区，肺部听诊支气管呼吸音增强。X 线检查，呈均匀一致的大面积浓密阴影。

2. 小叶性肺炎

呈弛张热型，胸部听诊肺泡呼吸音减弱，可听到捻发音，肺部叩诊出现大小不等的浊音区。X 线检查表现斑片状或斑点状的渗出性阴影。

3. 肺水肿

多突然发生，病程发展急速，呼吸高度困难，从两侧鼻孔流白色或淡黄色混有均匀细小泡沫的鼻液。

4. 肺坏疽

体温高，高度呼吸困难，呼出腐败性恶臭气体，流出污秽、恶臭、含有小块肺组织或弹力纤维的鼻液，肺部听诊出现明显啰音。

5. 马流行性感冒

马流行性感冒是由马流感病毒引起，传染性极强，发病率很高，体温升高，全身症状明显。眼结膜水肿，鼻黏膜卡他性炎症症状明显，母马表现流产。从鼻液或咽喉拭子中可分离获得血凝性流感病毒。

6. 马传染性胸膜肺炎

多发生于秋、冬季及早春季节，传播缓慢，临床上以稽留热、纤维素性肺炎或纤维素性胸膜肺炎为特征。

7. 马传染性支气管炎

马传染性支气管炎是由病毒引起的，多于晚秋突然暴发流行，传染性强、传播迅速、发病率高，以阵发性咳嗽和全身症状轻微为特征。

8. 急性上呼吸道感染

鼻咽部症状明显，一般无咳嗽，肺部听诊无异常。

（五）预防措施和安全用药

1. 预防措施

加强平时的饲养管理，圈舍应经常保持清洁卫生，注意通风透气以增强抵抗力。运动或使役出汗后，应避免受到寒冷和潮湿的刺激。患病马应及时治疗，加强护理，以防急性支气管炎转为慢性。供给营养丰富、容易消化的饲草料，避免烟雾、粉尘和刺激性气体对呼吸道的影响。

2. 安全用药

治疗原则为去除病因，加强护理，祛痰镇咳，抑菌消炎，抗过敏。

（1）去除病因，加强护理：厩舍保持温暖、清洁和通风，供给充足的清洁饮水和柔软易消化的青饲料。暖和天气可适当地牵遛晒太阳，以增强机体的抵抗力。同时改善环境卫生，避免烟雾、粉尘和刺激性气体对呼吸道的影响。

（2）抑菌消炎、抗病毒：选用抗生素或磺胺类药物，若是病毒引起的，配合应用病毒唑、病毒灵、双黄连或清开灵抗病毒。常用青霉素 3 万 IU/kg 体重、链霉素 2 g/kg 体重，混合肌内注射，每天 2 次，连用 2 ～ 3 d。氟苯尼考注射液稀释酒石酸泰乐菌素，振荡至完全澄清透明后，肌内注射 0.15 mL/kg 体重，每日 1 次，连用 5 d。青霉素 100×10^4 IU、振霉素 100×10^4 IU、溶于 1% 普鲁卡因溶液 15 ～ 20 mL，直接向气管内注射，每日 1 次，有良好的效果。病情严重者可用四环素 5 ～ 10 mg，溶于 5% 葡萄糖溶液或生理盐水中静脉注射，每日 2 次。也可用 10% 磺胺嘧啶钠溶液 100 ～ 150 mL，肌内或静脉注射。另外，也可选用大环内酯类（红霉素等）、喹诺酮类（氧氟沙星、环丙沙星等）、氨苄西林及头孢菌素类等药物。

腐败性气管炎，可于气管内注射薄荷脑石蜡液（配制法：将液体石蜡煮沸，放冷至 40℃左右，加入薄荷脑，溶化后密封备用）。每次气管内注射 10 ～ 20 mL，第 1、2 天每日注射 1 次，以后隔日注射 1 次，4 次为一疗程。必要时，可间隔 1 周再进行第二疗程。

（3）祛痰镇咳：咳嗽频繁、支气管分泌物黏稠不易咳出时，可口服溶解性祛痰剂，如氯化铵 10 ～ 20 g，每日 1 次；酒石酸锑钾 0.5 ～ 3 g，每日 1 ～ 2 次；碳酸氢钠 15 ～ 30 g、远志酊 30 ～ 40 mL、温水 500 mL。氯化铵 15 g、杏仁水 35 mL、远志酊 35 mL、温水 500mL；人工盐 20 ～ 30 g、茴香末 50 ～ 100 g，制成舔剂一次内服；远志酊 10 ～ 20 g，每日 1 ～ 2 次；以 10% ～ 20% 痰易净溶液喷雾于咽喉部，每日 2 ～ 3 次。分泌物不多，但咳嗽频繁且疼痛，可选用镇痛止咳剂，如复方樟脑酊 30 ～ 50 mL，内服，每日 1 ～ 2 次；复方甘草合剂 100 ～ 150 mL，内服，每日 1 ～ 2 次；杏仁水 30 ～ 60 mL，内服，每日 1 ～ 2 次；磷酸可待因 0.2 ～ 2 g，内服，每日 1 ～ 2 次。咳必清 0.5 ～ 1 g，每日 2 ～ 3 次；水合氯醛 8 ～ 10 g，常水 500 mL，加入适量淀粉浆内服，每日 1 次。为了促进炎性渗出物的排出，可用克辽林、来苏儿、松节油、木馏油、薄荷脑、麝香草酚等蒸气吸入，也可用碳酸氢钠等无刺激性的药物进行雾化吸入。患马呼吸困难时，可皮下注射 5% 麻黄素 4 ～ 10 mL，每日 1 次；肌内注射氨茶碱 1 ～ 2 mL，每日 2 次。对严重呼吸困难的，应采用吸入氧气的方法。

（4）抗过敏：对于因变态反应引起支气管痉挛者，在使用祛痰止咳药的同时，可给予解痉平喘和抗过敏药如氨茶碱、马来酸氯苯那敏、盐酸异丙嗪等。如每日内服溴樟脑

3 ～ 5 g，盐酸异丙嗪 0.25 ～ 0.5 g，盐酸氯丙嗪 0.25 ～ 0.5 g。也可肌内或静脉注射地塞米松磷酸钠和马来酸氯苯那敏注射液。

（5）中兽医治疗：外感风寒引起者以疏风散寒，宣肺止咳为原则，可选用荆防散合止咳散加减：荆芥、紫菀、前胡各 30 g，杏仁 20 g，苏叶、防风、陈皮各 24 g，远志、桔梗各 15 g，甘草 9 g，共研末，一次开水冲服。也可用紫苏散：紫苏、荆芥、防风、陈皮、茯苓、桔梗各 25 g，姜半夏 20 g，麻黄、甘草各 15 g，共研末，生姜 30 g、大枣 10 枚为引，一次开水冲服。外感风热引起者以疏风清热，宣肺止咳为原则，可选用款冬花散：款冬花、知母、浙贝母、桔梗、桑白皮、地骨皮、黄芩、金银花各 30 g，杏仁 20 g，马兜铃、枇杷叶、陈皮各 24 g，甘草 12 g，共研末，一次开水冲服。也可用桑菊银翘散：桑叶、杏仁、桔梗、薄荷各 25 g，菊花、银花、连翘各 30 g，生姜 20 g，甘草 15 g，共研末，一次开水冲服。慢性支气管炎以益气敛肺、化痰止咳为原则，可选用补肺散、百合固肺散或参胶益肺散（党参、阿胶各 60 g，黄芪 45 g，五味子 50 g，乌梅 20 g，桑皮、款冬花、川贝、桔梗、米壳各 30 g，共研末，开水冲服）。

十七、肺充血和肺水肿

肺充血与肺水肿是同一病理过程的两个阶段，先发生肺充血，后出现肺水肿。肺充血是肺毛细血管内血液过度充满，通常分为主动性肺充血和被动性肺充血。主动性肺充血是流入肺内的血量增多，流出量正常；被动性肺充血是流入肺内的血量正常或增多，但流出量减少。肺水肿是指肺充血时间过长，血管内的液体成分渗漏到肺实质和肺泡。在临床上均以呼吸困难、黏膜发绀和泡沫状的鼻液为特征。

（一）发病原因

主动性肺充血，主要是由于天气炎热，过度使役，剧烈运动，过敏反应，车船运输过度拥挤或吸入热空气、烟雾或刺激性的气体而发生。另外，在肺炎的初期或热射病的过程中也可发生肺充血。长期躺卧的病马，血液停滞于卧侧肺脏，容易发生沉积性肺充血。

被动性肺充血主要发生于代偿机能减退期的心脏疾病，如心肌炎、心脏扩张及传染病和各种中毒性疾病引起的心脏衰竭。

肺水肿是由于主动性或被动性肺充血的病因持续作用而引起的，最常继发于急性过敏反应或充血性心力衰竭，也发生于吸入烟尘和有机磷化合物中毒之后。

（二）临床症状

肺充血和肺水肿的症状极其相似，病马表现为食欲减退或废绝，呈高度的混合性呼吸困难，两鼻孔开张，呼吸用力，甚至张口呼吸，呼吸次数显著增多。惊恐不安，眼球突出，静脉怒张，结膜潮红或发绀。两前肢叉开，两肘外展，头下垂。

除上述症状外，肺充血患马呼吸快而浅表，无节律，听诊肺泡呼吸音增强，无啰音，叩诊肺部正常或呈轻度过清音。脉搏增数，听诊心音减弱，第二心音增强。体温升高至 39 ～ 40℃，但充分休息后，体温和脉搏逐渐恢复，而呼吸仍频数（50 ～ 60 次 /min）。耳、鼻、四肢末端发凉。常有咳嗽，声弱而呈湿性，有少量浆液性鼻液。

肺水肿时，两侧鼻孔流出多量浅黄色或白色甚至粉红色的细小泡沫状鼻液（图 2-17-1）。肺部听诊，肺泡呼吸音减弱，出现广泛的湿啰音和捻发音；肺部叩诊，当肺泡内充满液体时，呈浊音，肺泡内有液体或气体时，呈浊鼓音，浊音常出现于肺的前下三角区，而鼓音多在肺的中上部出现。

X 线检查，肺野阴影普遍加重，肺门血管纹理明显增多、变粗。

（三）剖检变化

急性肺充血时，肺脏体积增大，呈暗红色（图 2-17-2）。主动性肺充血病马切开肺脏，有大量血液流出。慢性被动性肺充血者，肺脏因结缔组织增生而变硬，表面布满小出血点。沉积性充血则因血浆渗入肺泡而引起肺脏的脾样变。肺水肿时肺脏肿胀，丧失弹性，按压形成凹陷，颜色比正常苍白，肺切面流出大量浆液。

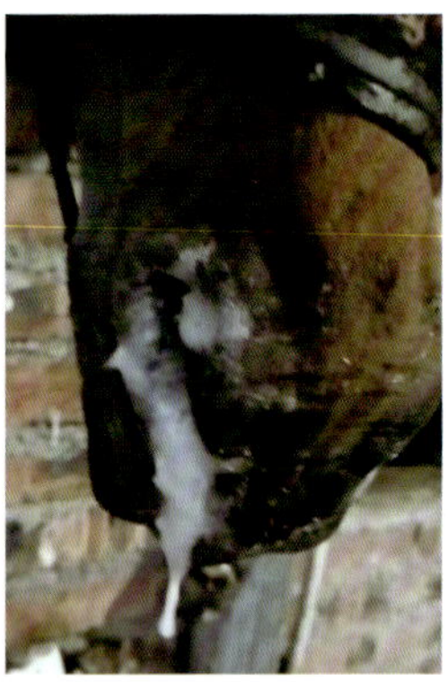

图 2-17-1 鼻孔流出大量泡沫状鼻液

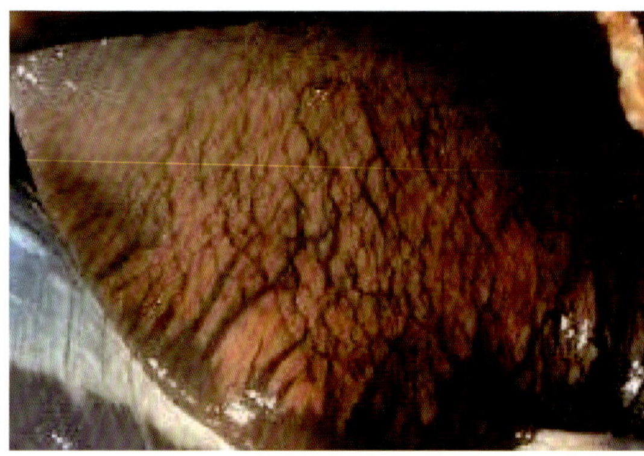

图 2-17-2 肺脏体积增大，呈暗红色

（四）类症鉴别

1. 日射病和热射病

除呼吸困难外，伴有神经症状及体温升高。

2. 急性心力衰竭

急性心力衰竭时，常伴有肺水肿，但其前期症状是心力衰竭。

（五）预防措施和安全用药

1. 预防措施

加强饲养管理，保持环境清洁卫生，避免刺激性气体和其他不良因素的影响，在炎热的季节应减轻运动或使役强度。长途运输时应避免过度拥挤，并注意通风，供给充足的清洁饮水。对卧地不起的病马，应多垫褥草，并注意每日多次翻身。患心脏病的病马，应及时治疗，以免心脏功能衰竭发生肺充血。

2. 安全用药

治疗原则是保持安静，减轻心脏负担，促进血液循环，缓解呼吸困难。

首先将病马安置在清洁、干燥和通风良好的环境中，避免运动和外界因素的刺激。

对极度呼吸困难的病马，可静脉放血 2000 ～ 3000 mL，有急救功效。被动性肺充血吸入氧气有良好治疗效果，按每分钟 10 ～ 15 L 的速率，共吸入 100 ～ 120 L，也可皮下注射 8 ～ 10 L。

为制止渗出，可静脉注射 10% 氯化钙 100 ～ 200 mL 或 10% 葡萄糖酸钙 200 ～ 300 mL，也可静脉注射山梨醇。因血管通透性增加引起的肺水肿，可适当应用大剂量的糖皮质激素；因低蛋白血症引起的肺水肿，可输注血浆或全血以提高血液胶体渗透压；因弥漫性血管内凝血引起的肺水肿，可应用肝素或低分子右旋糖酐溶液；过敏反应引起的肺水肿，通常将抗组胺药与肾上腺素结合使用。有机磷中毒引起的肺水肿，应立即使用阿托品减少液体漏出。

心力衰竭时可用强心剂，通常用 0.5% 樟脑水或 10% 樟脑磺酸钠 10 ～ 20 mL 或 20% 安钠咖 10 ～ 20 mL；对不安的病马选用镇静剂，如静脉注射安溴 100 mL 或肌内注射氯丙嗪 150 ～ 300 mg；为缓解呼吸困难，可皮下注射硫酸阿托品 15 ～ 30 mg。

中兽医以清热泻肺、降气平喘为原则，方用葶苈散内服，配合血针颈脉穴。葶苈散：葶苈子 40 g、马兜铃 20 g、桑白皮 35 g、百部 20 g、杏仁 20 g、贝母 30 g、大黄 45 g、天花粉 30 g、枇杷叶 20 g、沙参 30 g、甘草 18 g，共研细末，加鸡蛋清 4 个、蜂蜜 120 g，开水冲调，候温一次灌服，每日 1 剂，连用 3 ～ 5 剂。里热过盛者，加金银花 30 g、连翘 30 g、栀子 30 g、生地黄 40 g；痰涎多者，加桔梗 30 g、枯矾 10 g、瓜蒌 40 g、车前子 30 g、泽泻 30 g、木通 15 g。

十八、肺气肿

肺气肿可分为肺泡气肿和间质性肺气肿。

肺泡气肿是指肺泡在致病因素作用下过度扩张，肺泡壁弹力丧失，肺泡内充满大量气体，呼出时气体残留于肺泡内。临床上以呼气性呼吸困难、肺泡呼吸音减弱及肺脏叩诊界后移为特征。肺泡气肿可分为急性和慢性两种。急性肺泡气肿又有泛发性及局限性（或称代偿性）之分。两肺叶同时发生气肿，称为泛发性肺泡气肿；气肿只限于肺的一部分，称局限性或代偿性肺泡气肿。乘马和老龄马多发。

间质性肺气肿是由于肺泡和细支气管破裂，空气进入肺间质，在小叶间隔与肺膜连接处形成串珠状小气泡。临床特征为突然表现呼吸困难、皮下气肿以及迅速发生窒息。

（一）发病原因

急性泛发性肺泡气肿主要发生于过度使役、剧烈运动、长时间挣扎和鸣叫等，特别是老龄动物更容易发生。此外继发于上呼吸道狭窄的疾病（鼻炎、副鼻窦炎、喉炎）及慢性弥漫性支气管炎、细支气管炎等；一些刺激性物质，如尘埃、花粉及真菌孢子的吸入也常继发本病。

急性局限性（代偿性）肺泡气肿主要继发于肺组织局灶性炎症或一侧性气胸使病变部肺组织呼吸机能丧失，健康部分进行代偿，造成局部肺气肿。

慢性肺泡气肿主要发生于长期过度劳役和快速奔跑。另外与长期饲喂劣质粗饲料，特别是饲料多尘土有关。也常继发于慢性支气管炎、毛细支气管卡他、肺硬化、肺扩张不全、胸膜局部粘连等。

间质性肺气肿主要是肺泡内的气压急剧增加，导致肺泡壁破裂所致，如吸入刺激性气体、液体或肺脏被异物刺伤及肺线虫损伤。也可继发于某些中毒性疾病以及痉挛性咳嗽的疾病。

（二）临床症状

急性泛发性肺泡气肿发病突然，主要表现呼吸频数，呼气用力且时间延长，甚至张口伸颈，呈呼气性呼吸困难。可视黏膜发绀，静脉怒张，心搏动减弱，心音混浊。肺部叩诊呈广泛性过清音，尤其是肺脏后下缘更为明显，叩诊界扩大。听诊肺泡呼吸音无明显异常，若是因慢性支气管炎引起的肺气肿，可听到干啰音或湿啰音。X 线检查，两肺透明度增高，膈后移及其运动减弱，肺的透明度不随呼吸而发生明显改变。急性局限性（代偿性）肺泡气肿发病缓慢，呼吸困难逐渐加剧。肺部叩诊时过清音仅局限在浊音区周围。X 线检查可见局限性肺大疱或一侧肺透明度增高。

慢性肺泡气肿发展缓慢，病初症状不明显，但在使役或运动后，易疲劳和出汗，以后随病势发展，出现呼吸困难，主要表现呼气性呼吸困难，特征是呈现二重式呼气，即在正常呼气运动之后，腹肌又强烈地收缩，出现连续两次呼气动作，同时可沿肋骨弓出现较深的凹陷沟，又称“喘沟”或“喘线”，呼气用力，脊背拱曲，肷窝变平，腹围缩小，肛门突出，黏膜发绀，容易疲劳、出汗，但体温正常，肺部叩诊呈过清音，正常叩诊界后移，可达最后 1 ～ 2 肋间，心脏绝对浊音区缩小。肺部听诊，肺泡呼吸音减弱甚至消失，常可听到干、湿啰音。因右心室肥大，肺动脉第二心音高朗。短弱的咳嗽也是马慢性肺泡气肿特征性表现之一，运动时表现更明显而且发喘。X 线检查，整个肺区异常透明，支气管影像模糊，膈穹窿后移。

间质性肺气肿常突然发生，迅速呈现呼吸困难，甚至窒息。病马张口伸舌呼吸，流涎，惊恐不安，脉搏快而弱。叩诊呈过清音或鼓音，听诊可听到捻发音或啰音。严重者在肩背部和脊柱两侧出现皮下气肿（图 2-18-1）。

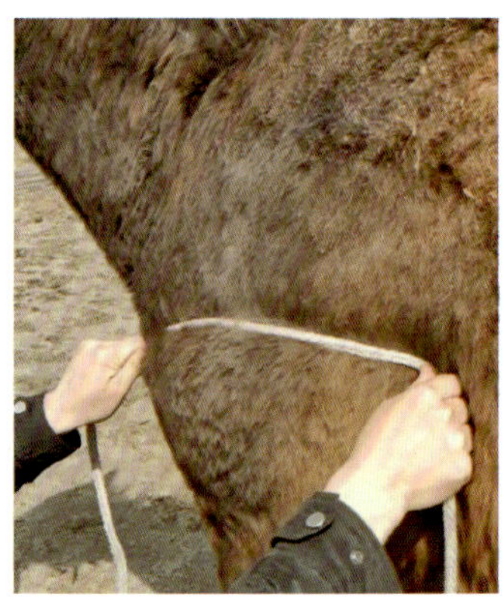

图 2-18-1 肩背部皮下气肿

（三）剖检变化

急性肺泡气肿肺体积增大、膨胀，边缘钝圆，表面突起大小不等的膨胀物，颜色发白，触之柔软。切开肺脏，减缩缓慢，切面可压出泡沫状的气体，右心室扩张。慢性肺泡气肿肺脏呈苍白色，体积增大，膨胀，有肋骨压痕，边缘钝圆，重量减轻，触压柔软，留有痕迹，右心室肥大或扩张。间质性肺气肿肺小叶间质增宽，内有成串的大气泡。

（四）类症鉴别

1. 肺水肿

多突然发生，病程发展急速，呼吸高度困难，黏膜发绀，从两侧鼻孔流白色或淡黄色、混有均匀细小泡沫的鼻液。

2. 大叶性肺炎

呈稽留热型，病程发展迅速，流出铁锈色鼻液，肺部叩诊呈大片浊音区，肺部听诊支气管呼吸音增强。X 线检查，呈均匀一致的大面积浓密阴影。

3. 小叶性肺炎

呈弛张热型，胸部听诊肺泡呼吸音减弱，可听到捻发音，肺部叩诊出现大小不等的浊音区。X 线检查表现斑片状或斑点状的渗出性阴影。

（五）预防措施和安全用药

1. 预防措施

加强饲养管理，保持环境卫生，减少饲草料中的粉尘，防止饲草料发霉变质，避免过度劳役和剧烈运动，注意畜舍通风换气和冬季保暖。及时治疗引起持续性咳嗽的呼吸器官疾病。

2. 安全用药

目前尚无理想的治疗方法。治疗原则为加强护理，保持安静和休息，缓解呼吸困难，治疗原发病。

首先停止使役，将病马置于通风良好和安静的畜舍休息，供给优质饲草料和清洁饮水。治疗原发病，用抗生素治疗支气管炎，如青霉素 800 万 IU、链霉素 100 万 IU、鱼腥草 10 ～ 20 mL，肌内注射，每日 2 次；土霉素注射液 10 ～ 20 mL，肌内注射，每日 1 ～ 2 次。过敏性肺气肿，按每千克体重 0.5 ～ 1 mg 肌内注射马来酸氯苯那敏注射液，并每天肌内注射青霉素；吸入粉尘引起的，应将患马安置在尘埃少、无霉菌孢子、空气清洁新鲜的环境中，应用抗生素或抗霉菌感染药物，以及肾上腺皮质类固醇药物可加快患马的恢复，也可试用皮质类固醇、抗组胺药物、祛痰剂、雾化吸入剂等治疗肺气肿。

为缓解呼吸困难，可皮下注射 1% 硫酸阿托品注射液 1 ～ 3 mL，或 1% 氨茶碱 2 ～ 5 mL；肌内注射蛤蟆消炎定喘 10 ～ 20 mL；也可用 2% 氨茶碱注射液，或用 0.5% 异丙肾上腺素注射液、1% 硫酸阿托品液各 2 ～ 4 mL 雾化吸入。如呼吸困难、有窒息危象时，则可进行氧气吸入疗法。

中兽医治疗可用平喘散：桑白皮 50 g、葶苈子（炒）50 g、莱菔子 100 g、杏仁 40 g、黄芩 50 g、川郁金 30 g、生石膏 50 g、大黄 30 g、木通 30 g、栀子 40 g、苏子 35 g，水煎或研末冲服。如病情减轻，可去桑白皮和生石膏，加党参 20g 和白术 25g。平喘清肺散：

葶苈子 35 g、紫苏子 50 g、莱菔子 30 g、冬瓜子 30 g、桑白皮 30 g、杏仁 25 g、贝母 30 g、枇杷叶 30 g、天花粉 30 g、沙参 30 g、百部 30 g、紫菀 30 g、大黄 30 g、车前子 30 g、甘草 15 g，共研细末，加鸡蛋清 4 个、蜂蜜 120 g，开水冲调，候温一次灌服，每日 1 剂，连用 2 ～ 3 剂。

十九、卡他性肺炎

卡他性肺炎又称支气管肺炎或小叶性肺炎，是病原微生物感染引起的以细支气管为中心的个别肺小叶或几个肺小叶的炎症。其病理学特征为肺泡内充满了由上皮细胞、血浆和白细胞组成的卡他性炎性渗出物，临床上以弛张热型，咳嗽，呼吸次数增多，叩诊呈点片状浊音区和听诊有啰音及捻发音为特征。本病以幼驹和老龄体弱的马骡多发。

（一）发病原因

与支气管炎的病因基本相同，多数是在支气管炎的基础上发生的，如受寒感冒，饲养管理不当，误投误咽，某些营养物质缺乏，长途运输，理化因素，过度劳役等，使机体抵抗力降低，导致病原微生物入侵而引起。还可继发于鼻疽、马腺疫、流行性感冒、传染性支气管炎、结核病、肺线虫病、子宫炎、乳腺炎、维生素缺乏症、佝偻病及骨软症等。

（二）临床症状

病初呈急性支气管炎的症状，表现干而短的疼痛咳嗽，逐渐变为湿而长的咳嗽。随着病情的发展，全身症状明显，精神沉郁，食欲减退或废绝。体温升高至 40℃以上，呈弛张热型；脉搏增数，每分钟可达 60 ～ 100 次；呼吸增数，每分钟 40 ～ 100 次。流少量浆液性、黏液性或脓性鼻液，可视黏膜潮红或发绀，严重者出现呼吸困难。肺部听诊，病灶部位肺泡呼吸音减弱或消失，有捻发音或啰音，病灶周围及健康部位肺泡呼吸音增强。胸部叩诊，病灶浅表时有局灶性浊音区；病灶深在时可能无变化或出现鼓音；如炎性病灶互相融合，则可出现大片浊音区；如一侧肺脏发炎，对侧叩诊音高朗。血常规检查，白细胞总数升高，嗜中性粒细胞增多且核左移。单核细胞增多，嗜酸性粒细胞缺乏。X 线检查，肺纹理增重，表现斑片状或斑点状的渗出性阴影，大小和形状不规则，密度不均匀，边缘模糊不清，可沿肺纹理分布。当病灶发生融合时，则形成较大片的云絮状阴影。

（三）剖检变化

卡他性肺炎主要发生于尖叶、心叶和膈叶前下部，病变为一侧性或两侧性。发炎的肺小叶肿大呈灰红色或灰黄色，切面出现许多散在的实质病灶，大小不一，多数直径在 1 cm 左右，形状不规则，支气管内能挤压出黏液性或黏液脓性渗出物，支气管黏膜充血、肿胀。严重者病灶互相融合，可波及整个大叶，形成融合性卡他性肺炎。病灶周围肺组织常伴有不同程度的代偿性肺气肿。

（四）类症鉴别

1. 大叶性肺炎

呈稽留热型，病程发展迅速，流出铁锈色鼻液，肺部叩诊呈大片浊音区，肺部听诊支气管呼吸音增强。X线检查，呈均匀一致的大面积浓密阴影。

2. 细支气管炎

呼吸极度困难，咳嗽频繁，热型不定，肺部叩诊无小片浊音区，呈过清音或鼓音，叩诊界后移，听诊有各种啰音。

3. 支气管炎

支气管炎主要由于寒冷或其他理化因素刺激引起，全身症状较轻，频发咳嗽、流黏液性或黏液脓性鼻液，胸部听有啰音，而叩诊无明显变化。X线检查，肺部有较粗纹理的支气管阴影，但无炎性病灶阴影。

4. 马流行性感冒

马流行性感冒由马流感病毒引起，传染性极强，发病率很高，体温升高，全身症状明显。眼结膜水肿，鼻黏膜卡他性炎症症状明显，母马表现流产。从鼻液或咽喉拭子中可分离获得血凝性流感病毒。

5. 马传染性胸膜肺炎

多发生于秋冬季及早春季节，传播缓慢，临床上以稽留热、纤维素性肺炎或纤维素性胸膜肺炎为特征。

6. 马传染性支气管炎

马传染性支气管炎是由病毒引起的，多于晚秋突然暴发流行，传染性强、传播迅速、发病率高，以阵发性咳嗽和全身症状轻微为特征。

7. 马传染性鼻肺炎

马传染性鼻肺炎由马传染性鼻肺炎病毒引起，呈地方流行性，多发生于秋冬季和早春。幼驹主要表现上呼吸道黏膜卡他性炎症，怀孕母马于怀孕后的8～11个月发生流产。鼻黏膜上皮细胞可检查到嗜酸性核内包涵体。

（五）预防措施和安全用药

1. 预防措施

加强饲养管理，避免淋雨受寒、过度劳役等诱发因素。供给全价日粮，健全完善的免疫接种制度，减少应激因素的刺激，增强机体的抗病能力。及时治疗原发病。

2. 安全用药

治疗原则：加强护理，抗菌消炎，祛痰止咳，制止渗出和促进渗出物的吸收与排出，对症治疗。

① 加强护理：首先应将动物置于光线充足、空气清新、通风良好且温暖的畜舍内，供给营养丰富、易消化的饲草料和清洁饮水。

② 抗菌消炎：可选用大剂量抗生素和磺胺类药物，常用的抗生素有青霉素、头孢类、链霉素、卡那霉素或丁胺卡那霉素、庆大霉素、红霉素、林可霉素、氨苄西林等；磺胺类药物是磺胺二甲基嘧啶。有条件时进行药敏试验，对症给药。对肺炎球菌和链球菌引起的肺炎，首选药物应是青霉素，和链霉素联合应用效果更好；氟哌酸对大肠杆菌、铜绿假单胞菌、巴氏杆菌及嗜血杆菌等有效，可通过肌内注射、静脉注射或气管内注射给药。对支气管炎症状明显的，可将青霉素（200 ～ 400）$\times 10^4$ IU、链霉素 1 ～ 2 g，溶于 1% 普鲁卡因溶液 15 ～ 20 mL，肌内注射或气管内注射，1 ～ 2 次 /d，连用 2 ～ 4 次，效果较好。或用氨苄西林 25 mg/kg 体重，用 5% 葡萄糖或生理盐水稀释静脉注射，还可选用头孢唑啉钠 11mg/kg 体重，肌内或静脉注射，2 次 /d，连用 5 ～ 7 d。如果是由病毒和细菌混合感染引起的肺炎，还应选用抗病毒药物如病毒灵或病毒唑，或同时应用双黄连或清开灵注射液，静脉注射。

③ 祛痰止咳：同支气管炎的治疗。当咳嗽频繁，分泌物黏稠时，可选用溶解性祛痰剂。剧烈频繁地咳嗽，无痰干咳时，可选用镇痛止咳剂。呼吸困难时，可皮下注射 5% 麻黄素 4 ～ 10 mL，每日 1 次；或肌内注射氨茶碱 1 ～ 2 mL，每日 2 次。为促进炎性产物的排出，可用克辽林、来苏儿等进行蒸气吸收。

④ 制止渗出：可静脉注射 10% 氯化钙注射液或 10% 葡萄糖酸钙注射液 100 ～ 150 mL，每天 1 次。促进渗出物的吸收与排出，可用利尿剂，也可用 10% 安钠咖溶液 10 ～ 20 mL、10% 水杨酸钠溶液 100 ～ 150 mL 和 40% 乌洛托品溶液 60 ～ 100 mL，一次静脉注射。

⑤ 对症治疗：体温过高时，可用解热药，常用复方氨基比林或安痛定注射液 20 ～ 50 mL，肌内注射或皮下注射；呼吸困难严重者，有条件的可输入氧气；为促进食欲，可采用苦味健胃剂；对体温过高、出汗过多引起脱水者，应适当补液，纠正水、电解质和酸碱平衡紊乱，输液量不宜过多，速度不宜过快，以免发生心力衰竭和肺水肿；对病情危重、全身毒血症严重的动物，可短期（3 ～ 5 d）静脉注射氢化可的松或地塞米松等糖皮质激素；当休克并发肾功能衰竭时，可用利尿药；并发心力衰竭时可酌用强心剂。

中兽医疗法，可选用加味麻杏石甘汤：麻黄 15 g、杏仁 8 g、生石膏 90 g、金银花 30 g、连翘 30 g、黄芩 24 g、知母 24 g、玄参 24 g、生地黄 24 g、麦冬 24 g、天花粉 24 g、桔梗 21 g，共研末，蜂蜜 250 g 为引，一次开水冲服；款冬花散：冬花 50 g、知母 40 g、贝母 40 g、马兜铃 30 g、桔梗 35 g、杏仁 30 g、金银花 40 g、桑皮 35 g、黄药 35 g、郁金 30 g，共研为末，开水冲，候温灌服；清肺散：苏叶 50 g、桔梗 30 g、葶苈子 25 g、甘草 15 g、板蓝根 40 g、陈皮 30 g、乌药 25 g、广木香 20 g、川贝母 30 g，共研细末，加鸡蛋清 4 个、蜂蜜 12 0g，开水冲调，候温一次灌服，每日 1 剂，连用 3 ～ 5 剂。

二十、纤维素性肺炎

纤维素性肺炎又称大叶性肺炎或格鲁布性肺炎，是以支气管和肺泡内充满大量纤维蛋白和血细胞渗出物为特征的急性肺炎。炎症侵害大片肺叶，临床上以稽留热型、定型经过、流铁锈色鼻液和肺部叩诊出现广泛性浊音区为特征。多发于体格健壮、营养良好的马骡。

（一）发病原因

本病主要由病原微生物引起，但真正的病因仍不十分清楚，一般认为是由传染性因素（病毒、细菌感染）或非传染性因素所致。如马传染性胸膜肺炎，肺炎双球菌、肺炎杆菌、金黄色葡萄球菌、铜绿假单胞菌、大肠杆菌、坏死杆菌、沙门氏菌、溶血性链球菌等在本病的发生中也起重要作用。继发性大叶性肺炎见于马腺疫、血斑病、流行性支气管炎等。过度劳役、受寒感冒、饲养管理不当、长途运输、吸入刺激性气体、使用免疫抑制剂等均可导致呼吸道黏膜的防御机能降低，成为本病的诱因。

（二）临床症状

1. 典型病例

病马精神沉郁，食欲减退或废绝，全身无力，肌肉震颤，结膜潮红黄染，体温突然升高，在半日之内即可升至 40 ～ 41℃或更高，高温持续 6 ～ 9 d，呈稽留热型，而后突然降至常温，或于 2 ～ 5 d 内逐渐降至常温，有并发症时，则呈不定热型。脉搏增数与体温升高不相一致，即体温升高 2 ～ 3℃，脉搏只增加 10 ～ 15 次，此常作为早期诊断本病的特点之一，病初脉搏充实有力，以后随心脏机能衰弱，变为细而快。呼吸加快且困难，如继发胸膜炎时，则呈现腹式呼吸。此外，病马还表现排便迟滞，站立时前肢向外叉开，卧地时常卧于病肺一侧。鼻液在病初呈少量浆液性或黏液性；充血期和肝变期呈棕黄色或铁锈色；溶解期则为多量黏性。病初呈干、短、痛咳，尤其当伴有胸膜炎时更为明显，甚至在叩诊肺部时出现连续的干、痛咳嗽，至肝变期多为弱咳，到溶解期则出现长的湿咳。肺部听诊，在充血期可听到捻发音或湿性啰音；肝变期听诊患部呼吸音消失，可听到明显的支气管呼吸音；在溶解期时，又可听到捻发音和湿性啰音，肺泡呼吸音逐渐增强，啰音也逐渐消失，肺泡呼吸音最终趋于正常。肺部叩诊，患部在充血期呈过清音或浊音；肝变期则变为浊音；典型病例，浊音区多出现于肘关节后方，其上后界呈弓形；到溶解期，又经半浊音逐渐恢复正常。

2. 非典型病例

临床也较常见，一般有下列 3 种情况：一是经过较短，在发病 2 ～ 3 d 后即行退热，再经 1 ～ 2 d 肺炎症状消失，甚至只出现一天的发热和短时轻微的局部变化（暂时性肺炎）；二是炎症不断扩大蔓延（进行性或游走性肺炎），病程长达数周，体温反复升高，故也称为迁延性肺炎，临床上相当常见；三是肺的病变部位异常，可能发生在肺后上缘或肺门附近，特别是在肺门附近的肺炎，除典型的体温曲线外，也许只有红黄色的鼻液和 X 线检查可以提供可靠依据。

血液学检查，白细胞总数显著增加，中性粒细胞比例增加，核左移，淋巴细胞比例减少，嗜酸性粒细胞和单核细胞缺乏。严重的病例，白细胞减少。X线检查，充血期仅见肺纹理增重，肝变期发现肺脏有大片均匀的浓密阴影，溶解期表现散在不均匀的片状阴影。2～3周后，阴影完全消散。

（三）剖检变化

纤维素性肺炎一般只侵害单侧肺，有时可能是两侧性的，多见于左肺尖叶、心叶和膈叶（图2-20-1）。充血水肿期肺叶肿大，重量增加，呈暗红色，挤压时有淡红色泡沫状液体流出，切面平滑，有带血的液体流出。红色肝变期肺叶质实，切面稍干燥，呈粗糙颗粒状，近似肝脏，胸膜常有纤维蛋白性渗出物覆盖。灰色肝变期肺叶质实，灰白色，切面干燥，颗粒状。溶解消散期肺叶体积复原，质地变软，呈黄色，挤压有少量脓性混浊液体流出，胸膜渗出物被吸收或有轻度粘连。

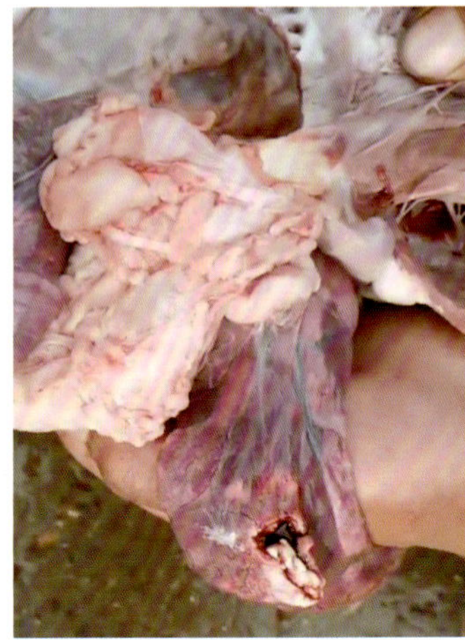

图2-20-1 纤维素性肺炎

（四）类症鉴别

1. 小叶性肺炎

呈弛张热型，胸部听诊肺泡呼吸音减弱，可听到捻发音，肺部叩诊出现大小不等的浊音区。X线检查表现斑片状或斑点状的渗出性阴影。

2. 马流行性感冒

马流行性感冒由马流感病毒引起，传染性极强，发病率很高，体温升高，全身症状明显。眼结膜水肿，鼻黏膜卡他性炎症症状明显，母马表现流产。从鼻液或咽喉拭子中可分离获得血凝性流感病毒。

3. 马传染性胸膜肺炎

多发生于秋冬季及早春季节，有高度传染性，临床上以稽留热、纤维素性肺炎或纤维素性胸膜肺炎为特征。

4. 马传染性支气管炎

马传染性支气管炎是由病毒引起的，多于晚秋突然暴发流行，传染性强、传播迅速、发病率高，以阵发性咳嗽和全身症状轻微为特征。

5. 马传染性鼻肺炎

马传染性鼻肺炎由马传染性鼻肺炎病毒引起，呈地方流行性，多发生于秋冬季和早春。幼驹主要表现上呼吸道黏膜卡他性炎症，怀孕母马于怀孕后的8～11个月发生流产。鼻黏膜上皮细胞可检查到嗜酸性核内包涵体。

6. 胸膜炎

胸膜炎热型不定，胸部触诊敏感，听诊有胸膜摩擦音。当胸腔积聚大量渗出液时，叩诊呈水平浊音，听诊呼吸音和心音均减弱，胸腔穿刺有大量橙黄色混浊的液体流出。

（五）预防措施和安全用药

治疗原则是加强护理，抗菌消炎，制止渗出和促进炎性产物吸收，以及对症治疗。

加强护理：首先应将动物置于通风良好、清洁卫生的环境中，供给优质易消化的饲草料和清洁饮水。

抗菌消炎：主要应用抗生素、喹诺酮类或磺胺类药物。常用的抗生素有青霉素、链霉素、红霉素、头孢菌素、土霉素或四环素等；常用的喹诺酮类药物有氟哌酸、环丙沙星、氧氟沙星等；常用的磺胺制剂有磺胺嘧啶、氨苯磺胺等。如土霉素或四环素每天每千克体重 10 ～ 30 mg，溶于 5% 葡萄糖溶液 500 ～ 1000 mL，分 2 次静脉注射。有条件的可作细菌药敏试验，以便选择最敏感药物。由病毒引起的，还应选用抗病毒药物，如病毒唑、金刚烷胺、特异性抗血清、干扰素等，或同时应用抗病毒中草药或中成药等。大叶性肺炎并发脓毒血症时，可用 10% 磺胺嘧啶钠溶液 100 ～ 150 mL、40% 乌洛托品溶液 60 mL、5% 葡萄糖溶液 500 mL，混合后一次静脉注射，每天 1 次。据报道早期使用新胂凡纳明（九一四），效果很好，每千克体重 10 mg（极量为 4 g），溶于 5% 葡萄糖生理盐水 200 ～ 500 mL，缓慢静脉注射，间隔 3 ～ 4 d 再注射 1 次，共用 2 ～ 3 次。最好在注射前半小时先行皮下注射或肌内注射强心剂，如樟脑磺酸钠或苯甲酸钠咖啡因，待心功能改善后再注射九一四，或将一次剂量分多次注射，比较安全。配合静脉注射维生素 C 及氢化可的松或地塞米松，控制炎症发展。

制止渗出和促进炎性产物吸收：在充血期可静脉注射 10% 氯化钙或葡萄糖酸钙溶液 100 ～ 150mL。在溶解期，应用利尿剂和尿路消毒剂。为防止机化，可用碘化钾 5 ～ 10 g，或碘酊 10 ～ 20 mL，加在流体饲料中或用胃管投服，每日 2 次，但碘制剂不能使用时间太长。

对症治疗：体温过高可用解热镇痛药，如安乃近、复方氨基比林、安痛定注射液等；剧烈咳嗽时，可选用祛痰止咳药；严重的呼吸困难可输入氧气；当休克并发肾功能衰竭时，可用利尿药；并发心力衰竭时可酌用强心剂。

中兽医疗法：以清热解毒、泻肺消黄为治疗原则，可选用清瘟败毒散或知贝散灌服。清瘟败毒散：石膏 120 g、犀角 6 g（或水牛角 30g）、黄连 18 g、桔梗 24 g、淡竹叶 60 g、甘草 9 g、生地黄 30 g、山栀 30 g、丹皮 30 g、黄芩 30 g、赤芍 30 g、玄参 30 g、知母 30 g、连翘 30 g，水煎，一次灌服。知贝散：知母 30 g、贝母 30 g、连翘 30 g、柴胡 40 g、马兜铃 40 g、黄柏 40 g、天花粉 40 g、百合 50 g、黄芩 50 g、桔梗 50 g、甘草 100 g、炙杏仁 50 g，共研为末，开水冲调，加蜂蜜 250 g 为引，一次内服。

二十一、坏疽性肺炎

坏疽性肺炎又称肺坏疽、吸入性肺炎或异物性肺炎，是因误咽异物（食物、呕吐物或药物）或腐败菌侵入肺脏而引起的一种坏疽性炎症。临床上以高度呼吸困难，呼出气恶臭，流出污秽、恶臭、含弹力纤维的鼻液和肺部出现明显啰音为特征。

（一）发病原因

动物投药方法不当是常见的原因，例如：灌药时太快、头位过高、舌头伸出、咳嗽及鸣叫等，将药物吸入呼吸道而发病；也可能由于胃管投药操作失误，将部分药物误投入气管；或经口灌服有刺激性药物（如松节油、福尔马林、酒精等），由于呛咳发生误咽。伴有吞咽障碍的一些疾病（如咽炎、咽麻痹、破伤风、出血性紫癜、食道阻塞、脑炎等）或麻醉、昏迷时，易发生异物误咽或吸入。或在鼻疽、卡他性肺炎、纤维素性肺炎、肋骨骨折、外伤等伴有腐败菌感染时而引发。

（二）临床症状

一般体温升高（40℃以上），脉搏加快（80 次 /min 以上），咳嗽低沉，声音嘶哑，呼吸迫促，随着呼吸运动胸腹部出现明显的起伏动作或呈腹式呼吸，严重者呼吸困难。食欲降低或废绝，精神沉郁。呼出带有腐败性恶臭的气体，初期仅在咳嗽之后或站立在病畜附近才能闻到，随着疾病的发展气味越来越明显。鼻孔流出黏脓性鼻液，呈棕红色或污绿色，在咳嗽或低头时，常常大量流出，偶尔在鼻液或咳出物中见到吸入的异物，如食物残渣、油滴等。将鼻液收集在玻璃杯中，静置后发现可分为 3 层，上层为黏液，有泡沫；中层为浆性液体，并含絮状物；下层为脓液，混有大小不等的组织块。渗出物加入 10% 氢氧化钾溶液中煮沸，离心后将沉渣涂片，在显微镜下检查，可观察到肺组织分解出的弹力纤维，这也是本病的重要特征。肺部听诊，初期出现支气管呼吸音、啰音，随后可听到喘鸣音和胸膜摩擦音，后期出现空瓮音。胸部叩诊，初期呈半浊音或浊音，后期呈金属音、破壶音。

（三）剖检变化

疾病初期，肺脏充血，小叶间水肿，支气管充血，充满泡沫。肺炎通常位于肺的前腹侧部，可以是单侧性的，也可以是双侧性的。肺炎区呈锥形，基部邻近胸膜。随后可见肺脏化脓和坏死，病灶变软、液化，呈红棕色，具有明显的恶臭味。胸腔常常伴发急性纤维素性胸膜炎，并有大量渗出物。

（四）类症鉴别

1. 支气管炎

支气管炎主要由寒冷或其他理化因素刺激引起，全身症状较轻，频发咳嗽、流黏液性或黏液脓性鼻液，胸部听诊有啰音，而叩诊无明显变化。X 线检查，肺部有较粗纹理的支气管阴影，但无炎性病灶阴影，鼻液中无弹力纤维。

2. 支气管扩张

因渗出物积聚于扩张的支气管内，发生腐败分解，呼出气体及鼻液也可能有恶臭气味，但渗出物随剧烈咳嗽可排出体外，鼻液中无肺组织块和弹力纤维，全身症状较轻。

3. 副鼻窦炎

多为单侧性脓性鼻液，且没有肺组织块与弹力纤维；全身症状不明显；肺部叩诊和听诊无异常；副鼻窦局部隆起。

（五）预防措施和安全用药

1. 预防措施

通过胃管给动物投服药物时，必须确认胃管正确进入食道后，方可灌入药液。对严重呼吸困难或吞咽障碍的动物，不应强制性经口投药。麻醉或昏迷的动物在未完全清醒时，不应让其进食或灌服食物及药物。经口投服药物时，应尽量把头部放低，每次少量灌服，且不可太快，让动物及时吞咽，不至于进入气管。

2. 安全用药

目前尚无有效的治疗方法，治疗原则为迅速排出异物、抗菌消炎、制止肺组织的腐败分解及对症治疗。

首先应使其保持安静，即使咳嗽剧烈也应禁止使用止咳药，并尽可能让其站在前低后高的位置，将头放低，便于异物向外咳出。一旦确定吸入异物，不论是液体还是刺激性气体，均应立即用抗菌药物治疗。常用的有青霉素、链霉素、氨苄西林、头孢菌素、四环素、10% 磺胺嘧啶钠溶液等。可将青霉素（200 ～ 400）$\times 10^4$ IU、链霉素 1 ～ 2 g 与 1% ～ 2% 的普鲁卡因溶液 40 ～ 60 mL 混合，气管注射，每日 1 次，连用 2 ～ 4 次，效果较好。防止自体中毒，可静脉注射樟酒糖溶液 200 ～ 250 mL（含 0.4% 樟脑、6% 葡萄糖、30% 酒精、0.7% 氯化钠的灭菌水溶液），每日 1 次。对症治疗包括解热镇痛、强心补液、调节酸碱和电解质平衡、补充能量、输入氧气等。

中兽医疗法：韦茎汤对坏疽性肺炎有一定疗效。韦茎汤：芦根 250 g，薏苡仁 60 g，桃仁 30 g，冬瓜子 90 g，桔梗 60 g，鱼腥草 60 g，酌加金银花、连翘、桔梗、葶苈子等，水煎或开水冲调，一次内服。

二十二、胸膜炎

胸膜炎是指胸膜上纤维蛋白沉着和胸膜腔渗出液积聚的炎症过程。临床上以体温升高、胸部疼痛、腹式呼吸、听诊有胸膜摩擦音、叩诊呈水平浊音为特征。根据病程可分为急性和慢性胸膜炎；按病变的蔓延程度，可分为局限性和弥漫性胸膜炎；按渗出物的多少，可分为干性和湿性胸膜炎；按渗出物的性质，可分为浆液性、浆液 - 纤维蛋白性、出血性、化脓性、腐败性胸膜炎等。

（一）发病原因

原发性胸膜炎较少见，可因胸壁挫伤、透创以及胸腔肿瘤或受寒冷刺激、过劳等使机体抵抗力降低，病原微生物乘虚侵入胸腔而发病。继发性胸膜炎较为常见，常因邻近器官炎症的蔓延或直接感染引起，如各种类型肺炎、胸部食管穿孔以及肋骨骨折等。马腺疫、流行性感冒、马鼻疽、传染性胸膜肺炎、流行性感冒、马传染性贫血等传染病也常继发本病。

（二）临床症状

患马精神沉郁，食欲减退或废绝。病初脉搏快而有力，以后变弱并节律失常。体温升高达 40℃以上，呼吸浅表急速，呈明显的腹式呼吸，咳嗽明显，常发短、弱的痛咳，叩诊胸壁表现频繁咳嗽。病马常取站立姿势，肘部外展。胸壁触诊或叩诊，表现不安，疼痛敏感，甚至躲闪或呻吟。渗出性胸膜炎时叩诊呈水平浊音。胸部听诊，在渗出的初期和渗出物被吸收的后期均可听到明显的胸膜摩擦音，渗出期听诊摩擦音消失，可听到拍水音，胸腔积液时，心音及呼吸音都减弱。如同时有肺炎存在，可听到啰音或捻发音。胸腔穿刺可抽出大量渗出液，一般浆液 - 纤维蛋白性胸膜炎渗出液最多，混浊，易凝固，相对密度在 1.018 以上，利凡他（Rivalta）试验阳性。如渗出液呈红色，含有多量红细胞时，表明是出血性胸膜炎；若穿刺液有腐败臭或脓汁时，表示病情恶化，胸膜已部分化脓并坏死。血液学检查，白细胞总数升高，中性粒细胞比例增加，呈核左移现象，淋巴细胞比例减少。

（三）剖检变化

胸膜明显充血、水肿和增厚，粗糙而干燥，胸膜面上附着一层黄白色的纤维蛋白性渗出物，容易剥离。在渗出期，胸腔有大量混浊液体，其中有纤维蛋白碎片和凝块，肺脏下部萎缩，体积缩小呈暗红色。有的病例渗出物在腐败菌的作用下 , 色污秽并有恶臭，常有肺炎、心包炎和心包积液。

（四）类症鉴别

1. 大叶性肺炎

呈稽留热型，病程发展迅速，流出铁锈色鼻液，肺部叩诊呈大片浊音区，肺部听诊支气管呼吸音增强。X 线检查，呈均匀一致的大面积浓密阴影。

2. 马传染性胸膜肺炎

多发生于秋冬季及早春季节，有流行性，同时具有胸膜炎和肺炎的症状。

3. 胸腔积水

胸腔积水取慢性经过，无体温反应，无炎症变化，缺乏胸壁疼痛和痛咳，且多为两侧性的。听诊无胸膜摩擦音，胸腔穿刺出的积液为色淡、透明、不易凝固的漏出液，穿刺液检查不到细菌，利凡他（Rivalta）试验呈阴性反应。

4. 心包炎

可以听到心包摩擦音，此摩擦音与心搏动相一致，而胸膜摩擦音与呼吸运动相一致。

（五）预防措施和安全用药

1. 预防措施

加强饲养管理，供给平衡日粮，增强机体的抵抗力，防止胸部创伤，及时治疗原发病。

2. 安全用药

治疗原则为去除病因、加强护理、抑菌消炎、制止渗出、促进渗出物吸收及防止自体中毒。

加强护理：将病马置于通风良好、温暖和安静的畜舍休息，供给营养丰富、优质易消化的饲草料，并适当限制饮水。

抑菌消炎：使用抗生素、喹诺酮类或磺胺类药物，如青霉素、链霉素、庆大霉素、头孢菌素、四环素、土霉素、环丙沙星、氧氟沙星等。最好用穿刺液进行细菌培养和药敏试验，以便选择最敏感药物。由鼻疽引起的胸膜炎，土霉素效果较好，即用土霉素 2 g，用 500 mL 生理盐水溶解，静脉注射，每日 1 ～ 2 次，3 ～ 5 d 为一个疗程，此外，还可用氟喹诺酮类药物。与此同时，可在胸壁上涂搽 10% 樟脑酒精、芥子精、复方醋酸铅散或松节油等刺激剂；亦可应用紫外线或透热疗法治疗，以促进炎症的消散。支原体感染可用四环素，某些厌氧菌感染用甲硝唑有较好的效果。

制止渗出和促进渗出物吸收：可静脉注射 5% 氯化钙溶液和 10% 葡萄糖酸钙溶液 100 ～ 200 mL，每日 1 次；也可应用水杨酸钠 5 ～ 8 g、乌洛托品 8 ～ 12 g、葡萄糖粉 30 ～ 45 g、安钠咖 2 ～ 3 g、氯化钙 8 ～ 15 g、蒸馏水 300 mL，混合溶解，制成注射液，一次静脉注射，每日 1 次，3 次为一疗程。也可用利尿剂、强心剂等，促进渗出物吸收和排出。

当胸腔渗出液积聚过多而呼吸困难时，可行胸腔穿刺排液，并可将抗生素直接注入胸腔。化脓性胸膜炎时，在穿刺排液后，可用 0.1% 雷夫奴尔溶液、2% ～ 4% 硼酸溶液或 0.01% ～ 0.02% 呋喃西林溶液冲洗胸腔，然后注入青霉素（100 ～ 200）$\times 10^4$ IU，或链霉素（200 ～ 300）$\times 10^4$ IU（加入 1% 普鲁卡因注射液 30 ～ 40 mL）。

二十三、亚硝酸盐中毒

亚硝酸盐中毒是由于饲料富含硝酸盐，在体外或体内转化形成亚硝酸盐，进入血液后使血红蛋白氧化为高铁血红蛋白而失去携氧能力，导致组织缺氧而引起的中毒。临床上以突然发病，呼吸困难，皮肤、黏膜发绀，血液暗红，痉挛抽搐为特征。

（一）发病原因

自然界中的硝酸盐还原菌在适宜的温度、水分等条件下大量繁殖，迅速将饲料植物中的硝酸盐还原为亚硝酸盐。因此，亚硝酸盐的产生主要取决于饲料中硝酸盐的含量和硝酸盐还原菌的活力。马饲料中，各种鲜嫩青草、作物秧苗，以及叶菜类等均富含硝酸盐。在重施氮肥或农药的情况下，如大量施用硝酸铵、硝酸钠等盐类，使用除莠剂或植物生长刺激剂后，可使菜叶中的硝酸盐含量增加。硝化细菌广泛分布于自然界，其活性受环境的湿度、温度等条件的直接影响，最适宜的生长温度为 20 ～ 40℃。在生产实践中，如将幼嫩青饲料堆放过久，特别是经过雨淋或烈日暴晒者，极易产生亚硝酸盐。

（二）临床症状

亚硝酸盐中毒多为急性，多发生于精神良好、食欲旺盛的马。急性型病例除显示不安外，主要表现为一系列缺氧症状，呈现严重的呼吸困难，脉搏疾速细弱，全身皮肤和黏膜发绀，体温正常或偏低，躯体末梢部位厥冷，肌肉震颤，步态摇晃；耳尖、尾端的血管中血液量少而凝滞，呈黑褐红色；末期出现全身强直性痉挛。

（三）剖检变化

全身皮肤和黏膜发绀，血液暗褐如酱油状，凝固不良，暴露在空气中经长时间仍不变红。各脏器的血管瘀血，颜色变暗。心外膜、心肌有出血斑点，肝、肾呈暗红色。肺充血，气管和支气管黏膜充血、出血，管腔内充满带红色的泡沫状液。胃肠道各部有不同程度的充血、出血，黏膜易脱落，肠系膜淋巴结轻度出血。

（四）类症鉴别

应与氯酸盐（干燥除草剂）中毒相鉴别：氯酸盐中毒也可引起高铁血红蛋白血症，但其饲料中亚硝酸盐检测为阴性反应。而亚硝酸盐中毒胃内容物和残留饲料亚硝酸盐检测为阳性。

（五）预防措施和安全用药

1. 预防措施

马应避免在硝酸盐含量高的草场上放牧，切实注意青饲料的采摘、运输与堆放，无论生熟青饲料，采用摊开敞放。接近收割的青饲料，不能再施用硝酸盐或 2，4- 二氯苯氧乙酸（2，4-D）等化肥农药，以避免使硝酸盐或亚硝酸盐的含量升高。

2. 安全用药

特效解毒药为亚甲蓝（美蓝）和甲苯胺蓝，同时配合使用维生素 C 和高渗葡萄糖溶液，则疗效更好。美蓝 10 mg/kg 体重，制成 1% ～ 4% 的溶液，慢慢静脉注射；甲苯胺蓝 5 mg/kg 体重，配成 5% 的溶液，静脉注射。25% 维生素 C 40 ～ 100 mL，静脉注射，但作用效果不及美蓝和甲苯胺蓝。

第三章

以循环系统为主症的类症鉴别与安全用药

一、马传染性贫血

马传染性贫血简称马传贫，又称沼泽热，是由马传染性贫血病病毒引起的马、骡、驴的一种传染病。临床上以持续感染、反复发烧、消瘦、进行性衰弱、贫血、出血、黄疸、心脏衰弱和浮肿等为特征。发热期间症状明显，无热期间症状减弱或暂时消失，慢性或隐性病马长期持续带毒。

马传贫于 1843 年首次在法国发生，目前呈世界性分布。1965 年我国首次分离马传贫病毒成功，并于 1975 年首次研制成功了马传贫弱毒苗，目前马传贫疫情在我国已得到控制，疫区逐渐消失。

（一）发病原因

马传染性贫血病病毒属反转录病毒科慢病毒属的病毒，只能在自然宿主动物马、驴和骡等马属动物的白细胞、骨髓细胞和胚胎组织传代细胞中培养繁殖。病毒粒子呈球形，有囊膜。病毒核酸为单股正链线状 RNA，病毒在持续感染期间，随着病马的连续反复发热，体内的病毒抗原不断发生变异。慢性感染马能引起带毒免疫，耐过马长期带毒。

病毒对热的抵抗力弱，煮沸立即死亡，日光照射经 1 ～ 4 h 死亡。3% 来苏儿溶液可在 20 min 内杀死病毒，2% ～ 4% 氢氧化钠溶液和福尔马林均可在 5 ～ 10 min 内杀死病毒，病毒对外界的抵抗力强，粪中可存活 2.5 个月，在堆粪发酵中 30 d 死亡。

传染性贫血病马和带毒马是本病的传染源，特别是发热期的病马，其血液和脏器中含有大量病毒，随其分泌物和排泄物排出体外而散播传染。慢性和隐性病马长期带毒，是危险的传染源。主要是通过吸血昆虫（虻、蚊、蠓等）的叮咬而机械性传染；还可经消化道、交配、污染的器械和胎盘等传染。马属动物易感，其中以进口马和改良马易感性最强，骡、驴次之。本病呈地方流行性或散发，有明显季节性，在吸血昆虫滋生活跃的季节

（7～9月）发生较多，新疫区多呈暴发，急性型多，老疫区为散发，多为慢性型。

（二）临床症状

该病潜伏期长短不一，临床症状可表现急性、亚急性、慢性及隐性4种病型。流行初期多为急性经过，死亡率高，以后逐渐转为亚急性或慢性，病死率降低，最后以慢性为主。

1. 共同症状

（1）发热　主要表现为稽留热和间歇热，也有不规则热型。除体温升高外，有时还出现温差倒转现象（上午体温高，下午体温低），特别是慢性型病马更为明显。

（2）贫血、黄疸及出血　发热初期，病马可视黏膜潮红、充血及轻度黄染。随着病程的发展，贫血逐渐加重，可视黏膜随之变为黄白至苍白。同时常在眼结膜、鼻翼黏膜、齿龈黏膜、阴道黏膜，尤其是舌下出现大小不一的出血点。

（3）心脏机能紊乱　表现为心搏动亢进，第一心音增强、混浊或心音分裂，心律不齐，心脏收缩期杂音等。脉搏增数可达60～100次/min以上。

（4）浮肿　病马四肢下部、胸前、腹下、包皮、阴囊等处出现无热无痛的面团样肿胀。

（5）全身状态　病马表现为精神沉郁、低头耷耳、站立不动、食欲减退、逐渐消瘦、极易疲劳和出汗（图3-1-1）。在中后期，由于肌肉变性、坐骨神经遭受损害，病马表现后躯无力，运动时左右摇晃、步样不稳、急转弯困难、尾力减退或消失等现象。

图3-1-1　病马逐渐消瘦

（6）血液学变化　病初红细胞被大量吞噬破坏，但由于骨髓造血机能的代偿性增强使红细胞数量仍能基本保持正常。但随着病程的发展，红细胞数量下降。此外，还可发现血液稀薄、血红蛋白量减少、红细胞沉降速度加快等现象。

2. 不同病型的临床特点

（1）急性型　多见于新疫区的流行初期或老疫区内突然暴发的病马。发病时，体温骤升达39～41℃以上，高热稽留8～15d后可降至常温，以后又急骤升高达40～41℃，并稽留至死亡。临床症状及血液学变化明显，病程短者 3 ～ 30 d。

（2）亚急性型　常见于流行中期，病程较长，为 1 ～ 2 个月。主要呈现反复发作的间歇热和温差倒转现象。临床症状及血象随体温变化而变化，即有热期临床症状和血液变化明显，无热期症状减弱或消失。

（3）慢性型　最常见。常见于老疫区，病程长可达数月或数年。其特点与亚急性型基本相似，呈现反复发作的间歇热或不规则热，但发热程度不高、维持时间短，一般 2 ～ 3 d。有热期短，无热期长，症状不明显，温差倒转现象明显，临床症状及血液学变化比亚急性轻，病死率可达 30% ～ 70%。

（4）隐性型　能长期带毒，无明显症状。

（三）剖检变化

主要表现为全身性败血症、贫血、网状内皮系统增生和铁代谢障碍，急性型主要呈败血性变化，亚急性型和慢性型时贫血和网状内皮细胞增生反应表现明显，而败血性变化轻微。

急性型呈现全身败血性变化，浆膜、黏膜、淋巴结和实质脏器有弥漫性出血点（斑）。淋巴结肿大，切面充血、出血、水肿。脾急性肿大，切面呈暗红色，白髓增生而呈颗粒状。肝肿大，切面小叶明显，呈槟榔样花纹。肾肿大，肾实质和肾盂黏膜有出血点。心脏脆弱，呈灰黄熟肉样，心内外膜有出血点。

亚急性和慢性型表现尸体消瘦和贫血，可视黏膜苍白，全身轻微出血，一般仅在肠浆膜及心内外膜等处见有少量出血点。脾肿大，质地坚实，表面粗糙不平。肝肿大，暗红色或铁锈色，切面呈槟榔样花纹。肾轻度肿大，呈灰黄色，切面皮质增厚，呈慢性间质性肾炎的变化。心脏扩张，心肌变脆、褪色呈煮熟状。淋巴结肿大，坚硬，切面呈灰白色，淋巴小结增生呈颗粒状。

（四）类症鉴别

1. 急性实质性肝炎

体温轻度升高、黄疸、顽固性消化不良、粪恶臭色淡、肝区触诊敏感、主要是昏睡和痉挛等，血清丙氨酸转氨酶（ALT）、天冬氨酸转氨酶（AST）活性增高。

2. 马吸虫病

马吸虫病由肝片吸虫引起，主要发生于夏秋季节，临床上表现肝炎、胆管炎、营养障碍。粪便检查可查到吸虫虫卵，死后可在肝实质中找到幼小虫体或从胆管中找到较大虫体或成虫。

3. 马梨形虫病

马梨形虫病由巴贝斯虫寄生于红细胞内引起，临床上主要表现高热、贫血、黄疸、呼吸困难、可视黏膜有出血点、血红蛋白尿和肢体下部水肿等。血液检查，红细胞内可发现巴贝斯虫虫体。

4. 马伊氏锥虫病

马伊氏锥虫病由伊氏锥虫引起，临床上主要表现弛张热、进行性消瘦、贫血、间歇热、黏膜出血、黄疸、体躯下部浮肿和神经症状等。血液病原学检查可检出锥虫。

5. 马钩端螺旋体病

马钩端螺旋体病由钩端螺旋体引起，表现发热、皮肤与黏膜发黄并有点状出血、皮肤干裂和坏死，急性肝损伤、肾损伤和神经症状。血液、尿液、脑脊液等病料可见钩端螺旋体。

（五）预防措施和安全用药

预防及扑灭马传染性贫血，应采取养、防、检、消、隔、处等综合性防治措施。

1. 加强饲养管理

搞好环境卫生，提高马匹的抗病能力，消灭蚊和虻。禁止由疫区购买或交换马匹。定期做好检疫工作，对新购入的马、骡，必须隔离观察，经检疫合格后方可合群。

2. 定期检疫

除进行测温、临诊及血液检查外，以 1 个月的间隔做 3 次补体结合反应和琼脂扩散试验。临诊综合诊断、补体结合反应或琼脂扩散试验，任何一种方法判定为阳性的马、骡，都是马传染性贫血。对可疑的病马，应立即隔离。

3. 免疫接种

在疫区做好预防接种工作，在检疫的基础上，对健康马匹用马传染性贫血驴白细胞弱毒疫苗，在每年蚊、虻活动季节前 3 个月进行接种。

4. 封锁与隔离

一旦发生本病，要立即进行隔离，划定疫区或疫点进行封锁。假定健康马不得出售、串换、转让或调群。种公马不得出疫区配种。繁殖母马一律用人工授精方法配种。

5. 加强消毒

被马传贫病马和可疑病马污染的马厩、系马场、诊疗场等，都应彻底消毒，粪便应堆积发酵消毒。为了防止吸血蚊、虻等昆虫，可喷洒 0.5% 二溴磷或 0.1% 敌敌畏溶液。

6. 无害化处理

对病马应报有关部门批准后进行扑杀，并按规定进行扑杀、焚烧或深埋等无害化处理。

二、马伊氏锥虫病

马伊氏锥虫病，又叫苏拉病，是由吸血昆虫传播的一种血液原虫病。临床上以进行性消瘦，贫血，间歇热，黏膜出血，黄疸，心脏机能衰退，体衰、伴发水肿和神经症状等为特征。马属动物常呈急性经过，病程一般为 1 ～ 2 个月，死亡率很高。

（一）发病原因

伊氏锥虫属于锥虫科锥虫亚属。病原形态呈柳叶状，前端尖、后端钝，中央有一较大的椭圆形核，后端有一点状的动基体（图 3-2-1）。寄生在血液中的锥虫，其鞭毛与虫体之间连接为波动膜，借以增强在黏滞性较高的血液中的活动能力。一般以吉姆萨染色效果较好，核和动基体呈深红色，鞭毛呈红色，波动膜呈粉红色，原生质呈淡天蓝色。伊氏锥虫在外界环境中抵抗力很弱。在干燥、日光直射时很快死亡，消毒药液或常水能使虫体立即崩解，50℃ 5 min 死亡。

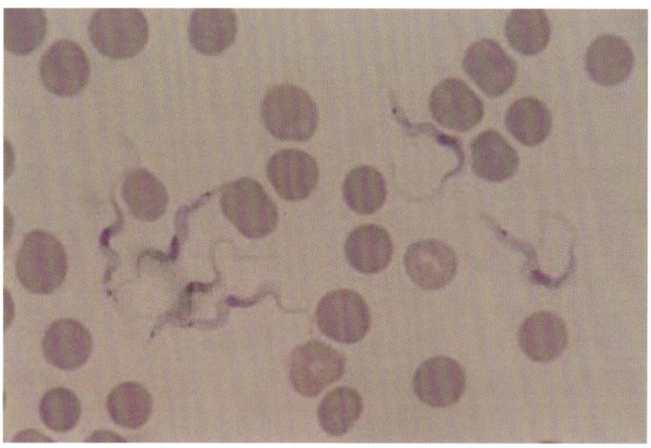

图 3-2-1 血液中的伊氏锥虫

伊氏锥虫在动物的造血器官、血液及淋巴液中以纵分裂法进行繁殖。虻、吸血蝇类等吸血昆虫在患病或带虫动物体上吸血时，将虫吸入体内。伊氏锥虫在吸血昆虫体内不发育，昆虫只起到机械传播病原的作用。当携带伊氏锥虫的虻、吸血蝇类等再吸食健康动物的血时，即把伊氏锥虫传给健康动物。本病的传染源是各种带虫动物，包括隐性感染和临床治愈的病畜。传播途径主要经虻类和吸血蝇类机械性传播，此外还能经消毒不完全的手术器械及胎盘感染。伊氏锥虫宿主范围广，其中以马属动物易感性最强。发病季节和流行地区与吸血昆虫的出现时间和活动范围相一致，我国南方各省以夏秋季发病最多，每年 7 ～ 9 月流行。

（二）临床症状

马属动物常呈急性发作，潜伏期 5 ～ 11 d，病马呈间歇热型，体温突然升高到 40℃以上，稽留数日后短时间间歇，再度发热，如此反复。发热期间，食欲减退、精神不振、呼吸急促、脉搏频数，间歇期则以上症状缓解或消失。反复数次后，病马逐渐消瘦，被毛粗乱，眼结膜初充血，后变为黄染、苍白，在结膜、瞬膜上可见米粒大至黄豆大的出血斑，眼内常附有浆液性到脓性分泌物。体表水肿，昏睡，步态强拘，尿量减少，尿液深黄黏稠。体表淋巴结轻度肿胀。末期出现神经症状甚至死亡。血液检查红细胞急剧下降。锥虫出现似有周期性，且与体温的变化有一定关系，在体温升高时较易检出虫体。

（三）剖检变化

皮下水肿和胶样浸润为本病的显著变化之一。体表和全身淋巴结肿大、充血；脾、肾、肝、心肿大 1 ～ 3 倍。外周血中虫体消失期可在肩前、膝上、鼠蹊淋巴结和肺内查到虫体。

（四）类症鉴别

1. 非洲马瘟

非洲马瘟是由非洲马瘟病毒引起，临床上主要表现发热、皮下结缔组织与肺水肿、心性水肿等。

2. 马传染性贫血

马传染性贫血是由马传染性贫血病病毒引起，呈地方流行性或散发，有明显季节性（7 ～ 9 月），间歇热型，进行性衰弱，高度贫血，黄疸及出血，明显浮肿，心脏衰弱，血液检查可见吞铁细胞。

（五）预防措施和安全用药

1. 预防措施

认真贯彻预防为主的方针，杀灭吸血昆虫，防止刺螫动物传播本病。搞好环境和畜舍卫生，采血、注射器械严格消毒。加强饲养管理，提高机体抗病力。发现患病动物，尽早确诊，及时治疗。发病地区采用药物预防，一次注射喹嘧胺可预防 3 ～ 5 个月；萘磺苯酰脲用药一次有 1.5 ～ 2 个月的预防效果；沙莫林预防期可达 4 个月。

2. 安全用药

本病的治疗要点为治疗要早，用药量要足，观察时间要长。

萘磺苯酰脲（纳加诺尔、拜尔 205、苏拉明），每千克体重 7 ～ 10 mg（极量为 4 g），配成 5% 水溶液，一次肌内注射，或以生理盐水配成 10% 溶液，静脉注射，1 个月后再治疗 1 次。用药后个别病畜有体表水肿、口炎、肛门及蹄冠糜烂、跛行、荨麻疹等副作用，可静脉注射下列药物缓解：氯化钙 10 g、苯甲酸钠咖啡因 5 g、葡萄糖 30 g、生理盐水 1000 mL，混合，静脉注射，每天 1 次，连用 3 d。喹嘧胺（安锥赛），按每千克体重 5 mg，配成 5% 水溶液，皮下或肌内注射。三氮脒（贝尼尔、血虫净），按每千克体重 1 mg，用生理盐水配成 2% ～ 5% 溶液，分点深部肌内注射，隔天一次，连用 3 次。盐酸氯化氮氨菲啶（沙莫林），按每千克体重 1 mg，用生理盐水配成 2% 溶液，分点深部肌内注射。锥虫易产生耐药性，故治疗一次用药量要足，要交替用药。此外，配合强心、补液、健胃、缓泻等。

三、马梨形虫病

马梨形虫病是由驽巴贝斯虫和马巴贝斯虫寄生于马属动物的红细胞内所引起的血液原虫病。临床上以高热、贫血、黄疸、出血和呼吸困难等为特征。我国驽巴贝斯虫病主要流行于东北、内蒙古东部及青海等地；马巴贝斯虫病主要流行于新疆、内蒙古西部及南方各省。

（一）发病原因

病原有两种，一种是驽巴贝斯虫，虫体大于红细胞半径，典型虫体为双梨籽形，尖端相连成锐角形，每个虫体有两团染色质（图 3-3-1）；另一种是马巴贝斯虫，虫体小于红细胞半径，典型的形态是四个梨籽形虫体构成十字形，每个虫体内有一团染色质。马是最易感的终末宿主，蜱是中间宿主。流行形式以散发为主，硬蜱是传播马梨形虫的关键性环节，通过硬蜱叮咬，病原体从患病马传给健康马而发病。

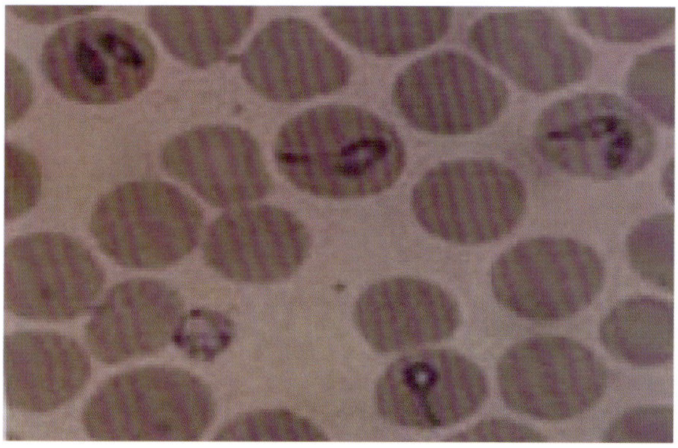

图 3-3-1　驽巴贝斯虫

（二）临床症状

驽巴贝斯虫病：初期病马精神不振，食欲减退或废绝，反应迟钝，眼结膜充血。随后体温逐渐升高（40 ～ 41℃），呈稽留热型，呼吸、心跳加快。病情发展很快，食欲废绝，舌苔黄而厚，肌肉震颤，粪便干硬，后转为腹泻，粪便多黏膜甚至带血。排尿淋漓，呈黄褐色，尿含蛋白质，最典型的症状是可视黏膜黄染，出现大小不等的出血点。孕马流产或早产，有时伴发子宫大出血。发病后期，病马显著消瘦，步态不稳，心力衰竭，呼吸困难，由鼻腔流出大量黄色泡沫液体，昏迷而死亡。

马巴贝斯虫病分为急性、亚急性和慢性三型。急性型症状与驽巴贝斯虫病相似，但病程稍长，热型多为间歇热或不定型热，病马常出现血红蛋白尿和肢体下部水肿。亚急性型症状基本与驽巴贝斯虫病相似，但程度较轻，病程可达 30 ～ 40 d，其间有一定缓解期。慢性型马巴贝斯虫病，临床上不易被发现，体温正常或在出现黄疸症状时稍高于常温，病马逐渐消瘦贫血，病程约 3 个月，然后病势加剧或者成为带虫者。

（三）类症鉴别

1. 非洲马瘟

非洲马瘟是由非洲马瘟病毒引起的，临床上主要表现发热、皮下结缔组织与肺水肿、心性水肿等。

2. 马传染性贫血

马传染性贫血是由马传染性贫血病毒引起的，呈地方流行性或散发，有明显季节性（7 ～ 9 月），间歇热型，进行性衰弱，高度贫血，黄疸及出血，明显浮肿，心脏衰弱，血液检查可见吞铁细胞。

3. 马伊氏锥虫病

马伊氏锥虫病是由伊氏锥虫引起的，夏秋季节（7 ～ 9 月）多发，临床上主要表现间歇热、进行性消瘦、贫血、黏膜出血、黄疸、体躯下部浮肿和神经症状等。血液病原学检查可检出锥虫。

（四）预防措施和安全用药

1. 预防措施

在梨形虫病疫区，要做好灭蜱工作，尽可能去无蜱的地段放牧。在出现第一批病例后，为防止易感马匹发病，可采用药物预防。在没有疫情但有蜱类活动的地区，对外来马匹要严格进行检疫，防止带虫马进入，并要消灭马匹体表的蜱。

2. 安全用药

一旦发病，应停止病马的使役，给予易消化的饲料和加盐的清水，仔细检查和消灭体表的蜱。同时立即进行药物治疗。可应用咪唑苯脲，按每千克体重 2 ～ 4 mg，配成 10% 溶液，一次肌内注射，或间隔 24 h 再用一次。三氮脒（贝尼尔），按每千克体重 3 ～ 4 mg，配成 5% 溶液深部肌内注射，间隔 24 h 用 2 ～ 3 次；台盼蓝，按每千克体重 5 mg，以生理盐水配成 1% 溶液，静脉注射；锥黄素（黄色素），按每千克体重 3 ～ 4 mg，配成 0.5% 浓度，静脉注射；阿卡普林（抗焦虫素），按每千克体重 0.6 ～ 1 mg，配成 5% 水溶液，皮下或静脉注射，48 h 后重复一次。病重的应同时强心、补液。

四、心力衰竭

心力衰竭，又称心脏衰弱、心功能障碍或心功能不全，是因心脏结构或功能受损导致心肌收缩力减弱，心脏排血量减少，动脉压降低，静脉回流受阻而引起的一种全身血液循环障碍综合征。临床上以易疲劳、呼吸困难、皮下水肿、静脉瘀血、发绀，甚至心搏骤停和突然死亡为特征。根据病程可分为急性心力衰竭和慢性心力衰竭；根据发病原因可分为原发性心力衰竭和继发性心力衰竭；根据发生部位可分为左心衰竭、右心衰竭和全心衰竭。

（一）发病原因

急性原发性心力衰竭，主要是由于心肌负荷过重，超过了心脏的代偿能力所致。常见于使役不当或运动过度，多见于快速静脉注射钙、砷、色素制剂等具有强烈刺激性的药物。

急性继发性心力衰竭，多继发于急性传染病（马传染性贫血、马传染性胸膜肺炎等）、寄生虫病（伊氏锥虫病、梨形虫病等）、内科疾病（如肠便秘、胃肠炎、日射病、维生素E缺乏、硒缺乏等）以及各种中毒性疾病的经过中。该病多由病原菌或毒素直接侵害心肌所致。

慢性心力衰竭（充血性心力衰竭），是由于心脏在休息时不能维持循环平衡所致，除长期重剧使役外，常继发或并发于多种亚急性和慢性感染，或心脏本身的疾病（心包炎、心肌炎、心肌变性、心脏扩张和肥大等）、中毒病、慢性肺气肿、慢性肾炎等。

（二）临床症状

急性心力衰竭初期，病马精神沉郁，食欲不振甚至废绝；易于疲劳，出汗，呼吸加快，肺泡呼吸音增强；可视黏膜轻度发绀，体表静脉怒张；心搏动亢进，第一心音增强，脉搏细数。随着病情发展，病马发生肺水肿，胸部听诊有广泛湿啰音。两侧鼻孔流出多量无色细小泡沫状鼻液。伴发阵发性心动过速，有时出现心内杂音和节律不齐，脉搏细弱，不感于手。有的步态不稳，易摔倒，常在数秒至数分钟内死亡。

慢性心力衰竭（充血性心力衰竭），发展缓慢，病程长达数周、数月甚至数年。除精神沉郁和食欲减退外，多不愿走动，不耐使役，运动能力下降，易疲劳，易出汗，黏膜发绀，体表静脉怒张。腹下和四肢下端水肿，触诊有捏粉样感，指压不留痕。尿液浓缩并含有少量白蛋白。病变初期排便正常，后期腹泻。随着病程发展，病马体重减轻，心率加快，心律失常，第一心音增强，第二心音减弱，有时出现相对闭锁不全性缩期杂音。心区叩诊可见心浊音区增大。

（三）剖检变化

左心衰竭时，剖检左心腔扩张，充积血液或血液凝块，心壁柔软、脆弱。肺的体积稍增大，重量增加，色泽加深呈红褐色。肺胸膜湿润而有光泽，用手触之可留有指压痕。肺切面湿润，富含血液。间质增宽、湿润，从支气管和细支气管断端流出许多泡沫状液体，支气管内亦充积多量泡沫状液体。镜检，肺泡壁毛细血管充血，肺泡充满淡红色水肿液。其中混杂少量脱落的肺泡上皮或巨噬细胞。

右心衰竭时，右心扩张，心腔充积血液和血凝块，心壁变薄，心肌实质变性，大循环静脉系统明显瘀血。肝、脾、肾、胃肠及脑等器官都见瘀血和水肿。肝肿大，实质变性。病程较久者，肝实质还可见纤维化，进而发展为肝硬变。胃肠壁和肠系膜明显瘀血，严重时可导致瘀血性卡他。肾脏瘀血，间质水肿，肾小球毛细血管的通透性增强，肾小管和尿中可出现蛋白质和管型。脑瘀血、水肿，神经细胞呈不同程度的变性，严重时，还可见脑膜和脑实质小点状出血。

（四）类症鉴别

1. 中暑

发病有季节性，多在高温、高湿环境中使役或运动后发生，也常发生于闷热密闭的车船运输过程中。出现急性心力衰竭，并伴随高热稽留、大出汗、严重脱水等。

2. 肺充血和肺水肿

都有呼吸困难症状，但肺充血和肺水肿多在剧烈运动、吸入刺激性气体或快速大量输液之后发病，立刻出现呼吸困难，肺部听诊有广泛湿啰音，两侧鼻孔流出带细小泡沫的鼻液。

3. 急性肺气肿

有呼吸困难症状，但急性肺气肿有过度劳役及剧烈而频繁咳嗽的病史，突发呼气性呼吸困难，结膜发绀，肺泡呼吸音减弱，肺脏叩诊界后移，皮下气肿和窒息。X 线检查，肺野透明，膈肌向后移动。

4. 腹水症

都有腹水症状，主要由急性实质性肝炎、肝硬变、腹膜炎等引起，急性实质性肝炎主要表现黄疸、顽固性消化不良、粪恶臭色淡、肝区触诊敏感等，血清丙氨酸转氨酶（ALT）、天冬氨酸转氨酶（AST）活性增高。肝硬变病程较长，常伴有慢性胃肠炎、黄疸、肝脾综合征。腹膜炎表现弓背、持续站立、触诊腹壁敏感、胸式呼吸等。腹膜炎引起的腹水为腹腔内积聚渗出液，呈颜色较深的混浊液体，相对密度高于 1.018，蛋白质总量在 30 g/L 以上，Rivalta 试验和细菌学检查均为阳性。其他疾病引起的腹水症为腹腔内积聚漏出液，呈淡黄色透明液体或稍混浊的淡黄色液体，相对密度低于 1.018，一般不凝固，蛋白质总量在 25 g/L 以下，Rivalta 试验和细菌学检查均为阴性。

5. 皮下水肿

可由肝脏疾病、肾脏疾病、寄生虫病或营养不良引起。一般来说，肾性水肿最初多发生于眼睑，逐渐蔓延到颜面部，进而扩散至全身，且伴随排尿异常和尿液变化。肝性水肿多伴随腹水，且有消化紊乱、排便恶臭、结膜黄染等症状。寄生虫病引起的水肿一般呈慢性经过，主要表现贫血、消瘦，病料中可检查到寄生虫或虫卵。营养不良性水肿常伴随体瘦毛焦、意识冷淡、反应迟钝、体温偏低、恶病质、贫血等症状。而心力衰竭引起的水肿多发生在肢蹄末端，逐渐向上蔓延，呈两侧对称性发生，且清晨或静息后水肿程度最重，运动后逐渐减轻甚至消失。

（五）预防措施和安全用药

1. 预防措施

应经常锻炼与使役，提高马的适应能力，同时也应合理使役，防止过劳。在输液或静脉注射刺激性较强的药液时，应控制注射速度和剂量。对于其他疾病引起的继发性心力衰竭，应及时根治其原发病。

2. 安全用药

治疗原则是加强护理，减轻心脏负担，增强心肌收缩力和排血量，对症治疗。

加强护理：限制病马活动，置于安静厩舍内休息，尽量避免刺激，给予柔软易消化的饲料，控制日粮中食盐的摄入，同时应注意通风和保持良好的环境卫生。

减轻心脏负担：常用静脉放血和投服利尿剂。急性重度心力衰竭的病马静脉放血 1000 ～ 2000 mL，但贫血病马切忌放血。放血后应静脉注射同等容量的生理盐水、葡萄糖溶液或糖盐水。给予利尿剂，常用双氢克尿噻（氢氯噻嗪），可按照每千克体重 1 ～ 2 mg 口服，或速尿（呋塞米）按每千克体重 2 ～ 3 mg 内服或 0.5 ～ 1.0 mg 静脉注射或肌内注射，每天 1 ～ 2 次，连用 3 ～ 4 d。螺内酯（安替舒通）常与双氢克尿噻或速尿合用，可按照每千克体重 0.5 ～ 2 mg 口服，每日 3 次。

增强心肌收缩力和排血量：常用的药物有洋地黄类（洋地黄毒苷、地高辛、毛花苷丙和毒毛花苷）、肾上腺能受体兴奋剂（异丙肾上腺素、肾上腺素等）、中枢兴奋药（咖啡因、氧化樟脑等）、磷酸二酯酶抑制剂（氨力农、米力农等）及其他具有强心作用的药物（如钙离子、奎宁等），临床上最常用的是洋地黄类，但长期应用易蓄积中毒，应予以注意，另外，由心肌发炎或贫血引起的心力衰竭、肺源性心脏病及肥厚型心脏病应慎用或禁用本类药物。洋地黄毒苷内服，全效量为每千克体重 0.03 ～ 0.06 mg，维持量为每千克体重 0.01 mg。地高辛先按每千克体重 0.016 ～ 0.022 mg 静脉注射，经 2.5 ～ 4 h 后再按每千克体重 0.008 ～ 0.011mg 注射第二次，以后每 24 h 按每千克体重给予 0.008 ～ 0.011 mg 即可维持。毛花苷丙注射液（西地兰），可按照每千克体重 1.6 ～ 3.2 mg，混于 10 ～ 20 倍的 5% 葡萄糖溶液中缓慢注射。毒毛花苷（毒毛旋花子苷 K），按每次 0.25 ～ 3.75 mg，用葡萄糖溶液或生理盐水稀释 10 ～ 20 倍，缓慢静脉注射。肾上腺素或异丙肾上腺素，每次 2 ～ 4 mg 皮下或肌内注射，也可加入等渗葡萄糖溶液中，静脉滴注。静脉注射米力农，初次用药按照每千克体重 25 ～ 75 μg 的剂量，缓慢滴注，5 ～ 10 min 内滴注完，以后按照每分钟每千克体重 0.25 ～ 1.0 μg 的剂量给药。每日最大剂量不超过每千克体重 1.13 μg。亦可口服给药，每次 2.5 ～ 7.5 mg，每日 4 次。口服奎宁片，第 1 天 5 g，如无不良反应可继续用药 , 第 2 ～ 9 日每天 10 g，其中第 2、3 天每日 2 次，第 4、5 天每日 3 次，第 6、7 天每日 4 次，第 8、9 天每 5 h 1 次，第 10 天以后每天 15 g，每日 4 次；也可应用复方奎宁注射液 10 ～ 20 mL，肌内注射，每天 2 ～ 3 次。

对症治疗：为缓解呼吸困难，可用樟脑兴奋心肌和呼吸中枢，常用 10% 樟脑磺酸钠注射液或 1.5% 氧化樟脑注射液 10 ～ 20 mL，肌内或静脉注射。发生酸中毒时可用碳酸氢钠 15 ～ 30 g，一次静脉注射。发生严重缺氧时，可吸入氧气，或用 3% 双氧水 40 ～ 80 mL，加入 5% 葡萄糖溶液 500 ～ 1000 mL 中，一次缓慢静脉注射。此外，可针对出现的症状，给予健胃、缓泻、镇静等药物，还可使用 ATP、辅酶 A、细胞色素 c、维生素 B_6 和葡萄糖等营养合剂。

中兽医治疗：多用参附汤和营养散。参附汤：党参 60 g，熟附子 32 g，生姜 60 g，大枣 60 g，水煎两次，候温灌服。营养散：当归 16 g，黄芪 32 g，党参 25 g，茯苓 20 g，白术 25 g，甘草 16 g，白芍 19 g，陈皮 16 g，五味子 25 g，远志 16 g，红花 16 g，共研为末，开水冲服，每天 1 剂，7 剂为一疗程。

五、心肌炎

急性心肌炎是伴发心肌兴奋性增强和心肌收缩机能减弱为特征的心肌局灶性和弥漫性心脏肌肉炎症，是以心肌实质变性、坏死和间质渗出、细胞浸润为病理学特征。按炎症的过程可分为急性和慢性两种；按病变范围可分为局灶性和弥漫性；按病因可分为原发性和继发性；按炎症的性质可分为化脓性和非化脓性。临床上以急性非化脓性心肌炎为常见。

（一）发病原因

通常继发或并发于某些传染病、寄生虫病、脓毒败血症和中毒病，如炭疽、传染性胸膜肺炎、急性传染性贫血、传染性支气管炎、大叶性肺炎、支气管性肺炎、马腺疫、脑脊髓炎、血孢子虫病、幼驹脐炎、败血症和脓毒败血症的经过中。也可发生于夹竹桃中毒和汞、砷、磷、锑、铜中毒等的经过中。另外，风湿病的经过中，往往并发心肌炎；某些药物如磺胺类药物及青霉素的变态反应，也可诱发本病。

（二）临床症状

由急性传染病引起的心肌炎，大多数表现发热、精神沉郁、食欲减退和废绝。有的呈现黏膜发绀，呼吸高度困难，体表静脉怒张，颌下、胸前和四肢下端水肿等心脏代偿能力丧失后的症状。重症动物，精神高度沉郁，全身虚弱无力，战栗，运步踉跄，甚至出现神志昏迷、眩晕，因心力衰竭而突然死亡。听诊时，病初第一心音强盛伴有混浊或分裂；第二心音显著减弱，多伴有因心脏扩张、房室孔相对闭锁不全而引起的缩期心杂音。重症动物，出现奔马律，或有频繁的期前收缩，濒死期心音减弱。脉搏初期紧张、充实，随病程发展，心跳与脉搏非常不相称，心跳强盛而脉搏甚微。当病变严重时，出现明显的期前收缩。心律不齐，交替脉。血液动力学变化表现为最大收缩压下降，心室压力上升延迟，舒张末期压力增高，心搏出量降低，静脉充盈压增高，动脉压降低。

（三）剖检变化

非化脓性心肌炎初期，心肌脆弱、松弛、无光泽，心腔扩大。后期，心肌纤维变性、混浊肿胀、颗粒变性，心肌坏死、硬化，呈苍白色、灰红色或灰白色等。局灶性心肌炎，心肌患病部分与健康部分相互交织，当沿着心冠横切心脏时，其切面为灰黄色斑纹，形成特异的虎斑心。

（四）类症鉴别

1. 急性心力衰竭

急性心力衰竭时，静脉怒张、呼吸困难、胸前和腹下水肿，常伴有肺水肿，但其前期症状是心力衰竭。

2. 心包炎

多伴发心包拍水音和摩擦音。

3. 心内膜炎

发热、呼吸困难、血液循环障碍、心动过速、心内器质性杂音等，血液细菌培养多呈阳性，且能分离出病原菌。

4. 缺血性心脏病

多发生于年龄较大的马，多为慢性经过，多数伴有动脉硬化的表现，且无感染史和实验室证据。

5. 心肌病

无感染病史，发病较慢，病程较长，超声心动图显示室间隔非对称性肥厚或心腔明显扩张，心肌以肥大、变性、坏死为主要病变。

6. 硒缺乏症

有疾病流行区，病变主要限于心肌，心脏增大明显且长期存在，多呈慢性经过，心肌以变性、坏死及瘢痕形成等病变为主。

（五）预防措施和安全用药

1. 预防措施

加强饲养管理，预防感染，合理运动和使役，提高体质，积极治疗某些感染病，特别是避免伤风感冒，预防上呼吸道感染。当患畜基本痊愈后，仍需加强护理，以防复发。

2. 安全用药

治疗原则为：加强护理，减轻心脏负担，增加心脏营养，提高心脏收缩机能和防治其原发病等。

应对患病动物安排早期合理的休息，给予良好的护理，进行精密管理，给予多次饮水，饲喂易消化、营养和维生素丰富的饲料，且避免过度兴奋和运动。同时应注意原发病的治疗，可应用抗生素、血清和疫苗等。

病初不宜用强心剂，以免心肌过度兴奋，导致心脏迅速衰弱，可在心区施行冷敷。心力衰竭者，可用20%安钠咖溶液10～20 mL，皮下注射，每6 h重复一次。也可在用0.3%硝酸士的宁注射液10～20 mL皮下注射的基础上，用0.1%肾上腺素注射液3～5 mL皮下注射或混于5%～20%葡萄糖溶液500～1000 mL作缓慢静脉注射，切记此时不可使用洋地黄强心药。

促进心肌代谢，可静脉滴注ATP 15～20 mg、辅酶A 35～50 IU、细胞色素c 15～30 mg。当黏膜发绀和高度呼吸困难时，可进行氧气吸入，剂量为80～120 L，吸入速度为每分钟4～5 L。对尿少而明显水肿的动物，可内服利尿剂5～10 g以利尿消肿，或用10%汞撒利注射液10～20 mL静脉注射。

六、急性心内膜炎

急性心内膜炎是指心内膜及其瓣膜的炎症，临床上以血液循环障碍、发热和心内器质性杂音为特征。按病理变化可分为疣状心内膜炎（良性）和溃疡性心内膜炎（恶性）；按病因可分为原发性心内膜炎和继发性心内膜炎；按病程可分为急性心内膜炎和慢性心内膜炎。

（一）发病原因

原发性心内膜炎多数是由细菌感染引起。常见的有马腺疫链球菌、链球菌、葡萄球菌、巴氏杆菌、大肠杆菌等。继发性心内膜炎多继发于慢性肺炎、子宫炎和血栓性静脉炎，也可由心肌炎、心包炎、胸膜炎等蔓延而发病。此外，新陈代谢异常、维生素缺乏、感冒、过劳等，都可诱发本病。

（二）临床症状

病马表现为精神沉郁或嗜睡，虚弱无力，易疲劳，运步蹒跚，食欲大减，持续或间歇性发热，呼吸困难，心动过速，轻度兴奋或运动便可使心搏动次数突然增加。心搏动节律不齐，叩诊心区浊音区增大，发病初期听诊多无异常，后期第一心音微弱、混浊，第二心音几乎消失，有时第一心音和第二心音融合为一个心音。疣状心内膜炎的病马，可听到较为固定的心内器质性杂音，多数可继发心脏瓣膜病，预后不良。溃疡性心内膜炎的病马，心内杂音不固定。若触压心区，常出现疼痛反应，多因血液循环严重障碍或继发败血症而死亡。发病的后期，呼吸困难，可视黏膜发绀，静脉高度瘀血，垂皮、腹下发生水肿。如发生转移性病灶，则可出现化脓性肺炎、肾炎、脑膜炎、关节炎等。有的病马无任何前驱症状而突然死亡；有的病马体重下降，伴发游走性跛行和关节性强拘、滑膜炎和关节触疼。急性心内膜炎病马，一般经4～7 d后死亡，若能持续数周，往往转为慢性心内膜炎。

（三）剖检变化

疣状心内膜炎时，疣状物呈黄红色或黄灰色，通常覆以薄层血液凝块，易于剥离。疣状物的表面易碎，小的疣状物可完全崩解而在瓣膜上遗留颗粒状溃疡面。溃疡性心内膜炎时，溃疡常见于瓣膜闭合线处和瓣膜的游离缘，触之粗糙，呈锯齿状外观。瓣膜病变往往扩延到邻近的壁性心内膜，主动脉瓣膜性心内膜炎可累及主动脉窦内膜，又侵及冠状动脉口而成为心肌梗死的诱因。也可引起肝、脾、肾、脑等脏器的转移性病灶。

（四）类症鉴别

1. 急性心肌炎

有急性感染或中毒病的病史，体温升高，心动过速，心律异常、心脏增大、心力衰竭等。

2. 急性心力衰竭

急性心力衰竭时，静脉怒张、呼吸困难、胸前和腹下水肿，常伴有肺水肿，但其前期症状是心力衰竭。

3. 心包炎

多伴发心包拍水音和摩擦音。

4. 心肌病

无感染病史，发病较慢，病程较长，超声心动图显示室间隔非对称性肥厚或心腔明显扩张，心肌以肥大、变性、坏死为主要病变。

5. 硒缺乏症

有疾病流行区，病变主要限于心肌，心脏增大明显且长期存在，多呈慢性经过，心肌以变性、坏死及瘢痕形成等病变为主。

6. 马脑膜脑炎

马脑膜脑炎是由传染性或中毒性因素引起，有明显的兴奋、沉郁、意识障碍等一般脑症状及瞳孔大小不一、眼球震颤等局部脑症状，并多于疾病后期出现四肢瘫痪。

（五）预防措施和安全用药

1. 预防措施

加强饲养管理，经常锻炼，提高马的抗病力，同时加强防疫检疫，预防可能导致心内膜炎的原发性疾病。

2. 安全用药

治疗原则：加强护理，控制感染，治疗原发病，强心、利尿和对症治疗。

加强护理，应避免病马兴奋或运动，保持安静，尽量不要使役。同时给予富有营养、易于消化的优质饲料，每天饮水量不宜过多。

控制感染是治疗本病的关键，应通过药敏实验来选择药物。化脓性放线菌和链球菌感染时，首选青霉素［每千克体重（2～4）$\times 10^4$ IU］或氨苄西林（每千克体重 10～20 mg），每日 2 次，连用 1～3 周。也可加庆大霉素。对慢性化脓性放线菌感染，用青霉素配合口服利福平（每千克体重 5 mg），每日 2 次。当出现静脉扩张、腹下水肿时，可应用速尿（每千克体重 0.5 mg），每日 2 ～ 3 次。为维护心脏功能，可应用洋地黄、毒毛旋花子苷 K 等强心剂。当病马出现疼痛或强直及游走性跛行时，可口服阿司匹林 15 ～ 30 g，每日 2 次。对继发性心内膜炎，应治疗原发病。

中兽医治疗：千层纸、天花粉、鳢肠、桃金娘各 150 g，鸡血藤 120 g，黄柏、古山龙各 60 g，加水 3 kg，煎汁 1 kg 候温内服，每日 1 剂，连用 6 剂。或破故纸、天花粉、鸡血藤各 120 g，旱莲草 150 g，古山龙、黄柏各 60 g，桃金娘 120 g，加水没药，煎汁 1 kg，加 95% 酒精 50 mL，一次灌服，每日 1 剂。

七、循环衰竭

循环衰竭又称循环虚脱，也称休克，是由于血管舒缩功能紊乱或血容量不足，导致心排血量减少、组织灌注不良的一系列全身性临床综合征。临床上以心动过速、血压下降、体温偏低、四肢末梢厥冷、浅表静脉塌陷、肌肉无力乃至昏迷和痉挛为特征。由血管舒缩功能紊乱引起的，称为血管性衰竭；由血容量不足引起的，称为血液性衰竭。

（一）发病原因

循环衰竭的病因复杂，主要是由血容量减少，微循环灌流不足所致。

① 血容量减少：大手术或损伤引起的失血，内脏破裂，严重的胃肠道疾病，大面积烧伤，或某些中毒，均可使血容量减少，导致循环衰竭。

② 心排血量减少：病马患有心脏疾病时，心肌收缩力下降，导致心排血量下降，有效循环血量减少而发生循环衰竭。

③ 血管容量增大：马患某些急性传染病，例如流行性脑炎、出血性败血症，以及严重创伤感染和脓毒血症、肠道菌群严重失调等，病原微生物及其毒素的侵害，导致毛细血管扩张或麻痹，血管容量增大，循环血容量相对减少，发生循环障碍。过敏反应亦可导致血管容量增大，例如血斑病、荨麻疹等，或注射青霉素、血清、疫苗等药物引发的过敏。伴有剧痛和神经损伤的疾病，例如手术、外伤、脑脊髓损伤、麻醉意外等可使交感神经兴奋或血管运动中枢麻痹，导致周围血管扩张，血管容量增大。

（二）临床症状

① 初期：精神轻度兴奋，烦躁不安，汗出如油，耳尖、鼻端和四肢末端发凉，黏膜苍白，口干舌红，心率加快，脉搏频弱，气促喘粗，四肢与下腹部轻度发绀，少尿或无尿。

② 中期：精神沉郁，反应迟钝，甚至昏睡，血压下降，脉搏微弱，心音混浊，呼吸频数，病马站立不稳，步态踉跄，体温下降，肌肉震颤，黏膜发绀，眼球下陷，全身冷汗粘手，反射机能减退或消失，昏迷。

③ 后期：血液停滞，血浆外渗，血液浓缩，血压急剧下降，微循环衰竭，第一心音增强，第二心音微弱，甚至消失。呼吸浅表频数，后期呈陈 - 施二氏呼吸或间断性呼吸。

不同病因引起的循环衰竭有不同的症状。因血容量减少引起的，结膜高度苍白，呈急性失血性贫血的症状；因腹泻引起的，皮肤弹性降低，眼球凹陷，发生脱水症状；因严重感染引起的，有广泛性皮下水肿或出血；因过敏引起的，多突发强直性或阵发性痉挛，呼吸微弱等。

（三）剖检变化

心脏扩张，心脏内充盈血液，毛细血管充血，肠壁淤血、出血，全身静脉淤血，特别是肝、脾、肾的静脉淤血，肺水肿和淤血，胃肠黏膜坏死。镜检可见毛细血管充血，心肌细胞溶解、凝固性坏死和收缩带状坏死；肺泡内和间质水肿、出血，肺泡壁上皮细胞脱落，透明膜和微血栓形成；肾小囊囊腔扩张，肾小管上皮细胞坏死、脱落，肾小管内有透明管型和颗粒管型。

（四）类症鉴别

应与心力衰竭进行鉴别：循环虚脱是由静脉回心血量不足，使浅表大静脉充盈不良而塌陷，颈静脉压和中心静脉压均低于正常值。心力衰竭时，因心肌收缩功能减退，心脏排空困难，使静脉血回流受阻而发生静脉系统淤血，浅表大静脉过度充盈而怒张，颈静脉压和中心静脉压明显高于正常值。

（五）预防措施和安全用药

1. 预防措施

本病的预防在于积极治疗可能引起循环衰竭的各种原发性疾病。

2. 安全用药

治疗原则：加强护理，补充血容量，纠正酸中毒，调整血管舒缩机能，保护重要脏器功能以及采用抗凝血治疗。

加强护理：避免受寒、感冒，保持安静，避免刺激，注意饲养管理，给饮温水。病情好转时给予大麦粥、麸皮或优质苜蓿草等以增加营养。

① 补充血容量：常用乳酸钠林格氏液（0.167 mol/L 乳酸钠与林格氏液按 1∶2 混合），静脉注射，同时给予 10% 低分子右旋糖酐溶液 1500 ～ 3000 mL。也可注射 5% 葡萄糖生理盐水、生理盐水、5% 葡萄糖溶液等。为防止输液过量引起肺水肿，可根据捏皮试验、眼球凹陷程度、尿量和红细胞压积来推算补液量，有条件的可在输液时监测中心静脉压。或者根据体况按每千克体重 20 ～ 40 mL 补液。

② 纠正酸中毒：用 5% 碳酸氢钠注射液 500 ～ 1000 mL，静脉注射；或用 11.2% 乳酸钠溶液 300 ～ 500 mL，静脉注射；酸中毒严重的病马，可在乳酸钠林格氏液中按每升 0.75 g 的比例加入碳酸氢钠，静脉注射。

③ 调整血管舒缩机能：使用 α- 肾上腺素能受体阻断剂（氯丙嗪）、β- 肾上腺素能受体兴奋剂（异丙肾上腺素、多巴胺）、抗胆碱能药（山莨菪碱、阿托品）等扩张血管药。常用山莨菪碱 100 ～ 200 mg，静脉滴注，每隔 1 ～ 2 h 重复用药一次，连用 3 ～ 5 次，直到病马黏膜变红、皮肤变温、血压回升为止。硫酸阿托品 0.88 g，皮下注射。2.5% 盐酸氯丙嗪溶液 10 ～ 30 mL，肌内注射或静脉注射。异丙肾上腺素 2 ～ 4 mg，每 1 mg 混于 5% 葡萄糖注射液 1000 mL 内，开始以 30 滴 /min 左右的速度静脉滴注，如发现心动过速、心

律失常，必须减慢或暂停滴入。多巴胺 100 ～ 200 mg，加到 5% 葡萄糖溶液或生理盐水中静脉滴注。

④ 保护重要脏器功能：可用 25% 葡萄糖溶液 500 ～ 1000 mL，静脉注射；或用 20% 甘露醇注射液 1000 ～ 2 000 mL，静脉注射，每隔 6 ～ 8 h 重复注射一次；25% 尼可刹米注射液 10 ～ 15 mL，皮下注射；还可应用三磷酸腺苷、细胞色素 c、辅酶 A 等药物。

⑤ 抗凝血：可用肝素，按每千克体重 0.5 ～ 1.0 mg，溶于 5% 葡萄糖溶液内静脉注射，每 4 ～ 6 h 一次。同时应用丹参注射液效果更佳。应用肝素后，若出现出血加重现象，可缓慢注射鱼精蛋白（1 mg 肝素用 1 mg 鱼精蛋白）。在发生弥散性血管内凝血时，一般禁用抗纤溶制剂。但当纤溶过程过强，且与大出血有关时，可在使用肝素的同时，给予抗纤维蛋白溶解酶制剂，如 6- 氨基己糖 5 ～ 10 g 用 5% 葡萄糖溶液或生理盐水配成 3.52% 的等渗溶液后静脉滴注。

⑥ 中兽医治疗：若心悸气促、口干舌红、无神无力、眩晕昏迷，宜用生脉散，即党参 80 g、麦冬 50 g、五味子 25 g，热重者加生地黄、丹皮；脉微加石斛、阿胶、甘草，水煎去渣，内服。若心阳暴脱、自汗肢冷、心悸喘促、脉微欲绝、病情危重，宜用四逆汤，即制附子 50 g、干姜 100 g、炙甘草 25 g，必要时加党参，水煎去渣，内服。

八、新生马驹溶血病

新生马驹溶血病是新生马驹红细胞抗原与母体血清抗体不相合而引起的一种同族免疫性溶血反应，又称新生马驹溶血性黄疸、同种免疫溶血性贫血或新生马驹同种红细胞溶解病，是马（骡）驹的一种常见的急性致死性疾病。临床上以马驹出生后吃了母马初乳迅速发生进行性贫血、黄疸和血红蛋白尿等为特征，特别是马产下的骡子更容易发生本病。

（一）发病原因

新生马驹溶血病是由于母马在妊娠期间对胎儿的抗原刺激产生特异性抗体，抗体通过初乳途径被吸收到马驹血液中而发生抗原抗体反应所造成的。新生骡驹溶血病是骡驹继承来自父系种属性的红细胞抗原，存在于胎儿红细胞膜上，怀孕期间这种抗原通过胎盘上的轻微损伤进入母体循环，母体产生的抗体进入初乳，新生骡驹吃初乳后即发病。新生马驹溶血病是由于胎儿与母马的血型存在个体差异所致。妊娠期间血型不相合的胎儿血液抗原经损伤的胎盘进入母体循环，使母马产生抗体，而马驹吃初乳发病。

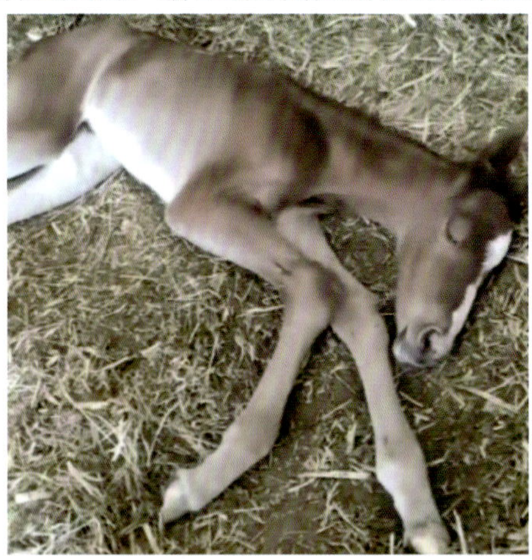

图 3-8-1 倦怠无力，喜卧

（二）临床症状

本病的特点是马（骡）驹吃食母马初乳后即发病，表现为贫血、黄疸、血红蛋白尿等危重症状。

马驹未吃初乳前一切正常，吸吮初乳后 1 ～ 2 d 发病，5 ～ 7 d 时达到高峰。主要表现为精神沉郁，反应迟钝，倦怠无力，耳耷头低，喜卧（图 3-8-1），有的有腹痛现象，如踢腹、回顾腹部等，可视黏膜苍白黄染，尿量少而黏稠，病轻者为黄色或淡黄色，严重者为血红色或浓茶色（血红蛋白尿），排尿有痛苦表现。心跳增数，心音亢进，呼吸粗厉。严重者卧地不起，呻吟，呼吸困难，有的出现神经症状，最终多因高度贫血，极度衰竭（主要是心力衰竭）而死亡。

（三）类症鉴别

1. 急性实质性肝炎

体温轻度升高、黄疸、顽固性消化不良、粪恶臭色淡、肝区触诊敏感、肝脾肿大、昏睡和痉挛等，血清丙氨酸转氨酶（ALT）、天冬氨酸转氨酶（AST）活性增高，但无明显贫血。

2. 先天性胆红素代谢功能缺陷

先天性胆红素代谢功能缺陷由先天性肝细胞酶的缺陷或肝细胞对胆红素的转运及排泄障碍所引起，具有先天性非溶血性黄疸，无明显贫血，网织红细胞不增高，脾不增大。

（四）预防措施和安全用药

1. 预防措施

避免应用已发生过溶血病的公马再次与该母马进行配种。产后测定初乳的凝集效价，效价在 1∶16 以下者为安全，让马驹自由吃奶；效价在 1∶32 者应注意观察、预防；效价 1∶64 以上者应停喂母乳，人工饲养，对母马每半小时挤弃一次初乳，每次要挤彻底，并定时测定初乳凝集效价，只要初乳凝集效价降到安全范围就可以让马驹吃奶。

2. 安全用药

治疗原则：及早发现，及时治疗，积极治疗原发病，给予易消化营养丰富的饲料，输血并补充造血物质。通常均采取换奶、人工哺乳或代养等措施。

① 人工哺乳或代养：立即停食母乳，实行代养或人工哺乳。对于有条件的，在停食母乳后可以代乳饲养，一般找与其产仔日期接近的母马哺乳，或寄养给其他性情温顺、乳汁充足的母马代养。直至初乳中抗体效价降至安全范围后可再尝试由原来的母马哺乳。

② 输血疗法：一般先做配血试验，选择血型相合的马作为供血者。若无条件做配血试验，亦可试行直接输血，但应密切注意有无输血反应，一旦发生反应立即停止输血。也可采集健康马静脉血 500 mL，按抗凝剂与血液以 1∶10 的比例加 3.8% 枸橼酸钠抗凝剂，混匀于室温静置，自然沉淀 30 ～ 60 min，待血浆和血细胞分离，弃去上层血浆。再用生理盐水稀释血细胞至 500 mL，得到红细胞悬液，然后将病驹颈静脉放血 100 ～ 300 mL，再输给制备好的红细胞悬液。或采非亲母马的血输入幼驹静脉。采血时每 100 mL 血液中加入 10 mL10% 氯化钙溶液。每次输血量 500 ～ 1000 mL，每日 1 次，连输 3 ～ 5 d，输血速度控制在每小时 1000 mL，输血前最好放出 100 ～ 200 mL 病血。

③ 辅助疗法：病驹静注 10% ～ 25% 葡萄糖溶液 250 ～ 500 mL、维生素 C 50 mL，10% 氯化钙溶液 10 ～ 20 mL；同时肌内注射或静脉注射糖皮质激素，如醋酸泼尼松注射液 0.05 ～ 0.15g，或 2% 氢化可的松注射液 2 ～ 4 mL；静脉注射 5% 碳酸氢钠 100 mg，防止酸中毒；必要时肌内注射青霉素 80 万 IU，硫酸链霉素 100 万 IU，每日 2 次，连续 3 ～ 5d，防止感染。注射维生素 B_{12}、铁制剂增强造血功能；同时考虑肌注樟脑注射液强心等。

④ 中兽医治疗：对于肾阴虚型，用茵陈地黄汤，即茵陈 25 g、生地黄 12 g、山药 10 g、茯苓 10 g、泽泻 10 g、丹皮 5 g、山芋 10 g、山栀 5 g、大黄 5 g、甘草 5 g、车前子 5 g，煎汁凉温投服。对于肾阳虚型，用茵陈肾气汤，即茵陈 25 g、熟地黄 10 g、山药 10 g、茯苓 10 g、泽泻 10 g、丹皮 10 g、山芋 15 g、肉桂 5 g、附子 5 g、甘草 5 g，煎汁凉温投服。尿色清亮后用补血地黄汤，即黄芪 25 g、当归 15 g、山药 10 g、茯苓 10 g、泽泻 10 g、丹皮 10 g、山芋 15 g、熟地黄 10 g、甘草 5 g，煎汁凉温投服。

九、维生素 K 缺乏症

维生素 K 缺乏症是由维生素 K 缺乏或不足所引起的一种以出血性素质为特征的营养代谢病。维生素 K 是一种脂溶性化合物，自然界中有两种类型的维生素 K，即维生素 K_1 和维生素 K_2，至于所谓“维生素 K_3”，则是一种合成式的维生素 K（甲萘醌）。维生素 K_1 在绿色植物中，特别是苜蓿和青草中含量最丰富，黄豆油中也含维生素 K_1。维生素 K_2 可以通过腐败肉质中的细菌或通过动物消化道中的微生物来合成。

（一）发病原因

植物含有维生素 K_1，而微生物体内含有维生素 K_2，它们是两种活性很高的维生素 K，并且在正常饲养和生理条件下，马极不容易发生维生素 K 缺乏症。但由于饲养管理不当，比如饲喂干料或青草时间过长，会造成马维生素 K 的摄入量不足。慢性胃肠道疾病造成的长期腹泻，引起胃肠道吸收不良，会导致维生素 K 吸收减少。患肝病时，脂肪类物质消化吸收障碍，致使脂溶性维生素 K 的吸收减少而患本病。在马体内有许多细菌，其中正常肠道菌群可以合成具有活性的维生素 K，但几乎所有的抗生素均可抑制肠道细菌，当某些疾病需长期服用广谱抗生素或者磺胺类药物时，就会使内源性维生素 K 生成不足而发生本病。

（二）临床症状

马患本病，多数呈现亚临床症状。维生素 K 缺乏最明显的症状就是发生凝血功能障碍，主要表现在使凝血过程发生障碍，血液凝固时间延长和出血。维生素 K 缺乏会影响骨折的愈合，另外，维生素 K 缺乏的马匹还表现为感觉过敏、贫血、厌食、衰弱。

（三）类症鉴别

1. 马炭疽

马炭疽是由炭疽杆菌引起，临床上主要表现为体温升高、腹胀、腹痛、体表炎性肿胀、天然孔出血、血液凝固不良呈煤焦油样、尸体极易腐败等。末梢血可检查到粗大的炭疽杆菌，Ascoli 反应阳性。

2. 急性实质性肝炎

体温轻度升高、黄疸、顽固性消化不良、粪恶臭色淡、肝区触诊敏感、主要是昏睡和痉挛等，血清丙氨酸转氨酶（ALT）、天冬氨酸转氨酶（AST）活性增高。

3. 黄曲霉毒素中毒

有采食被黄曲霉污染饲料的病史，临床表现为黄疸、出血、消化机能紊乱、腹水、神经症状等，主要的病理学变化为肝细胞变性、坏死、出血，胆管和肝细胞增生。

4. 马传染性贫血

马传染性贫血是由马传染性贫血病病毒引起，呈地方流行性或散发，有明显季节性（7～9月），间歇热型，进行性衰弱，高度贫血，黄疸及出血，明显浮肿，心脏衰弱，血液检查可见吞铁细胞。

（四）预防措施和安全用药

1. 预防措施

注意日粮搭配，应不间断地保证青绿饲料的供应，控制磺胺和抗生素的使用时间及用量，及时治疗胃肠道及肝胆疾病，对长期伴有消化紊乱的马应在每千克饲料内增补维生素 K 0.5 mg。

2. 安全用药

治疗原则为补充维生素 K 和钙制剂，改善胃肠道的消化吸收功能。

可用维生素 K_3 50～100 mg，肌内注射，或每千克饲料内添加维生素 K 3～8 mg，混饲。当应用维生素 K_3 治疗时，最好同时给予钙剂治疗。对有吸收障碍的病例，在口服维生素 K 制剂时，需同时服用胆盐。及时治疗胃肠道及肝脏的疾病，以改善对维生素 K 的吸收和利用。

第四章

以泌尿生殖系统为主症的类症鉴别与安全用药

一、马病毒性动脉炎

马病毒性动脉炎，又称马传染性动脉炎、流行性蜂窝织炎、丹毒，是由马动脉炎病毒引起马的一种急性传染病。临床上以体温升高、白细胞减少、步态僵硬、呼吸道和消化道黏膜的卡他性炎、结膜炎、眼睑和四肢水肿、鼻炎以及妊娠马流产为特征；以肌肉的小血管内膜变性和坏死为病理特征。本病的危害主要是引起妊娠母马流产。

（一）发病原因

马动脉炎病毒属冠状病毒科动脉炎病毒属，为有囊膜的球形病毒，直径为40～60nm。动脉炎病毒表面缺少冠状病毒特有的大型纤突，只有一个血清型。动脉炎病毒能在许多细胞培养物中增殖，产生细胞病变和蚀斑，可用蚀斑减数试验等方法鉴定。该病毒对乙醚、氯仿等脂溶剂敏感，50℃ $MgCl_2$ 浓度为 1 mol/L 的溶液可加速病毒的灭活。在低温冰冻状态下能存活 7 年，56℃ 30 min 或 37℃ 3 d 能使病毒失去活性。

病毒存在于鼻液、唾液、血液、精液、发热期的粪尿以及感染后 5～7 d 死亡的马脾脏及血液里，流产的胎儿组织中亦有病毒。该病主要是通过呼吸系统和生殖系统传播。病马在急性期通过呼吸道分泌物将病毒传给同群马或与其接触的马。流产马的胎盘、胎液、胎儿亦可传播本病，长期带毒的种公马可通过自然交配或人工授精的方式把病毒传给母马。通过饲具、饲料、饲养人员的接触也能将病毒传给易感马。

（二）临床症状

潜伏期为 2～10 d。典型症状是发热，一般感染后 3～14 d 体温升高达 41℃，并可持续 5～9 d。病马出现以淋巴细胞减少为特征的白细胞减少症，临诊病期大约 14 d。表现厌食，精神沉郁，四肢严重水肿，步伐僵直，眼、鼻分泌物增加，后期为脓性黏液，发生鼻炎和结膜炎。面部、颈部、臀部形成皮肤疹块。有的表现呼吸困难、咳嗽、腹泻、共济失调。公马的阴囊和包皮水肿，引起马驹和马虚弱死亡。怀孕母马流产（图4-1-1），其流产率可达90%以上，流产发生在感染后的10～30 d。流产前胎儿死亡、胎儿水肿、呼吸道黏膜和脾被膜上有出血点。母马痊愈后很少带毒，而大多数公马恢复后成为病毒的长期携带者。

图4-1-1 流产的胎儿和胎衣

（三）剖检变化

病理变化是全身小动脉管肌细胞坏死、内膜上皮损伤而造成的特征性出血、水肿、血栓形成和梗死等。可见胸腔内所有浆膜、黏膜以及肺和纵隔等出现点状出血、大叶性肺炎和胸膜炎；肾上腺出血，心、脾、肾、阴囊、睾丸、眼结膜、眼睑以及膝关节或跗关节以下的皮下组织都发现有出血和水肿的变化；盲肠和结肠黏膜坏死。恢复期病马体内还见有广泛性的动脉炎和严重的肾小球性肾炎等变化。

（四）类症鉴别

1. 马流行性感冒

和马病毒性动脉炎都引起呼吸困难。但马流行性感冒由马流感病毒引起，传染性极强，发病率很高，体温升高，全身症状明显。眼结膜水肿，鼻黏膜卡他性炎症症状明显，母马表现流产。从鼻液或咽喉拭子中可分离获得血凝性流感病毒。

2. 马传染性胸膜肺炎

和马病毒性动脉炎都引起呼吸困难。马传染性胸膜肺炎多发生于秋冬季及早春季节，传播缓慢，临床上以稽留热、纤维素性肺炎或纤维素性胸膜肺炎为特征。

3. 马传染性支气管炎

和马病毒性动脉炎都引起呼吸困难。马传染性支气管炎多于晚秋突然暴发流行，传染性强、传播迅速、发病率高，以阵发性咳嗽和全身症状轻微为特征。

4. 马传染性鼻肺炎

和马病毒性动脉炎都引起呼吸困难。但马传染性鼻肺炎由马传染性鼻肺炎病毒引起，呈地方流行性，多发生于秋冬季和早春。幼驹主要表现上呼吸道黏膜卡他性炎症，怀孕母马于怀孕后的8～11个月发生流产。鼻黏膜上皮细胞可检查到嗜酸性核内包涵体。

5. 马传染性贫血

和马病毒性动脉炎都引起四肢水肿。但马传染性贫血是由马传染性贫血病病毒引起，呈地方流行性或散发，有明显季节性（7～9月），间歇热型，进行性衰弱，高度贫血，黄疸及出血，明显浮肿，心脏衰弱，血液检查可见吞铁细胞。

6. 马钩端螺旋体病

和马病毒性动脉炎都引起四肢水肿。但马钩端螺旋体病由钩端螺旋体引起，表现发热、皮肤与黏膜发黄并有点状出血、皮肤干裂和坏死，急性肝损伤、肾损伤和神经症状。血液、尿液、脑脊液等病料可见钩端螺旋体。

（五）预防措施和安全用药

加强国境检疫，防止该病传入是控制该病的一个十分重要的对策。许多国家的养马场采取的主要措施是免疫接种、监控配种和隔离带毒马。美国和英国已研制出两种组织培养的马病毒性动脉炎疫苗。第一种是经马和兔细胞培养物多次连续传代致弱后制成的弱毒疫苗，但不适合6周龄以下的马驹和处于妊娠最后2个月的母马接种。第二种是由马细胞培养物制备的灭活苗，可用于种马和非种马，包括孕马；每年接种1次，但公马需在配种季节到来前28 d完成接种；母马则需在与带毒马配种前接种，配种后隔离观察3～5周，直至确认怀孕。

治疗急性期病马一般都能康复，对发热期病马通常采用对症疗法。体温升高会损伤公马精子，使受精能力下降，应用非甾体抗炎药退烧。对慢性感染公马给予睾丸酮，这可以直接或间接调节马动脉炎病毒的存在。

二、马传染性子宫炎

马传染性子宫炎又称马生殖泰勒菌病，是由马生殖泰勒菌引起马属动物的一种急性、高度接触性传染病，临床上以过早发情、子宫炎、阴道炎为特征。主要侵害良种母马，公马感染后不呈现临床症状，但能传播本病。我国尚无该病的报道。

（一）发病原因

马传染性子宫炎的病原菌为马生殖泰勒菌，属于产碱杆菌科、泰勒菌属的一种革兰氏阴性球杆菌，大小为0.7～1.8μm，有荚膜、无芽孢、无鞭毛、不能运动。一般消毒药对本菌无效。本菌对氨苄西林、红霉素、金霉素、土霉素、庆大霉素、新霉素、丁胺卡那霉素、卡那霉素等敏感；对青霉素中度敏感；对链霉素不敏感。主要存在于感染母马的子宫、宫颈、阴道、阴蒂凹、阴蒂窦及感染公马的尿道、尿道窝、阴茎鞘等部位，感染公马的精液中也带有细菌，阴垢可以长期存留细菌。

病马和带菌马是本病的主要传染源，主要通过交配感染，也可经人工授精或与污染物发生间接接触传播，多发生于配种季节，呈散发或暴发。

（二）临床症状

潜伏期通常为 2 ～ 4 d。母马感染后表现为阴道炎、子宫颈炎、子宫内膜炎和交配后出现过早发情的症状，病程较长且反复发作。排出数量不等的淡灰白色的黏液脓性或脓性子宫分泌物（图 4-2-1），分泌物量多时污染臀部，使尾毛缠结，并在会阴部皮肤上结块，量少时多沉积在阴道底部穹窿内，不呈现外部症状。显微镜下检查可以见到大量脱落的黏膜上皮细胞及细胞裂解碎片和多核巨细胞。病马间隔 13 ～ 18 d 可以重复发情，但屡配不孕。少数母马可成为隐性带菌者，而且能怀驹分娩。怀孕母马流产。公马感染后一般无症状而成为无症状带菌者。

（三）剖检变化

主要的剖检变化是子宫体及阴道前庭出现灰白色脓性渗出物，子宫内膜充血和水肿等。轻者可见子宫稍扩大，内有小量淡灰白色黏液。重者子宫显著扩大、肿胀，子宫内充满淡灰白色黏液脓性分泌物（图 4-2-2），子宫内膜肥厚，有玻璃状外观。

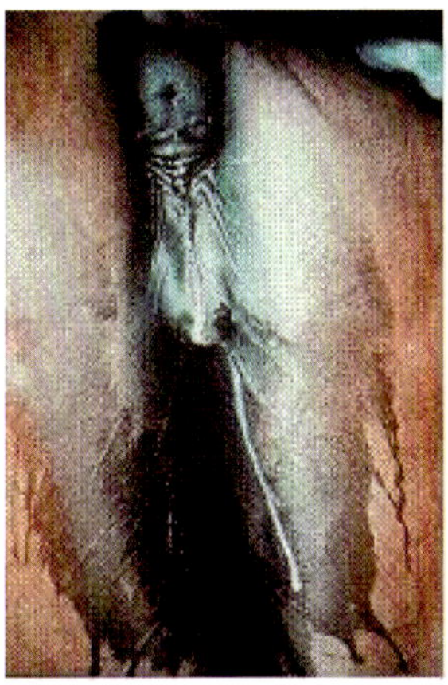

图 4-2-1　排出脓性子宫分泌物

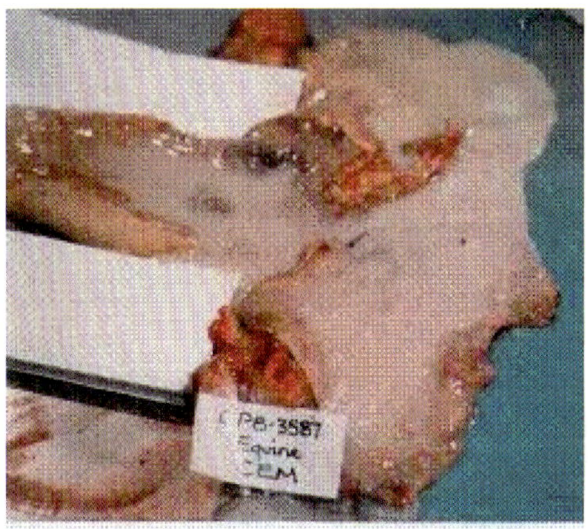

图 4-2-2　子宫内充满脓性分泌物

（四）类症鉴别

1. 马子宫内膜炎

症状同马传染性子宫炎相似，母马阴门流出大量的黏液脓性分泌物，屡配不孕。但病原不同，马传染性子宫炎的病原为马生殖器嗜血杆菌，而马子宫内膜炎的病原复杂，最常见的有链球菌、大肠杆菌、金黄色葡萄球菌、肺炎克雷伯菌、铜绿假单胞菌等。对于多数患马传染性子宫炎的母马，无论是否进行治疗，症状都会在 5 ～ 7 d 内消失。

2. 马沙门氏菌病

马沙门氏菌病由沙门氏菌引起，多发生于春秋季节，一般呈散发。6 月龄以内的幼驹主要表现结肠炎、败血症、关节肿大、支气管肺炎等；妊娠中后期的头胎母马发生流产。血液、脾、淋巴结以及肌肉内可检出鼠伤寒沙门氏菌或肠炎沙门氏菌。

（五）预防措施和安全用药

1. 预防措施

应对引进马匹进行严格检疫，慎重从存在病马的国家或地区引种。目前该病尚无可供使用的有效疫苗，因此在该病疫区进行人工授精是控制本病的重要手段，授精前将精液与增溶剂和抗生素混合，并对器具进行消毒可有效地防止病菌的传播。此外，防制本病还需要及早发现感染或患病马，并立即进行隔离治疗。

2. 安全用药

母马采用局部治疗和全身治疗相结合的疗法。局部治疗可用洗必泰冲洗生殖道，尤其是阴蒂和尿道，再使用氨苄西林、新霉素等溶液冲洗子宫，连续 3 ～ 5 d；全身治疗可肌内注射氨苄西林、新霉素等，每天 4 g，分两次注射，间隔 12 h，连续 3 ～ 5 d。公马以局部治疗为主，用洗必泰等药剂冲洗其阴茎和尿道，并用抗生素软膏作局部治疗，连续 3 ～ 5 d，同时肌肉注射氨苄西林 3 ～ 5 d。感染马治疗停药后 1 ～ 2 周采集标本，每次间隔不少于 7 d，连续 3 次标本阴性者则已治愈。未治愈者可再治疗一个疗程。

三、马媾疫

马媾疫又称交配疹，是马匹在交配时生殖器黏膜上感染马媾疫锥虫引起的，临床上以尿频，尿道和生殖道黏膜水肿、流黏液，胸、腹和臀部出现扁平丘疹和神经麻痹为特征。我国西北、东北、内蒙古、河南、安徽等地均有报道，目前很少发生。

（一）发病原因

马媾疫锥虫为一种鞭毛虫，在形态上与伊氏锥虫无明显区别，以无性分裂法进行繁殖，只感染马属动物。主要在生殖器黏膜寄生，短暂地寄生于血液及其他组织器官，病马与健康马交配时传染，未严格消毒的人工授精器械、用具也可传播，处于潜伏期或症状不明显的患马，在其尚未被觉察时，常成为本病的主要传染源。

（二）临床症状

潜伏期一般为 8 ～ 28 d，少数可长达 3 个月。首先为水肿期，公马一般先从包皮前端开始发生水肿（图 4-3-1），逐渐蔓延至阴囊、腹下及股内侧，触诊呈面团状，无热无痛，阴茎和睾丸肿大（图 4-3-2）。尿道黏膜潮红肿胀，流出黏液，性欲旺盛。腰部成弓形，频繁有撒尿表现（图 4-3-3）。排尿时阴茎不舒张，有疼痛表现（图 4-3-4）。母马表现阴唇肿胀明显，逐渐蔓延到乳房、腹内侧等部位，尿频，阴道流出白色黏液，子宫颈口一直不闭合，频繁有发情症状，阴道黏膜潮红、严重肿胀、外翻（图 4-3-5）。后期可出现水疱、溃疡及无色素斑。在生殖器炎症后 1 个月，出现皮肤丘疹期。病马皮肤丘疹期表现为颈、胸、腹、臀部等部位，特别是两侧肩部的皮肤出现扁平丘疹，呈圆形或树圆形，直径 5 ～ 15 cm，中间凹陷，周边隆起，称“银元疹”(图 4-3-6，图 4-3-7)。特点是突然出现（多在中午），消失迅速（数小时到一昼夜），然后再出现，疹块消失后局部可见脱毛或色素消失。后期为神经症状期，以局部神经麻痹为主，常表现步样强拘，后躯摇晃，两后肢跛行，消瘦特别严重（图 4-3-8），严重者两后肢瘫痪，卧地不起（图 4-3-9）。面神经麻痹时嘴唇歪斜，耳及眼睑下垂；咽神经麻痹时呈现吞咽困难。全过程中体温一时性升高，后有稽留热。后期病马贫血、消瘦、精神沉郁，最后因极度衰竭而死亡。

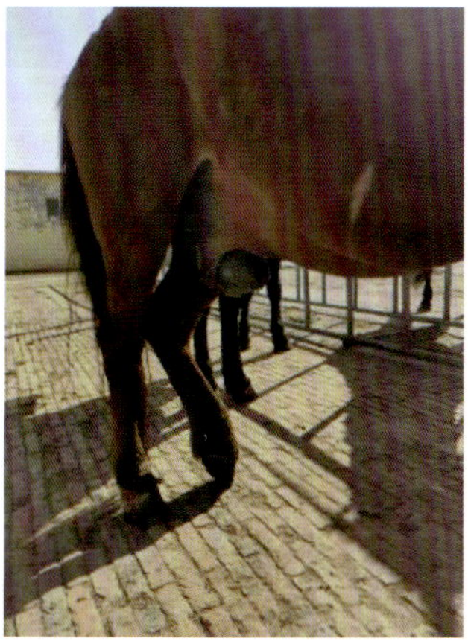

图 4-3-1　马龟头水肿

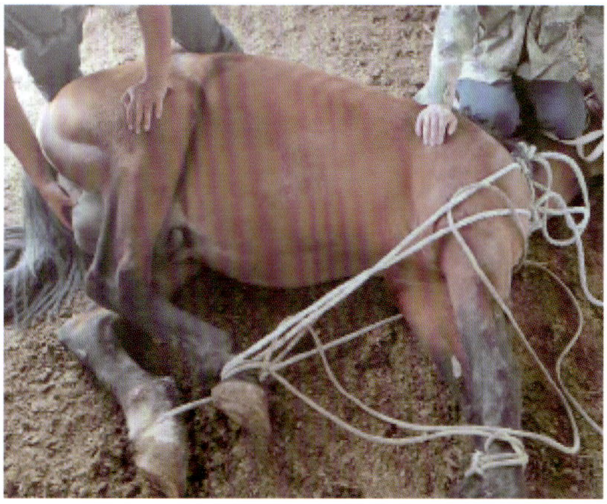

图 4-3-2　阴茎和睾丸肿大

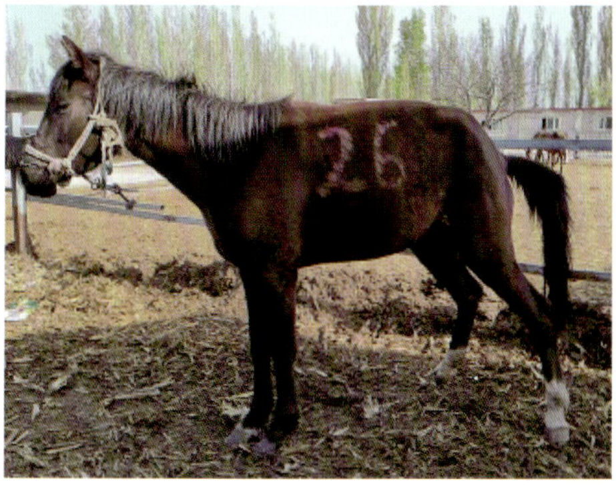

图 4-3-3　腰部成弓形，尿频

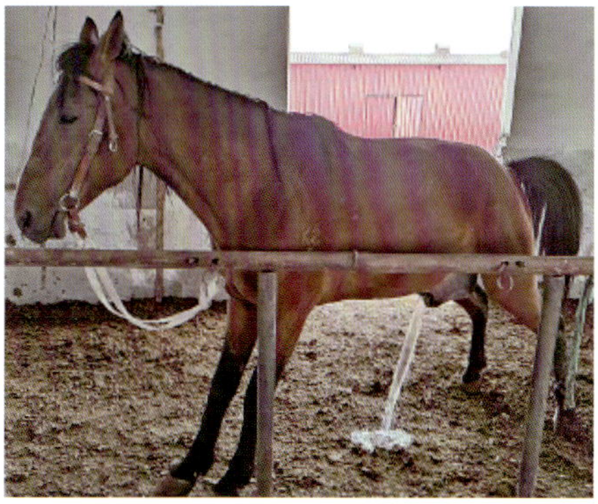

图 4-3-4　排尿时阴茎不舒张，有疼痛表现

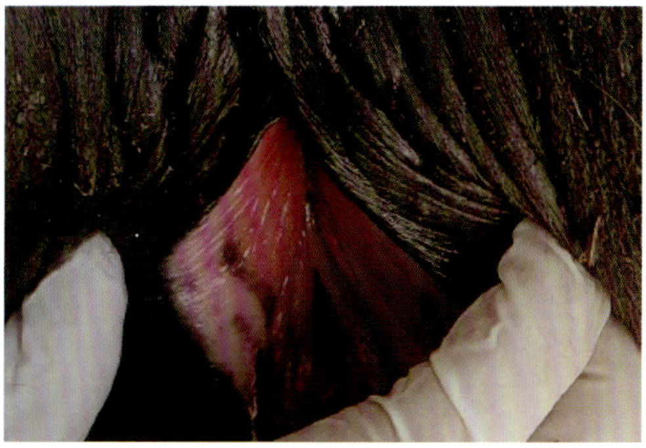

图 4-3-5　阴道黏膜潮红、肿胀

图 4-3-6 马媾疫颈部皮肤丘疹

图 4-3-7 马媾疫臀部皮肤丘疹

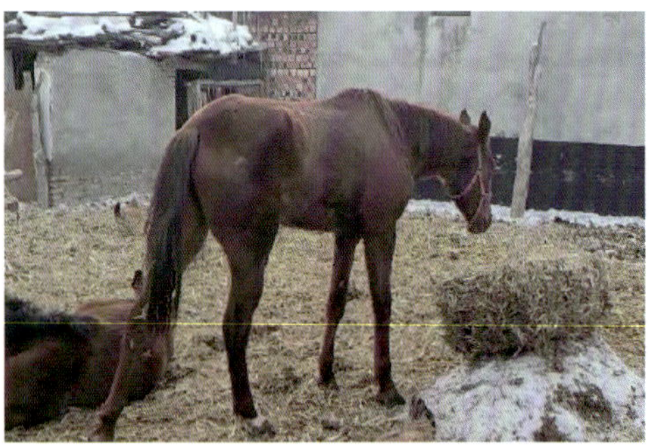

图 4-3-8 两后肢跛行，消瘦特别严重

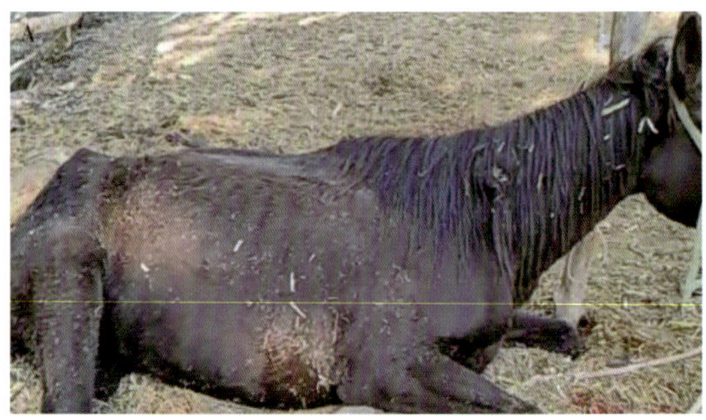

图 4-3-9 两后肢瘫痪，卧地不起

（三）类症鉴别

1. 马伊氏锥虫病

马伊氏锥虫病是由伊氏锥虫引起的，夏秋季节（7～9月）多发，临床上主要表现间歇热、进行性消瘦、贫血、黏膜出血、黄疸、体躯下部浮肿和神经症状等。血液病原学检查可检出锥虫。

2. 马梨形虫病

马梨形虫病由巴贝斯虫寄生于红细胞内引起，临床上主要表现高热、贫血、黄疸、呼吸困难、可视黏膜有出血点、血红蛋白尿和肢体下部水肿等。血液检查，红细胞内可发现巴贝斯虫虫体。

3. 马鼻疽

马鼻疽由鼻疽伯氏菌引起，临床上主要表现弛张热型，一侧下颌淋巴结肿大，鼻腔、喉头、气管黏膜和皮肤上形成特异性鼻疽结节、喷火口状溃疡和星芒状瘢痕，在肺脏、淋巴结或其他实质脏器中形成特异性的鼻疽结节。细菌学检查可分离到鼻疽伯氏菌，鼻疽菌素点眼呈阳性反应。

4. 马沙门氏菌病

马沙门氏菌病由沙门氏菌引起，多发生于春秋季节，一般呈散发。6 月龄以内的幼驹主要表现结肠炎、败血症、关节肿大、支气管肺炎等；妊娠中后期的头胎母马发生流产。血液、脾、淋巴结以及肌肉内可检出鼠伤寒沙门氏菌或肠炎沙门氏菌。

5. 钩端螺旋体病

钩端螺旋体病由钩端螺旋体引起，表现发热、皮肤与黏膜发黄并有点状出血、皮肤干裂和坏死、急性肝损伤、肾损伤和神经症状。血液、尿液、脑脊液等病料可见钩端螺旋体。

（四）预防措施和安全用药

1. 预防措施

目前，我国基本消灭本病，如发现病畜，除非特别名贵种马，否则应淘汰处理；开展人工授精；引进马匹先隔离检疫；公马在配种前用喹嘧胺进行预防；公、母马分开饲养；阉割无种用价值的公马。

2. 安全用药

治疗该病首先要进行驱虫，治疗伊氏锥虫病药物均可使用。萘磺苯酰脲，以生理盐水配成 10% 溶液，静脉注射，每千克体重 10 ～ 15 mg。三氮脒（贝尼尔），以注射用水配成 7% 溶液，深部肌内注射，按每千克体重 3.5 mg，1 次 / d，连用 2 ～ 3 d。Neozidin（1 g Neozidin 中含有三氮脒 450 mg 和安替比林 550 mg），按每千克体重 7 mg，以 20 mL 生理盐水稀释后肌内注射，间隔 24 h 注射 2 ～ 4 次。若使用抗伊氏锥虫药物治疗后临床指标未恢复正常，可结合抗菌药物磺胺间甲氧嘧啶钠和头孢噻呋钠巩固治疗，并观察其治疗效果。病情严重的病马还需要补充葡萄糖盐水 2000 mL，并配合抗菌消炎，有排尿困难的还可注射呋塞米。有神经麻痹症状的病马应加强运动，以缓解神经麻痹症状。

四、马沙门氏菌病

马沙门氏菌病，又名副伤寒，是由沙门氏菌属细菌引起的一种传染病，临床上以结肠炎、妊娠母马流产，幼驹败血症、关节肿大、肠炎、支气管肺炎，公马睾丸炎、鬐甲肿为特征。目前除了部分国家和地区仍然有马流产沙门氏菌感染造成流产的报道外，该病已明显减少，在少数国家几乎消失。

（一）发病原因

由鼠伤寒沙门氏菌和其他沙门氏菌引起的感染所占比例明显增加，其中从病马分离的沙门氏菌主要以鼠伤寒沙门氏菌和马流产沙门氏菌最常见，为革兰氏阴性杆菌，不产生芽孢，也无荚膜。对干燥、腐败、日光等因素具有一定的抵抗力，在外界条件下可以生存数周或数月。对化学消毒剂的抵抗力不强，一般常用消毒剂和消毒方法均能达到消毒目的。常发生于6月龄以内的幼驹，感染的孕马多数发生流产，特别多见于怀孕中后期的头胎母马。病马和带菌马是本病的主要传染源，可经粪便、尿、乳汁及流产胎儿、胎衣和羊水排出病菌，污染水源和饲料等，经消化道感染。交配或用患病公马精液人工授精可发生感染。此外，子宫内也能感染。多发生于春（2～3月）、秋（9～11月）季；一般呈散发，有时呈地方流行。分娩、手术、长途运输、疲劳和饥饿、内寄生虫和病毒感染、饲料饮水供应不良、环境污秽、环境潮湿、棚舍拥挤等均可诱发本病。

（二）临床症状

马流产沙门氏菌感染时，母马最明显的临床表现为流产，以初产母马为多；流产前无任何先兆，由阴道内流出血样液体继而发生流产，多数是胎衣连同死亡的胎儿一起排出，很少有胎衣停滞现象。个别母马流产后出现子宫炎，体温升高，由阴道流出红色至灰白色黏液；若继发感染则出现严重的全身症状，阴道内流出污红色腥臭液体。有的病马长期不愈，造成不孕症；有的还可继发关节炎、腱鞘炎、肺炎和鬐甲脓肿等。

幼驹感染则表现为体温升高至40℃以上，呈稽留热或弛张热型，腹痛，下痢，粪稀呈水样并带黏液或血液（图4-4-1），恶臭，随后卧地不起，迅速死亡。较大的幼驹或病势较慢的病马，表现为体温升高，脐炎，多发性关节炎、腱鞘炎（多见于腕、跗关节和系关节），跛行；重症病例可因败血症或脓毒血症死亡。哺乳驹的发病率和死亡率很高，仅有少数康复。公马及去势马感染后多无明显症状，除病初体温升高外，主要表现为睾丸炎和附睾炎，精液中存在大量的马流产沙门氏菌；有的病马四肢和鬐甲出现局限性硬固并且肿胀、热痛，重者化脓破溃形成不易愈合的脓疮，有些马可同时出现慢性肠炎等症状。

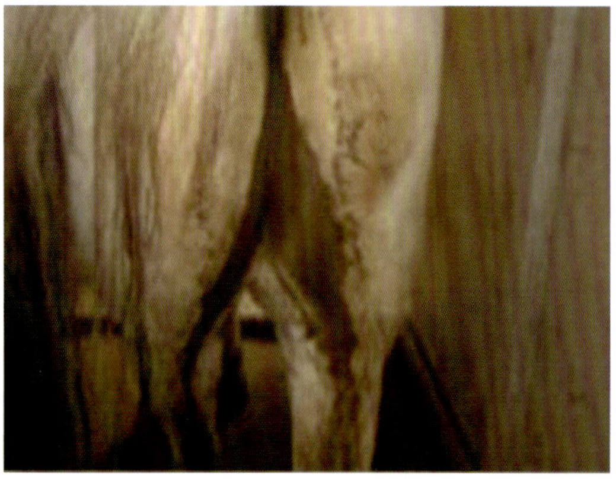

图 4-4-1　水样腹泻

其他沙门氏菌感染2月龄内马驹时容易形成菌血症，往往死于内毒素中毒性休克，有时可表现为局部感染和下痢，如关节感染引起跛行，而有时则出现细菌性心内膜炎、败血性肾梗死和脑膜脑炎等症状。年龄较大的马感染时最常见的症状为发热、腹泻、厌食和白细胞明显减少。沙门氏菌引起的结肠炎可导致大量体液和电解质快速丧失，轻度或中度肠绞痛，腹泻，粪便恶臭、并带有纤维蛋白，颜色正常，有时呈棕色或带血。

（三）剖检变化

马流产沙门氏菌感染的成年马很少死亡，个别病马死亡后呈败血症变化，肝、脾、肺、肾等实质脏器充血、出血。幼驹感染除有肠炎和肺炎病变外，较小幼驹可见肝充血、肾皮质内有点状或纹状出血、心外膜出血；有时可见关节炎和不同部位的脓肿。妊娠后期胎儿死亡（图4-4-2），胎水红褐色（图4-4-3），胎衣呈糠麸样、出血（图4-4-4，图4-4-5）。流产胎儿表现为实质器官不同程度的坏死，肝、脾、肾肿大（图4-4-6），质脆呈泥土色，严重时可能发生液化；淋巴结肿大，肺有不同程度的充血、出血（图4-4-7），心包及胸膜上有出血点，胸腔、腹腔含有多量的混浊液体或血红蛋白样液体。其他沙门氏菌感染时，可见病马肠系膜淋巴结肿大，患有严重的盲肠炎和结肠炎，结肠和盲肠黏膜和固有层坏死和溃疡，黏膜和黏膜下血管充血。马驹局部感染可引起心内膜炎、败血症、关节炎、肾梗死和脑膜炎等。

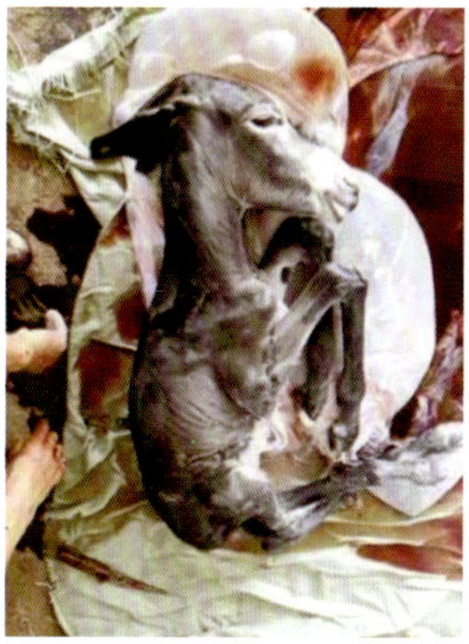

图4-4-2 妊娠后期胎儿死亡

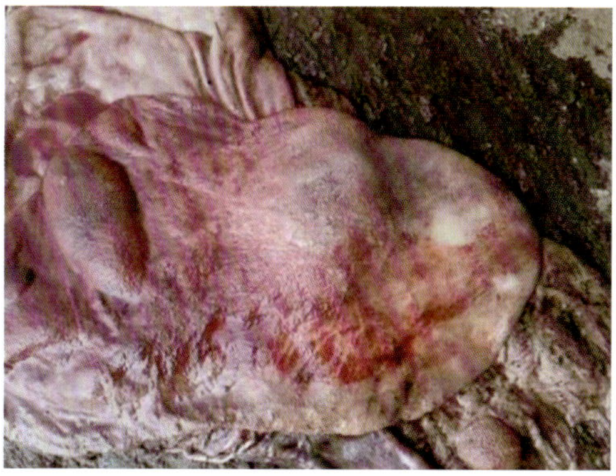

图4-4-3 胎水红褐色

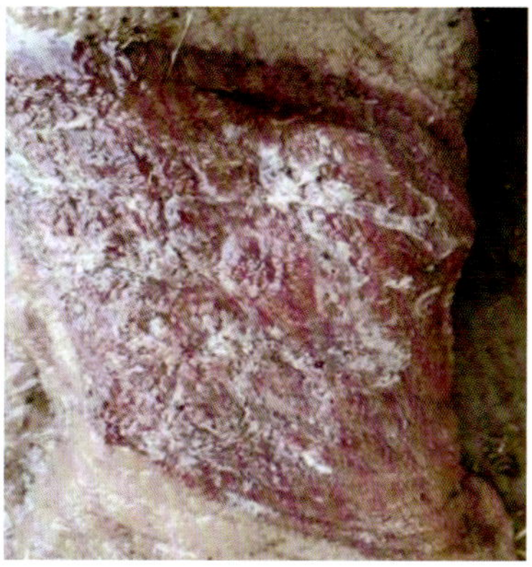

图4-4-4 流产胎儿胎衣呈糠麸样

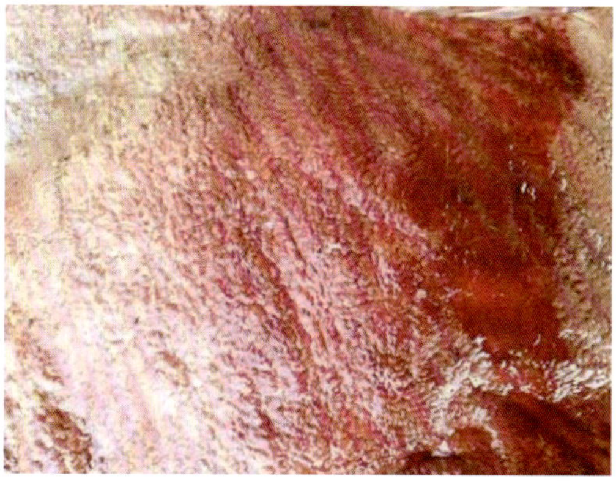

图4-4-5 流产胎儿胎衣出血

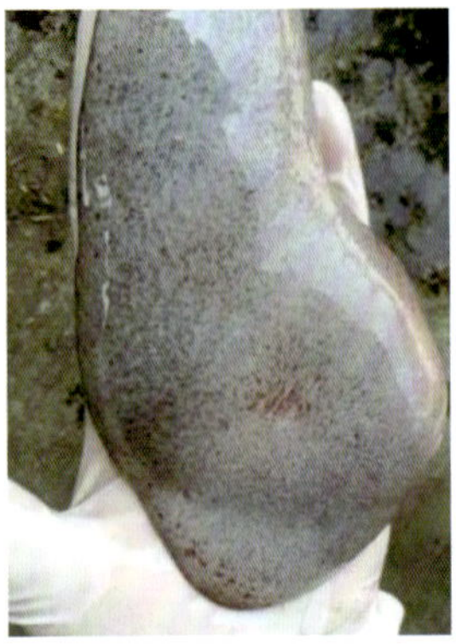

图 4-4-6 流产胎儿脾肿大，出血

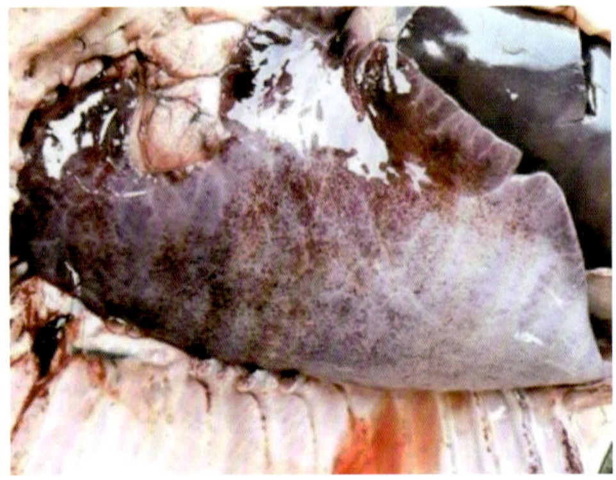

图 4-4-7 流产胎儿肺脏出血

（四）类症鉴别

1. 轮状病毒病

是由轮状病毒感染引起 1 ～ 6 周龄马驹的一种急性腹泻疾病，具有一定传染性，常引起幼驹死亡。

2. 大肠杆菌病

主要由产肠毒素大肠杆菌引起 7 日龄以内幼驹的剧烈腹泻，除腹泻外个别病驹还可出现肺炎、脑炎和关节肿胀。

3. 急性盲结肠炎

多在应激状态下发病，起病突然，经过急剧，微循环障碍等全身症状迅速增重，白细胞急剧减少，多于 24 h 内死亡。

4. 马炭疽

肠型炭疽腹痛剧烈，排血样粪，体温也升高，在濒死或死后，于血液内可检出炭疽杆菌，炭疽沉降反应呈阳性。

5. 胃肠炎

主要由于饲养管理不当引起，多呈散发，不具有传染性，各种年龄的马仅有发生，发病率和死亡率较低。

6. 马传染性鼻肺炎

由马传染性鼻肺炎病毒引起，呈地方流行性，多发生于秋、冬季和早春。幼驹主要表现上呼吸道黏膜卡他性炎症，怀孕母马于怀孕后的 8 ～ 11 个月发生流产。鼻黏膜上皮细胞可检查到嗜酸性核内包涵体。

（五）预防措施和安全用药

1. 预防措施

加强饲养管理，消除发病诱因，保持饲料和饮水清洁卫生，减少环境沙门氏菌污染和易感马与细菌接触机会，隔离病马，将污染的垫料焚烧。

2. 安全用药

根据不同病型采取不同的治疗方法，其核心是选用有效的抗菌药物控制菌血症和局部感染，应用非甾体消炎药控制炎症发展，预防内毒素休克，及时补充水分和电解质等。常用的敏感抗生素药物有土霉素、青霉素等，辅以对症治疗，磺胺类药物（磺胺嘧啶和磺胺二甲基嘧啶）也有效，根据具体情况而定。

五、布鲁氏菌病

布鲁氏菌病是由布鲁氏菌引起的人兽共患慢性传染病，其临床特征是生殖器官、胎膜及多种器官组织发炎、坏死和肉芽肿的形成，引起流产、不孕、睾丸及关节炎等症状。

（一）发病原因

布鲁氏菌为革兰氏阴性小杆菌，吉姆萨染色呈紫红色，无鞭毛不运动，不形成芽孢。本菌分为 6 个种 19 个生物型，即马尔他布鲁氏菌（羊种）生物型 3 个、流产布鲁氏菌（牛种）生物型 8 个、猪布鲁氏菌生物型 5 个、绵羊布鲁氏菌生物型 1 个、沙林鼠布鲁氏菌生物型 1 个和犬布鲁氏菌生物型 1 个。本菌为细胞内寄生菌，自然环境下抵抗力强，对四环素最敏感，其次是链霉素和土霉素，但对杆菌肽，多黏菌素 B、M 和林可霉素有很强抵抗力。

马尔他布鲁氏菌、流产布鲁氏菌和猪布鲁氏菌都可感染马，传染源有病马及带菌动物，最危险的是受感染的妊娠马，在流产或分娩时将大量布鲁氏菌随着胎儿、羊水和胎衣排出，流产后的阴道分泌物以及乳汁中都会有布鲁氏菌。布鲁氏菌感染使马患睾丸炎，其精囊中也有该菌存在。本病随动物成熟而易感性升高，通常公马对本病有一定抵抗力。直接接触病马或其排泄物是主要传播途径，可通过消化道、呼吸道、生殖道、皮肤等接触被病菌污染的饲料、饮水、土壤、乳汁等感染发病，感染后终身带菌。也可经结膜、自然配种侵入机体感染，吸血昆虫也可传播本病。

（二）临床症状

马感染布鲁氏菌后，菌血症期发热轻微，然后侵害各种组织，主要嗜好的组织是滑液囊、腱鞘以及项韧带范围以内的韧带与肌腱组织，引起非化脓性炎性病变，出现局部或全身性症状。

患马多为隐性。前期症状常有发热、委顿和发炎部位疼痛，可持续数日以至数月。也有一部分患马有明显的化脓损害，特别是在头部和颈部，骨脓肿、关节炎及腱滑膜炎则少见。其脓肿可被吸收，但经常出现破溃，含有纤维凝块的黄色黏性渗出液；晚期病例则形成瘘管。也可引起母马流产，从马和驴流产的胎儿中分离出流产布鲁氏菌。

（三）类症鉴别

1. 马流行性乙型脑炎

马流行性乙型脑炎是由日本脑炎病毒引起的、通过虫媒传播的自然疫源性传染病。幼驹发生较多，而壮龄马、老马很少发病。除马、骡、驴外，牛、羊、猪和人也能感染。3岁以下的幼驹及新调入疫区的马骡最易感。具有明显的季节性，多发于7～9月份，以9月最多，散发。由蚊虫传播（蠓也可能传播）。血液及血清学检查，血沉稍快，白血球总数略增，血清中胆红素稍多。血清学检查中补体结合反应为阴性。潜伏期约为7～14 d，病程4～7 d，死亡率较低。病马局部脑症状明显，病愈后常有后遗症。除具有神经症状外，还往往因肝脏受损而出现黄疸现象。病理变化为脑膜充血、淤血，多有典型的非化脓性脑炎变化，即血管周围有大量的圆形细胞浸润，神经细胞变性，神经胶质细胞增生。

2. 马钩端螺旋体病

马钩端螺旋体病是由钩端螺旋体引起，表现发热，皮肤与黏膜发黄并有点状出血，皮肤干裂和坏死，急性肝损伤，肾损伤和神经症状。血液、尿液、脑脊液等病料可见钩端螺旋体。

（四）预防措施和安全用药

防治本病主要是保护健康马群、消灭疫点的布鲁氏菌和培养健康幼驹3个方面。

1. 保护健康马群

① 加强检疫：提倡自繁自养，不从外地购买马匹。新购入马匹，须隔离观察1个月，并做2次布鲁氏菌检疫，确认健康后，方能合群。每年配种前，种公马也必须进行检疫，确认健康后方能配种。养殖场每年需做2次检疫，检出的病马，应严格隔离饲养，固定放牧地点及饮水场，严禁与健康马接触。

② 免疫接种：在布鲁氏菌病常发地区，每年都要进行定期预防注射。在检疫后淘汰病马的基础上，第一年做基础免疫，第二年做加强免疫，第三年做巩固免疫，从而达到净化马群的目的，对马使用的疫苗多为M5和S2，采用灌服、饮水方法。

2. 消灭疫点的布鲁氏菌

① 严格消毒：对病马污染的厩舍、运动场、饲槽及各种饲养用具等，用5%克辽林或来苏儿溶液、10%～20%石灰乳、2%氢氧化钠溶液等进行消毒。流产胎儿、胎衣、羊水及产道分泌物等，更要妥善消毒处理。病马的皮肤用3%～5%来苏儿浸泡24 h后方可利用。乳汁煮沸消毒，粪便发酵处理。

② 病马处理：本病治疗效果不佳，因此一般不做治疗，应淘汰为宜。确需治疗者可在隔离条件下进行，对流产伴发子宫内膜炎或胎衣不下经剥离后的病马，可用0.1%高锰酸钾溶液、0.02%呋喃西林溶液等洗涤阴道和子宫，严重者可用抗生素和磺胺类药物进行治疗。

3. 培育健康幼驹

50%以上的隐性病马，在良好的隔离条件下，用健康公马的精液人工授精，从而培育健康幼驹，幼驹出生食初乳后，隔离喂消毒乳和健康乳，经检疫为阴性后，送入健康群，以此达到净化疫场目的。

六、钩端螺旋体病

钩端螺旋体病简称钩体病，是由钩端螺旋体引起的人兽共患传染病。临床上以发热、黄疸、血红蛋白尿、出血性素质、流产、皮肤和黏膜坏死、水肿等为特征。我国以盛产水稻的中南、西南、华东等地区发病最多。

（一）发病原因

本病的病原为钩端螺旋体科钩端螺旋体属的似问号钩端螺旋体，似问号钩端螺旋体有致病性。钩端螺旋体革兰氏染色阴性，但常不易着色，常用吉姆萨染色和镀银法染色，以后者较好。低湿草地、死水塘、水田、淤泥沼等呈中性和微碱性有水的地方，被带菌的鼠类、家畜的尿污染后成为危险疫源地，通过皮肤、黏膜和经消化道食入而传染，也可通过交配、人工授精和在菌血症期间通过吸血昆虫等传播。本病有明显的流行季节，每年以7～10月为流行的高峰期，其他月份常仅为个别散发。

（二）临床症状

急性病例表现高热稽留，食欲减少或废绝，皮肤与黏膜发黄，并有点状出血，皮肤干裂和坏死。病的中后期出现胆色素尿和血红蛋白尿。病程数天至1～2周，病死率40%～60%。亚急性病例有发热、委顿、消瘦、贫血、皮肤与黏膜黄疸等症状。病程较长，2～4周，病死率较低，为10%～18%。有的发生周期性眼炎，表现羞明流泪、结膜红肿、角膜混浊、眼前房充满纤维素性出血性渗出物、虹膜色淡、轮廓不清，可持续2～3周，恢复后间隔6～8周，又可反复发作，最终导致晶状体、玻璃体和视网膜受损，最后失明。

（三）剖检变化

主要表现皮肤、皮下组织、浆膜和黏膜明显黄染、出血，皮肤干裂和坏死。口腔黏膜溃疡。肝肿大、棕黄色，胆囊充盈、瘀血。肾脏肿大，有出血点和散在的灰白色坏死灶。膀胱黏膜出血，膀胱内积有黄色或红色尿液。肺、脾等实质器官有斑点状出血。肠系膜、肠黏膜出血，肠系膜淋巴结肿大。胸腔和心包有黄色积液，心脏、心内膜出血。有些病例头、颈、下颌、背部及胃壁等水肿。

（四）类症鉴别

1. 黄曲霉毒素中毒

有采食被黄曲霉污染饲料的病史，临床表现黄疸、出血、消化机能紊乱、腹水、神经症状等，主要的病理学变化为肝细胞变性、坏死、出血，胆管和肝细胞增生。

2. 马吸虫病

马吸虫病是由肝片吸虫引起，主要发生于夏秋季节，临床上表现肝炎、胆管炎、营养障碍。粪便检查可检查到吸虫虫卵，死后可在肝实质中找到幼小虫体或从胆管中找到较大虫体或成虫。

3. 急性实质性肝炎

体温轻度升高、黄疸、顽固性消化不良、粪恶臭色淡、肝区触诊敏感，主要是昏睡和痉挛等，血清丙氨酸转氨酶（ALT）、天冬氨酸转氨酶（AST）活性增高。

4. 布鲁氏菌病

布鲁氏菌病是由布鲁氏菌引起，其临床特征是生殖器官、胎膜及多种器官组织发炎、坏死和肉芽肿的形成，明显的症状是流产、不孕和关节炎。抽取马关节液做实验室诊断，细菌学诊断未破溃或将破溃的脓肿中脓汁及流产的胎儿中分离出流产布鲁氏菌。

5. 肾炎

多发生于某些传染病或链球菌感染之后，或有中毒的病史，临床上以水肿，肾区敏感，少尿或无尿，主动脉口第二心音增强，尿液出现蛋白质、血液、肾上皮细胞及各种管型为特征。

（五）预防措施和安全用药

1. 预防措施

平时应做好灭鼠工作，加强饲养管理，消除传染源，注意环境卫生，经常消毒和清理污水、垃圾；发病率较高的地区要用多价疫苗定期进行预防接种，提高动物的抵抗力。

2. 安全用药

当发现本病时，及时用钩端螺旋体病多价苗进行紧急预防接种，同时实施一般性防疫措施，多数能在 2 周内控制疫情。药物治疗一般以抗生素为主，配合对症、支持疗法，首选药物为青霉素，其次为四环素族、庆大霉素、氨苄西林、多西环素。

七、肾炎

肾炎是指肾小球、肾小管或肾间质组织发生炎症的病理过程。临床上以水肿，触诊肾区敏感、疼痛，少尿或无尿，尿液含有病理性产物，出现蛋白尿、血尿及各种管型为特征。按其病程分为急性和慢性肾炎，按炎症发生部位可分为肾小球性、肾小管性和间质性肾炎，按炎症发生的范围可分为弥漫性和局灶性肾炎。临床上以急性和慢性及间质性肾炎为多发。

（一）发病原因

肾炎的发病原因不十分清楚，但认为与感染、中毒和变态反应有关。

① 感染因素：多继发于某些传染病的过程中，如马腺疫、传染性胸膜肺炎、结核病、败血症等。也可由邻近器官炎症蔓延转移而引起，如膀胱炎、阴道炎、肾盂肾炎、子宫内膜炎等。

② 中毒因素：内源性毒物如重度胃肠炎、肝炎、代谢性疾病、大面积烧伤或烫伤时所产生的毒素、代谢产物或组织分解产物等；外源性毒物主要是有毒植物（栎树叶）、霉变饲料、农药、重金属（砷、汞、铅、磷、镉等）、强烈刺激性药物（如斑蝥、松节油等）等。

③ 诱发因素：营养不良，劳役过度，创伤，受寒感冒等均为肾炎的诱发因素。

④ 变态反应：肾间质对某些药物呈现一种超敏反应，可引起药源性间质性肾炎，已知能反应的药物有二甲氧苯青霉素、氨苄西林、先锋霉素、噻嗪类及磺胺类药物。

（二）临床症状

1. 急性肾炎

病马精神沉郁，食欲减退，体温升高，消化不良。触诊肾区敏感、疼痛，病马不愿活动。站立时，腰背拱起，后肢开张或集拢于腹下。强迫行走时腰背僵硬，步行困难，步态强拘，小步前进。严重时，后肢不能充分提举而呈现后肢拖拽前进。外部强力压迫肾区或进行直肠触诊时，可发现肾脏肿大且敏感性增高，躲避或抗拒检查。病马频频排尿，但每次排出尿量较少，个别病例会出现无尿现象。尿色浓暗，相对密度增高，甚至出现血尿。尿检可见尿中蛋白质含量增高、血尿及各种管型。出现肾性高血压，动脉血压增高，动脉第二心音增强，脉搏强硬。病程延长时，可出现血液循环障碍和全身静脉瘀血现象。发病后期在眼睑、胸腹下或四肢末端发生水肿；严重时，可伴发喉水肿、肺水肿或体腔积水。重症病马的血液中非蛋白氮含量增高，呈现尿毒症症状。此时病马全身功能衰竭，四肢无力，意识障碍或昏迷，全身肌肉呈发作性痉挛，严重的腹泻，呼吸困难。

2. 慢性肾炎

多由急性肾炎发展而来，发展缓慢，且症状不明显。病初病马消瘦，全身衰弱，疲乏无力，食欲减退，消化不良或严重的胃肠炎，血压升高，脉搏增数，脉搏强硬，主动脉第二心音增强。后期可见眼睑、腹膜下或四肢末端出现水肿，严重时可发生体腔积水或肺水肿。尿量不定，相对密度增高，尿中蛋白质含量增加，尿沉渣中见有多量肾上皮细胞、管型，少量红细胞和白细胞。血中非蛋白氮含量增高，尿蓝母增多，最终导致慢性氮质血症性尿毒症，直至死亡。

3. 间质性肾炎

初期尿量增多，后期减少，尿沉渣中可见少量蛋白质及各种细胞，有时可发现透明、颗粒管型；血压升高；心肌肥大，心搏动增强，第二心音增强。直肠内触诊肾脏体积缩小，肾脏表面不平，质地坚实，但无疼痛、敏感现象。随病程的持续而出现心脏衰弱，皮下水肿（心性水肿）。

（三）剖检变化

急性肾炎的眼观病变为肾体积轻度肿大、充血、质地柔软、被膜紧张、容易剥离、表面和切面皮质部见到散在的针尖状小红点。慢性肾炎肾明显皱缩，表面凹凸不平或呈颗粒状，质地硬实，被膜剥离困难，切面皮质变薄，结构致密，有时在皮质或髓质内见有或大或小的囊腔。间质性肾炎肾间质增生形成瘢痕组织，增生的结缔组织呈灰白条纹状，增生导致肾间质增宽，肾脏质地坚硬，体积缩小，表面凹凸不平或呈颗粒状，色泽变淡呈灰白色，被膜增厚但剥离困难，切面皮质变薄。

（四）类症鉴别

1. 钩端螺旋体病

钩端螺旋体病由钩端螺旋体引起，表现发热、皮肤与黏膜发黄并有点状出血、皮肤干裂和坏死、急性肝损伤、肾损伤和神经症状。血液、尿液、脑脊液等病料可见钩端螺旋体。

2. 肾病

肾病是由于细菌或毒物直接刺激肾脏，而引起肾小管上皮细胞变性的一种非炎性疾病，通常肾小球损害轻微。临床上见有明显水肿、大量蛋白尿及低蛋白血症，但无血尿及肾性高血压现象。

（五）预防措施和安全用药

1. 预防措施

加强管理，防止家畜受寒、感冒，注意饲养，保证饲料的质量，禁止饲喂家畜有刺激性或发霉、腐败、变质的饲料。应用具有强烈刺激性和毒性的药物时，应严格控制剂量并遵守使用方法。

2. 安全用药

治疗原则：清除病因，加强护理，抗菌消炎，利尿消肿，抑制免疫反应及对症治疗。

① 加强护理：首先应该改善饲养管理，将病马置于温暖、干燥、阳光充足且通风良好的畜舍内，并给予充分休息，防止继续受寒、感冒。在饲养方面，病初可施行 1 ～ 2 d 的饥饿或半饥饿疗法。以后应酌情给予富营养、易消化且无刺激性糖类饲料，并适当限制水和食盐的摄入。

② 抗菌消炎：可选用抗生素、喹诺酮类药物进行治疗。如青链霉素 100 万～ 200 万 IU，肌内注射，每隔 6 ～ 8 h 注射一次；链霉素 2 ～ 3 g，肌内注射，每日 2 次；卡那霉素 10 ～ 15 mg/kg 体重（或 1 万～ 2 万 IU/kg 体重），每日 2 次，肌内注射。另外，合并使用环丙沙星、恩诺沙星、诺氟沙星可提高疗效。磺胺类对肾毒性较大，口服给药时用小苏打，促使其排出。

③ 抑制免疫反应：应用某些免疫抑制剂治疗肾炎，可应用激素类（促肾上腺皮质激素）或抗恶性肿瘤类药物（环磷酰胺）等。如醋酸泼尼松 50 ～ 150 mg，内服，连续服用 3 ～ 5 d，减量 1/10 ～ 1/5；氢化可的松或醋酸可的松注射液 200 ～ 300 mg，静脉注射或肌内注射，每天 1 次；氢化泼尼松注射液 200 ～ 400 mg，分 2 ～ 4 次肌内注射，连续应用 3 ～ 5 d；地塞米松注射液 10 ～ 20 mg，肌内注射或静脉注射，每天 1 次。

④ 利尿消肿：当有明显水肿时，以利尿消肿为目的，可酌情选用利尿剂。如利尿素 5 ～ 10 g，内服；25% 氨茶碱注射液（利尿平喘）4 ～ 8 mL，静脉注射；氯噻酮 0.5 ～ 1 g，每日或隔日 1 次，内服；双氢克尿噻 0.5 ～ 2 g，内服，每天 1 次，连用 3 ～ 5 d；速尿注射液 10 ～ 20 mL，肌内注射；如严重水肿，用利尿药效果不好，可用脱水剂，如山梨醇 250 mL/ 次，静脉注射。

⑤ 对症治疗：当心力衰竭时，可应用强心药，如安钠咖、樟脑或洋地黄制剂。当出现尿毒症时，可应用 5% 碳酸氢钠注射液 200 ～ 500 mL，静脉注射，或应用 11.2% 乳酸钠溶液，溶于 5% 葡萄糖溶液 500 ～ 1000 mL 中，静脉注射，必要时也可用水合氯醛，静脉注射。当有大量蛋白尿时，为补充机体蛋白，可应用蛋白合成药物，如苯丙酸诺龙或丙酸睾丸素。当有大量血尿时，可应用止血敏或维生素 K。

⑥ 中兽医治疗：急性肾炎方用秦艽散加减；慢性肾炎方用平胃散合五皮饮加减。平胃散合五皮饮加减：苍术、厚朴、陈皮各 60 g，泽泻 45 g，大腹皮、茯苓皮、生姜皮各 30 g，水煎服。

八、肾病

肾病又称肾变病，是指肾小管上皮细胞发生弥漫性变性、坏死的一种非炎性肾脏疾病，临床上以大量蛋白尿、明显的水肿、低蛋白血症，但不见有血尿及血压升高现象为特征，其病理特征为肾小管上皮混浊肿胀、上皮细胞弥漫性脂肪变性和淀粉变性及坏死。

（一）发病原因

临床上以感染、中毒和肾缺血为主要因素。感染因素主要发生于某些急性、慢性传染病（马传染性贫血、传染性胸膜肺炎、流行性感冒、马鼻疽等）。中毒因素见于化学毒物中毒（如汞、磷、砷、氯仿、吖啶黄等）、真菌毒素中毒（霉败饲料）、内毒素中毒（消化道疾病、肝脏疾病、化脓性炎症）等。肾脏局部组织缺血也可引起本病，主要见于循环衰竭。

（二）临床症状

一般症状与肾炎相似，所不同的是不见血尿，尿沉渣中无血细胞及红细胞管型。

急性肾病：临床可见少尿或无尿，尿液浓缩，色深，相对密度增大。尿中出现大量蛋白质、肾上皮细胞、少量颗粒及透明管型。出现低蛋白血症，体液潴留于组织而发生水肿；临床可见面部、胸前、四肢和阴囊水肿，严重时胸腔、腹腔出现积液。病程较长或严重时，伴有微热、沉郁、厌食、周期性腹泻、消瘦、贫血、衰弱及营养不良；重症晚期出现心率减慢、脉搏细弱等尿毒症症状。血尿素氮（BUN）和亮氨酸氨基肽酶（LAP）升高。

慢性肾病：尿量及相对密度均不见明显变化，当肾小管上皮细胞严重变性及坏死时，临床上出现尿液增多，相对密度下降，并在眼睑、胸下、四肢、阴囊等部位出现广泛水肿。

（三）剖检变化

肾肿大，被膜易剥离，表面呈苍白或灰白色，质地稍软或柔软，切面皮质增厚，散在灰白色条纹，皮质与髓质分界模糊，肾小球一般不易辨认。

（四）类症鉴别

1. 肾炎

多发生于某些传染病或链球菌感染之后，或有中毒的病史，临床上以水肿，肾区敏感，少尿或无尿，主动脉口第二心音增强，尿液出现蛋白质、血液、肾上皮细胞及各种管型为特征。

2. 钩端螺旋体病

钩端螺旋体病由钩端螺旋体引起，表现发热、皮肤与黏膜发黄并有点状出血、皮肤干裂和坏死、急性肝损伤、肾损伤和神经症状。血液、尿液、脑脊液等病料可见钩端螺旋体。

（五）预防措施和安全用药

1. 预防措施

参看肾炎的预防

2. 安全用药

治疗原则：消除病因，改善饲养，利尿消肿。

消除病因：感染因素引起者，可选用抗生素或氟喹诺酮类药物（参看肾炎的治疗）；中毒因素引起者，可采取相应的治疗措施。

改善饲养：适当给予高蛋白性饲料，如优质的豆科植物，配合少量块根饲料，以补充机体丧失的蛋白质。为防止水肿，应适当地限制饮水和饲喂食盐，为补充机体蛋白质不足，可应用丙酸睾丸素或苯丙酸诺龙。

利尿消肿：可选用利尿剂，如速尿，静脉注射、肌内注射或口服，一般用量为 0.25 ～ 0.5 g/kg 体重，每日 1 ～ 2 次，连用 3 ～ 5 d；双氢克尿噻，口服，0.5 ～ 2 g，每日 1 ～ 2 次，连用 3 ～ 4 d；还可选用氯噻嗪、利尿素等其他利尿剂。同时应补充钾盐。

九、膀胱炎

膀胱炎是指膀胱黏膜表层及黏膜下层的炎症，临床上以疼痛性的频尿、尿液中出现较多的膀胱上皮、脓细胞、血液以及磷酸铵镁结晶为特征。按其性质可分为卡他性、纤维蛋白性、化脓性、出血性膀胱炎四种，以卡他性膀胱炎较为常见。

（一）发病原因

膀胱炎主要由于病原微生物的感染，邻近器官炎症的蔓延，膀胱黏膜的机械性和化学性刺激或损伤引起。

① 细菌感染：除某些传染病的特异性细菌继发感染外，主要是化脓杆菌和大肠杆菌，其次是葡萄球菌、链球菌、铜绿假单胞菌、变形杆菌等经过血液循环或尿路感染而致病。

② 邻近器官炎症的蔓延：肾炎、输尿管炎、尿道炎、阴道炎、子宫内膜炎等，极易蔓延至膀胱而引起本病。

③ 机械性刺激或损伤：导尿管过于粗硬，插入时动作粗暴，膀胱镜使用不当以致损伤膀胱黏膜。膀胱结石、膀胱内赘生物、尿潴留时的分解产物以及带刺激性药物的强烈刺激都可导致膀胱炎。

毒物影响或矿物质元素的缺乏：缺碘可引起马匹膀胱炎。据报道，马因采食苏丹草而出现膀胱炎。

（二）临床症状

1. 急性膀胱炎

典型症状是排尿频繁和疼痛、尿液成分变化。马频频排尿，或屡做排尿姿势，不断翘起尾巴，阴户抽动，但尿量较少或呈点滴状断续流出，排尿时疼痛不安；严重者引起尿闭，此时表现极度疼痛不安，呻吟。直肠检查触诊膀胱，病马疼痛不安，膀胱缩小呈空虚感，尿闭时则充盈，长时间尿闭可导致膀胱破裂。尿液检查，终末尿为血尿。卡他性膀胱炎时，尿中含有大量黏液和少量蛋白质；化脓性膀胱炎时，尿中混有脓液；出血性膀胱炎时，尿中含有大量血液或血凝块；纤维蛋白性膀胱炎时，尿中混有纤维蛋白膜或坏死组织碎片，并具氨臭味。尿沉渣中见有大量白细胞、脓细胞、红细胞、膀胱上皮组织碎片及病原菌，在碱性尿中，可发现有磷酸铵镁及尿酸铵结晶。

2. 慢性膀胱炎

程度较轻，病程较长。表现营养不良，消瘦，被毛粗乱，无光泽，其排尿姿势和尿液成分与急性病例症状相似，但无排尿困难现象，排尿疼痛不明显。

（三）剖检变化

急性膀胱炎黏膜充血、肿胀、有小出血点，黏膜表面覆有大量黏液或脓液。严重者，黏膜出现出血或溃疡、脓肿，表面覆有大量黄色纤维蛋白性和灰黄色附着物。慢性膀胱炎膀胱壁明显增厚，黏膜表面粗糙，且有颗粒，血管丰富的乳头突起。尿液混浊，并混有黏液和大的血凝块。

（四）类症鉴别

1. 尿道炎

类似处：表现尿量少，排尿姿势不正常，排尿时有疼痛表现，有时尿有血。不同处：尿道炎排尿疼痛明显，尿道口红肿、敏感，仅表现初段尿有血，直肠检查膀胱无异常。导尿管插入受阻，且病马表现疼痛不安，镜检尿液中有红细胞、白细胞，但无管型和肾、膀胱上皮细胞。

2. 尿道结石

类似处：表现尿少或不排尿，排尿时有疼痛表现，有时尿带血。不同处：尿道结石是由于体内矿物质代谢紊乱或饮水不足引起，与饲料组成和饲养管理制度有关，呈地方流行性，尿液中混有血液及微细砂砾样物质。当尿道未完全阻塞时，表现尿淋漓，有时可见尿血；完全阻塞后表现无尿。直肠检查膀胱充满，膀胱壁光滑不敏感。尿道结石除表现尿道炎的症状外，尚有排尿障碍和排尿疼痛症状，尿道触诊和尿道探诊敏感。

3. 膀胱结石

类似处：患畜排尿困难并有疼痛表现，排尿姿势不正常。不同处：膀胱结石主要表现膀胱炎症状。直肠检查膀胱内有大小不同、形态不一的结石块。

4. 肾结石

类似处：患畜排尿困难并有疼痛表现，排尿姿势不正常，尿带血。不同处：肾结石主要表现肾炎症状，但肾性腹痛明显。

5. 膀胱麻痹

类似处：尿频，排尿姿势不正常，排尿困难。不同处：膀胱麻痹体温正常，表现尿失禁、尿淋漓，后肢经常被尿液浸湿。直肠检查时膀胱充满尿液，膀胱壁光滑，按压无痛，但按压膀胱时可被动的排出大量尿液。

6. 肾盂肾炎

类似处：尿频、尿量少，排尿困难，尿中含有黏液、脓液、血液。不同处：肾盂肾炎表现为肾区疼痛，尿中有肾盂上皮细胞和肾上皮细胞。直肠检查肾肿大、有痛感，输尿管也膨大有波动，膀胱无变化。

7. 肾炎

类似处：排尿次数多量少，甚至无尿及排尿姿势异常，有时血尿。不同处：肾炎全段尿均有血液；而膀胱炎往往是后段尿有血液。肾炎直肠检查发现肾脏肿大，病马站立不安、拱腰、躲避或抗拒检查；而膀胱炎直肠检查时膀胱壁增厚、有疼痛。

8. 阴道肿瘤

类似处：表现排尿量少，有不安表现，有时有血。不同处：直肠检查膀胱无异常，阴道检查可发现尿道口附近有肿瘤。

9. 马麻痹性肌红蛋白尿

类似处：尿红尿，尿频而每次量少。不同处：马麻痹性肌红蛋白尿病体温、食欲无异常。直肠检查膀胱不肥厚、不敏感，后肢运动障碍，有犬坐姿势，尿液检查没有红细胞。

（五）预防措施和安全用药

1. 预防措施

建立严格的卫生管理制度，防止病原微生物感染。导尿时，应严格遵守操作规程和无菌原则。患有其他泌尿器官疾病时，应及时进行治疗、以防转移蔓延。

2. 安全用药

治疗原则为改善饲养管理，抑菌消炎，防腐消毒及对症治疗。

改善饲养管理：首先应使病马适当休息，饲喂无刺激性、富营养且易消化的优质饲料，并给予清洁的饮水。适当限制高蛋白饲料和酸性饲料；为缓解尿液对黏膜的刺激作用，可增加饮水量或输液量。

抑菌消炎、防腐消毒：根据病情施行局部或全身疗法。全身疗法与肾炎的治疗基本一致；局部疗法采用膀胱冲洗，洗 2 ～ 3 次，并将药液排出或留于膀胱内待其自行排出。常用的消毒、收敛药液有：0.1% 高锰酸钾溶液、1% ～ 3% 硼酸溶液、0.1% 的雷夫奴尔溶液、0.5% ～ 1% 氯化钠溶液以及 1% ～ 2% 明矾溶液或 0.5% 鞣酸溶液。对于慢性膀胱炎可用 0.02% ～ 0.1% 硝酸银溶液，或 0.1% ～ 0.5% 蛋白银溶液。对重剧的膀胱炎，最好在膀胱冲洗后，灌注青霉素 40 万～ 100 万 IU，溶于蒸馏水 500 ～ 1000 mL 中，每日 1 ～ 2 次。还可内服尿路消毒剂或抗生素。同时可肌内注射抗生素，配合治疗。当确定为铜绿假单胞菌感染时，可应用吖啶黄、雷佛奴尔；当发现为变形杆菌感染时，宜应用四环素；当怀疑为大肠杆菌感染时，可应用卡那霉素或新霉素。进行尿路消毒，可用 40% 乌洛托品 50 ～ 100 mL，静脉注射。也可静脉注射 10% 水杨酸钠 100 mL、40% 乌洛托品 50 mL、10% 葡萄糖 500 mL、10% 安钠咖 30 mL，每日 1 次，连用 3 ～ 5 d。

中兽医疗法：中兽医称膀胱炎为气淋，治宜行气通淋，方用沉香 25 g、石苇 25 g、滑石（布包）40 g、当归 35 g、陈皮 35 g、白芍 35 g、冬葵子 35 g、知母 40 g、黄柏 30 g、栀子 30 g、甘草 20 g、王不留行 30 g，水煎服。对于出血性膀胱炎，可服用秦艽散：秦艽 50 g、瞿麦 40 g、车前子 40 g、当归 35 g、赤芍 35 g、炒蒲黄 40 g、焦山楂 40 g、阿胶 25 g，研末，水调灌服。

十、膀胱麻痹

膀胱麻痹是膀胱平滑肌的收缩力减弱或丧失，致使尿液不能随意排出而潴留在膀胱内所引起的一种非炎症性的膀胱疾病，临床上以不随意排尿、膀胱充盈且无疼痛等为主要特征，本病多为暂时的不完全麻痹。

（一）发病原因

膀胱麻痹多为继发，主要由于中枢神经系统受损，如脑膜炎、脑部损伤、中暑，或因脊髓震荡、挫伤、肿瘤等。因膀胱或邻近组织的炎症波及膀胱深层组织，引起膀胱炎导致膀胱平滑肌损伤，紧张性降低；或因尿路阻塞、膀胱括约肌痉挛、大量尿液积滞在膀胱内，以致膀胱肌过度伸张而弛缓，降低收缩力，导致一时性膀胱麻痹。

（二）临床症状

排尿反射减弱或消失，排尿间隔时间延长，直至膀胱高度膨满时，才被动地排出少量尿液。直肠内触诊，膀胱高度膨满，但并无疼痛的表现，按压膀胱时可被动地排出尿液。严重者出现膀胱破裂或尿毒症。

（三）类症鉴别

1. 膀胱炎

临床上主要表现频尿，排尿疼痛，血尿，尿液中出现较多的膀胱上皮、脓细胞、红细胞以及磷酸铵镁结晶。

2. 尿石症

尿石症是由于体内矿物质代谢紊乱或饮水不足引起，与饲料组成和饲养管理制度有关，呈地方流行性，尿液中混有血液及微细砂砾样物质。肾结石主要表现肾炎症状，但肾性腹痛明显；膀胱结石主要表现膀胱炎症状；尿道结石除表现尿道炎的症状外，尚有排尿障碍和排尿疼痛症状，尿道触诊和尿道探诊敏感。

（四）预防措施和安全用药

治疗原则为排出积尿、提高膀胱收缩力、抗菌消毒、对症疗法和消除病因。

排出积尿：常用导尿管进行导尿或应用直肠内穿刺法导尿，但膀胱穿刺次数不宜过多，否则易引起腹膜炎、膀胱出血、膀胱炎或直肠粘连等继发症。若膀胱积尿不严重，可实施直肠内按摩膀胱，促使膀胱排空，每日 2 ～ 3 次，每次 5 ～ 10 min。

提高膀胱收缩力：可应用 0.1% 硝酸士的宁注射液 1 ～ 5 mL，每日或隔日 1 次，皮下注射。也可使用电针疗法，电极分别插入百会穴、后海穴，调至适当频率，每次 20 min，每日 2 次。

抗菌消毒：为防止尿液发酵及尿路感染，可选用尿路消毒剂或抗菌药物。

中兽医疗法：中兽医称之为胞虚。肾气虚弱型治则补肾固涩缩尿，方用肾气丸加减：熟地黄、山药各 60 g，山萸肉、菟丝子、桑螵蛸、益智仁、泽泻各 45 g，肉桂、附子、黄柏各 30 g，牡蛎 90 g，水煎服。肺脾气虚型方用补中益气汤加减：党参、黄芪各 60 g，甘草、当归、陈皮、升麻、柴胡、益智仁、五味子、桑螵蛸、金樱子各 30 g，水煎服。

十一、尿道炎

尿道炎是指尿道黏膜的炎症，临床上以尿频、尿痛及局部红肿为特征。

（一）发病原因

主要是尿路的细菌感染，如给病马导尿时手指及器械消毒不严，或操作粗暴，损伤尿路黏膜并发生感染；尿结石的机械性刺激及刺激性药物或化学药物的刺激，均可损伤尿路黏膜而继发细菌感染；公马包皮炎、母马子宫内膜炎、膀胱炎等邻近器官炎症的蔓延，也可导致尿道炎。

（二）临床症状

病马频频排尿，尿呈断续状流出，并表现疼痛不安，公马阴茎勃起，母马阴唇不断开张、不时自尿道口流出黏液性或脓性分泌物，尿液混浊，混有黏液、血液或脓液，甚至混有坏死和脱落的尿道黏膜。导尿时手感紧张，甚至导尿管难以插入。病马表现疼痛不安，并抗拒或躲避检查。

（三）类症鉴别

1. 膀胱炎

临床上主要表现频尿，排尿疼痛，血尿，尿液中出现较多的膀胱上皮、脓细胞、红细胞以及磷酸铵镁结晶。

2. 尿石症

尿石症是由于体内矿物质代谢紊乱或饮水不足引起，与饲料组成和饲养管理制度有关，呈地方流行性，尿液中混有血液及微细砂砾样物质。肾结石主要表现肾炎症状，但肾性腹痛明显；膀胱结石主要表现膀胱炎症状；尿道结石除表现尿道炎的症状外，尚有排尿障碍和排尿疼痛症状，尿道触诊和尿道探诊敏感。

（四）预防措施和安全用药

1. 预防措施

减少或避免对尿路的刺激，保持褥草和马体卫生，勤饮温水，病马导尿时规范操作，并严格消毒，及时治疗尿石症、子宫内膜炎、膀胱炎等原发病。

2. 安全用药

治疗原则为排出积尿，确保尿道通畅，消除病因，控制感染，结合对症治疗。

排出积尿，确保尿道通畅：当尿潴留而膀胱高度充盈时，可施行手术治疗或膀胱穿刺。

控制感染：一般选用氨苄西林，按每千克体重 4 ～ 11 mg，肌内注射，每日 2 次；或用恩诺沙星，按每千克体重 5 ～ 10 mg，肌内注射。

十二、尿石症

尿石症又称尿结石，中兽医称之为“砂石淋”，是由于体内矿物质代谢紊乱，尿路中形成大小不一、数量不等的盐类结晶物，并刺激尿路黏膜而引起出血性炎症和尿路阻塞性疾病，临床上以肾性腹痛、排尿障碍和血尿为特征。包括肾结石、输尿管结石、膀胱结石和尿道结石。常见于阉割公马，最常阻塞部位为骨盆终部。

（一）发病原因

目前普遍认为尿石的形成主要与饲料、饮水、矿物质代谢，以及泌尿器官，特别是肾脏的机能活动有密切关系。

1. 饲料因素

长期饲喂高能量饲料，大量给予精料，而粗饲料不足；长期饲喂高钙低磷、富硅或高磷饲料（玉米、米糠、麸皮等），钙、磷比例失调；过多饲喂含草酸植物（大黄、水浮莲等）；长期以甜菜根、马铃薯、青草为主要饲料；饲料中维生素 A 或胡萝卜素含量不足等。

2. 饮水

饮水少，促进结石形成；水的硬度越大，水中矿物质多，易导致结石。

3. 尿液酸碱度

马为草食动物，尿液呈碱性。慢性膀胱炎、尿液潴留、发酵产氨，可使尿液 pH 升高。磷酸盐和碳酸盐在碱性尿液中呈不溶状态，促进尿石形成。

4. 感染因素

肾和尿路感染，为尿石形成提供更多作为晶体沉淀核心基质。肾炎可破坏尿液中晶体与胶体的正常溶解与平衡状态，导致盐类晶体易于沉淀而形成结石。

5. 其他因素

甲状旁腺素大量分泌，使骨中的钙、磷溶解，进入血液。尿道损伤、应用磺胺类药物等，与尿石症的发生均有一定关系。

（二）临床症状

尿石症的主要症状是排尿障碍、肾性腹痛和血尿。由于尿石存在部位不同及其对各器官损害程度不同，故呈现不同的临床症状。

1. 肾结石

多表现为肾炎症状，严重时可引起肾衰、肾盂积水。患马腰部触诊时敏感，肾区疼痛，腰背僵硬，运步强拘，步态紧张，并见有血尿现象。

2. 输尿管结石

肾石移行至输尿管而刺激其黏膜或阻塞输尿管时，表现剧烈疼痛；当单侧输尿管阻塞时，不见有尿闭现象。直肠内触诊，可摸到阻塞部的近肾端一侧输尿管显著紧张且膨胀，而远端呈正常柔软的波动。

3. 膀胱结石

尿石位于膀胱腔时，有时并不呈现任何症状，但大多数表现频尿或血尿，膀胱敏感性增高，并于排尿的终末时在尿中混有絮状物、血液或潜血。当出现尿潴留时，直肠检查可感知膀胱膨满。尿石位于膀胱颈部时，可呈现明显的疼痛和排尿障碍。病马频频呈现排尿动作，但尿量较少或无尿排出。排尿时病马呻吟，腹壁抽缩。

4. 尿道结石

仅见于公马，多阻塞于尿道的骨盆终部。当尿道不完全阻塞时，病马排尿痛苦且排尿时间延长，尿液呈断续或点滴状流出，有时排出血尿。当尿道完全阻塞时，则呈现尿闭或肾性腹痛症状。病马后肢屈曲叉开，拱背缩腹，频频举尾，屡呈排尿动作（图4-12-1），但无尿液排出或呈点滴状排出。尿道探诊时，可触及结石所在部位，尿道外部触诊时有疼痛感。直肠内触诊时，膀胱膨满，体积增大，富有弹性，按压膀胱也不能使尿液排出。长期尿闭可引起尿毒症或发生膀胱破裂。

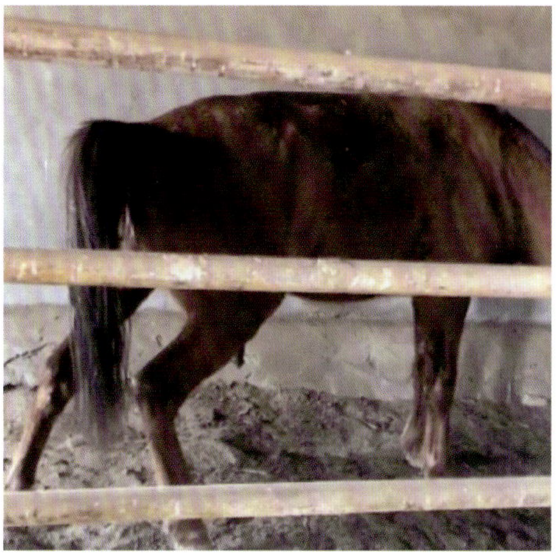

图4-12-1　尿道结石排尿困难

（三）剖检变化

可在肾盂、输尿管、膀胱或尿道内发现结石，其大小不一，数量不等，有时附着在黏膜上，有时呈游离状态。阻塞部黏膜见有损伤、炎症、出血乃至溃疡。当尿道破裂时，其周围组织出血和坏死，并且皮下组织被尿液浸润。膀胱破裂的病例，腹腔充满尿液。

（四）类症鉴别

1. 膀胱破裂

肾性腹痛现象突然消失，表现很安静，腹围迅速增大，仍未见排尿，触诊腹腔，可听到液体振动的击水音，亦不呈现排尿的努责动作。直肠检查，发现膀胱缩小或不能触及膀胱；同时血液尿素氮升高，腹腔穿刺液有尿味（有大量呈棕黄色、透明、有尿臭味的液体自穿刺针孔涌出），含有蛋白质，并且Rivalta反应阳性；注射红色素或酚酞液，15 min后出现在腹腔内，腹腔穿刺有红色液体。

2. 膀胱炎

临床上主要表现频尿，排尿疼痛，血尿，尿液中出现较多的膀胱上皮、脓细胞、红细胞以及磷酸铵镁结晶。

3. 尿道炎

临床上主要表现尿频，排尿疼痛，尿道红肿、敏感，导尿管插入受阻及疼痛不安，镜检尿液中有红细胞、白细胞，但无管型和肾、膀胱上皮细胞。

4. 肾炎

多发生于某些传染病或链球菌感染之后，或有中毒的病史，临床上以水肿，肾区敏感，少尿或无尿，主动脉口第二心音增强，尿液出现蛋白质、血液、肾上皮细胞及各种管型为特征。

（五）预防措施和安全用药

1. 预防措施

避免长期单调饲喂富含某种矿物质的饲料或饮水；适当地给予多汁饲料或增加饮水；保证提供全价日粮并补充足够的维生素 A；注意日粮中钙、磷、镁的平衡，尤其是钙磷的平衡，日粮中钙磷比例应为（1.5∶1）～（2∶1）；及时治疗泌尿系统疾病；当饲喂大量含磷较高的谷皮饲料时，应适当增加豆科牧草或豆科干草的饲喂量。

2. 安全用药

治疗原则为消除结石，利尿，控制感染，对症治疗。

消除结石，利尿：当有尿石可疑时，可改善饲养管理，给予大量饮水。必要时可投服利尿剂。体积较小的结石通过导尿管导尿、水压冲洗尿道等方法清除；当尿结石严重时可使用尿道肌肉松弛剂 2.5% 氯丙嗪溶液 10 ～ 20 mL，肌内注射。体积较大的膀胱结石，特别是伴发尿路阻塞或并发尿路感染时，需施行尿道切开手术或膀胱切开手术以取出结石；也可通过药物等溶解部分种类结石（硫酸阿托品或硫酸镁治疗患草酸盐尿石的病畜；稀盐酸治疗患磷酸盐尿石的病畜）。为防止尿道阻塞引起的膀胱破裂，可施行膀胱穿刺排尿，对膀胱破裂的患马可试行膀胱修补术。

控制感染：应根据尿液细菌培养或药敏结果来选择抗生素进行相应治疗。如氧氟沙星 40 mg、维生素 C 250 mg、5% 葡萄糖氯化钠注射液 100 mL，静脉注射，每日 1 次，3 d 为 1 个疗程，连用 2 个疗程。

中兽医治疗。一般多用排石汤（石苇汤）加减：海金沙 40 g、鸡内金 30 g、石苇 30 g、海浮石 40 g、滑石 40 g、瞿麦 30 g、扁蓄 30 g、车前子 40 g、泽泻 40 g、生白术 40 g，水煎服。

十三、流产

流产也叫妊娠中断，是由各种原因引起的胎儿与母体间的正常生理过程受到破坏，而使妊娠中断的病理现象。马妊娠早期多见。流产不是一种病，而是各种不良因素作用于母马机体所产生的临床表现。按病因分：普通流产、传染性流产、寄生虫性流产。

（一）发病原因

1. 传染性流产

常见的一些传染病导致流产，如布鲁氏杆菌病、结核病、病毒性鼻肺炎、病毒性动脉炎、马传染性贫血、钩端螺旋体病、马媾疫和马副伤寒等。

2. 寄生虫性流产

各种寄生虫引起流产，如焦虫、新孢子虫、梨形虫和附红细胞体等。

3. 普通流产

胎膜、胎盘和胚胎发育异常，如绒毛异常，囊胚不能附植，胚胎发育停滞等。生殖器官疾病，如子宫内膜炎、阴道炎、胎盘炎、子宫粘连、激素紊乱等。其他非传染性疾病，如马疝痛，妊娠毒血症，结症，以及引起体温升高、呼吸困难、高度贫血性的疾病等。饲养管理不当，如日粮中矿物质、微量元素、维生素缺乏；饲料品质不良，饲喂发霉变质或有毒饲料；饲喂方法不当，如吃冷冻饲料、露水草、清晨大量饮冷水等。孕马外伤、跌摔、剧烈运动、跳跃、使役过久过重、长途跋涉等。兽医源性流产，如全身麻醉、大量放血、服入过量泻剂、驱虫剂、利尿剂、注射引起子宫收缩的药物、疫苗等。此外，应激、惊吓、冷鞭、惊群等均可能引起流产。

（二）临床症状

1. 隐性流产

也叫早期胚胎流失（死亡）。发生于马妊娠 60 d 之前，大多数在胚泡附植前后，这时胚胎尚未形成胎儿，胚泡液化被母体吸收或经尿等排出体外，子宫内不遗留任何痕迹。母马一般不表现任何临床症状，配种后返情，周期延长至 30 d 左右；发情排卵均正常，但呈习惯性久配不孕。

2. 排出不足月的胎儿

也称为小产或早产，这类流产的症状和正常分娩相似，胎儿有的死亡，有的未死。妊娠早期流产预兆不明显，仅在流产前 2 ～ 3 d 出现，多数可以看到流产的胎儿和胎衣的排出，但有时仅见阴门部有带血的黏液附着，观察不到流产的胎儿。

3. 延期流产（死胎滞留）

胎儿死亡后，由于阵缩无力，子宫颈管不开张或开放不大，死后停留于子宫内，称延期流产。根据子宫颈是否开放，分为胎儿干尸化和胎儿浸溶两种。妊娠母马发生胎儿干尸化的概率极低，常发生在双胎妊娠的母马，母马很少发生胎儿浸溶。

胎儿干尸化：又称木乃伊胎。死亡胎儿的胎水和组织中水分被吸收变为棕黑色，好像干尸一样，称为胎儿干尸化。母马外表不出现症状，无分泌物排出，有时母马出现过早泌乳。可能会发现孕马腹围缩小，到分娩期后不见排出胎儿，也不发情，直肠检查可摸到子宫紧包着一个硬的胎儿，可明显触摸到胎儿的骨样凸起。

胎儿浸溶：是胎儿死亡且未被排出，宫颈开张，细菌进入子宫，软组织液化、分解，排出红褐色或黄褐色水样难闻的液体，但骨骼残留于子宫内，伴发子宫内膜炎（图 4-13-1）。最后则仅排出脓液，沾染在后肢和尾部，形成黑痂。直肠检查，可摸到大的残骨停留在子宫内，挤捏子宫感到骨片互相摩擦，子宫颈粗大。阴道检查，可见子宫颈开张，在子宫颈或阴道内有小的胎骨。

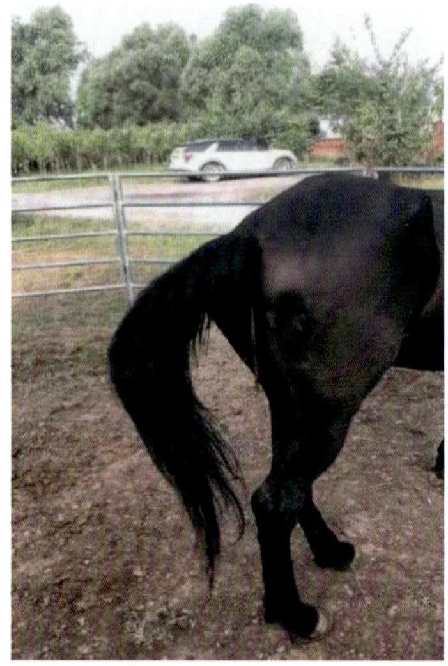

图 4-13-1 胎儿浸溶伴发子宫内膜炎

（三）类症鉴别

1. 马沙门氏菌病

马沙门氏菌病由沙门氏菌引起，多发生于春秋季节，一般呈散发。6 月龄以内的幼驹主要表现结肠炎、败血症、关节肿大、支气管肺炎等；妊娠中后期的头胎母马发生流产。血液、脾、淋巴结以及肌肉内可检出鼠伤寒沙门氏菌或肠炎沙门氏菌。

2. 马病毒性动脉炎

马病毒性动脉炎由马动脉炎病毒引起，临床上以发热，淋巴细胞减少，眼睑和四肢水肿，步态僵硬，呼吸道和消化道黏膜的卡他性炎，鼻炎和结膜炎，怀孕母马流产等为特征。

3. 马传染性鼻肺炎

马传染性鼻肺炎由马传染性鼻肺炎病毒引起，呈地方流行性，多发生于秋、冬季和早春。幼驹主要表现上呼吸道黏膜卡他性炎症，怀孕母马于怀孕后的 8 ～ 11 个月发生流产。鼻黏膜上皮细胞可检查到嗜酸性核内包涵体。

4. 马流行性感冒

马流行性感冒由马流感病毒引起，传染性极强，发病率很高，体温升高，全身症状明显。眼结膜水肿，鼻黏膜卡他性炎症症状明显，母马表现流产。从鼻液或咽喉拭子中可分离获得血凝性流感病毒。

5. 布鲁氏菌病

布鲁氏菌病由布鲁氏菌引起，其临床特征是生殖器官、胎膜及多种器官组织发炎、坏死和肉芽肿的形成，明显的症状是流产、不孕和关节炎。抽取马关节液做实验室诊断。细菌学诊断未破溃或将破溃的脓肿中脓汁及流产的胎儿中分离出流产布鲁氏菌。

6. 马流行性乙型脑炎

马流行性乙型脑炎是由日本脑炎病毒引起的、通过虫媒传播的自然疫源性传染病。幼驹发生较多，而壮龄马、老马很少发病。除马、骡、驴外，牛、羊、猪和人也能感染。3岁以下的幼驹及新调入疫区的马骡最易感。具有明显的季节性，多发于7～9月份，以9月最多，散发。由蚊虫传播（蠓也可能传播）。血液及血清学检查，血沉稍快，白血球总数略增，血清中胆红素稍多。血清学检查中补体结合反应为阴性。潜伏期约为7～14 d，病程4～7 d，死亡率较低。病马局部脑症状明显，病愈后常有后遗症。除具有神经症状外，还往往因肝脏受损而出现黄疸现象。病理变化为脑膜充血、淤血，多有典型的非化脓性脑炎变化，即血管周围有大量的圆形细胞浸润，神经细胞变性，神经胶质细胞增生。

（四）预防措施和安全用药

1. 预防措施

加强怀孕母马的饲养管理，日粮供应要合理，注意维生素、矿物质等的供应，严禁饲喂发霉草、露水草、霜冻草，防止惊吓，防止应激，以及气候变化时应加强护理等。定期进行传染病、寄生虫病的检查，定期进行预防，防止发生传染病和寄生虫病而引起流产。避免发生医源性流产，如肌内注射地塞米松，服用妊娠禁忌中草药等。

2. 安全用药

对于流产的发生，首先确定流产的原因、性质和类型，如果怀疑是传染性流产或寄生虫性流产，应积极治疗原发病；如果是普通性流产，则按照如下方法进行治疗。

对于先兆性流产的孕马，如出现腹痛，起卧不安，甚至有轻微努责，阴道有少量排出物，呼吸、脉搏加快等临床症状。治疗原则为安胎，抑制子宫收缩。安胎可以肌内注射黄体酮50～100 mg，每日或隔日1次，连用数次；抑制子宫收缩可肌内注射1%阿托品1～3 mL；也可肌内注射复方氨基比林注射液10 mL进行止痛，必要时给以镇静剂，如溴制剂、氯丙嗪等。对于气血虚弱的胎动不安有流产先兆的孕马，可以灌服白术散：白术30 g、当归30 g、熟地黄30 g、党参30 g、阿胶30 g、陈皮30 g、苏叶20 g、黄芩20 g、砂仁20 g、川芎20 g、生姜15 g、甘草15 g、白芍20 g。禁止进行阴道检查，尽量控制直肠检查。

对已发生流产或不能保住胎儿的，要及时打胎。可应用1%己烯雌酚注射液4 mL，每天1次，直到胎儿排出，也可配合应用催产素100 IU肌内注射。也可应用加味桃仁散催产：桃仁25 g、红花20 g、当归60 g、川芎20 g、白芍20 g、熟地黄30 g、益母草45 g、炙甘草15 g、党参30 g、牛膝25 g。流产后的母马要加强饲养管理，冲洗子宫并在子宫内投抗生素或全身应用抗生素，防止发生子宫内膜炎和败血症。

对于早期流产连续发生三次以上，并且每次流产均在怀孕同一阶段的习惯性流产，应在怀孕后立即皮下注射黄体酮100 mg，连续多次，直到安全度过前几次流产的危险时期为止；也可注射黄体生成素200～400 IU，可在配种后就注射给药2～3次。配合应用保胎安全散治疗。保胎安全散：当归30 g、菟丝子30 g、黄芪30 g、续断30 g、炒白芍9 g、川贝母9 g、荆芥穗（炒黑）9 g、厚朴9 g、炙甘草9 g、炒艾叶9 g、羌活9 g、黑杜仲15 g、川芎15 g、补骨脂24 g、枳壳12 g，共为细末，开水冲调，候温灌服，隔日1剂，连服3～4剂。

对于延期流产的处理。胎儿干尸化时，首先肌内注射氯前列烯醇4 mL，间隔12 h后再重复注射1次。也可肌内注射地塞米松30 mg，进行引产。如子宫颈未开张，可肌内注射己烯雌酚 30 mg，必要时可以连续注射 2 ～ 4 次。如果子宫颈开张不充分，可注射催产素 10 mL 促进胎儿排出。胎儿浸溶时，先分别肌内注射前列腺素和雌激素，促进子宫颈开张。当胎儿为气肿状态时，可将其腹部剖开，缩小体积，然后取出。如胎儿软组织已基本液化，须尽可能将骨骼逐块取净。取净后用温 0.1% 高锰酸钾或新洁尔灭，或应用 10% 盐水冲洗子宫，并注射催产素，以促使子宫收缩和液体排出，最后在子宫内放入广谱抗生素，并进行全身治疗。

十四、阴道脱出和子宫脱出

阴道脱出是指阴道壁的底部、侧壁和上壁的一部分脱出于阴门外，同时伴发子宫颈和子宫向外移行到尾根部的一种疾病。老龄经产、衰弱、营养不良的马在怀孕后期以及发情时或发情后易发阴道脱出。子宫脱出是指子宫的部分或全部脱出于阴门外，常发生于产后几小时之内，老龄、运动不足、过度肥胖的马易发。

（一）发病原因

阴道脱出：主要原因是雌激素分泌增多，固定阴道的组织及阴道壁松弛所致；其次为在怀孕末期腹内压过高；也见于运动不足、缺乏营养的马匹。

子宫脱出：产后因产道损伤、胎衣不下而引起母马强烈努责；母马衰老、瘦弱、营养不良、运动不足、缺钙、胎儿过大、胎水过多等，造成子宫弛缓；在难产或助产时，胎水流出时间久，产道干涩，强行或过快拉出胎儿；发生胎衣不下或人工剥离胎衣牵拉过猛等。

（二）临床症状

阴道脱出：病初表现为在卧地时，可见阴道壁形成大小不等的粉红色瘤样物，夹在阴门之中，或露出于阴门外（图 4-14-1），起立后，脱出部分自行缩回。随后脱出的阴道壁逐渐增大，以致起立后脱出的部分不能缩回，或经过较长时间才能缩回。患马不安，努责。如果脱出时间久阴道黏膜受到摩擦、损伤及粪尿、泥土、草料等污染时，常使脱出的阴道黏膜发生淤血（呈暗红色或紫红色）、水肿、破裂、发炎、坏死及糜烂，表面污秽不洁；严重时可继发全身感染，甚至死亡。如果阴道完全脱出，脱出末端可看到子宫颈外口，其下壁前端可见到尿道口，容易发生阴道炎、子宫颈炎，甚至引起胎儿死亡及流产，产后久配不孕。

子宫脱出：马脱出的主要是子宫体；子宫角脱出时，也分为大小两部分，大的是孕角，小的为空角。子宫黏膜表面状似平绒，出血很多，颜色紫红。脱出几小时后，暴露的子宫发生淤血、水肿及污染等（图 4-14-2），变成暗红色肉冻状，干裂，有血水渗出，脱出的子宫表面常被土、粪、尿等污染，极易受到外界的刺激而损伤或撕裂等。患马十分惊恐，全身症状严重，如体温升高、脉搏增数、食欲不振等；肠管进入脱出的子宫腔内时，也有疝痛症状。当母马内出血或外出血，脱出的子宫撕裂、穿孔等，极易引起低血容量性休克，病马表现可视黏膜苍白、战栗、呼吸浅表、心率加快、虚脱等症状，往往在治疗后或未经治疗而死亡。

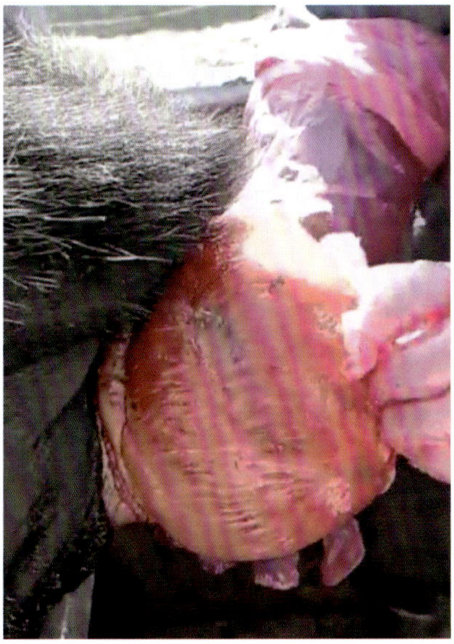

图 4-14-1　马阴道脱出

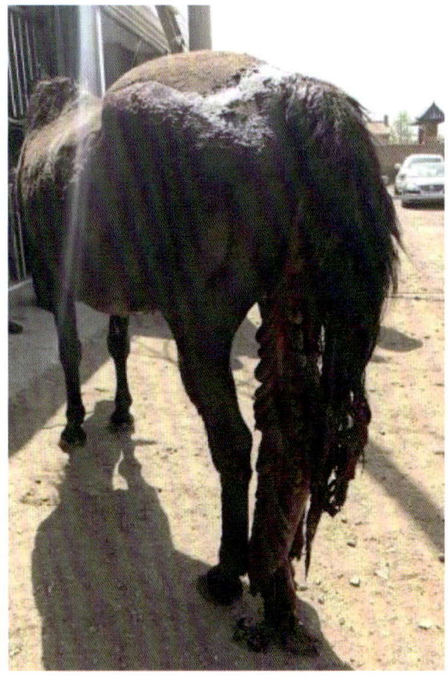

图 4-14-2　马子宫脱出

（三）类症鉴别

1. 阴道出血

阴道出血是由前庭或阴道壁（有时是阴瓣）上的静脉长期高度曲张，并发生血球渗出或静脉破裂而引起，以怀孕末期的经产老年马发生较多。阴门及其周围或臀部、尾根和跗关节粘有血液。前庭和阴道黏膜静脉怒张，弯曲成球，色深紫，状如杨梅。

2. 阴道肿瘤

突出于阴道壁表面，表面不光滑、出血、溃疡，贫血、消瘦。

（四）预防措施和安全用药

1. 预防措施

加强饲养管理，保证营养全价饲料和钙磷的供给，加强运动，增强妊娠母马的体质，尤其注重妊娠后期的管理，及时治疗腹内压过高的疾病。母马生产时防止产道损伤、难产和胎衣不下，在难产或助产时，掌握正确操作方法，禁止强行或过快拉出胎儿，人工剥离胎衣时，避免牵拉过猛。

2. 安全用药

阴道部分脱出较轻时，因患马起立后能自行缩回，所以重点是防止脱出部分继续增大、受到损伤及感染发炎。可将患马拴于前低后高的厩舍内，同时适当增加运动，减少卧地时间，并将尾巴拴于一侧，以免尾根刺激脱出的阴道黏膜引发努责；给予易消化的饲料；对便秘、下痢及疝痛等病，应及时治疗。

阴道全部脱出或子宫脱出时，则必须迅速整复，固定。首先应用 2% 普鲁卡因注射液进行后海穴、百会穴或硬膜外麻醉，将患马保定于前低后高的地方，用温的 0.1% 高锰酸钾或 0.1% 新洁尔灭等消毒液将脱出的阴道和子宫黏膜充分洗净，并涂布抗生素软膏。若水肿严重，用 2% 明矾液进行清洗，针刺后挤压阴道壁促使水肿液排出，再用 0.1% 新洁尔灭消毒液清洗后，涂布 1% 碘甘油，将阴道或子宫送回到正常位置，然后在阴道和子宫腔内涂布消炎药。也可子宫内灌注 10% 温热盐水，借水压使子宫角彻底复原，随后将子宫内灌注的液体导出，子宫内投放土霉素粉 5 g，同时用 18 号缝线对阴门采用圆枕缝合、双内翻缝合或纽扣缝合。整复固定后，防止强烈努责再次脱出，可进行荐尾间隙硬膜外麻醉，或者用花椒水热敷阴门，每天 1 次，每次 30 min，连续 3 d。也可在阴门两侧深部组织内注射 70% 酒精 20 mL。防止细菌感染，可于阴道或子宫内投放抗生素，如投放土霉素粉 5 g，隔天 1 次，连续 2 ～ 3 次。全身应用抗生素，同时补充糖、维生素 C、等渗电解质和钙制剂及其他对症治疗。肌内注射催产素 100 IU，或麦角新碱 5 ～ 15 mg，促进子宫收缩。

中兽医治疗：可用加味补中益气汤或八珍散。加味补中益气汤：黄芪 30 g、党参 30 g、甘草 15 g、陈皮 15 g、白术 30 g、当归 20 g、升麻 15 g、柴胡 30 g、生姜 15 g、熟地黄 10 g、大枣 4 个为引，水煎服，每日 1 剂，连服 3 d。八珍散：当归 30 g、熟地黄 30 g、白芍 25 g、川芎 20 g、党参 30 g、茯苓 30 g、白术 30 g、甘草 15 g，共研为末，开水冲服，连服 2 ～ 5 d。

十五、阴道出血

阴道出血是指马怀孕期间前庭或阴道壁（有时是阴瓣）上的静脉长期高度曲张，并发生血球渗出或静脉破裂而引起的非外伤性阴道黏膜出血，以怀孕末期的经产老年马发生较多。

（一）发病原因

确实原因尚不清楚，一般认为是由于怀孕末期，子宫体积扩大，腹压增加，盆腔静脉的血液回流受阻；同时由于盆腔血流增加，使静脉充盈过度，因而发生静脉曲张，静脉压升高，静脉壁的渗透性反常，甚至出现渗血或静脉破裂而出血。但有时在怀孕早期或发情期中亦有出血现象。可使阴道静脉压升高的疾病（如腹泻、便秘等）以及缺乏运动，长期站立于前高后低的地方等，也可能导致阴道静脉曲张而发生出血。另外，阴道息肉、阴道肿瘤亦可引起阴道出血。子宫出血经阴道流出时，误认为阴道出血。此外，体格相对过大的雄性个体与体格小的雌性个体交配时，阴道受到较大阴茎的强烈刺激，甚至引起撕裂损伤而出血，或者阴道直接受到外物损伤而出血。但这种现象往往发生在非怀孕期。

（二）临床症状

阴门及其周围或臀部、尾根和跗关节粘有血液。有时可以看到血液呈间歇性或点滴状流出。特别是当患畜卧下时，出血较多。阴道检查可见前庭和阴道黏膜静脉怒张、弯曲，有时一处，甚至多处曲张的静脉聚积成球，色深紫，状如杨梅。静脉壁脆薄，轻微触动或努责时容易破裂出血。时间较长的病例，具有明显的出血破口、溃烂和血栓性静脉炎。全身症状随出血的多少而定。出血少而时间短者，通常都没有什么影响，也没有腹痛不安等现象。但持续期长而出血多者，容易引起贫血及消化不良。严重时甚至危及母子生命。

（三）类症鉴别

1. 阴道脱出

阴门中间或阴门外有粉红色瘤样物，阴道黏膜发生淤血、水肿、坏死及糜烂。

2. 阴道炎

阴门外流脓性分泌物，阴道黏膜红肿、坏死及糜烂，但阴道没有发现伤口。

3. 流产

全身症状明显，瞰气，腹痛，子宫壁高度膨满、紧张，颈口开张，产道干燥，胎儿掉毛、皮下捻发音。

4. 马媾疫

是由马媾疫锥虫引起，临床上主要表现尿频，尿道和生殖道黏膜水肿、流黏液，胸、腹和臀部出现扁平丘疹和神经麻痹为特征。尿道或阴道的分泌物或丘疹组织液显微镜检查，发现锥虫。

（四）预防措施和安全用药

首先尽可能使患马安静，保持前低后高姿势，使阴道和前庭静脉血管血液回流的阻力减小，促使破损血管发生血栓。禁止不必要的阴道检查或直肠检查。其次，应及时治疗容易诱发出血的疾病，并采取止血措施。

硝酸银止血法效果较好。方法是用开腔器打开阴道，在强光（手电光、日光）照明下，用硝酸银棒涂擦出血部位，直到变成灰白色不再出血为止。为了避免硝酸银对健康部位的腐蚀，涂擦的出血部位必须精确，烧烙结痂后用生理盐水冲洗阴道。阴瓣出血者，可用开腔器扩张阴道，将阴瓣用止血钳牵至阴门附近，用缝合针线在出血处前后分别进行结扎，即可达到充分止血的目的。辅助疗法可注射促进血液凝固的药物，如凝血酶、维生素 K、氯化钾、10% 白明胶、止血敏、安络血等。亦可给出血部位注射血管硬化剂，如 5% 鱼肝油酸钠（1.0 ～ 3.0 mL）。对于病期长、出血多的病例，必须进行输液或输血，为了防止流产，可肌注孕酮保胎。

因配种或外物损伤所致的阴道出血，伤口大时，可先用大块消毒纱布，送入阴道内压迫止血，再进行缝合，表面涂布红霉素软膏或紫药水；伤口小时，用浸有止血敏或肾上腺素的纱布，压迫一定时间后，即可达到止血目的，随后伤口表面涂布青、链霉素粉。

中兽医治疗：可用补中益气汤。

十六、子宫内膜炎

子宫内膜炎是指子宫黏膜的急性和慢性炎症，临床上以体温升高、从阴门排出污红色或棕红色恶臭的黏脓性臭味分泌物、不孕等为特征。急性子宫内膜炎常发生于分娩后的数天之内，常转为慢性炎症。

（一）发病原因

急性子宫内膜炎主要是由于分娩时卫生条件差，病原菌侵入子宫而引起；或在输精、难产助产、剥离胎衣以及子宫脱出等整复过程中，操作粗暴或消毒不严，引起子宫的损伤或感染；最常见子宫复旧不全、胎衣不下或恶露未能排尽，以及胎儿浸润，导致子宫内膜炎。从感染母马子宫内分离到的细菌中，最常见的病原菌是马兽疫链球菌、大肠杆菌、金黄色葡萄球菌、肺炎克雷伯菌、铜绿假单胞菌和脆弱拟杆菌。此外，某些病毒、支原体、布鲁氏杆菌、沙门氏杆菌等也可引起子宫内膜炎。慢性子宫内膜炎多由急性转变而来。此外，公马生殖器官的炎症和感染（如毛滴虫病以及胎儿弧菌病）也可通过本交或精液传给母马而引起慢性子宫内膜炎。

（二）临床症状

1. 急性子宫内膜炎

马产后发生急性子宫内膜炎，病马表现体温升高（可达 40.0 ～ 41.5℃）、精神沉郁、呼吸加快、心动过速、食欲不振，有时候弓背努责，从阴门排出黏液或黄白色、污红色恶臭的黏脓性分泌物（图 4-16-1），尾部可能会受到排出物的污染。严重者全身症状明显，并很快继发败血症或脓毒血症，甚至危及生命。直肠检查，子宫弛缓、变硬，比正常产后期的子宫角要大，壁厚，子宫收缩反应减弱，似面团样软硬，有明显的疼痛反应，子宫内有较多的液体；阴道检查，子宫颈开张，肿胀，充血，有脓性分泌物排出，阴道肿胀并高度充血。

2. 慢性子宫内膜炎

根据炎症性质不同，可以分为卡他性、卡他性脓性和脓性三种。

慢性卡他性子宫内膜炎：其特征是子宫黏膜松软增厚，有时甚至发生溃疡和结缔组织增生，一般不表现全身症状。病马的发情周期多数正常，但屡配不孕，或者发生早期胚胎死亡。发情时子宫排出的分泌物较多，有时分泌物略微混浊。阴道检查，可以发现阴道黏膜正常，阴道内可能积有带絮状物的黏液，子宫颈稍微开张，子宫颈腔部肿胀，但充血不明显，有时可以看到阴道中有透明或混浊黏液，尤其在卧下或发情时，流出较多。直肠检查，子宫角稍变粗，子宫壁增厚、弹性减弱、收缩反应微弱。

慢性卡他性脓性子宫内膜炎：有轻度全身反应，精神不振，食欲减少，逐渐消瘦，有时体温略微升高，发情周期不正常，阴门中排出灰白色或黄褐色稀薄脓液，尾根、阴门和飞节上常粘有阴道排出物或其干痂。阴道检查，阴道黏膜和子宫颈腔部充血，往往黏附有脓性分泌物；子宫颈口张开。直肠检查，子宫角增大，收缩反应微弱，壁变厚，且厚薄不匀、软硬度不一致；若子宫聚积有分泌物时，则感觉有轻微波动。

慢性脓性子宫内膜炎：其主要症状是从阴门中经常排出脓性分泌物，母马卧下时排出较多。阴门周围皮肤及尾根上黏附有脓性分泌物，干后变为黑色的痂皮。直肠检查，一侧或两侧子宫角增大，子宫壁厚而软，厚薄不一，收缩反应很微弱。阴道检查，阴道内往往有脓性分泌物黏附存在（图 4-16-2）。

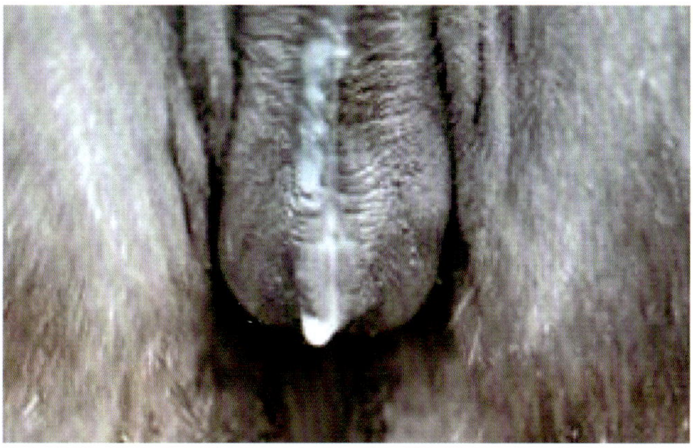

图 4-16-1　阴门排出黄白色脓性分泌物

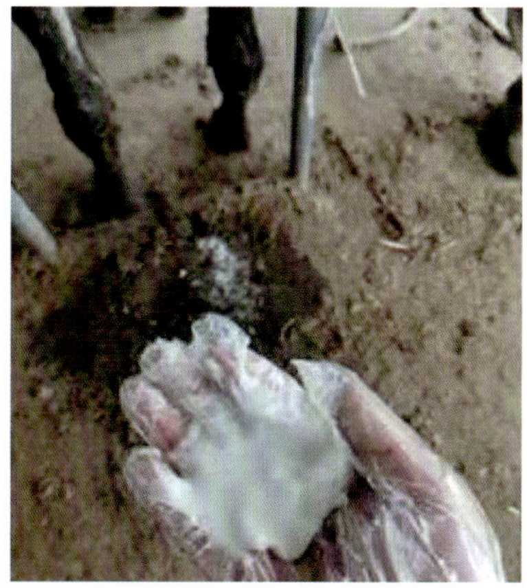

图 4-16-2　阴道检查，阴道内有大量脓性分泌物

（三）类症鉴别

1. 马传染性子宫炎

马传染性子宫炎是由马生殖泰勒杆菌引起，母马感染后表现为子宫颈炎阴道炎、子宫内膜炎和交配后出现过早发情等症状。

2. 阴道炎

阴门外流脓性分泌物，阴道黏膜红肿、坏死及糜烂，但阴道没有发现伤口。

3. 马沙门氏菌病

马沙门氏菌病由沙门氏菌引起，多发生于春秋季节，一般呈散发。6 月龄以内的幼驹主要表现结肠炎、败血症、关节肿大、支气管肺炎等；妊娠中后期的头胎母马发生流产。血液、脾、淋巴结以及肌肉内可检出鼠伤寒沙门氏菌或肠炎沙门氏菌。

（四）预防措施和安全用药

1. 预防措施

加强饲养管理，增强马的抗病能力，合理搭配营养，要注意蛋白质及钙、磷、锌、铜等矿物质和维生素 A、维生素 D、维生素 E 的供应。要搞好环境卫生，产房应经常清扫和消毒，保持清洁、干燥的良好卫生条件。人工授精要严格遵守兽医卫生规程，输精用的输精器、外套等物品要严格进行消毒，母马外阴消毒应彻底，以避免诱发生殖器官感染。同时，人工授精时，切忌频繁和粗暴地进行操作，防止对阴道及子宫颈黏膜的损伤。

2. 安全用药

治疗原则为抗菌消炎，促进子宫内炎性产物排出及子宫机能的恢复，配合对症治疗。一般要采用子宫内局部疗法、全身疗法和对症治疗。

（1）子宫内局部疗法

冲洗子宫可尽快排出子宫内炎性分泌物，对子宫颈微开张或发情时的患马可直接进行冲洗，对子宫颈关闭的病马需先注射苯甲酸雌二醇或己烯雌酚 20 mg，使子宫颈开张后再进行冲洗。用温的（35 ～ 45℃）溶液冲洗较好，常用的子宫冲洗液有 0.1% 雷夫奴尔溶液、0.1% 高锰酸钾溶液、3% ～ 10% 氯化钠溶液、0.05% 洗必泰溶液、0.05% 新洁尔灭溶液等。冲洗量需根据子宫体积大小及炎症程度而定，一般使用 500 mL 左右，反复冲洗直至排出的溶液变为透明为止。冲洗后应该尽可能使冲洗液从子宫中排出来，通常借助虹吸作用结合直肠按摩子宫的方法。冲洗子宫后可以向子宫内投放抗生素，如土霉素、青霉素、四环素、金霉素、链霉素、新霉素、卡那霉素、庆大霉素和恩诺沙星等，将抗生素混于 100 mL 生理盐水投入子宫，隔天 1 次，连用 3 次。也可子宫内灌注碘制剂，如卢戈氏碘液、碘甘油等；或磺胺类药物，如磺胺嘧啶钠 10 ～ 20 g、石蜡油 20 ～ 40 mL，灌注子宫内治疗慢性子宫内膜炎；或鱼石脂 8 ～ 10 g，溶于 1 000 mL 蒸馏水中，每次子宫内灌入 100 mL，一般 1 ～ 3 次。洗必泰栓剂（20 mg）或聚维酮碘栓 2 ～ 3 枚，放入子宫腔内，重病例 1 日 1 次，轻病例 2 日 1 次，连放 3 ～ 5 次。甲硝唑片（灭滴灵，0.2 g)15 ～ 30 片，溶于 80 mL 生理盐水中注入子宫内，轻病例 1 ～ 2 次，重病例 3 次。将露它净 4 mL 稀释于 96 mL 生理盐水中，1 次注入子宫内，一般 1 ～ 2 次。

（2）全身疗法

出现全身症状的病马，除了局部治疗之外，还应结合全身疗法。可静脉注射或肌内注射大剂量的抗生素，如青霉素 800 万 IU、20% 安钠咖 10 mL、5% 葡萄糖溶液 1000 mL、维生素 C 20 mL、5% 碳酸氢钠 500 mL，一次静脉滴注，每天 1 次，直到体温恢复正常，再静脉注射 2 d。此外，配合强心、补液，纠正酸中毒，防止发生败血症等。为调节消化机能，可肌内注射复合维生素 B，或比赛可灵 5 ～ 10 mL，每天 1 次，连用 3 d；应用健胃散 100 g、麦芽粉 100 g、胃蛋白酶 50 g、纤维酶 30 g、干酵母粉 30 g、乳酶生 20 g，一次加温水 1 000 mL，用胃管投服，每天 1 次，连用 3 ～ 5 d。为促进子宫内容物的排出，可肌内注射缩宫素 10 ～ 20 IU，或皮下注射麦角新碱 20 mL，也可以应用前列腺素或前列腺素类似物（如氯前列烯醇）。

（3）中药治疗

方 1：当归 10 g、川芎 10 g、黄芩 10 g、赤芍 5 g、白芍 5 g、白术 5 g，加水 300 mL，煎汤，4 层纱布过滤，去渣，再用滤纸过滤 2 次，可得药液 100 ～ 150 mL，煮沸备用。先用 40℃左右的 3% 硼砂溶液 500 ～ 1000 mL 冲洗阴道和子宫，冲洗液导出后注入 40℃左右上述液体 1 剂，每日 1 次。

方 2：党参 50 g、黄芪 50 g、当归 30 g、桃仁 30 g、红花 30 g、丹参 50 g、益母草 70 g、鸡冠花 60 g、贯众 60 g、蒲公英 50 g、香附 40 g、血余炭 25 g，共为末，1 日分 2 次内服，6 天为 1 个疗程。

方 3：山药 90 g、生龙骨 50 g、生牡蛎 50 g、海螵蛸 25 g、茜草 30 g、苦参 30 g、黄柏 30 g、甘草 15 g，煎汤去渣，候温灌服。

方 4：双花 80 g、连翘 50 g、知母 50 g、酒黄柏 50 g、黄芩 45 g、当归 40 g、芡实 50 g、红花 30 g、川芎 35 g、车前子 35 g、木通 25 g、茯苓 50 g，共为末，开水冲调，候温灌服，1 日 1 剂，连用 3 d。

十七、子宫捻转

子宫捻转是指子宫、一侧子宫角或子宫角的一部分围绕自己的纵轴发生扭转。马的子宫捻转多发生于妊娠 8 个月以后，也有报道称在妊娠 5 个月的母马就能发生子宫捻转，而且重挽马比轻型马的发病率高。马的子宫捻转很少涉及子宫颈及阴道，而且几乎所有的子宫捻转在妊娠后期由于临床症状明显才可做出诊断，很少有在分娩时才发现的；子宫捻转的程度从 90° ～ 540° 不等，并且顺时针和逆时针捻转的发病率几乎相同。子宫捻转的捻转处多为子宫颈及其前后，涉及阴道前端的称为颈后捻转，位于子宫颈前的称为颈前捻转。

（一）发病原因

子宫捻转的发病原因不清，但是可能与胎儿复位机制或在母体内转动有关。子宫捻转虽然与妊娠子宫的形态特点及母马起卧的姿势有关，但能使母马围绕其身体纵轴急剧转动的任何动作，都可成为子宫捻转的直接原因。妊娠末期，母马如急剧起卧并转动身体，子宫因胎儿重量大，不随腹壁转动，就可向一侧发生捻转。有时因下坡时绊倒，或运动中突然改变方向，均易引起捻转。临产时发生的子宫捻转，可能是母马因疼痛起卧所致。另外马的子宫捻转和打滚有关。在分娩开口期，胎儿由下位转变为上位时，过度而强烈的转动也可能是引起子宫捻转的原因之一。另外，胎儿对子宫肌层的收缩发生反应，调整其姿势而出现的运动也可能与子宫捻转有关。其他可能导致发生子宫捻转的危险因素包括胎水量减少、胎儿过大以及妊娠子宫张力减弱等。

（二）临床症状

产前发生的捻转，母马会表现出腹痛的症状，但是腹痛的程度取决于捻转的程度以及是否有胃肠道受到牵连，所以表现出轻度到重度的顽固性腹痛不等。如果不超过 90°，母马会表现轻度腹痛症状，有的不表现任何症状。超过 180° 时，孕马因子宫阔韧带伸长而有明显的不安和阵发性腹痛，并随着病程的延长和血液循环受阻，腹痛加剧，其表现包括摇尾、前蹄刨地、后腿踢腹、出汗、食欲减退或消失、卧地不起或起卧打滚。病马拱腰、努责，但不见排出胎水。以后随着血液循环受阻加重，腹痛剧烈，且间隙时间缩短；也可能因捻转严重，持续时间太长，麻痹而不再疼痛，但病情恶化；也可能因子宫阔韧带撕裂和子宫血管破裂而表现内出血症状，甚至引起子宫高度充血和水肿，子宫捻转处坏死（图 4-17-1），导致发生腹膜炎。

除上述症状外，有些子宫颈后捻转轻的病例可以发现同侧阴唇向阴门外陷入。如果捻转严重，一侧阴唇可肿胀歪斜。一般阴唇的肿胀与子宫捻转的方向相反，如左侧子宫捻转到 180° 时，右侧阴唇表现肿大（图 4-17-2），这种表现在妊娠后期的母马，由于阴门松弛、水肿，因此更为明显。

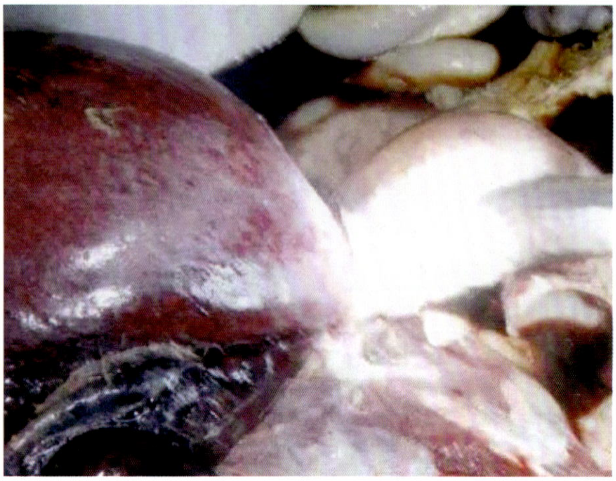

图 4-17-1 子宫捻转处坏死

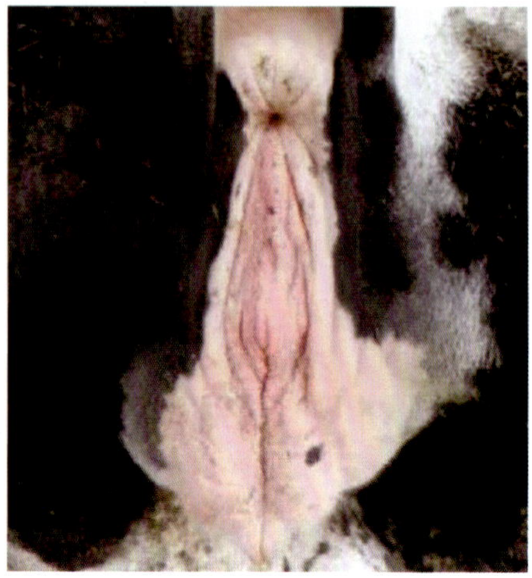

图 4-17-2 左方子宫捻转，右侧阴唇轻度肿大

子宫颈前捻转阴道检查时，临产时发生的捻转，只要不超过 360°，子宫颈口总是稍微开张的，并弯向一侧。达 360° 时，颈管即封闭，也不弯向一侧。视诊可见子宫颈腔部呈紫红色，子宫颈红染。产前发生的捻转，阴道中变化不明显，直肠检查才能确诊。直肠检查，在耻骨前缘摸到子宫体上的捻转处如一堆软而实的物体。阔韧带从两旁向此捻转处交叉，一侧韧带达到此处的上前方，另一侧韧带则达到其下后方。捻转如不超过 180°，下后方的韧带要比上前方的韧带紧张得多，而子宫就是向着韧带紧张的一侧捻转的。不论向哪一侧捻转，两侧的子宫动脉都拉得很紧。捻转超过 180° 时，两侧韧带均紧张，韧带内静脉怒张，捻转程度越大，怒张也越明显。胎儿的位置比妊娠末期的正常位置靠前，所以不易摸清。马因为小结肠受到捻转的子宫韧带的牵连，直肠前端狭窄，子宫阔韧带紧张，手进入一定距离后便无法再向前向下伸或左右活动。

子宫颈后捻转阴道检查时，无论是产前还是临产时发生的捻转，都表现为阴道壁紧张，阴道腔越向前越狭窄，阴道壁的前端有时可见或大或小的螺旋状皱襞。螺旋状皱襞从阴道背部开始向哪一侧旋转，则子宫就向该方向捻转。阴道前端的宽窄及皱襞的大小，依捻转程度而定，同时它们也代表捻转程度的轻重。不超过 90° 时，手可以自由通过；达 180° 时，手仅能勉强伸入。以上两种情况可以在阴道前端的下壁上摸到一个较大的皱襞（图 4-17-3），并且由此向前管腔即弯向一侧。达 270° 时，手即不能伸入；达 360° 时管腔拧闭。在这两种情况下，阴道壁的皱襞均较细小，阴道检查看不到子宫颈口，只能看到前端的皱襞。直肠检查，所发现的情况与颈前捻转相同。子宫捻转超过 180° 时，多使子宫血液循环受阻，引起胎儿死亡，如不及时诊断救治，可引起子宫破裂。

据资料报道，子宫捻转患马的成活率为 84%，马驹的成活率为 54%。存活率受妊娠不同阶段的影响，当捻转发生在妊娠 320 d 前，母马存活率为 97%，马驹的存活率为 72%。然而，当捻转发生在妊娠 320 d 以后，母马和胎儿的存活率分别降到 65% 和 32%。约有 15% 的患马并发胃肠道损伤，这样母马和马驹的存活率都会降低。

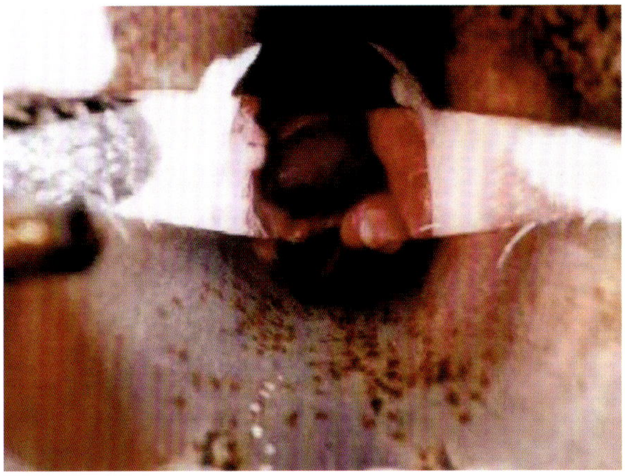

图 4-17-3　子宫颈后捻转阴道检查时看不到子宫颈口，只能看到前端的螺旋状皱襞

（三）类症鉴别

1. 急性胃扩张

采食后突然起病或在其他腹痛病的经过中病情突然加重，主要表现剧烈腹痛、鼻流粪水、眼眶和耳根出汗、口腔湿润而酸臭、频频吸气、腹围不大而呼吸迫促。作食管及胃的听诊，可听到食管逆蠕动音和胃蠕动音。直肠检查，在左肾前下方常能摸到膨大的胃后壁，随呼吸前后移动。

2. 肠痉挛

口腔湿润，间歇性腹痛，肠音高朗连绵，粪便稀软带水，全身症状轻微。直肠检查感肛门紧缩，直肠紧压手臂，狭窄部较难入手。

3. 肠便秘

口腔稍干燥，眼结膜潮红，腹痛逐渐加重，排粪量减少，粪球干硬，大小不均，覆有黏液，肠音减弱或消失，直检可发现结粪块。

4. 肠臌气

腹围膨大而肷窝平满或隆突，右侧尤为明显；触诊紧张而有弹性，叩诊呈鼓音。直肠检查，肠管充满气体，腹压增高，检手进入困难。

5. 肠变位

全身症状迅速恶化；剧烈腹痛；小肠变位易继发积液性胃扩张，大肠变位易继发肠臌气。腹腔穿刺液检查，穿刺液中混血；直肠检查，直肠内空虚，腹压较大，检手前进困难，可摸到局部气肠，某段肠管的位置、形状及走向发生改变。

6. 尿石症

尿石症由体内矿物质代谢紊乱或饮水不足引起，与饲料组成和饲养管理制度有关，呈地方流行性，尿液中混有血液及微细砂砾样物质。肾结石主要表现肾炎症状，但肾性腹痛明显；膀胱结石主要表现膀胱炎症状；尿道结石除表现尿道炎的症状外，尚有排尿障碍和排尿疼痛症状，尿道触诊和尿道探诊敏感。

7. 腹膜炎

弓背，持续站立，避免运动，腹壁蜷缩，触诊腹壁敏感，腹腔穿刺液增多，并含有多种病理成分，胸式呼吸，体温升高，直肠检查腹膜显粗糙等。

（四）预防措施和安全用药

临产时发生捻转，应将子宫转正后拉出胎儿；产前捻转应转正子宫后保胎。对捻转程度小的，可选用产道内或直肠内矫正；对捻转程度较大且产道极度狭窄、手难以伸入产道抓住胎儿或子宫颈尚未开放的产前捻转，常选用翻转母体、剖腹矫正或剖腹产的方法。

1. 通过产道矫正

母马应站立保定，并前高后低。必要时可行后海穴麻醉，但药物的量不可过大，以免母马卧下。如发生在分娩过程中，且子宫颈已开张，捻转程度也不严重，可将手伸入子宫内，抓住胎儿的一部分，旋转胎儿以矫正子宫，一般将手伸到胎儿的捻转侧之下，握住胎儿的某一部分向上向对侧翻转。助手也可以在相应的腹壁侧配合术者进行节奏性压迫，促进捻转的子宫恢复正常。

2. 灌注复位法矫正

也可用灌注复位法治疗孕马子宫捻转，经阴道检查手指能在皱褶部伸入一指或二指即可进行。方法为：患马站立保定或四柱栏内保定，取前低后高站立，术者手臂洗涤消毒，右手紧握经消毒的公马导尿管尖端插入阴道皱褶部，缓慢插入 20 ～ 25 cm 长时，由助手连接经消毒的胶管，经吊桶高压式灌入 40℃左右 0.9% 氯化钠液 15000 ～ 20000 mL，随着液体在子宫内增多，患马出现努责、前后左右摆动，至液体快灌光时，少部分液体从阴道中流出，此时皱褶有些开张，手能伸入，可摸到胎儿部分肢体，矫正胎儿，强行拉出胎儿。

3. 通过直肠矫正

首先要确定向哪侧发生捻转，然后进行直肠内翻转捻转的子宫，如果子宫向右侧捻转，将手伸至右侧子宫下侧方，托起子宫，向上向左侧翻转，反之亦然。助手同时用木板在乳房前部配合术者向捻转方向抬举腹壁，利于矫正捻转的子宫。

4. 翻转母体矫正

利用惯性原理，在急速翻转母体时，子宫仍处于不动状态而复位。有 3 种翻转方法，但是原理是一样的。方法是在平坦的地方，铺上较多的垫草，将母马卧下，将前后肢分别捆扎在一起，头部垫上柔软的草袋，由专人在翻转时保护头部，防止损伤。翻转前，如果母马挣扎不安，可行硬膜外麻醉，以及注射松肌药物或镇静药，使腹壁松弛和镇静。但是有报道称翻转母体会增加妊娠后期患马子宫破裂的风险。因此，这种方法最好用于妊娠早期母马的子宫捻转。

① 直接翻转母体：让母马横卧，哪侧捻转哪侧向下，切记把前后肢分别捆住，并设法使后躯高于前躯，两助手站于母马的背侧，分别牵拉前后肢上的绳子，准备好以后，猛然同时拉前后肢，急剧把母马仰翻过去。由于转动迅速，子宫因胎儿重量的惯性，不随母体转动，而恢复正常位置。翻转如果成功，可以摸到阴道前端开大，阴道皱襞消失。因此，每翻转一次，须经产道进行一次验证（在颈前捻转，须行直肠检查，以确定子宫阔韧带的交叉是否松开），检查是否正确有效，从而确定是否继续翻转；无效时则无变化，可以将母马慢慢翻回原位，重复施行，直到矫正捻转的子宫。马也有产前很久发生的捻转，因为胎儿较小，子宫周围常有肠道包围，有时甚至子宫与周围组织发生粘连，翻转时子宫也会随母体转动，不易成功。

② 腹部加压翻转母体：翻转方法一样，只是将一条 3 m 长木板的中部放于翻转母马腹肋部最突出的部位上，一端着地，一人站立或蹲于着地的一端上，慢慢翻转母畜，目的是增加腹内压，防止胎儿随母体转动。同样应翻转 1 次，阴道或直肠检查 1 次，确定是否成功。

③ 通过产道固定胎儿翻转母体：如果分娩时子宫发生捻转，手能伸入子宫颈，最好从产道把胎儿的一条腿抓住，这样可将其固定，翻转时子宫不随母体转动，矫正就更加容易，方法同上，只是由一人用手通过产道固定已经有部分外露的胎儿即可。

5. 剖腹矫正或剖腹产

各种子宫捻转都可经腹胁部切开腹腔进行矫正，有时候活着的马驹很好矫正。如果考虑到经济等因素的影响，可对多次翻转无效或不可复性子宫捻转，最后才考虑实行剖腹矫正或剖腹产。腹胁部切开通常可避免全身麻醉的风险而更为可取，但是当马接近妊娠期满时，站立保定矫正子宫捻转艰难，可能需要两个术者，同时双侧腹胁切口进行矫正。腹胁部切开矫正不适合烈性母马或者有顽固性疼痛的患马。腹中线切开往往需要全身麻醉，主要针对妊娠后期患马，或者怀疑牵连到胃肠道以及子宫破裂的患马。并且根据需要，对无法矫正或子宫破裂等患马，同时实施剖腹产。

十八、子宫弛缓

子宫弛缓是指在分娩的开口期及胎儿排出期内由于子宫肌层的收缩频率、持续期及强度不足，以致胎儿不能排出的一种疾病。有时子宫弛缓可一直延续到产后胎衣排出期及子宫复旧期，是产力性难产中最常见的一种情况。根据分娩过程中发生时间的不同，子宫弛缓可以分为两种：分娩一开始就发生的，称为原发性子宫弛缓，它是指子宫肌层原发性的收缩能力减弱；开始时正常，之后由于胎儿排出受阻，子宫肌疲劳，收缩力量变弱的，称为继发性子宫弛缓。但两者的临床表现基本相同。

（一）发病原因

原发性子宫弛缓：妊娠末期，特别是在分娩前，孕马激素平衡失调，如雌激素、前列腺素或催产素的分泌不足，或孕酮分泌过多及子宫肌对上述激素的反应减弱。妊娠期间营养不良，使役过度，体质乏弱，年老，运动不足，肥胖。全身性疾病（如慢性耗竭性疾病）、布鲁氏菌病、子宫内膜炎引起的肌纤维变性等。胎儿过大或胎水过多使子宫肌纤维过度伸张而引起子宫肌菲薄。子宫与周围脏器粘连，使其收缩减弱。分娩时的低血钙症、低血镁症、酮病等代谢性疾病。另外，流产及早产时也可发生原发性子宫弛缓。

继发性子宫弛缓：通常继发于难产。子宫破裂或子宫捻转时，子宫肌层会停止其收缩活动。

（二）临床症状

母马妊娠期已满，分娩预兆也已出现，但长久不能排出胎儿。努责微弱或无努责，有时临床表现很不明显，看不出已开始分娩。产道检查，通常发现子宫颈松软开放，但有时开张不全，胎儿及胎膜囊尚未进入子宫颈及产道。胎儿的胎向、胎位及胎势均可能正常。因为子宫收缩力量弱，胎盘仍保持循环，起初胎儿还活着，但如久未发现分娩而不助产，胎盘循环终会减弱，胎儿即死亡，子宫颈口也缩小。原发性子宫弛缓常可延伸到胎衣排出期及子宫复旧期，因此常发生胎衣不下及子宫复旧延迟。

继发性子宫弛缓，在此之前子宫已发生了正常的收缩，但因产道或胎儿异常，不能排出胎儿，致使母畜过度疲劳，导致阵缩减弱或停止。如不及时助产，胎儿死亡后可发生腐败分解、浸溶或木乃伊化，有时也可引起脓毒败血症。母马虽然可以使胎儿排出来，但以后容易发生子宫弛缓、胎衣不下，有时还可以发生子宫脱出、子宫感染，还可造成不孕。

（三）类症鉴别

1. 胎儿过大性难产

胎儿及胎膜囊的一部分已经进入子宫颈及产道，但由于胎儿过大而导致胎儿不能顺利产出，此时母马阵缩及努责均正常，胎儿的胎向、胎位及胎势也正常。

2. 胎儿畸形难产

由于胎儿畸形导致胎儿难以从产道中娩出，母马阵缩及努责均正常，胎儿的前置部分正常，但畸形部分楔入骨盆入口。

3. 胎势异常性难产

部分胎儿及胎膜囊进入子宫颈及产道，但由于胎势异常导致胎儿不能顺利产出，此时母马阵缩及努责均正常。

4. 胎位和胎向异常性难产

部分胎儿及胎膜囊进入子宫颈及产道，但由于胎位和胎向异常导致胎儿不能顺利产出，此时母马阵缩及努责均正常。

（四）预防措施和安全用药

发生子宫弛缓时必须及时助产，以便拯救幼驹和母马的生命。对于体格大的马，可以根据分娩持续时间的长短、子宫颈松软程度、胎水是否排出或胎囊是否破裂、胎儿死活等来确定是否进行助产。在胎水已经排出和胎儿死亡时，应立即矫正异常部位并施行牵引术，将胎儿拉出。如子宫颈尚未开大或松软，且胎囊未破，胎儿还活着，就不要急于牵引，此时可用手按摩腹壁，并将下腹壁向上向后推压，以刺激子宫收缩。否则胎儿的位置姿势尚未转入正常，子宫颈开张和松软不够，强行拉出会使子宫颈受到损伤。

助产可以采用牵引术，一般不用药物催产。如果牵引无效的话，可以考虑应用截胎术和剖腹产术，特别是胎儿还活着而其他方法又无效时，应尽早施行剖腹产。原发性子宫弛缓除助产使胎儿排出外，还应在子宫内及全身用抗生素治疗，以防止引起子宫炎及其他继发症，并应用适当的药物促进子宫收缩和复旧。继发性子宫弛缓的助产，必须先处理引起弛缓的难产，即先将引起难产的异常胎势、胎位或胎向用矫正术矫正，再用牵引术拉出胎儿。

十九、胎儿过大性难产

胎儿过大性难产是指由于马的胎儿过大而导致的胎儿不能顺利产出，是常见的一种难产。胎儿过大包括胎儿相对过大和胎儿绝对过大。

（一）发病原因

常见原因为胎儿水肿、胎儿气肿、胎儿畸形、公驹体格较大、妊娠期过长等以及胎儿身体某部分或某些器官的体积过大而造成的胎儿过大。

（二）临床症状

分娩开始时母马阵缩及努责均正常，胎膜大多已经破裂（图 4-19-1），有时尚可见到两蹄尖露出于阴门外，偶尔可见到唇部，但胎儿排不出来。产道检查，产道及胎向、胎位和胎势均正常，只是胎儿很大，难以娩出。原因是胎儿娩出时的主要困难在头部，胎儿的胸部和肩部仍然阻滞在骨盆入口处。倒生时，由于胎儿的臀部首先进入产道，而且胎儿产出时的方向与胎毛的方向相反，因此使过大的胎儿更难产出。分娩时间久多数引起继发性子宫弛缓。

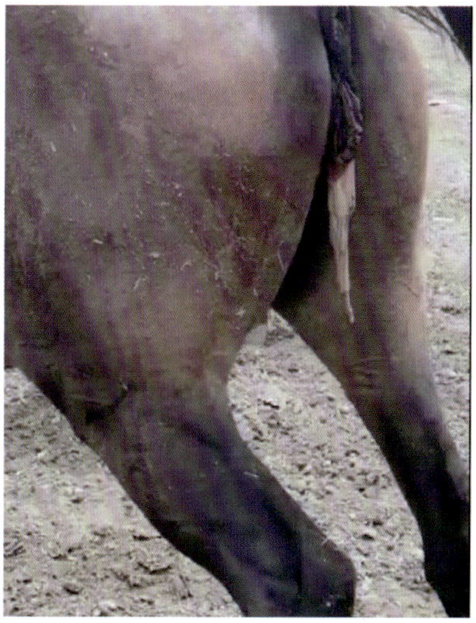

图 4-19-1　胎儿过大性难产胎膜已破

（三）类症鉴别

1. 子宫弛缓

母马生产时努责微弱或无努责，长久不能排出胎儿。产道检查，子宫颈松软开放，胎儿及胎膜囊尚未进入子宫颈及产道。胎儿的胎向、胎位及胎势均正常。

2. 胎儿畸形难产

由于胎儿畸形导致胎儿难以从产道中娩出，母马阵缩及努责均正常，胎儿的前置部分正常，但畸形部分楔入骨盆入口。

3. 胎势异常性难产

部分胎儿及胎膜囊进入子宫颈及产道，但由于胎势异常导致胎儿不能顺利产出，此时母马阵缩及努责均正常。

4. 胎位和胎向异常性难产

部分胎儿及胎膜囊进入子宫颈及产道，但由于胎位和胎向异常导致胎儿不能顺利产出，此时母马阵缩及努责均正常。

（四）预防措施和安全用药

胎儿过大引起的难产，可考虑以下方法助产。

牵引术斜拉胎儿娩出：大多数轻微的胎儿过大可在产道内注入润滑剂，按照骨盆轴的方向，由 2 ～ 3 个人应用牵引术缓慢斜拉胎儿肢体可成功助产。但是如果难以见效，术者应考虑采用其他助产方法。

外阴切开术扩大产道出口：如果阴门明显较小，牵引过大的胎儿时会引起阴门及会阴撕裂，则可施行外阴切开术。

截胎术缩小胎儿的体积，取出胎儿：胎儿过大时，如果难以拉出，可考虑选用以下截胎术，特别是胎儿已经死亡的情况下。正生时可截去 1 个或 2 个前肢以减小胸部的大小，或将胎儿头部截除；倒生时可采用皮下法截除一侧或两侧后肢，必要时可施行胎儿内脏摘除术或在胎儿的皮肤保护下，一部分一部分将胎儿的骨头取出，这样可尽可能小地损伤母体。

剖腹产术取出胎儿：如经牵引术难以将胎儿拉出且胎儿仍然存活，可施行剖腹产术。

二十、胎儿畸形难产

胎儿畸形难产是指由于胎儿畸形，导致胎儿在分娩过程中难以从产道中娩出而发生的难产。常见的胎儿畸形有胎儿水肿、裂腹畸形、先天性假佝偻、先天性歪颈、脑积水、重复畸形等。

（一）发病原因

胎儿各器官的发育都有一个关键时期，参与器官发育的生化过程也是以极为有序的过程出现的，而且受许多因素的控制。如果该过程中任一步骤出现异常，则会导致畸形。特别是可能导致胎儿的某一部位长得过大或过度畸形，这样就在分娩时造成难产。引起难产的胎儿畸形在马除先天性歪颈外，偶见脑积水、重复畸形等。

（二）临床症状

分娩开始时母马阵缩及努责均正常，但胎儿排不出来。产道检查一般可发现胎儿畸形所在部位。有时胎儿的前置部分正常，但位于产道中的远端部分严重畸形，因此分娩开始时进展基本正常，但由于畸形部分楔入骨盆入口而引起难产。

胎儿全身性水肿时，时常伴有胸腔积液和胎膜水肿，胎儿体积增大，不易通过母体骨盆腔；检查产道时可发现胎儿的前置各器官充塞于产道中呈面团状，在皮肤较松的地方，还可能摸到有波动感。裂腹畸形包括裂腹畸形和裂胸畸形，大多数致难产。腹膜和胸膜部分形成胎儿的外被，胎儿脊柱向背侧屈曲，四肢缩短，胎势异常；胸、腹腔开放，暴露的内脏漂浮在羊水中。分娩时可见到胎儿的内脏突出于阴门外。先天性假佝偻病例，胎儿的头、四肢及其躯体粗大而短小，前额突出，颌骨突出。先天性歪颈病例，可发现胎儿的颈椎畸形发育，颈部歪向一侧，颜面部也常是歪曲的，四肢伸屈肌腱均收缩，球节以下的部分与上部垂直，有时四肢痉挛，关节硬结，不能活动。脑积水时，由于脑室系统或蛛网膜下腔液体积聚而引起的脑部肿胀，颅骨壁扩张，骨壁薄，骨缝之间常有间隙、没有骨化，有的胎儿没有颅骨壁；头部畸形、体积增大。重复畸形分为对称联胎和非对称联胎，对称联胎重复部分的发育是对称性的，可通过产道摸到双头畸形、两面畸形、颅部联胎、胸部联胎、脐部联胎、臀部联胎和坐骨联胎等异常情况；非对称联胎有一胎儿（附生胎儿）的一部分长在基本胎儿身上。

（三）类症鉴别

1. 子宫弛缓

母马生产时努责微弱或无努责，长久不能排出胎儿。产道检查，子宫颈松软开放，胎儿及胎膜囊尚未进入子宫颈及产道。胎儿的胎向、胎位及胎势均正常。

2. 胎儿过大性难产

胎儿及胎膜囊的一部分已经进入子宫颈及产道，但由于胎儿过大而导致胎儿不能顺利产出，此时母马阵缩及努责均正常，胎儿的胎向、胎位及胎势也正常。

3. 胎势异常性难产

部分胎儿及胎膜囊进入子宫颈及产道，但由于胎势异常导致胎儿不能顺利产出，此时母马阵缩及努责均正常。

4. 胎位和胎向异常性难产

部分胎儿及胎膜囊进入子宫颈及产道，但由于胎位和胎向异常导致胎儿不能顺利产出，此时母马阵缩及努责均正常。

（四）预防措施和安全用药

1. 基本原则

① 尽可能弄清胎儿畸形的种类及程度，估计胎儿的大小及通过产道的可能性，避

免胎儿的异常部位损伤产道。当难以弄清畸形的种类和程度时，应首先考虑截胎术或剖腹产。

② 润滑并仔细检查产道，以免胎儿的异常部位在牵引时损伤产道。

③ 在施行牵引术之前，用适当的截胎术或其他方法缩小异常增大的部位。

④ 采用牵引术如果难以奏效，且确定胎儿不易成活时，则用截胎术或剖腹产。

⑤ 畸形比较严重或胎儿的体积太大或胎儿的胎向不规则时，截胎术常难以奏效，应剖腹产。

⑥ 畸形胎儿引起的难产中，有时胎儿的前置部分正常，但位于产道深部的部分严重畸形，在分娩开始时进展基本正常，当畸形部分楔入骨盆入口时引起难产。此时再进行剖腹产，常不能挽救胎儿。

2. 助产方法

① 对水肿的胎儿，如果拉出困难，可以在肿胀的部位做多处切口，放出积水后试行牵引术。

② 对裂腹畸形胎儿，应先除去内脏，可用产科钩钩住胎儿，试行拉出；如果牵引术难以奏效，可施行截胎术或剖腹产。

③ 对先天性假佝偻和先天性歪颈的胎儿，若无法拉出，可施行截胎术或剖腹产。

④ 若需要消除脑积水，可用指刀或产科凿切开颅部的皮肤及脑膜，放出脑积水；如果骨质发育较硬，将线锯自脑基部纵向截开；有时胎儿倒生，在这种情况下可施行剖腹产。

⑤ 对于重复畸形，需仔细触摸才能诊断。如果不宜施行牵引术或截胎术，应做剖腹产。

二十一、胎势异常性难产

胎势异常主要有头颈姿势异常、前肢姿势异常和后肢姿势异常。头颈姿势异常是指由于胎儿在分娩过程中发生头颈侧弯、头向下弯、头向后仰和头颈捻转等胎势异常而导致的难产，其中以头颈侧弯最为常见。前肢姿势异常是指由于胎儿对分娩缺乏应有的反应，或子宫颈开张不全而阵缩过强所引起的胎儿腿部姿势发生异常，使胎儿的某些部分体积增加，不能通过盆腔而发生的难产，主要有腕关节屈曲、肩关节屈曲、肘关节屈曲和前腿置于颈上。后肢姿势异常是指胎儿分娩前或分娩过程中后腿姿势发生异常，使胎儿的某些部分体积增加，不能通过盆腔而发生的难产，主要有跗关节屈曲和髋关节屈曲。

（一）发病原因

头颈姿势异常的原因主要是在分娩开口期中胎儿的活力不够旺盛，头颈姿势未能转正；或者当胎儿的头颈部分挡在骨盆前缘后，缺乏应有的反应，头颈未能伸直；或者是子宫收缩急剧，胎膜过早破裂，胎水流失，子宫壁直接裹住胎儿，胎头未能以正常姿势伸入骨盆腔内。在子宫继续收缩和胎儿躯干继续前进的情况下，使头颈姿势异常加重。子宫无力，未能引起胎儿发生足够的反应时，也可引起这种异常。助产错误也可能造成头颈姿势异常而导致难产。

头颈侧弯是胎儿的两前腿伸入产道，而头弯于躯干的任一侧，没有伸直。这种难产约占由于胎儿异常所造成难产的半数或更多，因而是最常见的难产病因之一，尤其是马，胎驹颈部较长，发生时矫正也特别困难；头向后仰是头颈向上向后仰至背部；头颈捻转是头颈围绕自己的纵轴发生了捻转，使头部成为侧位（90°）或下位（180°），见头未伸直，唇部向下，抵着母体骨盆前缘，呈额部前置、枕部前置或颈部前置的情形。

前肢姿势异常和后肢姿势异常的发病原因基本与头颈姿势异常相同。

（二）临床症状

1. 头颈姿势异常

难产初期，侧弯程度一般不大，仅头部偏于骨盆入口一侧，没有伸入产道，在阴门上仅看到蹄子。随着母马的努责及子宫的收缩，胎儿的肢体继续向前，头颈侧弯越来越严重。两前腿腕部以下伸出阴门之外，但不见唇部；哪一条腿伸出得较短，头就弯向哪一侧。如果前腿伸出得长，则可能为助产时仅拉前腿，不矫正头部所引起。产道检查时，因马驹颈部较长，头部最远可达自己的腹胁部，嘴唇可抵至膝关节处，因此不易摸到，但从颈部（鬃毛或气管的位置），即可确定头在哪一侧。此外，头的方向有 3 种情况：一种是唇部向着母体骨盆，这时整个头呈“S”状，同时头部捻转，下颌转至上面，额部转至下面；另一种是唇部向着母体头部；再一种是介于以上二者之间，唇部向着母体腹下。发生头颈向下，产道检查时，除可摸到前腿外，额部前置时，在骨盆入口处可以摸到额部，枕部前置时可以摸到项脊及两耳塞于骨盆入口内，且可在阴门处看到蹄子，颈部前置时可以摸到颈部在两前腿之间向下弯曲，且两腿之间的距离较宽。头颈捻转表现两前肢进入产道，头部位于两前腿之上，但下颌偏向左侧或右侧，或者朝上，捻转严重时头颈部显著变短。

这种难产的预后主要是根据子宫收缩的强弱，胎位是否同时也有异常及头颈弯曲的程度而定。子宫收缩力越强，头颈部弯曲的程度越大，胎儿颈基部楔入骨盆入口越紧，难产发生的时间越长，矫正越困难。马由于胎盘过早和母体分离，往往胎儿多因胎盘血液循环受阻而死亡。

2. 前肢姿势异常

腕关节屈曲表现是前腿没有伸直，一侧或双侧腕关节屈曲，楔入到骨盆入口处，如双侧腕关节屈曲时，事先如未拉过头部，在阴门处什么也看不到，单侧性腕关节屈曲时，可见到屈曲的腕关节楔在骨盆入口处，阴门处可见到另一伸直的前肢（图 4-21-1）。产道检查时，可摸到一侧或两侧屈曲的腕关节位于耻骨前缘附近，或楔入骨盆腔内。

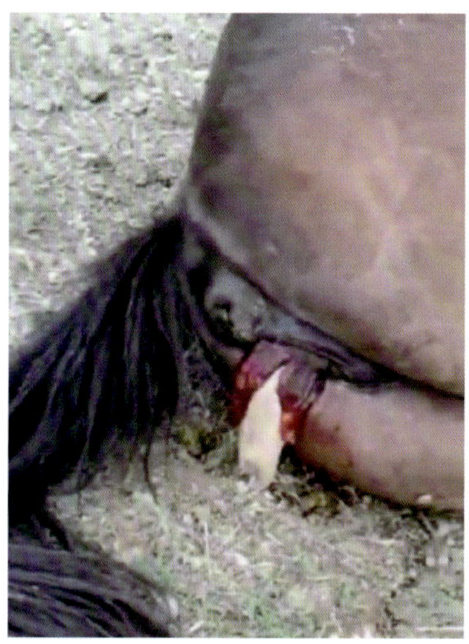

图 4-21-1 阴门处可见到一伸直的前肢

肩关节屈曲表现胎头已伸入盆腔，而前肢肩关节以下部分伸于自身躯干之旁或腹下，这种异常在前肢姿势异常中比较常见，而且多为两侧性的。于阴门处可能会看到胎儿唇部或唇部及一前蹄尖；产道检查可以摸到胎头及屈曲的肩关节。

肘关节屈曲表现肘关节未伸直，呈屈曲姿势，肩关节也同时屈曲，但腕部还是伸直的。在阴门处可以看到唇部、一个前蹄在前另一前蹄在后（一侧肘关节屈曲）或者两前蹄仅位于颌下（两侧肘关节屈曲）。

前肢置于颈上表现一条或两条前肢交叉地放在头颈部之上，有时甚至头颈弯曲，使得胎头位于胸或腹部之下。马发生多为双侧性的，有时可造成极为严重的难产，甚至胎儿的蹄部可穿裂阴道壁。在阴门内可以摸到蹄尖位于唇部之上的两旁，两肢交叉。前肢置于颈上时，由于增大了头部的体积，影响胎儿排出。阵缩强烈时，蹄子可以使阴门上壁及会阴发生破裂而引起肛腔或阴道破裂。

3. 后肢姿势异常

跗关节屈曲为倒生时常发生的一种异常，即后肢没有伸直进入产道，跗关节屈曲，位于骨盆边缘之前或楔入母体骨盆腔，且常为双侧性的。跗关节屈曲必然伴发髋、膝关节屈曲，后肢折叠起来，使胎儿的后肢无法通过骨盆。如为双侧跗关节屈曲，在阴门处什么也看不到。产道检查时在骨盆入口处可以摸到胎儿的尾巴、坐骨粗隆、肛门、臀部及屈曲的跗关节。一侧跗部前置时，阴门内常有一蹄底向上的后蹄。

髋关节屈曲为后腿未进入骨盆，而伸于自身躯干之下，胎儿坐骨向着盆腔，所以又称坐骨前置或坐生。一侧坐骨前置时，阴门内可见一蹄底向上的后蹄尖；如为坐生，阴门内什么也看不到，产道检查时，在骨盆入口处可以摸到胎儿的尾巴、坐骨粗隆、肛门，再向前可以摸到大腿向前伸，容易作出诊断。有时由于难产的时间较长，手根本难于进入产道进行检查。倒生时有时两前蹄也向后弯曲伸至骨盆入口前，其蹄底向上，须注意鉴别。

（三）类症鉴别

1. 子宫弛缓

母马生产时努责微弱或无努责，长久不能排出胎儿。产道检查，子宫颈松软开放，胎儿及胎膜囊尚未进入子宫颈及产道。胎儿的胎向、胎位及胎势均正常。

2. 胎儿过大性难产

胎儿及胎膜囊的一部分已经进入子宫颈及产道，但由于胎儿过大而导致胎儿不能顺利产出，此时母马阵缩及努责均正常，胎儿的胎向、胎位及胎势也正常。

3. 胎儿畸形难产

由于胎儿畸形导致胎儿难以从产道中娩出，母马阵缩及努责均正常，胎儿的前置部分正常，但畸形部分楔入骨盆入口。

4. 胎位和胎向异常性难产

部分胎儿及胎膜囊进入子宫颈及产道，但由于胎位和胎向异常导致胎儿不能顺利产出，此时母马阵缩及努责均正常。

（四）预防措施和安全用药

1. 头颈姿势异常的助产

矫正拉出胎儿时，母马应前低后高的姿势进行保定，根据情况采用硬膜外腔麻醉、后海穴或百会穴麻醉，然后依据胎儿的情况进行助产。如果弯曲程度不大，仅头部稍弯，同时母畜骨盆入口之前空间较大，手可够及胎头，这时可将手伸入产道，握住胎儿的唇部，把头扳正，矫正后可在头部及两前肢套上绳套，将胎儿拉出；如果弯曲程度很大，颈部堵在盆腔入口，且胎水丢失严重，子宫紧裹在胎儿上时，此时可先向子宫内注入润滑剂，先用产科梃顶在胸前和对侧前腿之间，向对侧推后胎儿，使头颈和骨盆腔间腾出较大的空间，然后把头拉直，将胎儿拉出；因马驹颈较长，如手触不到头部，也可用推拉梃拴住颈部前端，把头拉至盆腔入口处，再按上述方法把头拉入盆腔；如马驹已死亡，且上述操作遇到困难，手能够到胎儿时，最好用线锯或胎儿绞断器在颈的基部将头颈部截断，然后将头颈部向前推，再把躯干拉出来，最后用钩子钩住颈部断端把头颈拉出来；如果胎儿仍然活着，而弯曲的头颈难于矫正时，可行剖腹产。

2. 前肢姿势异常的助产

首先要进行对母马的保定，可根据情况采用站立或仰卧等方式，然后采用适当的麻醉，如硬膜外麻醉等，以抑制努责，最后再进行矫正或截胎等其他手术。如果为一侧性胎势异常，术者手伸入产道后，先将胎儿向后推回到腹腔内，抓住反常的前腿由上位异常矫正为下位异常，及肩关节屈曲逐步矫正为肘关节屈曲、腕关节屈曲，直到完全矫正过来，然后用产科绳拴住胎儿的前肢和头部，将胎儿拉出。如为两侧性的，可分别在两前腿系部套上绳子，向后推动胎儿的同时，按照上述方法逐步矫正，用牵引术拉出。例如一侧肩部前置时，可先将产科梃叉顶在胎儿胸前与对侧前腿之间，术者用手握住异常前腿的下端，在助手用产科梃向前并向对侧推的同时，把前肢下端往骨盆腔内方向拉，使它变成腕部前置。

腕部屈曲时助手用产科梃顶在胎儿胸部与异常前腿肩端之间向后推，将胎儿推回子宫后用手钩住蹄尖或握住系部尽量向上抬，或者握住掌部上端向前向上推，并向后向外侧拉，使蹄子呈弓形越过骨盆前缘向骨盆腔内伸，将前腿拉直。如果腕部屈曲较为严重，也可将绳子拴住异常前腿的系部，术者用一只手握住掌部上端向前向上推，另一只手拉动系部，前腿即可伸直进入盆腔。但如果有困难时，不要硬拉，以免蹄子损伤软产道。如果矫正极为困难，特别是胎儿已经死亡的，用截胎术截去前肢，以便腾出空间矫正胎头，或截去胎头及前肢后再行处理。个别情况下，如胎儿气肿，且子宫紧裹住胎儿，不能矫正，也不易拉出，可将异常前腿截掉，然后先拉出躯干，再拉出前腿。

前腿置于颈上病例的助产，先将胎儿向后推，然后抓住反常的前腿向正常侧下压，即可矫正过来。矫正困难时，如为两侧性的，可分别在两前腿系部套上绳子，在推退胎儿的同时，先将位于上面的一条腿抬起并向其正常位置拉，使其复位。然后再以同样的方法矫正另侧前腿，并将头部抬起，两腿放于其下，用牵引术拉出。

3. 后肢姿势异常的助产

一般来说，矫正倒生时姿势异常的后腿，首先必须考虑 3 个重要步骤，即硬膜外麻醉、替补胎水及推退胎儿。操作时必须非常仔细小心，以免胎儿肢体损伤子宫，甚至造成子宫穿孔。倒生且后肢异常引起的难产，如果救治得早，则一般预后良好；胎水丧失，子宫收缩，胎儿死亡，则救治比较困难，常需使用截胎术或剖腹产。

跗关节屈曲助产的原则和方法基本和正生时的腕关节屈曲相同，主要目的是拉直屈曲的跗关节，由于马驹跖部较长，矫正要困难得多。先用产科梃顶在尾根和坐骨弓之间向前推，术者用手钩住蹄尖或握住系部尽量向上抬，或者握住跖部上端向前、向上并向外侧推，然后使蹄子向盆腔内伸，使它越过耻骨前缘，将后腿拉直。如果跗部已深入盆腔，上述矫正方法遇到困难，且胎儿死亡时，可先把跗关节截断，取出截下的部分，或将跟腱彻底切断，然后用绳子拴住胫骨下端，将后腿拉直。拉时最好同时向前推动胎儿，以防膝部损伤软产道。

髋关节屈曲助产原则及方法与正生时的肩部前置相同，主要方法是先把一侧坐骨前置矫正成跗部前置，再进行相应处理。一般是用产科梃横顶在尾根和坐骨弓之间，术者用手握住胫骨下端，也可用推拉梃把绳子带至胫部下端，用力拴住。在助手向前用力推动胎儿的同时，术者用手或推拉梃向前向上抬并向后拉，把后腿拉成跗部前置，然后再继续矫正拉直。驹坐生时，如果胎儿尚活着，宜迅速采取抑制母马努责的措施，并立即进行剖腹产。否则，矫正拉出会耽误时间而导致胎儿死亡。有时坐骨前置难于矫正，而且胎儿已经死亡，此时可用截胎术截去弯曲的后肢，再将肛门钩或产科钩自胎儿体外向内钩住耻骨前缘拉出，也可采用骨盆截半术破坏胎儿的骨盆，然后拉出。

二十二、胎位和胎向异常性难产

胎位异常是指胎儿在进入产道后不是呈现正常的上位胎位（即胎儿背部朝着骨盆顶，胎儿俯卧于骨盆腔内）而发生的难产，主要有侧位及下位两种。

胎向异常是指胎儿在分娩过程中进入产道后不是呈现为正常的纵向胎向（即胎体的纵轴大体与母体的纵轴平行），而是胎儿纵轴与母体纵轴垂直，呈竖向（上下垂直）或横向（水平垂直）导致的难产。根据胎儿脊柱或腹部位于骨盆入口处的情况，胎向异常分为背竖向和腹竖向、腹横向及背横向。其中胎儿腹竖向比较常见，而且主要发生于腹部下垂的老龄马，又分为头部向上（头部及四肢伸入产道）和臀部向上两种。

（一）发病原因

马胎儿在妊娠后期或分娩初期是下位，在分娩时胎儿必须要从下位转为上位才能顺利娩出，无论正生或是倒生，胎儿均可能因为未翻正，而使胎位发生异常，即呈侧位或下位，这样胎儿的脊柱偏向一侧或者朝向母体产道底部而发生难产。

引起胎向异常的原因比较复杂。腹竖向表现为胎儿倾斜竖立于子宫中，腹部向着骨盆入口，头及四肢伸入产道内，这种胎向异常也称为犬坐式。发生这种异常时，后肢多在母体髋关节处屈曲，趾关节可能楔入骨盆腔或沿着胎儿体躯伸入阴道内。背竖向表现为胎儿竖立于子宫中，背部向着母体骨盆入口，头部在上，头和四肢呈屈曲状态，这种情况最为少见。腹横向表现为胎儿横卧在子宫内，腹部向着骨盆，四肢伸向产道。马的腹横向难产在难产中约占 5%；马的这种异常有时是因双角妊娠（即胎儿横卧在子宫内）而引起的，患先天性歪颈的胎驹也常出现这种胎向。背横向是胎儿横卧于子宫内，背部朝着母体骨盆入口，约占马难产的 2.7%。

（二）临床症状

1. 胎位异常

正生时侧位及下位：正生侧位时，产道内可以摸到两前蹄底向着侧面，唇部伸入盆腔，且下颌向着一侧，但约半数病例，两前腿和头颈是屈曲的，不伸入盆腔。在正生下位时，两前腿和头颈一般都是屈曲的，位于盆腔入口之前；偶尔前腿以蹄底向上的姿势伸入骨盆腔，头颈侧弯在子宫内。继续向前触诊，根据胸背部的位置可以确定为侧位或下位。倒生时两后肢屈曲，但偶尔有的伸入产道，蹄底向着侧面或向下；检查胎儿时，借跗关节可以确定是否为后肢，臀部向着侧面或位于下面。

倒生时侧位及下位：这种异常是两后腿屈曲多见，但偶尔也伸入产道，蹄底向着侧面或向下。检查胎儿时，借跗关节可以确定是后腿；继续向前触诊，可以摸到臀部向着侧面或位于下面。

2. 胎向异常

腹竖向：分娩开始时，除在产道内摸到正常前置的头及前腿外，在耻骨前缘或盆腔入口内还能摸到后蹄。这种情况在临床上很少遇到，一般总是在延误了若干时间，经过阵缩，唇及前蹄已见于阴门处，且姿势正常，但胎儿不能继续排出，施行牵引术至头颈前腿露出后再也拉不动的时候，才怀疑发生了异常。这时手如能沿躯干侧面用力向前伸，在骨盆入口处可以摸到后腿是屈曲的。因此整个后躯增大，阻塞于骨盆入口，不能通过。后蹄已进入盆腔入口内，位于膝部与腹部之间，趾部挡在耻骨前缘。有时只有一后蹄呈这种状态，另一后腿仍在耻骨前缘之前。此外，有时也可遇到腹部前置的竖向同时伴有前躯的姿势异常，例如胎头侧弯及腕部前置，这时前躯不会露出阴门之外。因而在行产道检查时，除了注意检查和矫正头部以外，还须弄清进入产道的蹄子是前蹄还是后蹄，以免矫正拉出发生错误。

背竖向：前躯有时距骨盆入口较近，在骨盆入口之前可以摸到胎儿的鬐甲、背部及颈部，这种情况也可以看作是一种正生下位。有时后躯靠近骨盆入口，能够摸到荐部、尾巴及腰部，可以看作是一种倒生，但臀部位于耻骨前缘下方。

腹横向：在产道内有时可以摸到蹄底朝向一侧的四肢，有时彼此交叉，楔在骨盆入口处，胎头常难于触及。有时四肢并不都伸入产道，有的是屈曲的。再向前触诊，即可摸到胎儿的腹部。横卧的胎儿往往是斜的，即一端高，一端低。胎儿的前躯及后躯可能距母畜骨盆入口处距离相等，但有时则一端更靠近产道，诊断这种反常时，必须仔细检查，以便和双胎、裂腹畸形等作鉴别诊断。

背横向：产道检查什么也摸不到，手伸入至骨盆入口之前，才摸到胎儿背腰部脊椎棘突的顶端；沿着脊柱及其前后及两旁触诊，利用肋骨和鬐甲、腰横突、髋结节和荐部，即能将背横向做出诊断，并能够确定头尾向着哪一侧。

（三）类症鉴别

1. 子宫弛缓

母马生产时努责微弱或无努责，长久不能排出胎儿。产道检查，子宫颈松软开放，胎儿及胎膜囊尚未进入子宫颈及产道。胎儿的胎向、胎位及胎势均正常。

2. 胎儿过大性难产

胎儿及胎膜囊的一部分已经进入子宫颈及产道，但由于胎儿过大而导致胎儿不能顺利产出，此时母马阵缩及努责均正常，胎儿的胎向、胎位及胎势也正常。

3. 胎儿畸形难产

由于胎儿畸形导致胎儿难于从产道中娩出，母马阵缩及努责均正常，胎儿的前置部分正常，但畸形部分楔入骨盆入口。

4. 胎势异常性难产

部分胎儿及胎膜囊进入子宫颈及产道，但由于胎势异常导致胎儿不能顺利产出，此时母马阵缩及努责均正常。

（四）预防措施和安全用药

1. 胎位异常的助产

由于胎儿只有在正常的上位时才能顺利产出，因此在救治这类难产时，必须要将侧位或下位的胎儿矫正成上位。正生在矫正时，必须先将胎儿的两前肢用产科绳系紧，在母马不努责的时候推回胎儿，将胎儿的两前肢和头部扳直拉入盆腔，然后术者用手在前置的适当部位上用力转动胎儿，或者术者握住下颌骨体翻转头部，同时，两个助手根据情况交叉性地顺时针或逆时针方向转动并拉已经系好绳子的前肢，术者同样也可以用手钩住胎儿的肘部配合两个助手抬起和转动胎儿，这样即可把胎儿转正为上位或轻度侧位。倒生时助产的方法与正生基本相同，即拉位置在上的一条后腿，同时抬位置在下的对侧髋关节，使骨盆先变成侧位，然后再继续矫正拉出。如胎儿已死，而跖部已露出于阴门之外，可在两腿之间放一粗棒，用绳以“8”字形缠绕捆紧，缓慢但用力转动粗棒，将胎儿转正。

在刚发生的病例，因为胎水尚多，子宫尚未紧裹住胎儿，翻转胎儿一般并不困难，但尽可能使母马站立，这样操作比较容易。对于延误病例，因胎水流失，子宫缩小，胎儿挤在盆腔入口前，矫正有困难。必须在子宫内灌入大量润滑剂后进行矫正。为了克服努责，可行后海穴麻醉，尽可能不使母马卧下，否则操作要困难得多。

2. 胎向异常的助产

所有胎向异常的难产均极难救治。救治的主要方法是转动胎儿，将竖向或横向矫正成纵向，但应注意，在未进行矫正或矫正完全成功之前不要牵拉胎儿，以免使难产更为严重。在行矫正之前最好施用硬膜外麻醉。一般来说，助产之前确定胎儿的哪一端离骨盆入口最近，先将最近的肢体向骨盆入口处拉，并应用助产器械将离骨盆腔远的胎儿一端推向子宫内，如果四肢都差不多时，最好将其矫正成倒生，并灌入大量润滑剂，防止子宫发生损伤及破裂。与此同时，并矫正胎儿的胎位和胎势，然后将胎儿采用牵引术拉出。若矫正有困难时，一般胎儿均已死亡，则宜立即施行胸部缩小术或截胎术；当胎儿活着时，宜尽早施行剖腹产术。

二十三、阴道及阴门损伤

阴道及阴门损伤指由各种原因引起的阴道及阴门的损伤。分娩和难产时，产道的任何部位都可能发生损伤，但阴道及阴门损伤更易发生。如果不及时处理，容易被细菌感染。

（一）发病原因

初产母牛分娩时，阴门未充分松软，开张不够大，或者胎儿通过时助产人员未采取保护措施，容易发生阴门撕裂。胎儿过大，强行拉出胎儿时，也能造成阴门撕裂。在难产过程中，使用产科器械不慎，助产医生的手臂、助产器械及绳索等对阴门及阴道反复刺激，都能引起损伤。胎衣不下时，在外露的胎衣部分坠以重物，成为索状的胎衣能勒伤阴道底壁。

（二）临床症状

阴道及阴门损伤的病马表现出极度疼痛的症状，尾根高举，躁动不安，拱背并频频努责。阴门损伤时症状明显，可见撕裂口边缘不整齐，创口出血，创口周围组织肿胀，阴门内黏膜变成紫红色并有血肿。阴道创伤时从阴道内流出血水及血凝块，阴道黏膜充血、肿胀，有新鲜创口。阴道壁发生穿透创时，其症状随破口位置不同而异。透创发生在阴道前端时，病马很快就出现腹膜炎症状。如果破口发生在阴道前端下壁上，肠管及网膜还可能突入阴道腔内，甚至脱出于阴门之外。

（三）类症鉴别

1. 阴道脱出

阴门中间或阴门外有粉红色瘤样物，阴道黏膜发生淤血、水肿、坏死及糜烂。

2. 阴道炎

阴门外流脓性分泌物，阴道黏膜红肿、坏死及糜烂，但阴道没有发现伤口。

3. 阴道肿瘤

突出于阴道壁表面，表面不光滑、出血、溃疡，患马贫血、消瘦。

（四）预防措施和安全用药

阴道及阴门的损伤应按一般外科方法处理。对阴道黏膜肿胀并有创伤的患马，可向阴道内注入乳剂消炎药，或在阴门两侧注射抗生素。对阴道壁发生透创的病例，应迅速将突入阴道内的肠管、网膜用消毒溶液冲洗净，涂以抗菌药液，推回原位。

二十四、妊娠浮肿

妊娠浮肿是妊娠末期孕马腹下及后肢等处发生的水肿。浮肿面积小，症状轻，是妊娠末期的一种正常生理现象，浮肿面积大，症状严重，则认为是病理状态。浮肿一般开始于分娩前 1 个月左右，产前 10 d 变得显著，分娩后 2 周左右自行消退。

（一）发病原因

妊娠末期母马新陈代谢旺盛，迅速发育的胎儿、子宫及乳腺都需要大量的蛋白质等营养物质，同时孕马的全身血液总量增加，致使血浆蛋白浓度下降，如孕马摄取的蛋白质不足，则使血浆蛋白胶体渗透压降低，导致组织间隙水分增多。妊娠末期，子宫体积随之增大，腹内压增高，同时，由于孕马运动减少，因而腹下、乳房及后肢的静脉血流滞缓，导致静脉淤血，毛细静脉管壁渗透性增高，引起水肿。尤其是孕马运动不足，机体衰弱，特别是有心脏及肾脏疾病时，更容易发生水肿。

（二）临床症状

浮肿常从腹下及乳房开始，以后逐渐向前蔓延至前胸，向后蔓延至阴门，甚至涉及后肢的跗关节及球节。浮肿一般呈扁平状，左右对称（图 4-24-1）。触诊感觉其质地如面团，指压留痕，皮温稍低。无被毛部分的皮肤紧张而有光泽。通常无全身症状，但如浮肿严重，则可出现食欲减退、步态强拘等现象。

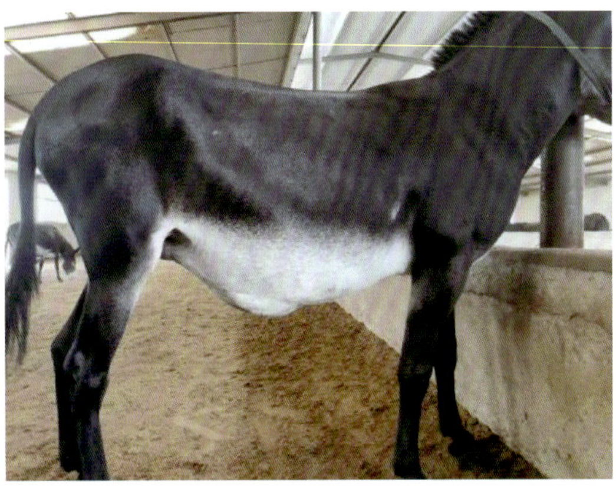

图 4-24-1 妊娠浮肿

（三）类症鉴别

1. 巴氏杆菌病

是由多杀性巴氏杆菌引起幼驹的一种急性、发热性、败血性传染病，临床上分为高热和麻痹型、腹泻型、水肿型。水肿型常于头部、颈部和肩前部出现炎性肿胀，头部肿胀呈河马头状。

2. 恶性水肿

是由以腐败梭菌为主的多种梭菌引起的一种经创伤感染的急性传染病，一般为散发，在伤口周围出现气性炎性水肿，并迅速扩散蔓延。

3. 急性心力衰竭

急性心力衰竭时，静脉怒张、呼吸困难、胸前和腹下水肿，常伴有肺水肿，但其前期症状是心力衰竭。

4. 马梨形虫病

是由巴贝斯虫寄生于红细胞内所引起，临床上主要表现高热、贫血、黄疸、呼吸困难、可视黏膜有出血点、血红蛋白尿和肢体下部水肿等。血液检查，红细胞内可发现巴贝斯虫虫体。

5. 肾炎

多发生于某些传染病或链球菌感染之后，或有中毒的病史，临床上以水肿，肾区敏感，少尿或无尿，主动脉口第二心音增强，尿液出现蛋白质、血液、肾上皮细胞及各种管型为特征。

6. 肾病

是由于细菌或毒物直接刺激肾脏，而引起肾小管上皮细胞变性的一种非炎性疾病，通常肾小球损害轻微。临床上见有明显水肿，低蛋白血症，尿中有大量蛋白质、肾上皮细胞、透明管型和颗粒管型，但无红细胞和红细胞管型及肾性高血压现象。

（四）预防措施和安全用药

加强饲养管理，给予含蛋白质、矿物质及维生素丰富的饲料，限制饮水，多运动，经常压擦皮肤，浮肿轻者不必用药，严重的孕马，可应用强心利尿剂。

促进局部血液循环：涂布轻度刺激剂，如樟脑酒精溶液、鱼石脂软膏、松节油、樟脑薄荷油等。每日 1 次，连续 3 ～ 5 d，或者产后 1 ～ 2 d 用 200 mg 己烯雌酚加 10 mL 玉米油涂擦局部。

增强心脏功能：50% 葡萄糖液 500 mL，10% 葡萄糖液 1500 mL，10% 葡萄糖酸钙 500 mL，水解蛋白 500 mL，20% 安钠咖注射液 10 mL，一次静脉注射，连用 2 ～ 3 次。也可用消肿灵（5% 葡萄糖液 1000 mL，20% 安钠咖注射液 10 mL，5% 氯化钙溶液 200 mL，10% 水杨酸钠溶液 10 mL），一次静脉注射，连用 2 ～ 3 次。

应用利尿剂：速尿 500 mg，一次肌内注射；氢氯噻嗪 250 mg，口服。

中兽医治疗：以补肾、理气、养血、安胎为治则。浮肿势缓者可内服当归散：当归 50 g、熟地黄 50 g、白芍 30 g、川芎 25 g、枳实 15 g、红花 3 g，共研为末，开水冲服。浮肿势急者可内服白术散：炒白术 30 g、砂仁 20 g、当归 30 g、川芎 20 g、熟地黄 20 g、白芍 20 g、党参 20 g、陈皮 25 g、苏叶 25 g、黄芩 25 g、阿胶 25 g、甘草 10 g、生姜 15 g，共研为末，开水冲服。

二十五、产前及产后截瘫

产前及产后截瘫是指怀孕马在产前1个月至产后7 d内出现的无外科因素导致后躯不能站立，但精神状态、食欲等均无明显异常的一种病症，多见于冬末春初或炎热多雨季节及衰老体弱母马。

（一）发病原因

产前截瘫多继发于营养不良、严重的子宫捻转、酮血症、青草抽搦、风湿等。但饲养不当，长期饥饿，饲料单纯，缺乏钙、磷等矿物质及维生素，特别是钙磷缺乏或代谢障碍可能是发病的主要原因；另外铜、钴、铁严重缺乏，也可因贫血及衰弱而发生本病。加上怀孕末期子宫的重量也大为增加，且骨盆部韧带变得松软；或者胎儿过大，胎水过多等，对骨盆神经及血管的压迫加大，后肢的负重增加，就发生起卧困难，甚至不能起立而发生截瘫。

孕马产后截瘫除上述营养不良及缺乏钙、磷及维生素D外，多见于难产发生时间过长，或强行拉出胎儿使闭孔神经、坐骨神经、臀神经和骨盆腔韧带受损，骨盆骨折、肌肉损伤等而使后躯不能站立。

（二）临床症状

产前截瘫一般在分娩前1个月左右逐渐出现运动障碍，病初仅见站力无力，步态不稳，两后肢交替负重，跛行，卧地后起立困难等。随着病情逐渐加重，后肢最终不能站立，卧地不起。没有明显的全身症状，精神、食欲也正常。长期卧地可能发生褥疮、便秘及肌肉萎缩或阴道脱出等。

产后截瘫绝大多数是在分娩后立即发生，初期无明显的全身症状，精神、食欲、体温、呼吸、脉搏等基本正常，皮肤反射等机能良好，主要是后肢不能站立，或后肢站立困难，行走有跛行症状。最常见的症状是卧地不起，常挣扎欲起但不能站立，即使人力抬起后，最终因后躯无力而卧下。如一侧闭孔神经受损或麻痹，往往虽仍可站立，但患肢外展，不能负重，行走时患肢亦外展，膝部伸向外前方，膝关节不能屈曲，跨步较正常大，容易跌倒；如两侧受损则两侧外展，站立困难或站立后自行摔倒，马臀神经麻痹，卧下后起立困难，但抬起后能站立，运动时有明显跛行。一侧坐骨神经麻痹时，则完全不能站立。荐髂关节韧带剧伸，也能引起后肢跛行或不能站立。骨盆骨折，卧下后也不能站立。如果长期卧地不起，容易发生褥疮，日趋消瘦，全身症状明显，最后发生败血症或病情恶化最终导致淘汰或死亡。

（三）类症鉴别

1. 骨折

由于外力作用使骨的延续性或完整性遭到破坏，与妊娠无关，运动障碍的同时局部出现红肿，疼痛明显。

2. 骨软症

由于饲料中营养素缺乏引起，与妊娠无关，病程长，发展慢，主要表现消化机能紊乱、异嗜癖、跛行、骨质疏松和骨变形。

3. 纤维素性骨营养不良

由于日粮中磷过剩而继发钙缺乏或原发性钙缺乏而引起，与妊娠无关，呈地方流行性，临床上以消化机能紊乱，异嗜癖，跛行，拱背，易骨折，面骨和长骨端肿胀变形及尿澄清、透明等为特征。

4. 风湿症

患部疼痛更显著（尤其背部及四肢上方），但运动后疼痛非但不加重反而减轻，其他亦无异常。

（四）预防措施和安全用药

1. 预防措施

本病的预防主要是在难产发生时或者胎儿分娩助产时动作要轻巧适宜，尽量避免对马的产道以及周围神经造成损伤。在怀孕后期，注意营养平衡，保证矿物质和维生素的供给和一定的运动量，增强体质，保证分娩过程的正常进行。

2. 安全用药

治疗原则是加强护理和营养，祛风除痹，舒筋活络，兴奋和营养神经肌肉等中西医结合。

（1）加强护理和营养　首先加强护理和营养，尽可能专人看护，给予优质饲料，保证饮水供给；适当补充矿物质、维生素和易消化的营养性饲料，口服补液盐。严防褥疮发生，勤换垫草，保持干燥、清洁，每天至少人工翻转患马 2 次，改变其卧势，最好将其扶成俯卧，严禁侧卧。坚持每日早、中、晚三次进行后躯按摩和推拿，促进其血液循环功能的恢复。病马如能勉强站立，或仅一侧神经麻痹，每天可将患马抬起数次，或用吊床吊起，或自制简易设备抬起身体。如发生褥疮，应尽早采用药物人工引产或剖腹产，使母子安全。如有消化紊乱、便秘等，可对症治疗。

（2）药物治疗　2.5% 醋酸氢化泼尼松注射液 10 mL，肌内注射；或 0.5% 氢化可的松溶液 40 mL，肌内注射；水杨酸钠 100 ～ 200 mL，或奥斯明 200 mL，或撒乌安 100 mL，或水杨溴碘 100 mL，溶于 10% 葡萄糖注射液 500 ～ 1000 mL，静脉注射。0.2% 硝酸士的宁 10 mL，皮下注射，每日 1 次，连用 5 ～ 7 d。10% 葡萄糖酸钙注射液 500 mL，或 10% 氯化钙 200 mL，应用 10% 葡萄糖注射液 1000 mL 稀释后一起静脉注射，隔日 1 次。肌内注射维生素 D_2 10 ～ 15 mL，或维丁胶性钙 20 mL。在补钙效果不理想时，可考虑补磷，一般可以口服磷酸二氢钠。2.5% 维生素 B_1 注射液 5 ～ 10 mL，第一、二腰椎内注入，每日 1 次，连用 5 次；或者维生素 B_1 和维生素 B_{12}，肌内注射。也可补液，应用 5% ～ 10% 葡萄糖溶液 500 mL，10% 水杨酸钠溶液 100 mL，1% 维生素 C 溶液 100 mL，10% 安钠咖溶液 20 mL，混合后静脉注射，开始连用 3 d，每日 1 次，以后隔日 1 次。此外，针对由于缺钙所引起的产后截瘫进行治疗，也可以考虑静脉注射 10% 葡萄糖酸钙注射液 500 mL 及 10% 葡萄糖溶液 500mL，隔日 1 次，共 2 ～ 3 次。

（3）中兽医治疗　独活散：独活 30 g、秦艽 25 g、熟地黄 25 g、炒白芍 25 g、防风 25 g、归尾 25 g、焦茯苓 25 g、川芎 25 g、桑寄生 25 g、党参 25 g、杜仲 35 g、牛膝 35 g、桂枝 30 g、甘草 15 g、细辛 10 g，共研为末，开水冲，一次内服，每日 1 剂，连服 3 ～ 4 剂。

当归散加减：当归 50 g、白芍 35 g、熟地黄 50 g、续断 35 g、补骨脂 35 g、川芎 30 g、杜仲 30 g、枳实 20 g、青皮 20 g、红花 15 g，煎汤去渣，候温灌服。

独活寄生汤加减：独活 30 g、寄生 30 g、防风 30 g、当归 30 g、川芎 30 g、苍术 30 g、杜仲 30 g、茯苓 30 g、木瓜 30 g、党参 30 g、桂枝 30 g、秦艽 35 g、细辛 35 g、牛膝 35 g，伸筋草 100 g，丝瓜络 2 条为引，1 次口服，连服 1 剂。

理疗、电疗：针灸百会、肾俞、汗沟、巴山及后海等穴。

二十六、胎水过多

胎水过多是指尿膜囊腔或羊膜囊腔内蓄积过量的液体，即尿水过多或羊水过多，多数是尿水和羊水同时积聚过多，多发生于妊娠后期经产马，主要见于怀孕 7.5 ～ 9.5 个月期间。

（一）发病原因

引起胎水过多的真正原因还不清楚。可能和胎儿发育反常、遗传因素、缺乏维生素 A、胎盘循环障碍以及母体的心脏和肾脏疾病、贫血等有关。但是羊膜囊积水的病例与胎驹先天畸形和脐带扭转有关，而胎盘炎和胎盘异常与尿囊积液有关。

（二）临床症状

在妊娠后期，母马在几周的时间内腹部明显膨大，且发展迅速。病重时腹部很大，在腹下部向两旁扩张，腹壁紧张，背部凹陷，叩诊腹部呈浊音，推动腹壁，液体晃动明显，有的出现腹部水肿。病马不愿意走动或运动困难，站立时四肢外展，卧下时呼吸困难；在胎水更多时，则起卧困难或卧地不起，有时腹肌发生撕裂。体温无变化，呼吸快而浅，脉搏快而弱，全身状况随着疾病的加重而逐渐恶化，表现精神萎靡，食欲减退，机体消瘦，被毛蓬乱。有些病例发生流产。直肠检查时，感到腹内压力升高，常能触摸到膨大的子宫，子宫常延伸到骨盆腔，使检查很困难，常因大量的胎水而触摸不到胎儿。子宫壁变薄、紧张，胎儿往往很小，不容易摸到，但特殊的妊娠脉搏很清楚。胎儿发育不良，分娩或者早产时常因子宫松弛、子宫颈开张不全及腹肌收缩无力而发生难产。排出胎儿后，常发生胎衣不下。胎水大量积聚可能引起子宫破裂，或者腹肌破裂而发生子宫疝。如果胎水极多（严重的则可达到 220 L），距离分娩时间尚早或病马因身体衰弱而已长久不能站立，则预后不佳。

（三）类症鉴别

1. 腹水症

腹水症为腹腔内积聚漏出液，呈淡黄色透明液体或稍混浊的淡黄色液体，相对密度低于 1.018，一般不凝固，蛋白质总量在 25 g/L 以下，Rivalta 试验和细菌学检查均为阴性。

2. 肝硬变

本病与妊娠无关，病程较长，常伴有慢性胃肠炎、黄疸、肝脾综合征。

3. 腹膜炎

本病与妊娠无关。表现弓背，持续站立，触诊腹壁敏感，胸式呼吸等。腹膜炎引起的腹水为腹腔内积聚渗出液，呈颜色较深的混浊液体，相对密度高于 1.018，蛋白质总量在 30 g/L 以上，Rivalta 试验和细菌学检查均为阳性。

4. 急性心力衰竭

急性心力衰竭时，静脉怒张、呼吸困难、胸前和腹下水肿，常伴有肺水肿，但其前期症状是心力衰竭。

（四）预防措施和安全用药

病势轻而距分娩时间较近的，注意加强营养，适当限制饮水和增加运动量，并给予强心、利尿、轻泻药物，尽可能维持到分娩，然后及时进行人工助产，让马驹顺利产出。发展迅速且病情严重的患马，在确诊胎水过多后就应立即采取治疗措施，尽快终止妊娠，可选择进行人工引产或剖腹产。人工引产主要方法有：注射氯前列烯醇 0.2 mg，一般在 2 d 内即可引产；肌内注射地塞米松磷酸钠注射液 40 mg 或地塞米松 10 mg；先注射苯甲酸雌二醇 200 mg，隔 12 h 再注射催产素 100 ～ 200 IU。前列腺素和雌激素配合应用的效果最好，也有地塞米松和雌激素配合的报道，或者先用米非司酮，继之使用前列腺素。也可采用人工引产或剖腹产术，首先人工扩张子宫颈，用胃管缓慢吸出胎水，也可以用套管针放出部分胎水，然后施行人工引产或剖腹产手术。由于大量失水会造成电解质平衡紊乱，故手术前后均需静脉输入复方生理盐水。引产后要特别重视对母畜的护理，设法清除子宫内残留的液体，并注入抗生素消除和抑制子宫内感染。

二十七、胎盘炎

胎盘炎是孕马在妊娠期间病原微生物侵入生殖道的末端，然后通过子宫颈侵染胎盘而引发的胎盘炎症。临床上以乳房过早发育和流出脓性阴道分泌物为特征，常导致母马流产或新生儿死亡，主要发生在妊娠期末的三个月内。

（一）发病原因

细菌是引起马胎盘炎的最普遍原因。引起母马胎盘炎的最常见病原体有链球菌属马兽疫链球菌、大肠杆菌、克雷伯菌属、假单胞菌属和金黄色葡萄球菌。偶尔也可见真菌（念珠菌属和曲霉菌属真菌）引起胎盘炎。细菌侵入生殖道的末端，然后通过子宫颈侵染胎盘，主要侵染子宫颈末端的星状部位，逐步破坏尿膜、绒毛膜和子宫黏膜间的紧密接触。

进一步继发炎症反应，胎盘发生感染，导致早产。

（二）临床症状

母马发生胎盘炎（图 4-27-1），由于继发性炎症和胎盘的受损程度的不同，临床症状有很大差异。轻度胎盘炎症，往往无全身症状，有时候仅可见到少量阴道分泌物，如果不定期进行母马后躯和尾部的检查，新鲜的阴道分泌物经常被母马尾巴擦掉而不易发现。母马无全身症状的情况下，血液常规指标、血清化学指标和血中乳酸浓度通常都在正常范围内。随着继发性炎症和胎盘的受损，胎盘炎表现出最典型的临床症状，即乳房开始过早发育和从阴门流出脓性阴道分泌物，常导致母马流产或新生儿死亡，产出不能存活的小马驹，有时候马驹过早成熟而活着产出。然而，临床症状的严重程度并不一定导致母马妊娠的终止。有些母马没有看到阴道分泌物，且乳房也没有过早发育，但是胎儿也有可能死亡。相反，某些马已经发生了大面积胎盘剥离但仍产下活的胎儿。这种情况见于母马感染放线菌性胎盘炎，在子宫体和孕角的连接处经常可见胎盘发生明显的损害性病变，但是胎儿不被感染而死亡。这种情况下常诱发胎儿早熟而提前产出并存活下来。

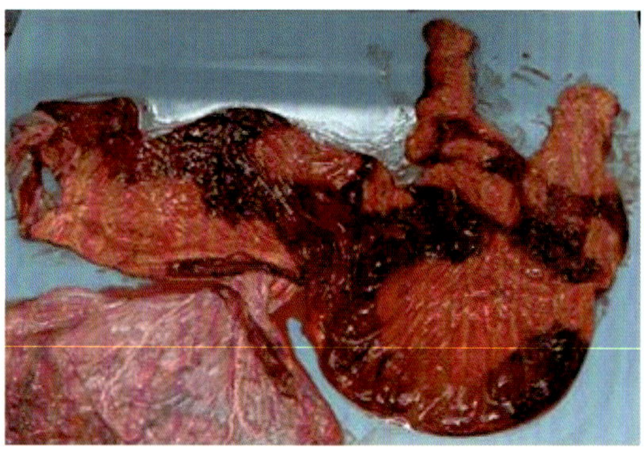

图 4-27-1 发炎的胎盘

（三）类症鉴别

1. 阴道炎

与妊娠无关，阴门外流脓性分泌物，阴道黏膜红肿、坏死及糜烂。

2. 马传染性子宫炎

是由马生殖泰勒杆菌引起，母马感染后表现为子宫颈炎阴道炎、子宫内膜炎和交配后出现过早发情等症状。

3. 马子宫内膜炎

发生于产后，母马阴门流出大量的黏液脓性分泌物，屡配不孕。

（四）预防措施和安全用药

尽管胎盘炎被认为是由细菌感染所致，但是继发的炎症和产生大量的前列腺素很可能也是导致胎盘炎的罪魁祸首。因此找到真正的致病原因是治疗胎盘炎的重要前提。临床上常规治疗药物有抗生素、抗炎药和孕酮。主要有青霉素 G 钾，22000 IU/kg 体重，静脉注射，每 6 h 用一次；普鲁卡因青霉素 G，22000 IU/kg 体重，肌内注射，每 12 h 用一次；硫酸庆大霉素，6.6 mg/kg 体重，静脉或肌内注射，每 24 h 用一次；甲氧苄氨嘧啶，15 ～ 30 mg/kg 体重，口服，每 12 h 用一次；氟尼辛葡甲胺，1.1 mg/kg 体重，静脉注射或口服，每 12 ～ 24 h 用一次；苯基丁氮酮（保泰松），2.2 ～ 4.4 mg/kg 体重，口服，每 12 ～ 24 h 用一次；非罗考昔，0.1 mg/kg 体重，口服，每 12 h 用一次；己酮可可碱，8.5 mg/kg 体重，口服，每 12 h 用一次；烯丙孕素（四烯雌酮），0.088 mg/kg 体重，口服，每 24 h 用一次；乙酰水杨酸，50 mg/kg 体重，口服，每 12 h 用一次。

二十八、胎衣不下

胎衣不下是指母马分娩后胎衣在正常生理时限内不能排出，又称胎衣滞留。马产后排出胎衣的正常时间为 1 ～ 1.5 h，如果超过 1.5 h 胎衣仍然不能够排出就属于胎衣不下的范畴，马胎衣不下的发生率为 2% ～ 10%，以重挽马较多发。

（一）发病原因

主要与产后子宫收缩无力、怀孕期间胎盘发生炎症等有关，但是下列情况发生胎衣不下的风险更高，包括难产、剖腹产、诱导分娩、流产、早产、尿囊积水、老龄和胎盘炎等，马发生难产和剖腹产后极易导致胎衣不下的发生。曾经发生过胎衣不下的马容易再次发生。如果怀孕期间，饲草料单一、缺乏矿物质及微量元素和维生素，特别是缺乏钙盐与维生素 A，孕马消瘦、过肥、运动不足等，都可使子宫弛缓而发生胎衣不下。怀孕期间子宫受到感染（如布鲁氏菌、沙门氏杆菌、李氏杆菌、胎儿弧菌、生殖道霉形体、霉菌、毛滴虫、弓形虫或病毒等引起的感染），发生轻度子宫内膜炎及胎盘炎，导致结缔组织增生，使胎儿胎盘和母体胎盘发生粘连，流产后或产后易于发生胎衣不下。

（二）临床症状

根据发病程度，胎衣不下分为全部不下和部分不下两种。胎衣全部不下，即整个胎衣未排出来，临床上最常见到的是未孕角末端的尿膜绒毛膜和子宫内膜紧密黏附在一起，仅有部分胎衣悬吊于阴门外（图 4-28-1）。马脱出的部分主要是尿膜羊膜，呈灰白色，表面光滑；有时也可见到一部分尿膜绒毛膜悬吊于阴门外，颜色为土红色，表面粗糙呈绒状。子宫严重弛缓时，全部胎衣可滞留在子宫内，悬吊于阴门外的胎衣也可能断裂。这种情况都需要进行阴道检查，才能发现子宫内还有胎衣。部分胎衣不下，即胎衣的大部分已经排出（图 4-28-2），只有一部分胎衣残留在子宫内，残留子宫内的胎衣大部分是未孕角的尿膜绒毛膜。如果不能够及时发现，有的马在产驹后 24 ～ 48 h 就表现出临床症状，流出暗黑色、恶臭的阴道分泌物，并有内毒血症征候。

如果不及时治疗，很容易发展为中毒性子宫炎和蹄叶炎综合征。由于残留在子宫内的部分尿膜绒毛膜发生自溶而发展成急性子宫炎。革兰氏阴性菌产生的毒素能引起子宫内膜炎症、子宫内液体积聚和子宫净化的推迟。发炎的子宫内膜变得更脆弱，毒素更易吸收进入机体而引起内毒血症，随后引发蹄叶炎。胎衣不下发展为中毒性子宫炎时则会出现全身反应，如体温升高、精神沉郁、呼吸加快、食欲降低、产奶量降低、心跳过快和黏膜充血等，严重的甚至引起败血病，也可能因此而发生子宫内膜炎而长期不易受孕。发展为蹄叶炎的患马往往症状很严重且易危及到生命。

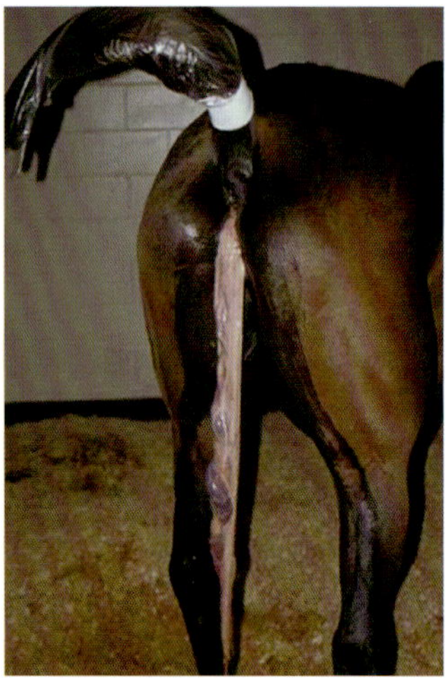

图 4-28-1 胎衣全部不下，仅部分悬吊于阴门外

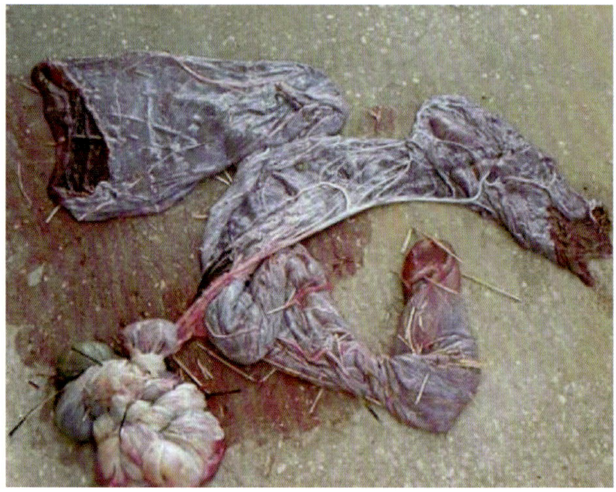

图 4-28-2 部分胎衣不下，已脱出大部分

（三）类症鉴别

1. 子宫弛缓

发生于母马生产时，努责微弱或无努责，可引起难产和胎衣不下。

2. 马子宫内膜炎

发生于产后，胎衣不下可导致马子宫内膜炎。

（四）预防措施和安全用药

1. 预防措施

加强饲养管理，供应平衡日粮，同时还应重视矿物质、维生素的供应，加强运动，增强体质。加强兽医消毒卫生，临产前要置于安静、清洁、宽敞的圈舍内，令其自然分娩，避免各种应激；助产时应严格消毒，操作细致；应做好防疫消毒工作；凡有流产发生，应查明原因，确定病性。产前补糖、补钙，对年老、高产和有胎衣不下病史的母马，临产前 3 ～ 5 d，每日或隔日用 25% 葡萄糖液和 20% 葡萄糖酸钙各 500 mL，一次静脉注射。也可产后肌内注射垂体后叶素 10 IU，如超过 24 h 后应用，其作用较弱。预产前 15 d、30 d，分别肌内注射亚硒酸钠 10 mg、维生素 E 5000 IU；产前 7 d 肌内注射维生素 AD 10 mL（每毫升含维生素 A 50000 IU、维生素 D 25000 IU），每日 1 次，直到分娩为止，可起到预防作用。产后饮用羊水或产后尽量让母马舔尽马驹体表的黏液，以促进子宫收缩，排出胎衣；尽早让马驹吃初乳，以刺激母体催产素的产生。

2. 安全用药

治疗原则是抑菌消炎，促使胎衣排出。常采用保守性药物治疗和手术剥离胎衣疗法。

（1）药物治疗

促进子宫收缩：静脉或肌内注射缩宫素 10 IU，如果效果不理想，可以根据需要在 2 h 后给予 15 ～ 20 IU。

促进胎儿胎盘与母体胎盘分离：应用 5% ～ 10% 高渗温热盐水 10 ～ 12 L，一次灌入子宫内。近年有人将胶原酶、胰蛋白酶及天花粉蛋白输入子宫，也可以促使胎衣和母体分离。

抑菌消炎：应用土霉素粉 5 g 或金霉素粉 1 g，或其他抗生素长效制剂，溶于蒸馏水 250 mL 中，一次灌入子宫，隔日 1 次，直到胎衣自行分解脱落。每次投药之前应轻拉胎衣，检查胎衣是否已经脱落，并将子宫内聚集的液体排出。排出胎衣后，继续子宫内投放药物，直到子宫阴道内分泌物清亮为止。

全身对症治疗：为了防止继发全身感染，如果马胎衣滞留时间超过 12 h，就应注射广谱抗生素。20% 葡萄糖酸钙注射液 500 mL 或 5% 氯化钙注射液 250 mL，和 25% 葡萄糖注射液 500 mL，一次静脉注射，用 1 ～ 2 次。为了防止感染和解毒，应考虑全身应用抗生素，配合应用短效糖皮质激素，可以应用维生素 C 100 mL，10% 葡萄糖注射液 500 mL，青霉素 800 万 IU，0.9% 氯化钠注射液 500 ～ 1000 mL，氢化可的松 125 ～ 150 mg，一次静脉注射，每隔 24 h 注射一次，连续注射 3 ～ 5 d。也可以按照 0.25 mg/kg 体重给母马静脉注射氟尼辛葡甲胺抗内毒素，每 8 h 1 次。

中兽医治疗：宜用加味生化汤，党参 60 g、黄芪 45 g、当归 90 g、川芎 25 g、桃仁 30 g、红花 25 g、炮姜 20 g、甘草 15 g、益母草 60 g，共研为末，开水冲调，一次灌服；或车前子 250 ～ 300 g，白酒（或 75% 酒精）拌湿车前子，拌匀后点火烧，边烧边拌，放凉后碾成面，加温水灌服。服药后 2 天，胎衣一般能自行脱落。

（2）手术剥离胎衣

人工剥离胎衣可能引起子宫内膜的严重损伤和出血、尿膜绒毛膜撕裂、子宫角内翻和子宫完全脱出等，因此该方法慎用。马胎衣的剥离方法是在子宫颈内口，找到尿膜绒毛膜破口的边缘，把手伸进子宫黏膜与绒毛膜之间，用手指尖或手掌边缘向胎膜侧方向伸入并轻轻摆动手指，即可将绒毛膜从子宫黏膜上分离下来。另一办法是将手伸进胎膜囊中，轻轻按摩尚未分离的部位，使胎衣脱离。当子宫体部分的尿膜绒毛膜剥下之后，其他部分可随之而出，而且粘连往往仅限于子宫体这一部分。此外，也可以拧紧露在外面的胎衣，然后把手沿着它伸入子宫，找到脐带根部，握住后轻轻扭转拉动，这样绒毛即逐渐脱离腺窝，使胎衣完全脱落下来。马部分胎衣不下时，应仔细检查已脱落的胎衣，确定未下的是哪一部分，然后在子宫找到相应部位将它剥下来。如果不能一次将胎衣全部剥离，可继续进行抗生素和支持疗法，等待 4 ～ 12 h 后再试行剥离。

胎衣剥离完毕后，一般不必冲洗子宫，但应向子宫内投入抗菌消炎药。若胎衣已经腐败，子宫腔内尚有残留的胎衣碎片和腐败液，如体温在 39.5℃以下时，可用 0.1% 高锰酸钾或 0.1% 的新洁尔灭溶液冲洗子宫，清除子宫内的感染源，随后用生理盐水冲洗，彻底排净冲洗液后，再投入抗菌消炎药。冲洗方法是将粗橡胶管（如粗胃管、子宫洗涤管）的前端插入到子宫角前下部，管的外端插一漏斗，注入消毒液 1 ～ 2 L，待漏斗内的液体快流完时，迅速把漏斗放低，借虹吸作用将子宫内的液体自动导出；有时病马强烈努责和阵缩也能帮助液体流出。反复冲洗几次，直到注入的液体与排出的液体颜色基本一致为止。最后检查子宫内有无液体积留及子宫内翻，再将抗菌消炎药放入子宫内，隔日 1 次，连续 2 ～ 3 次，一定注意不得有冲洗液残留在子宫内。在胎衣剥离后最好进行全身性的补液，如 10% 葡萄糖 500 mL，20% 葡萄糖酸钙 500 mL，并适当全身应用抗生素抗菌消炎，每次冲洗后肌内注射催产素 20 IU，促进子宫收缩。

二十九、产后败血症

产后败血症是由于局部炎症感染扩散而继发的严重的全身性感染性疾病。产后败血症的特点是细菌进入血液并产生毒素，引起马全身性反应，甚至死亡。

（一）发病原因

本病通常是由于难产，胎儿腐败或助产不当，分娩过程中软产道受到创伤和感染而发生；也可能是发生子宫感染未及时治疗，或者由严重的子宫炎、子宫颈炎及阴道阴门炎而引起；严重子宫感染后冲洗子宫、胎衣严重腐败后剥离、子宫脱出整复过程中操作粗暴或消毒不严、发生胎儿浸溶时腐败分解产物对子宫产生强烈刺激而没有及时治疗也能导致发病。病原菌通常是溶血性链球菌、葡萄球菌、化脓棒状杆菌和梭状芽孢杆菌，而且常为混合感染。

（二）临床症状

马发生产后败血症大多数是急性的，通常在产后 1 d 左右发病，如不及时治疗，病马往往经过 2 ～ 3 d 后死亡。产后败血症发病初期，体温突然上升至 40 ～ 41℃，触诊四肢末端及两耳发凉。临近死亡时，体温急剧下降，且常发生痉挛。整个病程中出现稽留热是败血症的一种特征症状。体温升高的同时，病马精神极度沉郁，常表现腹膜炎症状，腹壁收缩，触诊敏感，随着疾病的发展，常出现腹泻，粪中带血，且有腥臭味；有时则发生便秘，由于脱水，眼球凹陷，表现极度衰竭。常从阴道内流出少量带有恶臭的污红色或褐色液体，内含组织碎片。阴道检查，母马疼痛不安，黏膜干燥、肿胀，呈污红色。直肠检查，可发现子宫复旧延迟，子宫壁厚而弛缓。发病后期病马常卧下，呻吟，头颈弯于一侧，呈半昏迷状态；反射迟钝，食欲废绝，但喜饮水。眼结膜充血，且微带黄色，结膜发绀，有时可见小出血点。脉搏微弱，每分钟可达 90 次以上，呼吸浅快。

（三）类症鉴别

1. 马炭疽

肠型炭疽腹痛剧烈，排血样粪，体温也升高，在濒死或死后，于血液内可检出炭疽杆菌，炭疽沉降反应呈阳性。与生产无关。

2. 腹膜炎

与生产无关，表现弓背，持续站立，避免运动，腹壁蜷缩，触诊腹壁敏感，腹腔穿刺液增多，并含有多种病理成分，胸式呼吸，体温升高。直肠检查腹膜显粗糙等。

3. 马脑膜脑炎

马脑膜脑炎是由传染性或中毒性因素引起，有明显的兴奋、沉郁、意识障碍等一般脑症状及瞳孔大小不一、眼球震颤等局部脑症状，并多于疾病后期出现四肢瘫痪。

（四）预防措施和安全用药

治疗原则是消除病原灶，杀灭病原微生物和增强机体抵抗力，配合对症治疗。

消除病原灶：可向子宫内投放抗菌消炎药，但绝对禁止冲洗子宫，并尽量减少对子宫和阴道的刺激，以免炎症扩散；同时肌内注射催产素 100 IU 促进子宫收缩，排出炎性产物和子宫内残留的恶露。

杀灭病原微生物：应用大剂量抗生素（头孢类、蒽诺沙星等），也可以考虑联合用药，增强杀灭病原微生物的效果，如青霉素 3200 万 IU 配合 2.5% 蒽诺沙星 100 mL，一次静脉注射；抗生素的应用必须要在病马体温降到正常后再应用 2 ～ 3 d。也可以考虑适当应用糖皮质激素类药物，如静脉注射 0.5% 氢化可的松或 2.5% 醋酸氢化泼尼松注射液 10 mL。

增强机体抵抗力：可采用强心、补液、解毒等措施。如 10% 葡萄糖注射液 1000 mL，生理盐水 500 ～ 1000 mL，5% 葡萄糖生理盐水 500 ～ 1000 mL，维生素 C 100 mL，10% 安钠咖 20 mL，静脉注射；配合应用复合维生素 B 或维生素 B1 注射液 100 mL，肌内注射；另外，注射钙制剂可作为败血症的辅助疗法，一般静注 10% 葡萄糖酸钙 500 mL，注射必须尽量缓慢，对病情严重、心脏极度衰弱的病马避免使用。

对症治疗：如纠正酸中毒，应用 5% 碳酸氢钠 500 mL；子宫内分泌物量较多时，注射催产素 100 IU 促进子宫收缩；为促进胃肠蠕动，可皮下注射比赛可林（氨甲酰甲胆碱）10 ～ 20 mL；同时防止继发便秘、腹泻等。

中兽医治疗。方选清宫汤加减（玄参、莲子、竹叶心、麦冬、连翘、犀角）或五味消毒饮：金银花 60 g、野菊花 60 g、蒲公英 60 g、紫花地丁 60 g、紫背天葵 30 g，为末，开水冲调，候温灌服，或煎汤服。

三十、马乳腺炎

马乳腺炎是指乳房由于受到各种病因的影响而引起乳腺炎症变化，临床上以乳汁发生理化性质及细菌学变化、乳腺组织发生病理学变化等为特征。可分为浆液性、卡他性、化脓性乳腺炎等。

（一）发病原因

马乳腺炎常发生于产后，主要由多种非特定的病原微生物侵入引起，包括细菌、霉形体、真菌和病毒等。主要和饲养管理不当有关，当环境未定期消毒，马体不清洁，常引发乳腺炎，特别是局部创伤、挫伤、挤压、乳滞而引起的最为多见。另外，生产中饲养管理不平衡，缺乏必需的维生素或微量元素，自身抵抗力差、免疫力低，容易诱发乳房感染，此外还有产后由生殖系统疾病引发。中兽医称之为奶痈、乳痈，认为是冲任不调、气滞血凝而成，治则多用散瘀，理气破结之法。

（二）临床症状

马患临床型乳腺炎，其特点是乳区肿胀、潮红、局部温度升高、疼痛（图 4-30-1），乳汁变性，体温、脉搏、呼吸均正常，严重时体温升高，精神不振，食欲减退。乳房呈不同程度的肿胀，呈现面团状。乳房局部温度增高，发硬，皮肤发红，触诊疼痛，后肢运步强拘，乳汁有絮状物或凝块，有的呈橙黄色的脓性凝块，或者乳汁变稀，呈水样，颜色发黄或发红，也有挤奶困难，挤不出乳汁。

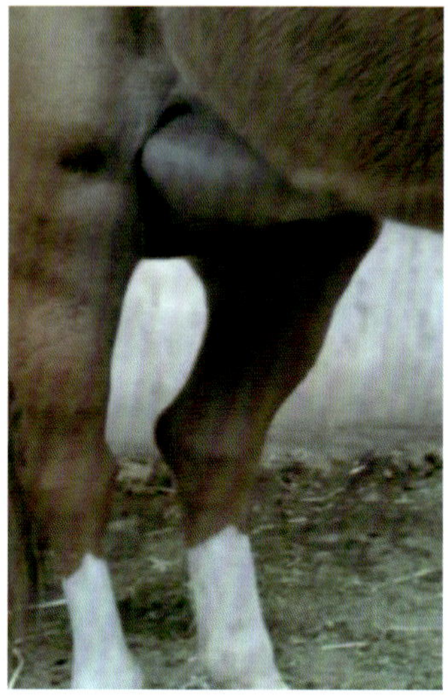

图 4-30-1 乳腺炎乳区肿胀、疼痛

（三）类症鉴别

应与乳腺肿瘤鉴别：乳腺肿瘤的发生与生产无关，表面不光滑，触诊局部温度不高，也没有疼痛反应。

（四）预防措施和安全用药

治疗原则是杀灭乳房病原微生物，防止病原菌浸入，减轻或消除乳房的炎症症状，针对具体病例，辨证施治。

全身疗法：对出现全身反应的乳腺炎，均应采用全身大剂量抗生素疗法，目的是在治疗乳腺炎感染的同时，有效地控制或防止出现败血症或菌血症。主要用青霉素、链霉素、土霉素、磺胺嘧啶钠、氧氟沙星等。

乳房内灌注药物疗法：先挤干净患病乳区内的乳汁，然后清洗消毒干净乳头，用乳头针插入乳头管内，慢慢将药物注入乳房内，注入药物后用手指压住乳头管，用另一只手掌以乳头乳池—乳腺乳池—腺泡腺管的顺序向上按摩乳房，迫使药物向上扩散到乳腺腺泡内分布均匀。注意乳头内注射时一定要严格消毒，杜绝将细菌、真菌等引入乳区，而且要有一定的疗程，一般注射 3 次。应用的药物主要是抗菌消炎药，也包括一些中药制剂和中西药复方合剂，如乳炎康、氟苯尼考注射液、头孢类制剂、乳酸环丙沙星乳剂等。

敷药治疗法：为限制炎症发展，初期可用冷敷法，抑制乳房水肿，病后 2 ～ 3 d 可改用温敷法。早期应用乳房基底封闭疗法也具有良好的疗效，在乳房基部注入 10 万～ 20 万 IU 青霉素和 0.25% ～ 0.5% 普鲁卡因溶液 100 ～ 150 mL。为促进炎症产物吸收，也可局部应用 10% ～ 20% 的硫酸镁溶液热敷或冷敷，也可涂鱼石脂软膏、樟脑软膏等，如乳房局部已化脓，要局部切开引流，按化脓创处理。

中兽医疗法：蒲公英 60 ～ 120 g、全瓜蒌 30g 、银花 30 g、连翘 30 g、当归 30 g、川芎 30 g、红花 25 g、乳香 30 g、没药 30 g、生地黄 30 g、续断 30 g、甘草 15 g，研末开水

冲，候温灌服，视病情每日 1 剂，连服数剂或隔日 1 剂。

三十一、卵巢机能减退

卵巢机能减退是由于卵巢机能暂时性紊乱，卵巢处于静止状态，发情周期不完全，不出现发情现象或者具有发情的外部表现，但不排卵或排卵异常等各种异常变化的一种病理状态。

（一）发病原因

主要是饲养管理不当，如饲料数量不足、种类单一和质量不良，或饲料中缺乏某些必需的维生素和矿物质等营养物质，或者是由于利用不当，继发卵巢疾病或卵巢营养不良。也常继发于子宫疾病，如慢性子宫内膜炎、子宫积脓、子宫积液等以及其他全身性疾病，如内分泌功能紊乱（如垂体、肾上腺、乳腺等分泌功能发生紊乱），特别是下丘脑 - 垂体 - 性腺系统出现异常等。此外气候变化，特别是光照、气温及湿度的转变对卵巢的生殖机能可产生很大的影响。

（二）临床症状

卵巢机能减退表现发情期延长或不发情，发情的症状不明显或隐性发情，发情而不排卵等。直肠检查卵巢小而稍硬，卵巢中有各种不同阶段停止发育的卵泡，有的可能有成熟卵泡，但不排卵，子宫体积也变小。卵巢静止时，母马不发情，卵巢大小、质地正常，其上既无卵泡亦无黄体。

（三）类症鉴别

1. 卵巢萎缩

表现为发情周期停止，长时间不发情，卵泡发育不成熟或不排卵。直肠检查卵巢小而硬，无卵泡和黄体。

2. 排卵延迟

卵泡的发育和发情症状无异常，但发情持续期延长，可长达 7 ～ 9 d 或更长。

3. 持久黄体

发生于发情周期或分娩之后，发情周期停止而不发情，直肠检查卵巢表面有一个至数个黄体，卵巢大而硬。

4. 卵泡囊肿

表现性欲亢进，长期持续或不定期频繁发情，对外界刺激敏感，外阴部肿胀，有分泌物，直肠检查卵巢增大，卵巢上有一较大的囊肿卵泡

5. 黄体囊肿

主要表现性欲缺乏，长期不见发情，直肠检查卵巢变大呈球状，囊肿大小不一，触压波动明显并有痛感。

（四）预防措施和安全用药

改善饲养管理，注意饲料的营养要全价，保证蛋白质、维生素和矿物质的含量；适当补喂青干草和多汁饲料，增加放牧和日照时间，保持一定运动量。在改善饲养管理的同时，可根据情况采用激素疗法。如促卵泡素 200 ～ 300 IU，溶于 5 ～ 10 mL 灭菌注射用水中，肌内注射，隔天 1 次，共 2 ～ 3 次，每注射 1 次，直肠检查 1 次，检查卵巢上有无卵泡发育，直至出现发情为止。也可用促卵泡素配合促黄体素，先肌内注射促卵泡素 200 ～ 300 IU，当发现卵泡快成熟时，用 5 ～ 10 mL 灭菌生理盐水稀释促黄体素 100 ～ 200 IU 后，肌内注射。或人绒毛膜促性腺激素（HCG）2500 ～ 5000 IU，静脉注射或 10000 ～ 20000 IU 肌内注射；或孕马血清促性腺激素 1000 ～ 2000 IU，肌内注射；或促黄体素释放激素（LHRH）类似物，如促排卵素 2 号（LHRH-A2）200 ～ 400 μg，每天或隔天肌内注射 1 次。应用雌激素有发情征象而无卵泡排出，但可调节内分泌系统，促进卵巢血液供应和机能恢复，虽然用药后第一次发情不排卵，但可能使下一次发情正常而排卵受孕。常用苯甲酸雌二醇 4 ～ 10 mg，或己烯雌酚 20 ～ 25 mg，肌内注射。

也可以通过直肠按摩子宫和卵巢疗法，隔天 1 次，连用 2 ～ 3 次，可促进子宫和卵巢的血液循环而促进卵巢功能的恢复。另外，还可以采取利用公马进行催情的方法。公马对于母马的生殖机能来说，是一种天然的刺激。它不仅能通过母马的视觉、听觉、嗅觉及触觉对母马发生影响，而且也通过交配，借助附属生殖腺分泌物对母马生殖器官发生生物化学刺激，作用于母马的神经系统。因此，除了患生殖器官疾病或者神经内分泌系统机能紊乱性疾病的母马外，对与公马不经常接触、分开饲养的母马，利用公马催情通常可以获得效果。在公马的影响下，可以促进母马发情或者使发情的征候增强，而且可以加速排卵。

中兽医治疗：鸡血藤 400 g、干姜 90 g、茴香 60 g、熟地黄 60 g、艾叶 50 g、白术 50 g、当归 70 g、牛膝 80 g、阳起石 70 g，煎汤去渣，加红糖 250 g，候温灌服。

三十二、卵巢萎缩

卵巢萎缩是指卵巢体积缩小，机能减退，导致发情周期停止，表现长期不孕的一种疾病。卵巢萎缩有时是一侧卵巢萎缩，也有两侧都发生萎缩。

（一）发病原因

饲养管理不当，饲料不足，饲料品质不佳等常常可导致母马发生卵巢萎缩；另外体质太差及年龄大母马也易发生本病。

（二）临床症状

临床表现和一般病因作用的程度和发病后的时间有很大关系。严重的卵巢萎缩表现为发情周期停止，其中长时间的不发情多见，但少数病例也可能有发情，但发情的表现不明显，卵泡发育不成熟或不排卵。直肠检查卵巢小而硬，弹性降低，其上无卵泡和黄体。子宫常常表现缩小或迟缓。

（三）类症鉴别

1. 卵巢机能减退

表现发情期延长或不发情，发情的症状不明显或隐性发情，发情而不排卵等。直肠检查卵巢小而稍硬，且摸不到卵泡或黄体，子宫体积也变小。

2. 排卵延迟

卵泡的发育和发情症状无异常，但发情持续期延长，可长达 7 ～ 9 d 或更长。

3. 持久黄体

发生于发情周期或分娩之后，发情周期停止而不发情，直肠检查卵巢表面有一到数个黄体，卵巢大而硬。

4. 卵泡囊肿

表现性欲亢进，长期持续或不定期频繁发情，对外界刺激敏感，外阴部肿胀，有分泌物，直肠检查卵巢增大，卵巢上有一较大的囊肿卵泡

5. 黄体囊肿

主要表现性欲缺乏，长期不见发情，直肠检查卵巢变大呈球状，囊肿大小不一，触压波动明显并有痛感。

（四）预防措施和安全用药

首先应清除病因，改善母马的饲养管理条件，供给全价营养日粮，注意补充蛋白质和维生素及矿物质，促进卵巢机能的恢复。同时可根据情况采用激素疗法，如促排卵素 2 号（LHRH-A2）200 ～ 400 μg，每天或隔天肌内注射 1 次；促卵泡素 100 ～ 200 IU，肌内注射，每天或隔天 1 次，连用 2 ～ 3 次。也可以通过直肠进行卵巢按摩疗法，每次 10 ～ 15 min，每隔 3 ～ 5 d 按摩 1 次，可促进卵巢的血液循环和卵巢机能的恢复；另外可应用激光疗法、针灸疗法、公马催情和中草药进行治疗，如催情促孕散内服，或子宫内注入促孕灌注液等。

三十三、排卵延迟

排卵延迟是指正常的排卵时间向后拖延，多见于配种季节的初期。

（一）发病原因

垂体分泌促黄体素不够，激素的作用不平衡，是造成排卵延迟的主要原因。气温过低

或突变、营养不良、利用过度等，均可引起排卵延迟。

（二）临床症状

排卵延迟时，卵泡的发育和外表发情症状都和正常发情的一样；但发情的持续期延长，可长达 7 ～ 9 d 或更长。最后有的可能排卵，并形成黄体，有的则发生卵泡闭锁。

（三）类症鉴别

1. 卵巢机能减退

表现发情期延长或不发情，发情的症状不明显或隐性发情，发情而不排卵等。直肠检查卵巢小而稍硬，且摸不到卵泡或黄体，子宫体积也变小。

2. 卵巢萎缩

表现为发情周期停止，长时间不发情，卵泡发育不成熟或不排卵。直肠检查卵巢小而硬，无卵泡和黄体。

3. 持久黄体

发生于发情周期或分娩之后，发情周期停止而不发情，直肠检查卵巢表面有一到数个黄体，卵巢大而硬。

4. 卵泡囊肿

多肥胖，性欲亢进，长期持续或不定期频繁发情，对外界刺激敏感，外阴部肿胀，有分泌物，直肠检查卵巢增大，卵巢上有一较大的囊肿卵泡。

5. 黄体囊肿

主要表现性欲缺乏，长期不见发情，直肠检查卵巢变大呈球状，囊肿大小不一，触压波动明显并有痛感。

（四）预防措施和安全用药

对排卵延迟的病马，除改进饲养管理条件、注意防止受到气温的影响以外，应用激素治疗，通常可收到良好效果。对可能发生排卵延迟的马，发现发情症状时，也可在输精前或同时肌内注射促黄体素 200 ～ 400 IU；亦可注射黄体酮 50 ～ 100 mg，可以促进排卵。对于确知由于排卵延迟而屡配不孕的母马，发情早期应用雌激素 4 ～ 10 mg，晚期注射黄体酮 50 ～ 100 mg，也可获得良好效果。

三十四、子宫疝

子宫疝是指妊娠子宫有时可以通过脐孔、腹股沟、膈、会阴及腹壁等处破口而形成的各种疝。有时耻骨前腱破裂，妊娠子宫也可脱出，进入由皮肤和皮肌形成的包囊中而形成疝。子宫疝多见于妊娠后期，常发生于妊娠 9 个月后。子宫疝多可引起难产，有时甚至母子双亡。

（一）发病原因

子宫疝发生的原因不尽相同，一般认为主要有以下几种。

1. 腹壁子宫疝

妊娠后期母马腹壁受到严重的外伤，妊娠子宫经伤口脱出。有时即使没有外伤，妊娠后期腹壁肌肉变得脆弱，难以支撑怀孕子宫，因而破裂，也可出现腹壁疝。此外胎水过多等也是腹壁子宫疝的诱因之一。

2. 耻骨前腱破裂

最常见于重挽马，轻型马较少。由于马没有骨盆下韧带，因此发病较多。这种破裂多见于妊娠的最后 2 个月，主要是妊娠后期腹壁的负担加重所致，有时也见于外伤。发病时，耻骨前韧带横向断裂，腹肌、腹黄膜等也可破裂，内脏和妊娠子宫脱出。

3. 会阴疝

妊娠子宫可向骨盆腔后的结缔组织凹陷内突出，形成会阴疝。

（二）临床症状

发生腹壁子宫疝时，由于腹壁受到内脏的巨大压力而水肿十分严重，有时很难摸清破孔的边缘及其中的胎儿。一般来说，发生腹壁子宫疝时，妊娠一般不会被中止，但对于母体和胎儿来说，这种情况都是极为危重的。发生腹壁子宫疝时，破口多在腹底，略偏开中线。马多位于左侧，且多在脐孔之后。开始发病时，多在局部出现约足球大小的肿块（图 4-34-1），随着妊娠的进展，肿块会越来越大。整个腹壁从骨盆边缘一直到剑状软骨均出现大面积肿大，尤以后部更为明显。此时可能是整个子宫连同其内容物通过破口进入皮下。耻骨前腱破裂多发生于妊娠的最后 2 个月，发生后多有明显的大面积疝性水肿，可从腹壁底的乳房部位开始，一直延伸到剑状软骨区。如果是外伤引起，则除了腹腔底部突然增大外，腹胁部出现下陷，病马常出现腹痛等症状，出冷汗，呼吸加快，脉搏快而弱，有时甚至出现休克。

图 4-34-1 左侧腹股沟疝，局部出现足球大小的肿块

（三）类症鉴别

1. 外伤性腹壁疝

外伤性腹壁疝是由于腹肌或腱膜受到强大的钝性外力作用而形成的，与妊娠无关，多发生于腹侧壁，为局限性扁平、柔软的肿胀，触诊疼痛。伴发浮肿、腹膜炎、腹水。

2. 腹壁肿瘤

与妊娠无关，表面不光滑，触诊呈坚实感，无可复性，也没有疼痛反应。

（四）预防措施和安全用药

由子宫疝引起的难产一般均少见，但如有发生应立即进行助产。发生子宫疝时，如果胎儿及子宫一同进入疝囊，则经直肠或产道一般很难触及胎儿。必须在马开始努责时即行助产，最好将母马麻醉，使其仰卧，以减少对疝口的压力。母马分娩及子宫复旧之后，疝口可能自愈，但小肠有可能由疝孔脱出，形成新的疝。如果子宫疝发生的时间距分娩尚早，则可用手术修复。但如果破口很大且子宫及胎儿已经脱出，则极难修复。

耻骨前腱破裂一般比较难于治疗，必要时可用吊带吊着腹部，如果距分娩尚早，可用人工引产的方法使胎儿娩出，或者用剖腹产术。如果距分娩较近且引起了难产，则可将病马仰卧，然后将胎儿拉入骨盆，再用牵引术拉出。其他子宫疝如果疝孔较小，可用保守疗法，疝孔大时可用手术方法修复，但如果病程拖得较长，子宫已经坏死，则不得不施行子宫切除术。

三十五、睾丸炎

睾丸炎是指由于损伤和（或）感染引起睾丸的各种急性和慢性炎症。

（一）发病原因

因打击、啃咬、蹴踢、尖锐硬物刺伤和撕裂伤等继发感染，也可由睾丸附近组织或鞘膜炎症蔓延，全身感染性疾病（布鲁氏菌病），病原经血流引起睾丸炎症。附睾和睾丸紧密相连，常同时感染和互相继发感染。

（二）临床症状

根据临床症状，可将睾丸炎分为急性和慢性两种。

1. 急性睾丸炎

主要症状是睾丸肿大、发热、疼痛，阴囊发亮。患畜站立时拱背、后肢广踏，步态强拘，拒绝爬跨。触诊可发现睾丸紧张，鞘膜腔内积液，精索变粗，有压痛。病情严重者体温升高。并发化脓感染者，局部和全身症状加剧。在个别病例，脓汁可沿鞘膜管上行入腹腔，引起弥漫性化脓性腹膜炎。

2. 慢性睾丸炎

睾丸不表现明显热痛症状，其组织逐渐纤维变性、弹性消失，硬化、变小（图 4-35-1），产生精子的能力降低或消失。

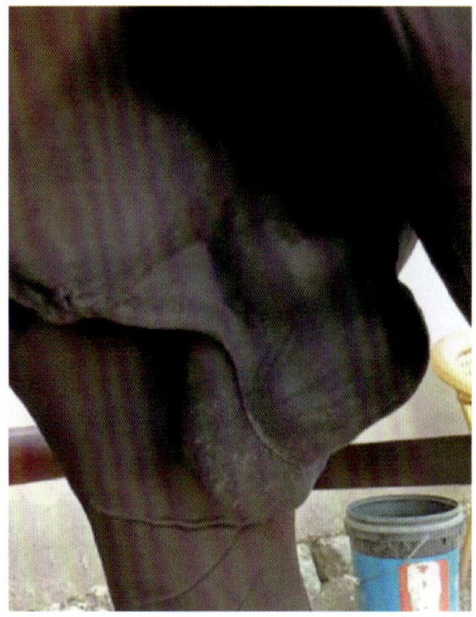

图 4-35-1 慢性睾丸炎和附睾炎

（三）类症鉴别

1. 马布鲁氏菌病

是由布鲁氏菌引起，常表现两侧睾丸肿大，此外引起母马流产、不孕和关节炎。细菌学诊断未破溃或将破溃的脓肿中脓汁及流产的胎儿中分离出流产布鲁氏菌。

2. 腹股沟阴囊疝

先天性或配种时腹压增高引起，常表现单侧性或双侧性阴囊增大，触诊时无热无痛，睾丸不肿大，听诊时可听到肠蠕动音，有可复性，直肠检查可触知腹股沟内环扩大。

（四）预防措施和安全用药

急性睾丸炎病马应停止使用，让其安静休息。早期（24 h 内）可冷敷，后期可温敷，加强血液循环使炎症渗出物消散。局部涂擦鱼石脂软膏。阴囊可用网状绷带吊起，全身使用抗生素药物。可在精索区注射盐酸普鲁卡因青霉素溶液（2% 盐酸普鲁卡因 20 mL，青霉素 80 万 IU），隔日注射 1 次。无种用价值者可去势。单侧睾丸感染而欲保留作种用者，可考虑尽早将患侧睾丸摘除。已形成脓肿摘除有困难者，可从阴囊底部切开排脓。由传染病引起的睾丸炎，应首先考虑治疗原发病。

第五章

以神经和运动系统为主症的类症鉴别与安全用药

一、马传染性脑脊髓炎

马传染性脑脊髓炎是由不同种类病毒引起马属动物的一种以中枢神经系统机能障碍为主要特征的自然疫源性传染病的总称，亦称马流行性脑脊髓炎。临床表现为发热、厌食、精神沉郁，神经系统受到侵害，常引起严重的脑炎。本病在很多国家均有发生，但由于各国分离的病毒不同、分布不同，导致世界上存在不同种类的马传染性脑脊髓炎。主要有德国发生的波那病、北美的西部型马传染性脑脊髓炎和东部型马传染性脑脊髓炎、南美的委内瑞拉型马传染性脑脊髓炎、苏联的苏联马传染性脑脊髓炎等。波那病主要发生于欧洲，东部、西部马传染性脑脊髓炎主要发生在美国，委内瑞拉马传染性脑脊髓炎主要发生在南美的北部到中部地区。

（一）发病原因

1. 波那病

波那病也称马地方性脑膜脊髓炎，100 多年前发生在德国的波那地区，故名为波那病。本病在德国曾周期性发生，以后在东欧、中东及北非相继发生。波那病病毒大小在 85 ～ 125 nm 之间，其抵抗力较强，主要存在于中枢神经系统，亦可存在于唾液、唾液腺、鼻黏膜及肾脏中。在自然条件下，除马易感此病外，绵羊和家兔皆可感染。可通过呼吸道或消化道传染。该病一年四季均可发生，与吸血昆虫无关。

2. 美洲马传染性脑脊髓炎

在美洲流行的马传染性脑脊髓炎有美国东部型、西部型马传染性脑脊髓炎，以及委内瑞拉型马传染性脑脊髓炎，而且只发生于美洲。这 3 种马传染性脑脊髓炎的病原同属于披膜病毒科甲病毒属的成员，病毒粒子的直径为 25 ～ 70 nm，含单股 RNA。三者的区别在于不能交互免疫，用血凝抑制试验和补体结合反应可以区别出来。也在于毒力不同，感染东部型马传染性脑脊髓炎病毒后往往是致死性的，病死率达 90% 以上，感染委内瑞拉型马传染性脑脊髓炎病毒则更严重；而感染西部型马传染性脑炎病毒，能引起马的亚临床感染，死亡率在 30% 以下。这几种病都是经昆虫刺螯传播的，是专性传递性传染病。蚊是病毒的传播媒介，螨也可传播马传染性脑脊髓炎病毒。马传染性脑脊髓炎病毒的传播方式决定疫病流行的季节性。温带地区通常在夏初开始零星发生，夏、秋季流行，11 月中旬以后停息。

本病毒在病初发热期存在于血液和部分内脏中，其后在出现神经症状后，便从血液中消失而出现于中枢神经系统。病毒对外界环境的抵抗力较强，0.2% ～ 0.4% 甲醛、紫外线和 60℃加热均可在短时间内使病毒灭活，对乙醚、氯仿、酸等溶剂敏感。

3. 苏联马传染性脑脊髓炎

苏联马传染性脑脊髓炎是由苏联型马传染性脑脊髓炎病毒引起的马属动物的一种急性传染病。临床上以中枢神经系统机能障碍、黄疸、胃肠弛缓、血沉缓慢为特征；病理剖检变化呈现明显的中毒性肝营养不良、轻度非化脓性脑炎变化。我国新疆、四川、甘肃、吉林、黑龙江等于 1958 年曾有过疑似本病的发生，至今在西北地区仍有散发病例。

从苏联各地发生的马传染性脑脊髓炎病例中至少分离出 45 株病毒，其生物学特征不同于欧洲、美洲、德国分离的病毒。尽管未能全部搞清毒株的分型，但至少查明有 2 类，即哈萨克斯坦马传染性脑脊髓炎病毒型和莫斯科 - 沃龙涅什马传染性脑脊髓炎病毒型。

病马、带毒马及其他带毒动物均为传染源，特别是疾病处于病毒血症阶段是最危险的传染源。主要通过吸血昆虫（蚊和蜱）传播，经皮肤感染，此外，也可经消化道传播。马最易感，无明显的季节性，在 7 ～ 9 月发生较多，冬春也有散发。我国东北地区发生的类似苏联马传染性脑脊髓炎，是从 6 月末开始到 10 月中旬以后还有发生，这是和日本乙型脑炎不同之点。哺乳幼驹有一定的抵抗力。本病在一定地区呈常在性。放牧的多发，舍饲马发生较少。

（二）临床症状

1. 波那病

该病的潜伏期至少 4 周。临床表现为体温升高、食欲减退、黄疸、便秘、疲倦无神，并出现摇摆、强制性圆圈运动、反射性增强等神经症状。严重者出现全身痉挛、瞳孔散大、吞咽困难、颈项强直。病末期卧地不起，呈游泳样姿势。典型病例的病程为 1 ～ 3 周，预后不良。

2. 美洲马传染性脑脊髓炎

该病的潜伏期为 1 ～ 3 周。发病初期体温即上升至 39.5 ～ 42℃，并出现嗜眠、垂头、圆圈运动等神经症状，按病马表现的程度及经过不同，可分为嗜眠型、麻痹型、卒中型 3 种病型。另外，还有一部分病马呈狂暴发作，无顾虑地狂奔，因而撞击栅栏、房屋、树木或跌入沟渠，致使头部受伤，甚至遍体鳞伤。

3. 苏联马传染性脑脊髓炎

一般潜伏期在1个月左右。病初，病马呈现短期的体温升高、精神沉郁、常打哈欠、嗜眠、容易疲劳、出汗、气喘、可视黏膜黄染、流涎、胃肠动减弱、皮肤敏感性增高等。经1～2 d出现与日本乙型脑炎相似的神经症状。有的表现为精神沉郁、衔草不嚼、磨牙、交叉姿势、圆圈运动、视力障碍、皮肤反射减弱等。有的表现为狂暴不安、攀登饲槽、前冲、不顾周围事物地乱走、常碰撞摔伤或倒地作游泳运动，甚至发生麻痹、各种反射消失。有的则兴奋、沉郁交替出现。此外，一般症状也随之加重，体温正常或稍低、食欲减退或不食、口腔干燥、肠音沉衰或废绝、排干小粪球，甚至发生便秘，尿少、色红黄、呈豆油样。血液黏稠，血沉缓慢，15 min血沉值（涅氏法）0～4刻度，血清析出缓慢且颜色深黄，红、白细胞数均增多。血清胆红素显著增多，呈现双相反应，血液中碱储备量下降，乳酸含量增多，总氮量增加，血清氮化物减少，产生氮血症和酸中毒。

（三）剖检变化

波那病和美洲马传染性脑脊髓炎病理变化基本一致。马感染后，很少能观察到特征性病变。目前仅发现其大脑和脑脊膜充血。死亡马的病变主要在中枢神经系统，特别是大脑皮层、丘脑和丘脑下部的病变最明显。西部型马传染性脑脊髓炎病毒感染引起的脑损伤是局部的，有淋巴细胞浸润。而由东部型马传染性脑脊髓炎病毒感染所致的脑损伤更严重，常蔓延至整个灰质，以炎性细胞中聚集大量中性粒细胞为特征。

苏联马传染性脑脊髓炎病理变化特点是中毒性肝营养不良和轻度的非化脓性脑炎。肝脏体积缩小、被膜皱缩、质地柔软、触压有波动感、表面呈暗红色或红褐色，为典型中毒性肝营养不良。肝小叶结构被破坏，肝细胞索紊乱，大部分肝细胞，尤其是小叶中心肝细胞发生坏死与崩解，小叶周边肝细胞肿大，呈明显的脂肪变性。汇管区血管充血，胆管增生，周围有多量的淋巴细胞、组织细胞和少量的中性粒细胞浸润。胃内含有大量的干涸内容物，胃黏膜被较厚的一层黏液覆盖，并有出血斑，胃呈扩张状态。肠，尤其是盲肠与大结肠蓄积有多量的干涸粪球，肠内充有大量气体。软脑膜充血、出血、水肿；脑室扩张，脑脊液增多，脑实质时有出血，毛细血管与小动脉管扩张、充血，血管内皮细胞肿胀，神经细胞肿大，虎斑小体溶解，胞浆内形成空泡，胞核浓缩或溶解消失；神经胶质细胞呈轻度增生，形成卫星现象或噬神经现象。

（四）类症鉴别

1. 马脑膜脑炎

马脑膜脑炎是由传染性或中毒性因素引起，有严格的季节性，7～9月份发生，3岁以下的幼驹多发；体温病初升高，以后正常，结膜轻度黄染，肠音初期正常后期减弱，血沉正常和稍快，血清胆红素稍增加；主要变化为非化脓性脑炎。

2. 狂犬病

狂犬病是由狂犬病病毒引起，无季节性，具有被动物咬伤的病史，对人畜有明显的攻击性，狂暴不安，惊恐，流涎，咽、下颌及后肢发生麻痹；在脑组织细胞的胞浆中有内基氏小体。

3. 马霉玉米中毒

马霉玉米中毒是由于饲喂发霉饲料，尤其是霉玉米引起的。病原体是镰刀菌。以驴最多发，使役较重的成年及老龄马也较多发，吃奶的幼驹不发病。多发生于秋季 9 ～ 11 月阴雨连绵季节，零星散发。体温一般无变化。血液及血清学检查，血沉变化不规律，白细胞总数减少，血清中胆红素无明显变化。血清学检查中补体结合反应为阴性。病程短促，死亡率甚高。粪便常有潜血。妊娠后期往往发生早产或流产。早产幼驹，可视黏膜发绀，齿龈、舌下有出血点，耳尖及四肢末端发凉，不能起立，轻的可以治愈，重症的很快死亡。病理变化为大脑白质出血、水肿、坏死。口腔黏膜有出血点和溃疡，并有胃肠道的黏液性炎症或黏液性出血性炎症。

4. 马流行性乙型脑炎

马流行性乙型脑炎是由日本脑炎病毒引起的、虫媒传播的自然疫源性动物病。幼驹发生较多，而壮龄马、老马很少发病。除马、骡、驴外，牛、羊、猪和人也能感染。3 岁以下的幼驹及新调入疫区的马骡最易感。具有明显的季节性，多发于 7 ～ 9 月份，以 9 月最多，散发。由蚊虫传播（蠓也可能传播）。血液及血清学检查，血沉稍快，白细胞总数略增，血清中胆红素稍多。血清学检查中补体结合反应为阴性。潜伏期约为 7 ～ 14 d，病程 4 ～ 7 d，死亡率较低。病马局部脑症状明显，病愈后常有后遗症。除具有神经症状外，还往往因肝脏受损而出现黄疸现象。病理变化为脑膜充血、淤血，多有典型的非化脓性脑炎变化，即血管周围有大量的圆形细胞浸润，神经细胞变性，神经胶质细胞增生。

5. 马李氏杆菌病

马李氏杆菌病是由产单核细胞李氏杆菌引起，呈散发，主要发生于冬春季节，除表现脑膜脑炎外，尚有下痢、败血症、孕马流产和血液中单核细胞增多现象。

6. 铅中毒

铅中毒除表现兴奋不安外，还具有流涎、腹痛和贫血的表现。

7. 马肉毒梭菌毒素中毒

马肉毒梭菌毒素中毒是由肉毒梭菌分泌的肉毒毒素引起，有食入可疑饲料的病史，发病急，致死率很高，临床上以运动神经、中枢神经麻痹为主要特征，表现为肌肉软弱无力、全身麻痹、呼吸困难。

8. 森林脑炎

森林脑炎是由森林脑炎病毒引起，主要与蜱的活动有关，具有严格季节性，主要发生在 5 ～ 6 月间，多散发，我国主要见于东北和西北的原始森林地区，临床上以中枢神经症状为特征。

9. 马脑脊髓丝状线虫病

马脑脊髓丝状线虫病是由牛指形丝状线虫的幼虫侵入马脑脊髓而发生的一种寄生虫病，蚊虫是其传播媒介，多发生于 7 ～ 10 月。病马突然出现以后躯运动障碍为主的麻痹症状，腰、臀部针刺时疼痛反射减弱或消失。体温、精神、食欲及心肺功能等无明显变化。其病势和缓，病程较长，极少死亡。

（五）预防措施和安全用药

1. 预防措施

消灭本病的传播媒介是预防本病的重要措施，因此应搞好饲养场所周围的环境卫生，清除路边杂草，加强防鼠、灭鼠、灭蚊工作，减少动物受到侵袭的机会。每年春季颈部肌肉或皮内接种两次进行免疫，可降低发病率。疫苗包括弱毒疫苗和灭活疫苗两种，大多是东部型马传染性脑脊髓炎和西部型马传染性脑脊髓炎的二联疫苗；有时再加入委内瑞拉型马传染性脑脊髓炎病毒，制成三联疫苗；有在二联疫苗中再加入破伤风类毒素作为联合疫苗的。相隔 2 ～ 4 周分别接种两个剂量疫苗，所有一岁以前免疫过的驹在昆虫的下个活动季节之前应再免疫一次。一般是在流行暴发前几周，即春季进行疫苗注射，亚热带地区提前至早春开始注射。

2. 安全用药

本病尚无特效疗法，可进行对症治疗。其治疗原则与日本乙型脑炎相似，如加强护理，降低颅内压、调整大脑机能等。此外，还要注意保肝解毒，纠正水盐代谢紊乱，疏通肠道。

① 保肝解毒：静脉注射 5% 葡萄糖注射液 1000 mL、40% 乌洛托品溶液 50 mL、5% 碳酸氢钠溶液 500 ～ 1000 mL，以及维生素 B_1、B_{12} 等。

② 纠正水盐代谢紊乱：静脉注射 10% 氯化钠液 300 ～ 500 mL，或 5% 葡萄糖生理盐水 1000 ～ 2000 mL，每日 1 ～ 2 次。

③ 疏通肠道：投给硫酸钠 300 g、大黄 50 g、碳酸氢钠 50 g、温水 5000 mL，一次灌服。

二、马流行性乙型脑炎

马流行性乙型脑炎，又称日本乙型脑炎，简称“乙脑”，是由日本脑炎病毒引起的一种蚊媒性人兽共患的自然疫源性传染病。马常呈急性经过，感染后出现明显的脑炎症状，病死率较高。该病分布很广，主要存在亚洲地区，我国大部分地区也时有发生。

（一）发病原因

日本脑炎病毒属于黄病毒科、黄病毒属，病毒粒子直径 30 ～ 40 nm，呈球形。病毒对外界抵抗力不强，在 56℃ 30 min 即灭活，但在 −70℃低温或冻干状态下保存可存活数年。在 −20℃下保存一年，但毒价低。在 50% 甘油生理盐水中于 4℃存活 6 个月以上，病毒在 pH 7 以下或 pH 10 以上，活性迅速下降。对化学药品较敏感，常用消毒药都有良好的灭活作用，对胰酶、乙醚、氯仿等亦敏感。

病毒在感染动物血液内存留时间很短，主要存在于中枢神经系统。流行地区的吸血昆虫，特别是库蚊属和伊蚊属体内能分离出病毒。因此，本病主要通过带毒的蚊虫叮咬传播，其中尤以三带喙库蚊为本病主要媒介，患病猪、马是主要传染源。未成年马，尤其是当年幼驹发病率高，一般为散发，成年马多为隐性感染。但在新疫区常可见到马集中发生和流行。在热带地区，本病全年均可发生。在亚热带和温带地区本病有明显的季节性，主要在 7 ～ 9 月份流行，这与蚊虫的活动有密切关系。我国华南地区的流行高峰在 6 ～ 7 月份，华北地区为 7 ～ 8 月份，而东北地区则为 8 ～ 9 月份。气温和雨量与本病的流行也有密切关系，夏季连续阴雨后易发生本病流行。在自然条件下，每 4 ～ 5 年流行一次。

（二）临床症状

3 岁以下的驹，特别是当年驹多发病。成年马多为隐性感染。潜伏期为 1 ～ 2 周。病初体温高达 39.5 ～ 41.5℃，病马可视黏膜潮红或轻度黄染、发绀，精神不振，食欲减退，皮肤弹性减退，头颈下垂，伫立于暗处，常打呵欠，肠音稀少，粪球干小。严重的表现呼吸困难，心动疾速，心音混浊，节律不齐，第二心音减弱，二音分辨不清，肌肉震颤，前胸、肘后出汗，有的全身大汗。部分病马经 1 ～ 2 d 体温恢复正常，食欲增加并逐渐康复。有些病马由于病毒侵害脑和脊髓，出现明显的神经症状。有的病马以沉郁为主，表现精神沉郁，全身反射迟钝或消失，低头垂耳，呆立不动（图 5-2-1），眼半开半闭，常出现异常姿势，如两肢交叉或作圆圈运动，或四肢失去平衡，走路歪斜、摇晃，严重时站立不稳，后躯麻痹，卧地不起，四肢呈游泳状，后期卧地昏迷。有的病马以兴奋为主，表现精神异常，狂暴不安，乱冲乱撞，攀越饲槽，后期因全身过度疲惫，倒地不起，麻痹衰竭而死。一般病马多为沉郁和兴奋症状交替出现。视力和听力减退或消失。针刺反应减弱，常有阵发性抽搐。

有的病马主要表现为后躯的不全麻痹，步行摇摆，容易跌倒，甚至不能站立，多数预后不良。还有的病马颜面神经麻痹，嘴唇歪斜或舌唇垂摆，不能咀嚼和吞咽，有的眼球震颤，最后陷于昏睡状死亡。

图 5-2-1　低头垂耳，呆立不动

（三）剖检变化

尸体剖检眼观变化不很明显，血液浓稠黑紫，脑脊髓液增多，软脑膜和脑实质充血、出血、水肿。内脏仅见肺水肿，肝脏及肾脏浊肿，心内外膜出血，胃肠有急性卡他性炎症等变化。脑病理组织学检查，可见典型的非化脓性脑炎变化。

（四）类症鉴别

1. 马脑膜脑炎

马脑膜脑炎由传染性或中毒性因素引起，有严格的季节性，7～9月份发生，3岁以下的幼驹多发；体温病初升高，以后正常，结膜轻度黄染，肠音初期正常后期减弱，血沉正常和稍快，血清胆红素稍增加；主要变化为非化脓性脑炎。

2. 马传染性脑脊髓炎

马传染性脑脊髓炎是由马传染性脑脊髓炎病毒引起的马属动物的急性传染病。多发于6～10岁的使役马匹，3岁以内的幼马发病较少。发病季节性不明显，但以7～9月发病较多，呈地方流行性，以散发为主。一般通过蚊虫等的叮咬，经皮肤和消化道传染。病马体温一般正常，血液及血清学检查，血液黏稠，血沉很慢，红、白细胞总数明显增加，血清中的胆红素含量显著增多，并呈直接反应或双相反应。血清学检查中补体结合反应为阳性。潜伏期为5～40 d，病程2～3 d，死亡率高。肠音减弱或消失、便秘、尿少呈红黄色。病理变化为黏膜、浆膜及皮下组织黄染。胃内积食，大肠积留多量干涸粪块。肝脏呈中毒性肝营养不良，有轻度的非化脓性脑炎变化。

3. 狂犬病

狂犬病是由狂犬病病毒引起，无季节性，具有被动物咬伤的病史，对人畜有明显的攻击性，狂暴不安，惊恐，流涎，咽、下颌及后肢发生麻痹；在脑组织细胞的胞浆中有内基氏小体。

4. 马霉玉米中毒

马霉玉米中毒是由于饲喂发霉饲料，尤其是霉玉米引起的。病原体是镰刀菌。以驴最多发，使役较重的成年及老龄马也较多发，吃奶的幼驹不发病。多发生于秋季9～11月阴雨连绵季节，零星散发。体温一般无变化。血液及血清学检查，血沉变化不规律，白细胞总数减少，血清中胆红素无明显变化。血清学检查中补体结合反应为阴性。病程短促，死亡率甚高。粪便常有潜血。妊娠后期往往发生早产或流产。早产幼驹，可视黏膜发绀，齿龈、舌下有出血点，耳尖及四肢末端发凉，不能起立，轻的可以治愈，重症的很快死亡。病理变化为大脑白质出血、水肿、坏死。口腔黏膜有出血点和溃疡，并有胃肠道的黏液性炎症或黏液性出血性炎症。

5. 马脑脊髓丝状线虫病

马脑脊髓丝状线虫病是由牛指形丝状线虫的幼虫侵入马脑脊髓而发生的一种寄生虫病，蚊虫是其传播媒介，多发生于7～10月。病马突然出现以后躯运动障碍为主的麻痹症状，腰、臀部针刺时疼痛反射减弱或消失。体温、精神、食欲及心肺功能等无明显变化。其病势和缓，病程较长，极少死亡。

6. 马肉毒梭菌毒素中毒

由肉毒梭菌分泌的肉毒毒素引起，有食入可疑饲料的病史，发病急，致死率很高，临床上以运动神经、中枢神经麻痹为主要特征，表现肌肉软弱无力，全身麻痹，呼吸困难。

7. 森林脑炎

由森林脑炎病毒引起，主要与蜱的活动有关，具有严格季节性，主要发生在 5 ～ 6 月间，多散发，我国主要见于东北和西北的原始森林地区，临床上以中枢神经症状为特征。

（五）预防措施和安全用药

1. 预防措施

防蚊灭蚊是预防本病的一项重要措施，尤其是三带喙库蚊，应根据其生活规律和自然条件，采取有效措施，对猪舍、马棚、羊圈等饲养家畜的地方，应定期进行喷药灭蚊，在疫区可用 1% 敌百虫混悬液喷洒马体。为了加强马匹对本病的特异抵抗力，对 4 个月至 1 岁的幼驹用乙型脑炎弱毒疫苗预防接种。注射时间应在 5 月份蚊子活动以前，每次皮下或肌内注射 2 mL，同时注意加强饲养管理，增强马匹的抵抗力。

2. 安全用药

由于病马中枢神经系统受侵害而发生机能紊乱，常引起循环、消化和泌尿系统的障碍，因此除对马加强护理外，应采取降低颅内压、调整大脑机能和强心、利尿解毒为主的综合性治疗措施，治疗愈早愈好。

① 加强护理：应专人看护，防止发生外伤和褥疮。尚有食欲的病马，多喂青草，勤饮水，适量喂些人工盐或健胃散，无食欲或长期不食者应人工灌服稀粥与注射葡萄糖液。

② 降低颅内压：对重症或兴奋狂暴的马从颈静脉放血 1000 ～ 2000 mL，静脉注射 25% 山梨醇或 20% 甘露醇，每次用量按每千克体重 1 ～ 2 g 计算，间隔 8 ～ 12 h 再注射一次，或静脉注射 10% ～ 25% 高渗葡萄糖液 500 ～ 1000 mL，在病的后期血液黏稠时，可再注射 10% 浓盐水 100 ～ 300 mL。

③ 调整大脑机能：兴奋时用氯丙嗪或异丙嗪肌内注射，每次 200 ～ 500 mg，或用 10% 溴化钠溶液 50 ～ 100 mL，或用水合氯醛灌肠，每次 20 ～ 50 g。同时用青、链霉素，或其他抗生素，或磺胺类药物（磺胺嘧啶），防止继发感染；高烧时可用物理降温或安乃近等退烧药物；高烧且出现神经症状可应用氯丙嗪，既降温又镇静。

④ 强心、利尿解毒：心脏衰弱时应用樟脑水或安钠咖，静脉注射；利尿可用 40% 乌洛托品液 50 mL，静脉注射，每天一次，亦可内服醋酸钾等。

⑤ 中兽医疗法：可用石膏汤、双花汤加减。

⑥ 石膏汤：生石膏 160 g、元明粉 125 g、天竺黄 25 g、板蓝根 62 g、大青叶 62 g、青黛 20 g、滑石 31 g、朱砂 6 g(另包），除朱砂外，水煎 2 次，候温加朱砂灌服。加减：患畜高热不退者，加知母，生甘草，重用石膏；大便秘结者，加大黄，重用元明粉；津液

不足者，加玄参、生地黄、麦冬，轻用元明粉、滑石；高热昏迷者，重用天竺黄、青黛之类；抽搐不止者，加全蝎、蜈蚣；病后体虚者，加黄芪、当归、党参、白术等滋补药。

双花汤：金银花 62 g、天竺黄 31 g、栀子 20 g、黄芩 31 g、生地黄 62 g、天花粉 20 g、郁金 62 g、玄参 62 g、白芷 20 g、石膏 62 g、蜈蚣 4 条（去头足）、菊花 138 g、蝉蜕 31 g、薄荷 31 g、板蓝根 31 g、大青叶 31 g，水煎 2 次灌服。加减：黄疸明显的，去蜈蚣，加茵陈、柴胡、龙胆；精神沉郁的，去蜈蚣、茵陈；嘴唇麻痹、采食困难的，加当归、川芎，去石膏、蜈蚣；狂暴抽搐的，加朱砂、枣仁、琥珀、茯神；粪便干燥者，加大黄和芒硝。

三、森林脑炎

森林脑炎，又名蜱传脑炎或称苏联春夏脑炎，是由森林脑炎病毒引起的以中枢神经系统症状为主的急性传染病。临床上以突发高热、昏迷、瘫痪、脑膜刺激等中枢神经症状为特征，重症病例死亡率可达 20%，轻度病例只有发热等症状。主要流行于亚洲和欧洲部分地区，在我国主要分布于东北的大兴安岭、小兴安岭、长白山地区，新疆以及云南等西南地区的林区。

（一）发病原因

森林脑炎病毒属于黄病毒科黄病毒属。成熟病毒粒子呈球形，直径约 50 nm，有囊膜，囊膜表面有棘突，为单股 RNA 病毒。病毒在 50% 甘油中 0℃时可存活 1 年，在 pH 8.4 ～ 8.8 的环境中稳定，在 56℃条件下，30 min 全部灭活。3% ～ 8% 甲醛、2% 戊二醛、2% ～ 3% 过氧化氢、乙醇、1% ～ 2% 碘酊及紫外线均可杀灭病毒。

马最为敏感，主要由硬蜱叮咬引起，我国以全沟蜱为主。当蜱吸吮受染啮齿动物的血液后，病毒在蜱体内繁殖，并可越冬和经卵传代，故蜱不仅是传播媒介也是重要的储存宿主。病毒可在蜱体内增殖，幼虫和成虫分别可保存病毒 1 ～ 2 年，能经卵垂直传播。因此，疾病流行具有严格季节性，主要与蜱的活动有关，一般从 5 月开始，6 月达高峰，而后下降，约 80% 病例发生在 5 ～ 6 月间。多散发，具有严格地区性，我国主要见于东北和西北的原始森林地区。

（二）临床症状

潜伏期 7 ～ 21 d，多数 10 ～ 15 d。病马初期出现短暂的体温升高，精神沉郁，易疲劳，出汗，可视黏膜黄染。经 1 ～ 2 d 后出现与乙脑相似的症状，有的精神沉郁，有的狂躁不安，有的两者交替出现。血液黏稠，血沉缓慢，血清析出缓慢且颜色深黄。

（三）剖检变化

病理变化与乙脑相似，神经系统出现广泛的炎症病变，灰质、白质和脑膜均被累及，有渗出性和退行性病变，并有胶质细胞反应和淋巴血管套形成。神经细胞有变性、坏死和脑组织软化等，血管周围和软脑膜浸润，局部神经胶质细胞增生。常累及基底节、视丘和脑干，也可累及脊髓，以颈部上段较为显著，重症患者的病变可波及延髓。除神经系统外，心、肝、肾亦可有退行性病变。

（四）类症鉴别

1. 马脑膜脑炎

马脑膜脑炎由传染性或中毒性因素引起，有严格的季节性，7～9月份发生，3岁以下的幼驹多发；体温病初升高，以后正常，结膜轻度黄染，肠音初期正常后期减弱，血沉正常和稍快，血清胆红素稍增加；主要变化为非化脓性脑炎。

2. 马流行性乙型脑炎

马流行性乙型脑炎是由日本脑炎病毒引起的、虫媒传播的自然疫源性动物病。幼驹发生较多，而壮龄马、老马很少发病。除马、骡、驴外，牛、羊、猪和人也能感染。3岁以下的幼驹及新调入疫区的马骡最易感。具有明显的季节性，多发于7～9月份，以9月最多，散发。由蚊虫传播（蠓也可能传播）。血液及血清学检查，血沉稍快，白细胞总数略增，血清中胆红素稍多。血清学检查中补体结合反应为阴性。潜伏期约为7～14 d，病程4～7 d，死亡率较低。病马局部脑症状明显，病愈后常有后遗症。除具有神经症状外，还往往因肝脏受损而出现黄疸现象。病理变化为脑膜充血、淤血，多有典型的非化脓性脑炎变化，即血管周围有大量的圆形细胞浸润，神经细胞变性，神经胶质细胞增生。

3. 马李氏杆菌病

马李氏杆菌病是由产单核细胞李氏杆菌引起，呈散发，主要发生于冬春季节，除表现脑膜脑炎外，尚有下痢、败血症、孕马流产和血液中单核细胞增多现象。

4. 马传染性脑脊髓炎

马传染性脑脊髓炎是由马传染性脑脊髓炎病毒引起的马属动物的急性传染病。多发于6～10岁的使役马匹，3岁以内的幼马发病较少。发病季节性不明显，但以7～9月发病较多，呈地方流行性，以散发为主。一般通过蚊虫等的叮咬，经皮肤和消化道传染。病马体温一般正常，血液及血清学检查，血液黏稠，血沉很慢，红、白细胞总数明显增加，血清中的胆红素含量显著增多，并呈直接反应或双相反应。血清学检查中补体结合反应为阳性。潜伏期为5～40 d，病程2～3 d，死亡率高。肠音减弱或消失、便秘，尿少呈红黄色。病理变化为黏膜、浆膜及皮下组织黄染。胃内积食，大肠积留多量干涸粪块。肝脏呈中毒性肝营养不良，有轻度的非化脓性脑炎变化。

（五）预防措施和安全用药

1. 预防措施

消灭本病的传播媒介是预防本病的重要措施。因此应搞好饲养场所周围的环境卫生，消除路边杂草，加强防鼠、灭鼠、灭蜱工作。疫区应进行疫苗接种，由于接种后1.5～2个月方能产生抗体，故进入林区者应在3个月前完成预防接种。接种森林脑炎组织培养疫苗，第一次肌注2 mL，7～10 d后再肌注3 mL，以后每年加强免疫1次，可获得良好效果。

2. 安全用药

疾病早期可给予恢复期的血清，每日肌内注射 20 ～ 40 mL，直到体温降至 38.5℃以下为止。对有高热、昏迷、惊厥、呼吸衰竭等症状可采取对症治疗。高效价免疫丙种球蛋白每日 6 ～ 9 mL，肌内注射，至体温降到 38℃以下停用。干扰素、转移因子、免疫核糖核酸、核糖核酸均可酌情采用。

四、狂犬病

狂犬病，又名疯狗病或恐水症，由狂犬病病毒引起人和动物共患的一种急性接触性传染病。临床上以神经兴奋和意识障碍，继之局部或全身麻痹而死为特征。本病在世界很多国家存在，我国部分省市和地区亦有本病的发生。

（一）发病原因

狂犬病病毒属于 RNA 型的弹状病毒科、狂犬病病毒属，在动物体内主要存在于中枢神经组织、唾液腺和唾液内。本病毒对外界抵抗力不强，对过氧化氢、高锰酸钾、新洁尔灭、来苏儿等消毒药敏感，1% ～ 2% 肥皂水、43% ～ 70% 酒精、0.01% 碘液、丙酮、乙醚都能使之灭活。

患病动物和带毒者是本病传染源，通过咬伤、抓伤其他动物而使其感染。一般头面部咬伤者比躯干、四肢咬伤者发病率高；伤口越深，伤处越多者发病率越高。此外，当健康动物的皮肤黏膜损伤时，如果接触病畜的唾液则也有感染的可能性。

（二）临床症状

潜伏期 4 ～ 8 周，早期虽有神经症状，但不典型，末期有兴奋表现（狂暴性狂犬病）。初期病马神情不安，啃咬或摩擦被咬伤的局部皮肤（多在鼻、唇等处），有恐惧的表情，通常出现口鼻震颤，口角流出带泡沫的唾液。后期表现痛苦和极度兴奋（图 5-4-1），类似绞痛的症状，感染马乱咬，攻击其他动物或人，有时甚至咬伤自身或紧咬柱桩而致口唇、牙齿受伤，随后出现进行性麻痹症状。其他症状表现为跛行或虚弱、共济失调，剧烈的肢体运动，沉郁，食欲减退，尿频，发汗，啃咬周围的物体，频繁嘶叫，猛烈摇头和横卧。有些病例呈抑郁昏迷状态，病程 4 ～ 6 d，最后因麻痹和全身衰竭而死亡。

图 5-4-1　极度兴奋，狂奔

（三）剖检变化

常见尸体消瘦，体表有伤痕，口腔和咽喉黏膜充血或糜烂，胃内空虚或有异物，胃肠道黏膜充血或出血。内脏充血、实质变性。硬脑膜充血。病理组织学检查有非化脓性脑炎和神经炎变化。

（四）类症鉴别

1. 马脑膜脑炎

马脑膜脑炎由于传染性或中毒性因素引起，有严格的季节性，7 ～ 9 月份发生，3 岁以下的幼驹多发；体温病初升高，以后正常，结膜轻度黄染，肠音初期正常后期减弱，血沉正常和稍快，血清胆红素稍增加；主要变化为非化脓性脑炎。

2. 马流行性乙型脑炎

马流行性乙型脑炎是由日本脑炎病毒引起的、虫媒传播的自然疫源性动物病。幼驹发生较多，而壮龄马、老马很少发病。除马、骡、驴外，牛、羊、猪和人也能感染。3 岁以下的幼驹及新调入疫区的马骡最易感。具有明显的季节性，多发于 7 ～ 9 月份，以 9 月最多，散发。由蚊虫传播（蠓也可能传播）。血液及血清学检查，血沉稍快，白细胞总数略增，血清中胆红素稍多。血清学检查中补体结合反应为阴性。潜伏期约为 7 ～ 14 d，病程 4 ～ 7 d，死亡率较低。病马局部脑症状明显，病愈后常有后遗症。除具有神经症状外，还往往因肝脏受损而出现黄疸现象。病理变化为脑膜充血、淤血，多有典型的非化脓性脑炎变化，即血管周围有大量的圆形细胞浸润，神经细胞变性，神经胶质细胞增生。

3. 马李氏杆菌病

马李氏杆菌病是由产单核细胞李氏杆菌引起，呈散发，主要发生于冬春季节，除表现脑膜脑炎外，尚有下痢、败血症、孕马流产和血液中单核细胞增多现象。

4. 马传染性脑脊髓炎

马传染性脑脊髓炎是由马传染性脑脊髓炎病毒引起的马属动物的急性传染病。多发于 6 ～ 10 岁的使役马匹，3 岁以内的幼马发病较少。发病季节性不明显，但以 7 ～ 9 月发病较多，呈地方流行性，以散发为主。一般通过蚊虫等的叮咬，经皮肤和消化道传染。病马体温一般正常，血液及血清学检查，血液黏稠，血沉很慢，红、白细胞总数明显增加，血清中的胆红素含量显著增多，并呈直接反应或双相反应。血清学检查中补体结合反应为阳性。潜伏期为 5 ～ 40 d，病程 2 ～ 3 d，死亡率高。肠音减弱或消失、便秘、尿少呈红黄色。病理变化为黏膜、浆膜及皮下组织黄染。胃内积食，大肠积留多量干涸粪块。肝脏呈中毒性肝营养不良，有轻度的非化脓性脑炎变化。

5. 森林脑炎

是由森林脑炎病毒引起，主要与蜱的活动有关，具有严格季节性，主要发生在 5 ～ 6 月间，多散发，我国主要见于东北和西北的原始森林地区，临床上以中枢神经症状为特征。

（五）预防措施和安全用药

1. 预防措施

加强动物检疫，防止从国外引进带毒动物和国内转移发病和带毒动物；建立并实施有效的疫情监测体系，及时发现并扑杀患病动物；认真贯彻执行所有防止和控制狂犬病的规章制度，包括扑杀野犬、野猫以及各种限养犬等动物的措施；加强对犬、猫等动物狂犬病疫苗的强制性免疫。接种狂犬病疫苗是预防和控制本病的有效措施之一，因此在狂犬病多发地区，对马应定期进行狂犬病弱毒苗的免疫接种。

2. 安全用药

目前狂犬病患病动物仍然无法治愈，当发现患病动物或可疑动物时应尽快扑杀，防止其攻击人及其他动物而造成该病的传播。若人或动物被患病动物咬伤，应尽早处理伤口，首先应用大量肥皂水或 0.1% 新洁尔灭冲洗，然后再对局部用 75% 酒精或 3% 碘酒消毒。对创腔较深的伤口，应将导管插入伤口内，用上述洗液充分冲洗，伤口不应缝合，暴露在空气中以限制病毒在组织中复制和扩散。咬伤严重者应注射免疫血清，并迅速进行狂犬病疫苗紧急接种，使其在潜伏期内产生自动免疫。

五、马破伤风

破伤风，又名强直症，俗称锁口风、脐带风等，是破伤风梭菌经伤口深部感染后产生外毒素而引起的一种急性、中毒性人兽共患病。临床上以骨骼肌持续性或阵发性痉挛和神经反射兴奋性增强为特征。本病广泛分布于世界各国，呈散在性发生，我国也有发生。

（一）发病原因

破伤风梭菌，又名强直梭菌，为一种大型厌氧性革兰氏阳性杆菌，多单个存在，两端钝圆、细长、正直或稍弯曲的大杆菌。有周身鞭毛，无荚膜，芽孢呈圆形，位于菌体一端呈鼓槌状或羽毛球拍状（图 5-5-1）。破伤风梭菌可产生破伤风痉挛毒素、溶血毒素及非痉挛毒素，其中最主要的是破伤风痉挛毒素，属神经毒，毒性极强，仅次于肉毒毒素，是引起特征性强直症状的决定性因素。本菌繁殖体对一般理化因素抵抗力不强，一般消毒药均能在短时间内将其杀死；但芽孢体抵抗力极强，在土壤中可存活几十年，对青霉素和磺胺类药物敏感。

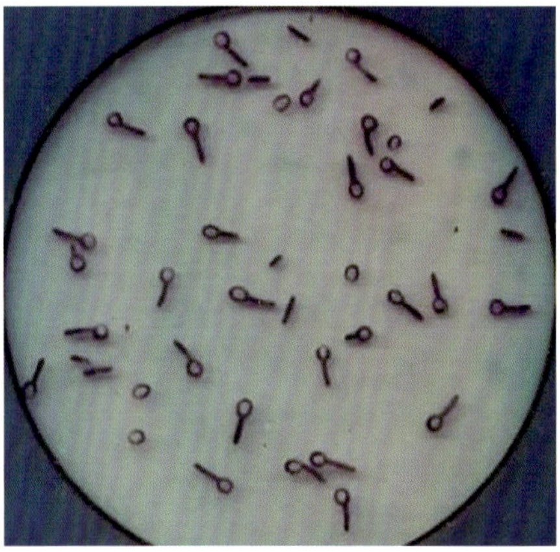

图 5-5-1 破伤风梭菌

马属动物易感，本菌广泛存在于自然界，尤其是施肥的土壤、腐臭淤泥中。感染常见于各种创伤，如断脐、去势、手术、断尾、穿鼻、产后感染等，在临诊上有些病例查不到伤口，可能是创伤已愈合或可能经损伤的子宫、消化道黏膜感染，其中马的鞍伤是最常见的感染。

（二）临床症状

潜伏期最短 1 d，最长可达数月，一般 1 ～ 2 周。潜伏期长短与创伤部位有关，创伤距头部较近，组织创伤口深而小，创伤深部严重损伤，发生坏死或创口被粪土、痂皮覆盖等，潜伏期缩短，反之则延长。最初表现对刺激的反射兴奋性增高，稍有刺激即高举其头，瞬膜外露，接着出现精神沉郁，食欲减退，牙关紧闭，颈部僵硬（图 5-5-2）咀嚼困难，流涎（图 5-5-3），且口臭，头颈伸直，两耳竖立，鼻孔开大，四肢腰背僵硬，叉开站立，腹部紧缩（图 5-5-4），粪尿潴留，甚至便秘，尾根高举，行走困难，四肢强直形如木马（图 5-5-5），各关节屈曲困难，易跌倒，且不易自起。此时患马神志清楚，对外界刺激反射兴奋性增高，轻微刺激可使其惊恐不安，痉挛和大汗淋漓，末期常因呼吸功能障碍（浅表、气喘、喘鸣等）或循环系统衰竭（心律不齐、心搏亢进）而死亡。体温一般正常，死前体温可升至 42℃，病程通常 14 ～ 28 d，病死率 45% ～ 90%。

图 5-5-2　牙关紧闭，颈部僵硬

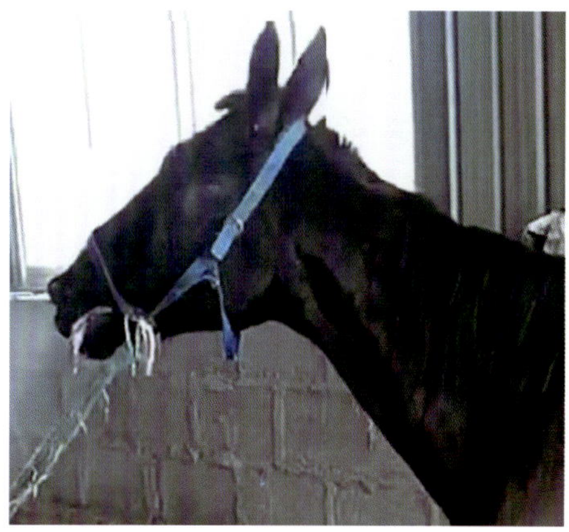

图 5-5-3　咀嚼困难，流涎

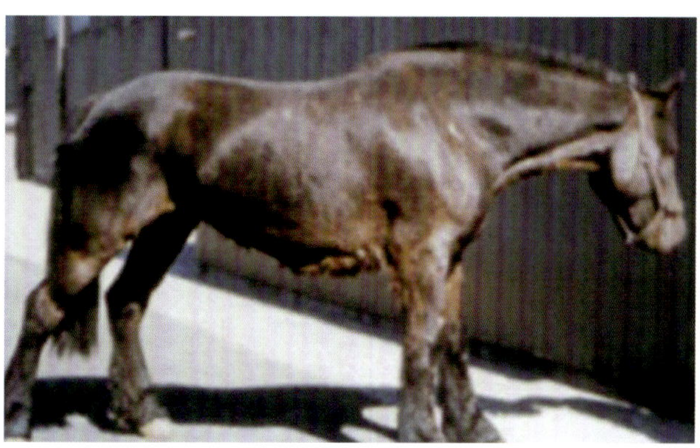

图 5-5-4　四肢腰背僵硬，叉开站立，腹部紧缩

图 5-5-5 马破伤风木马样姿势

（三）剖检变化

该病的病理变化不明显，仅在黏膜、浆膜及脊髓等处可见有小出血点，肺脏充血、水肿，骨骼肌变性或具有坏死灶以及肌间结缔组织水肿等非特异变化。

（四）类症鉴别

1. 急性肌肉风湿

主要是肌肉部位的疼痛肿胀，患部肌肉强硬、头颈直伸、四肢拘僵，痉挛表现并不显著，不会有较强的敏感性以及兴奋性，并且无创伤史，无牙关紧闭、瞬膜外露、两耳竖立、尾高举等症状，可正常进食；水杨酸制剂治疗有效。

2. 马钱子中毒

有牙关紧闭、角弓反张、肌肉强直等现象；但一般无瞬膜外露，大多不会出现体温升高，反射兴奋性也不高，肌肉痉挛发展迅速，可导致动物迅速死亡；水合氯醛治疗有效。

3. 马脑膜脑炎

马脑膜脑炎是由于传染性或中毒性因素引起，有严格的季节性，7～9 月份发生，3 岁以下的幼驹多发；体温病初升高，以后正常，结膜轻度黄染，肠音初期正常后期减弱，血沉正常和稍快，血清胆红素稍增加；主要变化为非化脓性脑炎。该病初期的肌肉僵硬部位主要集中在腰腹部位，会出现角弓反张的表现，局部肌肉会出现不同程度的痉挛，但是大部分马无外部创伤，反射机能逐渐减退，且无瞬膜突出情况，尾不高举，有意识扰乱、昏迷不醒或麻痹症状。

4. 狂犬病

也有牙关紧闭、角弓反张、腰发硬、局部肌肉痉挛等症状，但狂犬病是由狂犬病病毒引起，具有被动物咬伤的病史，对人畜有明显的攻击性，瞬膜不突出，尾不高举，有意识扰乱、昏迷不醒或麻痹症状。在脑组织细胞的胞浆中有内基氏小体。

5. 马麻痹性肌红蛋白尿病

共同点：临床上大都突然发病，没有明显的季节性，都会出现严重的运动障碍、肌肉痉挛或皮肤紧张、卧地不起等症状。不同点：马麻痹性肌红蛋白尿病，是由于新陈代谢发生严重紊乱，突然发生麻痹和运动障碍，若干肌肉变性及硬固，并排出深棕褐色的尿液。一般膘情肥胖，有喂精料过多、突然重度使役的病史，使役过度后突然发病，治愈率低。运动障碍显著，尤其以两后肢更为严重，指压肌肉常无疼痛，呈犬坐姿势，排肌红蛋白尿，常在使役中突然发病。

（五）预防措施和安全用药

1. 预防措施

平时注意饲养管理、环境和使役卫生，防止外伤感染。一旦发生外伤，尤其严重创伤时，应及时进行伤口消毒和外科处理，或注射破伤风抗毒素血清。断脐、断尾、阉割及外科手术时应严格消毒，并在手术前后注射青霉素或破伤风抗毒素。发病较多的地区或养殖场，每年应定期接种破伤风类毒素，在阉割等手术前 1 个月进行免疫接种。对较大较深的创伤，要注意除外科处理外，应肌内注射破伤风抗毒素血清 1 万～ 3 万 IU。

2. 安全用药

创伤处理：应加强护理，将其置于光线较暗的安静处并给予易消化的饲料和充足的饮水，尽快查明感染的创伤并进行外科处理。清除创内的脓汁、异物、坏死组织及痂皮，对创深、创口小的要扩创，以 5% ～ 10% 碘酊和 3% H_2O_2 或 1% 高锰酸钾消毒，再撒以碘仿硼酸合剂，然后用青霉素、链霉素进行创周注射，同时用青霉素、链霉素做全身治疗。

药物治疗：早期使用破伤风抗毒素，剂量 20 万～ 80 万 IU，分 3 次注射，也可 1 次全剂量注入，也常同时应用 40% 乌洛托品 50 mL，幼驹酌减。

对症治疗：当兴奋不安和强直痉挛时，可使用镇静解痉剂。一般多用氯丙嗪肌内注射或静脉注射，每天早晚各 1 次。也可应用水合氯醛（25 ～ 40 g 与淀粉浆 500 ～ 1000 mL 混合灌肠）或与氯丙嗪交替使用。可用 25% 硫酸镁用肌内注射或静脉注射，以解痉挛。咬肌痉挛、牙关紧闭者，可用 1% 普鲁卡因溶解于开关、锁口穴位注射，每天 1 次，直至开口为止。

中兽医治疗：蜈蚣 7 条、斑蝥 7 个、红娘子 5 个、冰片 10 g、轻粉 10 g，上药共末，吹入两耳内，布条扎住耳根。随后用芥穗 500 g、黑豆 1500 g，加水煎煮后，分数次任其饮食，用完再煮，连服 7 d。

六、马炭疽

马炭疽是由炭疽杆菌引起的一种急性、热性、败血性人兽共患传染病。以体温升高、腹胀、腹痛、体表炎性肿胀、天然孔出血、中毒性休克和败血症为特征；病理特征为脾脏高度肿大、皮下和浆膜下出血性胶冻样浸润、血液凝固不良呈煤焦油样、尸体极易腐败等。世界各国都有分布，我国在严格防范情况下，仍有散发病例。

（一）发病原因

炭疽杆菌为革兰氏阳性兼性需氧菌大杆菌，菌体两端平直，无鞭毛，不运动，呈竹节状长链排列，菌体周围有荚膜，该菌在患病动物体内通常不形成芽孢，但当其暴露于空气时，易形成芽孢。炭疽杆菌的繁殖体对外界理化因素的抵抗力不强，常用浓度的消毒剂，如 20% 漂白粉、2% ～ 4% 甲醛、过氧乙酸、环氧乙烷、次氯酸钠等都有较好的消毒效果。但其芽孢的抵抗力很强，在土壤中可存活数十年，在皮毛制品中可存活 90 年。

患病动物是本病的主要传染源，其排泄物、分泌物及尸体中的病原体一旦形成芽孢，污染周围动物圈舍、运动场、河流、牧场、草场后，可在土壤中长期存活而成为长久的疫源地，随时可传播给易感动物。主要经消化道感染，常因采食污染的饲料、饲草及饮水而感染，也可通过多种吸血昆虫经皮肤感染，若通过破损的皮肤伤口感染则可能形成炭疽痈。有明显季节性，夏季炎热多雨、洪水泛滥、吸血昆虫活动的 5 ～ 10 月多见，6 ～ 9 月为发病高峰。自然灾害是高发主要诱因，多在干旱、洪涝灾害后暴发流行。另外，环境卫生差、使役过重、长途运输、饥饿、营养缺乏等降低抵抗力均为本病诱因。

（二）临床症状

潜伏期多为 1 ～ 5 d，最长达 14 d，短至 24 h。根据临床表现可分为最急性型、急性型和亚急性型。

① 最急性型：少见，表现突然倒地，意识丧失，全身痉挛，黏膜发绀，全身战栗，呼吸迫促，心悸亢进，磨牙吐沫，口鼻流出混血的泡沫，肛门和阴户流出暗红色血液，骤然死亡，病程 1 h。死后可见血液凝固不良，口腔、鼻孔、肛门、阴门流血，胃肠迅速膨胀，尸僵不全。

② 急性型：常见，主要表现肠炎和肠绞痛。病马体温升高，精神沉郁或兴奋不安，惊慌吼叫，乱冲乱撞，渐转沉郁。伴有剧烈疝痛，黏膜发绀有出血点。肌肉震颤，呼吸困难，初便秘后腹泻，粪尿乳汁带血，孕马流产。濒死期体温下降，呼吸衰竭，休克死亡，病程 1 ～ 2 d。皮下感染或被带菌昆虫叮咬时，则可能出现局部发热、疼痛、水肿，并可传至咽喉、胸腹下、包皮和乳房等处，咽喉肿胀可致呼吸困难。

③ 亚急性型：常见，临床症状与急性基本相似，在颈部、胸前、腹下、乳房或肩胛等体表部位，直肠或口腔黏膜等处发生炭疽痈，初期坚实有热痛，后期热痛消失，发生坏死或溃疡。原发性病灶常可康复，病程 3 ～ 7 d。

（三）剖检变化

① 急性型：呈败血症病变。尸僵不全，尸体易腐败膨胀，天然孔流出暗红色血液，黏膜发绀，有出血点。血凝不良，呈黏稠煤焦油样，皮下、肌间及浆膜下等结缔组织浆性、出血性、胶冻性水肿，有散在出血斑点。全身淋巴结肿大、出血。脾肿大 3 ～ 5 倍，脾软化如糊状、切面呈樱桃红色，有出血。局部炭疽常见于肠、肺等处。肠炭疽为出血性、坏死性肠炎，有的局部水肿；肺炭疽为肺及呼吸道黏膜充血、水肿。其他实质器官变性、充血、出血和水肿。

② 亚急性：呈局部病变。痈型皮下呈浆性出血性水肿。

（四）类症鉴别

1. 轮状病毒病

轮状病毒病是由轮状病毒感染引起 1 ～ 6 周龄马驹的一种急性腹泻疾病，具有一定传染性，常引起幼驹死亡。

2. 大肠杆菌病

大肠杆菌病主要由产肠毒素大肠杆菌引起 7 日龄以内幼驹的剧烈腹泻，除腹泻外个别病驹还可出现肺炎、脑炎和关节肿胀。

3. 马沙门氏菌病

马沙门氏菌病由沙门氏菌引起，多发生于春秋季节，一般呈散发。6 月龄以内的幼驹主要表现结肠炎、败血症、关节肿大、支气管肺炎等；妊娠中后期的头胎母马发生流产。血液、脾、淋巴结以及肌肉内可检出鼠伤寒沙门氏菌或肠炎沙门氏菌。

4. 急性盲结肠炎

多在应激状态下发病，起病突然，经过急剧，微循环障碍等全身症状迅速增重，白细胞急剧减少，多于 24 h 内死亡。

5. 胃肠炎

胃肠炎主要是由饲养管理不当引起，多呈散发，不具有传染性，各种年龄的马均有发生，但发病率和死亡率较低。

6. 巴氏杆菌病（水肿型）

巴氏杆菌病是由多杀性巴氏杆菌引起幼驹的一种急性、发热性、败血性传染病，临床上分为高热和麻痹型、腹泻型、水肿型。类似处：有传染性，体温高达 40℃以上。不同处：马在头、颈、肩前，初有热痛，后变冷痛，马头部肿胀如河马头，体温均比炭疽低。血检可见两极浓染的小杆菌。

7. 蜂窝织炎

类似处：体温高（39 ～ 40℃），肿胀有热痛。不同处：无传染性，体温比炭疽低，肿胀扩大迅速，全身症状不如炭疽重。

8. 胸前浮肿

类似处：胸前肿胀。不同处：肿胀无热无痛，按压呈捏粉样留凹痕。体温不高，并有各自不同的原发症状。

9. 胸前肿瘤

类似处：胸前肿胀，较硬，无热无痛。不同处：体温不高，肿块可随皮肤滑动。

（五）预防措施和安全用药

1. 预防措施

加强兽医检疫、监测和卫生监督，凡死因不明动物尸体不得任意剥食和利用，经兽医人员检验后再作处理。常发区和威胁区，每年春季（2 ～ 3 月）须一次预防接种。常用的疫苗有无毒炭疽芽孢疫苗、Ⅱ号炭疽芽孢疫苗和炭疽保护性抗原佐剂疫苗，免疫期为 1 年。疑似炭疽尸体须带皮焚烧，不宜深埋，免留后患。

2. 安全用药

发生炭疽后，立即上报，确定疫区范围，采取封锁隔离、紧急预防接种等综合防治措施，尽快扑灭疫情。死亡尸体应进行焚烧或覆盖生石灰或 20% 漂白粉后深埋，两种方法中以前者最为确实。周围假定健康群应立即进行紧急免疫接种，可疑马可选用青霉素、土霉素、链霉素及磺胺类药等进行防治。全场进行彻底消毒，污染的饲料、垫草、粪便焚烧处理。

七、马李氏杆菌病

李氏杆菌病是由产单核细胞李氏杆菌引起的一种人兽共患传染病，呈散发。临床上以脑膜脑炎、败血症、流产和单核细胞增多症为特征。本病广泛分布于全世界，我国许多省区也有发生。

（一）发病原因

病原为产单核细胞李氏杆菌，属于李氏杆菌属，革兰氏阳性小杆菌（图 5-7-1）。无荚膜，无芽孢，有周毛。该菌兼性厌氧，对热的耐受性比大多数无芽孢杆菌强，常规巴氏消毒法不能杀灭它，65℃经 30 ～ 40 min 才能杀灭。一般消毒药易使之灭活，对链霉素、四环素和磺胺类药敏感。

马属动物有一定抵抗力，但发病率高，病死率低。本病自然界广泛分布，患病动物和带菌动物是本病的传染源，从粪、尿、乳汁、流产胎儿、子宫分泌物等排菌。传播途径不完全清楚，可能通过消化道、呼吸道、眼结膜及皮肤破伤传播。污染的饲料和饮水可能是主要传播媒介。本病散发，主要发生于冬季或早春，冬季缺乏青饲料，天气骤变，有内寄生虫或沙门氏菌感染时，均可为本病发生的诱因。

（二）临床症状

自然感染的潜伏期约为 2 ～ 3 周，有的可能只有数天，也有长达两个月。马主要表现脑脊髓炎症状，体温升高，步态不稳，低头站立，不食，磨牙，粪干，尿黄。常表现兴奋与沉郁交替出现，兴奋时感觉过敏，狂暴不安，共济失调，盲目前冲，攀登饲槽，或做圆圈运动，肌肉震颤，易出汗，有的出现口眼歪斜；沉郁时精神委顿，四肢、下颌、唇、舌及喉麻痹，针刺无反应，四肢软弱无力，视力减弱，心律不齐。病程较长，一般多能痊愈。幼驹还见有轻度腹泻、不安、黄疸和血尿等症状。血液学检查，中性粒细胞增多，单核细胞可增至 13% ～ 19%。

（三）剖检变化

有神经症状的病马，脑膜和脑可能有充血、炎症或水肿变化（图 5-7-2），脑脊液增量、混浊，含很多细胞，脑干变软，有小化脓灶，血管周围有以单核细胞为主的细胞浸润，肝可能有小炎性灶和小坏死灶。败血症的病马有败血症变化，肝有坏死灶。流产母马可见到子宫内膜充血及广泛坏死，胎盘子叶常见出血和坏死。

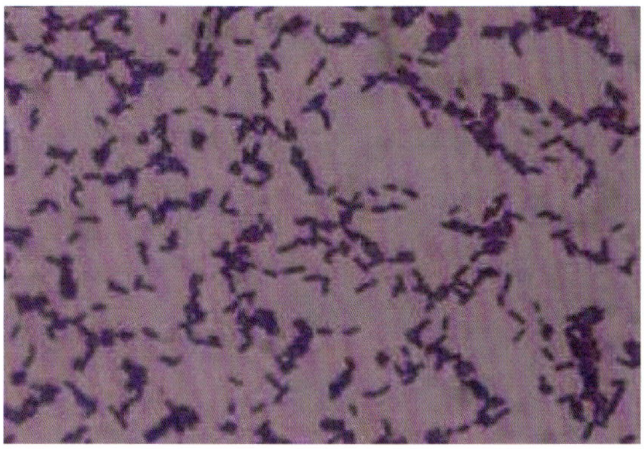

图 5-7-1 产单核细胞李氏杆菌

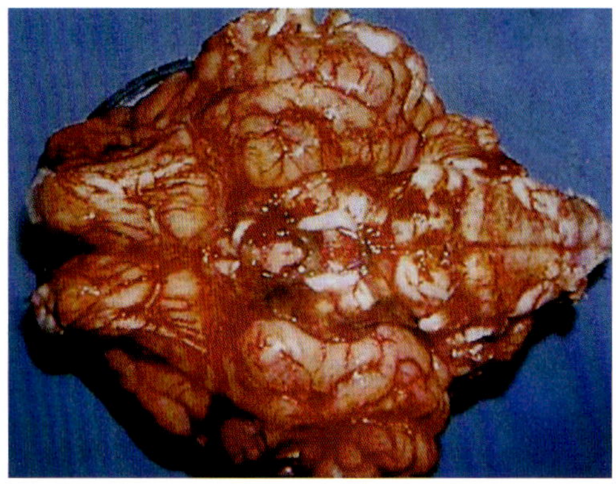

图 5-7-2 脑膜和脑充血、水肿

（四）类症鉴别

1. 马传染性脑脊髓炎

马传染性脑脊髓炎是由马传染性脑脊髓炎病毒引起的马属动物的急性传染病。多发于 6 ～ 10 岁的使役马匹，3 岁以内的幼马发病较少。发病季节性不明显，但以 7 ～ 9 月发病较多，呈地方流行性，以散发为主。一般通过蚊虫等的叮咬，经皮肤和消化道传染。病马体温一般正常，血液及血清学检查，血液黏稠，血沉很慢，红、白细胞总数明显增加，血清中的胆红素含量显著增多，并呈直接反应或双相反应。血清学检查中补体结合反应为阳性。潜伏期为 5 ～ 40 d，病程 2 ～ 3 d，死亡率高。肠音减弱或消失，便秘，尿少呈红黄色。病理变化为黏膜、浆膜及皮下组织黄染。胃内积食，大肠积留多量干涸粪块。肝脏呈中毒性肝营养不良，有轻度的非化脓性脑炎变化。

2. 马脑膜脑炎

马脑膜脑炎是由于传染性或中毒性因素引起，有严格的季节性，7 ～ 9 月份发生，3 岁以下的幼驹多发；体温病初升高，以后正常，结膜轻度黄染，肠音初期正常后期减弱，血沉正常和稍快，血清胆红素稍增加；主要变化为非化脓性脑炎。

3. 狂犬病

狂犬病是由狂犬病病毒引起，无季节性，具有被动物咬伤的病史，对人畜有明显的攻击性，狂暴不安，惊恐，流涎，咽、下颌及后肢发生麻痹；在脑组织细胞的胞浆中有内基氏小体。

4. 马流行性乙型脑炎

马流行性乙型脑炎是由日本脑炎病毒引起的、虫媒传播的自然疫源性动物病。幼驹发生较多，而壮龄马、老马很少发病。除马、骡、驴外，牛、羊、猪和人也能感染。3 岁以下的幼驹及新调入疫区的马骡最易感。具有明显的季节性，多发于 7 ～ 9 月份，以 9 月最多，散发。由蚊虫传播（蠓也可能传播）。血液及血清学检查，血沉稍快，白细胞总数略增，血清中胆红素稍多。血清学检查中补体结合反应为阴性。潜伏期约为 7 ～ 14 d，病程 4 ～ 7 d，死亡率较低。病马局部脑症状明显，病愈后常有后遗症。除具有神经症状外，还往往因肝脏受损而出现黄疸现象。病理变化为脑膜充血、淤血，多有典型的非化脓性脑炎变化，即血管周围有大量的圆形细胞浸润，神经细胞变性，神经胶质细胞增生。

5. 马霉玉米中毒

马霉玉米中毒是由于饲喂发霉饲料，尤其是霉玉米引起的。病原体是镰刀菌。以驴最多发，使役较重的成年及老龄马也较多发，吃奶的幼驹不发病。多发生于秋季 9 ～ 11 月阴雨连绵季节，零星散发。体温一般无变化。血液及血清学检查，血沉变化不规律，白细胞总数减少，血清中胆红素无明显变化。血清学检查中补体结合反应为阴性。病程短促，死亡率甚高。粪便常有潜血。妊娠后期往往发生早产或流产。早产幼驹，可视黏膜发绀，齿龈、舌下有出血点，耳尖及四肢末端发凉，不能起立，轻的可以治愈，重症的很快死亡。病理变化为大脑白质出血、水肿、坏死。口腔黏膜有出血点和溃疡，并有胃肠道的黏液性炎症或黏液性出血性炎症。

6. 森林脑炎

森林脑炎是由森林脑炎病毒引起，主要与蜱的活动有关，具有严格季节性，主要发生在 5 ～ 6 月间，多散发，我国主要见于东北和西北的原始森林地区，临床上以中枢神经症状为特征。

（五）预防措施和安全用药

1. 预防措施

平时应加强检疫、防疫和饲养管理，不从疫区引进马匹，驱除鼠类，消灭体外寄生虫。一旦发病，立即隔离治疗，消除诱因，严格消毒。尸体严格处理，严防疾病传播。

2. 安全用药

常用链霉素治疗，也可用广谱抗生素，病初大剂量应用有较好疗效，但易于引起耐药性。对败血型，最好用青霉素、链霉素治疗，或青霉素与庆大霉素联合应用。

八、马肉毒梭菌毒素中毒

肉毒梭菌毒素中毒，简称肉毒中毒，是由肉毒梭菌分泌的肉毒毒素引起的一种中毒性疾病。临床上以运动神经、中枢神经麻痹为主要特征。该病在全世界均有分布，我国目前至少有 15 个省发现本病。

（一）发病原因

肉毒梭菌属于梭状芽孢杆菌属，是两端钝圆的大杆菌，革兰染色阳性，周身有鞭毛，无荚膜，可形成芽孢，广泛分布于自然界。本菌为严格厌氧菌，在动物尸体、肉类、饲料中繁殖时也可产生大量的外毒素。这种毒素毒力很强，在消化道内不被破坏。肉毒梭菌产生的神经毒素用中和试验可分为 A ～ G 7 个型，马肉毒梭菌毒素中毒可能由 A 型、B 型、C 型、D 型引起。本菌繁殖体抵抗力不强，加热 80℃ 30 min 或 100℃ 10 min 即可将其杀死。但芽孢的抵抗力极强，煮沸需 6 h，180℃干热 5 ～ 15 min 才能将其杀死。5% 石炭酸或 20% 福尔马林 24 h 才能将芽孢杀死。在动物尸体、青贮饲料及发霉饲料中的毒素可保持数月，动物发病多数是由于食入含有毒素的高蛋白腐败性饲料所致。

（二）临床症状

食入毒素后，多在 3 ～ 7 d 内发病。临床表现为运动麻痹，初期精神沉郁，患马先由头部开始出现运动神经麻痹，迅速向后躯及四肢发展，主要表现衔草咀嚼无力，以后不能咀嚼和吞咽，肌肉软弱和麻痹，肠蠕动音减弱，眼半闭，瞳孔放大，舌伸口外，口吐白沫或流涎，四肢瘫软，左右摇摆，共济失调，卧地不起，最后出现便秘，呼吸困难，腹式呼吸，最终以呼吸麻痹致死。死前体温、意识和反射仍正常。严重者数小时死亡，病死率可达 80% ～ 90%，轻症可逐渐康复。

（三）剖检变化

剖检无明显病变，有时可见胃肠黏膜有卡他性炎症和小出血点，心内外膜可能有小点出血，肺可能有充血、水肿变化。

（四）类症鉴别

1. 狂犬病

狂犬病是由狂犬病病毒引起，无季节性，具有被动物咬伤的病史，对人畜有明显的攻击性，狂暴不安，惊恐，流涎，咽、下颌及后肢发生麻痹；在脑组织细胞的胞浆中有内基氏小体。

2. 马霉玉米中毒

马霉玉米中毒是由于饲喂发霉饲料，尤其是霉玉米引起的。病原体是镰刀菌。以驴最多发，使役较重的成年及老龄马也较多发，吃奶的幼驹不发病。多发生于秋季 9 ～ 11 月阴雨连绵季节，零星散发。体温一般无变化。血液及血清学检查，血沉变化不规律，白细胞总数减少，血清中胆红素无明显变化。血清学检查中补体结合反应为阴性。病程短促，死亡率甚高。粪便常有潜血。妊娠后期往往发生早产或流产。早产幼驹，可视黏膜发绀，齿龈、舌下有出血点，耳尖及四肢末端发凉，不能起立，轻的可以治愈，重症的很快死亡。病理变化为大脑白质出血、水肿、坏死。口腔黏膜有出血点和溃疡，并有胃肠道的黏液性炎症或黏液性出血性炎症。

3. 马流行性乙型脑炎

马流行性乙型脑炎是由日本脑炎病毒引起的、虫媒传播的自然疫源性动物病。幼驹发生较多，而壮龄马、老马很少发病。除马、骡、驴外，牛、羊、猪和人也能感染。3 岁以下的幼驹及新调入疫区的马骡最易感。具有明显的季节性，多发于 7 ～ 9 月份，以 9 月最多，散发。由蚊虫传播（蠓也可能传播）。血液及血清学检查，血沉稍快，白细胞总数略增，血清中胆红素稍多。血清学检查中补体结合反应为阴性。潜伏期约为 7 ～ 14 d，病程 4 ～ 7 d，死亡率较低。病马局部脑症状明显，病愈后常有后遗症。除具有神经症状外，还往往因肝脏受损而出现黄疸现象。病理变化为脑膜充血、淤血，多有典型的非化脓性脑炎变化，即血管周围有大量的圆形细胞浸润，神经细胞变性，神经胶质细胞增生。

（五）预防措施和安全用药

1. 预防措施

加强饲养管理，搞好环境卫生，清除环境中肉毒梭菌及其毒素，不使马匹接触到腐败尸体和腐烂草料。调制和保存饲料时应防止腐败，已经腐烂的饲料不可用以饲喂。在经常发生本病的地区，可用同型类毒素（同型或多价）菌苗预防接种。

2. 安全用药

发生本病时，应立即查明毒素来源，及时更换饲料，并立即用 0.025% 高锰酸钾液或 5% 碳酸氢钠洗胃、灌肠，或投服盐类泻剂，以促进毒素的排除。尽早使用足量多价抗毒素是治疗本病的特效疗法，在毒素类型确定后，应用同型抗毒素效果更佳。还应采用对症疗法和支持疗法。盐酸胍和维生素 E 单醋酸脂能促进神经末梢释放乙酰胆碱和加强肌肉的紧张性，对本病有良好疗效。发病马的粪便内含多量肉毒梭菌和毒素，应进行合理的处理。

九、马莱姆病

莱姆病，又称伯氏疏螺旋体病，是由伯氏疏螺旋体引起人和多种动物共患的一种蜱传自然疫源性传染病。临床上以发热、皮肤损伤、关节炎、脑炎、心肌炎为特征。目前该病分布甚广，已有 30 多个国家发现有本病存在，我国迄今已在东北、西北、华北、华东及华中地区的 19 个省（区、市）发生，尤以东北地区病例最多。

（一）发病原因

病原为伯氏疏螺旋体，属于螺旋体科螺旋体属，革兰氏染色阴性，用吉姆萨法染色良好，呈弯曲的螺旋状，有多根鞭毛，暗视野下可见菌体做扭曲和翻转运动，本菌微需氧，最适培养温度为33℃。本菌对外界环境抵抗力较弱，对青霉素、四环素及红霉素等敏感，而对庆大霉素、新霉素、卡那霉素等有抵抗力。

病原体主要以蜱类作为传播媒介。在我国，主要为嗜群血蜱、长角血蜱和全沟硬蜱。感染途径主要是通过叮咬宿主动物，但有些硬蜱还可以经卵垂直传播，也可经其损伤的皮肤、黏膜或结膜感染。本病的流行与硬蜱的生长活动密切相关，因而具有明显的地区性，在硬蜱大量生长繁衍的山区、林区、牧区此病多发。同时还具有明显的季节性，多发生于温暖季节，一般多见于6～9月份，冬、春季很少发生。

（二）临床症状

伯氏疏螺旋体在蜱叮咬动物时，随蜱唾液进入皮肤，也可随蜱粪便污染创口而进入体内，经3～32 d潜伏期，病菌在皮肤中扩散，形成皮肤损害，当病菌侵入血液后，引起发热，肢关节肿胀、疼痛，神经系统、心血管系统、肾脏受损并出现相应的症状。

发病时病马低热（38.6～39.1℃），触摸蜱叮咬部位高度敏感，被蜱叮咬的四肢常易发生脱毛和皮肤脱落。前肢或后肢疼痛和轻度肿胀，跛行，或四肢僵硬不愿走动。有些病马出现脑炎症状，表现嗜睡，大量出汗，行动异常，头颈倾斜，尾巴弛缓、麻痹，吞咽困难，不能久立一处，常无目标地运动。妊娠马易于发生流产和产死胎。

（三）剖检变化

动物常在被蜱叮咬的四肢部位出现脱毛和皮肤剥落现象。马在心和肾表面可见苍白色斑点，腕关节的关节囊显著变厚，含有较多的淡红色浸液，同时有绒毛增生性滑膜炎，有的病例胸腹腔内有大量的液体和纤维素，全身淋巴结肿胀。

（四）类症鉴别

1. 马脑膜脑炎

马脑膜脑炎由传染性或中毒性因素引起，有严格的季节性，7～9月份发生，3岁以下的幼驹多发；体温病初升高，以后正常，结膜轻度黄染，肠音初期正常后期减弱，血沉正常和稍快，血清胆红素稍增加；主要变化为非化脓性脑炎。

2. 马流行性乙型脑炎

马流行性乙型脑炎是由日本脑炎病毒引起的、虫媒传播的自然疫源性动物病。幼驹发生较多，而壮龄马、老马很少发病。除马、骡、驴外，牛、羊、猪和人也能感染。3岁以下的幼驹及新调入疫区的马骡最易感。具有明显的季节性，多发于7～9月份，以9月最多，散发。由蚊虫传播（蠓也可能传播）。血液及血清学检查，血沉稍快，白细胞总数略增，血清中胆红素稍多。血清学检查中补体结合反应为阴性。潜伏期约为7～14 d，病程4～7 d，死亡率较低。病马局部脑症状明显，病愈后常有后遗症。除具有神经症状外，还往往因肝脏受损而出现黄疸现象。病理变化为脑膜充血、淤血，多有典型的非化脓性脑炎变化，即血管周围有大量的圆形细胞浸润，神经细胞变性，神经胶质细胞增生。

3. 马脑脊髓丝状线虫病

马脑脊髓丝状线虫病是由牛指形丝状线虫的幼虫侵入马脑脊髓而发生的一种寄生虫病，蚊虫是其传播媒介，多发生于 7 ～ 10 月。病马突然出现以后躯运动障碍为主的麻痹症状，腰、臀部针刺时疼痛反射减弱或消失。体温、精神、食欲及心肺功能等无明显变化。其病势和缓，病程较长，极少死亡。

4. 森林脑炎

是由森林脑炎病毒引起，主要与蜱的活动有关，具有严格季节性，主要发生在 5 ～ 6 月间，多散发，我国主要见于东北和西北的原始森林地区，临床上以中枢神经症状为特征。

（五）预防措施和安全用药

1. 预防措施

加强兽医卫生措施，非疫区应通过加强动物检疫防止引入带菌动物、患病动物或传入带菌蜱；受本病威胁的地区要定期进行灭蜱措施和动物检疫，发现病例及时采取适当的处理措施；疫区应根据各种蜱的生物学特性和出没规律，采取必要的措施杀灭环境和动物体表的蜱，防止动物进入有蜱隐匿的灌木丛等区域，同时要采取保护性措施防止动物被蜱叮咬；患病动物应及时隔离治疗以减少疫病造成的损失，感染或死亡的动物尸体应经严格的无害化处理。

2. 安全用药

常用治疗药物有青霉素、红霉素、四环素、土霉素、多西环素、先锋霉素等，大剂量使用，并结合对症治疗，可收到良好疗效。也有人认为，在被蜱叮咬后用抗生素液做局部处理可防止发病。

十、马脑脊髓丝虫病

马脑脊髓丝虫病，又称“腰萎病”，是牛腹腔的指形丝状线虫的晚期幼虫（童虫）侵入马脑或脊髓的硬膜下或实质中而引起的疾病。我国多发于长江流域和华东沿海地区，东北和华北等地亦有发生，马匹患病后，逐渐丧失使役能力，重症者长期卧地不起，发生褥疮，继发败血症而死。

（一）发病原因

马脑脊髓丝虫病的病原体是寄生于牛腹腔的指形丝状线虫的晚期幼虫（童虫），为乳白色小线虫，其形态特征基本上与成虫相似，多寄生于脑底部、颈椎和腰椎膨大部的硬膜下腔、蛛网膜下腔或蛛网膜与硬膜下腔之间。中华按蚊和雷氏按蚊为传播本病的蚊虫，当含感染性幼虫的蚊子到马体吸血时，就会把感染性幼虫注入马体，幼虫经淋巴（血液）侵入脑髓表面或实质中生长发育，停留在童虫阶段。

各种年龄的马均可发病，往往那些训练良好、秉性温顺的辕马及新到疫区的马匹和幼龄马多发。一般 7～9 月份易发病，而以 8 月份发病率最高。与蚊虫的滋生环境有一定的关系，凡低湿、沼泽、水网、稻田地区多发；洪水、台风、大潮后多发。本病流行的地区是牛多、蚊虫多的地区。

（二）临床症状

主要分为早期症状及中晚期症状。早期症状主要表现为腰髓支配的后躯运动神经障碍；后期才出现脑脊髓受损的神经症状，但并不严重。早期症状主要表现为一侧或两侧后肢提举困难，蹄尖常拖地，后躯无力，后肢强拘。久立后牵引时，后肢出现鸡伸腿样动作。

中晚期症状为精神沉郁，有的患马意识障碍，出现痴呆样、磨牙、凝视、易惊、采食异常。腰、臀、内股部针刺反应迟钝或消失。弓腰、腰硬，突然高度跛行、运步中两后肢外张、斜行、或后肢出现木脚步样。强制小跑，步幅缩短，后躯摇摆、转弯，后退少步，甚至前蹄践踏后蹄。急退易坐倒，起立困难，后坐到一定程度猛然立起；后坐时如臀端依靠墙柱，便导致上下反复磨损尾根，导致尾根被毛脱落。随着病情加重，病马后肢麻痹，不能站立（图 5-10-1），阴茎脱出下垂，尿淋漓或尿频，尿色呈乳状，重症者甚至尿闭、粪闭。病马体温、呼吸、脉搏和食欲均无明显变化。血液检查常见嗜酸性粒细胞增多。

图 5-10-1　后肢麻痹，不能站立

（三）剖检变化

剖检可见虫体寄生部位形成大小不等的坏死灶，呈褐黄色、淡橙色、红褐色或淡黄胶冻样等外观。

（四）类症鉴别

1. 马霉玉米中毒

马霉玉米中毒是由于饲喂发霉饲料，尤其是霉玉米引起的。病原体是镰刀菌。以驴最多发，使役较重的成年及老龄马也较多发，吃奶的幼驹不发病。多发生于秋季 9～11 月阴雨连绵季节，零星散发。体温一般无变化。血液及血清学检查，血沉变化不规律，白细胞总数减少，血清中胆红素无明显变化。血清学检查中补体结合反应为阴性。病程短促，死亡率甚高。粪便常有潜血。妊娠后期往往发生早产或流产。早产幼驹，可视黏膜发绀，齿龈、舌下有出血点，耳尖及四肢末端发凉，不能起立，轻的可以治愈，重症的很快死亡。病理变化为大脑白质出血、水肿、坏死。口腔黏膜有出血点和溃疡，并有胃肠道的黏液性炎症或黏液性出血性炎症。

2. 马流行性乙型脑炎

马流行性乙型脑炎是由日本脑炎病毒引起的、虫媒传播的自然疫源性动物病。幼驹发生较多，而壮龄马、老马很少发病。除马、骡、驴外，牛、羊、猪和人也能感染。3 岁以下的幼驹及新调入疫区的马骡最易感。具有明显的季节性，多发于 7 ～ 9 月份，以 9 月最多，散发。由蚊虫传播（蠓也可能传播）。血液及血清学检查，血沉稍快，白细胞总数略增，血清中胆红素稍多。血清学检查中补体结合反应为阴性。潜伏期约为 7 ～ 14 d，病程 4 ～ 7 d，死亡率较低。病马局部脑症状明显，病愈后常有后遗症。除具有神经症状外，还往往因肝脏受损而出现黄疸现象。病理变化为脑膜充血、淤血，多有典型的非化脓性脑炎变化，即血管周围有大量的圆形细胞浸润，神经细胞变性，神经胶质细胞增生。

3. 马脑膜脑炎

马脑膜脑炎由传染性或中毒性因素引起，有严格的季节性，7 ～ 9 月份发生，3 岁以下的幼驹多发；体温病初升高，以后正常，结膜轻度黄染，肠音初期正常后期减弱，血沉正常和稍快，血清胆红素稍增加；主要变化为非化脓性脑炎。

4. 狂犬病

狂犬病是由狂犬病病毒引起，无季节性，具有被动物咬伤的病史，对人畜有明显的攻击性，狂暴不安，惊恐，流涎，咽、下颌及后肢发生麻痹；在脑组织细胞的胞浆中有内基氏小体。

（五）预防措施和安全用药

1. 预防措施

加强饲养管理，增强机体抗病能力。控制传染源，马厩应建在干燥、通风、远离牛舍 1 ～ 1.5 km 的地方；在蚊虫出现季节尽量避免与牛接触。有条件时普查病原牛，对带微丝蚴的牛，可每天给予海群生内服，每千克体重 10 mg，每月连服 10 d。搞好环境、厩舍卫生，铲除蚊子滋生地；采用杀蚊药物喷洒、烟熏，灭蚊驱蚊。本病发生的特点是新入疫区的马发病较多，疫区久居的马发病较少，发病高峰与蚊子密度高峰有关。在发病高峰前一个月，投服海群生，每千克体重 50 ～ 100 mg，一次给药，每隔 1 ～ 2 周服药一次，以后间隔 15 ～ 30 d 投药一次，直至无蚊期为止。发病季节每月给药 1 次，发病高峰期 7 ～ 9 月份每月 2 次或每千克体重 10 mg，每天 1 次，连服 7 d。也可对新引进的马及幼龄马在发病季节用 20% 海群生注射液，肌内注射 50 mL，每月 1 次，连用 4 个月。

2. 安全用药

用海群生，按每千克体重 50 ～ 100 mg 内服，连续用药 4 d 为一疗程；或用 20% 海群生注射液 50 mL，臀部两侧分点肌内注射，每月 1 次。

十一、马脑膜脑炎

脑膜脑炎是由传染性或中毒性因素引起软脑膜及脑实质的炎症，并伴有严重脑机能障碍的疾病。临床上以高热、脑膜刺激症状、一般脑症状和局部脑症状为特征。

（一）发病原因

本病主要由内源性或外源性传染因素和中毒性因素引起，同时也与邻近器官炎症的蔓延和自体抵抗能力有关。

① 传染性因素：包括各种引起脑膜脑炎的传染性疾病，如狂犬病、乙型脑炎、传染性脑脊髓炎、李氏杆菌病、疱疹病毒感染、链球菌病、葡萄球菌病、肺炎球菌病、巴氏杆菌病、沙门氏菌病、大肠杆菌病、坏死杆菌病、马放线杆菌病等。脑组织受到马蝇蛆、马圆虫幼虫以及血液圆虫等的侵袭，亦可导致脑膜脑炎的发生。

② 中毒性因素：重金属毒物如铅、类金属毒物如砷、生物毒素如黄曲霉毒素、化学物质如食盐等发生中毒时，都具有脑膜脑炎的病理现象。

③ 邻近器官炎症的蔓延：若病马身体其他部位发生感染创，且致病因素转移至脑，也可导致发病，例如中耳炎、化脓性鼻炎、额窦炎、眼球炎、腮腺炎、踢伤、额窦圆锯术、褥疮等。

④ 诱发性因素：当饲养管理不当、受寒感冒、过劳、中暑、脑震荡、长途输送、卫生条件不良、饲料霉败等，均能促使本病的发生。

（二）临床症状

急性脑膜脑炎通常突然发病，发展迅速，大多呈现一般脑症状，病马行为异常，过度亢奋，或陷入深度抑制状态。以亢奋为主的病马多突发兴奋，狂躁不安（图 5-11-1），嘶鸣，攀登饲槽，挣脱缰绳，不避障碍，向前猛进（图 5-11-2），步态蹒跚，动作笨拙，共济失调，或举步高抬，如涉水状，或盲目徘徊，转圈运动。有时前肢腾空，以致摔倒，后期多痉挛抽搐，继而陷于嗜眠状态。以抑制为主的病马精神沉郁，闭目垂头（图 5-11-3），目光无神，不听呼唤，站立不动，直至昏睡，意识障碍。

图 5-11-1 狂躁不安

图 5-11-2 兴奋，向前猛进

有时病马会出现兴奋期与抑制期交替发作。在兴奋期知觉敏感，皮肤感觉异常，轻轻触摸即引起剧烈疼痛，个别有举尾现象；瞳孔缩小，视觉扰乱；反射机能亢进，易惊恐。抑制期呈现嗜眠、昏睡状态（图 5-11-4），瞳孔散大，视觉障碍，反射机能减弱乃至消失。

病初体温多升高，随着病情的发展而出现较大的波动。兴奋期呼吸疾速，脉搏增数，抑制期则呼吸缓慢而深长，脉搏数正常或减少。在濒死期多呈现潮式呼吸或毕欧氏呼吸，脉微欲绝。

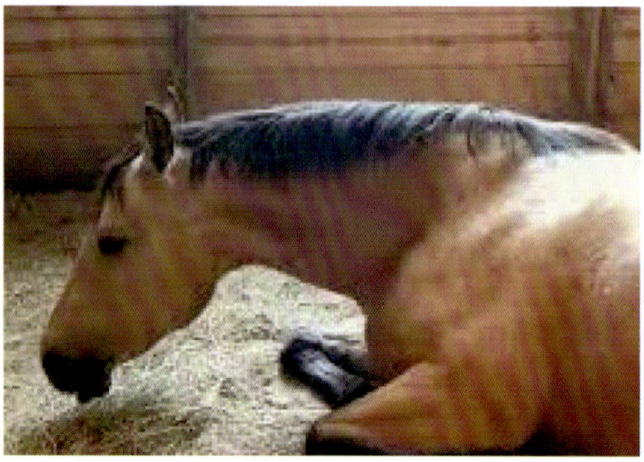

图 5-11-3 精神沉郁，闭目垂头

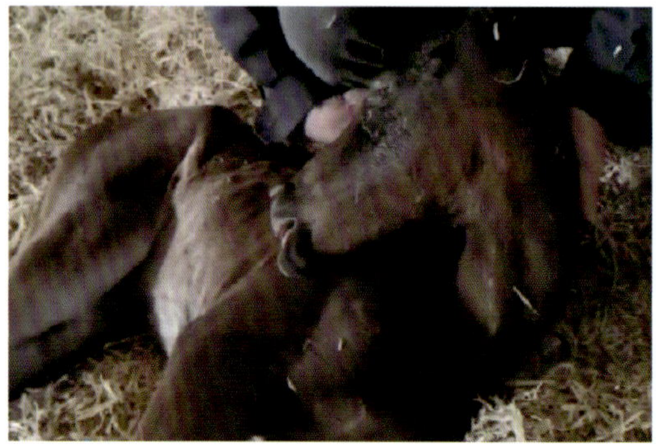

图 5-11-4 嗜眠、昏睡

除了一般脑症状，病马也可呈现不同的灶性症状，例如眼肌痉挛、咬肌痉挛、颈肌痉挛、咽和舌肌麻痹、面神经和三叉神经麻痹、眼肌和耳肌麻痹、单瘫与偏瘫等，这些症状不一定同时出现，有时仅表现为某一器官或某一组织肌肉痉挛，有时则表现为全身痉挛。

血液学变化：病变初期可见血沉正常或稍快；嗜中性粒细胞（幼稚型和杆状核）增多、核左移；嗜酸性粒细胞消失，淋巴细胞减少。康复期可见嗜酸性粒细胞与淋巴细胞恢复正常，血沉缓慢或趋于正常。

本病发展迅速，多数预后不良。一般发病 2 ～ 3 d 可达病变高峰。最急病例多在 24 h 内死亡。病程稍长的可在发病数天后才出现一般脑症状和灶性症状。病的末期多陷于昏迷，卧地不起，常发生褥疮，伴发肺坏疽、沉积性肺炎、败血症等，死亡率可达 75% 以上，有的病马经过治疗后好转，但很难痊愈，常遗留慢性脑水肿，耳聋，或某些肌肉麻痹等后遗症。

（三）剖检变化

急性脑膜脑炎，软脑膜小血管充血、淤血，轻度水肿，有的有小点出血。蛛网膜下腔和脑室的脑脊液增多、混浊、含有蛋白质絮状物，脉络丛充血，灰质和白质充血，并有散在小出血点。慢性脑膜脑炎，软脑膜增厚，并与大脑皮层密接。病毒性与中毒性的脑膜脑炎，其脑与脑膜血管周围有淋巴细胞浸润。

（四）类症鉴别

1. 马传染性脑脊髓炎

马传染性脑脊髓炎是由马传染性脑脊髓炎病毒引起的马属动物的急性传染病。多发于

6～10 岁的使役马匹，3 岁以内的幼马发病较少。发病季节性不明显，但以 7～9 月发病较多，呈地方流行性，以散发为主。一般通过蚊虫等的叮咬，经皮肤和消化道传染。病马体温一般正常，血液及血清学检查，血液黏稠，血沉很慢，红、白细胞总数明显增加，血清中的胆红素含量显著增多，并呈直接反应或双相反应。血清学检查中补体结合反应为阳性。潜伏期为 5～40 d，病程 2～3 d，死亡率高。肠音减弱或消失，便秘，尿少呈红黄色。病理变化为黏膜、浆膜及皮下组织黄染。胃内积食，大肠积留多量干涸粪块。肝脏呈中毒性肝营养不良，有轻度的非化脓性脑炎变化。

2. 马霉玉米中毒

马霉玉米中毒是由于饲喂发霉饲料，尤其是霉玉米引起的。病原体是镰刀菌。以驴最多发，使役较重的成年及老龄马也较多发，吃奶的幼驹不发病。多发生于秋季 9～11 月阴雨连绵季节，零星散发。体温一般无变化。血液及血清学检查，血沉变化不规律，白细胞总数减少，血清中胆红素无明显变化。血清学检查中补体结合反应为阴性。病程短促，死亡率甚高。粪便常有潜血。妊娠后期往往发生早产或流产。早产幼驹，可视黏膜发绀，齿龈、舌下有出血点，耳尖及四肢末端发凉，不能起立，轻的可以治愈，重症的很快死亡。病理变化为大脑白质出血、水肿、坏死。口腔黏膜有出血点和溃疡，并有胃肠道的黏液性炎症或黏液性出血性炎症。

3. 马李氏杆菌病

马李氏杆菌病是由产单核细胞李氏杆菌引起，呈散发，主要发生于冬春季节，除表现脑膜脑炎外，尚有下痢、败血症、孕马流产和血液中单核细胞增多。

4. 马流行性乙型脑炎

马流行性乙型脑炎是由日本脑炎病毒引起的、虫媒传播的自然疫源性动物病。幼驹发生较多，而壮龄马、老马很少发病。除马、骡、驴外，牛、羊、猪和人也能感染。3 岁以下的幼驹及新调入疫区的马骡最易感。具有明显的季节性，多发于 7～10 月份，以 9 月最多，散发。由蚊虫传播（蠓也可能传播）。血液及血清学检查，血沉稍快，白细胞总数略增，血清中胆红素稍多。血清学检查中补体结合反应为阴性。潜伏期约为 7～14 d，病程 4～7 d，死亡率较低。病马局部脑症状明显，病愈后常有后遗症。除具有神经症状外，还往往因肝脏受损而出现黄疸现象。病理变化为脑膜充血、淤血，多有典型的非化脓性脑炎变化，即血管周围有大量的圆形细胞浸润，神经细胞变性，神经胶质细胞增生。

5. 狂犬病

狂犬病由狂犬病病毒引起，无季节性，具有被动物咬伤的病史，对人畜有明显的攻击性，狂暴不安，惊恐，流涎，咽、下颌及后肢发生麻痹；在脑组织细胞的胞浆中有内基氏小体。

6. 维生素 A 缺乏症

幼龄马驹多见，常常发生在冬、春青绿饲料缺乏的季节，维生素 A 缺乏症在幼年动物可见到中枢神经症状，但还具有皮肤病变、夜盲症、干眼病、母马流产、颅骨发育异常等。

7. 食盐中毒

有过量食用食盐的病史，除中枢神经系统症状外，同时有胃肠炎症状。

8. 铅中毒

铅中毒除表现兴奋不安外，还具有流涎、腹痛和贫血的表现。

（五）预防措施和安全用药

1. 预防措施

加强饲养管理，注意防疫卫生，防止传染性与中毒性因素的侵害；当同槽的马发生本病时，即应隔离和观察，防止传播。

2. 安全用药

治疗原则为加强护理，脑部消炎，降低颅内压和对症治疗。

① 加强护理：将病马置于宽敞、通风、安静的厩舍中，避免光、声等外界刺激，派专人监管；墙壁应平滑，可沿墙铺设秸秆等，防止兴奋发作时冲撞；对一些运动功能丧失的病马应多铺褥草勤翻身，防止发生褥疮。传染性因素引起的病例，应隔离观察，严密消毒，保持良好的环境卫生，加强防疫，防止传播。若病马体温升高，颅顶灼热，可采用冷敷头部的方法物理降温。

② 脑部消炎：应选择能透过血脑屏障的抗菌药物。可用青霉素，每千克体重 2 万～ 4 万 IU，必要时可配合链霉素，每千克体重 2 ～ 4 mg，静脉或肌内注射，每日 2 次；头孢唑啉钠，每千克体重 10 ～ 25 mg，肌内或静脉注射，每日 2 次；也可静脉或深部肌内注射磺胺嘧啶钠，每千克体重 50 ～ 100 mg，每日 2 次；庆大霉素，每千克体重 2 ～ 4 mg，静脉注射，每日 3 次；林可霉素，每千克体重 10 ～ 15 mg，静脉注射，每日 3 次。或选用广谱抗生素，如盐酸四环素等，每千克体重 5 ～ 10 mg，置于 5% 葡萄糖，生理盐水或葡萄糖生理盐水中静脉注射；阿莫西林，每千克体重 20 ～ 40 mg，口服或肌内注射。

③ 降低颅内压：为防止脑水肿，降低颅内压，可实行泻血，成年马可泻血 1000 ～ 2000 mL，再静脉注射等量 5% 葡萄糖生理盐水溶液。也可使用脱水剂和利尿剂，通常用 20% 甘露醇或 25% 山梨醇溶液，按每千克体重 1 ～ 2 g，静脉注射，应在 30 min 内注射完毕，必要时可每隔 4 h 重复注射一次，直到中枢神经系统紊乱现象好转为止。利尿素，每千克体重 5 ～ 10 g，内服，每日 2 次，肾功能衰竭时禁用。安替舒通胶囊，每千克体重 0.5 ～ 1.5 mg，内服，每日 3 次。东莨菪碱，每千克体重 0.10 ～ 0.15 mg，加入 10% 葡萄糖中静脉注射，每日 2 次，病情改善后逐渐减量至停药。

④ 对症治疗：当病马狂躁不安时，可用 2.5% 盐酸氯丙嗪溶液 10 ～ 20 mL，肌内注射，或安溴注射液 50 ～ 100 mL，静脉注射。必要时使用水合氯醛 20 ～ 30 g，内服、灌肠或静脉注射；地西泮 100 ～ 150 mg，内服，每日 3 次；硝西泮 50 ～ 150 mg，内服，每日 3 次。若病马精神沉郁，心脏机能衰弱，可用 20% 安钠咖（苯甲酸钠咖啡因）注射液 10 ～ 20 mL，皮下、肌内或静脉注射，必要时每 2 ～ 4 h 重复给药；5% 氨茶碱注射液 50 ～ 75

mL，肌内或缓慢静脉注射。当呼吸衰竭时，可使用25%尼克刹米注射液10～20 mL，皮下、肌内或静脉注射，必要时每1～2 h重复注射1次。若病马排便迟滞，可用硫酸钠或硫酸镁，加适量防腐剂，内服，以清肠消导，防腐止酵，减少腐解产物吸收，防止自体中毒。必要时可以考虑应用ATP和辅酶A等药物，促进新陈代谢，改善脑循环，进行急救。

⑤ 中兽医治疗：中兽医称脑膜脑炎为脑黄，一般可分惊狂和呆痴两种证型。

惊狂型方用天竺黄散加减，名贵的马匹和种马也可酌情使用安宫牛黄丸。天竺黄散加减：天竺黄60 g，生石膏90～120 g（先入），生地黄30 g，黄连18 g，郁金、栀子、远志、茯神、桔梗、防风各24 g，朱砂12 g，甘草9 g，水煎，加蜂蜜120 g，鸡蛋清4个，调和投服。抽搐者加琥珀、丹皮、石决明、钩藤；粪便干燥、尿黄赤者加大黄、芒硝、木通。

呆痴型方用朱砂散加减，也可酌情试用苏合香丸。朱砂散加减：朱砂8 g，胆南星、天麻、钩藤、全蝎各18 g，石决明、石菖蒲、旋覆花、菊花各30 g，细辛、白芷、藁本各15 g，水煎服。亦可用生石膏15～30 g（老弱马或高寒区改为煅石膏），酒黄连15 g，酒黄芩15 g，酒黄柏60 g，酒知母15 g，酒栀子18 g，生香附25 g，广木香18 g，焦山楂25 g，苍术18 g，茵陈18 g，桔梗15 g，木通15 g，厚朴20 g，大黄30 g，芒硝120 g（另入），生甘草15 g，香油250 g（另入），鸡蛋清5个（另入），煎服，每日1剂，连用5 d，停药两日后可再次使用。此方为发病初期用方，中后期狂暴者，减去焦山楂、厚朴、甘草，加朱砂10 g，琥珀6 g，天麻15 g，天竺黄30 g，连翘30 g。沉郁者，减去焦山楂、厚朴、大黄，加党参15 g，当归18 g，决明18 g，菊花12 g。

针灸可选用颈脉、太阳、胸堂、通关、耳尖、尾尖、风门、伏兔等穴。

十二、脑震荡及脑挫伤

脑震荡及脑挫伤是因颅脑受到粗暴的外力作用引起的一种急性脑机能障碍或脑组织损伤。一般将脑组织损伤病理变化明显的称为脑挫伤；而病理变化不明显的称为脑震荡。临床上以暴力作用后即时发生昏迷，反射功能减退或消失，出现不同的灶性症状等脑机能障碍为特征。

（一）发病原因

引起本病的原因主要是由于头部受到粗暴的外力作用，如冲撞、蹴踢、争斗、跌落、摔倒、打击，或在运输途中从车上摔下、撞车、翻车等。在战时由于炸弹、炮弹、地雷的冲击作用等均可导致脑震荡或脑挫伤。

（二）临床症状

脑震荡的严重程度因脑损伤部位不同，本病的临床症状也不一样，但一般都具有一般脑症状，多数在发病时立刻出现，亦有在发病后数分钟至15 min才出现临床症状。

① 脑震荡：病情严重的瞬间倒地死亡，或于短时间内死亡，病情轻的站立不稳，踉跄倒地，失去知觉，反射减退或消失，瞳孔散大，呼吸缓慢，有时发哮喘音，脉搏增数，脉律不齐，有时大小便失禁。经过几分钟乃至数小时后苏醒，反射兴奋性逐渐恢复，可出现肌肉抽搐、痉挛，以及眼球震颤。病马经过多次挣扎，可重新站立，并逐渐恢复健康状态。

② 脑挫伤：除了出现意识、呼吸、脉搏、感觉、运动和反射机能异常等外，还可因受损部位的不同而呈现出不同的灶性症状。当大脑皮层颞叶和顶叶运动区、前庭核、迷路和小脑受损时，病马沿着脑受损伤的一侧方向转圈运动，若一侧颈肌麻痹，则头颈向另一侧弯曲。当小脑、小脑角、前庭、迷路受损害时，病马运动失调，或身向后仰滚转，有时头不自主地摇摆。当脑干受损时，体温、呼吸、循环等重要生命中枢都受到影响，意识异常，运动障碍，角弓反张，四肢痉挛，眼球震颤，或斜视，瞳孔散大，视觉障碍，反射消失。当大脑皮层和脑膜受损时，周期性兴奋发作，呈现癫痫状态。若硬脑膜出血形成血肿，脑组织受压迫，则出现意识障碍，半身不遂，感觉消失，瞳孔散大，一侧或两侧失明，听觉障碍。

此外，脑震荡和脑挫伤多伴随颅骨损伤，局部出现肿胀和热痛反应。若颅底骨折，则咽和耳部血管受到损伤，耳鼻出血。由火器造成的开放性脑损伤，可在短时间内死亡。

（三）剖检变化

脑震荡时病理变化较轻。脑挫伤则病变较为明显，主要呈现硬膜及蛛网膜下腔，尤其是最狭窄部出血或血肿，甚至蔓延至脑室，也有颅底骨折的。

（四）类症鉴别

1. 脑出血

硬脑膜出血，形成血肿，出血侧的瞳孔散大，视觉障碍；蛛网膜出血，脑症状明显，脑脊液中含有血液。

2. 马脑膜脑炎

马脑膜脑炎是由于传染性或中毒性因素引起，有严格的季节性，7 ～ 9 月份发生，3 岁以下的幼驹多发；体温病初升高，以后正常，结膜轻度黄染，肠音初期正常后期减弱，血沉正常和稍快，血清胆红素稍增加；主要变化为非化脓性脑炎。

3. 马传染性脑脊髓炎

马传染性脑脊髓炎是由马传染性脑脊髓炎病毒引起的马属动物的急性传染病。多发于 6 ～ 10 岁的使役马匹，3 岁以内的幼马发病较少。发病季节性不明显，但以 7 ～ 9 月发病较多，呈地方性流行，以散发为主。一般通过蚊虫等的叮咬，经皮肤和消化道传染。病马体温一般正常，血液及血清学检查，血液黏稠，血沉很慢，红、白细胞总数明显增加，血清中的胆红素含量显著增多，并呈直接反应或双相反应。血清学检查中补体结合反应为阳性。潜伏期为 5 ～ 40 d，病程 2 ～ 3 d，死亡率高。肠音减弱或消失，便秘，尿少呈红黄色。病理变化为黏膜、浆膜及皮下组织黄染。胃内积食，大肠积留多量干涸粪块。肝脏呈中毒性肝营养不良，有轻度的非化脓性脑炎变化。

4. 马流行性乙型脑炎

马流行性乙型脑炎是由日本脑炎病毒引起的、虫媒传播的自然疫源性动物病。幼驹发生较多，而壮龄马、老马很少发病。除马、骡、驴外，牛、羊、猪和人也能感染。3 岁以下的幼驹及新调入疫区的马骡最易感。具有明显的季节性，多发于 7 ～ 9 月份，以 9 月最多，散发。由蚊虫传播（蠓也可能传播）。血液及血清学检查，血沉稍快，白细胞总数略增，血清中胆红素稍多。血清学检查中补体结合反应为阴性。潜伏期约为 7 ～ 14 d，病程 4 ～ 7 d，死亡率较低。病马局部脑症状明显，病愈后常有后遗症。除具有神经症状外，还往往因肝脏受损而出现黄疸现象。病理变化为脑膜充血、淤血，多有典型的非化脓性脑炎变化，即血管周围有大量的圆形细胞浸润，神经细胞变性，神经胶质细胞增生。

（五）预防措施和安全用药

1. 预防措施

加强平时饲养管理，防止蹴踢、摔伤、争斗、打击和意外事故等。有恶癖的马不宜和其他马匹同槽饲喂或同厩饲养，以防争斗或蹴踢；对患有脑膜脑炎发生狂暴的病马，应避免刺激，厩舍墙壁应光滑，可沿墙铺设秸秆等，以防狂躁发作时撞墙。

2. 安全用药

治疗原则是加强护理，控制脑出血，降低颅内压，预防感染和对症治疗。

① 加强护理：保持安静，让病马充分休息。对陷于昏迷的病马，多铺垫草，头部垫高，经常翻转，防止褥疮；对意识清醒的病马可给予流食，如麸皮粥或大麦粥等；为预防因舌根部麻痹堵塞后鼻孔而引起窒息死亡，可将舌稍向外牵出，但要注意舌咬伤。为维持病马营养，可通过消化道以外的途径补充营养，例如静脉注射 25% 葡萄糖、多种维生素等。

② 控制脑出血：如病马发生脑挫伤，可施行头部冷敷。轻症病例或病初，可肌内注射止血剂，如酚磺乙胺按每千克体重 10mg 肌内注射；0.4% 维生素 K_3 25 ～ 75 mL，25% 安络血 10 ～ 20 mL，10% 维生素 C 注射液 10 ～ 20 mL；还可使用凝血质和 6- 氨基己酸、止血敏、钙制剂等。

③ 降低颅内压：可用 25% ～ 50% 葡萄糖溶液、20% 甘露醇溶液或 25% 山梨醇溶液，按每千克体重 1 ～ 2 g，在 30 min 内静脉注射完毕，必要时可每隔 4 h 重复注射一次，直到中枢神经系统紊乱现象好转为止，并配合使用地塞米松（每千克体重 1 mg）。同时还可根据病情应用利尿剂。如速尿，每千克体重 2 ～ 3 mg，口服，每日 1 ～ 2 次，连用 2 ～ 3 d，也可按每千克体重 0.5 ～ 1.0 mg，肌内或静脉注射，每日 1 ～ 2 次，但大剂量静脉注射过快可引起听力障碍，且长期用药应注意补钾。利尿素 5 ～ 10 g，内服，每天 2 次，肾功能衰竭时禁用；安体舒通胶囊，每千克体重 0.5 ～ 1.5 mg，每日 3 次。

预防感染：可应用抗生素或磺胺类药物。对出现开放性脑损伤的病马，可联合应用青、链霉素，青霉素每千克体重 2 万～ 4 万 IU，链霉素每千克体重 2 ～ 4 mg，肌内或静脉注射，每日 2 次；也可用阿莫西林每千克体重 10 ～ 30 mg，肌内或静脉注射，每日 1 次；头孢唑啉钠每千克体重 10 ～ 25 mg，肌内或静脉注射，每日 2 次；磺胺嘧啶钠每千克体重 0.07 ～ 0.1 g，静脉注射或深部肌内注射，每日 2 次。也可用 5% 葡萄糖生理盐水 500 mL、注射用头孢噻呋钠 8 g、地塞米松 2 mg，静脉注射。

对症治疗：对兴奋不安的病马，可应用安溴注射液 50 ～ 100 mL，静脉注射；水合氯醛 20 ～ 30 g，内服；地西泮 100 ～ 150 mg，内服，每日 3 次；硝西泮 50 ～ 150 mg，内服，每日 3 次。当病马极度抑制时，可肌内或静脉注射 20% 安钠咖注射液 10 ～ 20 mL，必要时每 2 ～ 4 h 重复给药；5% 氨茶碱注射液 50 ～ 75 mL；强尔心注射液（含合成维他康复 0.5%）10 ～ 20 mL，或樟脑磺酸钠 1 ～ 2 g，皮下、肌内或静脉注射。当呼吸衰竭时，可用 25% 尼克刹米注射液 10 ～ 20 mL，皮下、肌内或静脉注射，必要时每 1 ～ 2 h 重复注射 1 次。补充营养、调节酸碱平衡、防止休克，可用 25% 葡萄糖注射液 250 mL、维生素 C 注射液 2 g、辅酶 A 250 IU、三磷酸腺苷（ATP）100 mg、胰岛素 20 IU，静脉注射。

中医疗法可用通窍活血汤：赤芍、川芎各 20 g，桃仁、红花、生姜各 30 g，老葱 1 把（切碎），白芷 0.5 g，加丹参 25 g，石决明 40 g，菊花、牛膝各 20 g，水煎，候温以胃管投服，日服一剂，连服 7 日。

十三、慢性脑室积水

慢性脑室积水，又称乏神症或眩晕症，是因脑脊液排出受阻或吸收障碍致使脑室扩张、颅内压升高的一种慢性脑病，临床上以意识障碍明显，感觉和运动机能异常，且后期植物性神经机能紊乱为特征。

（一）发病原因

慢性脑室积水，一般分为脑脊液排出障碍和吸收障碍两种。

脑脊液排出障碍：通常出现在大脑导水管因存在畸形、狭窄等病理改变而发生完全或不完全阻塞，致使脑脊液排出受阻。此种大脑导水管闭塞性病变多为先天性，主要由遗传因素所致。此外，大脑导水管闭塞还可以继发于脑膜脑炎等颅内炎症性疾病，也可由脑干等部位肿瘤的压迫而发生导水管的狭窄和闭塞。

脑脊液吸收障碍：脑脊液吸收减少可引起脑室积水，见于脑膜脑炎、蛛网膜下出血和维生素 A 缺乏。当发生脉络膜乳头状瘤时，脑脊液分泌增多，也导致脑室积水。

（二）临床症状

后天性慢性脑室积水，多发生于成年动物。病初，神情痴呆，目光凝滞，站立不动，头低耳耷，故称乏神症。有时姿态反常，突然狂躁不安，甚至头撞墙壁，或抵于饲槽，有时盲目奔跑。随着病情进一步发展，病马出现意识障碍、感觉机能障碍和运动机能障碍。

意识障碍：常见采食中断，或做急促采食动作；咀嚼无力，时而停止或饲草含在口中而不知咀嚼（图 5-13-1），有时饲料挂在口角；饮水时将口、鼻深浸在水中。

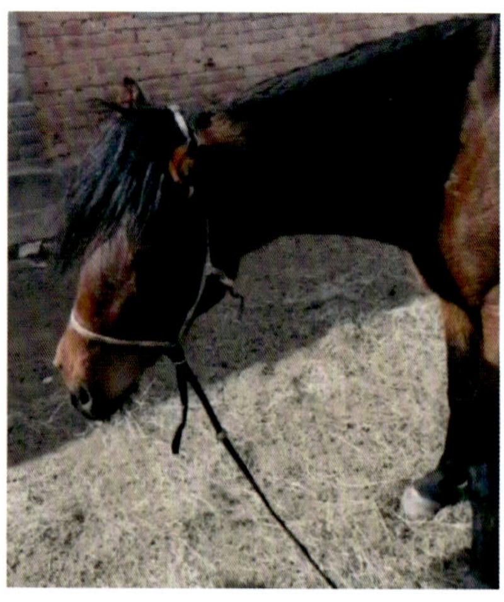

图 5-13-1 饲草含在口中而不知咀嚼

感觉机能障碍：表现为皮肤敏感性降低，轻微针刺无反应，感觉异常；听觉障碍，对较强的音刺激可发生惊恐不安；视觉障碍，瞳孔缩小或扩大，眼球震颤，眼底检查视乳头水肿。

运动机能障碍：做圆圈运动或无目的地向前冲撞，不服从驱使；在运动中，头低垂，抬肢过高，着地不稳，动作笨拙，容易跌倒。病后期，心动徐缓，脉搏数减少到 20 ～ 30 次 /min，呼吸次数减少至 7 ～ 9 次 /min，节律不齐。脑脊液压力升高，由正常的 1.19 ～ 2.4 kPa 增加到 4.7 kPa。脑电图描记，呈现高电压、慢波（25 ～ 200 μV，1 ～ 6 Hz），快波（10 ～ 20 Hz），常与慢波重叠，严重病例以大慢波为主（1 ～ 4 Hz）为主。

先天性慢性脑室积水，多见于新生动物，可见颅腔扩张，颅骨隆起，如新生马驹额骨隆起，视力模糊，阵发性痉挛，受到外界刺激时可发生暂时性意识障碍等。

（三）剖检变化

脑体积增大，脑室内积液增多，可达 40 ～ 140 mL（正常为 8 ～ 10 mL）。脑膜苍白，脑回平展，表面及切面湿润，侧脑室与第三脑室极度扩张，第三脑室底变得很薄。原发性脑室积液其液体透明，而继发者液体混浊，呈白色，含有多量纤维蛋白絮状物。侧脑室与脉络丛有炎性浸润，或有小出血点以及化脓灶。

（四）类症鉴别

1. 马脑膜脑炎

是由于传染性或中毒性因素引起，有严格的季节性，7 ～ 9 月份发生，3 岁以下的幼驹多发；体温病初升高，以后正常，结膜轻度黄染，肠音初期正常后期减弱，血沉正常和稍快，血清胆红素稍增加；主要变化为非化脓性脑炎。

2. 马霉玉米中毒

马霉玉米中毒是由于饲喂发霉饲料，尤其是霉玉米引起的。病原体是镰刀菌。以驴最多发，使役较重的成年及老龄马也较多发，吃奶的幼驹不发病。多发生于秋季 9 ～ 11 月阴雨连绵季节，零星散发。体温一般无变化。血液及血清学检查，血沉变化不规律，白细胞总数减少，血清中胆红素无明显变化。血清学检查中补体结合反应为阴性。病程短促，死亡率甚高。粪便常有潜血。妊娠后期往往发生早产或流产。早产幼驹，可视黏膜发绀，齿龈、舌下有出血点，耳尖及四肢末端发凉，不能起立，轻的可以治愈，重症的很快死亡。病理变化为大脑白质出血、水肿、坏死。口腔黏膜有出血点和溃疡，并有胃肠道的黏液性炎症或黏液性出血性炎症。

3. 马流行性乙型脑炎

马流行性乙型脑炎是由日本脑炎病毒引起的、虫媒传播的自然疫源性动物病。幼驹发生较多，而壮龄马、老马很少发病。除马、骡、驴外，牛、羊、猪和人也能感染。3 岁以下的幼驹及新调入疫区的马骡最易感。具有明显的季节性，多发于 7 ～ 9 月份，以 9 月最多，散发。由蚊虫传播（蠓也可能传播）。血液及血清学检查，血沉稍快，白细胞总数略增，血清中胆红素稍多。血清学检查中补体结合反应为阴性。潜伏期约为 7 ～ 14 d，病程 4 ～ 7 d，死亡率较低。病马局部脑症状明显，病愈后常有后遗症。除具有神经症状外，还往往因肝脏受损而出现黄疸现象。病理变化为脑膜充血、淤血，多有典型的非化脓性脑炎变化，即血管周围有大量的圆形细胞浸润，神经细胞变性，神经胶质细胞增生。

4. 森林脑炎

是由森林脑炎病毒引起，主要与蜱的活动有关，具有严格季节性，主要发生在 5 ～ 6 月间，多散发，我国主要见于东北和西北的原始森林地区，临床上以中枢神经症状为特征。

（五）预防措施和安全用药

本病尚无有效治疗方法。为降低颅内压，可静脉注射 20% 甘露醇或 25% 山梨醇，每 6 ～ 12 h 重复注射，但用量不宜过大。据报道，慢性脑室积水，可采用小剂量的肾上腺皮质激素治疗，疗效可达 60%，每天服用地塞米松 0.25 mg/kg，一般服药后 3 d，症状缓解，1 周后药量减半，第 3 周起，每隔 2 d 服药一次。

中兽医治疗以健脾燥湿、平肝息风为治疗原则，治方为天麻散（经验方）加减：天麻、菖蒲、车前子、泽泻、怀牛膝、川乌、草乌各 15 g，木通 18 g，白术、苍术各 21 g，党参、僵蚕、石决明、龙胆草各 30 g，甘草 9 g，水煎服。也可采用镇心散加减或桔菊防晕汤加减。

十四、中暑

中暑包括日射病和热射病。马在炎热季节中，头部受到强烈日光的持续照射而引起脑膜充血和脑实质的急性病变，导致中枢神经系统机能紊乱，称为日射病；当马处于炎热季节、潮湿闷热的环境中，由于温度高，湿度大，导致马体内产热多、散热少，体内积热而引起的严重中枢神经系统机能紊乱，通常称为热射病。若病马因大出汗、水盐损失过多，引起肌肉痉挛性收缩，可称为热痉挛，热痉挛其实是一种轻症的热射病。本病在炎热的夏季多见，病情发展急剧，多在短时间内死亡。

（一）发病原因

本病发生的直接因素是环境温度过高和阳光直射。在高温、高湿天气和强烈阳光下使役、运动、驱赶、奔跑、长途运输等；厩舍拥挤、通风不良等也都是引起本病的常见原因。动物体质衰弱、体质肥胖、心肺功能不全、代谢机能紊乱、幼龄和老年马对热的耐受能力低，是中暑的诱发因素。另外，饲养管理不当，特别是出汗过多、饮水不足、缺乏食盐以及在炎热天气从北方运往南方，适应性差、耐热能力低，都易促使本病的发生。

（二）临床症状

① 日射病：常突然发生，初期病马精神沉郁，四肢无力，步态不稳，共济失调，突然倒地，四肢作游泳样运动，眼球突出，神情恐惧，有时全身出汗。随着病情进一步发展，心血管运动中枢、呼吸中枢、体温调节中枢的机能紊乱，甚至麻痹。心力衰竭，静脉

怒张，脉微弱，呼吸急促而节律失调，形成毕欧氏或陈 - 施二式呼吸，结膜发绀，瞳孔初散大，后缩小。皮肤干燥，汗液分泌减少或无汗，皮肤、角膜、肛门反射减退或消失，腱反射亢进。兴奋发作，狂暴不安。有的突然全身性麻痹，常发生剧烈的痉挛或抽搐而迅速死亡，或因呼吸麻痹而死亡。

② 热射病：发病突然，体温急剧上升，高达 41℃以上，皮温增高，甚至烫手，大汗淋漓，马在运动或使役中突然停步不前，站立不动，鞭策不走，剧烈喘息，倒地，状似电击。也有少数病马发病初期精神兴奋，狂暴不安，癫狂冲撞，难于控制。随着病情急剧恶化，心力衰竭，心悸，心律不齐，第一心音微弱，第二心音消失。脉搏疾速，脉弱不感手，血压下降。静脉淤血，黏膜发绀。呼吸浅表，呼吸困难，张口伸舌，两鼻孔流出粉红色、带小泡沫的鼻液。眼结膜充血，瞳孔扩大或缩小。病马呈昏迷状态，意识丧失，四肢划动（图 5-14-1）；病马脱水，汗液分泌迅速停止，皮肤干燥，尿液减少或无尿。濒死前，体温下降，静脉塌陷，昏迷不醒，多有体温下降，陷于窒息和心脏麻痹状态，并最终死亡。

图 5-14-1 意识丧失，四肢划动

③ 热痉挛：病马体温正常，意识清醒，但全身出汗、烦渴、喜饮水、肌肉痉挛，引起阵发性剧烈疼痛。

（三）剖检变化

日射病和热射病的共同病理变化为脑及脑膜高度淤血，并有出血点；脑组织水肿，脑脊液增多，肺充血、水肿，胸膜、心包膜及胃肠黏膜都有出血点和轻度炎症病变，血液暗红色且凝固不良。肝、肾和骨骼肌变性，尸僵及尸体腐败迅速发生。

（四）类症鉴别

1. 肺水肿和充血

多突然发生，病程发展急速，表现为高度呼吸困难、黏膜发绀、从两侧鼻孔流白色或淡黄色泡沫状鼻液，具有中枢神经系统症状。

2. 急性心力衰竭

体温不升高，可视黏膜发绀，体表静脉怒张，心搏动亢进，呼吸困难，胸前和腹下水肿，常伴有肺水肿，但其前期症状是心力衰竭。

3. 脑充血

虽有神经症状，但不具有高温、高湿的环境因素和大量出汗的表现，体表静脉亦不明显。

4. 马脑膜脑炎

是由于传染性或中毒性因素引起，有严格的季节性，7～9月份发生，3岁以下的幼驹多发；体温病初升高，以后正常，结膜轻度黄染，肠音初期正常后期减弱，血沉正常和稍快，血清胆红素稍增加；主要变化为非化脓性脑炎。

（五）预防措施和安全用药

1. 预防措施

改善饲养管理，在炎热季节降低动物舍内温度，保持适当密度，供应充足饮水并补喂食盐。厩舍保持通风凉爽，防止潮湿、闷热和拥挤。尽量避免在炎热的天气使役或运动，避免长时间暴露在强烈的日光中。放牧时动物应早晚放牧，并注意观察马群，多补充饮水。在炎热的夏季进行运输时，应选择早晨或夜间，尽量避免在气温最高的中午运输，运输途中避免将马长时间置于封闭或通风不良的车厢或船舱内，并应提供足量清洁的饮水，供其自由饮用，水中可添加电解质、1% 食盐水或抗应激维生素等。随时注意马群健康状态，放牧的地点应在水源附近，发现出现精神迟钝、无神无力或姿态异常、停步不前、饮食减退等中暑征兆时，即应检查和进行必要的处理。

2. 安全用药

本病的治疗原则是消除病因，加强护理，防暑降温、缓解心肺机能障碍和对症治疗。

① 消除病因、加强护理：应立即停止使役，将病马移至阴凉通风处；若病马卧地不起，移动困难，可就地搭起荫棚，避免光、声音刺激和兴奋，力求安静。供应充足的凉的饮水，最好是 0.9% 的氯化钠溶液。

② 防暑降温：不断用冷水浇洒全身，特别是头部，或用冷水灌肠，口服 1% 冷盐水，可于头部放置冰袋，亦可用酒精擦拭体表。体质较好者可泻血 1000～2000 mL，同时静脉注射等量生理盐水，以促进机体散热。为促进散热，可用复方氨基比林注射液 20～50 mL，皮下或肌内注射；安痛定注射液 20～50 mL，皮下或肌内注射；安乃近注射液 3～10 g，皮下或静脉注射；2.5% 盐酸氯丙嗪溶液 10～20 mL，肌内注射。

③ 缓解心肺机能障碍：对心功能不全者，可皮下注射 20% 安钠咖等强心剂 10～20 mL；强尔心注射液（含合成维他康复 0.5%）10～20 mL，肌内或皮下注射。为防止肺水肿降低颅内压，按每千克体重静脉注射地塞米松 1～2 mg；或 5% 氯化钙注射液

100 ～ 400 mL，静脉注射；20% 甘露醇或 25% 山梨醇溶液，每千克体重 1 ～ 2 g，静脉注射，应在 30 min 内注射完毕。也可用血容量扩充剂，如 10% 低分子右旋糖酐注射液 3000 ～ 6000 mL，静脉注射。

④ 对症治疗：当出现兴奋不安和痉挛时，可灌服或直肠灌注水合氯醛黏浆剂，或肌内注射 2.5% 氯丙嗪 10 ～ 20 mL；安溴注射液 100 ～ 200 mL，静脉注射；水合氯醛 20 ～ 30 g，内服；地西泮 100 ～ 150 mg，内服，每日 3 次；硝西泮 50 ～ 150 mg，内服，每日 3 次。若病马心力衰竭，循环虚脱，可用 25% 尼可刹米溶液 10 ～ 20 mL，皮下或静脉注射；或用 0.1% 肾上腺素溶液 3 ～ 5 mL，加入 10% ～ 25% 葡萄糖溶液，500 ～ 1000 mL，静脉注射。若出现酸中毒或自体中毒，可用 5% 碳酸氢钠溶液 500 ～ 1000 mL，静脉注射；或用洛克氏液，1000 ～ 2000 mL，静脉注射。若病情好转，宜用 10% 氯化钠溶液，200 ～ 300 mL，静脉注射；并用盐类泻剂，内服，改善水盐代谢，清理胃肠。

中兽医治疗。方用清暑香薷汤加减：香薷 25 g，藿香、青蒿、佩兰叶、炙杏仁、知母、陈皮各 30 g，滑石（布包先煎）90 g，石膏（先煎）150 g，水煎服。重者为中暑，病初方用白虎汤合清营汤加减：生石膏（先煎）300 g，知母、青蒿、生地黄、玄参、竹叶、金银花、黄芩各 30 ～ 45 g，生甘草 25 ～ 30 g，西瓜皮 1 kg，水煎服。当气阴双脱时，方用生脉散加减：党参、五味子、麦冬各 100 g，煅龙骨、煅牡蛎各 150 g，水煎服。若能配合针刺鹘脉、耳尖、尾尖、舌底、太阳等穴效果更佳。鲜芦根 1.5 kg，鲜荷叶 5 张，水煎，冷后灌服有效。

十五、脊髓炎及脊髓膜炎

脊髓炎和脊髓膜炎是脊髓实质、脊髓软膜及蛛网膜的炎症，临床上以感觉过敏，运动机能障碍，肌肉萎缩为特征。脊髓炎及脊髓膜炎可同时发生，有的则以脊髓实质炎症为主，炎症波及脊髓膜；而有的以脊髓膜炎症为主，炎症蔓延至脊髓实质。根据炎性性质分为浆液性、浆液纤维素性及化脓性脊髓炎；根据炎症部位可分为局限性、弥漫性、横断性和分散性脊髓炎。

（一）发病原因

主要继发于某些传染性疾病和寄生虫病，其次是有毒植物及霉菌毒素中毒。

① 感染性因素：如马流行性乙型脑炎、马传染性脑脊髓炎、中毒性脑炎、流行性感冒、脑脊髓丝状虫病、流行性脊髓麻痹、马媾疫、马腺疫、脓毒症、败血症等。

② 中毒性因素：如霉菌毒素、萱草根、山黧豆、有毒植物中毒等。

③ 其他因素：椎骨骨折、脊髓挫伤、脊髓震荡、配种过度、受寒、过劳等因素可导致机体的抵抗力降低，促进本病的发生。

（二）临床症状

以脊髓炎为主时，病马表现精神不安，肌肉震颤，脊柱僵硬，运动强拘，易疲劳，出汗。局灶性脊髓炎，仅表现脊髓节段所支配区域的皮肤感觉过敏或减退和肌肉萎缩。弥漫性脊髓炎，炎症波及的脊髓节段较长，且多发生于脊髓的后段，除所支配区域的皮肤感觉过敏或减弱、肌肉麻痹和运动失调外，常出现尾、直肠以及肛门和膀胱括约肌麻痹，以致排粪、排尿失常。横断性脊髓炎，表现相应脊髓节段所支配区域的皮肤感觉、肌肉张力和神经反射减弱或消失等下位运动神经元损伤的症状，而炎症的脊髓节段后侧的肌肉张力增高、腱反射亢进等上位运动神经元损伤的症状。病畜共济失调，两后肢轻瘫或瘫痪。分散性脊髓炎，由于个别脊髓传导径路受损，表现相应的局部皮肤感觉减退或消失以及肌肉麻痹。

以脊髓膜炎为主时，主要表现脊髓膜刺激症状。当脊髓背根受刺激时，躯体的某一部位出现感觉过敏，触摸被毛或皮肤，即表现骚动不安、弓背、呻吟等疼痛性反应；当脊髓腹根受刺激时，则出现背、腰和四肢姿势的改变，如头向后仰，曲背，四肢强直，运步拘紧，步幅短缩，沿脊柱叩诊或触摸四肢，可引起肌肉痉挛性收缩，肌肉战栗等。随着疾病的进展，脊髓膜刺激症状逐渐消退，表现感觉减弱或消失、麻痹等症状。

（三）剖检变化

眼观见到脊髓硬膜的血管明显扩张和充血，蛛网膜及软膜组织混浊，有小出血点。蛛网膜下腔充满浆液性、浆液纤维素性或化脓性渗出物，髓质外周有炎性浸润，甚至软化和水肿。慢性脊髓及脊髓膜炎由于结缔组织增生，常出现局部脊髓膜、脊神经和脊髓发生粘连及硬膜肥厚。

（四）类症鉴别

1. 马脑膜脑炎

马脑膜脑炎由传染性或中毒性因素引起，有严格的季节性，7～9月份发生，3岁以下的幼驹多发，有明显的兴奋、沉郁、意识障碍等一般脑症状及瞳孔大小不一、眼球震颤等局部脑症状，但粪尿排泄障碍不明显，并多于疾病后期出现四肢瘫痪。

2. 地方性脊髓麻痹

是由产生黑色素的链球菌引起的，除具有脊髓炎症状外，还可见体温升高、黄疸、外生殖器水肿，血中可检出产生黑色素的链球菌。

3. 马脑脊髓丝状线虫病

其是由牛指形丝状线虫的幼虫侵入马脑脊髓而发生的一种寄生虫病，蚊虫是其传播媒介，多发生于7～10月。病马突然出现以后躯运动障碍为主的麻痹症状，腰、臀部针刺时疼痛反射减弱或消失。体温、精神、食欲及心肺功能等无明显变化。其病势和缓，病程较长，极少死亡。脊髓液检查，可检出微丝蚴。

4. 马传染性脑脊髓炎

其是由马传染性脑脊髓炎病毒引起的马属动物的急性传染病。多发于6～10岁的使役马匹，3岁以内的幼马发病较少。发病季节性不明显，但以7～9月发病较多，呈地方流行性，以散发为主。一般通过蚊虫、蜱等的叮咬，经皮肤和消化道传染。病马体温一般正常，血液及血清学检查，血液黏稠，血沉很慢，红、白细胞总数明显增加，血清中的胆红素含量显著增多，并呈直接反应或双相反应。血清学检查中补体结合反应为阳性。潜伏期为 5 ～ 40 d，病程 2 ～ 3 d，死亡率高。肠音减弱或消失，便秘，尿少呈红黄色。病理变化为黏膜、浆膜及皮下组织黄染。胃内积食，大肠积留多量干涸粪块。肝脏呈中毒性肝营养不良，有轻度的非化脓性脑炎变化。

（五）预防措施和安全用药

1. 预防措施

本病主要是由感染因素与中毒因素引起的，因此，首先应加强防疫卫生，防止各种传染性因素的侵袭和感染；注意饲养管理，避免霉败饲料和有毒植物中毒；防止外伤、受寒、过劳以及配种过度，保证机体健康，以防本病的发生。

2. 安全用药

治疗原则为加强护理，消炎止痛，兴奋中枢，营养神经，促进吸收。

① 加强护理：使动物保持安静状态，多铺垫草，定期导尿掏粪；经常翻转身体，清洁皮肤，防止发生褥疮；改善饲养，给予易消化富有营养的饲草饲料，增强体质。

② 消炎止痛：磺胺嘧啶钠，每千克体重 0.07 ～ 0.1 g，静脉或深部肌内注射，每日 2 次；阿莫西林，每千克体重 10 ～ 30 mg，肌内或静脉注射，每日 1 次；青霉素，每千克体重 4 万 IU，肌内或静脉注射，每日 2 次；头孢唑啉钠，每千克体重 10 ～ 25 mg，肌内或静脉注射，每日 2 次，同时配合使用肾上腺皮质激素，如地塞米松，每千克体重 5 ～ 20 mg，肌内或静脉注射，每日 1 次；40% 乌洛托品溶液 20 ～ 40 mL，静脉注射。为缓解疼痛，可肌内或静脉注射 30% 安乃近注射液 3 ～ 10 g，配合溴化钠、巴比妥钠以及水杨酸钠等，镇痛效果更好。发病初期，冷敷脊柱利于控制炎症，急性炎症消退后改用温敷，促进炎症渗出物的吸收。

③ 兴奋中枢：根据病情发展可使用 0.2% 盐酸士的宁溶液 10 ～ 20 mL，皮下注射。

④ 营养神经：改善神经营养，可使用维生素 B_1 100 ～ 500 mg、辅酶 A 1000 ～ 1500 IU、三磷酸腺苷 2000 ～ 3000 mg，肌内或静脉注射。四肢麻痹时，可进行局部按摩、针灸，或用感应电针穴位刺激治疗，并可用樟脑酒精涂擦皮肤，必要时交替肌内注射盐酸士的宁与藜芦碱液，促进局部血液循环，恢复神经机能。

⑤ 促进吸收：对慢性脊髓及脊髓膜炎，可用碘化钾或碘化钠 10 ～ 15 g，内服，每日 1 次，5 ～ 6 d 为一疗程。

十六、脊髓损伤

脊髓损伤是因脊柱骨折，或脊髓组织受到外伤所引起的脊髓震荡及挫伤。临床上以脊髓节段性运动障碍，感觉障碍，疼痛，后躯麻痹甚至瘫痪和排粪排尿障碍为特征。一般把脊髓具有肉眼可见及病理组织变化的损伤称为脊髓挫伤，缺乏形态学改变的损伤称为脊髓震荡。临床上多见的是腰部脊髓损伤，使后躯瘫痪，所以称为截瘫。

（一）发病原因

主要是机械性因素引起。多数是由于冲撞、跳跃闪伤、摔倒、踢蹴、跌落、野蛮驱使、用绳索套马使力过猛折伤颈部、急转弯使腰部扭伤，导致脊椎骨骨折、脱位、捻挫等而损伤脊髓；枪弹、弹片或其他尖锐兵器经椎间孔直接刺入脊椎管，也能引起脊髓挫伤；因保定不当，挣扎时也可引起脊髓损伤。另外，当患有佝偻病、骨软症、纤维性骨营养不良及氟骨病时，因骨质疏松，易发生椎骨骨折，引起脊髓损伤。

（二）临床症状

由于损伤的部位、范围及程度不同，临床症状表现不同。

脊髓全横径损伤时，出现损伤节段后侧的中枢性瘫痪、双侧深浅感觉障碍和自主神经功能异常，表现排粪、排尿障碍和汗腺排泄功能障碍；脊髓半横径损伤时，病侧的深感觉障碍和运动麻痹，对侧的浅感觉障碍。脊髓灰质腹角损伤时，损伤部所支配区域的反射消失、运动麻痹和肌肉萎缩。

颈部脊髓节段受到损伤时，严重时出现神经性休克。一般头、颈不能抬举而卧地，四肢麻痹而呈现瘫痪，膈神经与呼吸中枢联系中断而致呼吸停止，可立即死亡。如果部分损伤，前肢反射机能消失，全身肌肉抽搐或痉挛，粪尿失禁或便秘，尿闭，有时可引起延脑麻痹而致咽下障碍，脉搏徐缓，呼吸困难以及体温升高。

胸部脊髓节段受到损伤时则损伤部位的后方麻痹或感觉消失，腱反射亢进，有时后肢发生痉挛性收缩。紧张的前肢依然能保持自发的运动功能，可以正常的进行姿势反射。腰部脊髓节段受到损伤时，若损伤发生在前部则致臀部、后肢、尾的感觉和运动麻痹，损伤在中部则股神经运动核受到损害，膝与腱反射消失，后肢麻痹不能站立。若损伤在后部则坐骨神经所支配的区域、尾和后肢感觉及运动麻痹，肛门打开，刺激其括约肌时不见收缩，粪、尿失禁。在机械作用力损伤脊髓瞬间，受损部位的后方发生一时性的肌肉痉挛，如果脊髓膜发生广泛性出血，其损害部位附近呈现持续或阵发性肌肉收缩，感觉过敏。若脊髓径受到损害，则躯干大部分和四肢的肌肉发生痉挛。椎骨骨折时，被动性运动增强，还可听到哗剥音，直肠检查可触摸到骨折部位。

（三）类症鉴别

1. 麻痹性肌红蛋白尿

多发生于休闲的马在剧烈使役中突然发病，其特征是后躯运动障碍，尿中含有褐红色肌红蛋白。

2. 骨盆骨折

皮肤感觉机能无变化，直肠与膀胱括约肌机能也无异常，通过直肠检查或 X 线透视可诊断受损害部位。

3. 肌肉风湿

皮肤感觉机能无变化，运动之后症状有所缓和。

4. 脊髓炎及脊髓膜炎

临床上主要表现感觉过敏，运动机能障碍，肌肉萎缩，以及排粪、排尿障碍等。

5. 马传染性脑脊髓炎

其是由马传染性脑脊髓炎病毒引起的马属动物的急性传染病。多发于 6 ～ 10 岁的使役马匹，3 岁以内的幼马发病较少。发病季节性不明显，但以 7 ～ 9 月发病较多，呈地方流行性，以散发为主。一般通过蚊虫等的叮咬，经皮肤和消化道传染。病马体温一般正常，血液及血清学检查，血液黏稠，血沉很慢，红、白细胞总数明显增加，血清中的胆红素含量显著增多，并呈直接反应或双相反应。血清学检查中补体结合反应为阳性。潜伏期为 5 ～ 40 d，病程 2 ～ 3 d，死亡率高。肠音减弱或消失，便秘，尿少呈红黄色。病理变化为黏膜、浆膜及皮下组织黄染。胃内积食，大肠积留多量干涸粪块。肝脏呈中毒性肝营养不良，有轻度的非化脓性脑炎变化。

（四）预防措施和安全用药

1. 预防措施

主要在于加强饲养管理，防止出现滑跌、跳跃、闪伤等，避免家畜被车辆撞击及暴力打击，使役时严防暴力打击和跌、扑、闪伤，及时补充钙磷等矿物质元素和维生素 D，以防止佝偻病、骨软症等骨骼疾病的发生。

2. 安全用药

治疗原则是加强护理，消炎止痛，兴奋脊髓。

① 加强护理：保持安静，避免活动，减少刺激，防止椎骨及其碎片脱位或移位；多铺垫草，防止褥疮；必要时实行人工导尿和直肠取粪；肌肉麻痹时，经常按摩，或实行理疗或电疗法。

② 消炎止痛：疼痛明显时可应用镇静剂和止痛药，如水合氯醛、溴剂等。对脊柱损伤部位，初期可冷敷，或用松节油、樟脑酒精等涂擦。及时应用抗生素或磺胺类药物，以防止感染。采用肾上腺皮质激素类药物如地塞米松、强的松龙等治疗脊髓损伤，能减轻局部水肿。654-2 注射剂和维生素 C 合用，可减轻脊髓水肿，促进损伤恢复。实践表明，10% 戊四氮，按每千克体重 0.3 mL，配合安乃近、青霉素治疗脊髓损伤，效果好。

③ 兴奋脊髓：麻痹部位可施行按摩、直流电或感应电针疗法（电针百会、肾俞、腰中、大胯、小胯、黄金等穴位）；碘离子透入疗法；皮下注射硝酸士的宁 15 ～ 30 mg。

④ 中兽医治疗：称脊髓损伤为“腰伤”，可用疗伤散加减，或用补阳还五汤。

十七、马尾神经炎

马尾神经炎，又称马多发性神经炎，是马尾硬膜外脊神经根的慢性肉芽肿性炎症，主要发生于老龄马。

（一）发病原因

本病的发生与荐椎和尾椎受外力的作用，引起马尾神经的损伤有关，如跌倒、碰撞、骨折、外伤、配种、荐部穴位注射、直肠检查或保定时过分牵引尾巴等机械性损伤马尾神经；与病原微生物感染及变态反应有关，如马在患过腺疫或链球菌感染等疾病后，往往遗留喉偏瘫和马尾神经炎。有研究认为，本病可能是一种自体免疫性疾病。

（二）临床症状

急性病例多由外伤所致，初期出现会阴和尾部皮肤感觉过敏，病马磨蹭尾巴与会阴部。有的病马出现面部感觉过敏、头颈歪斜、运动失调等面神经、前庭神经和三叉神经损伤的症状。随着病情的发展，尾、会阴、阴茎和外阴臀部感觉减退或消失。尾巴、阴茎、外阴、直肠及其膀胱、尿道、膀胱的括约肌发生麻痹。

慢性发作的病例，常需经数周乃至数月方显本病所特有的尾及括约肌麻痹的症状。尾一侧性麻痹时，尾向一侧歪斜；两侧性麻痹时，尾部肌肉萎缩，尾张力丧失而发生随意摇摆，丧失驱赶蝇、虻的能力，排粪排尿时尾不能抬举，同时肛门、阴唇、会阴部皮肤感觉消失，在其周围有环状的感觉过敏带。肛门括约肌麻痹时，可见肛门开张，直肠内堆满宿粪。膀胱括约肌麻痹时，病马淋漓滴尿，尤以卧下、站起或行走时为甚。除尾和括约肌麻痹外，有的病例还表现后肢无力，运动失调，臀肌、股二头肌等肌肉萎缩；有的咀嚼无力，吞咽障碍，口唇和眼睑下垂，舌前部感觉减退，舌后部运动障碍等症状。

（三）类症鉴别

1. 脊髓炎及脊髓膜炎

临床上主要表现感觉过敏，运动机能障碍，肌肉萎缩，以及排粪排尿障碍等。

2. 地方性脊髓麻痹

是由产生黑色素的链球菌引起的，除具有脊髓炎症状外，还可见体温升高、黄疸、外生殖器水肿，血中可检出产生黑色素的链球菌。

3. 脊髓损伤

有脊髓损伤的病史，临床上主要表现运动机能障碍，感觉机能障碍，疼痛，后躯瘫痪和排粪排尿机能障碍等。

（四）预防措施和安全用药

本病尚无有效方法。对急性病例可采用皮质类固醇、抑制变态反应和消炎等对症治疗。

十八、膈痉挛

膈痉挛，中兽医称“跳肷”，是膈神经受到异常刺激，兴奋性增高，致使膈肌发生痉挛性收缩的一种功能性神经病。临床上以腹部及躯干呈现有节律的振动，腹胁部起伏有节律的跳动，俯身于鼻孔附近可听到一种呃逆音为特征。根据膈痉挛与心脏活动的关系，可分为同步性膈痉挛和非同步性膈痉挛，前者与心脏活动一致，而后者与心脏活动不一致。

（一）发病原因

凡能使膈神经受到刺激的因素，都可引起膈痉挛。其发生原因很多，常见于以下几方面：

消化系统疾病，如胃肠过度膨满、胃肠炎症、消化不良、食道扩张等；呼吸系统疾病，如纤维素性肺炎、胸膜炎等；神经系统疾病，如脑和脊髓疾病，特别是膈神经起始处的脊髓疾病；代谢性疾病，如运输搐搦、泌乳搐搦、电解质紊乱、过度劳役等；中毒性疾病，肠道内腐败发酵产生的有毒产物、蓖麻子毒素中毒等都可引起膈痉挛；先天性疾病，如膈神经与心脏位置的关系存在先天性异常；其他因素，比赛前应用速尿的赛马，或低血容量和低氯血症的病马，大量服用碳酸氢钠，可发生同步性膈痉挛。

（二）临床症状

本病的主要特征是腹部及躯干发生独特的有节律的振动，尤其是腹胁部一起一伏有节律地跳动，所以俗称“跳肷”。同时，伴发急促的吸气，俯身鼻孔附近，可听到呃逆音。同步性膈痉挛，腹部振动次数与心跳动次数相一致。非同步性膈痉挛，腹部振动次数少于心跳动数。患膈痉挛时，患马不食不饮，神情不安，头颈伸张，流涎。膈痉挛典型的电解质紊乱和酸碱平衡失调是低氯性代谢性碱中毒，并伴有低钾血症、低钙血症和低镁血症。膈痉挛的持续时间，一般为 5 ～ 30 min，多至 12 h 以上，最长者有 3 周。顽固性者，可死于膈肌麻痹。

（三）类症鉴别

1. 阵发性心悸

也出现全身震颤，腹部的振动与心脏活动一致，但心区部位的胸壁震颤更为明显，心音高朗，数步外都可以听到，但无呃逆音。

2. 铅中毒

铅中毒除表现兴奋不安外，还具有流涎、腹痛和贫血的表现。

（四）预防措施和安全用药

治疗原则是消除病因，加强护理，镇静解痉。

① 消除病因，加强护理：首先应查明病因，实施病因治疗。对低血钙或低血钾病马，可用 10% 葡萄糖酸钙 200 ～ 400 mL，或 10% 氯化钾溶液 30 ～ 50 mL，缓慢静脉注射。对病马加强饲养管理，保持安静，避免刺激，轻型病例常常不治而愈。

② 镇静解痉：可用 25% 硫酸镁溶液 50 ～ 100 mL，缓慢静脉注射；10% 安溴注射液 100 mL，缓慢静脉注射；溴化钠 30 g、水 300 mL，一次灌服；0.25% 盐酸普鲁卡因溶液 100 ～ 200 mL，缓慢静脉注射；水合氯醛 20 ～ 30 g、淀粉 50 g、水 500 ～ 1000 mL，混合灌服或灌肠。

③ 中兽医治疗：对肺气壅塞型，方用橘皮散加减：橘皮、桔梗、当归、枳壳、紫苏、前胡、厚朴、黄芪各 30 g，茯苓、甘草、半夏各 25 g，共研末，开水冲服。对寒中胃腑型，方用丁香柿蒂汤合理中汤加减：丁香、柿蒂、橘皮、干姜、党参各 60 g，甘草、白术各 30 g，共研末，开水冲服。对瘀血内阻型，方用血竭散加减：血竭、制没药、当归、骨碎补、刘寄奴各 30 g，川芎、乌药、木香、香附、白芷、陈皮各 20 g，甘草 10 g，共研末，开水冲服。

十九、维生素 A 缺乏症

维生素 A 缺乏症是由于马匹体内维生素 A 或胡萝卜素缺乏导致的皮肤、黏膜上皮角化、变性，生长发育受阻并以干眼病和夜盲症为特征的一种营养代谢病。本病各种年龄的马匹均可发生，但以幼龄的马驹多见，常常发生在冬、春青绿饲料缺乏的季节。

维生素 A 原的常见来源主要是植物性饲料，如胡萝卜、黄玉米、黄色南瓜、青绿饲料、番茄、木瓜和柑橘等。

（一）发病原因

马匹体内没有合成维生素 A 的能力，其维生素 A 的来源主要是动物源性饲料，尤其是鱼肝和鱼油。各种青绿饲料包括发酵的青绿饲料在内，特别是青干草、胡萝卜、南瓜、黄玉米中都含有丰富的维生素 A 原 - 胡萝卜素，维生素 A 原能转变成维生素 A。但在棉籽、亚麻子、萝卜、干豆、干谷、马铃薯、甜菜根中几乎不含维生素 A 原，长期饲喂维生素 A 或维生素 A 原不足的饲料而发病。另外，饲料中维生素 E、维生素 C 缺乏，会导致维生素 A 破坏增加，脂肪含量低，会使维生素 A 吸收下降。

因为大量胡萝卜素是在肠上皮中转变成维生素 A 的，并且主要是在肝脏中贮存维生素 A，所以当发生慢性消化道疾病和肝脏疾病时，最容易继发维生素 A 缺乏症，马驹腹泻可导致维生素 A 缺乏症。

（二）临床症状

马发生维生素 A 缺乏症，会出现皮肤增厚、粗糙和脱屑等。公马精子活力降低，青年公马睾丸明显小于正常，母马胎盘变性，可导致流产、死产或生后胎儿衰弱及胎盘滞留，尤其是新生马驹，可发生先天性目盲及颅内水肿和全身水肿。

① 夜盲症：是最早出现的重要病征，特别在马驹，当其他症状都不明显时，就可发现在早晨或傍晚或月夜中光线暗时，盲目前进，行动迟缓，碰撞障碍物。

② 干眼病：眼分泌浆液性分泌物，随后角膜角化，形成云雾状，有时呈现溃疡和羞明，由于视神经受压，很可能引起视乳头水肿及失明，失明是由于视网膜变性所致。

③ 神经症状：维生素 A 缺乏症的马，还呈现中枢神经损害的病征，例如颅内压增高引起的脑病，外周神经根损伤引起的骨骼肌麻痹。表现为兴奋不安，盲目运动，尖叫等，运动失调，最初常发生于后肢，然后见于前肢。有的患病马匹还可引起面部麻痹、头部转位和脊柱弯曲。有的患病马匹因脑脊液压力增高而发生脑病，多见于马驹，呈现强直性和阵发性惊厥及感觉过敏的特征。

（三）类症鉴别

1. 马脑膜脑炎

马脑膜脑炎是由于传染性或中毒性因素引起，有严格的季节性，7～9 月份发生，3 岁以下的幼驹多发；体温病初升高，以后正常，结膜轻度黄染，肠音初期正常后期减弱，血沉正常和稍快，血清胆红素稍增加；主要变化为非化脓性脑炎。

2. 狂犬病

狂犬病是由狂犬病病毒引起，无季节性，具有被动物咬伤的病史，对人畜有明显的攻击性，狂暴不安，惊恐，流涎，咽、下颌及后肢发生麻痹；在脑组织细胞的胞浆中有内基氏小体。

3. 马霉玉米中毒

其是由于饲喂发霉饲料，尤其是霉玉米引起的。病原体是镰刀菌。以驴最多发，使役较重的成年及老龄马也较多发，吃奶的幼驹不发病。多发生于秋季 9～11 月阴雨连绵季节，零星散发。体温一般无变化。血液及血清学检查，血沉变化不规律，白细胞总数减少，血清中胆红素无明显变化。血清学检查中补体结合反应为阴性。病程短促，死亡率甚高。粪便常有潜血。妊娠后期往往发生早产或流产。早产幼驹，可视黏膜发绀，齿龈、舌下有出血点，耳尖及四肢末端发凉，不能起立，轻的可以治愈，重症的很快死亡。病理变化为大脑白质出血、水肿、坏死。口腔黏膜有出血点和溃疡，并有胃肠道的黏液性炎症或黏液性出血性炎症。

4. 铅中毒

铅中毒除表现兴奋不安外，还具有流涎、腹痛和贫血的表现。

5. 马传染性脑脊髓炎

其是由马传染性脑脊髓炎病毒引起的马属动物的急性传染病。多发于 6～10 岁的使役马匹，3 岁以内的幼马发病较少。发病季节性不明显，但以 7～9 月发病较多，呈地方流行性，以散发为主。一般通过蚊虫等的叮咬，经皮肤和消化道传染。病马体温一般正常，血液及血清学检查，血液黏稠，血沉很慢，红、白细胞总数明显增加，血清中的胆红素含量显著增多，并呈直接反应或双相反应。血清学检查中补体结合反应为阳性。潜伏期为 5～40 d，病程 2～3 d，死亡率高。肠音减弱或消失，便秘，尿少呈红黄色。病理变化为黏膜、浆膜及皮下组织黄染。胃内积食，大肠积留多量干涸粪块。肝脏呈中毒性肝营养不良，有轻度的非化脓性脑炎变化。

6. 食盐中毒

有过量食用食盐的病史，除中枢神经系统症状外，同时有胃肠炎症状。

（四）预防措施和安全用药

1. 预防措施

确保饲料配比合适，平时应注意日粮的配合和维生素A与胡萝卜素的含量；减少加工损耗，青干草收获时，要保管好，防暴晒和雨淋，放置时间不宜过长，尽量减少维生素A与矿物质接触的时间；豆类及饼渣不要生喂，要及时治疗肝胆和慢性消化道病；对妊娠、泌乳和处于应激状态下的马匹，应适当提高日粮中维生素A的含量。通常在孕马产前4～6周给予鱼肝油或维生素A浓油剂60万～80万IU，每周1次。饲料中应加入适当的防霉剂，防止饲料霉变，及时调整胃肠机能和治疗胃肠疾病。

2. 安全用药

治疗原则为补充维生素A，改善饲养管理，对症治疗。

① 补充维生素A：治疗可用维生素A制剂和富含维生素A的鱼肝油。维生素AD滴剂5～10 mL，内服。浓缩维生素A油剂15万～30万IU，内服或肌内注射，每日1次。维生素A胶丸每千克体重500 IU，内服。鱼肝油20～60 mL，内服。

② 改善饲养管理：对患维生素A缺乏症的马，首先应查明病因，积极治疗原发病。在用维生素A进行治疗的同时，改善饲养管理条件，调整日粮配方，增加富含维生素A或胡萝卜素的饲料，如增喂优质青草或干草、胡萝卜、青贮料、黄玉米、青苜蓿，也可内服鱼肝油，增加复合维生素的喂量。

③ 对症治疗：马驹可用麦芽粉、人工盐、陈皮酊等健胃药调整胃肠机能，促进消化吸收。眼有病变时可用3%的硼酸洗眼，然后滴入红霉素眼药水、氧氟沙星眼药水等对症治疗。对于较重的病例，还应该给予消炎止痛的药物，同时补充维生素D、维生素E、维生素K和复合维生素B等。

二十、维生素B_1缺乏症

维生素B_1缺乏症是由于体内硫胺素缺乏或不足所引起的一种以神经机能障碍为主要特征的营养代谢病。维生素B_1因其分子中含有硫和氨基，故又称硫胺素。酵母是其丰富来源，也广泛存在于植物外皮、茎叶和根中，马的盲肠内具有生物合成维生素B_1的能力。

（一）发病原因

① 饲料中缺乏维生素B_1：维生素B_1是水溶性维生素，在生物学上作为酶的辅酶。维生素B_1的来源很广泛，在青绿饲料、酵母、麦皮、米糠及发芽的种子中含量很高，一般不会缺乏，如果长期饲喂缺乏维生素B_1的饲料。日粮组成中青绿饲料、禾本科谷物、发

酵饲料以及蛋白性饲料缺乏或不足，而糖类过剩或单一地饲喂谷类精料时，最易发病。

② 继发性病因：饲料发霉或储存过久，维生素 B_1 受到破坏，高温、应激、磺胺药的应用等因素，使维生素 B_1 消耗量过大。胃肠炎、消化障碍、吸收不良，使维生素 B_1 吸收减少而发生本病。

（二）临床症状

早期表现为衰弱乏力，采食和吞咽困难，厌食，消化不良。严重时呈现共济失调，心搏过速，弓背，牙关紧闭，阵发性惊厥，角弓反张，伏卧不起，后期昏迷死亡。

马因采食蕨类植物中毒而继发维生素 B_1 缺乏，可见咽麻痹，共济失调，阵挛或惊厥，昏迷死亡。

维生素 B_1 缺乏时，血液中硫胺素含量明显降低，丙酮酸和乳酸含量明显增加。

（三）类症鉴别

1. 蕨类植物中毒

有采食蕨类植物的病史，主要表现咽麻痹，共济失调，阵挛或惊厥。

2. 维生素 A 缺乏症

幼龄马驹多见，常常发生在冬、春青绿饲料缺乏的季节，维生素 A 缺乏症在幼年动物可见到中枢神经症状，但还具有皮肤病变、夜盲症、干眼病、母马流产、颅骨发育异常等。

（四）预防措施和安全用药

1. 预防措施

应注意保持日粮组成的全价性，供给富含维生素 B_1 的饲料，长期舍饲马场应在精料中添加复合维生素 B 添加剂。

2. 安全用药

治疗原则为补充维生素 B_1，加强饲养管理。

一旦发病，首先查明并清除病因，改善饲养管理，提供富含维生素 B_1 的全价饲料，添加优质青草、发芽谷物、麸皮、米糠或饲用酵母等；马驹应在饲料中按每千克饲料添加硫胺素 5 ～ 10 mg，或每千克体重按 30 ～ 60 μg 计算。

治疗一般多应用维生素 B_1 制剂，每千克体重 0.25 ～ 0.5 mg，口服、肌内注射或静脉注射，症状在治疗后数小时即可出现好转。如能配合应用其他 B 族维生素如维生素 B_2、维生素 B_6 或维生素 PP 等可增强疗效。

二十一、维生素 B_2 缺乏症

维生素 B_2 缺乏症，亦称核黄素缺乏症，是由于体内核黄素缺乏或不足所引起的一种

以生长缓慢、皮炎、胃肠及眼的损害为主要特征的营养代谢病。

（一）发病原因

维生素 B_2 广泛存在于植物性饲料和动物性蛋白质中，动物消化道中许多细菌、真菌等微生物都能合成维生素 B_2。因此，一般不会引起维生素 B_2 缺乏。但长期饲喂维生素 B_2 缺乏的日粮，如禾谷类饲料中维生素 B_2 特别贫乏，如果马匹单纯饲喂禾谷类饲料，又不注意添加维生素 B_2，则易发生维生素 B_2 缺乏症。饲料加工和储存不当，饲料霉变，或经热、碱、重金属、紫外线的作用，特别是在日光下长时间暴晒，易导致大量维生素 B_2 被破坏。饲料长期大量添加抗生素，抑制消化道微生物的生长，造成维生素 B_2 合成减少。患有胃肠、肝胰疾病，易造成维生素 B_2 吸收、转化和利用障碍。长期饲喂高脂肪、低蛋白饲料时，往往会导致机体对维生素 B_2 的需要量增加。妊娠或哺乳的母马、在生长发育期的幼驹、应激、环境温度或高或低等特定条件下对维生素 B_2 的消耗量增多，对维生素 B_2 的需要量随之增加。

（二）临床症状

初期，病马呈现精神不振，食欲减退或废绝，消化不良，生长发育缓慢，体重下降。皮肤增厚、脱屑、发炎，被毛粗糙，局部脱毛。表现急性卡他性结膜炎、角膜炎，畏光，流泪，还可发生周期性眼炎，视网膜和晶状体混浊，视力障碍。口角区周围充血，口唇发炎，腹泻。继则出现神经症状，共济失调，痉挛，瘫痪，最后心脏衰弱死亡。

（三）类症鉴别

1. 狂犬病

由狂犬病病毒引起，无季节性，具有被动物咬伤的病史，对人畜有明显的攻击性，狂暴不安，惊恐，流涎，咽、下颌及后肢发生麻痹；在脑组织细胞的胞浆中有内基氏小体。

2. 维生素 A 缺乏症

幼龄马驹多见，常常发生在冬、春青绿饲料缺乏的季节，维生素 A 缺乏症在幼年动物可见到中枢神经症状，但还具有皮肤病变、夜盲症、干眼病、母马流产、颅骨发育异常等。

3. 维生素 B_1 缺乏症

是由于硫胺素缺乏所引起，临床上主要表现衰弱乏力、消化不良、共济失调、阵发性惊厥、角弓反张等。血液和尿液中丙酮酸、乳酸含量增高，硫胺素含量降低。

（四）预防措施和安全用药

1. 预防措施

应注意保持日粮组成的全价性，供给富含维生素 B_2 的饲料。饲料中配以含较高维生素 B_2 的蔬菜、酵母粉、鱼粉等，必要时可补充复合维生素 B 制剂。饲料宜生喂，不宜把饲料过度蒸煮，以免破坏维生素 B_2。防止抗生素大剂量长时间应用。

2. 安全用药

治疗原则为调整日粮配方，加强饲养管理，补充维生素 B_2。

① 调整日粮配方，加强饲养管理：重点是查明并清除病因，改善饲养管理，调整日粮组成，增加富含维生素 B_2 的饲料，或补给复合维生素 B 添加剂。发病后，将维生素 B_2 混于饲料中，马驹 30 ～ 50 mg/ 头。

② 补充维生素 B_2：临床上主要应用维生素 B_2 制剂进行治疗，维生素 B_2 注射液，每千克体重 0.1 ～ 0.2 mg，皮下或肌内注射，疗程为 7 ～ 10 d。复合维生素 B 制剂 10 ～ 20 mL，每日 1 次，口服，连用 1 ～ 2 周。核黄素内服或混于饲料中饲喂，幼驹 30 ～ 50 mg，连用 8 ～ 15 d。

二十二、风湿病

风湿病是一种常反复发作的急性或慢性非化脓性炎症。其特征是胶原结缔组织发生纤维蛋白变性以及骨骼肌、心肌、关节囊和蹄中的结缔组织出现非化脓性局限性炎症。胶原结缔组织的变性主要是由于在变态反应中大量产生的氨基乙糖所引起，如氨基乙糖能被身体细胞的精蛋白所中和，就不会发生纤维蛋白变性或表现得不明显。该病常侵害对称型的骨骼肌、关节、蹄和心脏，中医称之为痹症。临床特征为病情反复发作，发病部位为对称性、游走性疼痛，跛行随运动而减轻。本病在我国各地均有发生，但以东北、华北、西北等地马发病率较高。常发生于寒冷、潮湿的季节和环境，多发生于冬季、秋季和初春。

（一）发病原因

风湿病的发病原因迄今尚未完全阐明。研究表明，风湿病是一种变态反应性疾病，并与 A 型溶血性链球菌感染有关。溶血性链球菌感染表现为延期性非化脓性并发病，即变态反应性疾病。溶血性链球菌是上呼吸道和副鼻窦的常在菌，当机体抵抗力降低时则侵入机体组织，并引起隐在的局限性感染。由链球菌产生的毒素和酶类，如溶血毒素、杀白细胞素、透明质酸酶以及链激酶等则使机体产生相应的抗体。在机体的抵抗力降低时（风、寒、潮湿及过劳等），它们可以重新侵入体内而发生再感染。链球菌再次产生的毒素和酶类则成为抗原性物质，与体内先前已形成的抗体相互作用即引起传染性变态反应而发生风湿病。因此，病的发作不是在感染当时，而是在感染后经过数周的潜伏期。在风湿病发作之前常出现咽炎、喉炎、扁桃体炎等上呼吸道感染。

风、寒、潮湿、过劳等因素在风湿病的发生上起着重要的作用。如厩舍潮湿、阴冷，大汗后受冷雨浇淋，受贼风特别是穿堂风的侵袭，夜卧于寒湿之地或露宿于风雪之中，以及管理使役不当都是容易发生风湿病的诱因。

（二）临床症状

风湿病的主要症状是发病的肌群、关节和蹄的疼痛和机能障碍。疼痛表现时轻时重，部位多固定但也有转移的。

图 5-22-1 右后肢轻度跛行

1. 肌肉风湿病（风湿性肌炎）

主要发生于活动性较大的肌群，如肩臂肌群、背腰肌群、臀肌群、股后肌群及颈肌群等。其特征是急性经过时则发生浆液性或纤维素性炎症，炎性渗出物积聚于肌肉结缔组织中；而慢性经过时则出现慢性间质性肌炎。表现运动不协调，步态强拘、不灵活，常发生 1 ～ 2 肢的轻度跛行（图 5-22-1）。其特征是随运动量的增加和时间的延长，跛行有减轻或消失的趋势。常有游走性，时而一个肌群好转时另一个肌群又发病。触诊患病肌群有痉挛性收缩，肌肉表面凸凹不平且有硬感，肿胀。急性经过时疼痛症状明显。

颈部风湿表现为低头困难（两侧同时患病时，俗称低头难）或风湿性斜颈（单侧患病）。患病肌肉僵硬，有时疼痛。肩臂风湿（前肢风湿）时，病马伫立时患肢常前踏，减负体重，运步时则出现明显的悬跛，两前肢同时发病时，步幅缩短，关节伸展不充分。背腰风湿时，病马伫立时背腰稍拱起，腰僵硬，凹腰反射减弱或消失，触诊背最长肌和髂肋肌等发病的肌肉时，僵硬如板，凹凸不平。病马后躯强拘，步幅缩短，不灵活，卧地后起立困难。臀股风湿病（后肢风湿）时，患病肌群僵硬而疼痛，两后肢运步缓慢而困难，有时出现明显的跛行症状。全身肌肉风湿时，全身肌肉和关节僵硬，呈木马状。

多数肌群发生急性风湿性肌炎时，可出现明显的全身症状。病马精神沉郁，食欲减退，体温升高 1 ～ 1.5℃，结膜和口腔黏膜潮红，脉搏和呼吸次数增加，血沉稍快，白细胞数稍增加。重者出现心内膜炎症状，可听到心内杂音。一般经数日或 1 ～ 2 周即好转或痊愈，但易复发。当转为慢性经过时，病马全身症状不明显。病马肌肉及腱的弹性降低。重者肌肉僵硬、萎缩，肌肉中常有结节性肿胀。病马容易疲劳，运步强拘。

2. 关节风湿病（风湿性关节炎）

常发于活动性较大的关节，如肩关节、肘关节、髋关节和膝关节等，脊柱关节（颈、腰部）也有发生。常对称关节同时发病，有游走性。急性期为风湿性关节滑膜炎，关节囊及周围组织水肿，滑液中有的混有纤维蛋白及颗粒细胞。患病关节外形粗大，触诊湿热、疼痛、肿胀。运步时出现跛行，跛行可随运动量的增加而减轻或消失。病马精神沉郁，食欲不振，体温升高，脉搏及呼吸均增数。有的可听到明显的心内杂音。转为慢性经过时则呈现慢性关节炎的症状，关节滑膜及周围组织增生、肥厚，因而关节肿大轮廓不清，活动范围变小，运动时关节强拘，能听到噼啪音。

3. 心脏风湿病（风湿性心肌炎）

主要表现为心内膜炎的症状。听诊时第一心音及第二心音增强，有时出现期外收缩性杂音。

（三）剖检变化

风湿病是全身性胶原组织的炎症，其基本病变包括炎症的一般变化和具有特征性的

“风湿小体”，按照发病过程可以分为三期。变性渗出期（第一期），结缔组织中胶原纤维肿胀、分裂，形成玻璃样和纤维素样变性和坏死，变性灶周围有淋巴细胞、浆细胞、嗜酸性粒细胞、中性粒细胞等炎性细胞浸润，并有浆液渗出。结缔组织基质内蛋白多糖（主要为氨基葡萄糖）增多。此期可持续 1 ～ 2 个月，以后恢复或进入第二、三期。增殖期（第二期），亦称为风湿小体，这是风湿病特征性病变，是病理上确诊风湿病的依据，而且是风湿病活动的指标。小体中央纤维素样坏死，其边缘有淋巴细胞和浆细胞浸润，并有风湿细胞。风湿细胞呈圆形、椭圆形或多角形，胞浆丰富呈嗜碱性，核大，呈圆形、空泡状，具有明显的核仁，有时出现双核或多核，形成巨细胞，小体内尚有少量淋巴细胞和中性粒细胞。到后期，风湿细胞变成梭形，形状如成纤维细胞，而进入硬化期。此期持续 3 ～ 4 个月。本期的特点是在上述病变的基础上出现风湿性肉芽肿。硬化期（第三期，瘢痕期），纤维组织增生，在肉芽肿部位形成瘢痕组织。此期持续 2 ～ 3 个月。由于本病常反复发作，上述三期的发展过程可以交错存在，历时需 4 ～ 6 个月。第一期及第二期中常伴有浆液渗出和炎性细胞浸润，这种渗出性病变在很大程度上决定着临床上各种显著症状的产生。在关节和心包的病理变化以渗出为主，而瘢痕的形成则主要见于心内膜和心肌，特别是心瓣膜。

（四）类症鉴别

1. 骨软症

其主要发生于成年马，主要表现消化紊乱、异嗜癖、跛行、骨质疏松和骨变形等。X 线检查，骨影显示骨质密度降低，皮质变薄，最后 1 ～ 2 尾椎骨被吸收而消失。

2. 肌炎

肌炎由外伤或感染引起，患部热痛、肿胀、化脓，姿势异常，跛行。

3. 骨关节炎

常单发于某个关节，多见于肩、膝、跗及系关节，呈慢性经过，有关节急性炎症病史，主要表现跛行和关节变形粗大或弥漫性肿胀，有外生骨赘和关节粘连，慢性骨关节炎晚期常发生患肢肌肉萎缩及蹄变形。

4. 骨关节病

骨关节炎是来自急性炎症过程（包括原发性慢性型）的慢性骨关节炎，而骨关节病是骨关节的慢性变性疾病；骨关节炎最终引起关节骨性粘连，骨关节病可见骨质增生，却不发生粘连。

5. 破伤风

共同点：临床上大都突然发病，没有明显的季节性，都有严重的运动障碍、肌肉痉挛或皮肤紧张、卧地不起等。不同点：破伤风是由破伤风梭菌经创伤感染后产生外毒素引起的人畜共患急性中毒性传染病。特征是骨骼肌强直性痉挛及反射性兴奋性增高，有创伤史，肌肉、皮肤紧张，有较显著的耳硬直伸、眼肌痉挛、背腰僵硬、牙关紧闭、流涎、瞬膜外露、重症角弓反张，状如鹿颈或者后弓侧张，四肢呈强直状态，木马状。

6. 马麻痹性肌红蛋白尿病

共同点：临床上大都突然发病，没有明显的季节性，都有严重的运动障碍、肌肉痉挛或皮肤紧张、卧地不起等症状。不同点：马麻痹性肌红蛋白尿病，是由于新陈代谢发生严重紊乱，突然发生麻痹和运动障碍，若干肌肉变性及硬固，并排出深棕褐色的尿液。一般膘情肥胖，有喂精料过多、突然重度使役的病史，使役过度后突然发病，治愈率低。运动障碍显著，尤其以两后肢更为严重，指压肌肉常无疼痛，呈犬坐姿势，排肌红蛋白尿，常在使役中突然发病。

（五）预防措施和安全用药

1. 预防措施

风湿病在北方地区发病率较高，特别是冬春季节，因此要特别注意马的饲养管理和环境卫生，保暖通风，除湿排氨，做到精心饲养，注意使役，不要过劳，使役出汗后勿系于房檐下或有穿堂风处，免受风寒。厩舍应保持卫生、干燥，冬季时应保温以防马匹受潮湿和着凉。对溶血性链球菌感染后引起的马匹上呼吸道疾病，如急性咽炎、喉炎、扁桃体炎、鼻卡他等应及时治疗。

2. 安全用药

治疗原则为消除病因，加强护理，祛风除湿，抑制变态反应，解热镇痛，消除炎症。

① 祛风除湿：以水杨酸类药物的抗风湿作用最强，包括水杨酸、水杨酸钠及阿司匹林等。10% 复方水杨酸钠，100 ～ 200 mL，静脉注射，每日 1 次，连用 5 ～ 7 d，也可与乌洛托品、樟脑磺酸钠、葡萄糖酸钙联合应用。或水杨酸钠 10 ～ 60 g，口服，每日 1 次；或保泰松，每千克体重 4 ～ 8 mg，内服，每日 2 次，3 d 后用量减半；或保泰松，前两天每千克体重 12 mg，后五天 6 mg，连续口服 7 d。

② 抑制变态反应：临床上常用氢化可的松注射液、地塞米松注射液、醋酸泼尼松（强的松）、氢化泼尼松（强的松龙）注射液等。如用 3.5% 醋酸可的松 10 ～ 15 mL，穴位注射，隔天 1 次，连用 4 次。0.5% 强的松龙 0.05 ～ 0.15 g，每日 2 次，静脉或肌内注射；关节腔注射 4 ～ 8 mL；或 0.5% 氢化可的松注射液，40 ～ 100 mL，用生理盐水或 5% 葡萄糖注射液稀释，静脉注射，每日 1 次，关节腔注射，10 ～ 20 mL；或普克安（0.5% 普鲁卡因 200 mL，0.5% 氢化可的松 40 mL，10% 安钠咖 20 mL，5% 糖盐水 500 mL），静脉注射，隔日或每日 1 次。

③ 解热镇痛：30% 安乃近 20 ～ 30 mL，穴位或肌内注射。

④ 消除炎症：应用抗生素控制链球菌感染，首选青霉素、阿莫西林、万古霉素或红霉素，最好依据药敏试验选择治疗药物。如青霉素 160 IU 10 ～ 15 支，地塞米松 10 ～ 15 mL，生理盐水 1000 mL，静脉注射，每日 2 ～ 3 次，6 d 一个疗程。不主张使用磺胺类抗菌药物，因为磺胺类药物虽然能抑制链球菌的生长，却不能预防急性风湿病的发生。

⑤ 物理疗法：对风湿病，特别是对慢性经过者有较好的治疗效果。如热疗，将酒精

加热至 40℃左右，或将麸皮与醋按 4∶3 的比例混合炒热，装于布袋内进行患部热敷，每日 1 ～ 2 次，连用 6 ～ 7 d。亦可使用热石蜡及热泥疗法等。在光疗法中可使用红外线（热线灯）局部照射，每次 20 ～ 30 min，每日 1 ～ 2 次，至明显好转为止。另外，电疗法、中波透热疗法、中波透热水杨酸离子透入疗法、短波透热疗法、超短波电场疗法、周林频谱疗法及多源频谱疗法等对慢性经过的风湿病均有较好的治疗效果。在急性蹄风湿的初期，可采用冷蹄浴或用醋调制的冷泥敷蹄等局部冷疗法。近年来应用激光治疗风湿病已取得较好的治疗效果，一般常用的是 6 ～ 8 mW 的氦氖激光作局部或穴位照射，每次治疗时间为 20 ～ 30 min，每日 1 次，10 ～ 14 次为一个疗程，必要时可间隔 7 ～ 14 d 进行第二个疗程的治疗。

⑥ 局部涂擦刺激剂：局部可应用水杨酸甲酯软膏（水杨酸甲酯 15 g、松节油 5 mL、薄荷脑 7 g、白凡士林 15 g），水杨酸甲酯莨菪油搽剂（水杨酸甲酯 25 g、樟脑油 25 mL、莨菪油 25 mL），亦可局部涂擦樟脑酒精及氨搽剂等。

⑦ 碳酸氢钠、水杨酸钠和自家血液疗法：每天静脉内注射 5% 碳酸氢钠溶液 200 mL，10% 水杨酸钠溶液 200 mL ；自家血液的注射量为第 1 天 80 mL，第 3 天 100 mL，第 5 天 120 mL，第 7 天 140 mL，7 d 为一疗程。每个疗程之间间隔一周，可连用两个疗程。该方法对急性肌肉风湿病疗效显著，对慢性风湿病也有一定的疗效。

⑧ 中兽医疗法：应用针灸治疗风湿病有一定的治疗效果。根据不同的发病部位，可选用不同的穴位。醋酒灸法（火鞍法）适用于腰背风湿病，但对瘦弱、衰老或怀孕的马应禁用此法。中药方面常用的方剂有通经活络散和独活寄生散，如当归、独活、防己各 40 g，牛膝、防风各 50 g，杜仲、藿香、枳壳、前胡各 30 g，煎熬凉服。

二十三、骨膜炎

骨膜炎顾名思义是指骨膜发生的炎症。临床上根据炎症性质分为非化脓性骨膜炎、化脓性骨膜炎、掌（跖）骨和指（趾）骨骨化性骨膜炎；根据病程的长短分为急性与慢性骨膜炎。

（一）发病原因

1. 非化脓性骨膜炎

骨膜直接遭受机械性损伤，如打击、跌倒、蹴踢、冲撞等引起，最常发生在四肢下部没有软组织覆盖而浅在的骨上，一侧性的为主。肌腱、韧带等在快速运动中过度的牵张，或长期受到反复的刺激，致使其附着部位的骨膜发生炎症。有些病例的发生由骨膜附近关节及软组织的慢性炎症蔓延而来，凡是肢势不正，削蹄不当，幼驹过早地训练或服重役，以及患有骨营养代谢障碍的马匹，容易发生本病。

2. 化脓性骨膜炎

化脓性骨膜炎是因化脓性病原菌（多为葡萄球菌、坏死杆菌、链球菌）感染而引起。常发生于开放性骨折、骨膜附近的软组织损伤、进行内固定手术及化脓性骨髓炎时。骨膜遭受化脓菌侵入后，首先发生浆液性化脓性浸润，在骨膜上形成很多小脓灶，或是形成骨膜下脓肿。脓肿破溃，脓汁进入周围软组织，其后或穿破皮肤形成化脓性窦道，或继续蔓延而发生蜂窝织炎。由于骨膜与骨的分离，骨质失去了营养和神经分布，在脓汁作用下发生坏死、分解，呈砂粒状脱落于脓腔内，骨表面形成粗糙的溃疡缺损。弥漫性骨膜炎时，可发生大块骨片坏死。

3. 掌（跖）骨和指（趾）骨骨化性骨膜炎

① 掌（跖）骨骨化性骨膜炎（掌骨瘤或管骨瘤）：是沿着大小掌（跖）骨骨膜所发生的骨瘤，是马属动物最常见的疾病。以 5 岁以下或者大小掌（跖）骨尚未骨化之前的马、骡发生较多，乘马比挽马或驮马多发，前肢比后肢多发，据调查我国成年马、骡约 75% 患有骨瘤。本病最常见于掌（跖）骨内侧方，第二、三掌（跖）骨之间的韧带结合处（第三、四掌（跖）骨之间发生的较少），称侧骨瘤；发生于第二掌骨后面，腕关节内侧后下方约 10 cm 处者称后骨瘤；第三掌骨近端掌侧面的称深骨瘤。上述部位都是肌腱、筋膜、韧带的附着部。除了骨膜的直接损伤外，马匹在快速奔驰中、驮载过重、在硬地或不平道路上训练或服重役，以及滑倒、跳跃等，均可使骨间纤维性韧带及其附近的骨膜受到过度的牵张，或持续的刺激而发生骨膜炎。幼龄马过早地剧烈训练或服役，尤其是患有骨营养不良，骨和屈腱发育不良，以及有广踏、外向、卧系肢势，护蹄、削蹄、装蹄不良时，更容易发生本病。

② 指（趾）骨骨化性骨膜炎（指骨瘤）：是第一、二指（趾）骨（系骨、冠骨）或第三指（趾）骨（蹄骨）发生骨化性骨膜炎，最后形成骨赘的总称。前肢比后肢多发。在系骨时多位于近端背侧或掌侧的关节韧带和腱的固着处；冠骨主要在背侧面；严重的病变常波及冠关节或系关节周围，形成关节周围指骨瘤（环骨瘤）；少数病例发生在冠骨软骨炎或滑液囊炎后，病变侵犯到冠关节或蹄关节的关节面，称为关节指（趾）骨瘤，常可引起关节粘连。大部分病例由于关节捩伤、挫伤，使关节附着部的韧带或肌腱过度牵张，或骨直接受到损伤或打击，造成骨膜、骨、韧带的慢性炎症而引起。有些病例发生于冠骨骨折，或因指总伸肌腱强力牵引所造成的伸腱突骨折，以及蹄冠部各类炎症之后。发生本病的因素为肢势不正，如狭踏、广踏、内向、外向等，或是装蹄、削蹄不良，使指关节特别是冠骨的负重不均衡，或关节韧带一侧性的剧伸；关节发育不良，关节面狭而扁平，不能作各种完全的运动，也易使韧带持续牵张；卧系的马匹，冠骨大部分位于蹄匣内，承担体重时，冠骨和蹄骨在同一线上，而系骨则成水平状态，使冠关节过度掌曲而损伤韧带；起系的马匹指骨缓冲能力减弱，奔跑时受到强烈震荡，同样可使骨膜韧带损伤。

（二）临床症状

1. 非化脓性骨膜炎

① 急性骨膜炎：病初以骨膜的急性浆液性浸润为特征。病变部充血、渗出，出现局限性、硬固的热痛性扁平肿胀，皮下组织呈现不同程度的水肿。触诊有痛感，指压留痕。机能障碍的程度不一，四肢的骨膜炎可发生明显跛行，跛行随运动而增重。若一肢发病，站立时病肢常屈曲，以蹄尖着地，减负体重；两肢同时发病的，常常交互负重。严重的患马，常不愿站立而卧地。

② 慢性骨膜炎：由急性骨膜炎转变而来，或因骨膜长期遭到频繁、反复的刺激而发生，有纤维性骨膜炎和骨化性骨膜炎两种病理过程。纤维性骨膜炎以骨膜的表层和表、深层之间的结缔组织增生为特征。病患部出现坚实而有弹性的局限性肿胀，触诊有轻微热、痛。肿胀紧贴在骨面上，该部的皮肤仍有可动性，大多数病例机能障碍不显著或没有。骨化性骨膜炎由骨膜的表层向深层蔓延，在骨表面形成骨赘或外生骨瘤，视诊可见病部呈界限明显、突出于骨面的肿胀。触诊硬固坚实，没有疼痛，表面呈凹凸不平的结节状，或呈显著突出的骨隆起，大小不定，可由拇指大到核桃大或更大些。大多数病马仅表现外貌上的损征而无机能障碍，只有当骨赘发生于关节的韧带部或肌腱的附着点时，可发生跛行。

2. 化脓性骨膜炎

初期局部出现弥漫性、热性肿胀，有剧痛，皮肤紧张，可动性变小或消失。随着皮下组织内脓肿的形成和破溃，成为化脓性窦道，流出混有骨屑的黄色稀脓。探诊时，可感知骨表面不平或有腐骨片。局部淋巴结肿大，触诊疼痛。发生在四肢的化脓性骨膜炎，跛行显著，病肢不能负重。病初全身体温升高，精神沉郁，饮食欲废绝。严重的可继发败血症。血常规检查有助于确诊。

3. 掌（跖）骨和指（趾）骨骨化性骨膜炎

① 掌（跖）骨骨化性骨膜炎（掌骨瘤或管骨瘤）：局部存有骨瘤是掌（跖）骨骨化性骨膜炎的特有症状。触诊坚硬如骨，无移动性，指压通常无痛，骨赘的大小不一，形状不定，数目不等，对侧骨瘤和后骨瘤，可用拇指置于第三掌骨前外侧，其余四指置于内侧或后面，仔细地上下滑动，可摸出；深骨瘤需将病肢提起，屈曲腕关节，将屈腱推向一侧后，从后方压迫悬韧带起始部，即可摸到。必要时可用 X 线检查确诊。患有掌骨瘤的病马，有些没有跛行，只有在骨赘影响肌腱的活动时，或是再次受到刺激而复发时才呈现轻度支跛，当骨瘤发生在前臂筋膜和腕斜伸肌附着点时，出现悬跛。后骨瘤、深骨瘤、悬韧带骨化时，跛行明显而比较顽固。本病跛行的特点是骨赘的大小与跛行程度不成正比；跛行在慢步时常不出现，而在快步时出现；行走在软地或平地上跛行不明显，但在硬地、不平地或下坡时跛行加重；病马长期休息时跛行消失，但在使役中或使役后跛行又复出现，而且跛行随运动增加而增重；运步时病肢腕关节屈曲不全，并表现内收肢势。由于骨瘤的存在与跛行之间没有一定的规律，临床上为了要证实所发现的骨瘤是否即为引起现存跛行的原因，可对局部用传导麻醉或浸润麻醉，经 10 ～ 15 min，若疼痛减轻而跛行也随之减轻，但并不完全消失，即可判定为本病。

② 指（趾）骨骨化性骨膜炎（指骨瘤）：多数病例呈慢性经过。根据骨赘发生的部位，在冠骨近端以上的称为高指骨瘤，冠骨远端以下的称为低指骨瘤，关节周围指骨瘤常在冠关节的背侧与侧面。骨赘大的外观可见蹄冠部背侧及周缘膨隆，小的和深的要用 X 线检查，方得确诊。所有病例并非都出现跛行。发病早期，外生骨赘过大，或在关节附近时，呈现轻度支跛。在各种步态和回转运动时，可促使跛行明显化。患马长时间休息后，跛行稍有减轻，但当剧烈使役，尤其在硬地或不平地上使役时，跛行明显增重。病蹄由于长期的运动机能障碍而变小，蹄角度增大，患肢上部肌肉萎缩。

（三）类症鉴别

1. 风湿病

常发生于寒冷、潮湿的季节，有寒湿侵袭的病史，主要症状为发病肌群、关节疼痛和运动机能障碍，病情反复发作，发病部位为对称性、游走性疼痛，跛行随运动而减轻，步态强拘，黏着步样。心脏风湿表现为心内膜炎症状。水杨酸制剂治疗有效。

2. 骨髓炎

其由化脓菌感染引起，发病急剧，体温突然升高，局部迅速出现硬固、热痛性肿胀，重度跛行，败血症，形成化脓性窦道，血液检查白细胞增多。

3. 骨折

有外伤病史，临床表现局部出血与肿胀，疼痛，重度跛行或不能站立，肢体变形，异常活动，有骨摩擦音。X 线检查发现骨折线，断端移位，骨皮质和骨小梁的连续性消失。

（四）预防措施和安全用药

1. 非化脓性骨膜炎

急性浆液性骨膜炎时，令患马安静休息。发病 24 h 以内，可用冷疗法。以后改用温热疗法和消炎剂，如外敷用醋或酒精调制的复方醋酸铅散、10% 碘酊或碘软膏、10% ～ 20% 鱼石脂软膏等，用盐酸普鲁卡因溶液加皮质激素制剂局部封闭，可获良好效果。局部可装着压迫绷带，以限制关节活动，使患马能有较长的时间充分休息，对病的恢复很重要。

纤维性骨膜炎和骨化性骨膜炎的治疗，主要是消除跛行以达到机能性治愈的目的。早期可用温热疗法及按摩。跛行较重的病例可应用刺激剂，可涂擦 20% 碘酊，每次 10 min 左右，每日 2 次，共 3 次；10% 碘化汞软膏，水杨酸碘化汞软膏（碘化汞软膏 95.0 g、水杨酸 5.0 g），每 5 ～ 7 天 1 次；碘酒精溶液（碘酊 1 g、70% 酒精和蒸馏水各 15 mL），一次皮下注射。

骨化性骨膜炎在上述治疗无效时，可在无菌条件下进行骨膜切除术。将骨赘周围 2 ～ 3 mm 宽的骨膜环形切除，摘除骨赘，骨赘底部用锐匙或锐环刮平，最后撒布抗生素粉剂，密闭缝合皮肤。治疗无效时，为了充分利用使役能力，可作神经切除术，但其延长使役能力的时间不长。各种骨膜炎都应当除去病因，对肢势不正的患马，应及时进行适当的削蹄和装蹄矫正。

2. 化脓性骨膜炎

使病马安静。病初局部应用酒精热绷带，以盐酸普鲁卡因溶液封闭，全身应用抗生素。随着软化灶的出现，及时切开脓肿，形成窦道的要扩创，充分排除脓液，用锐匙刮净骨损伤表面的死骨，导入中性盐类高渗液引流及装着吸收绷带。急性化脓期过后，改用 10% 磺胺鱼肝油、青霉素鱼肝油等纱布引流条。密切注意全身变化，防止败血症的发生。

3. 掌（跖）骨和指（趾）骨骨化性骨膜炎

同非化脓性骨膜炎。

二十四、骨髓炎

骨髓炎是指化脓性细菌感染骨髓、骨皮质和骨膜而引起的炎症性疾病，临床上以化脓性骨髓炎较为多见，按病情发展可分为急性和慢性两类。

（一）发病原因

化脓性骨髓炎主要因骨髓感染葡萄球菌、链球菌或其他化脓菌而引起。外伤性骨髓炎大多发生于骨损伤后，例如开放性骨折、粉碎性骨折或在骨折治疗中应用内固定等，病原菌可直接经创口进入骨折端、骨碎片间以及骨髓内而发生。蔓延性骨髓炎系由附近软组织的化脓过程直接蔓延到骨膜后，沿哈佛氏管侵入骨髓内而发病。血源性骨髓炎发生于蜂窝织炎、败血症、马腺疫等情况下，骨组织受到损伤，抵抗力降低时，病原菌经血液循环进入骨髓内引起发病，病原菌一般为单一感染。患马骨髓炎的常发部位为四肢骨、上（下）颌骨、胸骨、肋骨等。

（二）临床症状

急性化脓性骨髓炎经过急剧，患马体温突然升高，精神沉郁。病部迅速出现硬固、灼热、疼痛性肿胀，呈弥漫性或局限性。压迫病灶区疼痛显著。局部淋巴结肿大，触诊疼痛。患马出现严重的机能障碍，发生于四肢的骨髓炎呈现重度跛行，发生于下颌骨的出现咀嚼障碍、流涎等。血液检查白细胞增多。严重的病情发展很快，通常发生败血症。经过一定时间脓肿成熟，局部出现波动，脓肿自溃或切开排脓后，形成化脓性窦道，临床上只要浓稠的脓液大量排出，全身症状即能缓解。通过窦道探诊，可感知粗糙的骨质面和探针进入到骨髓腔，若能用手指探查，可摸得更清楚。局部冲洗时，脓汁中常混有碎骨屑。

外伤性骨髓炎时，骨髓因皮肤破损而与外界相通，临床常取亚急性或慢性经过，可见窦道口不断地排脓，无自愈倾向。窦道周围的软组织坚实、疼痛、可动性小。由于骨痂过度增生，局部形成很大面积的硬固性肿胀，通常可见局部肌肉萎缩和患马的消瘦。

（三）剖检变化

急性化脓性骨髓炎形成局限性骨髓内脓肿，也可能发展为弥漫性骨髓蜂窝织炎。血源性骨髓炎时，脓肿在骨髓腔内迅速增大，形成骨膜下脓肿，造成部分骨质和骨膜坏死，周围软组织形成蜂窝织炎或脓肿。病灶周围的骨膜增生为骨痂，包围死骨和骨样的肉芽组织，形成死骨腔。断离的死骨片分解后由窦道自行排除，或经手术摘除之后，死骨腔被肉芽组织所填充，肉芽组织经过逐渐钙化而成为软骨内化骨。另一种情况是死骨腔内的死骨片未能排出，从而成为长期化脓灶，遗留为久不愈合的窦道。

（四）类症鉴别

1. 骨膜炎

由于外伤和感染引起，局部充血、渗出，出现热痛性扁平肿胀，皮下组织水肿。跛行，且随运动而增重。

2. 骨折

有外伤病史，临床表现局部出血与肿胀，疼痛，重度跛行或不能站立，肢体变形，异常活动，有骨摩擦音。X 线检查发现骨折线，断端移位，骨皮质和骨小梁的连续性消失。

（五）预防措施和安全用药

应使患马保持安静，及早控制炎症的发展，防止死骨形成和败血症。早期应运用大剂量敏感的抗生素以控制感染。必要时进行补液和输血以增强抵抗力，来控制病变的发展。

由开放性骨折、创伤等引起的急性化脓性骨髓炎，要及时扩创，做清创术，清除坏死组织、异物和死骨，用含有抗菌药物的溶液冲洗创腔；已形成脓肿或窦道的，应及时手术切开软组织，分离骨膜，暴露骨密质，用骨凿打开死骨腔，清除死骨片。慢性病例用锐匙刮去死骨腔内肥厚的瘢痕和肉芽组织，消灭死腔，为骨的愈合创造条件，以后按感染化脓创治疗原则处理。肋骨骨髓炎可作部分肋骨骨膜下切除术。为了确保术部的充分休息，防止发生病理性骨折，局部应装着夹板绷带或有窗石膏绷带固定。

二十五、骨折

骨折是指由于各种外力的作用，使骨质的延续性或者完整性遭到机械性破坏。骨折的同时常伴有周围软组织不同程度的损伤，一般以血肿为主。按骨折病因分为外伤性骨折和病理性骨折；按皮肤是否破损可分为闭合性骨折和开放性骨折；按有无合并损伤分为单纯性骨折和复杂性骨折；按骨折发生的部位可分为骨干骨折和骨骺骨折；按骨损伤的程度可分为不全骨折和全骨折。

（一）发病原因

骨折的病因多数是偶发性损伤，主要因比赛、使役、饲养管理和保定不当等造成四肢长骨骨折。

1. 外伤性骨折

① 直接暴力：骨折发生在打击、挤压、火器伤等各种机械外力直接作用的部位。如车祸、护栏磕撞、蹴踢等，常发生开放性骨折，甚至出现粉碎性骨折，大都伴有周围软组织的严重损伤。

② 间接暴力：指外力通过杠杆、传导或旋转作用而使远处发生骨折。如奔跑中扭闪或急停、跨沟滑倒等，可发生四肢长骨、髋骨或腰椎的骨折；肢蹄嵌夹于洞穴、木栅缝隙

强行抽出等，肢体常因快速旋转而发生骨折。

肌肉过度牵引：肌肉突然强烈收缩，可导致肌肉附着部位骨的撕裂。

2. 病理性骨折

病理性骨折是有骨质疾病的骨发生骨折。如患有骨肿瘤、骨髓炎、佝偻病、骨软症、骨疽、衰老、营养神经性骨萎缩、慢性氟中毒等。如四肢骨关节畸形或发育不良等，这些处于病理状态下的骨疏松脆弱，应力抵抗降低，有时遭受不大的外力，也可引起骨折。

（二）临床症状

1. 特有症状

① 肢体变形：骨折两断端因受伤时的外力、肌肉牵拉力和肢体重力的影响等，造成骨折段的移位。骨折后的患肢呈弯曲、缩短、延长等异常姿势。诊断时可把健肢放在相同位置，仔细观察和测量肢体有关段的长度并两侧对比。

② 异常活动：正常情况下，肢体完整而不活动的部位，在骨折后负重或作被动运动时，出现屈曲、旋转等异常活动。

③ 骨摩擦音：骨折两断端互相触碰，可听到骨摩擦音，或有骨摩擦感。但在不全骨折、骨折部肌肉丰厚、局部肿胀严重或断端间嵌入软组织时，通常听不到。诊断四肢长骨骨干骨折时，常由一人固定近端后，另一人将远端轻轻晃动。若为全骨折时可出现异常活动和骨摩擦音，但这样的诊断不能持续做或反复做，以免加重骨折的程度，X 线检查可确诊。

2. 其他症状

① 出血与肿胀：骨折时骨膜、骨髓及周围软组织的血管破裂出血，经创口流出或在骨折部发生血肿，加之软组织水肿，造成局部显著肿胀。闭合性骨折时肿胀的程度取决于受伤血管的大小、骨折的部位，以及软组织损伤的轻重。肋骨、髋骨、掌（跖）骨等浅表部位的骨折，肿胀一般不严重；肱骨、桡骨、尺骨、胫骨、腓骨等的全骨折，多数均因溢血和炎症，肿胀十分严重，皮肤紧张发硬，致使骨折部不易摸清。随着炎症的发展，肿胀在伤后数日内很快加重，如不发生感染，十几天后会逐渐消散。

② 疼痛：骨折后骨膜、神经受损，即刻有疼痛表现，疼痛的程度常随动物种类、骨折的部位和性质，反应各异。安静时或骨折部固定后疼痛较轻，触碰或骨断端移动时疼痛加剧。患马不安、避让，常可见肘后、股内侧出汗，全身发抖等症状。骨裂时，用手指压迫骨折部，呈现线状压痛。

③ 功能障碍：骨折后因肌肉失去固定的作用，以及剧烈疼痛而引起不同程度的功能障碍，均在伤后立即发生。如四肢骨折时突发重度跛行、脊椎骨折伤及脊髓时可致相应区后部的躯体瘫痪等。但发生不全骨折、棘突骨折、肋骨骨折时，功能障碍可能不显著。

3. 全身症状

轻度骨折一般全身症状不明显。严重的骨折伴有内出血、肢体肿胀或者内脏损伤，还可并发急性大失血和休克等一系列综合症状；闭合性骨折于损伤 2 ～ 3 d 后，因组织破坏后分解产物和血肿的吸收，可引起轻度体温上升。骨折部若继发细菌感染时，体温升高，局部疼痛加剧，食欲减退。

（三）类症鉴别

1. 骨髓炎

其由化脓菌感染引起，发病急剧，体温突然升高，局部迅速出现硬固、热痛性肿胀，重度跛行，败血症，形成化脓性窦道，血液检查白细胞增多。

2. 关节挫伤

又称关节扭伤，有机械性外力作用的病史，临床上表现有疼痛，突发跛行，跛行程度随运动而加剧，关节温热、肿胀，慢性关节挫伤还可表现骨质增生等。

3. 关节脱位

有外力作用病史，常突然发生，表现关节异常隆起或凹陷、异常固定或活动不灵活、关节肿胀、疼痛、肢势改变和运动机能障碍或不能运动等症状。

4. 风湿病

常发生于寒冷、潮湿的季节，有寒湿侵袭的病史，主要症状为发病肌群、关节疼痛和运动机能障碍，病情反复发作，发病部位为对称性、游走性疼痛，跛行随运动而减轻，步态强拘，黏着步样。心脏风湿表现为心内膜炎症状。水杨酸制剂治疗有效。

（四）预防措施和安全用药

骨折发生后应不让患马走动，严重的骨折常伴有不同程度的休克，开放性骨折有大出血时，首先要制止出血和防治休克。患马疼痛不安或有骚动时，宜使用全身镇静剂，局部麻醉药或吗啡、哌替啶等止痛药，虽然止痛效果明显，但是应用后患马可因无痛感使病肢作不适当的活动，而加重骨折部的损伤，故不宜采用。开放性骨折在使用全身镇静剂后，清创并撒布抗菌药物，随后包扎。骨折的暂时固定在现场救护中十分重要，应就地取材，用竹片、木板、树枝、树皮、钢筋等，将骨折部上、下两个关节同时固定。处理结束，用较宽大的车辆、铺厚的垫草或者棉垫，尽快将骨折马送动物医院治疗。性情暴躁的患马，可在全身麻醉或应用镇痛镇静剂后再运送。

1. 闭合性骨折的治疗

（1）复位与固定　骨折复位是使移位的骨折端重新对位，重建骨的支架作用。时间要越早越好，力求做到一次整复正确。为了使复位顺利进行，应尽量使复位时无痛和局部肌肉松弛。对于复杂骨折，需要进行内固定手术，或局部麻醉无效时，可采用全身麻醉。必要时还可以同时使用肌肉松弛剂。

① 闭合复位与外固定：在兽医临床中应用最广，适用于大部分四肢骨骨折。整复前应该使病肢保持伸直状态。前肢可由助手一手固定前臂部，另一手握住肘突用力向前方推，使病肢肘以下各关节伸直；后肢则一手固定小腿部，另一手握住膝关节用力向后方

推，肢体即伸直。

轻度移位的骨折整复时，可由助手将病肢远端适当牵引后，术者对骨折部托压、挤按，使断端对齐、对正；若骨折部肌肉强大，断端重叠而整复困难时，可在骨折段远、近两端稍远离处各系上一绳，以方便进行牵引。

按“欲合先离，离而复合”的原则，先轻后重，沿着肢体纵轴做对抗牵引，然后使骨折的远侧端凑合到近侧端，根据变形情况整复，以矫正成角、旋转、侧方移位等畸形，力求达到骨折前的原位。复位是否正确，可根据肢体外形，抚摸骨折部轮廓，在相同的姿势下，按解剖位置与对侧健肢对比，以观察移位是否已得到矫正。有条件的最好用 X 线判定。在临床中，粉碎性骨折和肢体上部的骨折，在较多的情况下只能达到功能复位，即矫正重叠、成角、旋转，有的病例骨折端对位即使不足 1/2，只要两肢长短基本相等，肢轴姿势端正，角度改变不大，大多数动物经较长一段时间，可逐步自然矫正而恢复功能。

外固定在兽医临床中应用最多。目前，在治疗骨折中采用中西结合，把固定和活动结合起来，固定时应尽可能让肢体关节尚能有一定的范围活动，不妨碍肌肉范围的纵向收缩。肢体合理的功能活动，有利于局部血液循环的恢复和骨折端对向挤压、密接，可加速骨折的愈合。

由于骨折的部位、类型、局部软组织损伤的程度不同，骨折端再移位的方向和倾向力也各不相同。因而局部外固定的形式随之而异。临床常用的外固定方法有夹板绷带固定法和石膏绷带固定法。夹板绷带固定法，即采用竹板、木板、铝合金板、铁板等材料，长、宽、厚与患部相适应。包扎时，将患部清洁后，包上衬垫，于患部的前、后、左、右放置夹板，用绷带缠绕固定。包扎的松紧度，以不使夹板滑脱和不过度压迫组织为宜。为了防止夹板两端损伤患肢皮肤，里面的衬垫应超出夹板的长度或将夹板两端用棉纱包裹。石膏绷带固定法，石膏具有良好的塑型性能，制成石膏管型与肢体接触面积大，不易发生压创，对四肢骨折均有较好固定作用，但对于马这类大动物的石膏管型最好夹入金属板、竹板等加固。

对马的四肢骨折，无论用何种方法进行外固定，都须注意使用悬吊装置。例如在四柱栏内，用粗的扁绳兜住马的腹部和股部，使患马在四肢疲劳时，可伏在或倚在扁绳上休息。这对保持骨折部安静，充分发挥外固定的作用，是重要的辅助疗法。

② 切开复位与内固定：是用手术的方法暴露骨折段进行复位。复位后用对动物组织无不良反应的金属内固定物，或用自体或同种异体骨组织，将骨折段固定，以达到治疗的目的。切开复位与内固定是在直视下进行手术，以使骨折部尽量达到解剖学复位和相对固定的要求。

单纯的切开复位加内固定，对成年马常因固定不够牢固而失败。为此，正确地选用内固定方法并结合外固定以增强支持；最大限度地保护骨膜并使骨折部的血液循环少受损害；严格按无菌技术进行手术，积极主动地控制感染，这三点是提高治愈率的必要条件。内固定的方法很多，但适用于马属动物的主要有以下几种。

a. 接骨板固定法：是用不锈钢接骨板和螺丝钉固定骨折段的内固定法（图 5-25-1）。应用这种固定法损伤软组织较多，需剥离骨膜再放置接骨板，对骨折端的血液供应损害较大，但与髓内针相比，可以保护骨痂内发育的血管，有利于形成内骨痂。适用于长骨骨体中部的斜骨折、螺旋骨折、尺骨肘突骨折，以及严重的粉碎性骨折、老龄动物骨折等，是内固定中应用最广泛的一种方法。接骨板的种类和长度，应根据骨折类型选购。特殊情况下需自行设计加工。固定接骨板的螺丝钉，其长度以刚能穿过对侧骨密质为宜，过长会损伤对侧软组织，过短则达不到固定目的。螺丝钉的钻孔位置和方向要正确。为了防止接骨板弯曲、松动甚至毁坏，绝大部分患马需加用外固定，特别是对成年马，加用外固定是必需的。

接骨板一般需装着较长时间（成马为4～12个月），而于接骨板的直下方，由于长期压迫而脱钙，使骨的强度显著降低。取出接骨板后，其钉孔被骨组织包埋需6个月以上，在此期间，应加强护理，防止二次骨折发生。

b. 贯穿术固定法：是用不锈钢骨栓，通过肢体两侧皮肤小切口，横贯骨折段的远、近两端，结合外涂塑料粉糊剂，硬化后，将骨栓连接起来，也可应用石膏硬化剂或金属板将骨栓牢固连接。这是一种内外固定相结合的一种方法，适用于体重不大的马的桡骨、胫骨中部的根骨折或斜骨折（图5-25-2）。

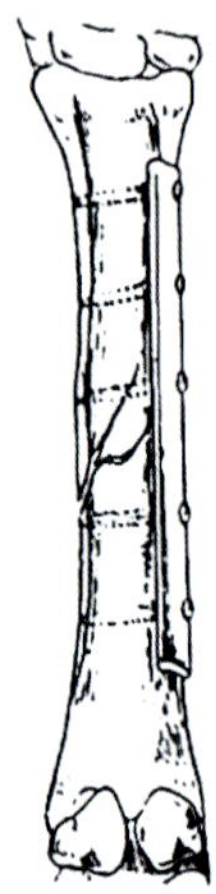

图 5-25-1 接骨板固定

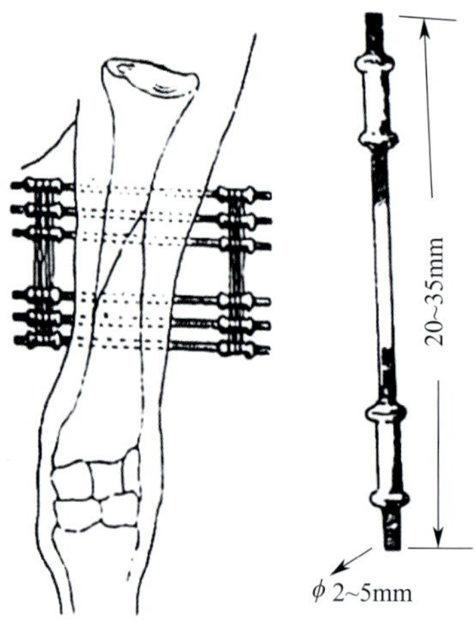

图 5-25-2 贯穿术固定

根据需要可在骨折段远、近两端各插入2～3根骨栓，骨栓有不同的直径和长度，可按患马大小选用。操作要在X线透视配合下进行，骨栓插入时，皮肤先切一小口，用手动骨钻钻透两层骨密质，于对侧皮肤作同样切开，然后插入带有螺丝帽的骨栓，再分别装上螺丝帽固定，在同一轴线上的螺丝帽间用粗丝线或塑料管串连起来，并用临时配制的塑料粉糊剂涂抹，硬固后即可加固各个骨栓间的连接。经6周到3个月不等，待骨瘤形成后拔除骨栓。这种方法的缺点是通常伴发软组织的感染、骨坏死和骨髓炎，但因骨栓贯穿在骨折段以外的骨组织，将不影响骨折部的愈合。在治疗中要定时处理创口，更换绷带。一般待骨栓拔除后，感染化脓即很快停止。

c. 移植骨固定法：在四肢骨折时，有较大的骨缺损，或坏死骨被移除后造成骨缺失，应考虑做骨移植，同体骨移植早已成功地运用到临床上，尤其是带血管蒂的骨移植可以使移植骨真正成活，不发生骨吸收和骨质疏松现象。新鲜的同种异体骨移植的排异问题尚未解决，而经过特殊处理后的同种异体骨被排斥的可能性大大减低。这种特殊处理法包括冷冻法或冷冻干燥法、脱蛋白和脱蛋白高压灭菌法、脱钙法、钴射线照射法等，而效果较好的是冷冻法和几种方法的综合性应用。

（2）功能锻炼　功能锻炼可以改善局部血液循环，增强骨质代谢，加速骨折修复和病肢的功能恢复，防止产生广泛的病理性骨痂、肌肉萎缩、关节僵硬、关节囊挛缩等后遗症。它是治疗骨折的重要组成部分。骨折的功能锻炼包括早期按摩、对未固定关节作被动的伸屈活动、牵行运动及定量使役等。

① 血肿机化演进期：伤后 1 ～ 2 周内，功能锻炼的主要目的是促进伤肢的血液循环和消肿。可在绷带下方进行搓擦、按摩，以及对肢体关节作轻度的伸屈活动，也可同时涂擦刺激药。这一时期患马应固定在柱栏内，要十分注意对侧健肢的护理。

② 原始骨痂形成期：2 周以后局部肿胀消退，疼痛消失，软组织修复，骨折端被纤维连接，且正在逐渐形成骨痂。此期的功能锻炼，为了改善血液循环，减少并发症，最好能将患马关在一间小的厩舍内，任其自由活动，地面要保持清洁干燥。或是开始逐步作牵行运动，根据患马情况，每次 10 ～ 15 min，每日 2 ～ 3 次，10 ～ 15 d 后，逐渐延长到 1 ～ 1.5 h。

③ 骨痂改造塑型期：当患马已开始正常地用病肢着地负重时，可逐步进行定量的轻役，以加强患肢的主动活动，促使各关节能迅速恢复正常功能。

2. 开放性骨折的治疗

新鲜而单纯的开放性骨折，要在良好的麻醉条件下，及时而彻底地作好清创术，对骨折端正确复位，创内撒布抗菌药物。创伤经过彻底处理后，根据不同情况，可对皮肤进行缝合或作部分缝合，尽可能使开放性骨折转化为闭合性骨折，装着夹板绷带或有窗石膏绷带暂时固定。以后逐日对患马的全身和局部作详细观察，按病情需要更换外固定物或作其他处理。

对于严重的开放性骨折或粉碎性骨折，可按扩创术和创伤部分切除术的要求进行外科处理。手术要细致，尽量少损伤骨膜和血管。分离筋膜，清除异物和无活力的肌、腱等软组织，以及完全游离并失去血液供给的小碎骨片。用骨钳或骨凿切除已污染的表层骨质和骨髓，尽量保留与骨膜和软组织相连，且保有部分血供给的碎骨片。大块的游离骨片应在彻底清除污染后重新植入，以免造成大块骨缺损而影响愈合，然后将骨折端复位。如果创内已发生感染，必要时可作反对孔引流。局部彻底清洗后，撒布大量抗菌药物，如青霉素鱼肝油等。按照骨折具体情况，作暂时外固定，或加用内固定，要露出窗孔，便于换药处理。在开放性骨折的治疗中，控制感染化脓十分重要。必须全身运用常规量的二倍的敏感抗菌药物 2 周以上。

3. 骨折的药物疗法和物理疗法

多数临床兽医认为用一定的辅助疗法，有助于加速骨折的愈合。骨折初期局部肿胀明显时，宜选用有关的中草药外敷，同时结合内服有关中药方剂。

① 中药方剂一：乳香 30 g、血竭 15 g、刘寄奴 15 g、没药 30 g、骨碎补 30 g、土鳖虫 30 g、自然铜 15 g、旱三七 15 g、川芎 15 g、制川乌 15 g，共研为细末、开水冲调，候温灌服。

② 中药方剂二：血竭 100 g、没药 50 g、川续断 50 g、煅自然铜 50 g、当归 25 g、红花 25 g、川牛膝 50 g、骨碎补 50 g、乳香 100 g、制南星 25 g，共研为细末，每一剂加黄酒 500 mL 为引，开水调，每日 1 剂，连服 5 剂以后酌情应用。

为了加速骨痂形成，可增加钙质和维生素治疗。在饲料中加喂骨粉、碳酸钙和增加青绿饲草等。幼驹骨折时可补充维生素 A、维生素 D 或鱼肝油。必要时可以静脉补充钙剂。

骨折愈合的后期常出现肌肉萎缩、关节僵硬、骨痂过大等后遗症。可进行局部按摩，增强功能锻炼，同时配合物理疗法如石蜡疗法、温热疗法、直流电钙离子透入疗法、中波透热疗法及紫外线治疗等，以促使早日恢复功能。

二十六、关节挫伤

关节挫伤，又称关节扭伤，是指关节在突然受到间接的机械外力作用下，超越了生理活动范围，瞬间的过度伸展、屈曲或扭转而发生的关节损伤。最常发生于系关节和冠关节，其次是跗、膝关节。

（一）发病原因

常由于在不平道路上重剧使役、急转、急停、倒转、失足踩空、嵌夹于穴洞的急速拔腿、跳跃障碍、不合理的保定、肢势不良、装蹄失宜等引起挫伤。这些病因作用引起超出关节生理活动范围的侧方运动和屈伸，重者引起关节韧带和关节囊的全断裂以及软骨和骨骺的损伤。韧带损伤常发生于骨的附着部，纤维发生断裂；若暴力过大，能撕破骨膜，甚至扯下骨片成为关节内的游离体。韧带附着部的损伤，可引起骨膜炎及骨赘。关节囊或滑膜囊破裂常发生于与骨结合的部位，易引起关节腔内出血或周围出血，浆液性、浆液纤维素性渗出。如滑膜血管断裂时，发生关节血肿。或由于损伤关节囊其他软部组织，造成循环障碍、局部水肿。软骨和骨骺损伤时，软骨挫灭，骺端骨折，破碎小软骨片成为关节内的游离体。

（二）临床症状

关节挫伤在临床上表现有疼痛、跛行、肿胀、温热和骨质增生等症状。由于患病关节、损伤组织程度和病理发展阶段不同，症状表现也不同。

1. 共同症状

① 疼痛：原发性疼痛，受伤后立即出现，是关节滑膜层神经末梢对机械刺激的敏锐反应，炎症反应性疼痛，根据组织损伤程度和炎症反应情况而异。韧带损伤痛点位于侧韧带的附着点纤维断裂处，触诊可发现疼痛。他动运动有疼痛反应，举起患肢进行关节他动运动，只要使受伤韧带紧张，即使不超过其生理活动范围，立即出现疼痛反应，甚至拒绝检查。同时转动关节向受伤的一方，使损伤韧带弛缓，则疼痛轻微或完全无痛。当作他动运动检查，有时发现关节的可动程度远远超过正常活动范围，这是关节侧韧带断裂和关节囊破裂的严重表现，此时疼痛明显。

② 跛行：原发性跛行，受伤时突发跛行。行走数步之后，疼痛减轻或消失，这是原发性剧烈疼痛的结果。反应性疼痛跛行是在伤后经 12 ～ 24 h，炎症发展为反应性疼痛，再次出现跛行，跛行程度随运动而加剧，中等度、重度挫伤时表现这种跛行，而且组织损伤程度越重，跛行也越重，如损伤骨组织时表现为重度跛行。患马在站立时，如为中等度挫伤，患肢屈曲以蹄尖着地，免负体重；重度挫伤以蹄尖支柱，时时提起患肢或悬起不敢着地。

③ 肿胀：挫伤关节的肿胀，出现在病程的两个阶段。病初炎性肿胀，是关节滑膜出血、关节腔血肿、滑膜炎性渗出的结果特别是关节周围出血和水肿时，肿胀更为明显；另一种肿胀出现在慢性经过的骨质增殖，形成骨赘时，表现硬固肿胀。因四肢上部关节外被有厚的肌肉，患部肿胀不甚明显。轻度挫伤，基本没有明显肿胀，中等度挫伤有程度不同的肿胀，只在重度关节挫伤时，炎症反应越剧烈，肿胀也越重。

④ 温热：根据炎症反应程度和发展阶段而有不同表现。一般伤后经过半天乃至一天的时间，它和炎性肿胀、疼痛和跛行同时并存，并表现有一致性。仅在慢性过程关节周围纤维性增殖和骨性增殖阶段有肿胀、跛行而无温热。

⑤ 骨赘：慢性关节捩伤可继发骨化性骨膜炎，常在韧带附着处形成骨赘，因而存在长期跛行。

2. 不同关节捩伤症状

① 系关节捩伤：病初突发支跛，轻度、中等度捩伤时发病 12 ～ 24 h 系关节肿胀增温，运步时球节下沉不充分，他动运动检查有疼痛，站立时为减轻患肢负担，以蹄尖着地支持。重度捩伤时，因关节囊、关节周围韧带断裂，软骨挫伤，甚至骨折，患病球节肿胀疼痛，触诊损伤韧带有痛点，他动运动有明显疼痛反应。站立时球节屈曲，系部直立，以蹄尖着地。运动时支跛或以支跛为主的混合跛行。一般捩伤容易恢复，如治疗不当或损伤严重时，常转为慢性经过，能并发无菌性渗出性关节炎、关节周围炎、慢性变形性关节炎等。临床上注意与系关节挫伤鉴别诊断。

② 冠关节捩伤：临床特征是在使役或运动中突发中度或重度的支跛。站立时，患关节半屈曲以蹄尖着地，或完全不能负重提起患肢，他动冠关节剧痛，特别是内外扭转冠关节更为明显。指压损伤韧带（侧韧带、掌侧韧带）有痛点。损伤严重时，常继发慢性骨化性冠关节周围炎，关节粗大，轮廓不清，严重变形，成为指骨瘤的发病原因，长期遗留下顽固性跛行。

③ 髋关节捩伤：站立时屈曲膝、跗关节，患肢外展。运动时呈混合跛行，并表现外展肢势，后退运动时疼痛明显。视诊和触诊患部，病初无明显变化，他动运动有疼痛反应，尤其是在作内收肢势时更为明显。慢性经过时，臀肌萎缩，大转子明显突出，推动转子有疼痛反应。

（三）类症鉴别

1. 关节挫伤

有机械性外力作用的病史，皮肤及关节周围软组织损伤，肿胀明显，有指压痛，跛行。

2. 关节创伤

有机械性外力作用的病史，关节皮肤出血、疼痛、肿胀，伤口流出黏稠透明、淡黄色的关节滑液，跛行，全身症状明显，体温升高。

3. 关节脱位

有外力作用病史，常突然发生，表现关节异常隆起或凹陷、异常固定或活动不灵活、关节肿胀、疼痛、肢势改变和运动机能障碍或不能运动等症状。

（四）预防措施和安全用药

治疗原则为制止出血和渗出，促进吸收，镇痛消炎。

1. 制止出血和渗出

在伤后 12 d 内，为了制止关节腔内的继续出血和渗出，应进行冷疗和包扎压迫绷带。冷疗可用冷水浴（将患马系于小溪、小河及水沟里，或用冷水浇）或冷敷。症状严重时，可注射加速凝血剂使患马安静。

2. 促进吸收

急性炎性渗出减轻后，应及时使用温热疗法，促进吸收。如温水浴（用 25 ～ 40℃温水浴，连续使用，每用 2 ～ 3 h 后，应间隔 2 h 再用）、干热疗法（热水袋、热盐袋）促进溢血和渗出液的吸收。如关节内出血不能吸收时，可作关节穿刺排出，同时通过穿刺针向关节腔内注入 0.25% 普鲁卡因青霉素溶液。或使用碘离子透入疗法、超短波和短波疗法、石蜡疗法、酒精鱼石脂绷带，或敷中药四三一散（处方为大黄、雄黄、龙脑，按 4∶3∶1 研细，蛋清调敷）进行治疗。

3. 镇痛消炎

注射镇痛剂，可向疼痛较重的患部注射盐酸普鲁卡因酒精溶液（处方：2.0% 盐酸普鲁卡因 2 mL、25% 酒精 80 mL、蒸馏水 20 mL，灭菌）10 ～ 15 mL；或向患关节内注射 2.0% 盐酸普鲁卡因溶液；或涂擦弱刺激剂，如 10% 樟脑酒精、碘酊樟脑酒精合剂（处方：5% 碘酊 20 g、10% 樟脑酒精 80 mL）；或注射醋酸氢化可的松。在用药的同时适当进行牵遛运动，加速促进炎性渗出物的吸收。非甾体抗炎药的应用，如氟尼辛葡甲胺注射液，25 mL/ 次，肌内注射，每天 1 次，连用 5 d。韧带、关节囊损伤严重或怀疑有软骨、骨损伤时，应根据情况包扎石膏绷带。

对转为慢性经过的病例，患部可涂擦碘樟脑醚合剂（处方：碘 20 g、95% 酒精 100 mL、乙醚 60 mL、精制樟脑 20 g、薄荷脑 3 g、蓖麻油 25 mL），每天涂擦 5 ～ 10 min，涂药同时进行按摩，连用 3 ～ 5 d。

装蹄疗法：如肢势不良，蹄形不正时，在药物疗法的同时进行合理的削蹄或装蹄。

中兽医治疗。①止痛散：当归 30 g、乳香 15 g、没药 15 g、土鳖虫 30 g、煅自然铜 30 g、广地龙 30 g、大黄 30 g、胆南星 10 g、川牛膝 30 g、红花 20 g、炙骨碎补 30 g、甘草 15 g，共为细末，开水冲调，蜂蜜 120 g、黄酒 200 mL 为引，候温一次灌服，每日 1 剂，连服 3 ～ 5 剂。②金樱子汤：金樱子 200 g，水煎取汁，蜂蜜 120 g、黄酒 200 mL 为引，候温一次灌服，每日 1 剂，连服 3 ～ 5 剂。

在药物疗法的同时，可配合针灸疗法或用氦氖激光照射、二氧化碳激光扩焦照射。

二十七、关节挫伤

关节挫伤是由于机械外力直接作用于关节，引起皮肤及关节周围软组织的损伤，多发生于肘关节，腕关节和系关节，而其他缺乏肌肉覆盖的膝关节、跗关节也有发生。

（一）发病原因

打击、冲撞、跌倒、跳越沟崖和挽曳重车时滑倒等常引起关节挫伤。

（二）临床症状

轻度挫伤时，皮肤脱毛，皮下出血，局部稍肿，随着炎症反应的发展，肿胀明显，有指压痛，他动患关节有疼痛反应，轻度跛行。重度挫伤时，患部常有擦伤或明显伤痕，有热痛、肿胀，病后 24 ～ 36 h 则肿胀达高峰。初期肿胀柔软，以后坚实。关节腔血肿时，关节囊紧张膨胀，有波动，穿刺可见血液。软骨或骨骺损伤时，症状加重，有轻度体温升高。患马站立时，以蹄尖轻轻支持着地或不能负重。运动时出现中度或重度跛行。损伤黏液囊或腱鞘时，并发黏液囊炎或腱鞘炎。

① 肘关节挫伤：主要发生于肘关节外侧，伤后局部肿胀疼痛，一般在病后第二天肿胀达最高峰，关节改变原形，紧张，跛行重于捩伤。

② 腕关节挫伤：多在腕关节前面，原因是在肢势不正或过度疲劳的基础上，驮载超重，突然跪倒，挽马在爬坡时跪倒，辕马在下坡路上滑倒，粗暴倒马时拌伤腕的前部等。如挫伤程度不重，但反复发生，常能引起皮肤、皮下组织慢性炎症，患部皮肤肥厚或形成瘢痕。当挫伤严重，关节血肿时，局限性肿胀，初期波动、热痛，有明显混合跛行。出现蜂窝织炎时，腕关节高度肿胀、热痛，并发骨折时，症状更明显。有时并发腱鞘炎。

③ 系关节挫伤：患部立即出现疼痛肿胀，经过 20 ～ 30 h 肿胀达高峰。站立时，屈腕以蹄尖着地，并表现中等或重度跛行。损伤组织严重时，伤后出现剧烈的疼痛和肿胀，关节腔大量出血时，明显跛行，经 2 ～ 3 h，随出血量的增加跛行同时加重，一时体温升高。关节肿胀波动并有捻发音，他动患关节有剧痛，感染并发关节周围蜂窝织炎时，关节囊初期炎症反应剧烈，肿胀疼痛温热。慢性经过关节囊肥厚，关节周围炎或关节粘连，运动不便。

（三）剖检变化

致病的机械外力直接作用于关节，引起皮肤脱毛和擦伤，皮组织的溢血和挫灭。关节周围软组织血管破裂形成血肿以及炎症。损伤黏液囊时，引起黏液囊炎。外力过大损伤翼状韧带及滑膜层的血管，在纤维层与滑膜层间形成血肿，有时血液渗入关节周围软组织中。大量血液进入关节内，引起关节血肿，进入关节腔的血液与滑液混合，血小板虽能被黏液素破坏，但纤维蛋白原被滑液和黏液渗出物高度稀释，以及关节的自动运动，部分血液脱纤，因而血液的凝固比血肿慢。进入关节内的红细胞受机械性或有溶血作用细菌的破坏而发生溶血。若患关节长时间固定不动，能引起粘连性滑膜炎，关节活动受限制，有时关节软骨、骨膜和骨骺受到损伤，形成关节粘连。擦伤感染时，能引起关节周围蜂窝织炎、化脓性关节周围炎及化脓性黏液囊炎。

（四）类症鉴别

1. 关节捩伤

又称关节扭伤，有机械性外力作用的病史，临床上表现有疼痛，突发跛行，跛行程度随运动而加剧，关节温热、肿胀，慢性关节捩伤还可表现骨质增生等。

2. 关节创伤

有机械性外力作用的病史，关节皮肤出血、疼痛、肿胀，伤口流出黏稠透明、淡黄色的关节滑液，跛行，全身症状明显，体温升高。

3. 关节脱位

有外力作用病史，常突然发生，表现关节异常隆起或凹陷、异常固定或活动不灵活、关节肿胀、疼痛、肢势改变和运动机能障碍或不能运动等症状。

4. 滑膜炎

关节损伤或化脓菌感染引起，关节肿大，关节腔积液，有明显波动和捻发音。站立时患关节屈曲，表现以支跛为主的混合跛行，一般无全身反应。

5. 关节周围炎

呈慢性经过，患关节肿胀，但一般无明显热痛，运动时关节不灵活，呈混合跛行，患肢肌肉萎缩。

（五）预防措施和安全用药

除按关节捩伤处理外，对皮肤伤面，应按创伤处置，注意消毒，预防感染，清除伤内泥沙和挫灭坏死组织，包扎绷带。对反复发生挫伤（习惯性挫伤）的患关节，在进行治疗的同时，要使用胶皮、毛毡制成的护膝预防反复发生。为了预防复发，注意平整畜舍地面，对肢体弱并常发挫伤的患马注意使役管理。

二十八、关节创伤

关节创伤是指各种不同外界因素作用于关节囊导致关节囊的开放性损伤，有时并发软骨和骨的损伤，是马、骡常发疾病，多发生于跗关节和腕关节，并多损伤关节的前面和外侧面，但也发生于肩关节和膝关节。

（一）发病原因

锐利物体的致伤，有刀、叉、枪弹、铁丝、铁条、犁铧等所引起刺创、枪创，钝性物体的致伤，如车撞、蹴踢，特别是冬季冰掌的踢伤，在冬季路滑、挽曳重车时跌倒等引起的挫创、挫裂创等。

（二）临床症状

根据是否穿透关节囊，分关节透创和非透创。

1. 关节非透创

轻者关节皮肤破裂或缺损、出血、疼痛、轻度肿胀。重者皮肤伤口下方形成创囊，内含挫灭坏死组织和异物，容易引起感染（图 5-28-1）。有时甚至关节囊的纤维层遭到损伤，同时损伤腱、腱鞘或黏液囊，并流出黏液。非透创病初一般跛行不明显，腱和腱鞘损伤时，跛行显著。

为了鉴别有无关节囊和腱鞘的损伤时，可向关节内、腱鞘内注入带色消毒液，如从关节囊伤口流出药液，证明为透创。诊断关节创伤时，忌用探针检查，以防污染和损伤滑膜层。也可以作关节腔充气造影 X 线检查。

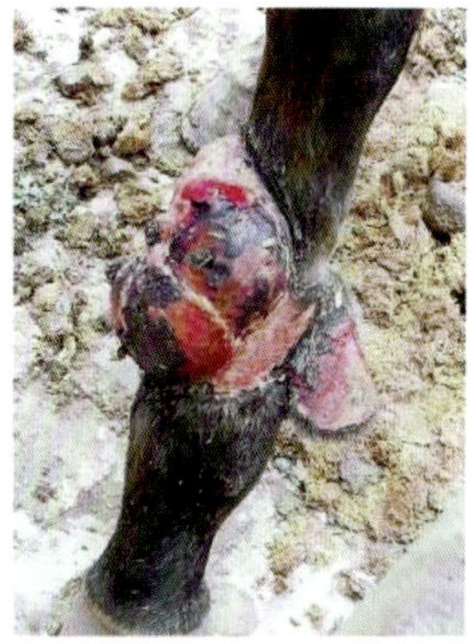

图 5-28-1　马腕关节创伤

2. 关节透创

特点是从伤口流出黏稠透明、淡黄色的关节滑液，有时混有血液或由纤维素形成的絮状物。滑液流出状态，因损伤关节的部位以及伤口大小不同，表现也不同，活动性较大的跗关节胫距囊有时因挫创损伤组织较重，伤口较大，则滑液持续流出；当关节因刺创，组织被破坏得比较轻，关节囊伤口小，伤后组织肿胀压迫伤口，或纤维素块的堵塞，只有自动或他动运动屈曲患关节时，才流出滑液。一般关节透创病初无明显跛行，严重挫创时跛行明显。跛行常为悬跛或混合跛行。诊断关节透创时，需要进行 X 线检查有无金属异物残留关节内。如伤后关节囊伤口长期不闭合，滑液流出不止，抗感染力降低，则出现感染症状。临床常见的关节创伤感染为急性化脓性关节炎和急性腐败性关节炎。急性化脓性关节炎，关节及其周围组织广泛的肿胀疼痛、水肿，从伤口流出混有滑液的淡黄色脓性渗出物，触诊和他动运动时疼痛剧烈。站立时以患肢轻轻负重，运动时跛行明显。患马精神沉郁，体温升高，严重时形成关节旁脓肿。有时并发化脓性腱炎和腱鞘炎。急性腐败性关节炎，发展迅速，患关节表现急剧的进行性浮肿性肿胀，从伤口流出混有气泡的污灰色带恶臭味稀薄渗出液，伤口组织进行性变性坏死，患肢不能活动，全身症状明显，精神沉郁，体温升高，食欲废绝。

（三）类症鉴别

1. 关节捩伤

又称关节扭伤，有机械性外力作用的病史，临床上表现有疼痛，突发跛行，跛行程度随运动而加剧，关节温热、肿胀，慢性关节捩伤还可表现骨质增生等。

2. 关节挫伤

有机械性外力作用的病史，皮肤及关节周围软组织损伤，肿胀明显，有指压痛，跛行。

3. 滑膜炎

关节损伤或化脓菌感染引起，关节肿大，关节腔积液，有明显波动和捻发音。站立时患关节屈曲，表现以支跛为主的混合跛行，一般无全身反应。

4. 关节周围炎

呈慢性经过，患关节肿胀，但一般无明显热痛，运动时关节不灵活，呈混合跛行，患肢肌肉萎缩。

（四）预防措施和安全用药

治疗原则为防治感染，增强抗病力，及时合理地处理伤口，力争在关节腔未出现感染之前闭合关节囊的伤口。

① 伤口处理：创伤周围皮肤剃毛，用防腐剂彻底消毒。对新创彻底清理伤口，切除坏死组织和异物及游离软骨和骨片，排除伤口内盲囊，用防腐剂穿刺洗净关节创，由伤口的对侧向关节腔穿刺注入防腐剂，禁忌由伤口向关节腔冲洗，以防止污染关节腔。最后涂碘酊，包扎伤口，对关节透创应包扎固定绷带。限制关节活动，控制炎症发展和渗出。关节切创在清净关节腔后，可用肠线或丝线缝合关节囊，其他软组织可不缝合，然后包扎绷带，或包扎有窗石膏绷带。如伤口被凝血块堵塞，滑液停止流出，关节腔内尚无感染征兆时，此时不应除掉血凝块，注意全身疗法和抗生素疗法，慎重处理伤口，可以期待关节囊伤口的闭合。在关节腔未发生感染之前，为了闭合关节囊伤口，可在伤口一般处置后，用自家血凝块填塞闭合伤口，效果较好。方法：在无菌条件下取静脉血适量，放于 3 ～ 6℃处，待血凝后析出血清，取血凝块塞入关节囊伤口，压迫阻止滑液流出，可迅速促进肉芽组织增生闭合伤口，还可以同时使用局部封闭疗法。

对陈旧伤口的处理，已发生感染化脓时，清净伤口，除去坏死组织，用防腐剂穿刺洗涤关节腔，清除异物、坏死组织和骨的游离块，用碘酊凡士林敷盖伤口，包扎绷带，此时不缝合伤口。如伤口炎症反应强烈时，可用青霉素溶液敷布，包扎保护绷带。

② 局部疗法：为改善局部的新陈代谢，促进伤口早期愈合，可应用温敷、石蜡疗法、紫外线疗法、红外线疗法、超短波疗法、以及激光疗法，用低功率氦氖激光或二氧化碳激光扩焦局部照射等。

③ 全身疗法：为了控制感染，从病初开始尽早地使用抗生素疗法，如磺胺疗法、普鲁卡因封闭疗法（腰封闭）、碳酸氢钠疗法、自家血液和输血疗法及钙疗法（处方：氯化钙 10 g、葡萄糖 30 g、苯甲酸钠咖啡因 1.5g、生理盐水溶液 500 mL，灭菌，一次静脉注射；或氯化钙酒精治疗，氯化钙 20 g、蒸馏酒精 40 mL、0.9% 氯化钠溶液 500 mL，灭菌，一次静脉注射）。

二十九、关节脱位

关节脱位是指关节骨端的正常位置关系，因受力学因素、病理因素以及某些作用，失去其原来的状态，称为关节脱位，也称为脱臼。关节脱位常是突然发生，有的间歇发生，或继发于某些疾病。马多发生于髋关节和膝关节，肩关节、肘关节、指（趾）关节也偶有发生。按病因可分为先天性脱位、外伤性脱位、病理性脱位、习惯性脱位；按程度可分为完全脱位、不全脱位、单纯脱位、复杂脱位。

（一）发病原因

外伤性脱位最常见，以间接外力作用为主，如蹬空、关节强烈伸曲、肌肉不协调地收缩等，直接外力作用次之，使关节活动处于超生理范围的状态下，关节韧带和关节囊受到破坏，使关节脱位，严重时引发关节骨或软骨的损伤。在少数情况是先天性因素引起的，由于胚胎异常或者胎内某关节的负荷关系，引起关节囊扩大，多数不破裂，但造成关节囊内脱位，轻度运动障碍，但不表现疼痛症状。如果关节存在解剖学缺陷，或者是曾经患过马腺疫、产后虚弱或者维生素缺乏的患马，当外力不是很大时，也可能反复发生间歇性习惯性脱位。马有时还可发生髋关节或者膝关节的脱位。病理性脱位是关节与附属器官出现病理性异常时，加上外力作用引发脱位。这种情况分以下 4 种：因发生关节炎，关节液积聚并增多，关节囊扩张而引起扩延性脱位；因关节损伤或者关节炎，使关节囊以及关节的加强组织受到破坏，出现破坏性关节脱位；因变形性关节炎引发变形性关节脱位；由于控制固定关节的有关肌肉弛缓性麻痹或痉挛，引起麻痹性脱位。

（二）临床症状

关节脱位的共同症状包括关节变形（图 5-29-1）、异常固定、关节肿胀、肢势改变和机能障碍。关节变形是因构成关节的骨端位置改变，使正常的关节部位出现隆起或凹陷；异常固定是因构成关节的骨端离开原来的位置被卡住，使相应的肌肉和韧带高度紧张，关节被固定不动或者活动不灵活，他动运动后又恢复异常的固定状态，带有弹拨性；关节肿胀是由于关节的异常变化，造成关节周围组织受到破坏，因出血、形成血肿及比较剧烈的局部急性炎症反应，引起关节的肿胀；肢势改变呈现内收、外展、屈曲或者伸张的状态；机能障碍在伤后立即出现，由于关节骨端变位和疼痛，患肢发生程度不同的运动障碍，甚至不能运动。由于脱位的位置和程度的不同，上述 5 种症状会有不同的变化。

① 髋关节脱位：前方脱位，股骨头被异常固定在髋关节窝的前方，大转子明显地向前外方突出（图 5-29-2）；站立时患肢短缩，股骨几乎呈直立状态；患肢外展，蹄尖向外，飞端向内。他动运动时，有时也可以听到股骨头与髂骨的摩擦音；运动时呈三肢跳跃，患肢向后拖曳前行，表现为混合跛行。上外方脱位，股骨头被异常固定在髋关节的上方。站立时患肢明显缩短，呈内收肢势或伸展状态，同时患肢外旋，蹄尖向前外方，患肢飞节比对侧高数厘米。他动患肢外展受限，内收容易。大转子明显向上方突出。运动时，患肢拖拉前进，并向外划大的弧形。后方脱位，股骨头被异常固定于坐骨外支下方。站立时，患肢

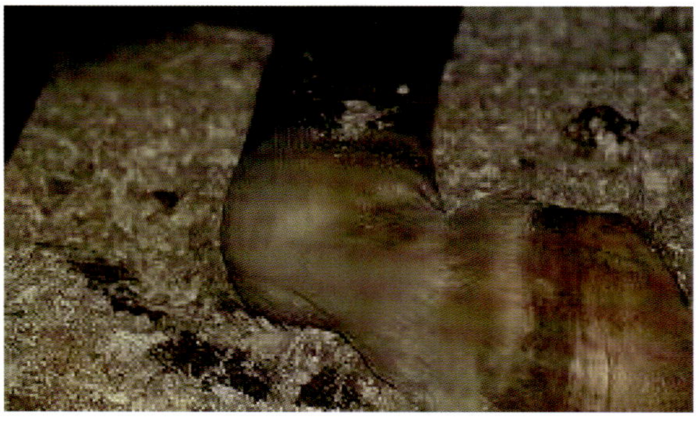

图 5-29-1 系关节脱位

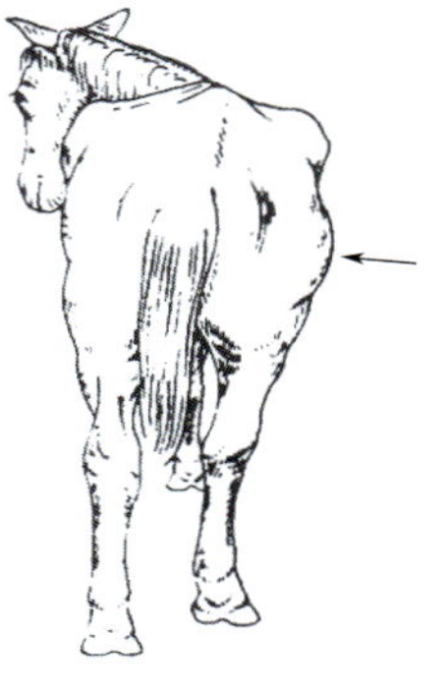

图 5-29-2 马的髋关节脱位

外展叉开，比健肢长，患侧臀部皮肤紧张，股二头肌前方出现凹陷沟，大转子原来位置凹陷，如突然向后牵引患肢时，可听到骨摩擦音。运动时呈三肢跳跃，且患肢在地上拖曳、明显外展。内方脱位，股骨头进入闭孔内时，站立时患肢明显短缩。他动运动内收外展均容易。运动时患肢不能负重，以蹄尖着地拖行。直肠检查时，可在闭孔内摸到股骨头。

关节不全脱位时，突发重度混合跛行，但多数患肢能轻轻负重，关节变形不明显，并无患关节的反常固定和肢势的明显变化。

② 膝盖骨髌骨脱位：上方脱位，突然发生，运动中在滑车面滑动的膝盖骨髌骨被固定于滑车的近位端，患病关节不能屈曲。相对较短的膝内直韧带，转位滞留于内侧滑车嵴上，不能复位，称为膝盖骨髌骨上方脱位，又称膝盖髌骨骨垂直脱位。站立时大腿、小腿强直，呈向后伸直肢势，膝关节、跗关节完全伸直而不能屈曲（图 5-29-3）。运动时以蹄尖着地拖曳前进，同时患肢高度外展，或患肢不能着地以三肢跳跃。他动患肢不能屈曲。触诊膝盖骨髌骨上方移位，被异常固定于股骨内侧滑车嵴的顶端，膝内直韧带高度紧张。如两后肢膝盖骨髌骨上方脱位同时发生时，动物完全不能运动。上方脱位有时在运动中，突然发出骨复位碰撞声，脱位的膝盖骨髌骨自然复位，恢复正常肢势，跛行消失。如症状长期持续，常并发关节炎、关节周围炎。外方脱位，是指因外力作用引起膝内直韧带受牵张或断裂，膝盖骨髌骨向外方脱位。站立时膝、跗关节屈曲，患肢向前伸，以蹄尖轻轻着地（图 5-29-4）。运动时除髋关节能负重外，其他关节均高度屈曲，表现支跛。跛行状态与股四头肌麻痹症状很类似。触诊膝盖骨髌骨外方变位，其正常原位出现凹陷，同时膝直韧带向上外方倾斜。外方脱位马多呈直飞肢势，屈膝关节，膝盖髌骨下方移动，越过外滑车嵴转位于外侧，固定瞬间，患肢伸展困难步幅短缩，在出现强拘步样数步之后，膝盖骨髌骨复位，步样恢复正常。内方脱位，是因股膝外侧韧带断裂，膝盖骨髌骨固定于膝关节的上内侧方，膝直韧带向上内方倾斜。

图 5-29-3 右后膝盖骨上方脱位

图 5-29-4 左后膝盖骨外方脱位

（三）类症鉴别

马的膝盖骨髌骨外方脱位应与股神经麻痹及膝盖骨的伸肌断裂鉴别诊断。股神经麻痹时膝盖骨髌骨不移位，并无带痛性肿胀，这与膝盖骨髌骨外方脱位不同。膝盖骨的伸肌断裂时，在急性期可摸到断裂凹陷处，膝盖骨髌骨外方脱位无此症状。

（四）预防措施和安全用药

治疗原则为整复、固定、功能锻炼。

整复就是复位，复位是使关节的骨端回到正常的位置，整复越早越好，当炎症出现后会影响复位。整复应当在麻醉状态下实施，以减少阻力，易达到复位的效果。整复的方法有按、揣、揉、拉和抬。在成年马关节脱位的整复时，常采用绳子将患肢拉开反常固定的患关节，然后按照正常解剖位置使脱位的关节骨端复位，当复位时会有一种声响，此后，患关节恢复正常形态。为了达到整复的效果，整复后应当让动物安静 1 ～ 2 周。为了防止复发，固定是必要的。整复后，下肢关节可用石膏或者夹板绷带固定，经过 3 ～ 4 周后去掉绷带，进行适当牵遛运动让患马恢复。在固定期间用热疗法效果更好。由于上肢关节不便用绷带固定，可以采用 5% 的灭菌盐水或者自家血向脱位关节的皮下做数点注射（总量不超过 20 mL），引发周围组织炎症性肿胀，因组织紧张而起到生物绷带的作用。对于不易复发的部位可外用中药：透骨草 60 g、伸筋草 60 g、当归 30 g、乳香 30 g、没药 30 g、苏木 30 g、防风 30 g、红花 15 g、刘寄奴 25 g、海桐皮 25 g、白芷 25 g、川椒 15 g，水煎取汁，趁热擦洗患部，每日 2 次，连用 3 ～ 5 d。

髋关节脱位：整复时全身麻醉，患肢在上侧卧保定，上外方脱位整复时，助手握住患肢向前方拉直，同时术者用手从前向后推压股骨头，如股骨头复位时，可听到股骨头碰撞声。后方脱位时，助手双手紧握患肢的跖部和飞节上方，将患肢向侧方轻轻移动，突然用力向躯干推腿，同时再向外方旋转可整复。内方脱位整复时，患肢在上侧卧保定，患肢球节部系一软绳由助手用力牵引，用一圆木杠置于患肢的股内部，由二人用力向上抬，与此同时牵引患肢，术者两手用力向下压大腿部，如感觉到或听到一种股骨头碰撞的声音，即复位。完全脱位多整复困难，整复后容易再发。整复后，让病马侧卧 1 d，等待局部炎症反应出现可借以固定。或向患病关节涂 1∶5 的碘化汞软膏，以加速炎症反应。或在髋关节周围分点注射盐水，也可以达到诱发炎症反应的目的。

膝盖骨髌骨脱位：对于新发生的膝盖骨髌骨脱位，可注射肌松剂后强迫其急速侧身后退或直向后退，脱位的膝盖骨髌骨可自然复位。这是比较简易而又行之有效的方法，但应耐心地反复作如上动作。如确实不能整复再采取牵引整复法，即用长绳系于患肢的系部，从腹下部向前，由对侧颈基部向上向前，从颈部上方紧拉该绳，可将患肢向前上方牵引，使膝关节屈曲，同时术者以手用力向下推压脱位的膝盖骨髌骨，促进复位。还可以倒卧复位，患肢在上侧卧保定，全身麻醉，对患肢作前方转位，用力牵引，同时术者从后上方向前下方推压膝盖骨髌骨，可复位。上述复位方法无效时，可采取手术疗法，如膝盖骨髌骨上方脱位内直韧带切断术、膝盖骨髌骨外方脱位手术复位法。

三十、滑膜炎

滑膜炎是以关节囊滑膜层的病理变化为主的渗出性炎症。按病原性质可分为无菌性和感染性滑膜炎；按渗出物性质可分为浆液性、浆液纤维素性、纤维素性、化脓性及化脓腐败性滑膜炎；按临床经过可分为急性、亚急性和慢性滑膜炎。

浆液性滑膜炎的特点是不并发关节软骨损害的关节滑膜炎症，常见的有马的肩关节、系关节、膝关节及跗关节的急性和慢性滑膜炎。化脓性滑膜炎常发生于马的肘关节、腕关节及系关节，是关节化脓性炎症的初发阶段，化脓感染仅局限于关节滑膜层，临床所见的关节化脓感染多为此种类型。但是，由于致病原因、组织损伤的程度、病原菌的种类和毒力、机体抗感染能力以及治疗效果等不同，关节的感染化脓程度也不同。如若病势不断发展，感染可能侵害关节纤维层和韧带（化脓性关节囊炎）、软骨和骺端（化脓性全关节炎），往往并发关节周围组织的化脓性炎症、骨髓炎等，严重时可引起全身化脓性感染。慢性关节滑膜炎多发生于马的系关节、跗关节和膝关节。

（一）发病原因

1. 浆液性滑膜炎

引起浆液性滑膜炎的主要原因是损伤，如关节的捩伤、挫伤和关节脱位都能并发滑膜炎；幼龄马过早的重使役，马在不平道路、半山区、山区或低湿地带挽曳重车，肢势不正、装蹄不良及关节软弱等也容易发生；有时也是某些传染病（流行性感冒、马腺疫、布鲁氏菌病）的并发病，急性风湿病也能引起关节滑膜炎。如若原发病因不除掉，例如轻度的捩伤、挫伤等反复发生或有肢势不良及关节软弱等因素存在时，则容易引起慢性滑膜炎，但也有个别病例不是来自急性滑膜炎，而是逐渐发生的。

2. 化脓性滑膜炎

主要是化脓菌引起的关节内感染，病原菌的侵入造成关节创伤感染；邻近软组织或由骨的感染所波及；马去势创化脓病灶的转移；马的败血病所引起多发性关节炎。病原菌多为葡萄球菌、链球菌、大肠杆菌、坏死杆菌等。初生畜的血行感染常为大肠杆菌和链球菌。还有脐带感染（初生驹的副伤寒杆菌），或为某些传染病（马腺疫、流行性感冒等）的并发症。除细菌性感染外，还有支原体、病毒和真菌性感染。

（二）临床症状

1. 浆液性滑膜炎

（1）急性浆液性滑膜炎　关节腔积聚大量浆液性炎性渗出物（图 5-30-1），或因关节周围水肿，患关节肿大（图 5-30-2）、热痛，指压关节憩室突出部位，明显波动。渗出液含纤维蛋白量多时，有捻发音。他动运动患关节明显疼痛。站立时患关节屈曲，免负体重。两肢同时发病时交替负重。运动时，表现以支跛为主的混合跛行，一般无全身反应。

（2）慢性浆液性滑膜炎　关节腔蓄积大量渗出物，关节囊高度膨大，触诊只有波动，无热痛，临床称此为关节积液。他动运动屈伸患关节时，因积液串动，关节外形随之改变。一般病例无明显跛行，但在运动时患关节活动不灵。还由于流体动力的影响，关节屈伸缓慢，容易疲劳。如积液过多时，常引起轻度跛行。

（3）不同部位浆液性滑膜炎　肩关节浆液性滑膜炎：马运动中突然发生跛行，呈悬跛，有时为混合跛行，随运动跛行加重。他动运动屈伸、内外转时均有疼痛。局部热痛肿胀，关节变形。站立时，患肢悬起或以蹄尖着地。转为慢性时，无疼痛肿胀，仅有程度不同的机能障碍。有时肩部肌肉萎缩，肩关节突出。

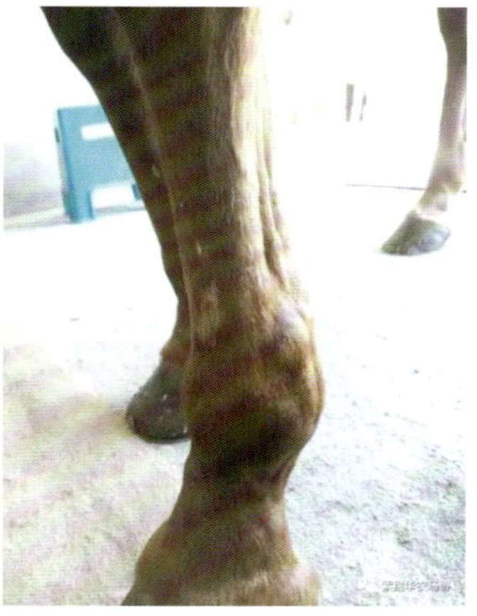

图 5-30-1　左前肢球节积液，表面有小囊包

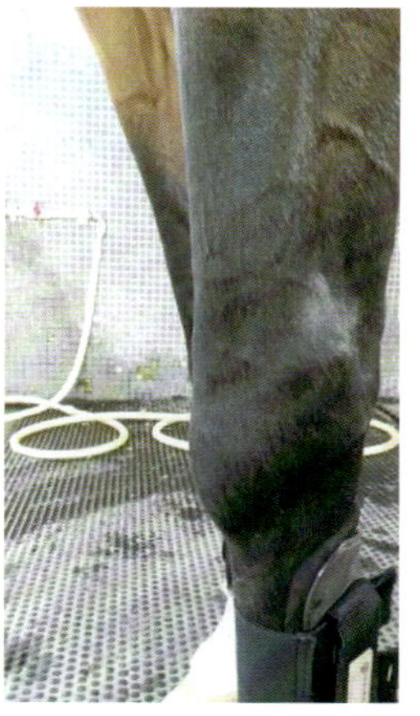

图 5-30-2　左前肢腕关节肿胀

① 系关节浆液性滑膜炎：多发生于马的前肢，急性炎症时患关节迅速肿胀并有热痛，肿胀部位在掌骨下端与悬韧带之间内外侧。触诊关节憩室突出部位有明显波动，当含有大量纤维蛋白时，可听到捻发音。他动运动有明显疼痛，运动时出现中等程度混合跛行。慢性炎症时，只有明显肿胀、波动，没有热痛。多形成关节积液或轻度跛行。

② 膝关节浆液性滑膜炎：马经常发生，并且多数是股胫和股膝两个关节同时发病，很少单一关节发病。临床常发生浆液性和浆液纤维素性滑膜炎。急性浆液性或浆液纤维素性滑膜炎时，患部热痛肿胀有波动，关节囊滑膜层肿胀向外突出很紧张，关节变形。肿胀部位在前面和侧面，特别是在膝直韧带之间的滑膜囊最明显。如为纤维素性则肿胀较轻，但有捻发音。站立时屈曲患肢或仅以蹄尖着地。运动时，表现中度或重度混跛。慢性浆液性滑膜炎时，患关节有明显的波动性，无痛性或微痛性的肿胀，特别是在韧带间隙的关节憩室突起的地方肿胀更明显。关节内浆液渗出物蓄积量过大时，能窜入第三腓骨肌、趾长伸肌及趾外侧伸肌腱下滑液囊中。一般无明显的跛行，如快步运动或疲劳后则出现跛行。倘若关节腔积水过多时（关节积液），运动时出现轻度或中度跛行，日久患肢的股部和臀部的肌肉逐渐萎缩。

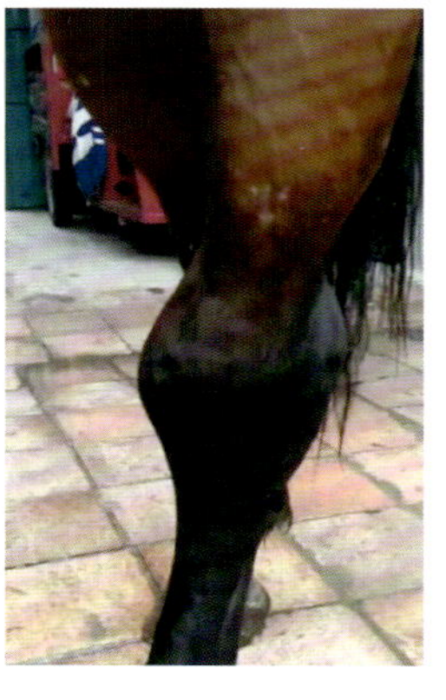

图 5-30-3　跗关节滑膜炎

③ 跗关节浆液性滑膜炎：多发生于马，特别是发生于未成年马时较为严重。发病部位主要在胫距关节滑膜层，常因关节积液呈慢性经过。一般一肢发病，有时两后肢同时发病。跗关节浆液性滑膜炎主要发生于胫距关节。胫距关节发生急性和亚急性浆液性滑膜炎时，患关节热痛、肿胀，有波动，关节囊突起处可明显看到三个椭圆形的软肿，一个在前面（前憩室），另两个在胫骨下端后方的内外两侧（内侧憩室、外侧憩室）（图 5-30-3）。如指压其一，则浆液性渗出物可窜到其他憩室中。站立时附关节屈曲；运动时，表现轻度或中度混合跛行。慢性浆液性滑膜炎时，因患关节大量积聚浆液性渗出物，高度肿胀有波动，无热痛，一般无机能障碍，运动时容易疲劳，如积液过多、运动量过大时，表现混

合跛行。胫距关节发生急性和亚急性浆液纤维素性滑膜炎时，关节肿胀不甚明显，但是热痛反应和机能障碍非常明显，表现中度以上的混合跛行，他动与触摸患关节均有疼痛。当渗出液中含纤维素过多时，可听到捻发音。有时因滑膜囊变性和增厚，致使患肢的活动受到限制。

2. 化脓性滑膜炎及继发症

（1）化脓性滑膜炎　比浆液性滑膜炎的症状剧烈，并有明显的全身反应，患马体温升高（39℃以上），精神沉郁，食欲减少或废绝。患关节热痛、肿胀，关节囊高度紧张，有波动。站立时患肢屈曲，运动时呈混合跛行，严重时卧地不起，穿刺检查容易确诊。关节透创时，由伤口流出混有滑液的脓液，但有时因伤口过小或被纤维蛋白凝块堵塞，只有在屈伸患关节时，能明显流出脓液。

（2）化脓性关节囊炎　是化脓性滑膜炎症的感染进一步发展，感染发展至侵害纤维层和韧带，在关节软组织中形成脓肿或蜂窝织炎。患部显著肿胀，关节外形展平，发热疼痛。如有瘘管或伤口则由此处流出脓液。他动运动有剧痛，患马高度跛行，患肢不能负重。患马精神沉郁、食欲减退、体温增高。

（3）化脓性全关节炎　化脓性滑膜炎病后经 2 ～ 3 周后，如病势过重或治疗不当，有时发展到关节的所有组织滑膜层、关节囊、软骨、骺端及关节周围组织都引起发病，并发关节周围炎及蜂窝织炎。由于关节腔脓液蓄积过多，关节囊扩大，易引起扩延性关节脱位，关节囊、软骨及骺端的破坏是引起破坏性关节脱位的原因。患关节热痛，肿胀硬固，关节旁组织形成脓肿或瘘管，患肢炎性水肿，患马站立提屈患肢，常卧地不起。重度跛行，患肢肌肉表现萎缩，患马精神沉郁，无食欲，体温 39 ～ 41℃。慢性病例表现间歇热型，患马逐渐消瘦。

（三）剖检变化

1. 浆液性滑膜炎

滑膜充血，滑液量增多及关节的内压增加和肿胀。急性炎症病初滑膜及绒毛充血、肿胀，纤维蛋白的浆液渗出物大量浸润，以后关节腔内存有透明或微混浊的浆液性渗出物，有时浆液中含有纤维素片。重外伤性滑膜炎滑膜破损较重，滑液有血红色。一般病例关节软骨无明显变化。慢性滑膜炎的特点是滑膜，特别是纤维囊由于纤维性增殖肥厚，滑膜丧失光泽，绒毛增生肥大、柔软，呈灰白色或淡蓝红色。关节囊膨大，贮留大量渗出物，微黄透明，或带乳光，黏度很小，有时含有纤维蛋白丝，渗出物量多至原滑液的 15 ～ 20 倍，其中含有小量淋巴细胞、分叶核白细胞及滑膜的细胞成分。

2. 化脓性滑膜炎

病初滑膜和滑膜下层充血，渗出液增多混浊，内含大量白细胞，滑膜下层白细胞浸润，滑膜肿胀粗糙，绒毛增生肥厚，滑膜表层增生灰红色肉芽，脓性渗出物大量积聚于关节腔。关节纤维层肿胀，关节周围蜂窝组织出现炎性水肿和脓性浸润，关节囊蜂窝织炎，关节软骨有时混浊、粗糙，尚无实质的破坏。此时脓液呈乳脂样稠度，为灰黄色或淡绿色，脓液中含有各种分叶核白细胞，变性的滑膜细胞、黏液及大量的细菌，有时含有纤维蛋白块。化脓性渗出物侵入关节旁组织，形成脓肿或关节旁蜂窝织炎。当关节的化脓性炎症发展到最后阶段，引起软骨的破坏和剥离，关节面的破坏，并引起骨髓的化脓性炎症，甚至出现脓毒败血症，有时关节骺端骨膜出现骨质增生。

（四）类症鉴别

1. 黏液囊炎

在关节周围呈圆形或椭圆形肿胀，局部增温，触之疼痛、有波动，一般没有跛行。

2. 腱鞘炎

主要发生于腕部、指（趾）部的腱鞘，腱鞘周围水肿，腱鞘内充满渗出物，局部温热疼痛有波动，跛行。

（五）预防措施和安全用药

1. 浆液性滑膜炎

治疗原则为制止渗出，促进吸收，排出积液，恢复功能。

急性浆液性滑膜炎时，保持患马安静。为了镇痛和促进炎症转化，可使用 2% 利多卡因溶液 15 ～ 25 mL 患关节腔注射，或 0.5% 利多卡因青霉素溶液关节内注入。为了制止渗出，病初可用冷疗法，包扎压迫绷带或石膏绷带，适当制动。急性炎症缓和后，为了促进渗出物吸收，可应用温热疗法，一般用干温热疗法，或饱和盐水、饱和硫酸镁溶液湿绷带，或用樟脑酒精、鱼石脂酒精湿敷。也可以使用石蜡疗法及离子透入疗法等。制动绷带一般两周后拆除即可。

对慢性滑膜炎可用碘樟脑醚合剂涂擦后结合用温敷，或应用理疗，如碘离子透入疗法、透热疗法等。还可用低功率氦氖激光患关节照射或二氧化碳激光扩焦患部照射。

关节积液过多，药治无效时，可穿刺抽液，同时向关节腔注入盐酸利多卡因青霉素溶液，包扎压迫绷带。

可的松疗法效果较好，可用于急、慢性滑膜炎，常用醋酸氢化可的松 2.5 ～ 5 mL 加青霉素 20 万 IU，用前以 0.5% 盐酸利多卡因溶液 1∶1 稀释患关节内注射，隔日一次，连用 3～4 次。在注药前先抽出渗出液适量（40～50 mL），然后注药。也可以使用强的松龙。

2. 化脓性滑膜炎

治疗原则为早期控制与消灭感染，排出脓液减少吸收，提高抗感染能力。

原发性关节创伤，做周密的创伤处理，按关节创伤处置。为了控制与消灭感染，参照滑液检查结果，全身应用大剂量的抗生素和磺胺制剂，患关节包扎制动绷带。排除脓液，局部外科处理后，穿刺排脓，然后用 0.5% 盐酸利多卡因溶液洗至滑液透明为止，再向关节内注入利多卡因青霉素和链霉素溶液。患关节肿胀严重时，可用普鲁卡因封闭。

化学疗法药物很多，药物的选择应注意对用药的反应，患马用药的经过史，现症及病的发展趋势等。有的病例须作早期大剂量冲击疗法，可取得明显效果。某些病马体内产生抗青霉素的青霉素酶，对青霉素有耐药性，葡萄球菌感染，当用青霉素无效时，应及时选用其他抗生素，由于新青霉素Ⅰ在滑液中药效持续时间较长，对马的化脓性滑膜炎、化脓性全关节炎效果显著，当马感染金黄色葡萄球菌性化脓性滑膜炎和化脓性全关节炎时，用新青霉素Ⅰ效果良好。在使用强力化学疗法已控制住局部化脓情况下，在治疗用药的第5～6天，为了加强抗炎、抑制渗出和预防转为慢性，作为辅助手段可用类固醇激素和蛋白分解酶进行治疗。

系关节化脓性滑膜炎蓄脓过多时，可切开，正面切开部位在系关节前面指总伸肌腱侧方垂直切开5～6 cm，侧面切开部位在内、外两侧掌骨远端与悬韧带之间垂直切开3～4 cm，切开后用0.25%～0.5%盐酸利多卡因青霉素溶液、生理盐水冲洗关节腔。

关节周围脓肿时，切开按化脓创处理。严重的关节囊蜂窝织炎时，切口要大，便于排脓和洗涤。

在治疗中注意全身疗法，广泛使用抗菌、强心、利尿及健胃剂。对原发传染病进行彻底治疗。

对患马加强护理。起立困难，长时间侧卧时，注意预防褥疮和治疗，特别是驹不能采食、吸乳时，须加强人工饲喂，以防衰竭。

三十一、关节周围炎

关节周围炎是在关节囊及韧带抵止部所发生的慢性纤维性和慢性骨化性炎症，但不损伤关节滑膜组织。此病多发生于马的腕关节、跗关节、系关节和冠关节，特别是前二者比较多见。

（一）发病原因

常继发于关节的挫伤、挫伤、关节脱位及骨折等，因关节剧伸，韧带、关节囊的抵止部的滑膜发生撕裂，有时并发于关节囊的蜂窝织炎，以及凡能使关节边缘的骨膜长期受刺激的慢性关节疾病，关节烧烙和涂强刺激剂都能引起关节周围炎。

（二）临床症状

本病可分为慢性纤维性关节周围炎和慢性骨化性关节周围炎两种。

① 慢性纤维性关节周围炎：患关节出现无明显热痛、界限不清的坚实性肿胀，关节粗大，外形稍平坦，关节活动范围变小，他动运动有疼痛。运动时关节不灵活，特别是在休息之后，运动开始时更为明显，继续运动一段时间后，此现象逐渐减轻或消失，久病可能因增生的结缔组织收缩，发生关节挛缩。

② 慢性骨化性关节周围炎：由于纤维结缔组织增殖，骨化，关节粗大，活动性小，甚至不能活动，肿胀坚硬无热痛。硬肿部位根据骨赘或骨瘤的部位不同，有的在某侧，有的在关节的屈面或伸面，有的包围全关节。肿胀部位皮肤肥厚，可动性小。运动时，关节活动不灵活（强拘）、屈伸不充分，并根据骨质增生的程度、部位的不同，机能障碍的程度也不同。有的跛行明显，有的仅在运动开始时出现跛行，有的不出现跛行。休息时不愿卧倒，卧倒时起立困难。病久患肢肌肉萎缩。

③ 腕关节周围炎：腕关节周围炎的特点是病程为慢性经过，病后早期阶段患关节周

围呈现弥散性热痛肿胀，指压韧带经过处及附着点，肿热痛显著。自动、他动运动有明显疼痛。站立时腕关节屈曲以蹄尖着地。运动时呈混合跛行。转为骨化性炎症时，患关节粗大、变形，无痛或微痛性硬固肿胀（图5-31-1）。关节运动不灵活，如强迫患肢屈伸时，有明显疼痛反应。运动时呈轻度或中度跛行，患关节活动性降低。运动或使役时间过长时，患肢易疲劳，起卧困难，患肢肌肉萎缩。

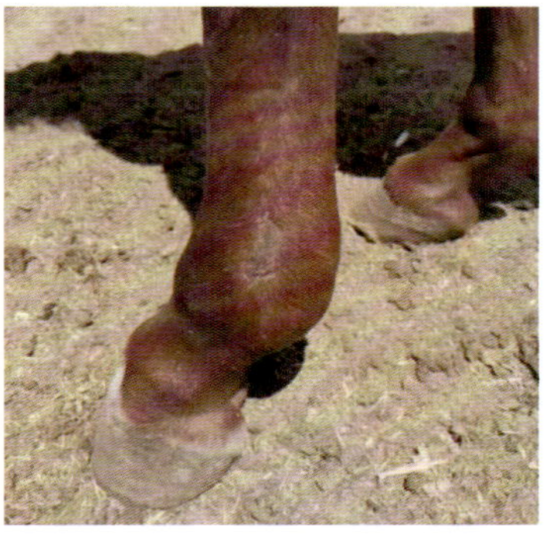

图 5-31-1　关节粗大，硬固肿胀

④ 跗关节周围炎：病初跗关节周围弥漫性肿胀、硬固、无热痛。有时肿胀面积波及很广，可达胫骨下端到跖骨上端的各列关节骨上。患部的皮肤与皮下结缔组织、腱鞘及关节囊纤维层粘连，经常是完全不动。在韧带的附着点可摸到外生骨赘，关节粗大。他动运动时，患关节疼痛，活动范围很小。站立时轻度屈跗。两后肢同时发病时交替负重、起卧困难。运动时表现不同程度的混合跛行（患关节机能障碍取决于骨赘及外生骨瘤的部位、大小，如外生骨赘和骨瘤位于跗关节外侧时，则不出现跛行）。病程经过比较慢。病久马臀部、股部肌肉萎缩。

（三）类症鉴别

1. 关节挫伤

又称关节扭伤，有机械性外力作用的病史，临床上表现有疼痛，突发跛行，跛行程度随运动而加剧，关节温热、肿胀，慢性关节挫伤还可表现骨质增生等。

2. 骨关节炎

常单发于某个关节，多见于肩、膝、跗及系关节，呈慢性经过，有关节急性炎症病史，主要表现跛行和关节变形粗大或弥漫性肿胀，有外生骨赘和关节粘连，慢性骨关节炎晚期常发生患肢肌肉萎缩及蹄变形。

（四）预防措施和安全用药

对慢性纤维性关节周围炎，应用温热疗法、酒精温敷，也可采用可的松皮下注射、透热疗法及碘离子透入疗法，还可试用二氧化碳激光扩焦患部照射。已发展到骨化性关节周围炎时，可参考骨关节炎和骨关节病疗法。

三十二、骨关节炎

骨关节炎是关节骨系统的慢性增生性炎症，又称慢性骨关节炎。在关节软骨、骨骺、骨膜及关节韧带发生慢性关节变形，并有机能障碍的破坏性、增殖性的慢性炎症，所以又称慢性变形性骨关节炎。最后导致关节变形、关节僵直与关节粘连。常单发于某个关节，偶有对称性发病，多见于肩关节、膝关节、跗关节及系关节。

（一）发病原因

骨关节炎是急性关节炎症过程的晚期阶段，各种关节损伤，如关节的扭伤、挫伤、关节骨折及骨裂等，都是发生骨关节炎的基本原因。甚至关节骨组织的轻微损伤，如骨小梁破坏、骨内出血及韧带附着部的微小断裂等引起轻微的或几乎不易见到临床症状的病理过程，最后可发展为骨关节炎。此外，也可能继发于风湿病。化脓性关节炎最后也可引起骨关节炎。马的肢势不正、关节的结构不良、削蹄装蹄不当等为发生骨关节炎的内在因素。

（二）临床症状

骨关节炎的主要临床症状是跛行和关节变形（畸形）。原发于急性关节炎时有关节急性炎症病史，转为慢性炎症过程表现骨关节炎的特有症状。关节骨化性骨膜炎时，形成骨赘或外生骨疣，关节周围结缔组织增生，关节变形以及关节粘连。因此表现跛行，跛行的特点是随运动而加重，休息后减轻。这些病状较为明显。发生于反复微小的损伤时，只在病的晚期逐渐呈现临床症状，病初不明显。

① 慢性肩关节骨关节炎：患关节边缘骨质赘生，形成骨赘或骨疣，关节变形粗大或弥漫性肿胀，肿胀硬固，轻微疼痛或无痛。关节皮肤硬固，关节进行性僵直、跛行。站立时患肢屈曲，运动时活动性变小，他动运动有疼痛。跛行随使役的增加而加重，休息后减轻，病马起卧感到困难，患肢肌肉萎缩。

② 慢性系关节骨关节炎：常在患关节内侧或背侧面形成外生骨赘，变形粗大或弥漫性肿胀，肿胀硬固，疼痛轻微或无痛。患关节进行性僵直，表现中度支跛。站立时患关节屈曲，运动时患关节迈出困难，他动运动患关节有疼痛。跛行特点同慢性肩关节骨关节炎。

③ 慢性膝关节骨关节炎：病初缺乏临床上的形态学变化，有轻度支跛。跛行程度随关节软骨和骨骺的破坏性变化的发展逐渐加重，站立时屈曲患肢的膝、跗关节，高抬患肢。两膝关节同时发病时表现交替负重。运动时患肢蹄尖轻轻着地，磨损蹄尖，快步运动感到困难。患关节变形时特别是关节周围型骨关节炎，患部硬固、粗大、无痛，以患关节内侧胫骨头附近最明显。股四头肌和臀肌明显萎缩。

④ 慢性跗关节骨关节炎：患关节肿胀部位不规律，有时位于胫距关节的内侧和外侧面，肿胀硬固。关节仍有一定活动性，此时表明病变主要集中于关节囊。当患关节已失去活动性时，表明关节发生粘连，肿胀硬固、无热痛。有时胫距关节、中央跗骨与第三跗骨及第三跗骨与第三跖骨间同时发病，关节变形粗大，患肢运动开始跛行较重，随运动逐渐减轻。

（三）剖检变化

关节软骨、骨骺或骨膜发生慢性骨化性骨膜炎，形成骨赘或外生骨疣。关节软骨受损伤，软骨迅速破坏，出现骨性肉芽组织，骨关节粘连，骨质硬化，关节滑液量减少，关节囊的纤维层、滑膜层以及关节韧带和周围的软组织慢性增生性炎症，引起结缔组织增生。

（四）类症鉴别

1. 骨关节病

骨关节炎系来自急性关节炎症过程（包括原发性慢性型）的慢性骨关节炎，而骨关节病是骨关节的慢性变性疾病；骨关节炎最终引起关节骨性粘连，骨关节病可见骨质增生，却不发生粘连。

2. 关节周围炎

呈慢性经过，患关节肿胀，但一般无明显热痛，运动时关节不灵活，呈混合跛行，患肢肌肉萎缩。

（五）预防措施和安全用药

1. 预防措施

在饲养管理过程中要注意控制马的体重，避免体重基数过大给马的骨关节造成较大压力，从而促进骨关节炎发生。对于年龄较大的马要避免负重过大，并尽量选择较为平坦的放牧环境。对于经常需要负重的马，应关注其健康状况，定期对骨关节炎进行检查，以便及时发现、及时治疗。对于比赛用马要关注其运动后生理指标的变化，及时对赛马进行护理，加快体能恢复，并定期检查健康状况，特别是肢体关节情况。

2. 安全用药

非甾体类抗炎药物是马骨关节炎的首选治疗药物，例如苯基丁氮酮，最初的负荷剂量为每千克体重 4.4 mg，每天 2 次，连用 2 d；而后改为每千克体重 2.2 mg，每天 2 次（后期可逐渐减少至每天 1 次），口服；也可采用静脉注射制剂，但可能会产生刺激静脉周围的风险。氟尼辛能有效减轻马的跛行，使用剂量一般为每千克体重 1.1 mg，每日 1 次，口服或静脉滴注。美洛昔康主要用于缓解疼痛，早期口服治疗，使用剂量为每千克体重 0.6 mg，每日 1 次。也可用卡洛芬、萘普生等治疗，但长期使用非甾体类抗炎药物会产生胃刺激和消化性溃疡等副作用。皮质激素类药物是有效的抗炎药物，如醋酸甲泼尼松、倍他米松、曲安奈德等，但较高剂量或长期重复使用会导致关节组织恶化（类固醇关节病）。注射阿片类药物有很好的镇痛效果，有一定的治疗作用。另外，注射透明质酸已普遍用于治疗滑膜炎和骨关节炎，能够减轻患肢的跛行和增加的负重，特别适用于与马骨关节炎相关的轻度至中度滑膜炎。

对慢性渐进性骨关节炎，必须给患马 45 ～ 60 d 的休息时间；患部涂刺激性药物，或用离子透入疗法。顽固性跛行，可进行神经切断术。

三十三、骨关节病

骨关节病是指四肢关节慢性非渗出性关节骨组织系统的退行性变性疾病，又称变形性关节病，缺乏病理解剖的炎症变化，表现为明显的变性、破坏与反应性修复的慢性病理过程。病变发生于关节软骨、骨骺及关节小骨之间，常发于肩关节、腕关节、膝关节、跗关节及系关节，特别多发于跗关节。实际是包括骨关节病与骨关节炎。跗关节骨关节病常发生在缺乏活动性的关节（多在中央跗骨与第三跗骨之间），发病部位多在该关节的内前侧。

（一）发病原因

在正常情况下，四肢关节不论在静止或运动时，关节面的接受压力与抗压力、摩擦与抗摩擦，都保持着相对平衡状态，马、骡的钙磷代谢失调，骨软症，维生素缺乏，肢势不正（内弧肢势、外弧肢势、外向肢势），肢体内侧负重偏大，关节发育不良（关节狭小与负重需要不适应）等是发病的主要内因；削蹄、装蹄失宜，幼驹过早使役，突然在坚硬不平道路上剧烈使役，奔驰中的急转急停，辕马用力后退等诱因，能促使具有上述内因的马、骡的关节接受压力过重、过激，以及超生理范畴的摩擦与压迫，使关节的动力平衡受到破坏，均容易引起骨关节病。

（二）临床症状

骨关节病是逐渐发生、发展而形成，早期症状不明显，不易确诊，只有在疾病的发展中，关节功能出现障碍时才能确诊，一般在临床上只见跛行，无明显的局部变化（如跗关节骨关节病时，一般称隐性飞节内肿）。当骨质增殖形成骨赘时，骨赘多在韧带附着处，关节变形，跛行明显，以混合跛行为主，其特点是随运动减轻。有时虽患关节明显变形，但跛行不甚明显。患病过久，患肢肌肉萎缩，关节不粘连。

① 跗关节骨关节病：常发生于马的某后肢，两后肢同时发病较少，有时一肢发病，经过一定时间另一肢也发病，以跛行和关节变形为主要症状。跛行的特点是在整个病程中都存在跛行，但程度不同，发病早期常为支跛，随病势激化表现以支跛为主的混合跛行。患马站立以蹄尖着地或屈曲系关节，不时起落患肢。如两后肢发病则交替负重。他动伸展，患关节有疼痛。运动时附关节屈曲不全，患肢提起慢而低，蹄尖先着地。运动开始时跛行明显，随运动逐渐减轻，甚至消失。经过短时间休息后再运动，仍跛行明显。关节变形来源于骨质增生。骨赘多发生于中央跗骨和第三跗骨之间、第三跗骨与第三跖骨之间（比较少些）的关节边缘，很少发生在距骨与中央跗骨之间。变形部位多在患关节的内前面，呈扁平形，无痛无热。

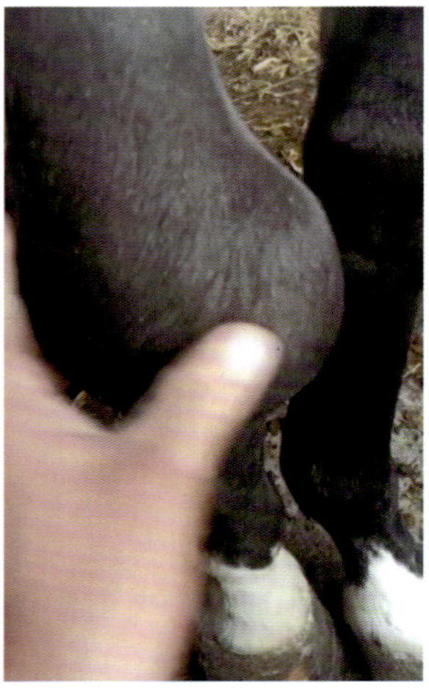

图 5-33-1 腕关节骨关节病

② 腕关节骨关节病：发病部位常在腕掌关节和腕骨间关节，主要症状是跛行和关节变形。跛行特点是站立时负重不确实，运动时腕关节活动不灵活，表现轻度或中度的混合跛行，快步易跌。关节变形部位多在腕关节的内侧或背侧，骨质增生形成骨赘，一般不侵及桡腕关节。患关节粗大肿胀硬固，无热无痛（图 5-33-1）。他动运动患关节屈伸不灵活，有抵抗感，表现疼痛。

（三）剖检变化

病初期关节软骨慢性变性，失去光泽，弹性减退，软骨表面凹凸不平、粗糙、纤维解离，在软骨上发生大小不等的缺损，关节骨面暴露，关节骨面骨组织受损，松质骨的骨小梁破坏，骨的边缘骨质增生，关节变形。关节面的密质骨增厚，致密硬化。关节滑液常混浊，有时含有少量絮状物。

（四）类症鉴别

1. 跗关节骨关节炎

跗关节屈曲试验阳性，X 线检查，骨关节病的特点是患关节间隙比正常的狭窄，在中央跗骨间最狭窄，患关节的间隙不消失，而跗关节骨关节炎的 X 线影像特点为因关节粘连，见不到骨间的间隙。

2. 关节周围炎

呈慢性经过，患关节肿胀，但一般无明显热痛，运动时关节不灵活，呈混合跛行，患肢肌肉萎缩。

3. 骨关节炎

常单发于某个关节，多见于肩关节、膝关节、跗关节及系关节，呈慢性经过，有关节急性炎症病史，主要表现跛行和关节变形粗大或弥漫性肿胀，有外生骨赘和关节粘连，慢性骨关节炎晚期常发生患肢肌肉萎缩及蹄变形。

（五）预防措施和安全用药

1. 预防措施

加强饲养管理，注意补给维生素 C 和钙盐，不饲喂霉败饲料，预防骨软症。提高使役技术，改善使用方法，调整使役，如轮换使辕马等，普及护蹄知识，提高削蹄、装蹄质量。对不正肢势，不正蹄形马、骡，作好矫形装蹄。定期检查护蹄、饲养管理和使役情况，发现问题及时排除。

2. 安全用药

早发现，早治疗，消除跛行，恢复功能。

早期治疗以镇痛和温热疗法为主，或用封闭疗法。温热疗法用透热疗法、短波疗法等调节代谢，促进修复。晚期治疗以消除跛行、恢复功能为主，为使已形成骨赘、能微动的患关节发生粘连，消除跛行，保存畜力，可应用强刺激疗法，诱发患部骨关节出现急性炎症，以达到关节粘连消除跛性。涂擦 5% 碘化汞软膏、斑蝥软膏，包扎绷带，观察疗效。或用 1∶12 的升汞酒精溶液涂于患部，每天 1 次，用至皮肤结痂为止，休息 7 d 天可再用药，连用 3 次。或用穿刺烧烙疗法促进关节粘连，局部剃毛、消毒、麻醉后，于中央跗骨与第三跗骨之间骨赘明显处向深部穿刺烧烙 2 ～ 3 点（跗关节骨关节病时），用碘仿火棉胶封闭烧烙孔，包扎无菌绷带。此外，需要配合进行削蹄、装蹄疗法。蹄踵过低的马、骡，削蹄时应注意保护蹄踵，或在装蹄时加橡胶垫，或装着特殊蹄铁，如用内侧铁支剩缘宽的蹄铁、剩尾长的蹄铁及铁头部不设上弯的蹄铁等。胫前肌腱内支切断术，可消除跛行，效果较好。

三十四、骨软骨炎

骨软骨炎是动物局部或全身性的软骨内骨障碍，即骨发育不良所致，常危害关节骨骺和干骺端软骨，以肩关节、肘关节、系关节、髋关节、膝关节和跗关节多发。本病可引起多种临床症状，最常见的有分离性骨软骨炎和软骨下囊状损伤（骨囊肿）两种，多见于赛马。

（一）发病原因

营养和生长速度关系：马属动物若摄入的其他营养成分正常，仅蛋白质过剩，对软骨和钙的吸收利用并无影响，很少发病。但是蛋白质和能量同时过剩，则发病率显著上升。

① 外伤：广泛的压迫可影响成熟过程中的软骨细胞的正常生长，反复的外伤可能造成软骨骨折以及骨的离断。

② 遗传因素：目前认为归因于动物遗传性生长速度过快。

③ 激素代谢失调：骨钙化过程是在激素控制下进行的。雌性激素和睾丸酮抑制软骨细胞的增殖；糖皮质激素抑制骨骼生长；生长激素调节软骨细胞的有丝分裂；甲状腺素是软骨细胞成熟和增殖所必需的。已知激素代谢失调可引起骨生长紊乱，但激素在本病发生中的作用机理尚未完全清楚。

（二）临床症状

本病的临床特点：分离性骨软骨炎多发于两岁以下幼龄动物的股膝关节和胫跗关节。股骨远端发病往往会表现跛行，而胫跗关节发病则无跛行，关节渗出性病变明显。软骨下囊状损伤多发于老马，病初跛行不明显或间歇性跛行，晚期有时跛行严重，一般不出现渗出性病变。患关节滑液检查，一般正常或有轻度炎症反应，有核细胞总数在 1000 个 /mm^3 以下，蛋白质总量一般在 15 ～ 30 g/L 之间。

病理学和 X 线所见，胫骨正中嵴远端常出现一块以上的碎片，附于胫骨上（图 5-34-1）。患部在股骨远端侧滑车嵴时，出现疏松骨片，或在关节内呈游离小体。患部周围的软骨出现皱缩和变软。X 线图像上显示出软骨下骨轮廓不规则并有断裂。

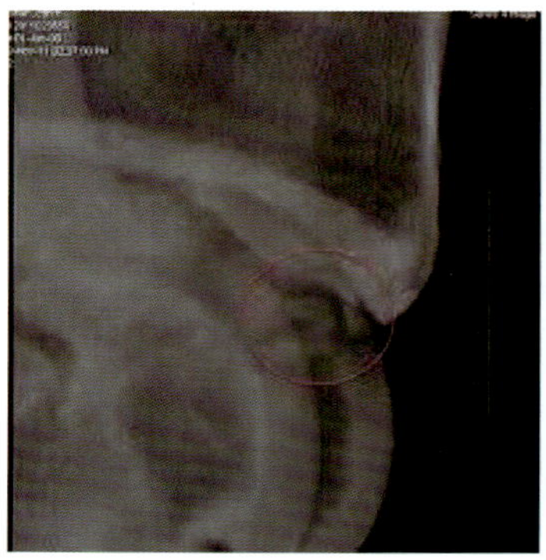

图 5-34-1　关节囊内软骨碎片

镜检可见软骨退化、裂隙，软骨下骨小梁变粗，骨髓间隙出现纤维组织增生。

（三）剖检变化

其早期变化是软骨内骨化异常，局部形成新的骨质，软骨坏死，软骨内出现裂隙，导致分离性骨软骨炎和软骨下囊状损伤。软骨下骨小梁致密，同时骨髓腔内发生纤维组织增生。

（四）类症鉴别

1. 骨关节炎

常单发于某个关节，多见于肩关节、膝关节、跗关节及系关节，呈慢性经过，有关节急性炎症病史，主要表现跛行和关节变形粗大或弥漫性肿胀，有外生骨赘和关节粘连，慢性骨关节炎晚期常发生患肢肌肉萎缩及蹄变形。

2. 关节周围炎

呈慢性经过，患关节肿胀，但一般无明显热痛，运动时关节不灵活，呈混合跛行，患肢肌肉萎缩。

3. 骺炎

多见于 4 ～ 8 月龄的幼驹，主要发生于第三掌（跖）骨的远端和第一指（趾）骨的近端的内侧，一般两肢或多肢发病，患部肿胀、疼痛、跛行。X 线变化为骺板变厚和不规则，干骺端和骨骺接近的生长板外伸和唇端突出而接近的骨密度增加。

（五）预防措施和安全用药

本病有保守与手术疗法两类，以何为主尚待探究。

1. 保守疗法

主要针对症状轻微、发病时间短的患马。休息静养，应用非甾体抗炎药物。

2. 手术疗法

主要针对症状严重、病程持续 2 个月以上的患马。若 X 线检查有明显的分离性骨软骨炎和脱落的软骨片者，必须采取手术治疗。

① 常规关节手术：首先切开关节，暴露患部，取出游离软骨片，用钻或匙刮除损伤部的软骨达骨实质，然后闭合关节。

② 关节镜手术：有条件的可借助关节镜完成手术过程。

③ 胫跗关节骨软骨炎：跛行兼有渗出时，进行关节手术，摘除骨软骨片。有渗出而无跛行时，手术效果较好，特别是对赛马。

④ 股膝关节骨软骨炎：X 线检查存在骨碎片和游离小体，宜手术，效果较好。若膝盖骨滑车侧嵴有明显缺损，不宜手术，膝盖骨远端损伤可以手术。

⑤ 肩关节骨软骨炎：很少见到游离骨碎片，但一般都出现第二次退行性关节病，以保守疗法为主。

⑥ 指（趾）关节骨软骨炎：若一肢发病存在骨碎片时可行手术，多肢则不可。

⑦ 软骨下囊状损伤的治疗：过去很多人主张保守疗法，加大患马的运动量，可使病情好转，囊消失，但不排除手术的疗效。要根据患部、病情酌情决定治疗方法。

三十五、骺炎

骺炎是一种以动物长骨骺部肿大为特征的关节肥大症。典型病例多见于小马，4 ～ 8 月龄的幼驹发病率最高，病变主要发生于第三掌（跖）骨远端和第一指（趾）骨近端的内侧；1 岁小马则常见于桡（胫）骨的远端（远骺端）；成年马甚少发生；而老马不发生此病。常发生于赛马、骑马，一般两肢或多肢发病。

（一）发病原因

本病系由多因素引起，但骨骺的机械性压迫是该病的主要原因。育成赛马、骑马常因艰苦的调教，桡骨远端骨骺（正常骨骺需在生后 24 ～ 27 个月完全封闭）受持续性过度压迫；一肢患腱炎，对侧健肢负担过重，骨骺受到过重压迫；发育较快的轻骑赛马，肢体负担过重；弓形腿和内向蹄均为发生本病的原因。

营养缺乏也是发病原因之一，日粮中维生素 A、锌、钼过多，能够引起类似骺炎的症状，但并非典型病因，钙、磷代谢失衡是骺炎的诱因。有研究认为甲状旁腺激素的分泌增多时，可增加骨的吸收而引起骺的变弱受损，发生骺炎。

（二）临床症状

病马临床可见腕关节上方和系关节迅速肿胀（图 5-35-1），有温热和压痛，跛行程度不定。中等程度骺炎时 X 线检查变化不明显。严重病例临床表现与 X 线检查变化一致，患部肿胀、疼痛、跛行。X 线变化为骺板变厚和不规则，干骺端和骨骺接近的生长板外伸和唇端突出而接近的骨密度增加。

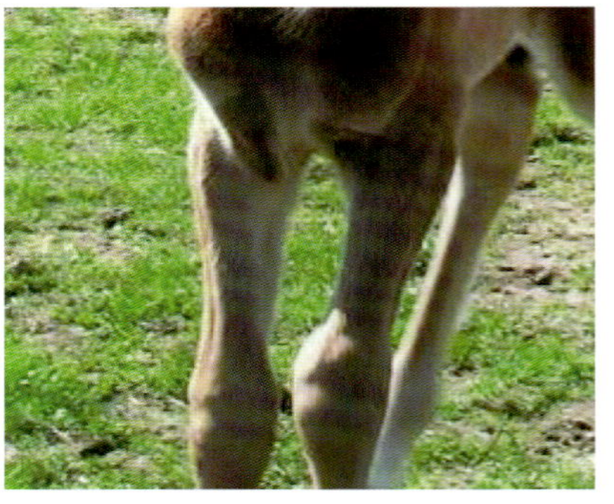

图 5-35-1 骺炎，腕关节上方明显肿大

（三）类症鉴别

1. 骨关节病

呈慢性经过，早期症状不明显，后期仅见跛行，无明显的局部变化，形成骨赘时跛行明显，随运动减轻。久之患肢肌肉萎缩，关节不粘连。X 线检查，患关节骨间隙比正常的狭窄，关节间隙不消失。中央跗骨、第三跗骨及第三跖骨的近端骨质因硬化表现骨的影像改变。中央跗骨及第三跗骨内侧面有骨质增生（骨赘）。

2. 骨软骨炎

由营养过剩、外伤、激素代谢失调引起，常见分离性骨软骨炎和软骨下囊状损伤（骨囊肿）。

（四）预防措施和安全用药

治疗原则是消除病因，充分休息，辅助以病因疗法。

外伤性骺炎应立即停止训练和竞赛，让病马充分休息，进行炎症的对症疗法。起因于饲料问题，如谷物过多，粗饲料太少引起的，尽快改善饲料比例，减少精料，降低骨板生长的速率，限制病马活动 1 ～ 2 个月。因铜缺乏或过多摄取钼的骺炎病马，需补铜，查找多钼的原因，除去病因，加强护理。如喂小马含锌过多的饲料（超过日粮的 0.54%），也会出现类似骺炎的症状。钙、磷代谢明显失调时（钙缺乏＜ 0.15%，磷过高 0.3% ～ 0.5%），注意补钙，并进行对症疗法。

三十六、肌炎

肌炎是指肌纤维发生变性、坏死，同时肌纤维之间的结缔组织、肌束膜和肌外膜也发生病理变化。按发病原因将肌炎分为外伤性肌炎、风湿性肌炎和感染性肌炎等；按炎症的性质又可分为无菌性肌炎、化脓性肌炎、实质性肌炎、间质性肌炎、纤维素性肌炎和骨化性肌炎等；按发病部位分臂头肌炎、臂三头肌炎、背最长肌炎、股二头肌炎、半腱肌和半膜肌炎等。

（一）发病原因

① 外伤性肌炎：各种机械性损伤，如挫伤、蹴踢、跌落、剧伸和马具的压迫，对肌肉造成直接或间接的损伤而发炎；马匹平素缺乏锻炼，突然激烈地训练和狂奔，轻者导致肌纤维断裂、溢血和炎性渗出，重者出现血肿和肌肉断裂等无菌性肌炎。此外，护蹄不当、肢势异常、蹄形不正，易诱发外伤性肌炎。

臂头肌炎主要是由于剧烈运动中突然猛勒一侧缰绳，使颈部向一侧强屈曲而剧伸该肌；拉车中滑倒及冲撞、夹板压迫、蹄角度过低、蹄铁上弯不足、铁头突出等因素引起。臂三头肌炎多发于乘马，在快步急走前肢着地负重时，由于负担比慢步运动大，易引起该肌剧伸，特别是缺乏锻炼的马更容易发病；削蹄不当如蹄内侧过削，或假性内向蹄，造成蹄内侧负重较大，致使臂三头肌过度紧张而发病。背最长肌炎主要是由于剧烈运动，在上坡时后肢用力踏着，使背最长肌最劳累；或蹴蹄、交配时，该肌高度紧张，以及蹄踵过低，都容易发生本病。股二头肌炎主要是外伤，以及装蹄、削蹄不当，如过削外侧蹄尖和蹄踵部而引起。半腱肌和半膜肌炎主要是由于机械性损伤、激烈的挽曳、保定不当、肢势不正（前踏肢势）、卧系、蹄角度过低以及蹄踵发育不良等因素而引起。

② 化脓性肌炎：当局部肌肉感染葡萄球菌、链球菌、大肠杆菌等；以及周围组织炎症的蔓延或转移，如关节炎、化脓灶、脓肿、蜂窝织炎等；向肌肉内误注有强烈刺激性药物，均可造成化脓性肌炎。

（二）临床症状

1. 急性肌炎

多为突然发病，患部指压有疼痛、增温、肿胀。机能障碍明显，多数为悬跛，少数为混合跛行或支跛，有的呈外展肢势。

2. 慢性肌炎

多来自急性肌炎，或由致病因素长期反复刺激而引起。患病肌纤维变性、萎缩，逐渐被结缔组织所取代。患部脱毛，皮肤肥厚，缺乏热、痛和弹性，肌肉肥厚、变硬。患肢机能障碍。

3. 化脓性肌炎

在炎症的发展期，局部有明显的热、痛、肿胀和机能障碍，随着脓肿的形成，局部出现软化并有波动感。深在性病灶，虽无明显波动，但可见到弥漫性肿胀。穿刺检查，有时流出灰褐色脓汁。自然溃开时，易形成窦道。

4. 风湿性肌炎

主要侵害活动性较大的肌群，其特征是肌肉疼痛，呈现运动障碍，步态强拘，可发生于一肢、两肢及四肢。依所侵害肌肉的不同而呈现支跛、悬跛或混合跛行，跛行随运动时间的延长或活动量的增加而减轻或消失；侵袭部位自行转移，即呈游走性；肌肉肿胀，表面硬度增强，触诊时有凹凸不平的感觉；急性期触压患肌出现痉挛性收缩。

5. 各种肌炎的特点

① 臂头肌炎：常在该肌的颈基部有指压痛点（同时指压左右同名肌的同一部位，比较观察），痛点有时在该肌的上中部。呈现跛行，重者肿胀、热痛，一侧发病时表现颈部歪斜，两侧发病时低头困难。他动肩关节时，疼痛明显。

② 臂三头肌炎：发病部位多在长头和外侧头的抵止部抑或长头的中部，沿肩下走的肌沟有指压痛，局部热肿，表现混合跛行，临床检查应注意与肩关节炎的鉴别诊断。

③ 臂二头肌炎：患马在站立时，肘关节以下各关节屈曲。运动时，举肢困难，呈悬跛，重者三肢跳跃，但后退正常。肩端轻度肿胀，指压肌下端有压痛，他动患肢时，向后牵引疼痛显著，反之向前无变化。

④ 背最长肌炎：多为两侧性肌炎，单侧发病很少，表现悬跛，后肢蹄的踏着位置不确定，容易交突，抑或后肢步样强拘，运步短缩。喜卧，卧时下肢伸直，不愿起立。局部温热、肿胀、疼痛，触诊腰部两侧肌肉时有疼痛。

⑤ 股二头肌炎：患马站立时，为减轻患肢负重以蹄尖着地。慢步运动时，表现中度混合跛行，同时患肢向前迈步充分，并支持困难。触诊患部疼痛肿胀、温热、肌肉僵硬。慢性经过久病不愈，能引起肌肉萎缩。

⑥ 半腱肌和半膜肌炎：患马站立时，将患肢前伸，全负面负重。运动时，以悬跛为主兼有混合跛行。伸膝不充分，运步缓慢。在坐骨结节部出现弥漫性肿胀，在股骨后面及坐骨结节附近有明显指压痛。慢性经过发展成为纤维素性肌炎，甚至引起肌肉萎缩。

（三）类症鉴别

1. 关节周围炎

呈慢性经过，患关节肿胀，但一般无明显热痛，运动时关节不灵活，呈混合跛行，患肢肌肉萎缩。

2. 骨关节炎

常单发于某个关节，多见于肩关节、膝关节、跗关节及系关节，呈慢性经过，有关节急性炎症病史，主要表现跛行和关节变形粗大或弥漫性肿胀，有外生骨赘和关节粘连，慢性骨关节炎晚期常发生患肢肌肉萎缩及蹄变形。

3. 臂二头肌断裂

类似处（与臂二头肌炎）：指关节屈曲，有局部肿胀、热痛，跛行。不同处：站立时肩关节与指关节屈曲，触摸肌肉断裂处有凹陷，疼痛、肿胀，有温热。

4. 结节间滑膜囊炎

类似处（与臂二头肌炎）：肩端轻肿，肘以下关节屈曲，强迫前进举步困难，后退无困难，跛行。不同处：肿胀部位在肱骨外侧臂二头肌上缘，从后下方向前上方肌腱的下面略向外侧针刺入 3 ～ 4 cm 流出液体，指压肩下端有压痛。

5. 风湿病

类似处（与背最长肌炎）：按压背腰肌时凹腰疼痛，后肢强拘，喜卧。不同处：患肢常有转移性，运动初跛行明显，持续运动跛行减轻或消失，休息后再运动又跛行。背腰部有压痛，但无热痛。

（四）预防措施和安全用药

1. 预防措施

加强饲养管理，防止肌肉发生挫伤、蹴踢、摔跌、剧伸和佩戴用具压迫。平时对马使役应先有适当训练，使四肢能适应使役，不宜突然加强训练或使之狂奔，以致肌肉剧伸而发炎。注意马的肢和蹄姿势，如有不正应立即矫正，以免用力不匀而致肌病。发现肌病，应立即停止使役，除去原因，消炎止痛。

2. 安全用药

治疗原则为除去病因，消炎镇痛，防治感染，恢复功能。

急性肌炎时，病初停止使役。发病最初的 1 ～ 2 d 用 2% 醋酸铅溶液或 10% ～ 20% 硫酸镁溶液冷敷；2 ～ 3 d 后改用热敷；局部也可用松节油擦剂涂擦。用青霉素、盐酸普鲁卡因于肿胀周围封闭。为了镇痛，用 30% 安乃近 30 mL，肌内注射；或用 10% 水杨酸钠 100 ～ 120 mL、4% 乌洛托品 50 mL、10% 安钠咖 30 mL、10% 葡萄糖 500 mL，静脉注射，每日 1 次。也可以使用安替比林合剂、安痛定、2% 盐酸普鲁卡因、维生素 B 及类皮质激素等。

慢性肌炎时，可应用针灸、按摩、涂强刺激剂、石蜡疗法、超短波和红外线疗法等。

化脓性肌炎，前期应用抗生素，如青霉素、链霉素各 200 万 IU，肌内注射，每日两次。形成脓肿后，适时切开排脓，根据病情注意全身疗法。对某些疾病除药物疗法外，应配合进行装蹄疗法。

风湿性肌炎时，用水杨酸制剂、保泰松或消炎痛等，也可用其他类固醇药物。

若发病与蹄有关，应注意矫正蹄。对臂头肌炎，除一般疗法外，应注意装蹄疗法，蹄铁上弯要大，蹄返回容易，便于肢体轻快前进。对臂三头肌炎，除理化疗法外，切削外蹄尖和外蹄踵部，造成内向肢势，疗效显著。对臂二头肌炎，调整蹄的角度，便于肢体运动。对背最长肌炎，应用镇痛剂沿两侧肌肉点注射，装蹄时加大蹄的角度。对半腱肌和半膜肌炎，应注意装厚尾蹄铁、胶垫蹄铁，加大蹄的角度，便于蹄的运动。

三十七、肌肉断裂

肌肉断裂常发生于肌肉弹力和反弹力小的部位，如肌肉在骨上的附着点、肌纤维与腱的胶原纤维结合处。肌肉断裂按损伤程度分为部分断裂和完全断裂；按病因可分为损伤性肌肉断裂和症候性肌肉断裂。

（一）发病原因

损伤性肌肉断裂多发，多发于机械性损伤，如马踢、冲撞、牵引重车时肌肉的过度牵张、后肢踢空、跌倒、跳跃障碍、四肢陷于穴洞内时的用力拔出等，直接或间接暴力所引起。

症候性肌肉断裂有时发生，如代谢疾病（骨软症、佝偻病等），或某些传染病发病过程中，肌纤维组织变性、萎缩、弹性降低，肌肉中结缔组织瘢痕形成，都是发病的因素。

（二）临床症状

肌肉断裂的功能障碍有轻有重，视断裂部位与程度而异。支撑作用的肌肉断裂时，跛行比较明显。提伸肢的肌肉断裂时，跛行较轻或不明显。新发生者，可在断裂处触知有凹陷，随炎症发展，局部肿胀，常出现血肿、温热、疼痛。临床上常见的肌肉断裂如下。

① 冈下肌断裂：常发生于臂骨结节附近的浅腱支，突然发生重度支跛，肩关节显著外展。常能诱发腱下黏液囊炎。

② 臂二头肌断裂：断裂部位多在腱质的移行部位。完全断裂时，患马站立状态下肩关节和指关节屈曲，支撑困难。运动时，表现混合跛行，肌肉断裂处凹陷，疼痛肿胀，局部温热。

③ 臂三头肌断裂：常发生于肘突附近。站立时患肢负重困难，重度支跛。运动时，患支关节屈曲，拖曳前进。

④ 胫骨前肌和第三腓骨肌断裂：断裂部位多在骨的附着点。站立时，患肢膝关节高度屈曲，跗关节伸直，跗关节与趾部构成直线向后方伸展。向后方牵拉患肢，无阻力，可向后方自由牵拉（图 5-37-1）。由于该肌位于深筋膜下，故不易判定断裂部位。在运动时呈悬跛，患肢股部高度提举，膝关节过度屈曲，跗关节处于反常伸展状态，患马基本不能后退（图 5-37-2）。当两后肢的胫骨前肌和第三腓骨肌同时断裂，病马站立时将两后肢置于后方，行动困难。

图 5-37-1 右后胫骨前肌和第三腓骨肌断裂

图 5-37-2 左后胫骨前肌和第三腓骨肌断裂

（三）类症鉴别

1. 肌炎

由外伤或感染引起，患部热痛、肿胀、化脓、姿势异常，跛行。

2. 肩胛上神经麻痹

与冈下肌断裂症状类似。肩胛上神经麻痹常为一侧性麻痹，肩关节外偏，并出现交叉步样，支跛，患肢提举无障碍。

3. 桡神经麻痹

与臂三头肌断裂症状类似。桡神经麻痹站立时肩关节过度伸展，肘关节下沉，腕关节形成钝角，以蹄尖壁着地。运动时患肢各关节伸展不充分或不能伸展，前伸困难，蹄尖曳地前进，前方短步，肌肉萎缩。

4. 肌肉病

主要由于过劳引起，多见于 3 ～ 4 岁马匹，易疲劳、出汗，肌肉震颤，行动无力，步态蹒跚，严重时不能起立。

（四）预防措施和安全用药

病初保持绝对安静，根据部位的不同，使断裂肌肉处于弛缓状态后尽可能进行外固定（石膏绷带及其他固定绷带），有利于促进肌肉的再生修复。局部可应用红外线照射、钙离子透入疗法、石蜡疗法和刺激剂疗法。治疗经过 1 ～ 2 个月后，根据病情，可进行少量的牵遛运动，禁忌在痊愈后立即进行重度使役或比赛，注意防止复发。

三十八、肌肉病

肌肉病是由于肌肉组织的神经调节和物质代谢障碍所引起的一种非炎性肌肉疾病。临床上以肌束或肌群的功能失调为特征，多见于 3 ～ 4 岁马匹。

（一）发病原因

主要是由于过劳，使某一肌群或全肢肌肉过度紧张劳累所致。在不平道路、山区和沼泽地区持续性的过重劳役，挽具不合适（套绳、车辕长短不齐），使役不善，削蹄、装蹄失宜，长期舍饲运动不足等均能引发本病。

肌肉病有时只是在一组协同或拮抗肌肉束之间，有时也可在许多肌群肌束之间发生协调障碍。使每个肌束的收缩频率、强度和顺序性发生改变，因而某些肌肉过度紧张，另一些肌肉过度弛缓。无论是过度紧张，还是过度弛缓，对肌肉的新陈代谢都会产生不同的影响，其结果是临床上发生机能障碍，而且肌肉内部也会导致生物化学变化。

（二）临床症状

病马容易疲劳、出汗、肌肉震颤。运步时表现特殊的机能障碍，病马行动无力，步态蹒跚，不灵活，步幅随之发生改变。如侵害多个肌群，则症状更为明显复杂，机能障碍明显，甚至有全身性变化，体温升高、脉搏频数等，严重时病马不能起立。详细触诊，可触知患肢肌肉有结节状隆起，并感知有肌肉痉挛。本病有时在关节或腱鞘内迅速出现渗出物。

肩臂部肌束肌肉病：患肢在运动时表现不协调，运动缓慢，出现轻度功能障碍。触诊患病肌肉（臂头肌、冈上肌、冈下肌及三角肌），可见到移行部位肌束痉挛、坚实、表面不平，有疼痛反应。常并发腕、指关节炎，以及腱鞘内迅速出现浆液性渗出物。肌腱的紧张度减退，易疲劳。慢性经过时，患病肌肉的深部组织坚实，从而降低使役能力，肌肉逐渐萎缩。

腰带肌束肌肉病：常发生于臀肌和背最长肌。病马站立时，无显著变化。运动时，如单侧肌肉患病，则表现轻度跛行，如两肢同时发病，步样紊乱，臀部摇摆，共济失调。触诊患部肌肉有疼痛反应，有时后肢的关节腔、腱鞘腔及黏液囊腔中出现浆液性渗出物。慢性经过者引起肌肉萎缩。

（三）类症鉴别

1. 肌肉断裂

局部血肿、温热、疼痛，断裂处触知有凹陷，跛行。

2. 肌炎

由外伤或感染引起，患部热痛、肿胀、化脓，姿势异常，跛行。

（四）预防措施和安全用药

首先除去病因，应用物理疗法，如按摩、温敷、热泥疗法、石蜡疗法、透热疗法、电离子疗法。为了镇痛可于患部肌内注射 0.25% 盐酸普鲁卡因注射液 150 ～ 200 mL。当关

节和腱鞘内渗出物增多时，应装置压迫绷带。全身可应用钙制剂。在药物治疗的同时，根据病情做适当的活动，

三十九、马麻痹性肌红蛋白尿病

马麻痹性肌红蛋白尿病，又称氮尿症、劳累性横纹肌溶解病，主要是由于糖代谢紊乱、肌乳酸大量蓄积而引起的以肌肉变性、后躯运动障碍和肌红蛋白尿为特征的一种营养代谢性疾病。患马通常有 2 d 或 2 d 以上的时间被完全闲置，而在此期间日粮中谷物成分不减，当突然剧烈运动时则发生本病。以壮年营养良好的马多发，母马多发于公马。

（一）发病原因

平时饲养良好的马在休闲期间，饲喂过多的富含碳水化合物的饲料，使得大量肌糖原在骨骼肌中储备且得不到利用；马休闲后，突然进行剧烈运动，大量肌糖原迅速转变为乳酸，一旦乳酸的产量超过了血液的清除能力则发生乳酸堆积，引起肌肉凝固性坏死并释放肌红蛋白进入尿液。另外，寒冷刺激、日粮中硒与维生素 E 缺乏也可能与本病发生有关。

（二）临床症状

通常在突然剧烈运动开始后 15 ～ 60 min 出现症状，患马大量出汗、步态强拘、不愿走动。发病初期食欲和饮欲正常，如此时能给予充分的休息，症状可在几小时内消失，但继续发展下去则卧地不起，最初呈犬坐姿势（图 5-39-1），随后侧卧。患马神情痛苦，不停挣扎企图站立。严重病例在后期出现呼吸急促，脉搏细而硬，体温升高达 40.5℃，股四头肌和臀肌强直，硬如木板，尿液呈深棕褐色，有时出现排尿困难，甚至会发生褥疮而继发感染，引起败血症。亚急性病例症状轻微，不出现肌红蛋白尿，但出现氮尿，有跛行，或因臀部疼痛不能迈步，蹲伏地上。严重的在病初的 2 ～ 4 d 内出现肌红蛋白尿，尿液呈深棕褐色，尿中的肌红蛋白可在 5 ～ 7 d 内消失，尿液颜色恢复正常，但尿仍呈酸性。尿液中有红细胞、白细胞及肾小管上皮细胞，甚至会出现管型。

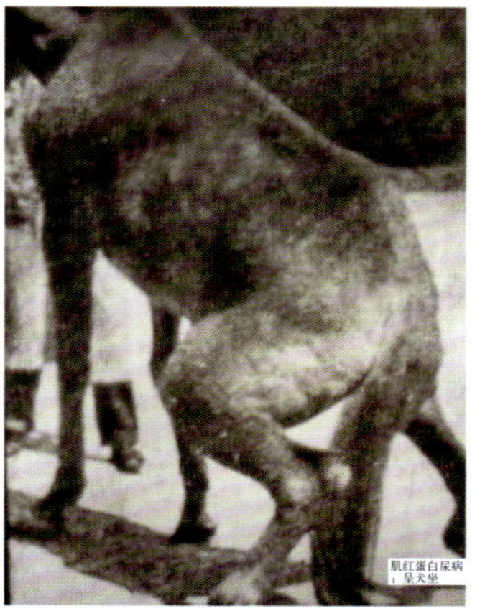

图 5-39-1　马麻痹性肌红蛋白尿病呈犬坐姿势

血清肌酸激酶（CK）活性在发病后由正常的 1000 IU/L 上升至 400000 IU/L；血清天冬氨酸氨基转移酶（AST）活性于 24 h 内达到峰值，常大于 1000 IU/L；血清乳酸脱氢酶（LDH）活性于 12 h 内达到峰值，可达正常的 30 倍以上；血清乳酸含量显著升高；尿中肌红蛋白定性试验呈阳性反应。

（三）剖检变化

臀肌和股四头肌呈蜡样坏死，切面混浊似煮肉状。膀胱中有黑褐色尿液。肾髓质部呈现黑褐色条纹。有时可见心肌、喉肌和膈肌变性、坏死。

（四）类症鉴别

1. 蹄叶炎

患蹄叶炎的病马有跛行，但不出现尿液颜色改变。

2. 血红蛋白尿症

有血红蛋白尿而使尿液变红，但通常不出现跛行和局部疼痛。

3. 肌炎

由外伤和感染引起，患部热痛，肿胀，化脓，姿势异常，跛行。

4. 硒和维生素 E 缺乏症

呈地区性群发，主要危害幼驹，冬末初春多发，临床上主要表现生长缓慢，贫血，犬坐姿势，共济失调，顽固性腹泻，心律不齐，心力衰竭，成年马肌红蛋白尿，流产。血清肌酸激酶（CK）活性升高。

5. 破伤风

共同点：临床上大都突然发病，没有明显的季节性，都有严重的运动障碍、肌肉痉挛或皮肤紧张、卧地不起等。不同点：破伤风是由破伤风梭菌经创伤感染后产生外毒素引起的人畜共患急性中毒性传染病。特征是骨骼肌强直性痉挛及反射性兴奋性增高，有创伤史，肌肉、皮肤紧张，有较显著的耳硬直伸、眼肌痉挛、背腰僵硬、牙关紧闭、流涎、瞬膜外露、重症角弓反张，状如鹿颈或者后弓侧张，四肢呈强直状态，木马状。

6. 风湿病

共同点：临床上大都突然发病，没有明显的季节性，都有严重的运动障碍、肌肉痉挛或皮肤紧张、卧地不起等。不同点：风湿不仅能侵害肌肉关节，同时还侵害其他器官与组织，发生非常迅速，呈短期或急性经过，通常还侵害对称的肌肉关节或神经。寒湿是本病之源，风湿的痉挛或皮肤紧张仅限于局部，指压肌肉疼痛明显。

（五）预防措施和安全用药

1. 预防措施

在闲置期间应将日粮中谷物成分减半。对有可能发病的马要避免让其剧烈运动，可在恢复运动的初始阶段保持非常轻微的运动强度，随后逐渐增加运动量。

2. 安全用药

治疗原则是加强护理，纠正酸中毒，防止继发感染等。发病后立即停止运动，就地治疗。尽量让病马保持站立，必要时可辅助以吊立。多饮水，给予柔软容易消化的饲料。对不断挣扎和有剧痛的马可立即用水合氯醛镇静（水合氯醛 30 g 溶于 500 mL 消毒蒸馏水中，静脉注射，或水合氯醛 45 g 溶于 500 mL 水中，口服），或应用盐酸氯丙嗪，按每 50 kg 体重 22 ～ 55 mg，肌内或静脉注射，同时静脉注射糖皮质激素。为促进乳酸代谢，可肌内注射盐酸硫胺素（0.5 g/d）和维生素 C（1 ～ 2 g），连用数日。为纠正酸中毒，可静脉注射 5% 碳酸氢钠 500 ～ 3000 mL，也可同时口服碳酸氢钠 150 ～ 300 g。在疾病早期可注射抗组胺药和维生素 E。辅助治疗可静脉注射或口服大剂量的生理盐水，以维持高速尿流量和避免肾小管堵塞，排尿困难需导尿。为防止感染和败血症的发生，可选用抗生素类药。

四十、腱炎

腱炎是指指（趾）伸肌腱、屈肌腱和悬韧带的炎症，常见的有指（趾）浅屈肌腱炎、指（趾）深屈肌腱炎和悬韧带炎，是赛马、骑马及役用马的常见病。马前肢腱炎多发，屈腱炎较伸腱炎多发，而在屈腱之中则指深屈肌腱多发。三条屈肌腱中单一发病的较多见，有时二、三条腱同时发病，尤其是指深屈肌腱的上翼状韧带发病率最高，并主要多发生于挽马和驮马；而指浅屈肌腱炎则次之，悬韧带炎就更少些，此两种腱炎常见于骑马和赛马。

（一）发病原因

比赛时滑倒和跌倒、使役与管理不当、装蹄不当（蹄角度过小）是引发腱炎的常见病因。挽驮超载、长期休息后突然超强度使役、突然持续性的长时间飞跑以及跳跃障碍物，特别是在泥泞或不平的道路上剧烈使役，会引起腱的剧烈伸张，导致腱纤维发生损伤而出现腱炎。有时也可能发生于偶然的挫伤、踢伤或邻近组织（如腱鞘炎）炎症的蔓延，少数因外伤或局部感染而引起腱炎。另外，发生盘尾丝虫的寄生，也会引起非化脓性或化脓性腱炎。

此外，马的腱质纤细，肢势不良（起系或卧系），蹄踵过低以及装蹄不当，铁尾过短、过薄等都是诱因。

（二）临床症状

1. 急性非化脓性腱炎

突然发生程度不同的跛行，患部增温、肿胀、疼痛。如病因不除或治疗不当，则容易转为慢性炎症。腱变粗而硬固，弹性降低乃至消失，结果出现腱的功能障碍。抑或因损伤部位的肉芽组织机化而形成瘢痕组织，腱短缩，甚至与之有关的关节活动均受限制，此即腱挛缩。腱的挛缩和骨化，常能引起腱性突球。

2. 慢性非化脓性腱炎

经常反复的损伤所引起的慢性纤维性腱炎，临床特征是患部硬固、疼痛、肿胀。患马每当运动开始，表现严重的跛行，随着运动量的增加或运动时间的延长则跛行减轻或消失。休息之后，慢性炎症的患部迅速出现淤血，疼痛反应加剧。故在诊断慢性腱炎之前，须保持患马较长时间的安静。

3. 化脓性腱炎

临床症状比无菌性腱炎剧烈，常发部位在腱束间的结缔组织，因而经常并发局限性的蜂窝织炎，最终能引起腱的坏死。

4. 不同部位腱炎特点

① 指浅屈肌腱炎：根据指浅屈肌腱炎发病部位的不同可分为四种类型。第一种是发生于全指浅屈肌腱的腱纤维破裂，纤维破坏严重时呈乱麻样，沿腱的长轴呈弥漫性肿胀（图 5-40-1）。第二种是发生在籽骨的上方，局部腱束断裂，呈局限性肿胀，常能摸到断端的间隙，病久形成坚硬的瘢痕组织，有时与指深屈肌腱粘连，呈球状硬结（图 5-40-2）。第三种是发生于系骨侧方腱附着点附近的炎症，在系骨两侧呈斜长形索状肿胀，该处炎症多预后不良。第四种发生于腕骨上方的上翼状韧带（在桡骨下 1/3 内后面），初期为拇指粗的肿胀，以后在其附近出现弥漫性肿胀。以上几种炎性肿胀，病初指压患部均有剧痛和温热。站立时，患肢以蹄尖着地，球节屈曲（上翼状韧带炎症时，腕关节、系关节屈曲）。运动时表现中、轻度支跛，仅上翼状韧带炎症时出现混合跛行，跛行的时间较长。为了避免屈腱紧张，球节不敢背屈，快步时常猝跌。多数病例因治疗不当而转为慢性，由于腱的再生，增生成坚硬的结缔组织。此时虽然临床症状消失，但损伤的腱组织仍不能恢复原有的弹性，抵抗力减弱，容易再发。

图 5-40-1 指浅屈肌腱炎（全腱肿胀）

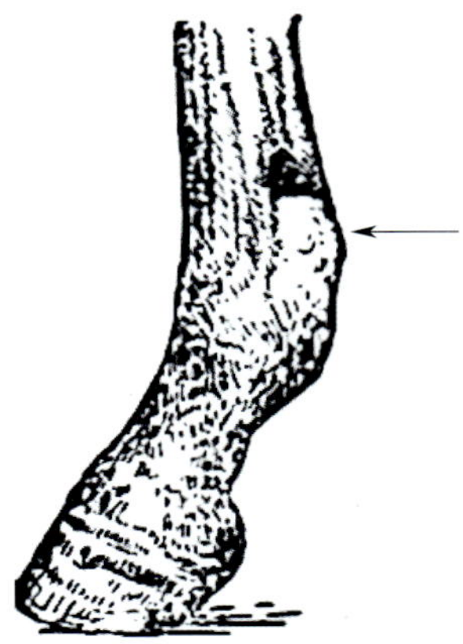

图 5-40-2 指浅屈肌腱炎（籽骨上方肿胀）

② 指深屈肌腱炎：指深屈肌腱炎常发病的部位有三处，发病比较多的是在掌骨后上 1/3 处的下翼状韧带；其次是在掌骨的中部；还可在系骨的后面。一般急性炎症的初期，患部突发柔软的或捏粉样的肿胀，患部温热、疼痛。站立时，为了减轻患肢的负担，将患肢伸出置于前方。运动时表现重度支跛，仅下翼状韧带炎症时为混合跛行。慢性经过时，跛行不甚明显，多在快步运动时才能出现。患部由于结缔组织增生而硬固、无热痛、呈结节状，有时腱的肥厚处类似假骨，永不消散。由于瘢痕收缩使腱缩短，因而引起腕关节及指关节的腱性挛缩，表现腱性突球（滚蹄）。

③ 悬韧带炎：悬韧带炎常并发于籽骨炎或籽骨骨折。发生于骑马、赛马时往往与指

浅屈肌腱同时发病，有时并发于籽骨骨折，有时亦单一发病。发病部位多在籽骨上方分叉处的一支或二支，并在分叉处常发生断裂。病初在球节上方两侧出现肿胀，严重时常发生大面积的弥漫性肿胀、温热、疼痛，指压时留压痕。站立时，半屈曲腕、系关节，并伸向前方，保持系骨直立状态。运动时呈支跛。慢性经过时，肿胀变硬。X线检查患病韧带时，局部可见岛屿状骨化，悬韧带肥厚，但跛行不明显，只是在运动中出现猝跌。

5. 侵袭性腱炎

盘尾丝虫寄生引起的悬韧带炎为慢性炎症过程，患部呈结节状无痛性肿胀，有时浮肿。有的病例形成小脓肿，内有虫体。经过良好的病例，患部钙化、纤维组织增生、韧带粗而厚、表面凹凸不平。

（三）剖检变化

① 非化脓性腱炎：在腱的止点或分支部位的腱束发生断裂，胶原纤维之间和疏松结缔组织内发生轻度溢血，局部血管扩张，血管内液体渗出，腱内组织液积聚，胶原纤维发生肿胀，局部水肿。腱束断裂处出血，形成肉芽组织和瘢痕组织。腱内及其周围结缔组织伴发纤维性结缔组织增生，可能导致患腱与腱鞘粘连。慢性经过时，瘢痕组织收缩引起腱挛缩，有的引起骨化性腱炎。

② 化脓性腱炎：腱组织有炎症、坏死和蜂窝织炎。

③ 侵袭性腱炎：在盘尾丝虫侵入部位，发生慢性炎症，其特征为局部增生有脆弱的肉芽组织，周围组织高度充血，有时形成小的脓肿，有的在虫体外形成纤维素包囊，并在其周围有石灰盐沉积。在某些慢性经过的病例，病灶钙化或瘢痕组织增生，最终腱组织肥厚，表面凹凸不平，腱组织弹性降低或丧失。

（四）类症鉴别

1. 腱断裂

腱弛缓，断裂部位形成缺损，断端肿胀，断裂部位温热、疼痛，姿势异常，跛行。屈腱的不全断裂与腱炎的区别有一定难度，但比腱炎的跛行症状重，几乎不能负重。

2. 籽骨骨折

支跛，站立时系关节掌曲，用蹄尖着地或不能负重。近籽骨骨折时，于系关节后方一侧或两侧呈现不同程度热、痛明显的肿胀。远籽骨骨折时，蹄壁叩诊或用检蹄器嵌压有明显疼痛。

（五）预防措施和安全用药

1. 预防措施

贯彻预防为主的方针，对于降低腱炎的发病率有重大意义。在预防腱炎工作中，应宣传普及防病知识，建立健全使役管理制度。

① 科学使役：对不满两岁或不老实的马、骡必须注意使役，防止载运过重和激烈奔跑，尤其是道路不良时更应当注意。

② 合理装蹄、削蹄：在农村应注意役畜的削蹄工作，削蹄要正确适时，合理正确装蹄，使肢蹄保持正常的肢势和角度，这是预防屈肌腱炎的关键。发现肢势或蹄形不正，应及时进行矫形装蹄。

③ 役后管理：在偶然剧烈使役之后，估计有可能发生腱炎时，应当因地制宜地利用河流或水池，把马牵到水里进行冷蹄浴。

④ 及时检查：养马、骡较多时，应建立槽头、使役前后、田间检查制度，做到早期发现早期治疗。对慢性腱炎应注意使役和管理。

2. 安全用药

治疗原则是减少渗出，促进吸收和血液凝固，防止腱束的继续断裂，恢复功能。

① 急性炎症：首先使患马安静，如因肢势不正或护蹄、装蹄不当，须在药物治疗的同时进行矫形装蹄（装厚尾蹄铁或橡胶垫）和削蹄，以防止腱束的继续断裂和炎症发展。急性炎症初期，为控制炎症发展和减少渗出，可用冷疗法。病后1～2 d内进行冷疗（利用江、河、池塘水冷浴），亦可使用冰袋、雪袋、凉醋、明矾水和醋酸铅溶液冷敷，或用凉醋泥贴敷。急性炎症减轻后，为了消炎和促进吸收，可以使用酒精热绷带、酒精鱼石脂温敷，或涂擦复方醋酸铅散加鱼石脂等。抑或使用中药消炎散（处方：乳香、没药、血竭、大黄、天花粉、白芷各 100 g，白芨 300 g，碾细加醋调成糊状）贴在患部，包扎绷带，药干时可浇以温醋。也可采用封闭疗法，将盐酸普鲁卡因注射液注于炎症患部，效果较好。

② 亚急性炎症：对亚急性和转为慢性经过时间不久的患马，应当使用热疗法，如电疗、离子透入疗法、石蜡疗法，或试用可的松 3 ～ 5 mL 加等量 0.5% 盐酸普鲁卡因注射液在患肢两侧皮下进行点注，每点间隔 2 ～ 3 cm，每点注入 0.5 ～ 1 mL，每 4 ～ 6 d 一次，3 ～ 4 次为一疗程。

③ 慢性炎症：对慢性经过时间较久的腱炎，可以涂擦碘汞软膏（处方：水银软膏 30 g、纯碘 4 g）2 ～ 3 次，用至患部皮肤出现结痂为止，但在每次涂药后，应包扎厚的绷带。或涂擦强刺激性的红色碘化汞软膏（处方：红色碘化汞 1 g、凡士林 5 g），为了保护系凹部，应在用药同时涂以凡士林，然后包扎保温绷带，用药后注意护理，预防咬舔患部。经过 5 ～ 10 d 换绷带（夏季时间短，冬季应长些）。对顽固的病例可使用点状或线状烧烙，在烧烙的同时涂强刺激剂，注意包扎保温绷带，加强护理。借以诱发皮肤及皮下组织出现急性炎症，形成炎性水肿，使白细胞增多，在酶的作用下，可以促进腱的病态结缔组织软化。在治疗过程中应保持患马的适当运动。当腱已发生挛缩时，可进行切腱术。对化脓性腱炎，应按照外科感染疗法治疗。

装蹄是有效的辅助治疗方法，指浅屈肌腱炎的装蹄原则是以使蹄的角度略低于指轴为标准；指深屈肌腱炎的装蹄原则是加大蹄的角度，以侧望时与指轴一致为标准，适当切削蹄尖部负面，装厚尾蹄铁，抑或加橡胶垫。蹄铁的剩缘、剩尾应多些，上弯稍大些；悬韧带炎的装蹄原则是以使蹄的角度略低于指轴为标准。悬韧带分支发生炎症时，轻度切削发炎侧蹄踵负缘，但要求蹄负缘的内外应当等高。

四十一、腱断裂

腱断裂是指腱的连续性被破坏而发生分离。临床上常见的腱断裂是屈腱断裂和跟腱断裂，伸腱断裂发生较少。屈腱断裂是指（趾）浅屈肌腱、指（趾）深屈肌腱和悬韧带所发生的开放性和非开放性断裂，三条屈肌腱有的单独发生断裂，有的同时发生断裂。非开放性腱断裂的发生部位多在其骨的附着处。

腱断裂按病因可分为外伤性腱断裂和症候性腱断裂，而前者又可分为非开放性（皮下）腱断裂和开放性腱断裂；按发生部位可分为腱鞘内腱断裂和腱鞘外腱断裂；按损伤程度可分为部分断裂（少数腱束断裂）、不全断裂（多数腱束断裂）和全断裂。腱的全断裂多发生于肌腱的移行部位或腱的骨附着点。

（一）发病原因

① 非开放性腱断裂：多因腱突然受到过度牵张所致。在马、骡中常由于剧烈的运动，过重的驮运、挽拽、飞越、疾驰、蹴踢，保定失宜等所造成。

开放性腱断裂：发生较少。由于犁铧、耙齿、镰刀、锹铲、草叉等的切割以及枪弹的损伤等，引起皮肤和腱组织同时发生损伤，且常为鞘外腱断裂。

② 症候性腱断裂：常见的是由新陈代谢所引起的全身病，如骨软症、佝偻病等。腱及腱鞘的炎症、化脓性坏死，蹄骨及籽骨的骨坏疽，切神经术后腱组织代谢失调、弹性降低，抵抗力减弱，以致容易发生腱的断裂。并发于腱鞘炎的腱断裂属渐进发展的鞘内纵断裂。

（二）临床症状

1. 共同症状

腱弛缓，断裂部位形成缺损，又因溢血和断端收缩，断端肿胀，断裂部位温热、疼痛。开放性腱断裂，经常感染化脓，预后不良，患马患肢机能障碍，有的表现异常肢势。

2. 各种腱断裂的特点

（1）屈腱断裂　局部症状为皮下断裂，主要表现为患腱弛缓和指（趾）轴改变。发病当时腱的断端有间隙，经过 12 h 后因软组织的肿胀，则不易识别。患部温热、肿胀、疼痛。开放性断裂时，腱的断面多为横断或斜断，因其收缩在伤口内不易见到断端。皮下屈腱断裂以指（趾）深屈肌腱断裂为最多，多发生于深屈肌腱蹄骨的附着点。开放性断裂多在掌部或系凹部。全断裂时，突然表现支跛。站立时，以蹄踵或蹄球着地，蹄底向前，蹄尖翘起，系骨呈水平位置。运动时，患肢蹄摆动，以蹄踵或蹄球着地，球节高度背屈、下沉（图 5-41-1）。断裂处发生于骨的附着部位时，系凹蹄球间沟部热、痛、肿胀，腱明显弛缓。如发生于球节下方，则可触到断端裂隙及热、痛性肿胀。如与指（趾）浅屈肌腱同时发生断裂，则蹄尖的翘起更明显。指（趾）浅屈肌腱断裂，全断裂时，突发支跛。站立时，以蹄尖着地，减免负重。运动时，患肢着地负重的瞬间球节显著下沉，蹄尖稍翘离地面（图 5-41-2）。触诊冠骨上端两侧腱的附着点或球节上方的掌后侧，可摸到腱的断痕，患部有疼痛性肿胀及温热。

（2）悬韧带断裂　单独发生的较少，常发生于分支处。病后突发支跛，患肢负重时，球节明显背屈、下沉，但蹄尖并不上翘，患肢蹄负面可以着地（图 5-41-3）。

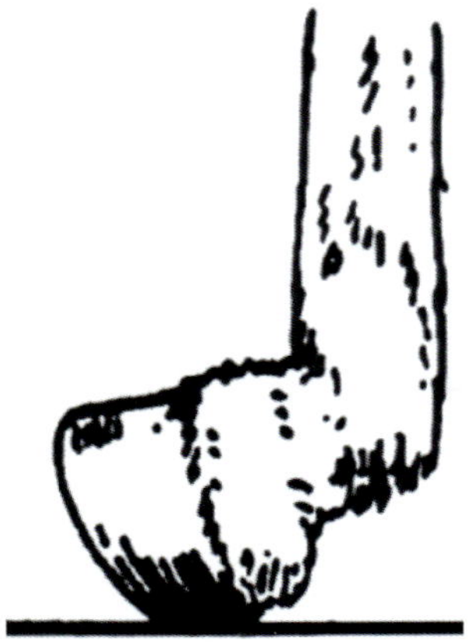

图 5-41-1 指深屈肌腱断裂

图 5-41-2 指浅屈肌腱断裂

（3）跟腱断裂　全断裂，在站立时患肢前踏，跗关节高度屈曲并下沉，膝关节伸展，患侧臀部下降，小腿与地面垂直，趾部倾斜，跟腱弛缓。运动时，表现为以支跛为主的混合跛行，如两后肢同时发病，则运步困难（图 5-41-4）。

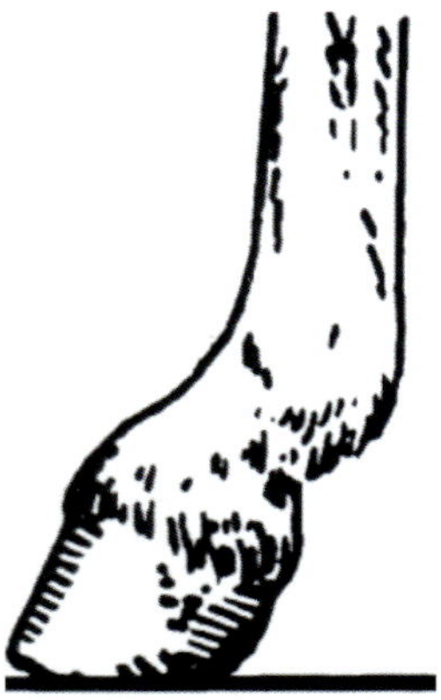

图 5-41-3 悬韧带断裂

图 5-41-4 跟腱断裂

（三）类症鉴别

1. 腱炎

患部疼痛、肿胀、跛行，腱粗硬、弹性消失，腱挛缩和骨化。

2. 腱鞘炎

主要发生于腕部、指（趾）部的腱鞘，腱鞘周围水肿，腱鞘内充满渗出物，局部温热、疼痛、有波动，跛行。

（四）预防措施和安全用药

治疗原则是使患马安静，合理固定，吻合断端，防止感染，促进再生。

首先进行病因调查，看有无骨病史，以及钙和磷的代谢水平是否正常等，考虑对原发病的治疗。其次是保持安静、固定制动、加强护理。

腱断裂的治疗，关键在于固定。只有在充分固定的基础上，才能促进腱的断端紧密结合，以利于腱的再生，否则预后多为不良。腱断裂的固定方法很多，如石膏绷带固定法、夹板绷带固定法等，效果较好的是在包扎石膏绷带，并结合使用镫状支架、支撑蹄铁以及长尾连尾蹄铁（图 5-41-5，图 5-41-6）。

图 5-41-5 腱断裂固定用支撑蹄铁

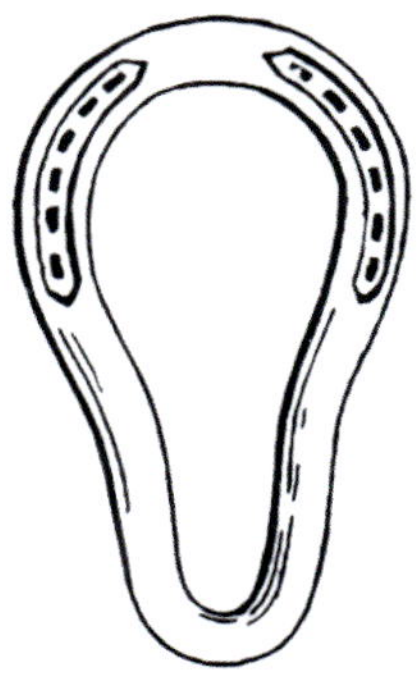

图 5-41-6 长尾连尾蹄铁

全断裂（包括开放性腱断裂）时，在一般外科处理后，可进行腱的缝合术，以促进断端紧密结合，加速修复。腱的缝合方法有皮外和皮内（创内）缝合法两种。皮外缝合应在充分剃毛消毒的基础上，使用粗（18 号线）缝线，从腱的侧面穿线，进针部位距断端 3 ～ 4 cm，进针前先将皮肤向创口外侧推移，做单扣绊或双扣绊（目字形）缝合，将两断端拉近并打结固定，以使断端尽量接近，然后包扎石膏绷带。皮内（创内）缝合法，用粗（18 号线）缝线做双交叉扣绊缝合（8 字或双 8 字缝合），进针部位距离断端 5 ～ 8 cm，交叉穿线，然后拉紧打结固定，用普鲁卡因青霉素液清洗，缝合皮肤，然后包扎石膏绷带。为了增加抗拉强度，防止缝线拉断，可先实行皮内缝合，再行皮外缝合，借助皮肤的张力减轻缝线所受的拉力（图 5-41-7、图 5-41-8）。

对于不全断裂和球节以下的全断裂，可不做腱的缝合，应用石膏绷带固定即可。包扎绷带时，为了使断端接近，应将患肢的指关节固定在适当的屈曲状态。全断裂时，固定石膏绷带更换的时间应不少于 1 个月。以后改装长尾连尾蹄铁，病畜需要休息 3 个月以上，逐渐进行功能锻炼。使用长尾连尾蹄铁是利用蹄铁的长尾向后扩大患肢的负重面积，防止蹄尖上翘和腱断端被拉开。在愈合过程的后期，蹄铁的长尾应逐渐缩短。应当注意在包扎固定绷带后，需将患马吊起保定。开放性腱断裂在新鲜创的初期，伤口做一般外科处理后，用青霉素、链霉素液清洗，同时用 0.1% 呋喃西林溶液湿敷，对控制感染有较好的效果。根据腱断裂的具体情况，进行腱的缝合，并包扎固定绷带。拆除绷带后，注意功能锻炼。

跟腱全断裂在治疗时，如断裂部位发生在肌、腱的移行部，可试用缝合法，然后包扎石膏绷带。跟腱附着点的全断裂并发跟骨结节骨折时，可试用石膏绷带固定，但一般预后不良。

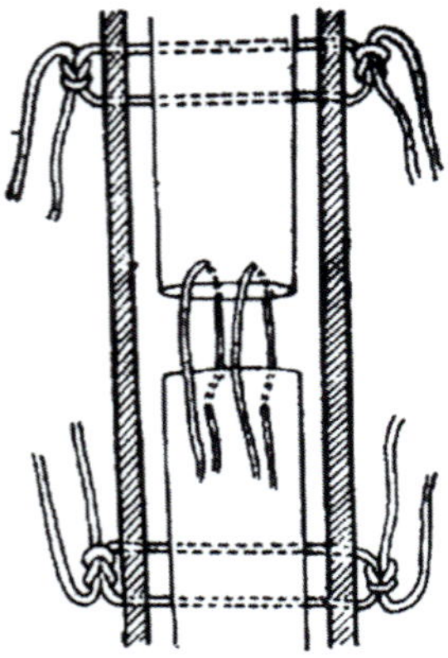

图 5-41-7 皮外腱缝合法

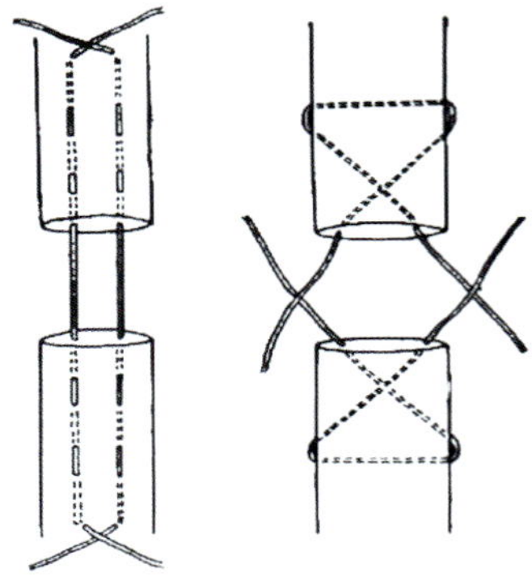

图 5-41-8 皮内（创内）腱缝合法

四十二、幼驹屈腱挛缩

（一）发病原因

幼驹屈腱挛缩有先天性与后天性两种。先天性的主要由于屈腱先天过短，同时伸肌虚弱所造成，常发生于马骡幼驹，可发生于一肢、两肢或四肢，并常发生在两前肢，而后肢基本不发生。后天性幼驹屈腱挛缩，主要是幼驹在发育期间完全舍饲、运动不足、全身肌肉不发达、消化障碍、营养不良所引起。风湿性肌炎和佝偻病也能诱发此病。

（二）临床症状

根据发病程度不同，临床表现多种多样。轻度先天性幼驹屈腱挛缩，以蹄尖负重，行走时容易猝跌，球节腹屈。重度屈腱挛缩病例球节基本不能伸展，球节背面接触地面行走（图 5-42-1）。

后天性幼驹屈腱挛缩，初期以蹄尖负重，随着病势的发展，蹄踵逐渐抬高，球节向前方突出（图 5-42-2）。球节前面接触地面后，不久便引起创伤，损伤关节，往往并发化脓性关节炎。

图 5-42-1 先天性幼驹屈腱挛缩

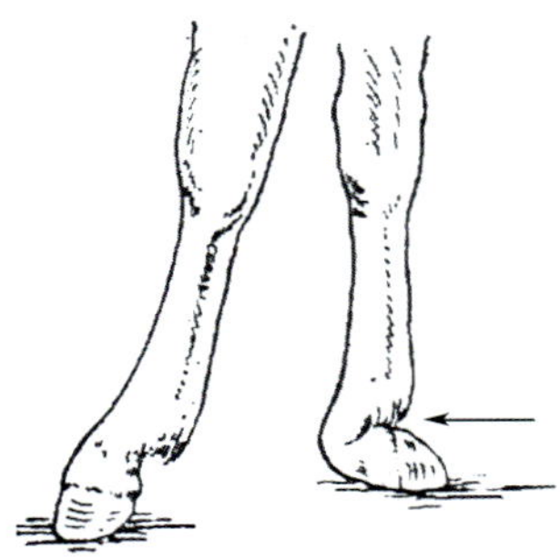

图 5-42-2 后天性幼驹屈腱挛缩

（三）类症鉴别

1. 急性肌肉风湿

患部肌肉强硬，并有结节性肿胀和疼痛表现，患病动物的头颈伸直、四肢拘僵，体温升高 1℃以上；但无创伤史，缺乏兴奋性，无牙关紧闭、瞬膜外露、两耳竖立、尾高举等症状；水杨酸制剂治疗有效。

2. 佝偻病

主要发生于 3 ～ 4 月龄的幼驹，呈慢性经过，异嗜，不愿起立和运动，跛行，生长发育迟缓，骨骼变形。血清钙、磷水平降低，血清碱性磷酸酶（ALP）活性往往明显升高。X 线检查，骨质密度降低，长骨末端呈现“羊毛状”或“蛾蚀状”，外形上骨的末端凹而扁（正常骨则凸起而等平）。

（四）预防措施和安全用药

先天性幼驹屈腱挛缩，可包扎石膏绷带或夹板绷带进行矫正。在打绷带时应将患肢的球节拉开至蹄负面完全着地，用石膏绷带固定。

后天性幼驹屈腱挛缩，首先除去原因，可试用石膏绷带固定矫正，也可以装铁脐蹄铁。屈腱挛缩较重的幼驹，可行切腱术。术前修整蹄形，术部在掌（跖）中 1/3 腱的侧方。术部剃毛消毒后，可用 1% 盐酸普鲁卡因液进行浸润麻醉。于术部切开皮肤及筋膜，分离结缔组织，找出深屈腱。半“工”字形或斜形切断屈腱（图 5-42-3、图 5-42-4），并做延长缝合。处理缝合创口后，装着石膏绷带最少 3 周。

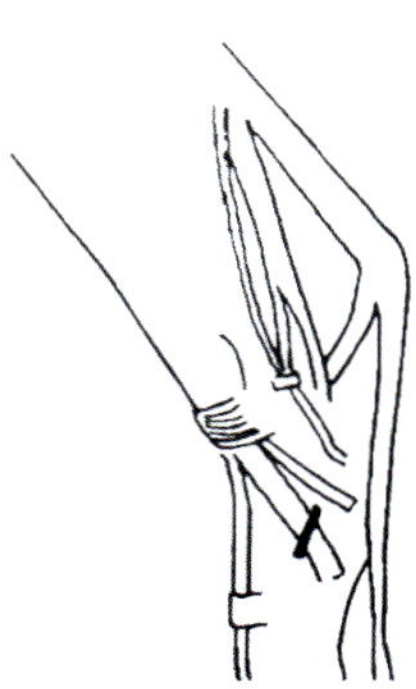

图 5-42-3　腱的斜形切断及缝合法

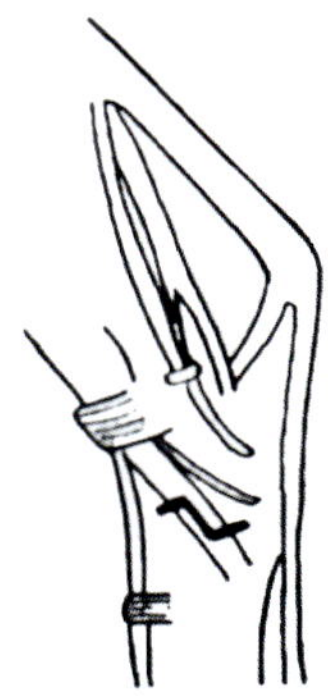

图 5-42-4　腱的半“工”字形切断及缝合法

四十三、腱鞘炎

腱鞘炎是马骡的常发疾病，屈腱的腱鞘比伸腱多发，腕部、指（趾）部的腱鞘发病率较高，跗部的腱鞘有时发病。按病程可分为急性和慢性腱鞘炎。按渗出物性质又可分为浆液性、浆液纤维素性、纤维素性和化脓性腱鞘炎。还有症候性腱鞘炎，多伴发于某些传染病。腱炎和腱鞘炎往往是互为因果，相互影响而发病。

（一）发病原因

① 机械性损伤：例如挫伤、打击、压迫、刺创、腱的过度牵张、保定不当、挽驮重载在不平或泥泞道路上的疾驰等。

② 感染：脓毒症、传染病（马腺疫、流行性感冒、布鲁氏菌病、结核病、马鼻疽）并发，周围组织炎症（蜂窝织炎、脓肿、化脓性黏液囊炎、化脓性关节炎）蔓延。

③ 寄生虫侵袭：如盘尾丝虫病等。

症候性腱鞘炎：如伴发于马腺疫、布鲁氏菌病以及传染性胸膜肺炎等。

（二）临床症状

1. 急性腱鞘炎

根据炎性渗出物性质分为浆液性、浆液纤维素性和纤维素性腱鞘炎。

（1）急性浆液性腱鞘炎

较多发，腱鞘内充满浆液性渗出物，有的在皮下肿胀达鸡蛋大乃至苹果大（图 5-43-1），有的呈索状肿胀，温热、疼痛、有波动。有时腱鞘周围出现水肿，患部皮肤肥厚；有时与腱鞘粘连，患肢机能障碍。

（2）急性浆液纤维素性腱鞘炎

渗出物中有纤维素凝块，因此患部除有波动外，在触诊和他动患肢时，可听到捻发音，患部的温热、疼痛和机能障碍都比浆液性严重。有的病例渗出液或纤维素过多，不易迅速吸收，转为慢性经过，常发展为腱鞘积水。

（3）急性纤维素性腱鞘炎

较少见，多为亚急性与慢性经过，局部肿胀较小，而热痛严重，触诊腱鞘壁肥厚，有捻发音。

2. 慢性腱鞘炎

同急性腱鞘炎，亦分为 3 种。

（1）慢性浆液性腱鞘炎　常自急性型转变而来或慢性渐进的发生。滑膜腔膨大充满渗出液，有明显波动，但温热、疼痛不明显，跛行较轻，仅在使役后出现跛行。

（2）慢性浆液纤维素性腱鞘炎　腱鞘各层粘连，腱鞘外结缔组织增生肥厚，严重者并发骨化性骨膜炎。患部仅有局限的波动，有明显的温热、疼痛和跛行。

（3）慢性纤维素性腱鞘炎　滑膜腔内渗出大量纤维素，因腱鞘肥厚、硬固而失去活动性，轻度肿胀（图 5-43-2），温热，疼痛，并有跛行。触诊或他动患肢时，表现明显的捻发音，纤维素越多，声音越明显。病久常引起肢势与蹄形的改变。

3. 化脓性腱鞘炎

分急性经过和亚急性经过。滑膜感染初期为浆液性炎症，患部充血和敏感，如有创伤，流出黏稠含有纤维素的滑液。经 2 ～ 3 d 后，则变为化脓性腱鞘炎，患马体温升高、疼痛、跛行剧烈。如不及时控制感染，可蔓延到腱鞘纤维层，引起蜂窝织炎，出现严重的全身症状，表现严重的跛行并有剧痛，进而引起周围组织的弥散性蜂窝织炎，甚至继发败

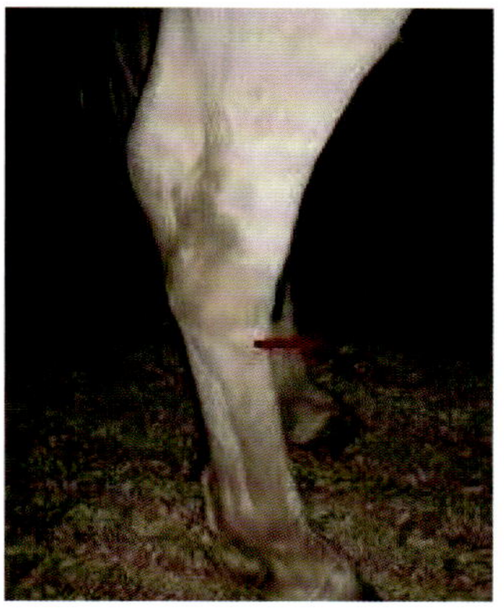

图 5-43-1　急性腱鞘炎皮下肿胀达鸡蛋大

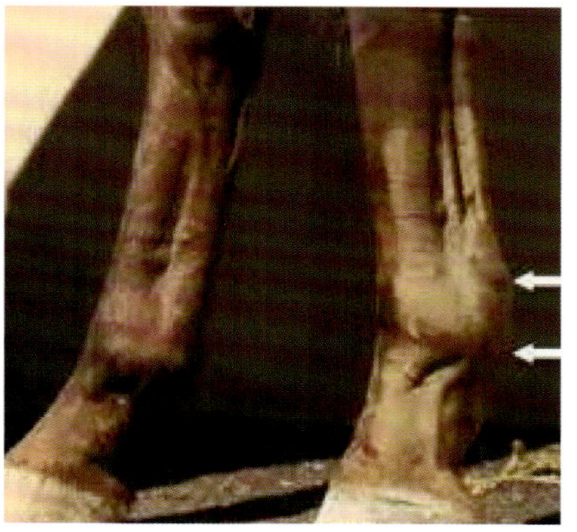

图 5-43-2　慢性纤维素性腱鞘炎

血症。有的病例引起腱鞘壁的部分坏死和皮下组织形成多发性脓肿，最终破溃。愈后往往遗留下腱和腱鞘的粘连或腱鞘骨化后遗症。

4. 各种腱鞘炎的特点

（1）指（趾）部腱鞘炎　本病是球节部指（趾）屈肌腱鞘的炎症，多为浆液性炎症，有时发生化脓性炎症。发病部位在球节上方和下方的系凹部。急性浆液性炎时，肿胀位于球节上近籽骨上韧带与指（趾）浅屈肌腱之间的内外侧。肿胀呈椭圆形、柔软波动、温热疼痛。重度炎症有大量渗出液蓄积腱鞘内时，沿系骨两侧直至系凹部肿胀明显，患马表现支跛。慢性经过时渗出显著增多，肿胀明显有波动，皮肤温度降低，无疼痛，一般无跛行。急性浆液纤维素性炎时，肿胀小而疼痛剧烈，触诊时患部上方有轻微波动，下方有捻发音，患马表现支跛。慢性经过时肿胀增大，无热痛和跛行（图 5-43-3）。纤维素性炎时，除温热、肿胀外，有剧痛和捻发音以及重度支跛。慢性经过时腱鞘肥厚，常因钙盐沉积而骨化。指关节活动受限，长期存在支跛，并随运动而加重。化脓性炎症时，呈弥散性蜂窝织炎性肿胀，从溃口或瘘管流出脓液。患马体温升高、跛行严重、患肢不能负重、长期倒卧、缺乏食欲、消瘦、易并发褥疮，常因败血病而致死。化脓性腱鞘炎愈合后，往往引起腱与腱鞘的粘连。

（2）腕部腱鞘炎　临床上常见的腕部腱鞘炎有指总伸肌腱鞘炎、指外侧伸肌腱鞘炎、腕桡侧伸肌腱鞘炎、腕斜伸肌腱鞘炎和腕部指屈肌腱鞘炎。指总伸肌腱鞘炎，发病部位在腕关节前面正中线稍外方，自桡骨远端至掌骨上端呈细长条肿胀。急性炎症时，出现椭圆形肿胀，增温疼痛，有明显支跛（图 5-43-4）。指外侧伸肌腱鞘炎，肿胀部位在腕关节外侧稍上方，椭圆形肿胀，有波动，时有疼痛。无菌性炎症一般不影响运动机能。当腱鞘增生肥厚时举扬不充分。腕桡侧伸肌腱鞘炎，患部在前臂下 1/3 至掌部上端。急性浆液性炎症、浆液纤维素性炎症时，肿胀椭圆、灼热疼痛，运动时轻度悬跛。常为慢性经过，全腱鞘逐渐肿胀。患肢负重时患部明显紧张，弛缓时有波动，运动时无跛行。化脓性炎症时，呈弥散性肿胀，灼热剧痛。从病灶排脓，腕部肿大，有时并发腱鞘旁蜂窝织炎，体温升高，站立时，患肢不能负重。腕斜伸肌腱鞘炎，在腕关节上半部的背外侧面，沿腕关节前面斜向内小掌骨头出现小的肿胀，灼热疼痛。慢性经过时临床症状不明显。站立时无异常变化；慢步运动有轻度跛行；快跑则跛行加重。因腕部运动失灵，速度降低，易疲劳。化脓性炎症时症状较重。腕部指屈肌腱鞘炎，当腱鞘内充满大量渗出液时，则出现三个长椭圆形肿胀，其中较大的位于外侧副腕骨的稍上方；第二个位于腕内侧的正中沟内桡骨与腕内屈肌之间；第三个位于掌骨上 1/3 处的内侧。有波动时，压迫其一则渗出液相互流窜。站立时避免负重，屈曲患肢；运动时，急性呈混合跛行，慢性无跛行，但在运动后患马容易疲劳，每在使役后常躺卧不起。因为此腱鞘与桡腕关节囊相通，常并发桡腕关节囊的膨胀。化脓性炎症时，全腱鞘肿胀，并发蜂窝织炎，剧痛，由溃口或瘘管流出脓液，如他动患肢，流量增多。病情严重者，出现明显的全身变化，如治疗不当，能发展成为败血病。

图 5-43-3 指部腱鞘炎

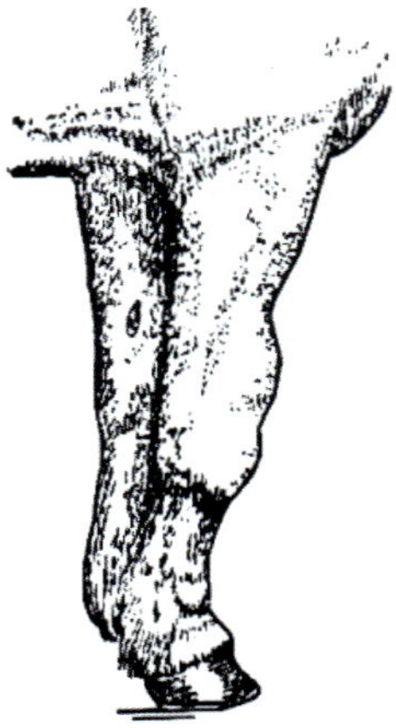

图 5-43-4 指总伸肌急性腱鞘炎

（3）跗部腱鞘炎　趾长屈肌（趾深屈肌内头）腱鞘炎，肿胀部位在跗关节内侧面，趾深屈肌外侧深头的前方，浆液性炎症的症状不甚明显，只有化脓性炎症症状明显。此腱鞘炎发病率较低。趾长伸肌腱鞘炎，肿胀部位在跗关节前面，呈长椭圆形，长达 18 cm，外面被三条横韧带压迫，隔成节段，肿胀有波动、温热疼痛。站立时屈跗，呈混合跛行。慢性炎症时肿胀无痛，无跛行。急性化脓性炎症时，中度肿胀，跛行严重并有全身症状，有时并发腱坏死。趾外侧伸肌腱鞘炎，肿胀呈小椭圆形，位于跗关节外侧，紧靠趾长伸肌腱鞘。此腱鞘发病率低。趾浅屈肌和跟腱的腱鞘炎，急性浆液性炎症时，腱鞘腔充满渗出液，出现两个肿胀，一个在跟结节上，另一个在前者下方，长达 10 ～ 15 cm，温热疼痛。站立时伸展附关节，屈跗剧痛；运动时跛行并向外展。化脓性炎症时，症状剧烈，并有全身症状。患马消瘦，肌肉萎缩，长卧不起。

（三）剖检变化

腱鞘腔、腱鞘壁及其周围的软组织出血、炎症，腱鞘腔内积聚大量渗出液和滑液，呈黏稠的红黄色，有时血液和渗出液同时进入腱鞘腔内，并有絮状纤维素沉降于腱鞘底部。慢性腱鞘炎，滑膜腔内有大量纤维素凝块残留，腱鞘粘连，腱鞘的纤维层外壁明显肥厚，滑膜层纤维性增生，腱鞘周围结缔组织高度增生，腱及腱鞘骨化。有时腱鞘内有浆液性炎性或脓性渗出物，滑膜层内皮脱落，鞘腔内充满肉芽组织，绒毛肿胀体积增大。

（四）类症鉴别

1. 腱炎

患部疼痛、肿胀，跛行，腱粗硬、弹性消失，腱挛缩和骨化。

2. 骨膜炎

是由于外伤和感染引起，局部充血、渗出，出现热痛性扁平肿胀，皮下组织水肿。跛行，且随运动而增重。

3. 关节滑膜囊炎

肩部于臂骨大结节前上方的凹陷处，呈圆形肿胀；肘部肘头前下方的肘窝处，出现肿胀；腕部副腕骨上内方，桡骨之后，呈圆形肿胀；指（趾）部球节后上方，掌骨与膝韧带之间内外侧，呈圆形肿胀；膝部三条膝直韧带之间，出现两个圆形肿胀；跗部跗关节前内侧及胫骨之后与肌腱之间的两侧出现 3 个互相连通的圆形肿胀。

4. 黏液囊炎

肩部肩关节前下方，臂骨上端，臂二头肌沟中，出现肿胀；肘部肘结节顶端直后皮下，呈圆形肿胀；腕部腕前皮下，出现一个圆形肿胀；指（趾）部球节前面、指总伸肌腱下呈圆形或左右压扁的半圆形肿胀；膝部膝关节前面稍外下方皮下出现一个圆形肿胀；跗部跟骨结节顶端皮下，呈圆形肿胀。

（五）预防措施和安全用药

治疗原则为制止渗出，促进吸收，消除积液，防治感染和粘连。

急性腱鞘炎初期，在病初 1 ～ 2 d 内应用冷疗，如 2% 醋酸铅溶液冷敷，硫酸镁或硫酸钠饱和溶液冷敷，同时包扎压迫绷带，以减少炎性渗出，患马应当安静休息。急性炎症缓和后，可应用温热疗法，如酒精温敷，复方醋酸铅散用醋调温敷等。如腱鞘腔内渗出液过多不易吸收时，可作穿刺，同时注入 1% 盐酸普鲁卡因青霉素 10 ～ 50 mL，注后慢慢运动 10 ～ 15 min，同时配合热敷 2 ～ 3 d。如未痊愈，可间隔三日后，再穿刺 1 ～ 2 次，在穿刺后要包扎压迫绷带。

对亚急性或慢性腱鞘炎，可应用鱼石脂、鱼石脂酒精外敷，涂擦水银软膏、樟脑水银软膏，亦可采用热浴、热泥疗法、透热疗法、石蜡疗法、碘离子透入疗法，还可以应用醋酸氢化可的松 50 ～ 200 mg，加青霉素 20 万～ 40 万 IU，注入腱鞘内，每 3 ～ 5 d 注射一次，连用 2 ～ 4 次。也可采用中药治疗，方用当归 45 g、牛膝 45 g、赤芍 35 g、五加皮 30 g、桂枝 20 g、伸筋草 30 g、木通 30 g、独活 20 g、桃仁 20 g、红花 20 g，共为细末，开水冲调，加黄酒 120 mL，童便 1 碗，一次灌服，每日 1 剂，连用 5 ～ 7 剂。如腱鞘腔内纤维素凝块过多而不易分解吸收时，可手术切开排除，切开部位应在下方，注意防止局部感染。对慢性患马应进行适当运动。

对化脓性腱鞘炎，初期可行穿刺排脓，然后使用盐酸普鲁卡因青霉素溶液冲洗，伤口用 0.1% 呋喃西林溶液湿敷。手术疗法效果较好，应根据病情，不失时机早期切开，切口应在患病腱鞘的下方，充分排脓，切除坏死组织和瘘管。手术创口可用青霉素、磺胺类制剂、2% 氯亚明溶液、0.2% 过氧化氢利凡诺溶液。对腐败性腱鞘炎，应使用氧化剂。

治疗腕部腱鞘炎时，除上述腱鞘炎的疗法外，应当注意装蹄疗法，即切削蹄尖外侧，使外蹄尖容易返回。

四十四、腕管综合征

因腕管发生占位性病变，使腕管口径变小而引起的慢性跛行，统称为腕管综合征。主要发生于年轻种马，常一肢发病。

（一）发病原因

主要是因为腕管内容物容积变大，腕管口径变小，使腕管内的屈肌腱受到压迫，其活动受限；腕管内的血管、神经受到压迫，影响其机能，从而发生慢性跛行。引起腕管口径变小的原因有副腕骨骨折，特别是复杂骨折或粉碎性骨折时并发腕管部腱组织增厚，骨折部位的腕掌侧环状韧带纤维性增生，以及软组织损伤造成的结缔组织增生。

（二）临床症状

呈现持续性的腕部指屈肌腱鞘炎，在腕尺侧伸肌和尺侧屈肌之间或腕桡侧屈肌和指屈肌内侧之间出现顽固性肿胀，腕管内容物增大，副腕骨部组织变性增厚，而腕关节背侧无任何改变。腕关节屈曲度明显降低，屈曲腕关节时出现疼痛反应，当突然屈曲腕关节或屈曲腕关节保持一段时间，会引起跛行，但可随运动逐渐减轻或消失。严重者，指动脉波动消失。

（三）类症鉴别

1. 幼驹屈腱挛缩

常发生在两前肢，以蹄尖负重，蹄踵抬高，球节向前方突出，球节背面接触地面行走。

2. 腕前黏液囊炎

肿胀位于腕关节前面略下方，局部增温，触之疼痛、有波动，一般没有跛行。

（四）预防措施和安全用药

进行腕掌侧环状韧带切开术，可望消除或缓解腕管的压迫症状，恢复使役能力。手术方法是：侧卧保定，全身麻醉，从腕关节上方 3 cm 到副腕骨下方 5 cm，与指总静脉平行，做 15 cm 长的皮肤切口，然后沿指轴平行切开腕掌侧环状韧带，在环状韧带的两静脉间切开腱鞘，探查狭窄部，切除增生的内容物。缝合皮下组织和皮肤，包扎绷带。包扎绷带应避开突起的副腕骨，以防压迫引起疼痛。

四十五、结节间滑液囊炎

屈、伸肩关节时，臂二头肌腱质部在被有软骨的臂骨结节间沟上滑动，即在此处形成一个大的滑液囊，叫作结节间滑液囊。滑液囊的腔体系以一团脂肪与肩关节腔隔开，马容易发生结节间滑液囊炎，多发生于挽马。

（一）发病原因

马的结节间滑液囊有时发生急性或慢性炎症，常为肩端严重挫伤的结果。例如由于碰撞及肩部或臂二头肌受到剧烈冲击时即可引起炎症。如果滑液囊遭受创伤，有可能继发急性炎症。脱缰马常导致结节间滑液囊炎。持续迅速赶路的挽马，可在一侧或两侧发生慢性结节间滑液囊炎。

（二）临床症状

急性结节间滑液囊炎：在站立时，腕关节屈曲，以蹄尖着地，患肢后置。患马在举肢前进时，患肢表现高度悬跛（图 5-45-1）。病肢提举困难，严重者拖曳患肢而三肢跳跃。甚至在疼痛减轻之后，当运步时病肢仍为前方短步。强迫行进时，患马拒绝患肢负担体重，后退时并无多大困难。患肢局部有增温、肿胀和疼痛等炎性症状。

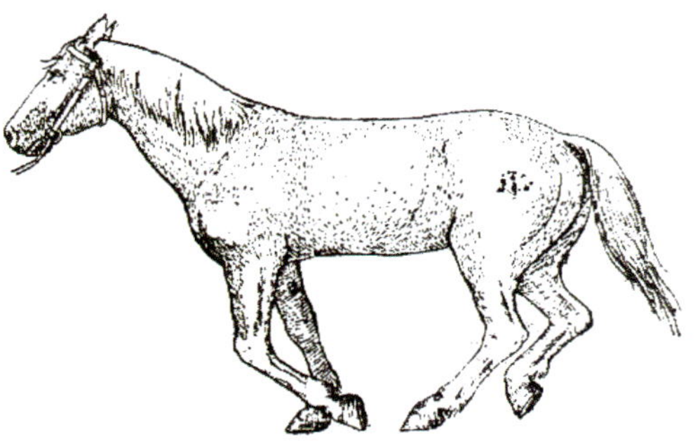

图 5-45-1 左前肢结节间滑液囊炎的悬跛肢势

慢性结节间滑液囊炎：除快步运动外，一般无跛行。病肢虽然不能负重，但无明显的炎症病状。如果两侧结节间滑液囊同时发病，患马的肩部强拘。病久者相关肌肉（臂二头肌、冈下肌）出现萎缩。

（三）类症鉴别

1. 骨关节炎

呈慢性经过，有关节急性炎症病史，主要表现跛行，肩关节关节肿胀和关节粘连。

2. 臂二头肌炎

患马在站立时，肘关节以下各关节屈曲。运动时，举肢困难，呈悬跛，重者三肢跳跃，但后退正常。肩端轻度肿胀，指压肌下端有压痛，他动患肢时，向后牵引疼痛显著，反之向前无变化。

（四）预防措施和安全用药

患马停止使役，保持安静或充分休息。病初 48 h 内的急性炎症可行超短波电疗或用冷疗，例如冷敷、装设冰袋或冷水淋浴。第三、四天，局部可用温热疗法，如热敷、红外线照射等。或用碘离子透入疗法、轻度按摩以及透热疗法等。初发的滑液囊炎可用可的松或 2% 盐酸普鲁卡因注射液进行囊内注射。慢性病例可涂擦四三一合剂等刺激剂。如已化脓，可行结节间滑液囊穿刺排脓，然后注入溶有青霉素 80 万 IU 的 0.25% 盐酸普鲁卡因注射液 20 mL。必要时可切开排脓，清洗脓腔，注入青霉素盐酸普鲁卡因溶液，同时肌内注射青霉素及链霉素。

四十六、黏液囊炎

黏液囊炎是指肘头、跟骨头、腕前、膝盖前等部皮下黏液囊炎症的总称。肘头皮下黏液囊炎俗称“肘肿”，或称肘结节皮下黏液囊炎，有时一侧发病，有时两侧同时发病；跟骨头皮下黏液囊炎俗称“飞端肿”；腕前皮下黏液囊炎俗名“腕瘤”，多为一侧性的，有时两侧同时发病；膝盖前皮下黏液囊炎俗称“膝瘤”。

（一）发病原因

① 肘头皮下黏液囊炎：局部挫伤可导致急性肘头皮下黏液囊炎，多因长期对肘突的压迫和冲击所引起。如马长时间卧于坚硬地面上；肘头皮下黏液囊受到压挤；体弱、缰绳短、厩舍太狭窄、呼吸迫促和困难的马，以胸骨部卧地，屈曲前肢休息，肘的后面恰被蹄踵所冲击；特别是取牛卧姿势的马，蹄铁尾端反复刺激肘头皮下黏液囊部，可引起肘头皮下黏液囊炎。

② 跟骨头皮下黏液囊炎：是蹴踢、与坚硬物体碰撞、滑跌或过度用力造成损伤的结果。厩舍狭窄，跟骨头经常碰到墙壁上；或车船运输引起的局部碰伤；车套较短，马属动物拉车时跟骨头经常与车前横木发生冲击挫伤，都是导致跟骨头皮下黏液囊炎的原因。

③ 腕前皮下黏液囊炎：马有牛卧姿的恶习、系缰甚短全卧有困难、腕关节前面易碰撞饲料槽等，均易引起腕前皮下黏液囊炎；在不平的硬地上发生猝跌，亦可导致腕前皮下黏液囊炎；布鲁氏菌病可并发或继发腕前皮下黏液囊炎。

膝盖前皮下黏液囊炎：机械性损伤，如剧伸、挫伤、强烈牵张等；继发于某些传染病的经过中，如马腺疫、流行性感冒及马传染性胸膜肺炎等；邻近组织炎症的蔓延等所引起。

（二）临床症状

① 肘头皮下黏液囊炎：经常出现的症状是在肘头部有界限明显的肿胀（图 5-46-1，图 5-46-2）。初期可感温热、似生面团样、微有痛感。以后由于渗出液的浸润和黏液囊周围结缔组织的增生，即变得较为坚实。有时黏液囊膨大，并有波动。发炎的黏液囊内积聚含有纤维素凝块的液体，大如人拳，破溃时流出带血的渗出液。黏液囊内含物有时可被吸

收，黏液囊周围的炎症亦随之消失。过度延伸的皮肤，可形成松弛的皱襞。本病一般没有跛行。

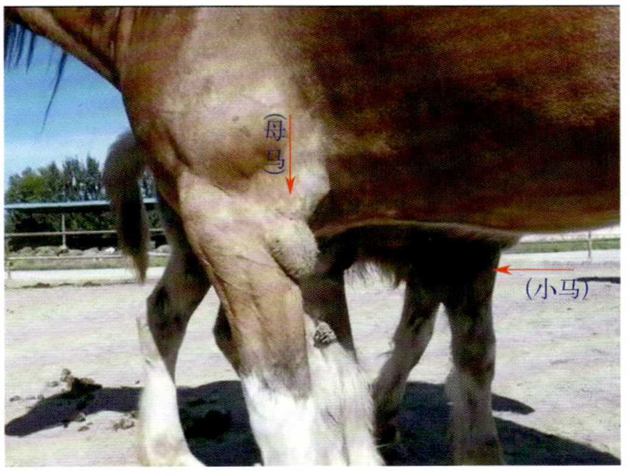

图 5-46-1　左侧肘头皮下黏液囊炎

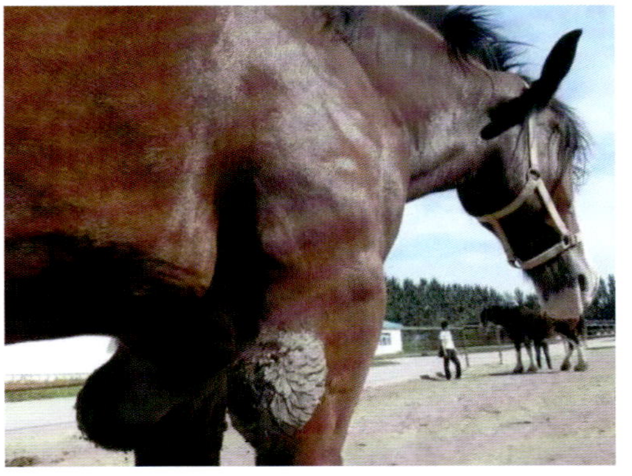

图 5-46-2　双侧肘头皮下黏液囊炎

② 跟骨头皮下黏液囊炎：跟骨头顶端特定部位的肿胀（图 5-46-3），比较容易诊断。但是仍需注意检查和触诊，若为黏液囊炎则肿胀具有弹性。触诊时，急性跟骨头皮下黏液囊炎局部增温，触之疼痛。如为化脓性炎症，皮下肿胀显著增大。肿胀位于飞节的顶端，有时可达拳头大，乃至小儿头大。单纯的皮肤或黏液囊的损伤，并不发生跛行，甚至有化脓过程时，也很少出现跛行。

③ 腕前皮下黏液囊炎：腕关节前面发生局限性、带有波动性的隆起（图 5-46-4），逐渐增大，无热无痛，时日较久，患病皮肤被毛卷缩，皮下组织肥厚。肿胀的内容物多为浆液性，并混有纤维素小块，有时带有血色。如有化脓菌侵入，则形成化脓性黏液囊炎。若腕前皮下黏液囊由于炎症积液多而过度增大，运步时出现机械障碍。

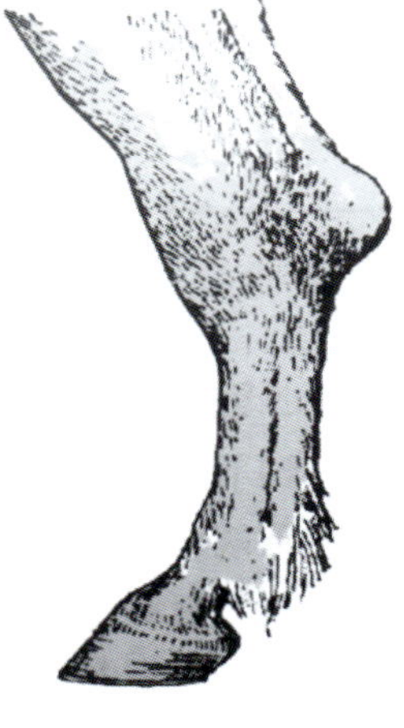

图 5-46-3　马的跟骨头皮下黏液囊炎

图 5-46-4　马的腕前皮下黏液囊炎

④ 膝盖前皮下黏液囊炎：在膝盖骨前方正中央或稍偏于外侧，呈现局限性肿胀，有明显的波动感。急性炎症时，其肿胀有热有痛，并有轻度跛行。当有纤维素渗出时，可感知有捻发音。慢性炎症时，由于纤维组织增生，肿胀致密而坚硬，疼痛不明显，无跛行。化脓性炎症时，黏液囊及其周围组织呈现弥漫性肿胀，温热及疼痛明显，呈现重度跛行。化脓性炎症时，可形成脓肿，手术切开或自溃排脓后，跛行明显减轻。

（三）剖检变化

黏液囊炎局限性肿胀，有明显的波动感，肿胀有热有痛；黏液囊充满浆液性，并混有纤维素小块的炎性液体。黏液囊周围皮肤和皮下结缔组织炎症、增生、肥厚，甚至骨化。化脓性黏液囊炎，黏液囊化脓、坏死和组织分解，破溃后形成瘘管。

（四）类症鉴别

腕前皮下黏液囊炎应注意与腕关节滑膜炎和腕桡侧伸肌腱鞘炎做鉴别诊断，腕前皮下黏液囊炎的肿胀位于腕关节前面略下方；腕关节滑膜炎时，肿胀主要位于腕关节的上方及侧方（图 5-46-5）；腕桡侧伸肌腱鞘炎时，呈纵行的分节状肿胀。当急性滑膜炎或腱鞘炎时，病肢跛行显著；而浆液性黏液囊炎时，通常无跛行，或跛行轻微。

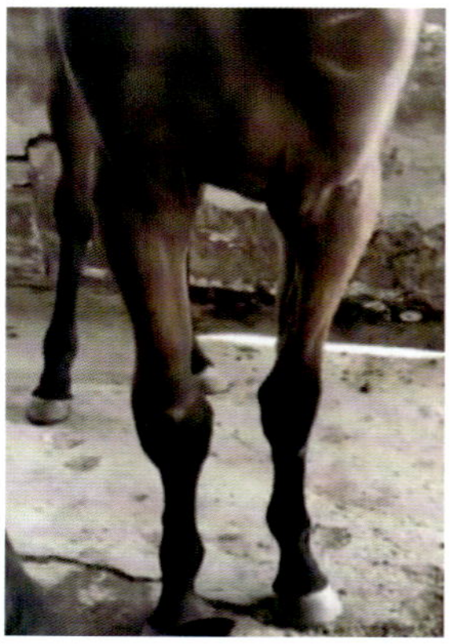
图 5-46-5 腕关节滑膜炎

（五）预防措施和安全用药

1. 预防措施

针对致病原因采取预防措施，平时应注意铺垫草及合理的饲养管理，应注意平整厩舍地面。检查蹄铁的内侧铁尾，装蹄时必须注意铁尾不得过长。对有蹴踢癖的马专栏饲养，尤其是在夜间要装设防踢栅或束以防踢绳套。

2. 安全用药

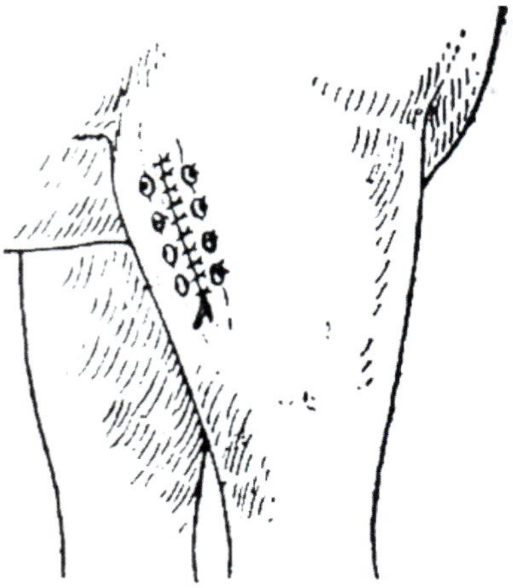
图 5-46-6 手术摘除后的肘头皮下黏液囊炎

除去病因，预防局部继续受挫伤。病初宜用冷疗，或用浸以 3% ～ 5% 醋酸铅溶液的脱脂棉缠敷局部。呈慢性经过时，可多次搓擦松节油或四三一合剂等轻刺激剂，促使炎症的消散。如有波动或积有脓液，可穿刺排除，然后注入适量的复方碘溶液、1% 蛋白银溶液或青霉素、2% ～ 3% 盐酸普鲁卡因溶液或可的松，局部装置压迫绷带，肌内注射抗生素或磺胺类药物。对经久不愈的顽固性病例，黏液囊增大、坚实、肥大时，可施行手术，彻底摘除。患马患肢在上侧卧保定，全身麻醉，配合局部麻醉，局部剃毛、消毒，肘头皮下黏液囊炎可沿肢体长轴在肿大部的外后侧作纵行切口（图 5-46-

6)；跟骨头皮下黏液囊炎可在飞端上面及两侧作“U”字形切口；腕前皮下黏液囊炎可在肿大的前面正中略下方，做梭形切口。切开皮肤后，从周围组织剥离黏液囊及肥厚组织，将黏液囊整体剥离。用消毒剂处理创腔，结节褥式缝合手术创口，并作纽扣减张缝合，细胶管引流。包扎压迫绷带，术后肌内注射抗生素或磺胺类药物。注意手术后的护理和治疗。术后将患马放置于保定栏内，吊起保定 1 ～ 2 周，防止术后患马因起卧而使手术创口裂开，待创口愈合。同时，要加强饲养管理。

四十七、外周神经损伤

外周神经损伤分为开放性损伤和非开放性损伤两种，前者往往是伴随软硬组织的开放性损伤，而引起神经的部分截断或全部截断；而后者并发于组织的钝性非开放性损伤，引起神经干的震荡、挫伤、压迫、牵张和断裂等。软组织（肌肉、腱、韧带）和硬组织（骨）的开放性损伤，经常破坏神经干，引起部分或全部截断，使所属部位的机能紊乱甚至被破坏。当损伤细的神经分支时，对机体的影响比较小。

（一）发病原因

1. 神经干的震荡

常见于火器创，即枪弹、弹片等穿过软组织时，分布在该部的神经受到强烈的震荡，引起神经组织发生小的溢血、髓鞘水肿和变性，虽在外观上看不到明显的变化，但可引起神经的麻痹，此症状一般很快消失。

2. 外周神经的挫伤

常发生于跌倒、在硬地面上或破旧失修手术台上的粗暴侧卧保定、打击蹴踢、枪弹的冲击等引起神经的挫伤。此时，受伤神经干仍保持其解剖上的连续性，神经纤维尚完整，仅髓鞘变性吸收，神经内发生小溢血和水肿，有时被损伤的神经纤维发生变性。神经干发生挫伤后，相应肌肉发生机能减退或丧失，有时出现神经过敏现象。一般表现是反射减弱，神经仍保持其兴奋性，压迫损伤远端，能引起疼痛反应。神经挫伤，一般经过治疗可以恢复。

3. 神经干受到压迫

常发生于手术台或硬地面上长时间的保定过程中、石膏绷带和夹板绷带包扎不合理、四肢长时间紧扎止血带、骨病过程中增殖骨胼胝及外生骨赘、骨折片及滞留的枪弹等都能压迫神经。由于病因和受压迫的程度及时间长短不同，可引起程度不同的机能障碍。因髓鞘脆弱，在坚硬物体的压迫下，可引起神经组织的部分退行性变性。所表现的临床症状，如同部分和全部截断的综合症状。如能妥善治疗和护理，经过适当的时间，可以恢复正常机能。临床上，常见于长时间横卧保定引起的桡神经麻痹。

4. 神经的牵张和断裂

常见于暴力或超生理范围的外力作用于机体，引起神经纤维的部分或全部断裂。神经受到牵张时，神经的完整性没有变化，仅在临床上出现部分麻痹症状，类似神经挫伤的症状，该神经所支配的肌肉或某些肌群发生弛缓。如果感觉神经被过度牵张，则该部的感觉减退或丧失，患部的机能减退。此时，经过精心治疗可恢复。当神经发生断裂时，或多或少神经束的完整性受到破坏，其断端发生抽缩，因而出现神经完全麻痹症状，神经机能完全丧失，且不可恢复，相应肌肉出现弛缓，失去弹性，时间稍长出现萎缩，肌纤维缩短，肌肉横纹消失，呈现退行性变性。肌内结缔组织增生，以替代某些肌肉纤维。如感觉神经断裂，该区知觉完全丧失，针刺无反应。在诊断时，应考虑到某些组织器官是受两种以上的神经所支配，故仍有知觉存在。神经的完全断裂，能引起血管的扩张、充血、末梢水肿，时间过久可出现营养性溃疡或骨质疏松等。

外周神经损伤后，神经再生修复的综合表现是麻痹区域逐渐消失，肢体损伤下部的疼痛感觉逐渐出现；血管运动、分泌及营养障碍逐渐恢复正常；肌肉的紧张度和收缩力以及电反射逐步恢复，萎缩现象减轻。

（二）临床症状

由于被损伤的神经和部位以及程度的不同，外周神经麻痹的临床症状，根据被损伤神经纤维的机能有以下 3 个主要症状。

1. 运动机能障碍

因运动神经纤维受到损伤，使运动神经陷于麻痹状态，受其支配的肌、腱的运动机能减弱或丧失，表现肌、腱弛缓无力，丧失固定肢体和自动伸缩的能力。患肢出现关节的过度伸展、屈曲或偏斜，表现特异的跛行症状。

2. 感觉机能障碍

外周神经属混合神经，伤后会程度不同地出现感觉机能障碍，特别是富含感觉纤维的感觉神经陷于麻痹时，感觉减弱或丧失，针刺皮肤时疼痛反应减弱或消失，腱反射减退等。

3. 肌肉萎缩

外周神经损伤麻痹时，不可避免地要伤及该神经的植物性神经纤维，引起营养失调。再加之患肢由于神经麻痹，导致运动不足，因而病后经过一定时间，受其支配的肌肉会出现萎缩，表现为肌肉凹陷、体积变小等。

（三）类症鉴别

1. 肌炎

由外伤和感染引起，患部热痛、肿胀、化脓，姿势异常，跛行。

2. 肌肉病

主要由于过劳引起，多见于 3 ～ 4 岁马匹，易疲劳、出汗，肌肉震颤，行动无力，步态蹒跚，严重时不能起立。

3. 腱炎

患部疼痛、肿胀，跛行，腱粗硬、弹性消失，腱挛缩或骨化。

（四）预防措施和安全用药

治疗原则是除去病因，恢复机能，促进再生，防止感染、形成瘢痕及肌肉萎缩。

1. 保守疗法

为了兴奋神经，可应用电针疗法。为了促进机能的恢复，提高肌肉的张力和促进血液循环，可进行按摩疗法，病初每天 2 次，每次 15 ～ 20 min。在按摩后配合涂擦刺激剂。可在应用上述疗法的同时，配合使用维生素 B_1、维生素 B_{12}。为了防止形成瘢痕和组织粘连，可在局部应用透明质酸酶、链激酶或链道酶。透明质酸酶，2 ～ 4 mL，神经鞘外一次注射。链激酶 10 万 IU、链道酶 25 万 IU，溶于 10 ～ 50 mL 灭菌蒸馏水中，神经鞘外一次注射。必要时，24 h 后可再注射。为了预防肌肉萎缩，可试用低频脉冲电疗法、感应电疗法、红外线疗法。为兴奋骨骼肌，可肌内注射氢溴酸加兰他敏注射液，每日每千克体重 0.05 ～ 0.1 mg。此外，可在应用兴奋剂后，每天用 0.9% 盐水溶液 150 ～ 300 mL，分数点注入患部肌肉内。加兰他敏能提高胆碱能受体的敏感性，使骨骼肌中受阻抑神经与肌肉间的传导恢复，改善因神经肌肉传导障碍所引起的麻痹状态，从而增强其运动机能。进行牵遛运动，有助于肌肉萎缩的恢复。对患外周神经损伤或神经麻痹的病马，混在放牧群中放牧，可望自然康复，针灸疗法对神经麻痹有良好效果。

2. 手术治疗

（1）神经松解术　分神经外松解术和神经内松解术。适用于神经损伤后连续性未中断，功能仅部分丧失者；神经内血肿，神经外膜或束膜因外伤、炎症、放射、药物注射而瘢痕化者。神经外松解术，可以在肉眼下或手术放大镜下进行，目的是将神经干从周围的瘢痕中或骨痂中游离出来，并将附着于神经干表面的瘢痕组织予以清除。必要时还应将神经外膜切开减压，同时应将神经周围软组织中的瘢痕切除，使松解减压后的神经干处于比较健康的软组织中。神经内松解术，应在手术放大镜或手术显微镜下进行，目的是将神经外膜切除后，再用锐利器械将束膜间瘢痕组织切除，使每条神经束全部游离。此手术中应注意不要破坏神经束丛形结构，以免损伤神经束。神经松解减压后，应在局部应用醋酸氢化可的松 5 mL，以减少神经干周围组织瘢痕的增生。其优点是：神经粘连松解减压术对神经未中断，仅因瘢痕压迫而发生功能障碍者，疗效十分明显，术后短期内即可恢复功能。关键是如何在手术时判断神经束是否中断，是行神经瘤切除术，还是行神经瘤松解术。若判断错误，则疗效差。判断的方法：可依据临床检查中主要功能是否丧失，神经瘤的大小与形态，神经电刺激反应等决定手术方案。

（2）神经外膜缝合法　适应于急性外伤中及时修补神经者，且神经缺损在 3 cm 以内。在肉眼或显微镜下进行外膜缝合，要对合正确，防止神经束外露、扭曲、重叠或错开（图 5-47-1）。缺点是难以精确地对合神经束，不能进行神经束的定位缝接，因外膜创伤后易发生增生，影响再生的轴突通过吻合口。一般吻合处张力较大影响神经内微循环，结缔组织增生影响神经的再生。

（3）神经束膜或束组缝合法　常规处理神经断端，使神经束充分外露。切除 1 ～ 2 cm 神经外膜，按神经束大小多少分成 4 ～ 5 束组。分辨神经断端束的性质，神经干上段一般根据神经束大小作为标志进行对合，因此处大多为混合神经束；神经干中段一般应用显微感应电刺激进行鉴别；神经干下段应用神经束图进行定位。也可采用组织化学鉴别法，以测定的神经断端乙酰胆碱酯酶含量为标记，运动束含量多，感觉束含量少。优点是精确，对位准确性超过外膜缝合法，神经束对合无分离的可能。缺点是神经束稚嫩，易损伤；抗张力弱；手术时间长，创伤较大。

（4）神经内缝合法　又称为单线纽扣缝合法，缝合线两端各穿一根针，分别从断端刺入神经干，然后从两侧穿出，在两针穿出部位各加一小块筋膜或硅胶片，拉紧线后分别打结（图 5-47-2）。注意一端打方结，另一端先打滑结，然后再打成三叠结，以避免过度紧张引起神经干位置偏离。此法的最大优点是术后神经瘤少见、结缔组织增生少。缺点是对手术技术要求高，若进针未在神经干中心，极易导致神经扭曲和固定不稳。

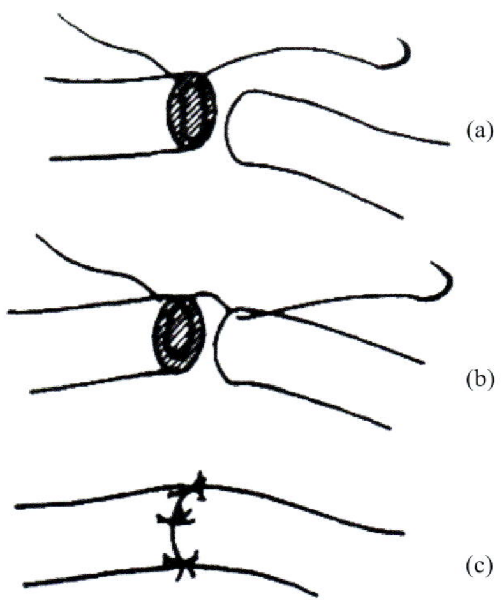

图 5-47-1　神经外膜缝合法

（a）进针达神经外膜下约 0.5 mm；
（b）断端结节缝合；
（c）缝合后同时打结

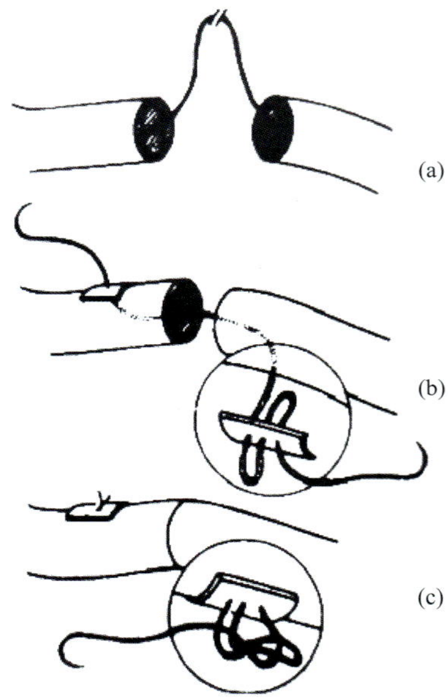

图 5-47-2　神经内缝合法（单线纽扣缝合法）

（a）神经干中央入针，进针 67 mm；
（b）出针部位放筋膜或硅胶片；
（c）打结

（5）神经袖套缝合法　神经袖套缝合法不是一种独立的方法，而是在神经缝合的基础上，在其周围加上一个袖套进行保护和固定，避免周围结缔组织大量增生，影响神经组织的迅速愈合和有规律的再生。袖套可选择壁薄、柔软、直径均匀的硅胶管，浸泡于灭菌的玻璃管内保存，在进行神经断端吻合术前，应先把硅胶管套到神经干的一端，并用组织镊或小止血钳暂时固定。在神经吻合术完成后，将袖套移到缝合处，包裹损伤部位。并在袖套的两端各缝合一针，进行固定，以免袖套移动或扭曲（图 5-47-3）。优点是保护和固定受损的神经，能抑制神经吻合部的结缔组织增生，使损伤的神经迅速再生和愈合。缺点是对袖套的直径和长度选择很严格，一般直径应是神经干直径的 2 ～ 3 倍，过细压迫损伤部位，使神经干肿胀；过粗则硅胶管塌陷，也挤压神经干。袖套长度一般为 8 ～ 10 mm，过长影响神经干周围的血液循环，过短起不到固定和保护作用。

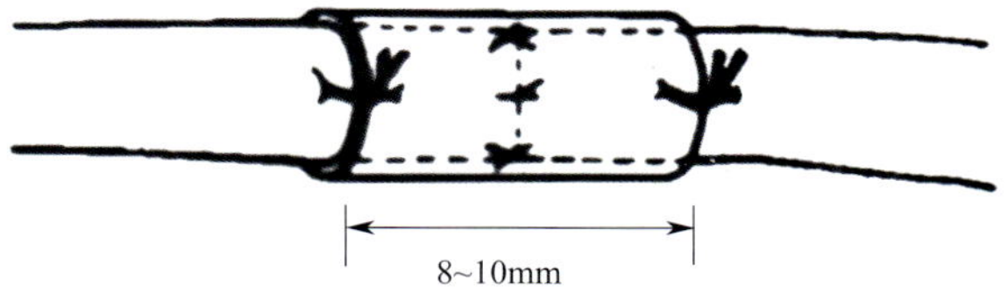

图 5-47-3　神经袖套缝合法（袖套直径是神经干直径的 2 ～ 3 倍，长为 8 ～ 10 mm）

（6）神经移植　适应证为神经缺损在其直径的 4 倍以上，神经断端拉拢后张力明显增加，影响神经内血液循环。此时，神经移植效果明显优于直接缝合法。按常规处理神经断端，使神经束充分显露。根据神经缺损长短取移植神经材料，所取长度一般是缺损长度的 2 ～ 5 倍，分成 2 ～ 5 束进行移植。移植神经之间可用尼龙单丝线固定数针。缝合方法与束膜缝合法相同（图 5-47-4）。优点是能保证在显微镜下进行束膜的缝合，吻合口处瘢痕少，神经再生快；可以消除神经吻合处张力，保证神经内循环血氧供应，神经再生良好。

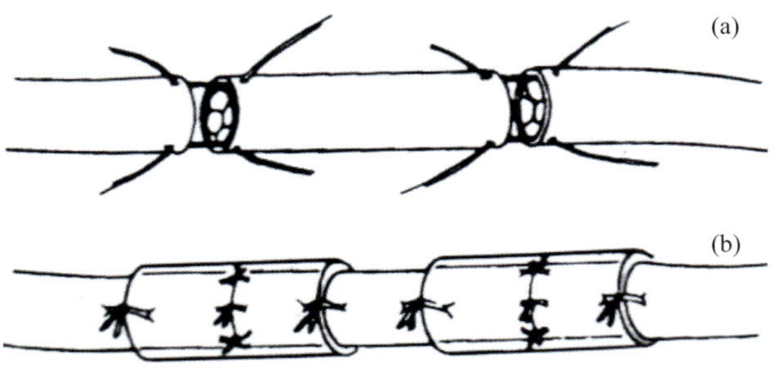

图 5-47-4　神经移植

（a）移植神经断端缝合；

（b）吻合处加袖套

四十八、四肢神经麻痹

四肢神经麻痹分为完全麻痹、部分麻痹和不完全麻痹三种。有中枢性的，也有末梢性的；有一侧性的，也有两侧性的。

（一）发病原因

引起神经麻痹的原因是多方面的，如外力的直接作用，也可继发于其他疾病。

① 完全麻痹：因组织器官受到损伤，使神经干及其分支的机能完全丧失。如压迫、牵张、震荡等。经及时治疗可以恢复，若神经干完全断离，则预后不良。

② 部分麻痹：是外周神经的某一分支发生机能障碍。这种障碍可能只是暂时性的，也可能是永久不能恢复。

③ 不完全麻痹：神经机能处于半麻痹状态，是某神经干内若干神经纤维受损或神经鞘被破坏。经过治疗可恢复。

（二）临床症状

由于损伤的程度和部位不同，其临床表现也不一样。

1. 共同症状

（1）运动机能障碍　运动神经处于麻痹状态，使其所支配的肌腱运动机能减弱或丧失。表现弛缓无力，丧失固定肢体和自动收缩能力。运步时，患肢出现关节过度伸展、屈曲或偏斜等异常表现。

（2）感觉机能障碍　感觉神经麻痹时，其支配的区域知觉迟钝或丧失。如针刺时，痛觉减弱或消失，腱反射减退等。

（3）肌肉萎缩　当外周神经受到损伤时，必然会伤及植物性神经纤维，导致神经营养失调，进而很快出现肌肉萎缩现象。

2. 四肢各种神经麻痹的特点

（1）肩胛上神经麻痹　常为一侧性麻痹，很少两侧同时发病。当肩胛上神经完全麻痹时，因肩关节失去制止外偏的机能，所以病马站立时，肩关节偏向外方与胸壁离开，胸前出现凹陷，同时肘关节明显向外支出，表现明显的支跛。如提举对侧健肢，则症状更为明显。运步前进时，患肢提举无任何障碍，但在患肢着地负重时，表现明显支跛，肩关节外偏，并出现交叉步样，患肢向前内方叉出。如在泥泞地面或以患肢为中心做圆周运动时，则跛行程度加重。病后 1 ～ 2 周，麻痹的冈上肌、冈下肌迅速发生萎缩，肩胛冈明显露出（图 5-48-1）。肩胛上神经不完全麻痹时，上述症状较轻微或不明显。病初在运动时，可见到肩关节外偏。病久，肌肉发生萎缩，并可见到肩关节与胸壁明显离开。

（2）桡神经麻痹　主要是由于不合理的倒卧保定、冲撞、挫伤、蹴踢等外伤引起。特别是侧卧保定或手术台保定时，过紧地系缚臂骨外髁附近部位（此处桡神经比较浅在），尤其是在不平坚硬的地面上侧卧保定过久，前肢转位，使臂部和前臂部受地面或粗绳索的压迫；吊起保定时绳索从腋下通过的压迫；也可并发于肌红蛋白尿病。

① 桡神经完全麻痹：站立时，肩关节过度伸展，肘关节下沉，腕关节形成钝角，此时掌部向后倾斜，球节呈掌屈状态，以蹄尖壁着地（图 5-48-2）。运动时，患肢各关节伸展不充分或不能伸展，所以患肢不能充分提起，前伸困难，蹄尖曳地前进，前方短步，但后退比较容易。由于患肢伸展不灵活，不能跨越障碍物，在不平地面快步运动容易跌倒，并在患肢的负重瞬间，除肩关节外，其他关节均屈曲。患肢虽负重不全，如在站立时人为地固定患肢于垂直状态，尚可负重。此时如将患肢重心稍加移动，则又恢复原来状态。快步运动时，患肢机能障碍症状较重，负重异常，臂三头肌及臂部诸伸肌均陷于弛缓状态。皮肤对疼痛刺激反射减弱，病久以后肌肉萎缩。

图 5-48-1 左侧肩胛上神经麻痹

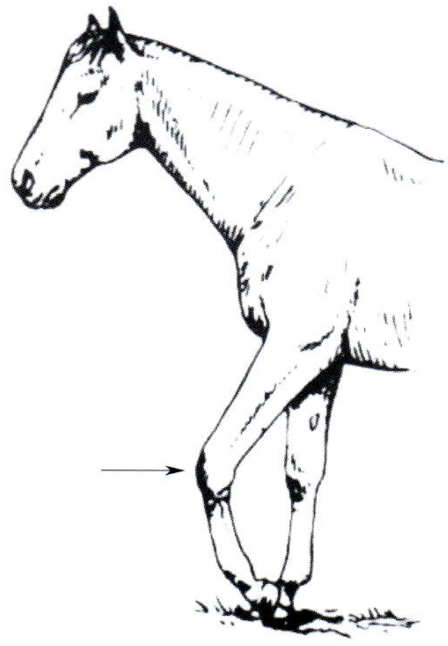

图 5-48-2 桡神经麻痹站立肢势

② 桡神经部分麻痹：站立时，常以蹄尖负重。运动时，腕关节、指关节伸展困难。快步运动时，特别是在泥泞路面时，症状加重，患肢常蹉跌（打前失），球节和系部的背侧面接触地面。

③ 桡神经不完全麻痹：站立时，患肢基本能负重，随着不完全麻痹神经所支配的肌肉或肌群过度疲劳，可能出现程度不同的机能障碍。运动时，肘关节伸展不充分，患肢向前伸出缓慢，为了代偿麻痹肌肉的机能，臂三头肌及肩关节的其他肌肉发生强力收缩，将患肢远远伸向前方。同时在患肢落地负重瞬间，肩关节震颤，患肢常蹉跌，越是疲劳或在不平地面上运动时，症状越明显。不完全麻痹症状不明显时，可在站立状态下，提起对侧健肢，变换头位，牵引病畜前进或后退，转移体重的重心，此时肘关节及以下所有各关节屈曲。

（3）坐骨神经麻痹　分为完全麻痹和不完全麻痹，一侧性或两侧性麻痹。两侧性麻痹发生于中枢性和肌红蛋白尿病；一侧性麻痹主要由损伤引起，如骨折、摔倒及蹴踢等。此外，中毒、马腺疫、马媾疫、布鲁氏菌病也能引起本病。

① 坐骨神经完全麻痹：是坐骨神经的全神经干受侵害，除股四头肌外，后肢所有肌肉的主动运动能力全部丧失。除趾关节外，其他关节丧失屈曲能力，患肢变长，不能支持体重。站立时，患肢几乎完全用系部前面着地，跟腱弛缓（图 5-48-3）。若人为地扶助使各关节伸直，则能用患肢负重，当除去外力扶助，立即恢复病态。运动时，运步困难。久病，半膜肌、半腱肌和股二头肌萎缩。病马逐渐消瘦。

② 坐骨神经不完全麻痹：多发生在坐骨神经的分支，即胫神经或腓神经的损伤。关节不能主动伸展，变为被动屈曲，趾关节随之屈曲。站立时，跗、球、冠关节屈曲，置于稍前方，略能负重。运动时，尚有髂腰肌的收缩作用，患肢能提伸，各关节过度屈曲，蹄高抬，然后以痉挛运动向下迅速着地。病马不能快步运动。患肢股后、胫后部肌肉弛缓，迅速萎缩。

（4）股神经麻痹　常发于外伤，或并发于肌红蛋白尿病。股神经麻痹时，膝关节的伸肌、内收肌和向前提腿的肌肉弛缓无力，迅速发生萎缩，丧失机能。站立时，以蹄尖轻着地，膝盖骨得不到固定，膝关节以下各关节呈半屈曲状态（图 5-48-4）。病马常试探以患肢负重，但因膝关节不能伸展，膝、跗关节出现突然屈曲，并同时表现膝关节明显下降。同侧前肢肘关节也出现假性下降，着地时表现典型支跛。运动时，患肢提起困难，呈外转肢势。股、胫、跖内侧的皮肤感觉丧失。如两侧发病，既不能站立，也不能运动。

图 5-48-3 马坐骨神经麻痹

图 5-48-4 股神经麻痹

（5）胫神经麻痹　胫神经麻痹时，股二头肌、半腱肌、半膜肌、腓肠肌、比目鱼肌及趾部屈肌丧失机能。站立时，跗关节、球节及冠关节屈曲，稍向前伸，以蹄尖着地（图 5-48-5）。此时因有跟腱固定跗关节，股四头肌和股阔筋膜张肌仍可固定膝关节，故患肢尚能负重。运动时，因有髂腰肌协助，患肢能抬高，所有关节高度屈曲。经久的病例肌肉萎缩，股部和臀部两侧明显不对称。

（6）腓神经麻痹　分为完全麻痹和不完全麻痹。腓神经完全麻痹，站立时跗关节表现高度伸展状态，以系骨及蹄的背侧面着地（图 5-48-6）。运动时，患肢借髂腰肌和股阔筋膜

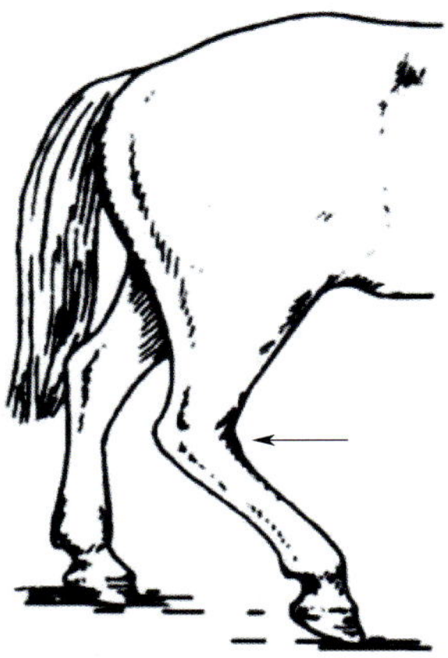

图 5-48-5 马的胫神经麻痹

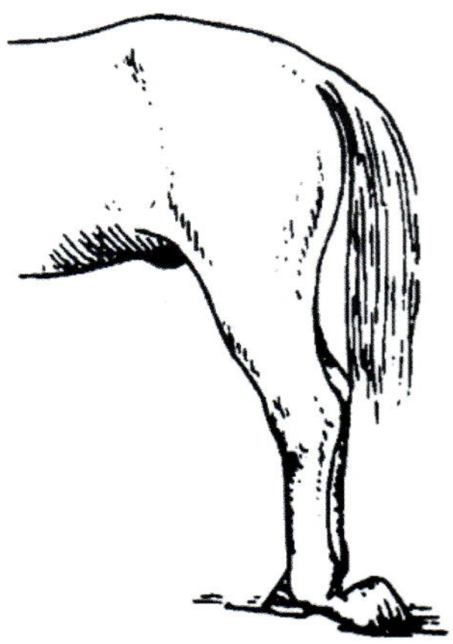

图 5-48-6 马的腓神经麻痹

张肌的作用而提伸，此时跗关节在膝关节的带动下能被动的屈曲，但趾部不能伸展，以蹄前壁接地前行，若人为固定患肢的趾部，则可以伫立，但重心转移时蹄前壁立即着地。腓神经不完全麻痹时，上述症状较轻微。站立时，无明显变化或有时出现球节掌屈。运动时，有时出现程度较轻的蹄尖壁触地现象，特别是在转弯或患肢踏地不确实时，容易出现球节掌屈。

（三）类症鉴别

1. 外周神经损伤

有外力作用病史，肌、腱弛缓无力，关节过度伸展、屈曲，跛行。感觉减弱或丧失，腱反射减退，局部肌肉萎缩。

2. 骨折

有外伤病史，临床表现局部出血与肿胀，疼痛，重度跛行或不能站立，肢体变形，异常活动，有骨摩擦音。X 线检查发现骨折线，断端移位，骨皮质和骨小梁的连续性消失。

（四）预防措施和安全用药

治疗原则是除去病因，恢复机能，防止肌肉萎缩。

1. 药物疗法

使用硝酸士的宁，适用于运动神经麻痹，尤其是脊髓性神经麻痹。0.1% 硝酸士的宁 5 ～ 10 mL，皮下、静脉或尾椎内注射，连用 6 ～ 7 次为一疗程。本品有蓄积作用，不能连续应用，必要时可间隔一段时间再用第二个疗程。在使用后如出现不安、恐惧、肌肉痉挛、强直等症状时，应尽快使用水合氯醛或巴比妥类药物进行急救。3% 盐酸毛果芸香碱 1 ～ 2 mL，0.1% 肾上腺素 0.5 ～ 1 mL，混合后尾椎内或皮下注射，每日或隔日 1 次；维生素 B_1，皮下、静脉或尾椎内注射。对肌无力者，可应用新斯的明、异氟磷等。对末梢性神经麻痹、风湿性麻痹等，可使用抗风湿类药物，如水杨酸制剂、阿司匹林、氨基比林等。

2. 物理疗法

应用针灸、电刺激或电热疗法，均可收到一定效果。为预防肌肉萎缩，可进行按摩。

3. 中药疗法

以舒筋活血为原则。

四十九、面神经麻痹

面神经麻痹，中兽医称为“歪嘴风”。根据面神经损伤部位和情况可分为中枢性和末梢性、单侧性和双侧性、部分麻痹和全麻痹，以单侧性多见。

（一）发病原因

根据神经传导障碍的原因可分为外伤性、炎症性、侵袭病性、传染病性和中毒病性。按部位可分成中枢性和末梢性两大类。

1. 中枢性面神经麻痹

多半是脑部神经受压引起，如脑的肿瘤、血肿、挫伤、脓肿、结核病灶、指形丝状线虫微丝蚴进入脑内的迷路感染等；其次是传染病，如马腺疫、流行性感冒、传染性脑炎、马流行性乙型脑炎、李氏杆菌病以及马媾疫；毒草或矿物质中毒等均可出现中枢性面神经麻痹。

2. 末梢性面神经麻痹

主要是由于神经干及其分支受到创伤、挫伤、压迫、笼头的摩擦与压迫，长期侧卧于地，跌倒猛撞于硬物等引起。此外，面神经管内的肿瘤、中耳疾病或腮腺的肿瘤、脓肿可引起单侧性面神经麻痹。

（二）临床症状

单侧性面神经全麻痹时，患侧耳歪斜，呈水平状或下垂，上眼睑下垂，眼睑反射消失，鼻孔下塌，通气不畅，上、下唇下垂并向健康侧歪斜，出现歪嘴，采食、饮水困难，用牙齿摄取饲料，咀嚼不灵活，患侧颊部有大量饲料积留，饮水时将口角伸入水中，缺乏吸水能力。单侧性上颊支神经麻痹时，耳及眼睑功能正常，仅患侧上唇麻痹，鼻孔下塌，且歪向健侧。单侧性下颊支神经麻痹时，患侧下唇下垂，并歪向健侧。双侧性面神经全麻痹多是中枢病变的结果，除呈现双侧性的上述症状外，因两侧鼻孔塌陷，导致通气不畅、呼吸困难。由于唇麻痹，患马将嘴伸入饲料中用牙齿采食，伸入水中用舌舀水，咀嚼音低，流涎，两颊部残留大量饲料。并有咽下困难等症状。

（三）类症鉴别

1. 下颌骨骨折

也会表现口唇下垂，饮食困难，但其有外力作用病史，疼痛、肿胀明显。

2. 马霉玉米中毒

其是由于饲喂发霉饲料，尤其是霉玉米引起的。病原体是镰刀菌。以驴最多发，使役较重的成年及老龄马也较多发，吃奶的幼驹不发病。多发生于秋季 9 ～ 11 月阴雨连绵季节，零星散发。体温一般无变化。血液及血清学检查，血沉变化不规律，白细胞总数减少，血清中胆红素无明显变化。血清学检查中补体结合反应为阴性。病程短促，死亡率甚高。粪便常有潜血。妊娠后期往往发生早产或流产。早产幼驹，可视黏膜发绀，齿龈、舌下有出血点，耳尖及四肢末端发凉，不能起立，轻的可以治愈，重症的很快死亡。病理变化为大脑白质出血、水肿、坏死。口腔黏膜有出血点和溃疡，并有胃肠道的黏液性炎症或黏液性出血性炎症。

（四）预防措施和安全用药

由中枢性或全身性疾病所引起的面神经麻痹应积极治疗原发病。凡由于外伤、受压等引起的末梢性面神经麻痹，在消除致病因素后可选择下列方法治疗：①在神经通路上进行按摩、温热疗法，并配合外用 10% 樟脑酯或四三一擦剂等刺激药物。②在神经通路附近或相应穴位交替注射硝酸士的宁（或藜芦碱）和樟脑油，隔日 1 次，3 ～ 5 次为一疗程。③维生素 B_1、维生素 B_6、维生素 B_{12}，肌内注射，地塞米松肌内注射或静脉注射，并结合针灸疗法。穴位选择以开关、锁口为主穴，分水、抱腮为配穴。针灸刺激每次 20 ～ 30 min，每日 1 次，6 ～ 10 次为一疗程。④采用红外线疗法、感应电疗法或硝酸士的宁离子透入疗法，也有一定效果。⑤双侧性面神经麻痹并伴有鼻翼塌陷和呼吸困难的马，宜用鼻翼开张器或进行手术使鼻孔开张，解除呼吸困难。鼻翼开张方法有皱襞开张法和皮瓣切除法两种。前者先将鼻翼背部的皮肤做成若干纵褶，横穿粗缝线，收紧打结，由于皮肤向中央紧缩，所以鼻孔开张；后者是在两鼻孔间的鼻背上切除一片卵圆形的皮肤后，将两创缘缝合，使鼻孔张开。

五十、系部皮炎

系部皮炎，又称为系部皲裂，是一个包含各种病因和病程的皮肤炎症性疾病。系部皮炎可分为损伤性、药物性、温热性、疣性和坏疽性皮炎等，主要发生于系部掌侧面的皮肤。各种体型的马属动物均可发病。最常发生于两后肢，有时四肢可同时发病。

（一）发病原因

因表皮受到损伤，失去保护能力，是系部皮炎的主要原因。例如小而尖锐的物体（碎玻璃、植物秸秆的碎块等）附着于距毛下方系凹部横的皮肤皱褶之间，引起表皮的损伤；或由于局部污染粪、尿、沙土、烂泥，表皮被浸渍致使其与真皮脱离；装蹄失宜，举踵蹄形造成起系，使系凹部皱襞增多，招致不洁物的附着；当用器械提举后肢或倒马时，用绳索缠绕系部，引起系部机械性的损伤；对皮肤的护理不良等。随着局部的损伤，病原微生物乘机侵害动物机体。

（二）临床症状

因细菌的种类、组织损伤的深度、病变部位的组织反应不同，所表现的皮炎症状也不一样。

单纯性的系部皮炎，如果受刺激不重，仅见患部肿胀、潮红以及疼痛（图 5-50-1，图 5-50-2），有时疼痛剧烈，可导致跛行。一旦有病原菌侵入，则病情加重。最初为浆液性渗出，被毛部分脱落或相互黏着，甚至形成黏稠的脓液，局部皮肤肿胀加剧，并在系部掌面出现明显的皮肤皱褶，随即成为皲裂状。缝隙间露出潮红的真皮，有时溢出血液及脓汁（图 5-50-3），分泌物干燥后形成痂皮。坏疽性皮炎是坏死杆菌侵害的结果，多发生于后肢。系部掌面、第 1 趾关节及系部侧面的皮肤有剧烈肿胀和疼痛，肿胀中心有界线明显的坏死灶，呈紫黑色（图 5-50-4）。病马呈现高度支跛，出现全身症状。

图 5-50-1 两后肢系部皮炎

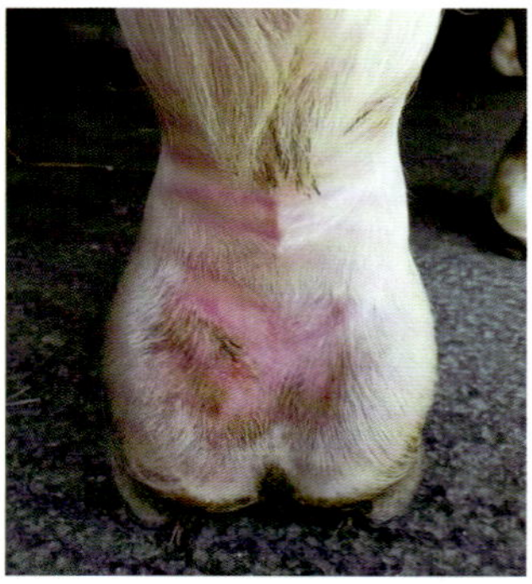

图 5-50-2 轻度系部皮炎，患部肿胀、潮红、疼痛

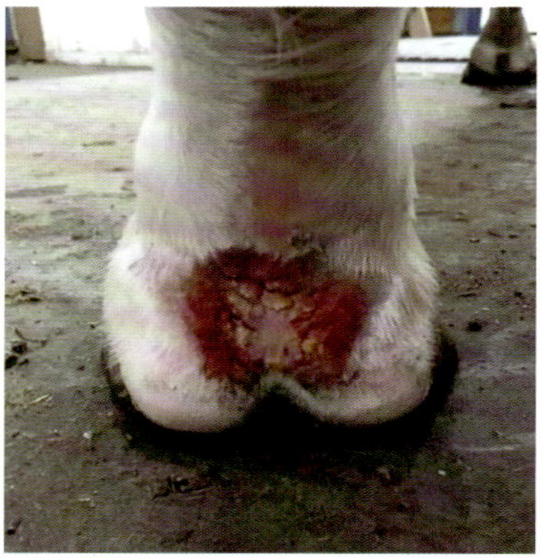

图 5-50-3 严重者皮肤增厚、有脓液，下肢肿胀

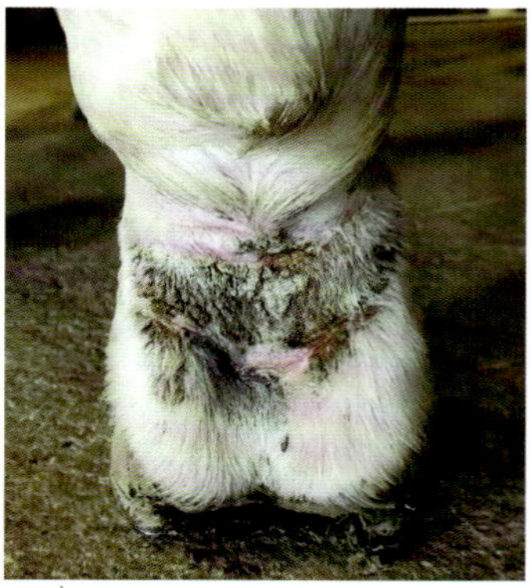

图 5-50-4 坏疽性系部皮炎

（三）类症鉴别

1. 传染性脓疱皮炎

由痘病毒引起，在系部皮肤上出现丘疹、水疱、脓疱等病变，跛行。

2. 渗出性皮炎

多由葡萄球菌引起，广谱抗生素治疗有效。

3. 过敏性皮炎

吸血昆虫叮咬引起，多发生于夏季，表现不安，被叮咬处红肿、剧痒、皮下水肿，有明显皮炎症状，用抗过敏药治疗有效。

4. 蹄叉腐烂

多发生在后蹄，在蹄叉中沟和侧沟有污黑色的恶臭分泌物，跛行，运步时以蹄尖着地，严重时呈三脚跳，用检蹄器压诊时表现疼痛。

（四）预防措施和安全用药

1. 预防措施

为预防皮肤发病，驯养马的场所应保持干燥、清洁。定时清刷马体皮肤。装蹄要适宜，不应造成举踵及起系，但也不应造成低蹄及卧系。装蹄、倒马及治疗用的保定绳，应软而光滑。如因保定损伤了系部组织，应早期治疗，及时涂以碘酊溶液。用 5% 硫酸铜或 5% 甲醛溶液进行浴蹄，每天 1 次，连用 4 ～ 6 d，可有效预防系部皮炎的发生。

2. 安全用药

应根据疾病的类型以及机体的全身状况，确定治疗方案。局部治疗的主要原则是使系部干燥。首先是除去病因，用温肥皂水洗涤系部，局部剪毛，对损伤部可涂碘酊或 3% 龙胆紫，或撒布粉剂（磺胺 50 g、碘仿 25 g、高锰酸钾 25 g），包扎绷带。病初不宜使用软膏剂。对化脓性炎症，宜用 3% 过氧化氢溶液、0.1% 高锰酸钾溶液彻底冲洗，涂敷铋糊剂（次硝酸铋 8 g、碘仿 16 g、液体石蜡 180 mL）或敷以涂有氧化锌软膏的纱布，包扎绷带。也可用双氧水或温水洗净患部脓汁及脏物，用生理盐水冲洗干净，干燥后涂雄矾软膏（雄黄 10 g、明矾 40 g、氯化钠 40 g，研成极细末后均匀地搅拌于 500 g 鱼石脂软膏中），并以绷带包扎之，绷带不脱落可不必换药，浓汁多者 2 ～ 3 d 换一次药。同时肌内注射青霉素及链霉素。坏疽性皮炎可将发病组织切除，用 0.1% 黄色素溶液浸泡系部及蹄部，手术创面撒布水杨酸粉剂，并缠裹绷带，同时肌内注射抗生素。

五十一、蹄冠蹑伤

蹄冠蹑伤是指蹄冠部和蹄球部的皮肤组织因受蹄的踏蹑引起的损伤。损伤性质常为擦伤、挫创或挫裂创，有时可引起严重的并发感染。

（一）发病原因

由于马、骡有交突和追突肢势，自身左右蹄的内侧蹄铁支或铁脐互相践踏内侧蹄冠（交突）时、后肢铁头践踏同侧前肢蹄球部（追突）时，或被邻马践踏等都是引起发病的主要原因；道路不平或泥泞、在林区以及雪地上使役、不合理的驾驶、肢势不正、削蹄和装蹄不良等都是发生本病的诱因。

（二）临床症状

表在新鲜擦伤一般不影响运动机能，炎症反应较强时，患部肿胀、疼痛，表现轻微跛行。并发感染较重时，蹄冠角质软化、剥离（图 5-51-1），可继发化脓感染（图 5-51-2）。严重挫创经常感染化脓，患部肿痛，蹄温高，有时体温升高，表现程度不同的跛行。早期治疗不当常并发蹄冠蜂窝织炎、蹄软骨坏死、坏死杆菌病和化脓性蹄关节炎等。蹄冠创伤经久不愈时，常引起肉芽赘生。由于生发层受损害，从而破坏蹄角质的正常生长，出现不正蹄轮、粗糙无光泽的角质，或造成蹄壁缺损、蹄冠裂，甚至继发角壁肿。重症时因破坏角质的正常生长，甚至引起严重的并发症。

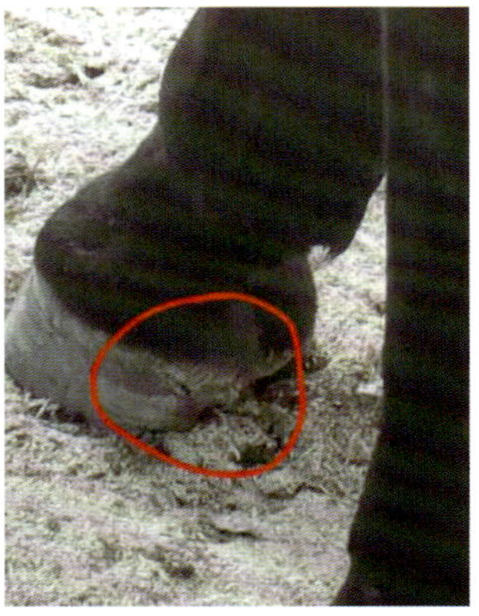

图 5-51-1 蹄冠蹑伤

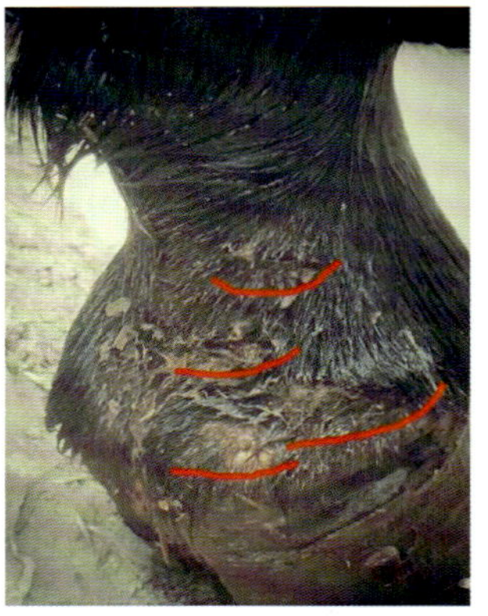

图 5-51-2 蹄冠蹑伤继发化脓感染

（三）类症鉴别

1. 蹄冠蜂窝织炎

体温升高，蹄冠形成圆枕形肿胀、脓肿，有热痛，蹄冠缘发生剥离，患肢重度支跛。

2. 坏死杆菌病

其由坏死梭杆菌引起，散发，呈慢性经过，有明显的季节性，以夏季多雨、潮湿季节多发，蹄冠边缘和系部皮肤痛痒、肿胀、脓肿、溃疡，跛行。病料涂片镜检，可见呈串珠状长丝形菌体或细长的杆菌。

（四）预防措施和安全用药

1. 预防措施

对交突、追突的马、骡装着交突、追突蹄铁。对步样异常的马、骡，注意冬季的装蹄。加强群马的管理，预防在密集运动中互相践踏蹄冠部。在不平、泥泞的道路上或森林、灌木茂密地带以及冰雪较多地区使役时，应减慢运动的速度，不要过劳。在使役前后经常注意检查，做到早发现早治疗。

2. 安全用药

首先对交突、追突病马改装交突、追突蹄铁。剪毛，除去患部污物及坏死组织，用肥皂水或煤酚皂溶液洗涤患部，拭干。对新创涂 5% 碘酊、2% ～ 5% 龙胆紫酒精、5% 甲醛酒精溶液等，包扎绷带。出血较多时，包扎压迫止血绷带。挫创时用 3% 过氧化氢溶液清洗伤口，除去坏死组织，包扎绷带。化脓性蹄冠蹑伤，可用抗生素疗法，应注意消灭脓窦和切开创囊，去除剥离的角质，薄削角壁，以防压迫伤面，影响愈合。伤面肉芽组织过度增殖时，可烧烙，也可应用腐蚀剂，包扎压迫绷带。已形成窦道的，可用手术治疗。

五十二、蹄裂

蹄裂，也称为裂蹄，是蹄壁角质分裂形成各种状态的裂隙。按角质分裂延长的状态可分为负缘裂、蹄冠裂和全长裂；按发生的部位则有蹄尖裂、蹄侧裂、蹄踵裂；根据裂缝的深浅，可分为表层裂、深层裂；按照裂隙的方向，即沿角细管方向的裂口为纵裂，与角细管的方向呈直角的裂口为横裂。比较严重的为蹄冠或全长的纵向深层裂。前蹄比后蹄多发，冬季比夏季多发。

（一）发病原因

倾蹄、低蹄、窄蹄、举踵蹄等不良蹄形；肢势不正，蹄的各部位对体重的负担不均；蹄角质干燥、脆弱以及发育不全等，均为发生蹄裂的因素。草原育成的新马，一时不能适应山区或城市的坚硬道路，又不断在不平的石子路上奔走，蹄负面受到过度的冲击和偏压，容易发生蹄裂。饲养管理不良，不能保持正常的健康状态或蹄部的血液循环不良，均能诱发蹄裂。蹄角质缺乏色素时，角质脆弱而发生本病。遭受外伤及施行四肢神经切断术的马，也易引起蹄裂。

（二）临床症状

发生的部位有蹄尖裂（图 5-52-1）、蹄支裂（图 5-52-2）、蹄侧裂（图 5-52-3）、蹄踵裂（图 5-52-4）。新发生的角质裂隙，裂缘比较平滑，裂缘间的距离比较接近，多沿角细管方向裂开；陈旧的裂隙则裂缝开张，裂缘不整齐（图 5-52-5），有的裂隙发生交叉。蹄角质的表层裂不致引起疼痛，并不妨碍蹄的正常生理机能；深层裂，特别是全层裂（图 5-52-6），负重时在离地或踏着的瞬间，裂缘开闭，若蹄真皮发生损伤，可导致剧痛或出血，伴发跛行。如有细菌侵入，则并发化脓性蹄真皮炎，也可能感染破伤风。病程较长的易继发角壁肿。

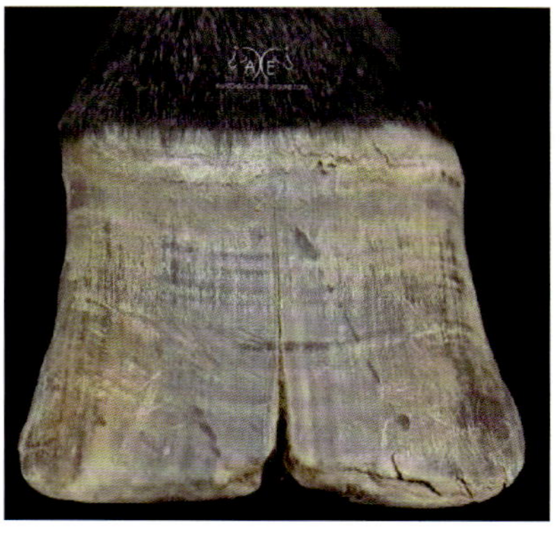

图 5-52-1　蹄尖裂

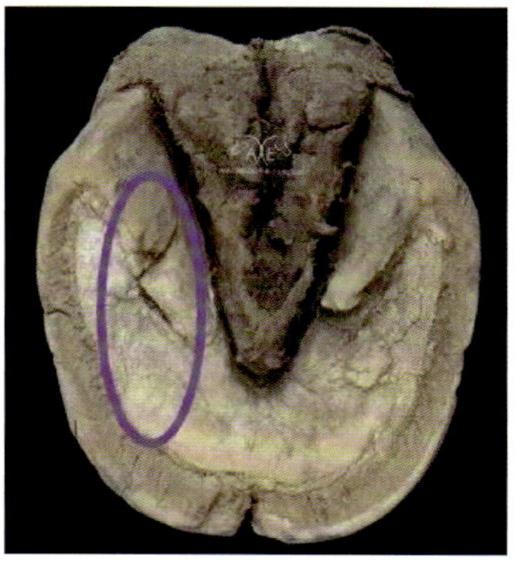

图 5-52-2　蹄支裂

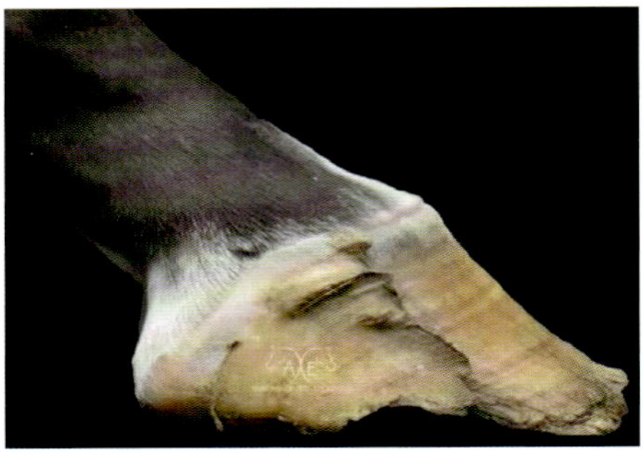

图 5-52-3 蹄侧裂

图 5-52-4 蹄踵裂

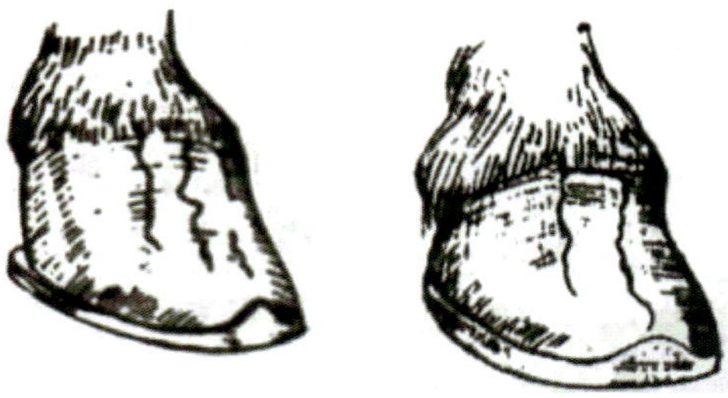

(a) (b)

图 5-52-5 马的蹄角质纵裂

（a）为陈旧的角质裂隙；（b）为新发生的角质裂隙

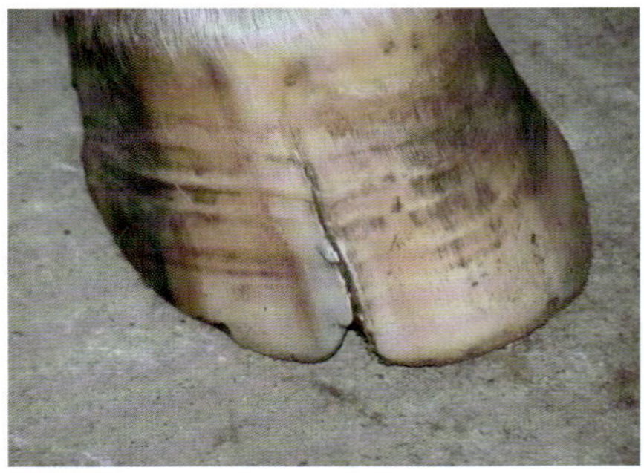

图 5-52-6 深层蹄裂

（三）类症鉴别

1. 蹄底刺伤

患肢突然出现支跛，刺伤部出血、炎症、化脓（图 5-52-7），运步时蹄尖先着地，球节下沉不充分。

2.蹄底挫伤

蹄部增温、肿胀、疼痛，患肢以蹄尖着地，运步时支跛，削蹄检查可看到出血斑、化脓。

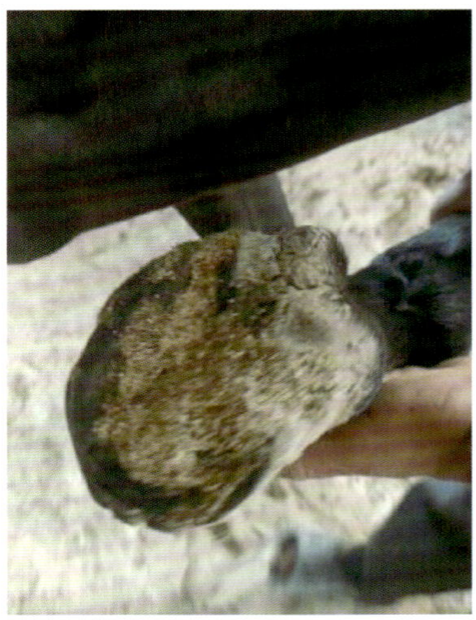

图 5-52-7 蹄底刺伤

（四）预防措施和安全用药

1. 预防措施

对不正肢势、不正蹄形的马进行合理的削蹄与装蹄，矫正蹄形和保护蹄的机能。须经常注意蹄的卫生，适时的洗蹄和涂油，防止蹄角质干燥脆弱。

2. 安全用药

要使已裂开的角质愈合是困难的，主要是防止继发病和使裂缝不继续扩大，应努力消除角质裂缘的继续裂开。为了避免裂隙部分的负重，可行造沟法。在裂缝上端或两端造沟，切断裂缝与健康角质的联系，以防裂缝延长。沟深度 5 ～ 7 mm，长 15 ～ 20 mm，深达裂缝消失为止，以减轻地面对蹄角质病变部的压力，避免裂隙的开张及延长。主要适用于浅层裂或深层的不全裂。为防止角质干燥，可涂以甘油或凡士林或四环素软膏之类。此外，裂口内可涂以白及糊（白及研成极细末，用开水调成浓稠糊状），最好用环氧树脂胶将裂口粘住。

薄削法用于蹄冠部的角质纵裂，在无菌的条件下，将蹄冠部角质薄削至生发层，患部中心涂鱼肝油软膏，每天一次，包扎绷带。促进瘢痕角质的形成，经过一定时间，蹄角质逐渐生长。

用医用高分子黏合剂黏合裂隙，取磷苯二甲酸二丁脂（增缩剂）15 ～ 20 mL，加环氧树脂 100 g，搅拌均匀；然后用注射器一滴一滴加乙二胺（固化剂），夏天 20℃以上 6.5 ～ 7 mL，冬天 0℃以下 8 ～ 9 mL，随加随搅拌；最后加南京石粉或滑石粉（加固剂）50 ～ 80 g。在黏合前先削蹄整形或进行特殊装蹄，再清洗和整理裂口，并进行彻底消毒。用棉花填平裂缝，在裂缝周围 2 ～ 4 cm 处涂胶粘棉花 1 层，再涂胶粘纱布 2 层即成。粘后 4 ～ 6 h 再将马牵走，胶完全固化要 7 d 左右，并应经常检查有无脱落，如脱落要立即补贴。由于胶有腐蚀性，不能涂在皮肤上。胶现用现配，配好的胶要在 1 h 内用完。一个裂口只要上述比例药量的 5% 即够用（一个裂口用药量为，环氧树脂 5 g；磷苯二甲酸二丁脂 0.75 mL；乙二胺夏天 0.35 mL、冬天 0.45 mL；滑石粉 2.5 ～ 3 g）。刚粘好时不要让马多走动。此外，还可用热油治裂蹄，方法是：先除去裂缝内的污物，削去裂缝两侧的干枯角质，将油加热沸腾后，加入 1% 明矾。用棉球蘸取热油，由裂口上端向下滴入，滴满裂口为止（不要滴到蹄冠部，以免引起烫伤），每 4 d 滴 1 次，在间隙内，每天涂冷油 1 次。裂口大，滴油后用凡士林封闭裂口。深全纵裂一般滴 6 ～ 20 次；表层裂，一般滴 2 ～ 8 次。

五十三、白线裂

白线裂系白线部角质的崩坏以及变性腐败，导致蹄底与蹄壁发生分离。多发生于马的前蹄蹄侧壁或蹄踵壁。

（一）发病原因

广蹄、弱踵蹄、平蹄等蹄壁倾斜，还有白线角质脆弱，均为发生本病的因素。装蹄时过度烧烙、白线切削过多、蹄部不清洁、环境卫生不好、干湿急变、地面潮湿、钉伤、白线部的踏创，均为发生白线裂的诱因。对广蹄、平蹄、丰蹄等装着铁支狭窄及斜面少的蹄铁，蹄钉过粗也是引起白线裂的原因。

（二）临床症状

通常多在白线部充满粪、土、泥、沙。跣蹄马举肢检查，易于发现病灶。装蹄马必须取下蹄铁进行检查，多在装蹄、削蹄时发现白线裂的所在部位（图 5-53-1）。若白线裂只涉及蹄角质层，是为浅裂，不出现跛行；若裂开已达肉壁下缘，称为深裂，往往诱发蹄真皮炎，引起疼痛而发生跛行。

由于白线裂可引起蹄底下沉，易形成平蹄、丰蹄。如果白线裂向深部伸展，可以转变为空壁，并可以引起化脓性蹄真皮炎（图 5-53-2）。此时病灶对壁真皮比底真皮的影响更大，感染可向上方深部蔓延，引起蹄冠脓肿、远籽骨滑膜囊炎和化脓性蹄关节炎，有的病例侵害到腱和腱鞘。陈旧性的白线裂可使患部蹄壁向外发生凸弯。

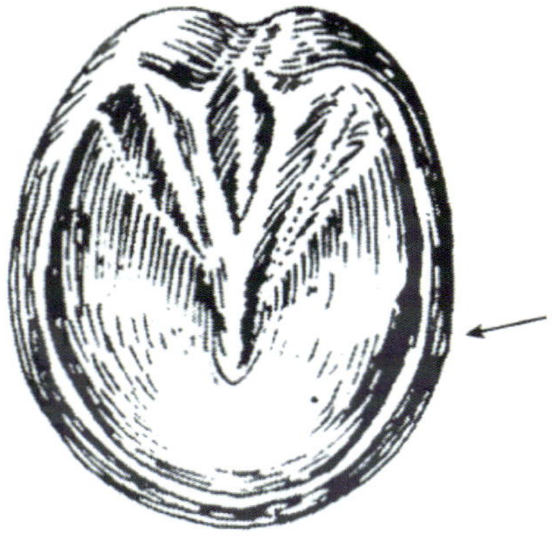

图 5-53-1 马的白线裂

图 5-53-2 严重白线裂化脓性蹄真皮炎

（三）类症鉴别

1. 远籽骨滑膜囊炎

站立时常以蹄尖负重，系部直立，运步时，呈典型的支跛，后方短步，蹄踵不着地，蹄温一般不高，但指动脉可见亢进，检蹄器压迫蹄叉时疼痛。

2. 蹄钉伤

跛行，蹄部增温、疼痛，指（趾）动脉亢进。

（四）预防措施和安全用药

白线已经分裂即难以愈合，所以对本病的治疗主要是防止裂缝的扩大和促进白线部角质的新生。

要求合理削蹄，不能过削白线。注意蹄部的清洁卫生，清除蹄底的污物，对患部涂以松馏油。蹄壁向外部扩展者，即在该蹄铁部位设侧铁唇。蹄壁薄弱者使用广幅连尾蹄铁，以使蹄叉及蹄底外缘分担体重。

如继发化脓性蹄真皮炎，应清理创部，涂碘酊，塞以浸有松馏油的麻丝，包扎蹄绷带或垫入橡胶片。经几次换药，感染完全控制，炎症解除时，也可用黏合剂或黄蜡封闭裂口。

五十四、蹄冠蜂窝织炎

蹄冠蜂窝织炎是发生在蹄冠皮下、真皮和蹄缘真皮以及与蹄匣上方相邻被毛皮肤的真皮化脓性或化脓坏疽性炎症。

（一）发病原因

主要原因是病菌侵入蹄冠部的皮下组织。往往因蹄冠蹑伤未能及时进行外科处理，以致引起严重化脓而继发蜂窝织炎。亦可由于附近组织化脓、坏死转移所致。在道路不良或经常在阴雨天作业，环境不卫生，蹄冠部长时间遭受粪尿的浸渍，微生物侵入，也能发生本病。

（二）临床症状

在蹄冠形成圆枕形肿胀，有热、痛（图 5-54-1）。蹄冠缘往往发生剥离。患肢表现为重度支跛。患马体温升高、精神沉郁。以后可形成一个或数个小脓肿，在脓肿破溃之后，患马的全身状况有所好转，跛行减轻，蹄冠部的急性炎症消退。如炎症剧烈，或没有及时治疗，或治疗不当，蹄冠蜂窝织炎可以并发附近的韧带、腱、蹄软骨的坏死，严重病例可造成蹄匣脱落、蹄关节化脓性炎、转移性肺炎和脓毒血症。

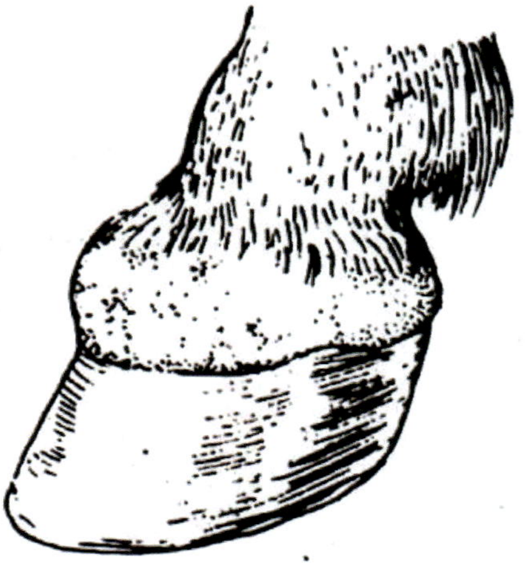

图 5-54-1 蹄冠蜂窝织炎

（三）类症鉴别

1. 蹄冠蹑伤

患部肿胀、疼痛，蹄温高，蹄冠角质软化、剥离、化脓，蹄轮异常，跛行。

2. 蹄软骨化骨

多发生于老龄马，并多为外侧蹄软骨。蹄冠周围增大，化骨部蹄冠隆起，蹄冠上方触诊蹄软骨变坚硬，蹄壁变狭窄或蹄轮不正。站立时呈前踏姿势，步样强拘，跛行。

（四）预防措施和安全用药

1. 预防措施

主要包括蹄冠创伤的预防、及时的外科处理和注意蹄部感染创的治疗。

2. 安全用药

首先应将其放在有垫草的马厩内，使动物安静，并经常给以翻身，以免发生褥疮。全身应用抗生素控制感染，同时应用各种支持疗法如输液、注射维生素 C 和碳酸氢钠溶液等。处理蹄冠皮肤，用蹄刀切除已剥离的部分。病初的几天，在蹄冠部使用 10% 樟脑酒精湿绷带。不宜用温敷及刺激性软膏。同时肌内注射抗生素或口服磺胺类制剂。如病情未见好转，肿胀继续增大，为减缓组织内的压力和预防组织坏死，可在蹄冠上做许多长 2 ～ 3 cm 和深 1 ～ 1.5 cm 的垂直切口，手术后包扎浸以 10% 高渗氯化钠溶液的绷带。以后可按常规进行创伤治疗。当并发蹄软骨坏死时，可将蹄软骨摘除。

五十五、蹄底刺伤

蹄底刺伤是由于尖锐物体刺入马的蹄底、蹄叉或蹄叉中沟及侧沟引起，轻则损伤蹄底或蹄叉真皮，重则导致蹄骨、屈腱、籽骨滑膜囊的损伤。蹄底刺伤往往引起化脓感染，也可并发破伤风。马的蹄底刺伤，前蹄比后蹄多发，尤其多发生在蹄叉中沟及侧沟。

（一）发病原因

蹄角质不良，蹄底、蹄叉过削，蹄底长时间地浸湿，均为蹄底刺伤发病的因素。刺入的尖锐物体以蹄钉为最多，多由装蹄场有散落旧蹄钉及废弃的带钉蹄铁所致。另外，也有木屑、竹签、玻璃碎片、尖锐石片等引起的刺创。如果马在山区、丛林地带作业，由于踩踏灌木树桩、竹茬、田间的高粱、豆茬等亦可致病。

（二）临床症状

刺创后患肢突然发生跛行。若为落铁或蹄铁部分脱落，铁唇或蹄钉可刺伤蹄尖部的蹄底或蹄踵部（图 5-55-1）。如果刺伤部位是在蹄踵，运步时即蹄尖先着地，同时球节下沉不充分。有时刺伤部出血，或出血不明显，切削后可见刺伤部发生蹄血斑，并有创孔。经过一段时间之后，多继发化脓性蹄真皮炎。从蹄叉体或蹄踵垂直刺入深部的刺创，深层肌腱被刺破，滑液腱鞘甚至舟骨受到伤害（图 5-55-2，图 5-55-3）可使蹄深层发炎、蹄枕化脓、蹄骨的屈腱附着部发炎，继发远籽骨滑液囊及蹄关节的化脓性炎症（图 5-55-4），患肢出现高度支跛。蹄叉中、侧沟及其附近发生刺创，不易发现刺入孔，约 2 周后炎症即在蹄底与真皮间扩展，可从蹄球部自溃排脓。若病变波及的范围不明确或刺入的尖锐物体在组织内折断，可行 X 线检查。

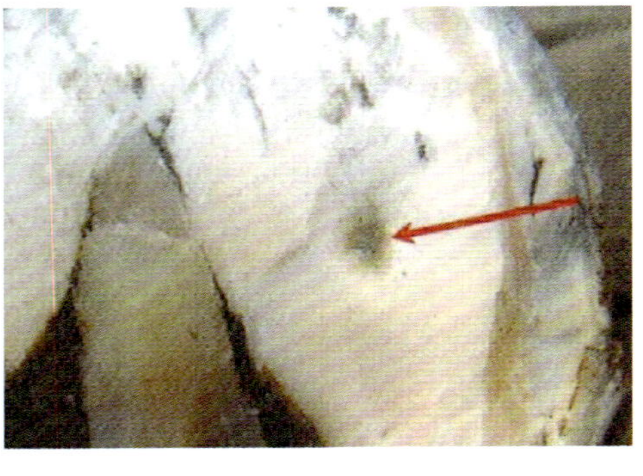

图 5-55-1 蹄底刺伤

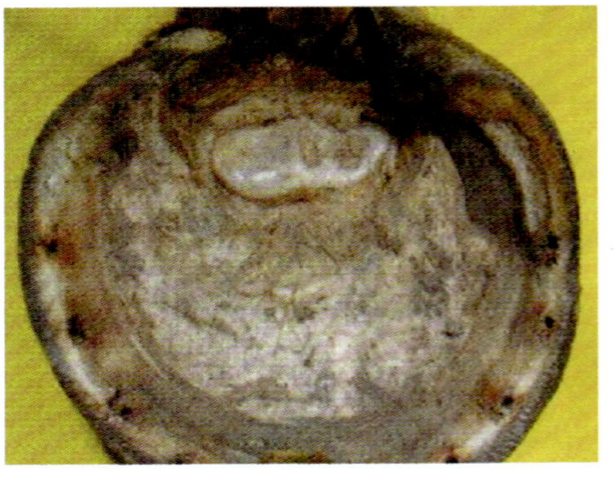

图 5-55-2 异物深入蹄叉，受损的舟骨清晰可见

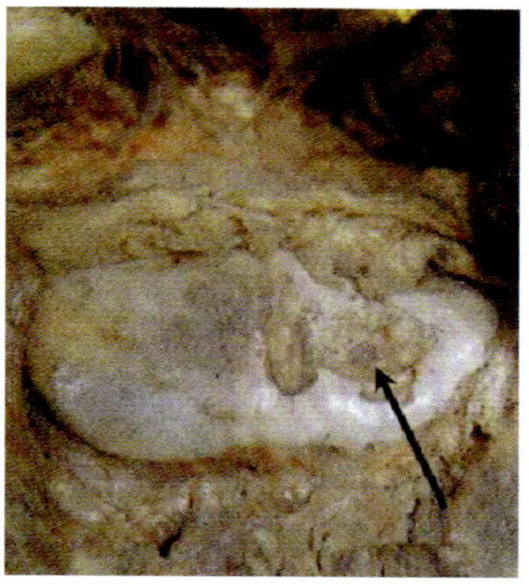

图 5-55-3 舟骨严重受损，关节囊被破坏

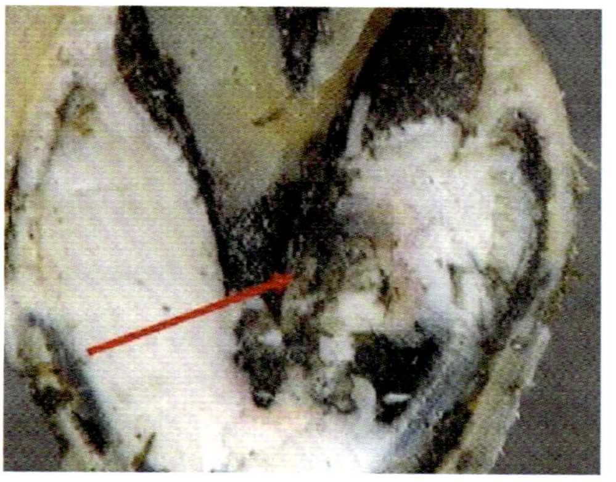

图 5-55-4 蹄底刺伤引起化脓性炎症

（三）类症鉴别

1. 远籽骨滑膜囊炎

站立时常以蹄尖负重，系部直立，运步时，呈典型的支跛，后方短步，蹄踵不着地，蹄温一般不高，但指动脉可见亢进，检蹄器压迫蹄叉时疼痛。

2. 蹄底挫伤

蹄部增温、肿胀、疼痛，患肢以蹄尖着地，运步时支跛，削蹄检查可看到出血斑、化脓。

（四）预防措施和安全用药

1. 预防措施

要注意厩舍、系马场及装蹄场的清洁卫生。应合理装蹄，蹄底、蹄叉不宜过削。

2. 安全用药

除去刺入物体，注意刺入物体的方向和深度，刺入物的顶端有无脓液或血迹附着，并注意刺入物有无折损。如果刺入部位不明确，可进行压诊、打诊，可以切削患部的蹄底或蹄叉以利确诊。对于刺入孔，可用蹄刀或柳叶刀切削成漏斗状，排出内容物，用 3% 过氧化氢溶液注洗创内。注入碘酊或青霉素、盐酸普鲁卡因溶液，填塞灭菌纱布块，涂松馏油。然后敷以纱布棉垫，包扎蹄绷带。排脓停止及疼痛消退后，装以铁板蹄铁保护患部。如并发全身症状，应施行抗生素疗法或磺胺类药物疗法，应注意注射破伤风抗毒素。

五十六、蹄底挫伤

蹄底挫伤是由于石子、砖瓦块等钝性物体压迫和撞击蹄底，引起蹄底真皮发生挫伤，有时也伤及更深部组织，通常伴有组织溢血，如挫伤的组织发生感染，可引起化脓性过程。马多发生于前肢，因前肢负重较大，而蹄底的穹隆度又小。大多数蹄底挫伤发生于蹄底后部，如蹄支角。

（一）发病原因

肢势和指（趾）轴不正，蹄的某部分负担过重；某些变形蹄，如狭蹄、倾蹄、弯蹄、平蹄、丰蹄、芜蹄等，蹄的负担不均匀，或蹄的穹隆度变小；蹄底过度磨灭，或蹄支角质软、脆、不平，弹性减弱等，都易引起蹄底挫伤。

直接引起蹄底挫伤的原因是装蹄前削蹄失宜，蹄负面削得不均匀、不一致，多削的一侧容易发生挫伤，蹄底多削时，多削的蹄底处变弱，容易受到压迫；装蹄不合理，如蹄铁短而窄，蹄铁过小；护蹄不良，蹄变软或过分干燥；马匹在不平的、硬的（如石子地、山地等）道路上长期使役，蹄底经常受到挫伤，甚至小石子可夹到蹄叉侧沟内，或蹄和蹄铁之间，引起挫伤。

（二）临床症状

轻度挫伤可能不发生跛行，只是在削蹄时，可看到蹄底角质内有溢血痕迹（图 5-56-1）。挫伤严重时，有不同程度的机能障碍，患肢减负体重，患肢以蹄尖着地，运步时呈典型的支跛，特别是在不平的道路上运步时，可见跛行突然、有几步加重，这是挫伤部又重新踏在坚硬的石头或硬物上引起疼痛所致，患侧的指（趾）动脉亢进，蹄温可增高，有时在蹄球窝可看到肿胀，以检蹄器压诊，压到挫伤部时，患马非常疼痛。削蹄检查时，在挫伤部可看到出血斑（图 5-56-2），这是由于发生挫伤时，常使小血管发生破裂溢血，如为毛细血管破裂时，出血呈点状，如为较大的血管破裂时则呈斑状，由于流出的血液分解，可呈现不同的颜色，如红色、蓝色、褐色或黄色等。重剧的挫伤，有时在挫伤部形成血肿，在蹄底角质下形成小的腔洞，其中蓄有凝血块。挫伤部发生感染时，可形成化脓性过程，脓汁可向其他部位蔓延，致使角质剥离，形成潜洞或潜道。有时顺蹄壁小叶，引起蹄冠蜂窝织炎，并可从蹄冠处破溃。一般局部化脓时，常从原挫伤处破溃，流出污秽灰色脓汁，恶臭。蹄部化脓时，常伴有全身症候。化脓过程蹄冠或蹄底破溃时，跛行可减轻，全身症状可消失。

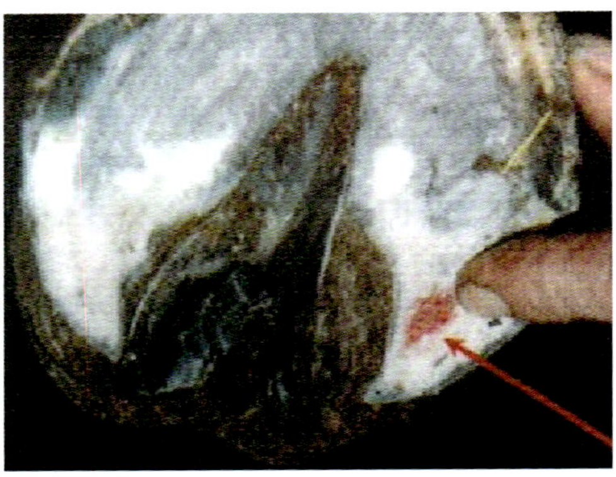

图 5-56-1 蹄底挫伤，有溢血痕迹（红箭头）

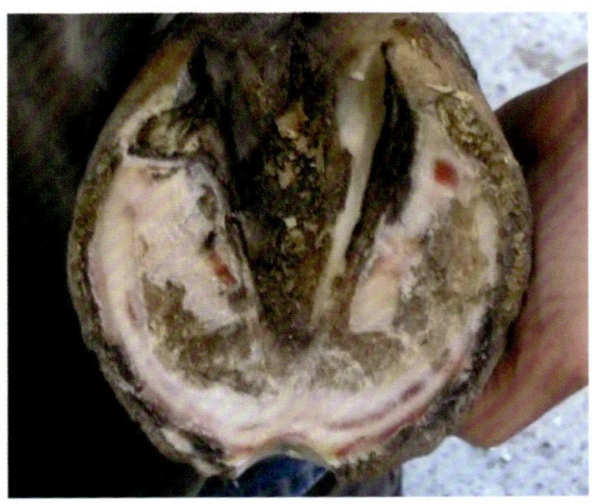

图 5-56-2 挫伤部可看到出血斑

（三）类症鉴别

1. 远籽骨滑膜囊炎

站立时常以蹄尖负重，系部直立，运步时，呈典型的支跛，后方短步，蹄踵不着地，蹄温一般不高，但指动脉可见亢进，检蹄器压迫蹄叉时疼痛。

2. 蹄底刺伤

患肢突然出现支跛，刺伤部出血、炎症、化脓，运步时蹄尖先着地，球节下沉不充分。

（四）预防措施和安全用药

治疗原则是除去病因，采取外科治疗措施，实行合理装蹄。

轻度无菌性挫伤，除去病因后，使其休息，停止使役，配合蹄部治疗，一般在 2 ～ 3 d 后，炎症可缓解。如果采取上述措施炎症不消除时，可能已发生化脓过程，应去除蹄铁，机械清蹄后，用消毒液浸泡病蹄，擦干后，在挫伤部将角质切除，使成倒漏斗状，这时脓性渗出物即可从切口流出，充分排除蹄内渗出物和脓汁后，灌注碘酊或碘仿醚到蹄内，外敷松馏油或其他消毒剂浸泡的纱布，外装蹄绷带，或装铁板蹄铁，全身应用抗生素。如已蔓延到蹄冠，引起蹄冠蜂窝织炎时，应采取相应治疗措施。

五十七、蹄钉伤

在装蹄时，应从白线的外缘下钉。如果蹄钉从肉壁下缘、肉底外缘嵌入，损伤蹄真皮，即发生钉伤。蹄钉直接刺入蹄真皮，或蹄钉靠近蹄真皮穿过，持续压迫蹄真皮，均能引起炎症。前者为直接钉伤，后者为间接钉伤（图 5-57-1）。

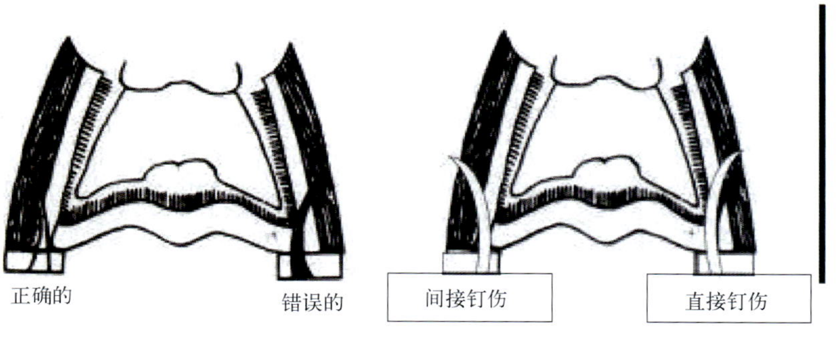

图 5-57-1　下蹄钉正误示意图

（一）发病原因

倾蹄或高蹄的蹄壁薄而峻立者、蹄壁脆弱而干燥者、过度磨灭的跣蹄，均易引起钉伤。蹄的过削，蹄壁负面过度锉切，蹄铁过狭，蹄钉的尖端分裂，不良蹄钉、旧蹄钉残留在蹄壁内，向内弯曲的蹄钉等；装蹄技术不熟练，不能合理下钉或反下钉刃，均为发生钉伤的原因（图 5-57-2）。

（二）临床症状

直接钉伤在下钉时就发现肢蹄有抽动表现，造钉节时再次出现抽动现象。拔出蹄钉时，钉尖有血液附着，或由钉孔溢出血液（图 5-57-3）。装蹄的当时，受钉伤的肢蹄即出现跛行，2 ～ 3 d 后跛行增重。

间接钉伤是敏感的蹄真皮层受位置不正的蹄钉压挤而发病，在装蹄的当时不见异常变化，多在装蹄后 3 ～ 6 d 出现原因不明的跛行。蹄部增温，指（趾）动脉亢进，敲打患部钉节或钳压钉头时，出现疼痛反应，表现有化脓性蹄真皮炎的症候（图 5-57-4）。如耽误治疗，经一段时间后，可从患蹄的蹄冠自溃排脓。

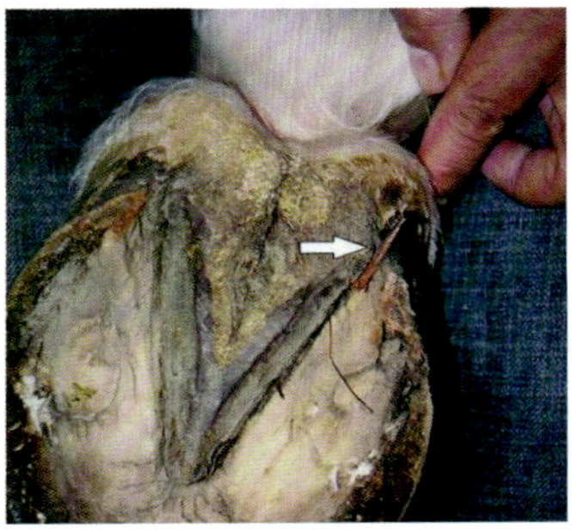

图 5-57-2 左后蹄钉伤

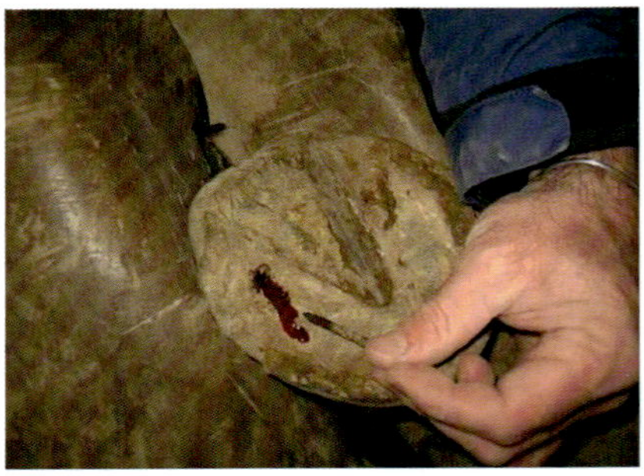

图 5-57-3 钉孔溢出血液

（三）类症鉴别

1. 蹄底挫伤

蹄部增温、肿胀、疼痛，患肢以蹄尖着地，运步时支跛，削蹄检查可看到出血斑、化脓。

2. 蹄叶炎

体温升高，不愿意站立和运动，肌肉震颤。如果两前蹄患病，病马后肢伸至腹下，两前肢向前伸出，以蹄踵着地，两后蹄患病时，前肢向后屈于腹下。触诊病蹄增温、疼痛，指（趾）动脉亢进。

3. 蹄舟状骨病

多侵害 6 ～ 12 岁马的前肢，患蹄以蹄尖支持体重，运步时蹄踵不着地，呈后方短步，跛行，斜板试验有疼痛反应。

4. 指（趾）骨骨折

呈现中等肿胀，骨折片移位，局部变形。触诊有剧痛和骨摩擦音。病肢不能负重，运步时呈现重度支跛或三脚跳。

（四）预防措施和安全用药

1. 预防措施

要按操作规程削蹄、装蹄，不能用质量不良或钉尖分裂的蹄钉。为了预防破伤风，应注射破伤风抗毒素。

2. 安全用药

直接钉伤可在装蹄过程中发现，应立即取下蹄铁拔出钉子（图 5-57-5），用蹄刀扩大伤口，向钉孔内注入碘氧合剂（5% 碘酒 2 mL，3% 双氧水 98 mL），并填塞高锰酸钾粉，涂敷松馏油，再用蹄膏（等份松香与黄蜡分别加火熔化，混合而成）填塞蹄负面的缺损部。在拔出导致钉伤的蹄钉后，改换钉位装蹄。在装蹄时，患部的蹄负面设凹陷。如有化脓性蹄真皮炎发生，扩大创孔以利排脓。用 3% 过氧化氢溶液或 0.1% 高锰酸钾溶液冲洗创腔，注入碘酊或每毫升溶有 1000 IU 的青霉素盐酸普鲁卡因溶液 5 ～ 10 mL。填塞灭菌纱布块，涂敷松馏油，包扎蹄绷带。每隔 3 ～ 5 d 换药一次，直至化脓停止。如发现体温升高应迅速应用抗生素，如肌内注射青霉素 300 万 IU，每 6 h 一次；静脉注射四环素 2 ～ 4 g 或庆大霉素（40 ～ 100）$\times 10^4$ IU（均加入糖盐水内滴注）。也可用“水乌钙”疗法：10% 水杨酸钠注射液 50 ～ 200 mL、40% 乌洛托品注射液 20 ～ 60 mL、10% 氯化钙注射液 50 ～ 150 mL、5% 葡萄糖盐水 500 mL，混合静脉注射，每日 1 次，连用 3 次。2% 盐酸普鲁卡因 20 ～ 30 mL，行系凹部环状封闭或用 0.5% 盐酸普鲁卡因稀释青霉素 120 万 IU，行指总动脉或跖外侧动脉内封闭，指总动脉封闭点为前肢内侧掌部中 1/3 和上 1/3 交界处；跖外侧动脉封闭点为后肢外侧跖部上 1/3 和中 1/3 交界处。蹄头多量放血约 500 mL，同时可在前肢胸堂穴、后肢肾堂穴放血，总量不超过 800 ～ 1000 mL，配合补液抗酸，如 5% 糖盐水加维生素 C 及氢化可的松等。

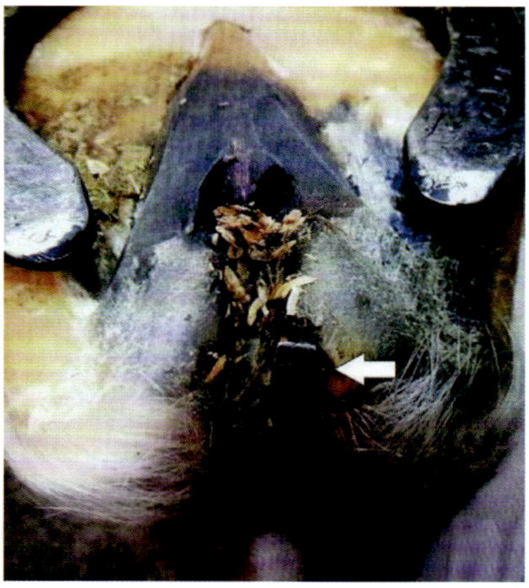

图 5-57-4　局部化脓

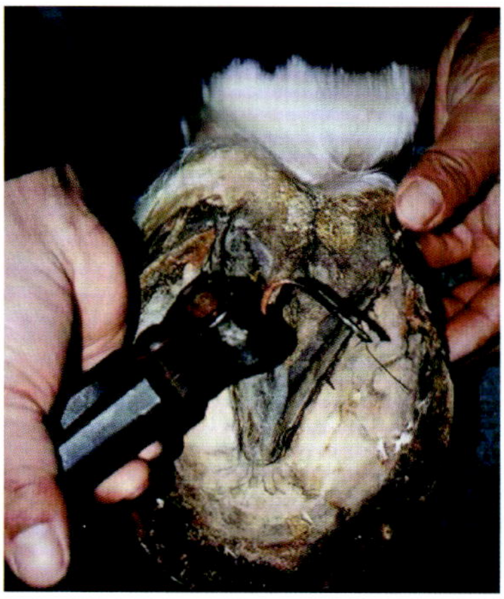

图 5-57-5　拔出钉子

五十八、蹄叉腐烂

蹄叉腐烂是蹄叉真皮的慢性化脓性炎症，伴发蹄叉角质的腐败分解，是常发蹄病。本病为马属动物特有的疾病，多为一蹄发病，有时两、三蹄，甚至四蹄同时发病，多发生在后蹄。

（一）发病原因

蹄叉角质不良是发生本病的因素。护蹄不良、厩舍和系马场不洁潮湿、粪尿长期浸渍蹄叉，都可引起角质软化；在雨季，经常作业于泥水中，也可引起角质软化；马匹长期舍饲，不经常使役，不合理削蹄，如蹄叉过削、蹄踵壁留得过高、内外蹄踵壁切削不一致等，都可影响蹄叉的功能。使局部的血液循环发生障碍；不合理的装蹄，如马匹装以高铁脐蹄铁，运步时蹄叉不能着地，或经常装着厚尾蹄铁或连尾蹄铁，都会引起蹄叉发育不良，进而导致蹄叉腐烂。

我国北方地区，在冬季为了防滑，给马匹整个蹄底装轮胎做的厚胶皮掌，到春天取下胶皮掌时，常常发现蹄叉已腐烂。有人试验，用不同方法破坏四肢的淋巴循环，可引起临床上的蹄叉腐烂。

（二）临床症状

前期症状，可在蹄叉中沟和侧沟，通常在侧沟处有污黑色的恶臭分泌物（图 5-58-1），这时没有机能障碍，只是蹄叉角质的腐败分解，没有伤及真皮。如果真皮被侵害，立即出现跛行，这种跛行走软地或沙地特别明显。运步时以蹄尖着地，严重时呈三脚跳。蹄底检查时，可见蹄叉萎缩，甚至整个蹄叉被腐败分解，蹄叉侧沟有恶臭的污黑色分泌物（图 5-58-2）。当从蹄叉侧沟或中沟向深层探诊时，患马表现高度疼痛，用检蹄器压诊时，也表现疼痛。因为蹄踵壁的蹄缘向回折转而与蹄叉相连，炎症也可蔓延到蹄缘的生发层，从而破坏角质的生长，引起局部发生病态蹄轮（图 5-58-3）。蹄叉被破坏，蹄踵壁向外扩张的作用消失，可继发狭窄蹄。

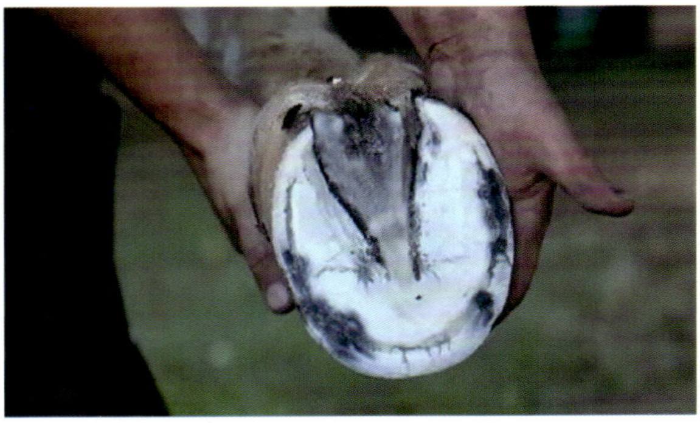

图 5-58-1 蹄叉腐烂

图 5-58-2 蹄叉侧沟有恶臭分泌物

（三）类症鉴别

1. 系部皮炎

患部脱毛、肿胀、疼痛、皲裂，跛行。

2. 蹄冠蜂窝织炎

体温升高，蹄冠形成圆枕形肿胀、脓肿，有热痛，蹄冠缘发生剥离，患肢重度支跛。

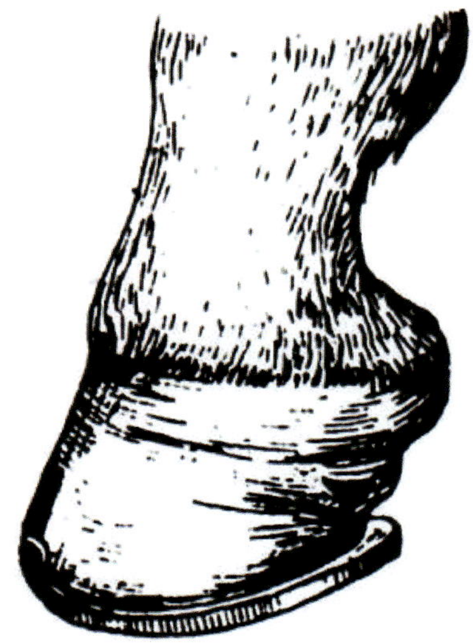

图 5-58-3　蹄叉腐烂的不正蹄轮

（四）预防措施和安全用药

除去病因，将患马放在干燥的马厩内，使蹄保持干燥和清洁。仅蹄叉表层腐烂时，彻底削除全部分解腐烂的角质，直到健康部位，只涂布浓碘酊，控制其继续发展，不用其他药物即可治愈。对严重的蹄叉腐烂，应先取下蹄铁，清除蹄底部污物，用 3% 煤酚皂溶液或 0.1% 高锰酸钾溶液蹄浴 30 ～ 40 min，擦干后削除腐烂的角质，用锐匙刮除坏死组织。取适量炼制过的菜籽油向腐烂部位进行浇灌，炼制的油达到冒油烟的程度，油温可达 230℃（操作时动作要快，但要注意浇油时不要烫伤蹄冠和其他部位）。热油在腐烂处停留 20 min 后，将油清理干净，撒布水杨酸高锰酸钾粉（1∶1 的比例），然后用酒精棉球蘸取药粉填塞腐烂部位。之后覆盖灭菌纱布，外部涂以松馏油，垫以纱布卷，包扎全蹄绷带，再涂布松馏油，装钉铁板蹄铁。

可用装蹄疗法协助治疗，为了使蹄叉负重，可适当削蹄踵负缘。为了增强蹄叉活动，可充分削开绞约部，当急性炎症消失以后，可给马装蹄，以使患蹄更完全着地，加强蹄叉活动，装以浸有松馏油的麻丝垫的连尾蹄铁最为合理。引起蹄叉腐烂的变形蹄应逐步矫正。

五十九、蹄叶炎

蹄叶炎是指蹄真皮的弥散性、无菌性炎症。可分为急性、亚急性和慢性蹄叶炎，常发生于两前蹄，也发生在所有四蹄，或很偶然地发生于两后蹄，或单独一蹄发病。我国北部地区，蹄叶炎多发生于麦收季节，骑马、赛马时也有发生。有的国家曾报道，骗马患蹄叶炎比母马和公马的发病率低。

（一）发病原因

致病原因尚不能确切肯定，一般认为本病属于变态反应性疾病，但从疾病的发生看，可能为多因素的。广蹄、低蹄、倾蹄等在蹄的构造上有缺陷，躯体过大使蹄部负担过重，均为发生蹄叶炎的因素。蹄底或蹄叉过削、削蹄不均、延迟改装期、蹄铁面过狭、铁脐过高等，均能使蹄部缓冲装置过度劳累，成为发生蹄叶炎的诱因。运动不足，又多给难以消化的饲料；偷吃大量精料；分娩、流产后多喂精饲料，引起消化不良；同时肠管吸收毒素，使血液循环发生紊乱，均可招致本病。长途运输；在坚硬的地面上长期站立；有一肢发生严重疾患，对侧肢进行代偿，长时期、持续性负担体重，势必过劳；马匹骤遇寒冷、使体力消耗等，均能诱发本病。蹄叶炎有时为传染性胸膜肺炎、流行性感冒、肺炎、疝痛等的并发病或继发病。目前认为，急性蹄叶炎开始是循环变化引起生角质细胞的代谢性改变。

在实验研究方面，组织胺、乳酸可引起血管痉挛，血管扩张和血液凝结。但每种学说只能说明部分病因，不能解释所有的现象。

（二）临床症状

1. 急性蹄叶炎

精神沉郁，食欲减少，不愿意站立和运动。为避免患蹄负重，常常出现典型的肢势改变。如果两前蹄患病，病马的后肢伸至腹下，两前肢向前伸出，以蹄踵着地（图 5-59-1）。两后蹄患病时，前肢向后屈于腹下（图 5-59-2）。如果四蹄均发病，站立姿势与两前蹄发病类似，体重尽可能落在蹄踵上（图 5-59-3）。如强迫运步，患马运步缓慢、步样紧张、肌肉震颤。触诊病蹄可感到增温，特别是靠近蹄冠处。指（趾）动脉亢进。叩诊或压诊时，可以查知相当敏感。可视黏膜常充血，体温升高（40 ～ 41 ℃），脉搏频数（80 ～ 120 次 /min），呼吸变快（50 ～ 60 次 /min）。

图 5-59-1 两前蹄蹄叶炎的站立姿势

图 5-59-2 两后蹄蹄叶炎的站立姿势

2. 亚急性蹄叶炎

可见上述症状，但程度较轻。常是限于姿势稍有变化，不愿运动。蹄温或指（趾）动脉亢进不明显。急性和亚急性蹄叶炎如治疗不及时，可发展为慢性型。

3. 慢性蹄叶炎

常有蹄形改变，蹄缘出现变形、缺损，背侧面蹄壁顶端变形，蹄冠有分泌物流出（图 5-59-4）。蹄轮不规则，蹄前壁蹄轮较近，而在蹄踵壁的则增宽。慢性蹄叶炎最后可形成芜蹄，蹄匣本身变得狭长，蹄踵壁几乎垂直，蹄尖壁近乎水平（图 5-59-5）。蹄骨下沉，压迫蹄底，蹄底的凹面慢慢扁平，甚至蹄底鼓胀、裂开（图 5-59-6），蹄骨下的真皮层坏死，蹄骨刺透蹄底（图 5-59-7）。由于蹄骨移动，白线变宽（红色箭头）并受到感染，蹄冠转动的端点过多压迫蹄底，造成淤伤（黑色箭头）（图 5-59-8）。当站立时，健蹄与患蹄不断地交替负重。X 线检查，有时可发现蹄骨转位以及骨质疏松。蹄骨尖被压向后下方，并接近蹄底角质。再严重的病例，蹄骨尖端可穿透蹄底（图 5-59-9）。

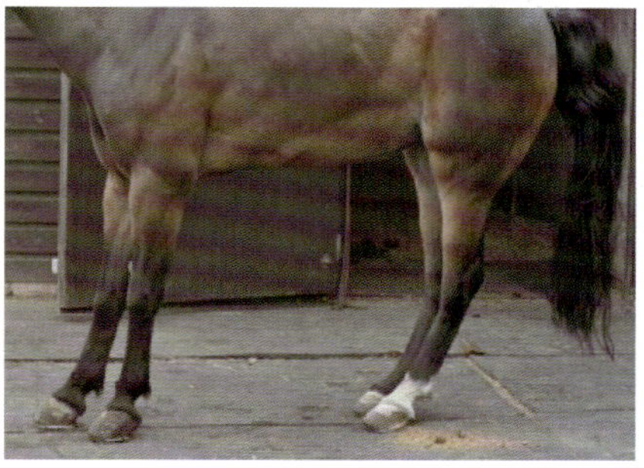

图 5-59-3　四蹄蹄叶炎的站立姿势

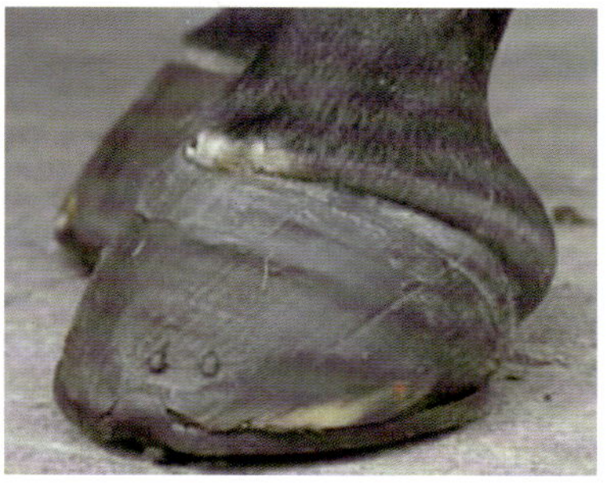

图 5-59-4　慢性蹄叶炎背侧面蹄壁顶端变形，蹄冠有分泌物流出

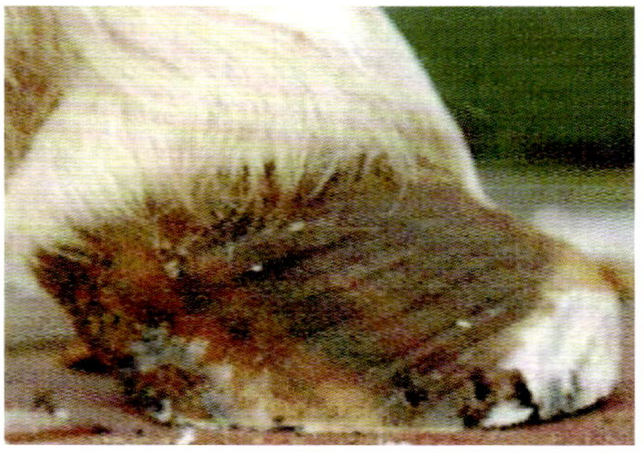

图 5-59-5　慢性蹄叶炎畸形马蹄

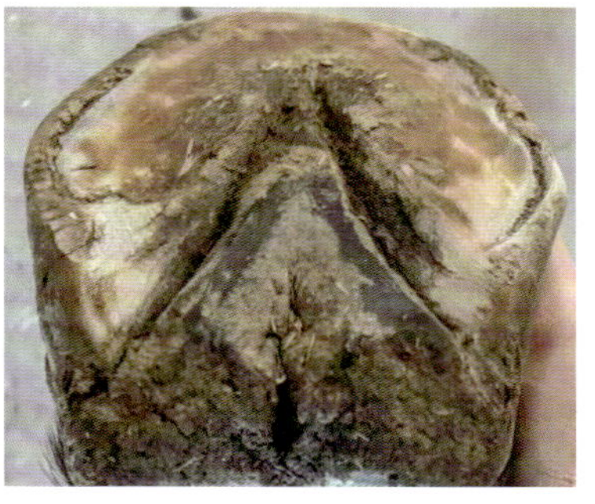

图 5-59-6　慢性蹄叶炎蹄底鼓胀

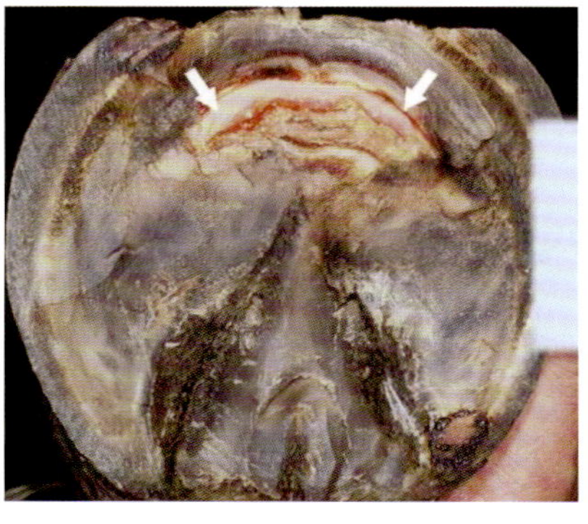

图 5-59-7　慢性蹄叶炎蹄骨刺透蹄底

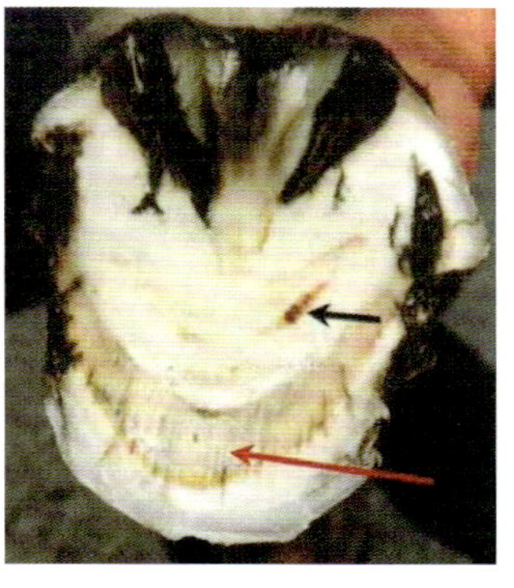

图 5-59-8　慢性蹄叶炎白线变宽，蹄底淤伤

（三）类症鉴别

1. 冠骨骨折

蹄冠带部肿胀，局部变形不显著。被动运动可见冠关节活动范围增大，有剧痛。站立

时，多以蹄尖着地或肢稍前伸。运步时，呈现重度支跛。

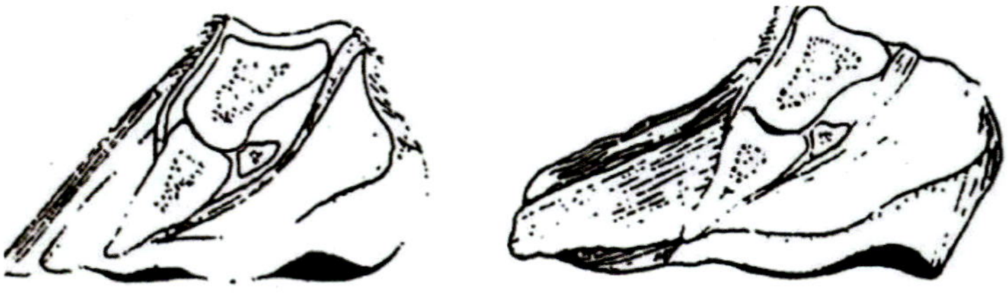

图 5-59-9 患蹄叶炎 3 个月后蹄病的纵断面
（a）白线部的病变；
（b）角细管的扭转使蹄骨下陷

2. 蹄骨骨折

突发严重的支跛。由于蹄骨位于蹄匣内，局部炎症和外形变化不显著。

（四）预防措施和安全用药

治疗急性和亚急性蹄叶炎有四项原则，即除去致病或促发的因素、解除疼痛、改善循环、防止蹄骨转位。必须尽可能早地采取治疗措施，形成永久性伤害后则治疗不易收效。

1. 急性蹄叶炎的治疗

（1）放血疗法　放血疗法是一种急救疗法，越早应用越好，即在发病后尽量多泻血，根据病马体质情况、症状轻重程度以及患病时间长短选择在不同部位进行放血。最常见的放血部位有患蹄蹄后正中陷窝处、蹄冠上缘外前方和皮肤相交处、胸骨两侧腋窝上缘的臂头静脉、颈部上 1/3 静脉处。通常发病早期、症状较轻或者体质较弱的病马适宜选择在前两个部位进行放血；患病时间较长、症状较重或者体格比较强壮时适宜选择后两个部位进行静脉放血，注意选择其中一个部位进行放血即可。如果条件允许可将病马保定于六柱栏内，如果条件不允许则可采取人工保定，如采取蹄部放血，保定时要抬举前后肢。一般来说，前蹄放血时，保定者要用肩部顶住病马的胸部，并用双手将一侧前肢抬举后进行固定，以限制前肢活动，从而可对踏地的蹄部进行放血；后肢放血时，保定者要用左肩顶住病马的臂部，并用双手将一侧后肢抬举后进行固定，以使躯体重心移至对侧，限制踏地肢的活动，从而进行放血。

放血方法：先用碘酊对放血部位进行消毒，如果被毛较多则要在剪毛后进行消毒，放血针临用前通常进行火焰消毒。放血时，术者用左手拇指和食指使放血部位固定，尤其是必须固定大血管，避免滑动。然后右手用拇指、食指以及中指握牢针体，并用无名指和小指在下面顶住针头，用于调控针尖深度。之后用力快速刺入患蹄，确保刺透皮肤以及血管。需要注意的是，对不同部位放血要选择不同的工具，如宽针或者哈萨克小刀，并进行直刺、横刺或者斜刺等。一般来说，肌肉丰满处适宜采取 90° 角直刺放血；接近骨骼处通常采取 15° ～ 20° 角横刺；肌肉较薄或者接近内脏器官处适宜采取 45° 角斜刺。另外，对大血管进行放血时必须确保针刃刺入方向与血管方向相同，防止血管被刺断。放血结束后，要及时进行止血和消毒。通常放血创口能够自行止血，如果无法自行止血则要用酒精棉球抵住。蹄部放血适宜控制在 50 ～ 100 mL，一般发病初期或者体壮的病马可多放血，而发病较久或者体弱者要少放血；静脉放血量适宜控制在 2000 ～ 3000 mL，放血后，可注射等量复方氯化钠溶液或 5% 葡萄糖溶液。

（2）物理疗法　疾病发病早期，为抑制炎性渗出，可对病马患蹄采取冷敷或者冷蹄浴，每次持续 1 ～ 2 h，每天 2 次，连续进行 2 d，之后为促进吸收，可采取温蹄浴，每天持续 2 h，连续进行 5 ～ 7 d。

（3）药物治疗　发病初期，取氯化钠溶液 100 ～ 150 mL、常水 2000 ～ 3000 mL、甲醛 15 ～ 20 mL，混合均匀后通过胃管给病马一次性投服，每天 1 次，如有需要可连续使用 2 ～ 3 d，治疗效果往往较好。

由风寒感冒继发引起的，可静脉注射 10% 水杨酸钠溶液 100 ～ 120 mL，或撒乌安（水杨酸钠 10 ～ 15 g，乌洛托品 10 ～ 15 g，苯甲酸钠咖啡因 2 g，生理盐水 200 mL）200 mL，每天 1 次，连续使用 5 次。同时也可选用下列处方，以兴奋中枢神经及血管末梢神经。取 0.1% 硝酸士的宁 3 ～ 8 mL，皮下注射，每日 1 次；取 0.1% 新斯的明 4 ～ 8 mL，皮下注射或肌内注射，每日 1 次；取 0.1% 加兰他敏 12 ～ 15 mL，皮下注射或肌内注射，每日 1 次，连用数天。

（4）手术疗法　当病马发生急性炎症时，为抑制蹄尖部出现浆液性渗出液、减少蹄内压、减轻疼痛，可采取手术疗法，即用手术刀在蹄尖部切三个纵沟，延至蹄尖负重面，同时在白线内方切一横沟，促使蹄内渗出物排出。需要注意的是，该法要求在无菌条件下操作，且术后要加强护理，避免发生感染。

2. 慢性蹄叶炎的治疗

首先应注意护蹄，并预防急性型或亚急性型蹄叶炎的再发（如限制饲喂、控制运动等）。首先，应注意清理蹄部腐烂的角质以预防感染。刷洗蹄部后，在硫酸镁溶液中浸泡。蹄骨微有转位的病例（例如蹄骨尖移动少于 1 cm 而蹄底白线只稍微加宽），可以简单地每月削短蹄尖并削低蹄踵是有效方法（图 5-59-10）。

图 5-59-10　蹄叶炎病蹄的装蹄（虚线代表削切的部分）

如蹄骨已有明显的转位，就更加需要根治，即在蹄踵和蹄壁广泛地削除角质，否则蹄骨不能回到正常的位置。如小叶间渗出物很多时，可在白线处充分消毒后手术扩开，排除渗出物。如已形成芜蹄，可用装蹄疗法矫正。矫正的目的主要是为了便于运动，其方法是锉削蹄尖的隆起，蹄底及负面不削，多削蹄踵负面。如蹄尖部有疼痛感觉，可在铁头部设侧铁唇，其间并设空隙。应用稍微向后突出的连尾蹄铁最为合理，装此种蹄铁时，部分体重可由患病的蹄尖部移到横支上，向后突出的横支可防止蹄踵负重时患肢向后过度弯曲。为了使过薄的蹄底不着地，也可装铁脐蹄铁。有人采用在系中部切断指深屈肌腱的方法治疗慢性顽固性蹄叶炎，13 匹手术马中有 5 匹基本康复，6 匹马得以改善，其他 2 匹无效。

3. 中兽医疗法

外用药物治疗：血余炭 10 g、松香 30 g、黄蜡 45 g，将血余炭、松香研末，黄蜡熔后调成膏。修蹄后，将膏药涂于蹄心、蹄壁，用烙铁烙之，数日后换药1次。也可用乌金膏：虫胶（为紫胶虫吸取寄主树汁液后分泌出的紫色天然树脂，又称紫胶、赤胶、紫草茸等）45 g、沥青45 g、血余炭10 g、黄蜡45 g，将上述药置锅内，熔化成膏，削去死蹄硬甲，涂膏药于蹄底，再以烙铁烧烙。

针灸：先去掉蹄铁，削蹄矫正蹄形。前蹄痛，放胸膛血500 mL，或膝脉、蹄头血50 mL；后蹄痛，放肾堂血400 mL、后蹄头血50 mL。

六十、蹄软骨化骨

蹄软骨化骨多发生于老龄马，并多为外侧蹄软骨。

（一）发病原因

蹄踵狭窄、蹄冠狭窄、举踵蹄，还有蹄叉腐烂等，均对蹄的机能有妨碍；蹄铁过狭、削切不均、在蹄铁最大横径部以后继续下钉等，均易导致本病。在坚硬的土地上或不平坦的道路上服重役，长时期不削蹄、装蹄以致蹄角质过长等，是招致蹄软骨化骨的诱因。

（二）临床症状

蹄冠周围增大，化骨部的蹄冠隆起，蹄壁变狭窄或蹄轮不正等。步样强拘，站立时呈前踏姿势。蹄角质干燥，在装蹄不良的情况下出现跛行。蹄软骨的骨化是从前下部开始，逐渐向后上方扩展，从蹄冠上方触诊可以感觉此处的蹄软骨变坚硬、丧失弹性。结果可妨碍蹄的机能，故蹄铁上面的沟状磨灭很小或不清楚。可用放射学摄片检查蹄软骨化骨的程度和确诊。

（三）类症鉴别

1. 蹄冠蜂窝织炎

体温升高，蹄冠形成圆枕形肿胀、脓肿，有热痛，蹄冠缘发生剥离，患肢重度支跛。

2. 蹄冠蹍伤

患部肿胀、疼痛，蹄温高，蹄冠角质软化、剥离、化脓，蹄轮异常，跛行。

（四）预防措施和安全用药

已经骨化的蹄软骨不易恢复其固有弹性，治疗应着重维持马的能力，减轻跛行，除去上述诱因。为此，削蹄要适合肢势与蹄形，使体重的负担平均，装蹄时在骨化侧的铁支要宽，在蹄枕要用橡胶插片，在病变一侧蹄与蹄铁之间可使用革质插片或橡胶插片，借以减弱地面的反冲力。还可采取蹄踵部的蹄壁薄削、造沟以便减轻对该部的压迫。

六十一、蹄舟状骨病

蹄舟状骨病是舟状骨及其滑膜囊的炎症，也可扩延到远端籽骨关节面、舟状骨的支撑韧带、指深屈肌腱的滑膜囊面、中间指骨的关节面等。过去认为本病是一种慢性无菌性滑膜囊炎，也有人认为是舟状骨的慢性骨炎。现在研究证实，它是一种涉及不同原因的变性疾病，蹄舟状骨病的血液供应有变化，舟状骨内动脉硬化，动脉内有血栓，骨有缺血性坏死。本病常侵害赛马和跳跃型马的前肢。多侵害 6 ～ 12 岁马，但也有发生于 6 月龄到 18 岁马的报道。

（一）发病原因

确切的病因尚不清楚，但认为是一种综合征，应多从生物力学上考虑本病的发生。蹄踵狭窄、蹄壁过度延长、蹄叉过高是发生本病的因素。系部过长、负重时球节过度下沉、失足蹬空、急速奔驰或转弯、坚硬地面作业、超载挽曳等都是发生本病的诱因。

（二）临床症状

舟状骨因其周围有关结构受牵引或压迫而发生变性，使有关软组织，特别是舟状骨支撑韧带出现疼痛反应。发病后，首先注意到的症状是患蹄负重时，蹄踵不着地，以蹄尖支持体重。两前蹄同时发病时，可见交互负重，运步时蹄踵不着地，呈后方短步，指部有典型的震颤运动。圆周运动时，患肢在内侧跛行加重。将球节和冠关节屈曲 30 ～ 60 s 后令患马运动，在前 4 ～ 12 步跛行可大大加重，斜板试验也可证明有疼痛反应。变性过程中可导致反复不定的临床症状，有一半以上的马跛行是两侧性的。尽管跛行是潜在性的，但临床上可突然出现。有的患马拒绝跳跃。为了缓解患蹄运步时的疼痛，常以蹄尖着地和运步，所以蹄尖部磨灭得多，蹄踵部相对变高，破坏了正常的蹄的机能。时间较长后，可见蹄叉萎缩变小，形成蹄踵狭窄。急性经过时，指动脉触诊可感到亢进，增加屈腱负重，可使跛行明显。叩诊和压诊接近蹄叉体部位，有疼痛反应。封闭指神经掌支或蹄关节麻醉，可看到本病的疼痛程度有改善，但对侧不麻醉的肢如也有本病，跛行可加剧，这也可诊断两侧性蹄舟状骨病。

放射学摄片检查可支持临床诊断，放射学变化包括远端边缘右角的骨营养孔增大，屈侧骨终板有变形性变化，近侧缘和侧韧带抵止点有骨刺形成，骨内有空洞区。

（三）类症鉴别

1. 蹄软骨化骨

多发生于老龄马，并多为外侧蹄软骨。蹄冠周围增大，化骨部蹄冠隆起，蹄冠上方触诊蹄软骨变坚硬，蹄壁变狭窄或蹄轮不正。站立时呈前踏姿势，步样强拘，跛行。

2. 蹄骨骨折

突发严重的支跛。由于蹄骨位于蹄匣内，局部炎症和外形变化不显著。

（四）预防措施和安全用药

蹄舟状骨病是一种畸形性骨关节病，治疗措施可用减轻疼痛的方法。矫形装蹄可有帮助，特别是病的早期，单独用矫形装蹄即可得到效果。但在病的进行期，矫形装蹄只能改善症候。矫形装蹄时，多削蹄尖，装设上弯的连尾蹄铁。马可放在草地上或软地上放养，也可缓解疼痛。近些年有些学者研究了舟状骨内的血管变化，认为舟状骨内血管有动脉硬化和血栓，导致缺血性病变，应用一些抗血凝药（如华法林）、扩外周血管药（如盐酸苯氧丙酚胺），都有一定效果。盐酸苯氧丙酚胺（盐酸异舒普林）更为安全，用法是每千克体重 0.6 mg，每日 2 次，3 周为一疗程。用切断舟状骨悬韧带或指神经掌支的方法治疗本病，也可取得一定效果。

六十二、远籽骨滑膜囊炎

远籽骨滑膜囊炎是远籽骨（舟状骨）滑膜囊的炎症。该滑膜囊是远籽骨与深屈腱之间的滑膜腔，常与蹄关节腔相通。滑膜囊炎可能是无菌性的，但常常是化脓性的。

（一）发病原因

无菌性远籽骨滑膜囊炎常由屈腱过度紧张引起，踏创也常引起本病。化脓性远籽骨滑膜囊炎常由蹄底刺伤继发，因致伤过程中将微生物带到滑膜腔引起化脓性过程。化脓性蹄关节炎、蹄内深屈腱的化脓坏死，以及蹄内其他组织的化脓坏死性疾患，都可蔓延至滑膜囊，引起化脓性滑膜囊炎。

（二）临床症状

无菌性远籽骨滑膜囊炎时，找不出什么致病因素，但临床上可出现明显的机能障碍。伫立视诊时，可见患马减负体重，常以蹄尖负重，系部直立，球节不敢下沉。运步视诊时，呈典型的支跛，后方短步，蹄踵不着地，在石子地或不平地运步时，跛行变得更明显，上坡时跛行也可加重。检查患蹄时，在蹄底和蹄叉常找不到致病的痕迹，有时可在蹄叉沟内夹着石子等异物。蹄温一般不高，但指动脉可见亢进，以检蹄器压迫蹄叉时，患马敏感。蹄关节他动运动时可有疼痛。如果做斜板试验，患马可显出异常疼痛。

化脓性远籽骨滑膜囊炎时，伫立和运步机能障碍都比无菌性远籽骨滑膜囊炎时明显，甚至还会出现全身性症候。化脓性远籽骨滑膜囊炎时，可见蹄球窝肿起，用手指压迫时，患马有疼痛反应。蹄温可增高，指动脉明显亢进，蹄关节他动运动时疼痛明显，如在蹄叉体处向滑膜囊穿刺时，可流出混浊液体。如为刺伤引起，仔细清蹄后，可发现刺伤痕迹。

（三）类症鉴别

1. 籽骨骨折

支跛，站立时系关节掌曲，用蹄尖着地或不能负重。近籽骨骨折时，于系关节后方一侧或两侧呈现不同程度热、痛明显的肿胀。远籽骨骨折时，蹄壁叩诊或用检蹄器嵌压有明显疼痛。

2. 蹄叶炎

体温升高，不愿意站立和运动，肌肉震颤。如果两前蹄患病，病马后肢伸至腹下，两前肢向前伸出，以蹄踵着地，两后蹄患病时，前肢向后屈于腹下。触诊病蹄增温、疼痛，指（趾）动脉亢进。

（四）预防措施和安全用药

无菌性远籽骨滑膜囊炎时，令患马休息，在掌（跖）部用普鲁卡因封闭，隔日一次，全身可用抗生素和非激素类消炎剂，同时应用温脚浴。

化脓性远籽骨滑膜囊炎时，除全身应用抗生素控制感染外，应用手术方法处置化脓的滑膜腔。蹄用防腐液浸泡，彻底清除蹄上的污物。严格消毒后，从蹄叉体用粗针头穿刺，抽出滑膜囊内的化脓性渗出物，再注入抗生素或其他防腐剂。

如果已发生屈腱坏死或穿刺治疗无效时，应手术切除蹄叉体，暴露出坏死的深屈腱和化脓的滑膜囊，彻底切除。手术前应充分浸泡患蹄，并彻底消毒，在全身麻醉下，横卧保定，患肢在上面，肢装驱血带和止血带，坏死的深屈腱切除后，仔细清理滑膜囊。除去一切失去生机的组织，用消毒液彻底清洗，敷以松馏油纱布。包扎绷带后，解除止血带，每日或隔日更换绷带。手术成功后，患蹄可逐步负重。

六十三、佝偻病

佝偻病是生长快的幼驹维生素 D 缺乏及钙、磷代谢障碍所引起的骨营养不良性疾病。临床上以消化机能紊乱、异嗜癖、骨骼变形、跛行及生长发育迟缓、四肢呈罗圈腿或八字形外展为重要特征。病理特征是成骨细胞钙化作用不全、持久性软骨肥大及骨骺增大的暂时钙化作用不全和骨骼变形。本病主要发生于 3 ～ 4 月龄的幼龄马。

（一）发病原因

① 光照严重不足：马驹快速生长中，对维生素 D 的缺乏要比成年动物更敏感，舍饲和北纬高的地区，例如关禁饲养的幼龄马和集约化程度高的马匹，其发病率较高。在上述饲养管理条件的动物群中，有时并未发现在饲养上钙、磷不平衡现象，但却有佝偻病的发生。

② 饲料中钙、磷缺乏或比例不平衡：日粮中钙、磷的绝对缺乏或钙（磷）的过量摄入。饲料中的钙、磷含量差异很大，母乳中钙、磷含量则变化不大，所以幼年动物的佝偻病常发生于刚断奶之后的一个阶段中。

③ 维生素 D 缺乏：维生素 D 缺乏，容易引起佝偻病的发生，这就表明维生素 D 在完成成骨细胞钙化作用中具有特殊意义。由于母马长期采食未曾经过太阳晒过的干草，干草中植物固醇（麦角固醇）不能转变为维生素 D_3，或长期被关禁饲养的母马，皮肤中 7- 脱氢胆固醇则不能转变为维生素 D_3，于是乳汁中维生素 D 严重不足，也是哺乳中的幼驹患佝偻病的一种主要原因。

④ 日粮中蛋白质或脂肪性饲料过多：日粮中蛋白质或脂肪性饲料过多，代谢过程中

产生大量酸类，与钙形成不溶性钙盐，大量排出体外导致缺钙。

⑤ 胃肠疾病和肝胆疾病：患胃肠疾病和肝胆疾病，影响机体对维生素 D 的吸收；患慢性肝肾疾病影响维生素 D 的活化。而磷和钙也能干扰机体对维生素 D 的利用率，并影响骨骼正常的钙、磷沉积。

⑥ 甲状腺功能代偿性亢进：甲状腺功能代偿性亢进，甲状腺激素大量分泌，磷经肾排泄增加，引起低磷血症。

（二）临床症状

骨骼发育不良、变形是本病的典型症状。早期呈现食欲减退、消化不良、精神沉郁，然后出现异嗜癖。病马经常卧地、不愿起立和运动、发育停滞、消瘦、容易疲劳。下颌骨增厚和变软，出牙期延长，齿形不规则，齿质钙化不全（凹凸不平，有沟，有色素），常排列不整齐，齿面易磨损，不平整。鼻骨肿胀，引起鼻腔狭窄，伴有咳嗽，呼吸困难，发生慢性鼻卡他。最后在面骨、下颌骨以及躯干、四肢骨骼出现变形，肢骨骨端及头骨隆起，前肢骨弯曲，呈“O”形腿或“X”形腿，跛行。飞节、腕关节肿胀，容易引起骨折。背凹陷或凸隆，前胸凹陷，病马时常以前肢爬地，左右摇动并搐动后肢，且呻吟诉痛。容易发生湿疹、支气管卡他、肠卡他、褥疮、甲状腺肿等。血清碱性磷酸酶（ALP）活性明显升高，但血清钙、磷水平则视致病因子而定，如由于磷或维生素 D 缺乏，则血清磷水平将在正常低限时的 30 mg/L 水平以下，血清钙水平将在最后阶段才会降低。X 线检查，发现骨质密度降低，长骨末端呈现“羊毛状”或“峨蚀状”外观，外形上骨的末端凹而扁（正常骨则凸起而等平）。如发现骨骺变宽及不规则，更可证实为佝偻病。

（三）类症鉴别

1. 骨折

有外伤病史，临床表现局部出血与肿胀，疼痛，重度跛行或不能站立，肢体变形，异常活动，有骨摩擦音。X 线检查发现骨折线，断端移位，骨皮质和骨小梁的连续性消失。

2. 骨软症

主要发生于成年马，主要表现消化紊乱、异嗜癖、跛行、骨质疏松和骨变形等。X 线检查，骨影显示骨质密度降低，皮质变薄，最后 1 ～ 2 尾椎骨被吸收而消失。

3. 纤维素性骨营养不良

呈地方流行性，冬春发病率最高，临床上主要表现消化机能紊乱，异嗜癖，跛行，拱背，易骨折，面骨和长骨端肿胀变形及尿澄清、透明等。

4. 风湿症

患部疼痛更显著（尤其背部及四肢上方），但运动后疼痛非但不加重反而减轻，其他亦无异常。

（四）预防措施和安全用药

1. 预防措施

预防佝偻病，主要措施是饲喂全价饲料，保证充足的维生素 D 和钙、磷含量及其比例正确。必要时补充富含维生素 D 和矿物质的饲料。不宜过早断奶，及时驱虫，对胃肠炎进行有效的治疗，同时增加光照。注意厩舍卫生，保持舍内干燥温暖、通风良好，保证适当运动，给予易消化的富含营养的饲料。

2. 安全用药

治疗原则为消除病因，加强护理，调整日粮组成，补充钙及维生素 D，调整钙、磷比例，促进钙、磷吸收与沉积。

调整日粮组成，供应足够的维生素 D 和矿物质，保证冬季舍饲期得到足够的日光照射和饲喂经过太阳晒过的青干草，注意钙、磷比例，控制在（1 ～ 2）∶1 范围内。骨粉、鱼粉、甘油磷酸钙、磷酸二氢钙等是最好的补充物。除幼驹外，都不应单独补充南京石粉、蛋壳粉和贝壳粉。日粮中应按需要添加维生素 D，富含维生素 D 的饲料包括开花阶段以后的优质牧草、豆科牧草和其他青绿饲料，在这些饲料中还含有充足的钙、磷。但青贮饲料因晒太阳时间短，其维生素 D_2 的含量较少。冬季舍饲的马，可定期利用紫外线灯照射，照射距离为 1.0 ～ 1.5 m，照射时间为 15 ～ 20 min。对未出现明显骨和关节变形的病马，应尽早实施药物治疗。

有效的治疗药物是维生素 D 制剂，如鱼肝油、浓缩维生素 D 油、鱼粉等。如鱼肝油 20 ～ 60 mL，内服，每日 1 次；或浓鱼肝油，按每 100kg 体重 0.4 ～ 0.6 mL，内服，每日 1 次，发生腹泻时停止用药。维丁胶性钙注射液（胶性骨化醇钙注射液）2.5 万～ 10 万 IU，皮下注射或肌内注射。维生素 A、D 注射液（每毫升含维生素 A 5 万 IU，维生素 D 0.5 万 IU），马驹 2 ～ 4 mL，肌内注射。维生素 D_2 注射液，每千克体重 1500 ～ 3000 IU，肌内注射，注射前、后需补充钙剂。先天性佝偻病，从生后第 1 天起，即用维生素 D_3 注射液 7 万～ 10 万 IU，皮下或肌内注射，每 2 ～ 3 d 1 次，重复注射 3 ～ 4 次，至四肢症状好转时为止。配合应用钙制剂，如碳酸钙 5 ～ 10 g，或磷酸钙 2 ～ 5 g，乳酸钙 5 ～ 10 g，或甘油磷酸钙 2 ～ 5 g，每日 1 次内服。亦可应用 10% ～ 20% 氯化钙液或 10% 葡萄糖酸钙液 20 ～ 50 mL，静脉注射，初期每日 1 次，以后每周 1 ～ 2 次。鱼粉用量（混于饲料中）每天 20 ～ 100 g。

此外，调整胃肠机能，给予助消化药和健胃药，加强对症治疗。

六十四、骨软症

骨软症是指成年马由于饲料中钙、磷缺乏或两者比例不当，或维生素 D 缺乏而引起的骨骼进行性脱钙导致的一种骨营养不良性疾病。临床上以消化机能紊乱、异嗜癖、跛行、骨质疏松和骨变形为特征，病理学特征为骨质进行性脱钙，导致骨质疏松和未钙化骨基质增多。

（一）发病原因

日粮中钙、磷比例不平衡。饲料中的精料（谷类、豆类及其残渣）富有磷酸，但钙的含量少。粗饲料特别是豆科植物的茎叶富含钙，磷酸却缺乏。因此，在临床中，粗、精饲料要科学搭配。马骨软症多发生在冬季，冬季以稻草为主，其中添加少量米糠的饲养法，钙和磷酸都不足，尤其是稻草中的硅酸能阻碍钙的吸收，而易发生骨软症。添加少量的米糠，也能招致蛋白质的不足，而发生骨质疏松症。日粮中维生素 D 不足，在骨软症的发生上可能起到促进作用。在高纬度地区，由于日照时间短，牧草中维生素 D 含量偏低，钙、磷的吸收和利用率降低，可导致地区性发病。另外，母马妊娠、泌乳期间，对钙、磷的需要量增加，骨组织对这种反应最敏感。

（二）临床症状

① 初期：在使役中易发生不明原因的四肢疼痛，四肢轻跛交替出现，不经治疗休息数日即痊愈。再使役跛行又复发，形成一种使役—轻跛—休息—痊愈的循环症状。患马肌肉弹性减弱，被毛粗刚，精神倦怠。跛行痛点多发生在四肢关节，关节角的开张和闭合不全。反复出现一时性的、长期的慢性消化不良，齿面磨灭不正，齿槽骨膜炎等。常出现吐草，吃进的草，咀嚼几下后由口内吐出，粪便粗糙，多呈稀软便。口腔黏液增多，牙齿磨灭不正，咀嚼音低沉，吃草缓慢。母马多发生在怀孕中期。

② 中期：患马多呈游走性的四肢疼痛。主要症状为四肢呈无菌性关节病，如关节炎、腱鞘炎、韧带肌肉附着点损伤。发病关节增粗，腱鞘局部增温，鼻骨轻度隆起，下颌间隙狭窄，两下颌肥厚、粗糙，额骨、尾椎骨穿刺阻力减弱。消化不良，渐进为胃肠卡他，粪便干、呈小黑色球状。异嗜，咀嚼缓慢，牙齿磨面异常（图 5-64-1）。口腔多黏液，残留有咀嚼不全的草团。

③ 后期：消瘦，肌肉僵硬，神经敏感性增高。四肢表现重度混合跛行，韧带松弛，关节肿胀，起立困难，伫立弓腰，后肢下蹲。母马因长期爬窝，幼驹发育不良，经常出现“母子双亡”的后果。

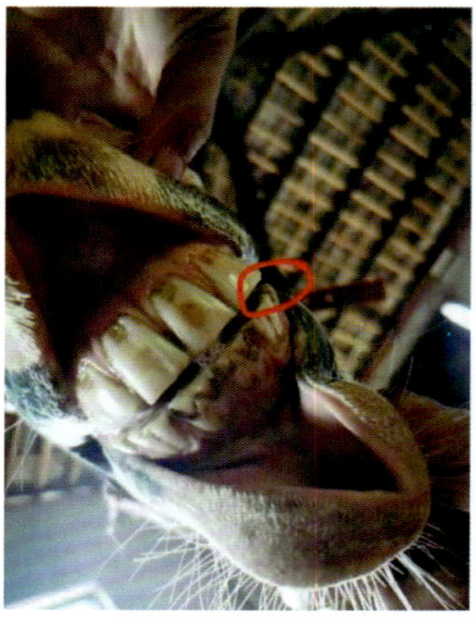

图 5-64-1 牙齿磨面异常

（三）类症鉴别

1. 骨折

有外伤病史，临床表现局部出血与肿胀，疼痛，重度跛行或不能站立，肢体变形，异常活动，有骨摩擦音。X 线检查发现骨折线，断端移位，骨皮质和骨小梁的连续性消失。

2. 佝偻病

主要发生于 3 ～ 4 月龄的幼驹，呈慢性经过，异嗜，不愿起立和运动，跛行，生长发育迟缓，骨骼变形。血清钙、磷水平降低，血清碱性磷酸酶 (ALP) 活性往往明显升高。X 线检查，骨质密度降低，长骨末端呈现“羊毛状”或“蛾蚀状”，外形上骨的末端凹而扁（正常骨则凸起而等平）。

3. 纤维素性骨营养不良

呈地方流行性，冬春发病率最高，临床上主要表现消化机能紊乱，异嗜癖，跛行，拱背，易骨折，面骨和长骨端肿胀变形及尿澄清、透明等。

4. 风湿

患部疼痛更显著（尤其背部及四肢上方），但运动后疼痛非但不加重反而减轻，其他亦无异常。

5. 慢性氟中毒

有齿斑和长骨骨柄增大等特征性变化。

（四）预防措施和安全用药

1. 预防措施

应根据饲养标准和不同生理阶段的需求，调整日粮中的钙、磷比例，补充维生素 D。定期对日粮进行分析，有条件时可做预防性监测，以及时了解钙、磷的代谢状况，有助于早期发现亚临床型病例。在发病地区，尤其对妊娠马，重点应放在预防上，注意饲料搭配，调整钙、磷比例，补饲骨粉等。一般磷、钙比例以（1 ～ 2）∶1 为合适。同时应加强饲养管理，多喂青绿饲料和优质青干草，增加日光照射。

2. 安全用药

治疗原则为加强护理，调整钙、磷比例，及时补充钙、磷和维生素 D 制剂，改善饲养管理条件，恢复消化功能。

首先查明饲料日粮中钙、磷含量，粗饲料以花生秸、高粱叶、豆秸、豆角皮为佳，红茅草、山芋干是磷缺乏的粗饲料，最好是补充苜蓿干草和骨粉，而不应补充石粉。对钙不足者，可给予南京石粉、骨粉、贝壳粉；对磷不足者，可给予脱氟磷酸钙、骨粉；对维生素 D 缺乏者，可给予维生素 D 制剂，如鱼肝油丸。同时应加强饲养管理，给予优质干草、青绿饲料，增加麸皮或米糠比例，适当增加日光照射。

早期病例，单纯补充骨粉即可痊愈，每天 250 ～ 300 g，5 ～ 7 d 为一个疗程。较重的病例，以缺钙为主的可用 10% 葡萄糖 500 mL、20% 葡萄糖酸钙溶液 50 ～ 100 mL，或 5% 氯化钙 100 ～ 200 mL，静脉注射，每日 1 次，连用 3 ～ 5 d。以缺磷为主的可用 20% 磷酸二氢钠液 300 ～ 500 mL，或 3% 次磷酸钙溶液 1 000 mL，静脉注射。若同时使用维生素 D 400 万 IU，肌内注射，每周一次，连用 2 ～ 3 次，则效果更好。也可口服磷酸二氢钠 100 g、乳酸钙 30 ～ 50 g、肝油丸（每丸含维生素 A 1 万 IU，维生素 D 1000 IU）10 ～ 20 丸，每日 1 次，连用 10 ～ 15 d。或多种钙片，含纯品钙 30 g（葡萄糖酸钙 10 g、乳酸钙 10 g、磷酸氢钙 10 g），每日 1 次。维生素 D_2 10 万 IU，每 4 日 1 次，维生素 C 5 克，每日 1 次口服。配合对症疗法，当关节疼痛时，每天可口服水杨酸钠 25 ～ 30 g，连用 3 ～ 5 d。还可投服整肠健胃药，持续到食欲恢复为止。

六十五、纤维素性骨营养不良

纤维素性骨营养不良是由于日粮中磷过剩而继发钙缺乏或原发性钙缺乏，而引起成年马骨组织进行性脱钙，骨基质逐渐被破坏、吸收，而被增生结缔组织所代替的一种慢性营养性骨病。临床上以消化机能紊乱，异嗜癖，跛行，拱背，易骨折，面骨和长骨端肿胀变形及尿澄清、透明等为特征。特征性病变是骨组织呈现进行性脱钙及软骨组织纤维性增生，进而骨体积增大而重量减轻，尤以面骨和长骨骨端显著。马纤维素性骨营养不良呈地方流行性，冬春发病率最高，夏秋发病率显著降低。

（一）发病原因

1. 饲料中钙、磷含量不足或比例不当

饲料中钙、磷含量不足或比例不当是发生本病的主要原因。马的饲料中钙、磷比例一般为 1.2∶1，这样才能保证骨盐的沉积与代谢。饲料中钙多磷少或钙少磷多，都容易形成不溶性磷酸钙随粪便排出体外，造成缺钙或缺磷，使骨盐难以沉积。一般粗饲料中的磷大部分是不能被利用的磷盐，而精料中则磷多，我国马骡的纤维素性骨营养不良多是磷多钙少所致。

2. 饲料中的植酸盐、蛋白质及脂肪过多，影响钙的吸收

因植酸盐在马骡的胃肠中不易被水解，与钙结合成不溶性化合物，不能被消化利用。各种饲料中均有植酸盐存在，但以米糠、麦麸和豆类含量较高。蛋白质过多时，在代谢过程中产生的硫酸、磷酸等物质，可以促进骨质中的钙脱出来。脂肪过多时，在肠分解产生过量的脂肪酸，与钙结合成不溶性钙皂，随粪便排出。所以草料中的植酸盐、蛋白质和脂肪过多时，都可以导致缺钙而引发本病。

3. 缺乏运动、光照不足，及机体甲状旁腺机能亢进

长期舍饲、缺乏运动、光照不足，皮肤的维生素 D 原不能转化为维生素 D，使钙盐的吸收发生障碍，会影响钙、磷的吸收和代谢；机体甲状旁腺机能亢进，甲状腺素分泌增多，会加速骨质脱钙，均能促进本病的发生。

（二）临床症状

疾病初期，病马精神不振、喜欢卧地、不愿起立或起立困难、背腰僵硬、站立时两后肢交替负重、行走时步样强拘、步幅短缩，往往出现不明原因的跛行，而且跛行常交替出现，时轻时重，反复发作。病马不耐使役，容易疲劳出汗。疾病进一步发展，骨骼肿胀变形。多数病马首先出现头骨肿胀变形，常见下颅骨肿胀增厚，轻者下颌骨边缘变钝、重者下颌间隙变窄；上颌骨和鼻骨肿胀隆起，故有“大头病”之称。有的鼻骨高度肿胀，致使鼻腔狭窄，呈现呼吸困难，伴有鼻腔狭窄音。牙齿往往松动，加上牙齿疼痛，常在采食中吐出草团。其次是四肢关节肿胀变粗，尤以肩关节肿大更为明显。长骨变形，脊柱弯曲，往往呈“鲤鱼背”。病至后期，病马常卧地不起，压迫肋骨，使肋骨变平，胸廓变窄。骨

质疏松脆弱，容易骨折，额骨穿刺时容易刺入。严重的，病马逐渐消瘦，肚腹蜷缩。病马出现异嗜，舔墙吃土，啃咬缰绳，出现消化不良，粪便干稀交替。尿液澄清透明、呈酸性反应。体温、脉搏、呼吸一般无变化。X线透视检查，发现尾椎骨的皮质变薄，皮质与髓质之间的界限模糊；颅骨表面不光滑，骨质密度不均匀。血液学检查，血钙和血磷水平的测定无特殊临床意义，但血清碱性磷酸酶及其同工酶水平的测定则可判定破骨性活动的程度。白细胞仅在分类上有变化，例如中性粒细胞百分率降低及淋巴细胞百分率增高。

（三）类症鉴别

1. 腱鞘炎

腱鞘炎主要发生于腕部、指（趾）部的腱鞘，腱鞘周围水肿，腱鞘内充满渗出物，局部温热、疼痛，有波动，跛行。

2. 蹄叶炎

病马体温升高、不愿意站立和运动、肌肉震颤。如果两前蹄患病，病马后肢伸至腹下，两前肢向前伸出，以蹄踵着地；两后蹄患病时，前肢向后屈于腹下。触诊病蹄增温、疼痛，指（趾）动脉亢进。

3. 风湿

患部疼痛更显著（尤其背部及四肢上方），但运动后疼痛非但不加重反而减轻，其他亦无异常。

4. 慢性氟中毒

有齿斑和长骨骨柄增大等特征性变化。

（四）预防措施和安全用药

1. 预防措施

合理饲养，注意日粮搭配。调整马的日粮中钙、磷比例应接近1∶1，而以1.2∶1最理想，不应超过1∶1.4。在本病的流行区，可在全年用石粉按5%的比例与精料混合，始终保持马尿液显示混浊的黄白色。贝壳粉、蛋壳粉也有效，但不应补充骨粉。条件许可时进行放牧，适当运动，多晒太阳。

2. 安全用药

治疗原则为调整日粮结构，平衡钙、磷比例，及时补钙，促进骨盐沉着，配合对症治疗。

加强饲养管理，调整日粮结构，注意饲料搭配，减喂精料，特别是减少或除去日粮中麸皮和米糠等的饲喂，增加优质干草和青草，保持日粮钙、磷比例在（1～2）∶1范围内。

对于该病应用钙剂治疗，补钙时以优质的石粉为主，补充石粉约占精饲料的10%，常用南京石粉100～200 g，每日分2次混于饲料内给予。10%葡萄糖酸钙注射液

200 ～ 500 mL，静脉注射，每日 1 次，连用 7 d，为促进钙盐吸收，可用骨化醇注射液 10 ～ 15 mL，分点肌内注射，每隔 1 周注射 1 次。重症病例可用 10% 氯化钙 100 mL 或葡萄糖酸钙 100 ～ 150 mL，一次静脉注射，次日用 10% 水杨酸钠注射液 150 ～ 200 mL，静脉注射，两者交替使用 7 ～ 10 d，同时配合骨化醇注射液 10 ～ 15 mL，肌内注射，7 d 后再用一次。当发现马尿液由原来的透明茶黄色转变成混浊的黄白色，表明药物（包括补充石粉）治疗奏效。

对症治疗：为缓解病马疼痛，可用撒乌安注射液 150 mL 或 10% 水杨酸钠注射液 150 ～ 200 mL，静脉注射，每日 1 次，连用 3 ～ 4 d。为调节胃肠功能，可酌用健胃剂。

六十六、硒和维生素 E 缺乏症

硒和维生素 E 缺乏症是由于微量元素硒和维生素 E 缺乏，而引起骨骼肌、心肌和肝脏组织变性、坏死，肌营养不良的一种急性或亚急性营养代谢病。临床上以突然呈现运动障碍和急性心力衰竭为特征。主要危害幼驹，成年马、骡很少发病。本病常呈地区性发生，我国东北、华北、西北和西南等地区均有本病的发生，冬末初春多发。

（一）发病原因

本病发生的直接原因是饲料中硒和（或）维生素 E 含量缺乏或不足。由于维生素 E 化学性质不稳定，易受许多因素的作用而被氧化破坏。饲料本身维生素 E 不足或由于加工储存不当造成维生素 E 被破坏是发生维生素 E 缺乏症的重要原因之一，如秸秆、块根饲料，维生素 E 的含量极少；劣质干草、稻草或陈旧的饲草，或是遭受暴晒、水浸、过度烘烤的饲草，其所含的维生素 E 大部分被破坏。如长期饲喂这些饲料，又不补给维生素 E，则可发病。长期饲喂含大量不饱和脂肪酸（亚油酸、花生四烯酸等），或酸败的脂肪类以及霉变的饲料、腐败的鱼粉等，促使维生素 E 的氧化和耗尽。日粮中含硫氨基酸、微量元素缺乏或维生素 A 含量过高，可促进维生素 E 缺乏症的发生。维生素 E 的需要量增加，未能及时补充，如在生长发育、妊娠泌乳、应激状态时，对维生素 E 的需要量增加，却仍以原来饲料饲喂，则有可能导致维生素 E 缺乏症。

马对硒的要求为每千克饲料含 0.1 ～ 0.2 mg，低于 0.05 mg 时，就可出现硒缺乏症。饲料、牧草中硒含量取决于土壤硒含量及溶解度，饲料种类不同，所含硒量差异比较明显，当每千克土壤硒含量低于 0.5 mg 时即认为是贫硒土壤。硒含量在鱼粉中较高（3 mg/kg）、叶类（白三叶草、苜蓿粉、甘薯叶粉）在 0.1 ～ 0.5 mg/kg，饼粕、糠麸次之（0.08 ～ 0.16 mg/kg），谷类最低，如玉米为 0.02 mg/kg。当饲喂以谷类饲料为主时，易导致硒的缺乏。因此，土壤低硒是硒缺乏症的根本原因，低硒饲料是致病的直接原因，水土食物链则是基本途径。

（二）临床症状

主要见于幼驹，基本症状包括：骨骼肌疾病所致的姿势异常及运动功能障碍；顽固性腹泻或下痢为主症的消化功能紊乱；心肌病所造成的心率加快、心律不齐及心功能不全。表现生长发育缓慢，营养性肌营养不良，贫血，运动障碍，背腰弓起，四肢僵硬，运步强拘，共济失调，心律不齐，呼吸困难，并伴有消化功能紊乱。幼驹腹泻，成年马肌红蛋白尿，排红褐色尿液，伴有后躯轻瘫，常呈犬坐姿势。繁殖功能障碍，早产或隐性流产。新生驹生活力弱，喜卧，站立困难，四肢运动不灵活，臀部肌肉僵硬；唇部采食不灵活，咀嚼困难，消化功能紊乱，顽固性腹泻。

① 急性型：约占总发病率的 20%。病驹多无先兆症状，特别是在运动后突然死亡。有的呈现喜卧、嗜睡、兴奋不安、心跳加快、心律不齐、呼吸困难，往往两侧鼻孔流出泡沫样或血样鼻液，经 10 ～ 30 min 即死亡。

② 亚急性型：约占总发病率的 80%，临床症状明显，主要表现为运动障碍。病初病驹精神沉郁，喜卧，站立时背腰弓起，肌肉震颤，尤以后肢更为明显。强使行走时，病驹背腰发硬，步样强拘，后躯摇晃，末期两后肢不能站立。臀部常见有对称性肿胀，触之僵硬。脉搏急速，120 次 /min 以上，初期心搏动增强，第一心音增强，第二心音减弱，以后心搏动和两心音均减弱，并出现心律不齐，呼吸加快。病驹异嗜，常舔食被毛，食欲减退，肠音减弱，初期粪便稀软、色黄无臭味，以后则排水样暗褐色恶臭粪便，内含脓汁、血液和脱落的肠黏膜。病初排淡红色、深红色甚至酱油色肌红蛋白尿，病程较长者，肌红蛋白尿消失。后期卧地不起，一般在发病 8 ～ 12 h 内死去。

③ 慢性型：表现为精神不振，食欲下降，呼吸困难，腹泻，消瘦，心脏节律不齐，步态强拘，行走摇晃，肌肉震颤，蹄部龟裂，有时呈皮下水肿。

血清肌酸激酶（CK）活性是马驹肌营养状况最常用的实验室辅助诊断手段。CK 对心肌和骨骼肌具有高度的特异性。肌肉变性和损伤后很快释放入血液。血清 CK 正常水平为（58±6）IU/L。

（三）剖检变化

以渗出性素质，肌组织的变质性病变（变性、坏死、出血），肝营养不良，胰腺体积小及外分泌部分的变性坏死，淋巴器官发育受阻及淋巴组织变性、坏死为基本特征。主要病变在骨骼肌、心肌和肝，其次为肾和脑。骨骼肌变性、坏死及出血，常见于背最长肌、臀及四肢肌肉等活动较为剧烈的肌群以及咬肌、舌肌及膈肌，肌肉色淡、呈鱼肉状或煮肉状，可见黄白、灰白色斑块、斑点或条纹状变性、坏死，间有出血性病灶。心肌变性、坏死及出血，扩张变薄，心肌上有针尖大小的白色坏死灶，心内膜下肌肉层呈灰白色或黄白色的条纹及斑块（虎斑心）。肝脏肿大，切面有槟榔样的花纹，也称槟榔肝。肾充血、肿胀，肾实质有出血点和灰色斑状灶。胃肠道平滑肌变性、坏死，十二指肠尤为严重。

（四）类症鉴别

1. 脊髓损伤

有脊髓损伤的病史，临床上主要表现运动机能障碍，感觉机能障碍，疼痛，后躯瘫痪和排粪、排尿障碍等。

2. 马麻痹性肌红蛋白尿病

多发于壮年营养良好的马，有长期休闲的病史，通常在剧烈运动后突然发病，呈犬坐姿势，不愿走动，卧地不起，股四头肌和臀肌强直、硬如木板，排深棕褐色肌红蛋白尿，尿呈酸性，尿液中有红细胞、白细胞及肾小管上皮细胞，甚至会出现管型。血清肌酸激酶（CK）活性明显升高。

3. 蹄叶炎

患蹄叶炎的病马有跛行，但不出现尿液颜色改变。

4. 血红蛋白尿症

有血红蛋白尿而使尿液变红，但通常不出现跛行和局部疼痛。

（五）预防措施和安全用药

1. 预防措施

在低硒地区饲养的马或饲用由低硒地区运入的饲粮、饲料时，必须补硒。补硒的办法是：直接投服硒制剂；将适量硒添加于饲料、饮水中喂饮；对饲用的植物进行植株叶面喷硒，以提高植株及籽实的含硒量；低硒土壤施用硒肥。目前简便易行的方法是应用饲料硒添加剂（如硒酵母制剂、硒蛋氨酸、亚硒酸钠等），硒的添加剂量为每千克饲料 0.1 ～ 0.3 mg，可应用硒金属颗粒（由铁粉 9 g 与元素硒 1 g 压制而成），试验证明，马投给 1 粒，可保证 6 ～ 12 个月硒的营养需要。在常发地区，对妊娠马应用硒制剂，即用 0.1% 亚硒酸钠注射液 15 ～ 20 mL，于分娩前 1 ～ 2 个月每隔 3 ～ 4 周肌内注射或皮下注射 1 次，共用药 3 次。初生幼驹于生后 1 ～ 3 日龄肌内注射 0.1% 亚硒酸钠 3 ～ 5 mL，15 日龄再注射 1 次，以后每隔 4 ～ 6 周注射 1 次。另外，要加强妊娠马和幼驹的饲养管理，增喂富含维生素 E 的饲料，如大麦芽、青刈大豆、青割燕麦、苜蓿干草等。

2. 安全用药

同时应用硒制剂和维生素 E，如 0.1% 亚硒酸钠注射液成年马 15 ～ 20 mL，马驹 5 mL，肌内注射或皮下注射，可根据病情，间隔 1 ～ 3 d 重复注射 1 ～ 3 次。配合补给适量维生素 E，疗效更好，维生素 E 注射液成年马每千克体重 5 ～ 20 mg，马驹 0.5 ～ 1.5 g/ 头，肌内注射，每日 1 次，或亚硒酸钠维生素 E 注射液 2 ～ 4 mL（马驹），肌内注射。此外，也可将硒酵母或亚硒酸钠片以及其他含硒添加剂混入饲料或饮水中，令其自由采食或饮用。

六十七、碘缺乏症

碘缺乏症，又称“甲状腺肿”，是由于马的饲料和饮水中碘不足或饲料中影响碘吸收和利用的拮抗因素过多而引起的一种慢性营养代谢病。临床上以繁殖障碍、流产、新生驹死亡、黏液性水肿、脱毛和幼驹发育不良为特征。病理特征为甲状腺机能减退、甲状腺肿大。

（一）发病原因

有原发性碘缺乏和继发性碘缺乏两种。

原发性碘缺乏由饲料和饮水中碘含量不足，马的碘摄入量不足引起，而饲料与饮水中的碘含量与土壤中碘含量密切相关。土壤中碘含量因土壤类型而异，沙土、灰化土、沙漠土和白垩土地区多为缺碘地区；降雨量大，地表土流失严重的地区等，土壤中碘易受雨水冲刷而流失；泥炭土地带，土壤中碘含量比较丰富，但碘常常与有机物牢固结合而不能被植物吸收和利用，也可发生碘缺乏症。当土壤碘含量低于 0.2 ～ 2.5 mg/kg，饮水碘含量低于 0.039 μmol/L，饲料碘含量低于 0.3 mg/kg 时，即可发生碘缺乏症。

继发性碘缺乏是因饲料中含有拮抗碘吸收和利用的物质。有些植物中含有碘的拮抗剂，可干扰碘的吸收和利用，如菜籽粉、亚麻子饼、白菜、甘蓝、油菜、花生粉甚至豆粉、芝麻饼、豌豆及三叶草等，饲喂过多可引起碘缺乏，称为条件性碘缺乏症。此外，饲料植物中钾离子含量太高等，可促进碘排泄，导致临床碘缺乏症的发生；对氨基水杨酸、丙基硫氧嘧啶、硫脲类、磺胺类、保泰松、甲巯咪唑和锂等药物具有致甲状腺肿作用；钙摄入过多干扰肠道对碘的吸收，抑制甲状腺内碘的有机化过程，加速肾脏的排碘作用，而致甲状腺肿。

（二）临床症状

成年马繁殖障碍，公马性欲减退，母马不发情、妊娠期延长、常生出死胎。由缺碘母马所生的幼驹体质虚弱、生活能力低下、生长发育受阻、生后不久死亡的比例很高，幼驹被毛生长正常，生后 3 周左右，局部触诊可感知甲状腺稍肿大，多数不能自行站立，甚至不能吮乳，前肢下部过度屈曲，后肢下部过度伸展，中央及第三跗骨钙化缺陷，造成跛行和跗关节变形。在严重缺碘地区，成年马甲状腺增生、肥大，纯血品种和轻型马尤为明显。

（三）剖检变化

主要剖检变化为贫血，消瘦，黏液性水肿和甲状腺显著肿大，一般可肿大 10 ～ 20 倍。

（四）类症鉴别

1. 布鲁氏菌病

其是由布鲁氏菌引起，其临床特征是生殖器官、胎膜及多种器官组织发炎、坏死和肉芽肿的形成，明显的症状是流产、不孕和关节炎。抽取马关节液做实验室诊断。细菌学诊断未破溃或将破溃的脓肿中脓汁及流产的胎儿中分离出流产布鲁氏菌。

2. 马流行性乙型脑炎

其是由日本脑炎病毒引起的、虫媒传播的自然疫源性动物病。幼驹发生较多，而壮龄马、老马很少发病。除马、骡、驴外，牛、羊、猪和人也能感染。3 岁以下的幼驹及新调入疫区的马骡最易感。具有明显的季节性，多发于 7 ～ 9 月份，以 9 月最多，散发。由蚊虫传播（蠓也可能传播）。血液及血清学检查，血沉稍快，白细胞总数略增，血清中胆红素稍多。血清学检查中补体结合反应为阴性。潜伏期约为 7 ～ 14 d，病程 4 ～ 7 d，死亡率较低。病马局部脑症状明显，病愈后常有后遗症。除具有神经症状外，还往往因肝脏受损而出现黄疸现象。病理变化为脑膜充血、淤血，多有典型的非化脓性脑炎变化，即血管周围有大量的圆形细胞浸润，神经细胞变性，神经胶质细胞增生。

3. 马沙门氏菌病

马沙门氏菌病由沙门氏菌引起，多发生于春秋季节，一般呈散发。6 月龄以内的幼驹主要表现结肠炎、败血症、关节肿大、支气管肺炎等；妊娠中后期的头胎母马发生流产。血液、脾、淋巴结以及肌肉内可检出鼠伤寒沙门氏菌或肠炎沙门氏菌。

4. 马传染性鼻肺炎

马传染性鼻肺炎是由马传染性鼻肺炎病毒引起，呈地方流行性，多发生于秋、冬季和早春。幼驹主要表现上呼吸道黏膜卡他性炎症，怀孕母马于怀孕后的 8 ～ 11 个月发生流产。鼻黏膜上皮细胞可检查到嗜酸性核内包涵体。

（五）预防措施和安全用药

1. 预防措施

饲料中碘含量应满足马的需要。在配制饲料时，应按其对碘的需要量配方。可用含碘盐砖让马自由舔食，或在饲料中添加海带、海藻、海草等，或把碘盐添加到矿物质添加剂中，或定期饲喂碘盐如碘化钾、碘酸钠等。也可肌内注射碘油。饲喂十字花科植物时，饲料中碘含量应比正常需要量增大 4 倍。在母马怀孕后期，于饮水中加入 1 ～ 2 滴碘酊，产驹后用 3% 的碘酊涂擦乳头，让仔驹吮乳时吃进微量碘，亦有较好的预防作用。

2. 安全用药

补碘是治疗本病的根本措施。内服碘化钾或碘化钠 2 ～ 10 g，每日 1 次，连用数日，或内服复方碘溶液（碘 5 g，碘化钾 10 g，水 100 mL），每日 5～20 滴，连用 20 d，间隔 2～3 个月重复用药 1 次。亦可用精制含碘食盐（含碘化钾 5%），按每千克体重 20 ～ 34 mg，对治疗碘缺乏症有良好的效果。也可用含碘的盐砖让马自由舔食，或者在饲料中掺入海藻、海带之类物质。

六十八、食盐中毒

食盐中毒是在马饮水不足的情况下，过量摄入食盐或含盐饲料而引起以消化机能紊乱和神经症状为特征的中毒性疾病，主要的病理学变化为嗜酸性粒细胞（嗜伊红细胞）性脑膜炎。除食盐外，其他钠盐如碳酸钠、丙酸钠、乳酸钠等亦可引起与食盐中毒一样的症状，因此倾向于统称为“钠盐中毒”。

（一）发病原因

食盐是马机体内必需的矿物质营养，可提高食欲、增强代谢、促进发育，但当马采食食盐过量或饲喂方法不当，尤其是限制饮水时常引起食盐中毒。放牧马多见于供盐时间间隔过长，或长期缺乏补饲食盐的情况下，突然加喂大量食盐，加上补饲方法不当，如在草地撒布食盐不均匀或让马饲槽中自由抢食。用食盐或其他钠盐治疗肠阻塞时，一次用量过大，或多次重复用钠盐泻剂。也可见于高渗氯化钠溶液静脉注射剂量过大。

马食盐内服急性致死剂量约为 2.2 g/kg 体重；饮水是否充足，对食盐中毒的发生具有决定性影响；机体内水盐代谢状况，对食盐的耐受量亦有影响。

（二）临床症状

食盐中毒主要表现为神经症状和消化机能紊乱。表现口腔干燥，食欲废绝，黏膜潮红，流涎，呼吸迫促，肌肉痉挛，步态蹒跚，兴奋不安，眼球震颤，视力减弱，呼吸、脉搏稍有增加；继而处于沉郁状态，反射减弱，共济失调，严重者后躯麻痹。同时有胃肠炎症状。

（三）剖检变化

急性中毒表现胃肠黏膜充血、出血、水肿，甚至脱落，呈卡他性和出血性炎症。慢性中毒，胃肠病变多不明显，主要病变在大脑，除局灶性或弥漫性脑水肿及锥体束细胞变性外，较为明显的是大脑皮层灰质部出现软化坏死灶。脑脊髓各部有不同程度的充血、水肿，尤其是软脑膜和大脑实质最明显，脑回展平，表现水样光泽。

（四）类症鉴别

1. 马传染性脑脊髓炎

该病是由马传染性脑脊髓炎病毒引起的马属动物的急性传染病。多发于 6 ～ 10 岁的使役马匹，3 岁以内的幼马发病较少。发病季节性不明显，但以 7 ～ 9 月发病较多，呈地方流行性，以散发为主。一般通过蚊虫等的叮咬，经皮肤和消化道传染。病马体温一般正常，血液及血清学检查，血液黏稠，血沉很慢，红、白细胞总数明显增加，血清中的胆红素含量显著增多，并呈直接反应或双相反应。血清学检查中补体结合反应为阳性。潜伏期为 5 ～ 40 d，病程 2 ～ 3 d，死亡率高。肠音减弱或消失，便秘，尿少呈红黄色。病理变化为黏膜、浆膜及皮下组织黄染。胃内积食，大肠积留多量干涸粪块。肝脏呈中毒性肝营养不良，有轻度的非化脓性脑炎变化。

2. 狂犬病

该病是由狂犬病病毒引起，无季节性，具有被动物咬伤的病史，对人畜有明显的攻击性，狂暴不安，惊恐，流涎，咽、下颌及后肢发生麻痹；在脑组织细胞的胞浆中有内基氏小体。

3. 马霉玉米中毒

该病是由于饲喂发霉饲料，尤其是霉玉米引起的。病原体是镰刀菌。以驴最多发，使役较重的成年及老龄马也较多发，吃奶的幼驹不发病。多发生于秋季 9 ～ 11 月阴雨连绵季节，零星散发。体温一般无变化。血液及血清学检查，血沉变化不规律，白细胞总数减少，血清中胆红素无明显变化。血清学检查中补体结合反应为阴性。病程短促，死亡率甚高。粪便常有潜血。妊娠后期往往发生早产或流产。早产幼驹，可视黏膜发绀，齿龈、舌下有出血点，耳尖及四肢末端发凉，不能起立，轻的可以治愈，重症的很快死亡。病理变化为大脑白质出血、水肿、坏死。口腔黏膜有出血点和溃疡，并有胃肠道的黏液性炎症或黏液性出血性炎症。

4. 维生素 A 缺乏症

幼龄马驹多见，常常发生在冬、春青绿饲料缺乏的季节，维生素 A 缺乏症在幼年动物可见到中枢神经症状，但还具有皮肤病变、夜盲症、干眼病、母马流产、颅骨发育异常等。

5. 中暑

发病有季节性，多在高温、高湿环境中使役或运动后发生，也常发生于闷热密闭的车船运输过程中。出现急性心力衰竭，并伴随高热稽留、大出汗、严重脱水等。

（五）预防措施和安全用药

1. 预防措施

在马日粮中应添加占总量 0.3% ～ 0.8% 的食盐或以每千克体重补饲食盐 0.3 ～ 0.5 g，以防止因盐饥饿引起对食盐的敏感性升高。在饲喂盐分较高的饲料时，在严格控制用量的同时供以充足的饮水。用食盐治疗肠阻塞时，在估计体重的同时要考虑马的体质，掌握好口服用量和水溶解浓度（1% ～ 6%）。

2. 安全用药

尚无特效解毒剂。对初期和轻度中毒病马，可采用排钠利尿、恢复阳离子平衡及对症治疗。

发现早期，立即停喂食盐，供给足量饮水，以降低胃肠中的食盐浓度。已出现神经症状的病马，应严格限制饮水，以防加重脑水肿。

恢复血液中一价和二价阳离子平衡，可静脉注射 5% 葡萄糖酸钙溶液 200 ～ 500 mL 或 10% 氯化钙溶液 100 ～ 200 mL。利尿排钠可用双氢克尿噻，以 0.5 mg/kg 体重，内服。缓解兴奋和痉挛主要用 5% 溴化钾、25% 硫酸镁溶液，静脉注射，或盐酸氯丙嗪溶液，肌内注射。缓解脑水肿，降低颅内压，可用 25% 山梨醇溶液，或 20% 甘露醇溶液，或高渗葡萄糖溶液，静脉注射。

六十九、有机磷农药中毒

有机磷农药是磷和有机化合物合成的一类杀虫药。按其毒性强弱，可分为剧毒、强毒及弱毒等类别。有机磷农药中毒是马接触、吸入或采食某种含有机磷制剂或被有机磷农药污染的饲料所致，以体内的胆碱酯酶活性受抑制，从而导致神经机能紊乱为特征。临床上呈胆碱能神经效应，以腹泻、流涎、肌群震颤等症状为特征。

（一）发病原因

引起有机磷农药中毒的常见原因，主要有：①违反保管和使用农药的安全操作规程。如保管、购销或运输中对包装破损未加安全处理；或对农药和饲料未加严格分隔储存，导致毒物散落；或通过运输工具和农具间接沾染饲料，如误用盛装过农药的容器盛装饲料或饮水，以致马中毒；或误饲撒布有机磷农药后，尚未超过危险期的田间杂草、牧草、农作物以及蔬菜等而发生中毒；或误用拌过有机磷农药的谷物种子造成中毒。②不按规定使用农药以实现驱除体内外寄生虫等医用目的而发生中毒。③人为的投毒活动。

（二）临床症状

马有机磷农药中毒时，因制剂的化学特性及造成中毒的具体情况等不同，其所表现的症状及程度差异极大，但都表现为胆碱能神经受乙酰胆碱的过度刺激而引起过度兴奋的现象，临床上将这些症状归纳为以下三类症候群：

① 毒蕈碱样症状：当机体受毒蕈碱作用时，可引起副交感神经的节前和节后纤维，以及分布在汗腺的交感神经节后纤维等胆碱能神经发生兴奋，按其程度不同可具体表现为食欲不振、流涎、腹泻、腹痛、多汗、尿失禁、瞳孔缩小、可视黏膜苍白、呼吸困难、支气管分泌增多、肺水肿等。

② 烟碱样症状：当机体受烟碱作用时，可引起支配横纹肌的运动神经末梢和交感神经节前纤维（包括支配肾上腺髓质的交感神经）等胆碱能神经发生兴奋；但乙酰胆碱蓄积过多时，则将转为麻痹，具体表现为肌纤维性震颤、血压上升、肌紧张度减退（特别是呼吸肌）、脉搏频数等。

③ 中枢神经系统症状：这是脑组织内的胆碱酯酶活性受抑制后，使中枢神经细胞之间的兴奋传递发生障碍，造成中枢神经系统的机能紊乱，表现为兴奋不安、体温升高、搐搦，甚至陷于昏睡等。

临床根据病情程度可分为以下三种：

①轻度中毒：精神沉郁或不安，食欲减退或废绝，流涎，微出汗，肠音亢进，粪便稀薄。

② 中度中毒：除上述症状更为严重外，表现瞳孔明显缩小，腹痛，腹泻，骨骼肌纤维震颤，严重时全身抽搐、痉挛，继而发展为肢体麻痹，最后因呼吸肌麻痹而窒息死亡。

③ 重度中毒：主要以中枢神经症状为主，表现体温升高，全身震颤、抽搐，大小便失禁，继而突然倒地，四肢作游泳状划动，随后瞳孔缩小，心动过速，很快死亡。

（三）剖检变化

最急性中毒在 10 h 内死亡者，尸体剖检一般无肉眼变化。经消化道中毒者，剖检可见胃黏膜充血、肿胀，呈暗红色，黏膜易脱落，胃内容物具有有机磷农药的特殊气味或酸臭味。肝脏肿大、淤血，胆囊充盈。肾肿大，切面呈紫红色，层次不清晰。心脏有小出血点，内膜可见不整形白斑。肺充血、水肿，气管、支气管内充满泡沫状黏液，有卡他性炎症。全身浆膜均有广泛性出血点、斑。脑和脑膜充血、水肿。

（四）类症鉴别

1. 食盐中毒

有过量食用食盐和饮水不足的病史，除中枢神经系统症状外，同时有流涎和胃肠炎症状。

2. 氟乙酰胺中毒

有接触氟乙酰胺的病史，发病急，死亡快。临床上主要表现兴奋不安，肌肉震颤，痉挛抽搐，心律失常，血液柠檬酸、血糖、氟含量升高，饲料、饮水及胃内容物氟乙酰胺检测呈阳性。

（五）预防措施和安全用药

1. 预防措施

健全对农药的购销、保管和使用制度，落实专人负责，严防坏人破坏。开展经常性的宣传工作，以普及和深化有关使用农药和预防家畜中毒的知识，以推动群众性的预防工作。由专人统一安排施用农药和收获饲料，避免互相影响。对于使用农药驱除马体内外寄生虫，也可由兽医人员负责，定期组织进行，以防意外的中毒事故。

2. 安全用药

立即停止使用含有机磷农药的饲料或饮水。因外用敌百虫等制剂过量所致的中毒，应充分水洗用药部位（勿用碱性药剂），以免继续吸收。同时，尽快用药物救治。常用阿托品结合解磷定解救。阿托品为乙酰胆碱的生理拮抗药，是速效药剂，可迅速使病情缓解。但由于仅能解除毒蕈碱样症状，而对烟碱样症状无作用，须有胆碱酯酶复活剂的协同作用。常用的胆碱酯酶复活剂有解磷定、氯磷定、双复磷等。

通用的阿托品治疗剂量为 0.5 ～ 1 mg/kg 体重，皮下注射或肌内注射。重度中毒，以其 1/3 的量混于葡萄糖盐水中缓慢静脉注射，另 2/3 的量作皮下注射或肌内注射。按上述剂量用药后，若经 1 ～ 2 h 以上仍未见病情好转时，可减量重复用药。同时密切注意马的反应，当出现瞳孔散大，停止流涎或出汗，脉数加速等现象时，即不再加药，而按正常的剂量每隔 4 ～ 5 h 给以维持量，持续 1 d 或 2 d。

解磷定每千克体重 20 ～ 50 mg，溶于葡萄糖溶液或生理盐水 100 mL 中，静脉注射、皮下注射或注入腹腔。对于严重的中毒病例，应适当加大剂量，给药次数同阿托品。解磷定在碱性溶液中易水解成剧毒的氰化物，故忌与碱性药剂配伍使用。解磷定的作用快速，持续时间短（1.5 ～ 2 h），对内吸磷、对硫磷、甲基内吸磷等大部分有机磷农药中毒的解毒效果确实，但对敌百虫、乐果、敌敌畏、马拉硫磷等小部分制剂的作用则较差。氯磷定可作肌内注射或静脉注射，剂量同解磷定。氯磷定的毒性小于解磷定，对乐果中毒的疗效较差，且对敌百虫、敌敌畏、对硫磷、内吸磷等中毒经 48 ～ 72 h 的病例无效。双复磷的作用强而持久，能通过血脑屏障，对中枢神经系统症状有明显的缓解作用（具有阿托品样作用）。对有机磷农药中毒引起的烟碱样症状、毒蕈碱样症状及中枢神经系统症状均有效；对急性内吸磷、对硫磷、敌敌畏中毒的疗效良好；但对慢性中毒效果不佳。剂量为每千克体重 40 ～ 60 mg。因双复磷水溶性较高，可供皮下注射、肌内注射或静脉注射用。

此外，对症治疗，以消除肺水肿，兴奋呼吸中枢，输入高渗葡萄糖溶液等，提高疗效。

七十、氟乙酰胺中毒

氟乙酰胺中毒是马误食了被含氟乙酰胺农药或鼠药污染的饲草或饮水而引起的中毒病。临床上以中枢神经系统机能障碍和心血管系统机能障碍，呈现突然发病，全身强直性或间隙性痉挛，抽搐，昏迷，心率增数，血压下降为特征。

（一）发病原因

氟乙酰胺，又名敌蚜胺、1081，是一种用于杀灭棉铃虫的剧毒农药，早已被禁止使用。但仍有人将此农药用在稻谷或棉花上杀灭害虫，往往因污染饲草、饲料或饮水而造成中毒。由于该农药毒性大，鼠药商将其化合物合成灭鼠药而用在灭鼠上，也可能污染饲草、饲料或饮水而发生中毒。

（二）临床症状

急性氟乙酰胺中毒出现中枢神经系统障碍和心血管系统障碍为主的两大症候群。中毒后潜伏期较短，通常在吃进毒物后的30 min至2 h起病，一般取急性经过，病程12～24 h。主要表现精神沉郁，黏膜发绀，呼吸促迫，心搏疾速（每分钟80～140次），心律失常，肢端发凉，肌肉震颤。有时出现轻度腹痛，最后惊恐，鸣叫，倒地抽搐，直至死亡。

（三）剖检变化

尸检见到尸僵迅速，心脏扩张，心肌变性，心内、外膜有出血斑点，脑膜充血、出血，肝、肾淤血、肿大，卡他性和出血性胃肠炎。

（四）类症鉴别

1. 食盐中毒

有过量食用食盐和饮水不足的病史，除中枢神经系统症状外，同时有流涎和胃肠炎症状。

2. 有机磷农药中毒

有接触有机磷农药的病史，临床上主要表现流涎，腹泻，腹痛，肠音亢进，粪便稀薄，多汗，尿失禁，瞳孔缩小，呼吸困难，肺水肿，肌纤维性震颤、抽搐痉挛，兴奋不安等。

（五）预防措施和安全用药

发现中毒后，立即停喂可疑饲料和饮水，尽快排出胃肠内毒物，和应用特效解毒药相结合的方法治疗。

首先应用特效解毒药，立即用解氟灵即乙酰胺，剂量为每日每千克体重0.1～0.3 g，以0.5%普鲁卡因溶液稀释，分2～4次肌内注射。首次注射为日量的一半，连续用药3～7 d。在没有解氟灵的情况下，亦可用乙二醇乙酸酯（醋精）100 mL溶于500 mL水中饮服或灌服，或5%酒精和5%醋酸按每千克体重各2 mL灌服。同时用0.1%高锰酸钾溶液洗胃、导泻等中毒的一般急救措施，忌用碳酸氢钠，并根据情况采取镇静、强心、补液、兴奋呼吸中枢、降低颅内压等对症治疗措施。

七十一、醉马草中毒

醉马草中毒是指马采食醉马草而引起的急性中毒性疾病，临床上以心率加快、步态蹒跚如醉为特征。醉马草，又称醉马芨芨、醉针茅、马尿扫、醉针草等，是禾本科芨芨草属的多年生草本植物，多生长在放牧过度的高山草原及亚高山草原的较干燥处。在低矮山坡、山前草原及河滩、路旁也广泛生长。醉马草在我国主要分布于新疆、内蒙古、青海、甘肃、宁夏、陕西、四川、西藏等地。

（一）发病原因

醉马草在早春即开始萌发，当地生长的动物一般多能识别，多数情况下不采食，在过分饥饿、抢青或与其他植物相混时偶尔误食中毒。外地引入或路过马因不能识别而大量采食，常常会发生中毒甚至死亡。马属动物对醉马草最为敏感，一般采食鲜草达到体重的1% 即可出现明显的中毒症状。

（二）临床症状

醉马草中毒呈急性经过，马在采食 30 ～ 60 min 后出现中毒症状，轻度中毒者主要表现为精神沉郁，食欲减退甚至废绝，口吐白沫，心跳加快（90 ～ 110 次 /min），呼吸急促（60 次 /min 以上），鼻翼扩张，张口伸舌。较严重的中毒时，头低耳耷，流泪，闭眼，颈部稍显僵硬，站立不稳，行走摇晃，蹒跚如醉，知觉过敏，有时呈阵发性狂躁，起卧不安，2 h 后站立不稳，行走时后肢拖拉，步态踉跄，精神极度沉郁，有时倒地不能起立，呈昏睡状，12 h 后排出大量尿液，之后症状开始缓解。严重中毒时，除上述症状外，尚可见腹胀、腹痛、鼻出血、急性胃肠炎等症状。

（三）类症鉴别

1. 肌炎

肌炎由外伤和感染引起，患部热痛、肿胀，化脓，姿势异常，跛行。

2. 肌肉病

肌肉病主要由于过劳引起，多见于 3～ 4 岁马匹，易疲劳、出汗，肌肉震颤，行动无力，步态蹒跚，严重时不能起立。

3. 腱炎

患部疼痛、肿胀，跛行，腱粗硬、弹性消失，腱挛缩和骨化。

（四）预防措施和安全用药

1. 预防措施

外地马到达有醉马草生长的地区后，可将幼嫩的醉马草捣碎，混入人尿或马尿，涂于马的口腔及牙齿上，使其厌恶，不再采食醉马草。在早春牧草缺乏的时候，由于醉马草返青发芽较早，应禁止在生长有醉马草的地区放牧，对刚学会吃草的幼驹及外来马更应特别注意。

2. 安全用药

对醉马草中毒目前尚无特效疗法，主要在于加强护理，实施对症治疗。中毒早期应用酸类药物治疗可获得一定效果，如稀盐酸 15 mL、醋酸 30 mL、乳酸 15 mL，亦可内服食醋或酸奶 0.5 ～ 1 kg。对中毒严重者除应用酸类药物外，同时静脉注射等渗或高渗葡萄糖溶液以及生理盐水 500 ～ 1000 mL，可缓解症状。为提高疗效，还应配合全身和对症疗法，如补液、强心、利尿等。周进海等报道，用 11.2% 的乳酸钠 60 mL，一次静脉注射，治疗醉马草中毒有一定疗效。

七十二、蕨中毒

蕨中毒是马采食大量新鲜或晒干的蕨叶后所引起的急性或慢性中毒性疾病。临床上以高热、贫血、粒细胞及血小板减少、血凝不良、全身泛发性出血、共济失调等为特征。马主要表现硫胺素缺乏症。

（一）发病原因

蕨又名蕨菜，系蕨科蕨属植物，分布于我国大部分地区，主要生长于山区的阴湿地带。我国引起中毒的常见品种有欧洲蕨的斜羽变种和毛叶蕨两种。此外，引起中毒的蕨还有溪边凤尾蕨、舟山碎米蕨、大囊岩蕨、狭羽金星蕨、狭叶凤尾蕨、鸟巢蕨等。由于蕨类春季发芽早，成为主要鲜嫩青草，放牧饲养或靠收割山野杂草饲养的马，经过冬季的枯草期后，每年早春，其他牧草尚未返青之时，蕨类植物已大量萌发并茂盛生长，短时期内成为放牧草场上仅有的鲜嫩食物，马喜欢采食蕨的嫩叶导致蕨中毒。大量采食而引起急性中毒；如果是长期采食少量的蕨叶，则可发生慢性中毒。

（二）临床症状

发生急性中毒时，中毒的实质是蕨中硫胺酶所致的硫胺素缺乏症，引起多发性神经炎。临床上以明显的共济失调为特征，因此也叫蕨蹒跚。马在采食蕨 1 ～ 2 个月后出现中毒症状，临床上主要表现共济失调，出现消瘦，四肢运动不协调，前肢或后肢交叉，站立时四肢外展，低头拱背。心率缓慢，节律不齐。严重时肌肉震颤，皮肤感觉过敏。后期站立不稳，昏睡，阵挛性惊厥，角弓反张，体温升高，严重的病例 2 ～ 10 d 死亡。血液学检查可见淋巴细胞比例减少，中性粒细胞比例增加。血清中丙酮酸含量从正常的 20 ～ 30 μg/L 升到 60 ～ 80 μg/L，而维生素 B_1 水平由正常的 80 ～ 100 μg/L 降至 23 ～ 30 μg/L。

（三）剖检变化

马蕨中毒可见典型的多发性外周神经炎及神经纤维变性，尤其是坐骨神经及臂神经丛最为显著。

（四）类症鉴别

1. 维生素 B_1 缺乏症

该病是由于硫胺素缺乏所引起，临床上主要表现衰弱乏力、消化不良、共济失调、阵发性惊厥、角弓反张等。血液和尿液中丙酮酸、乳酸含量增高，硫胺素含量降低。

2. 炭疽

该病是由炭疽杆菌引起，临床上主要表现体温升高、腹胀、腹痛、体表炎性肿胀、天然孔出血、血液凝固不良呈煤焦油样、尸体极易腐败等。末梢血可检查到粗大的炭疽杆菌，Ascoli 反应阳性。

3. 马梨形虫病

该病是由巴贝斯虫寄生于红细胞内所引起，临床上主要表现高热、贫血、黄疸、呼吸困难、可视黏膜有出血点、血红蛋白尿和肢体下部水肿等。血液检查，红细胞内可发现巴贝斯虫虫体。

4. 钩端螺旋体病

该病是由钩端螺旋体引起，表现发热，皮肤与黏膜发黄并有点状出血，皮肤干裂和坏死，急性肝损伤、肾损伤和神经症状。血液、尿液、脑脊液等病料可见钩端螺旋体。

5. 马霉玉米中毒

该病是由于饲喂发霉饲料，尤其是霉玉米引起的。病原体是镰刀菌。以驴最多发，使役较重的成年及老龄马也较多发，吃奶的幼驹不发病。多发生于秋季 9 ～ 11 月阴雨连绵季节，零星散发。体温一般无变化。血液及血清学检查，血沉变化不规律，白细胞总数减少，血清中胆红素无明显变化。血清学检查中补体结合反应为阴性。病程短促，死亡率甚高。粪便常有潜血。妊娠后期往往发生早产或流产。早产幼驹，可视黏膜发绀，齿龈、舌下有出血点，耳尖及四肢末端发凉，不能起立，轻的可以治愈，重症的很快死亡。病理变化为大脑白质出血、水肿、坏死。口腔黏膜有出血点和溃疡，并有胃肠道的黏液性炎症或黏液性出血性炎症。

（五）预防措施和安全用药

1. 预防措施

加强饲养管理，减少马接触蕨的机会是预防蕨中毒的重要措施。春季是蕨叶萌发时期，应做好牧地植被调查，规划轮牧，避免到蕨属植物繁密区放牧。对蕨类新叶滋生地，应留待其他草类萌发后利用，以免发生中毒。在春季蕨类萌发期，组织监视，对疑为中毒的马，及时进行血液检验。尽早发现病马，及时救治，还应对全群采取紧急防护措施。对有限牧地上蕨属植物的控制和防除可采用化学除草剂，用黄草灵较为理想，因其安全、稳定、经济、高效及对蕨类植物有高度的专一性。蕨类的地下根茎粗大，富含淀粉，每 50 kg 即可提取淀粉 5 ～ 6 kg，故可结合野生植物资源的利用，在冬季挖掘其地下根茎，从根本上清除对马的危害。

2. 安全用药

马蕨中毒时必须及早应用盐酸硫胺素 50 ～ 100 mg，皮下注射、肌内注射、静脉注射或口服给药，同时配合必要的对症治疗措施，可获得满意的疗效。

七十三、杂色曲霉毒素中毒

杂色曲霉毒素中毒是由于马采食被杂色曲霉毒素污染的饲草、饲料，引起以肝、肾坏死和全身黄疸为主要特征的中毒性疾病。马属动物多为慢性经过。20 世纪 80 年代我国宁夏回族自治区流行的马属动物“黄肝病”，经研究证实为杂色曲霉毒素中毒。每年 12 月至次年 6 月为发病期，4 ～ 5 月为高峰期，6 ～ 7 月开始放牧后，发病逐渐停止或病情缓和，夏、秋季节不发病。

（一）发病原因

杂色曲霉毒素主要由杂色曲霉、构巢曲霉和离蠕孢霉 3 种霉菌产生，以杂色曲霉的产毒量最高。此外，黄曲霉、寄生曲霉、谢瓦曲霉、皱褶曲霉、赤曲霉、焦曲霉、黄褐曲霉、四脊曲霉、变色曲霉、爪曲霉等也可产生杂色曲霉毒素。这些产毒霉菌普遍存在于土壤、农作物、食品和饲草、饲料中，马食入含杂色曲霉毒素的饲草、饲料即可引起中毒。杂色曲霉毒素与黄曲霉毒素化学结构相似，在紫外线下呈现砖红色荧光。

（二）临床症状

多呈慢性经过，在采食霉败饲草后 10 ～ 20 d 出现中毒症状。初期精神沉郁、饮食欲减退，以后废绝、进行性消瘦。结膜初期潮红、充血，后期黄染。30 d 后症状更加严重，并出现神经症状如头顶墙，无目的徘徊，有的视力减退以至失明。尿少色黄，粪球干小、表面有黏液。体温一般无明显变化。病程 1 ～ 3 个月，5 岁以下发病率高，而且幼驹死亡率高于成年马。

实验室检查，白细胞数减少，中性粒细胞数升高，淋巴细胞数下降。血清 SDH、ALP、ALT、AST、LDH 活性升高，BUN 含量升高，血清总蛋白、白蛋白、球蛋白含量下降，血清总胆红素含量升高，尿胆红素阳性。

（三）剖检变化

马属动物以肝脏病变为主要特征。表现为肝脏肿大、呈黄绿色、表面不平、呈花斑样色彩。皮下、腹膜脂肪黄染。肺、脾、膀胱、胃肠道、肾脏广泛性出血。

（四）类症鉴别

1. 马霉玉米中毒

该病是由于饲喂发霉饲料，尤其是霉玉米引起的。病原体是镰刀菌。以驴最多发，使役较重的成年及老龄马也较多发，吃奶的幼驹不发病。多发生于秋季 9 ～ 11 月阴雨连绵季节，零星散发。体温一般无变化。血液及血清学检查，血沉变化不规律，白细胞总数减少，血清中胆红素无明显变化。血清学检查中补体结合反应为阴性。病程短促，死亡率甚高。粪便常有潜血。妊娠后期往往发生早产或流产。早产幼驹，可视黏膜发绀，齿龈、舌下有出血点，耳尖及四肢末端发凉，不能起立，轻的可以治愈，重症的很快死亡。病理变化为大脑白质出血、水肿、坏死。口腔黏膜有出血点和溃疡，并有胃肠道的黏液性炎症或黏液性出血性炎症。

2. 急性实质性肝炎

体温轻度升高、黄疸、顽固性消化不良、粪恶臭色淡、肝区触诊敏感、主要是昏睡和痉挛等，血清丙氨酸转氨酶（ALT）、天冬氨酸转氨酶（AST）活性增高。

3. 急性肝营养不良

呈地方流行性，伴有其他实质器官变性或出血；肝代谢和解毒机能降低或消失，呈进行性黄疸；中枢神经系统严重紊乱。

（五）预防措施和安全用药

1. 预防措施

防止饲草、饲料发霉，已发霉的饲草、饲料不作为马的饲料，是杜绝马发生本病的根本措施。为了防止饲草、饲料发霉，在收割后要充分晒干，然后堆放于通风、地面水流通畅的地方，严禁雨淋。

2. 安全用药

本病无特效疗法，只能根据病情对症治疗。发现中毒时首先应停止喂食霉败饲草，给予易消化的青绿饲料和优质干草，并充分休息，保持安静，避免刺激。

药物治疗主要在于增强肝脏解毒机能，恢复中枢神经机能，防止继发感染。增强肝脏解毒能力，可选用高渗葡萄糖溶液和维生素 B_1，静脉注射，也可口服肝泰乐、肌苷片等。病马兴奋不安时，可用 10% 安溴注射液 50 ～ 150 mL，静脉注射，或内服水合氯醛 10 g。防止继发感染，可用抗生素和磺胺类药物。

七十四、马霉玉米中毒

马霉玉米中毒，又称马脑白质软化症，是马属动物采食发霉玉米后引起的一种以中枢神经机能紊乱和脑白质软化坏死为特征的真菌毒素中毒病。目前，包括我国在内的很多国家都有发生马霉玉米中毒的报道。本病具有明显的地区性和季节性，多发生于饲养马属动物的地区以及每年的春季和秋季。

（一）发病原因

串珠镰刀菌是污染玉米等粮食作物的主要霉菌，在玉米屑内能以高浓度存在并能产生多种代谢产物，其中危害最大的是串珠镰刀菌素。串珠镰刀菌素对谷物的污染比较严重，污染程度与地区、环境和仓储条件等有很大关系，一般串珠镰刀菌素的检出率在 28% ～ 40% 之间。玉米收获前后遭受雨淋、潮湿及存放不当，当温度和湿度适宜时，串珠镰刀菌大量生长和产毒，马属动物采食霉败玉米后引起中毒。

（二）临床症状

临床症状出现在饲喂有毒玉米几天之后，中毒后表现兴奋型、沉郁型和两者交替 3 种类型。

兴奋型：多为急性，表现突然兴奋，向前猛冲或转圈，顶头，步态不稳，共济失调，肌肉颤抖，头颈及前躯向一侧偏斜，大小便失禁，多在 1 d 内心力衰竭，抽搐而死。

沉郁型：为慢性经过，表现食欲不振，精神沉郁，嗜睡，耳耷头低，目光发呆，视力丧失，唇舌麻痹、松弛下垂，吞咽障碍，卧地不起，昏迷，有的表现出血性胃肠炎，偶尔黄疸，一般经几天后死亡。

（三）剖检变化

主要表现在中枢神经系统。大脑充血、出血、水肿，脑白质软化，大脑皮层下白质具有微小液化坏死灶，坏死灶周围的神经纤维水肿、疏松，胶质细胞增生，大脑皮质部有多量的卫星现象和噬神经现象。脊髓灰质液化、坏死。心内膜和心外膜下出血，肝、肾细胞变性，胃肠黏膜充血、出血。胃肠黏膜的固有层混合炎性细胞浸润。

（四）类症鉴别

1. 杂色曲霉毒素中毒

有采食被杂色曲霉毒素污染的饲草、饲料，多为慢性经过，每年 12 月至次年 6 月为发病期，4 ～ 5 月为高峰期，体温一般无明显变化，主要表现进行性消瘦、全身黄疸、出现神经症状。病变以肝脏坏死为主要特征。

2. 急性实质性肝炎

体温轻度升高、黄疸、顽固性消化不良、粪恶臭色淡、肝区触诊敏感、主要是昏睡和痉挛等，血清丙氨酸转氨酶（ALT）、天冬氨酸转氨酶（AST）活性增高。

3. 急性肝营养不良

呈地方流行性，伴有其他实质器官变性或出血；肝代谢和解毒机能降低或消失，呈进行性黄疸；中枢神经系统严重紊乱。

4. 马流行性乙型脑炎

该病是由日本脑炎病毒引起的、虫媒传播的自然疫源性动物病。幼驹发生较多，而壮龄马、老马很少发病。除马、骡、驴外，牛、羊、猪和人也能感染。3 岁以下的幼驹及新调入疫区的马骡最易感。具有明显的季节性，多发于 7 ～ 10 月份，以 9 月最多，散发。由蚊虫传播（蠓也可能传播）。血液及血清学检查，血沉稍快，白细胞总数略增，血清中胆红素稍多。血清学检查中补体结合反应为阴性。潜伏期约为 7 ～ 14 d，病程 4 ～ 7 d，死亡率较低。病马局部脑症状明显，病愈后常有后遗症。除具有神经症状外，还往往因肝脏受损而出现黄疸现象。病理变化为脑膜充血、淤血，多有典型的非化脓性脑炎变化，即血管周围有大量的圆形细胞浸润，神经细胞变性，神经胶质细胞增生。

5. 马传染性脑脊髓炎

该病是由马传染性脑脊髓炎病毒引起的马属动物的急性传染病。多发于 6 ～ 10 岁的使役马匹，3 岁以内的幼马发病较少。发病季节性不明显，但以 7 ～ 9 月发病较多，呈地方流行性，以散发为主。一般通过蚊虫等的叮咬，经皮肤和消化道传染。病马体温一般正常，血液及血清学检查，血液黏稠，血沉很慢，红、白细胞总数明显增加，血清中的胆红素含量显著增多，并呈直接反应或双相反应。血清学检查中补体结合反应为阳性。潜伏期为 5 ～ 40 d，病程 2 ～ 3 d，死亡率高。肠音减弱或消失，便秘，尿少呈红黄色。病理变化为黏膜、浆膜及皮下组织黄染。胃内积食，大肠积留多量干涸粪块。肝脏呈中毒性肝营养不良，有轻度的非化脓性脑炎变化。

6. 马脑脊髓丝状线虫病

该病是由牛指形丝状线虫的幼虫侵入马脑脊髓而发生的一种寄生虫病，蚊虫是其传播媒介，多发生于 7 ～ 10 月。病马突然出现以后躯运动障碍为主的麻痹症状，腰、臀部针刺时疼痛反射减弱或消失。体温、精神、食欲及心肺功能等无明显变化。其病势和缓，病程较长，极少死亡。

（五）预防措施和安全用药

1. 预防措施

本病的预防主要是饲料及其原料储藏时防止霉变。将粮食烘干后保存，能有效避免串珠镰刀菌素的污染。严禁用发霉的玉米饲喂马，或脱毒后再作饲料。

2. 安全用药

本病尚无特效解毒药物，治疗原则为强心、利尿、排毒、止血、保肝、养肺、镇静、安神、保护大脑机能、降低脑内压，并采取对症和支持疗法。

（1）补充体液和电解质　根据病驴脱水程度大剂量补充等渗液，可静脉滴注复方氯化钠溶液 1000 ～ 5000 mL，同时用 10% 葡萄糖液，加维生素 C、维生素 B 各 10 ～ 15 mL（1 ～ 1.5 g），静脉滴注；口服补液盐（氯化钠 3.5 g、氯化钾 1.5 g、碳酸氢钠 2.5 g、葡萄糖 20 g，加水 1000 mL），灌服或自由饮用。

（2）强心、利尿　口服洋地黄酊，每千克体重全效量 0.33 ～ 0.66 mL，首次内服全效量的 1/2，6 h 后服用全效量的 1/4，以后每隔 6 h 服用全效量的 1/8。肌内注射利尿药，如双氢克尿噻 50 ～ 100 mg，每天 1 次，连用 3 d。

（3）抗菌消炎　青霉素 G 或其他头孢类抗生素，肌内注射，每日 2 次。

（4）排毒、止血、保肝　灌服盐类泻剂（人工盐、硫酸镁等）200 ～ 300 g，促进毒物排出。为排除已经进入体内或血液中的毒素，可静脉注射 40% 乌洛托品 10 ～ 20 mL。静脉注射高渗糖水 100 ～ 200 mL，可以增强肝的解毒功能。为了保护肝功能或恢复肝功能，可肌内注射肝乐泰注射液 50 ～ 100 mL。肌内注射维生素 K_3 0.1 ～ 0.2 g，每天 1 次，连用 5 d。

（5）镇静、安神、降低颅内压

静脉滴注 20% 甘露醇 200 ～ 400 mL，并配合给予糖盐水 500 ～ 1 000 mL。兴奋不安的可静脉滴注 10% 安溴注射液 50 ～ 150 mL。

第六章

以表被系统为主症的类症鉴别与安全用药

一、马流行性淋巴管炎

马流行性淋巴管炎，又称假性皮疽或马溃疡性淋巴管炎，是由伪皮疽组织胞浆菌引起马属动物的一种慢性传染病，临床上以形成淋巴管和淋巴结周围炎、肿胀、化脓、溃疡和扩散性皮炎并形成肉芽肿性结节为特征。该病分布于世界各地，我国各地区的马群中都有发生，主要呈散发，有时呈地方流行性。OIE 将其列为 B 类疫病，是一种顽固性疾病，一旦感染发病很难清除。

（一）发病原因

伪皮疽组织胞浆菌属于半知菌纲、念珠菌目、组织胞浆菌科、组织胞浆菌属（图 6-1-1）。原菌为双相型，包括以孢子芽裂繁殖为主的寄生型和在培养基上生长以菌丝繁殖为主的腐生型。本菌用革兰氏染色、吉姆萨染色等方法染色，可见到特征性的孢子、菌丝体和正在发育中尚未分离的母子孢子。孢子在脓液涂片中常呈单个或成簇、成链状，有的游离，有的在白细胞或巨噬细胞中。该菌对外界因素抵抗力强，对一般消毒剂不敏感。

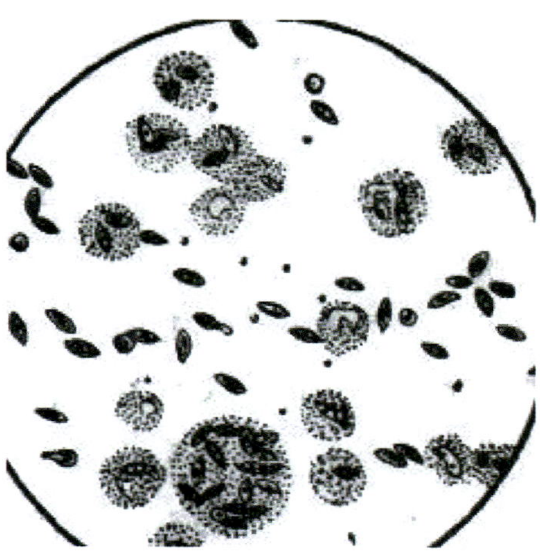

图 6-1-1　伪皮疽组织胞浆菌

马和马科其他动物是该病的自然宿主，幼龄及老龄的马属动物都可发病，但以 2 ～ 6 岁马较敏感，在牧区则以 1 ～ 3 岁育成马的发病率较高。病马是本病的主要传染源，脓汁内含有大量病原菌。主要通过损伤的皮肤、黏膜而感染，也可通过交配直接传播。蚊、蝇、蜱、虻等昆虫是病原的机械传播者，通过对皮肤的刺吮而传播此病；另外，厩舍中易造成外伤的钉头、铁丝断端、挽具、装蹄及马匹互相咬踢等引起的皮肤外伤容易感染。本病无明显季节性，一般秋末到冬初发生较多。在潮湿地区、多雨年份、洪水泛滥之后发生较多。发病率随着饲养密度增大而增加，一般污染地区发病率为 2% ～ 5%，流行严重地区为 10% 左右；个别严重地区或马场的发病率可达 30% ～ 50%，死亡率和废役率一般占 20% ～ 30%。

（二）临床症状

潜伏期一般为 30 ～ 40 d，主要表现为皮肤、皮下组织及黏膜发生结节、脓肿、溃疡，淋巴管索状肿及串珠状结节（图 6-1-1）。本病常呈慢性经过，体温一般不升高，全身症状不明显。有的病变不发展，可在 2 个月内痊愈。

皮肤病灶最常见于四肢、头部，尤其是唇部，其次为颈、背、腰、胸侧和腹侧。开始时局部皮肤出现豌豆大的硬性结节，并逐渐增大而突起于皮肤表面；随之结节变为脓肿，破溃后可流出黄白色或淡红色脓液，并逐渐形成溃疡，愈合后形成瘢痕（图 6-1-2）。由于肉芽组织增生，局部溃疡可高出皮肤表面呈蘑菇状，周围突起而中央凹陷易于出血，不易愈合。

这种病灶发生在某一部位淋巴管上，则这个淋巴管变粗呈索状（图 6-1-3），若其上面形成许多小结节则为串珠状。局部淋巴结变大，有的如拇指大，有的如核桃大。初期为硬性肿胀，后期变软直至化脓穿孔形成溃疡。溃疡不断分泌出脓性分泌物，使病灶附近的毛黏结成痂皮。

除皮肤病变外，也常侵害鼻腔黏膜和下颌淋巴结。初期可见鼻黏膜上形成大小不等的黄色圆形或椭圆形扁平隆起，表面干燥，多数具有明显的边缘。随后隆起部逐渐增大可形成结节，破溃后可形成溃疡，鼻腔流出少量脓性鼻漏，临诊上很像鼻疽。会阴、阴囊、睾丸、乳房、阴门、阴唇、眼结膜等处也可形成类似的病灶。

患马逐渐消瘦、运动障碍、食欲减退以至瘦弱死亡。当继发细菌感染时则可出现明显的全身症状，病情可能恶化。该病呈慢性经过，病程长，大约经 2 个月可痊愈，严重病例可拖延数月。少数病例可因衰竭而死亡。

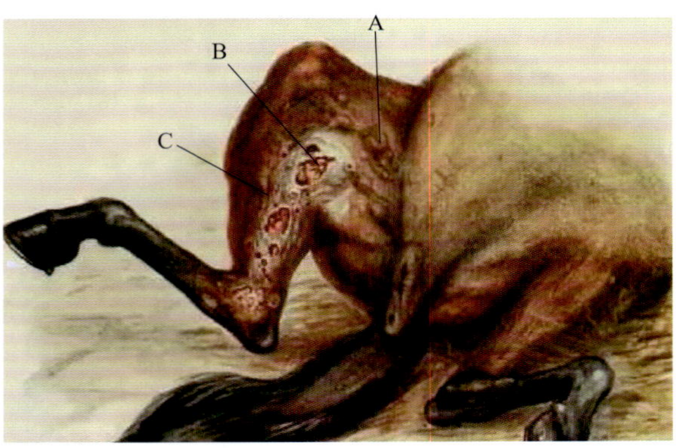

图 6-1-2 皮肤型马流行性淋巴管炎
（A、结节；B、溃疡；C、瘢痕）

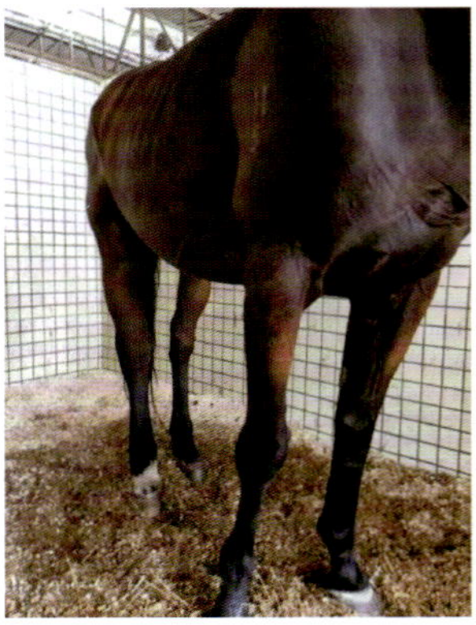

图 6-1-3 马急性流行性淋巴管炎右后肢淋巴管索状肿

（三）剖检变化

剖检可见皮肤和皮下组织有大小不等的化脓性病灶，局部淋巴管内充满脓性分泌物和纤维蛋白性凝块；单个结节是由灰白色柔软的肉芽组织构成，其中散布着微红色病灶；局部淋巴结通常肿大并含有大小不等的化脓病灶，陈旧者被坚韧的结缔组织所包围。鼻黏膜表面有扁豆大的扁平突起、灰白色的小结节或边缘隆起的溃疡。个别病例的鼻窦、喉头及支气管黏膜也有类似的病变。有些病例的肺和脑组织可见小化脓病灶；四肢关节含有浆液性脓性渗出液，周围的组织中有化脓性病灶。

（四）类症鉴别

1. 马鼻疽

马鼻疽是呼吸道和肺形成结节和溃疡，也会出现皮肤型鼻疽。急性型，病初表现体温升高，呈不规则热和下颌淋巴结肿大等全身性变化；慢性型，临床症状不明显，有的可见一侧或两侧鼻孔流出灰黄色脓性鼻汁，在鼻腔黏膜常见有糜烂性溃疡，有的在鼻中隔形成放射状瘢痕。病理变化主要表现为急性渗出性和增生性变化。渗出性为主的病变常见于急性鼻疽或慢性鼻疽的恶化过程中；增生性为主的病变常见于慢性鼻疽。细菌学检查可分离到鼻疽伯氏菌，鼻疽菌素点眼呈阳性反应。

2. 颗粒性皮炎

多发于夏季，是胃虫（大口胃虫、蝇胃虫）幼虫引起的一种皮肤病，溃疡面呈颗粒状，病马表现奇痒。

3. 溃疡性淋巴管炎

溃疡性淋巴管炎的病原为伪结核棒状杆菌，该菌是引起人和多种动物共患的慢性传染病的重要病原之一，主要引起羊干酪性淋巴结炎、骆驼脓肿、马溃疡性淋巴管炎和人化脓性淋巴管炎。动物多由皮肤破伤处感染，有的可因摄食被污染的饲料而感染。该病的发病特征主要表现为淋巴结肿大，呈脓性干酪性坏死；有的还可能在肺、肝、脾和子宫角发生大小不等的结节，内含淡黄白色干酪样物质。呈现消瘦、生产性能下降，严重者死亡。由于该病发病缓慢，致死率低，所以常被人们忽视，但它却又是世界公认的难以防治的传染病之一，一旦侵入畜群则很难彻底清除，给畜牧业的发展造成较大危害。

4. 孢子丝菌病

孢子丝菌病是由申克孢子丝菌引起人和动物的皮肤及其附近淋巴系统的慢性感染性疾病，偶可播散至全身而引起多系统损害。申克孢子丝菌为病原菌，在自然界为腐物寄生菌，广泛存在于柴草、芦苇、粮秸、花卉、苔藓、草炭、朽木、土壤和沼泽泥水中。孢子丝菌病为人畜共患疾病，其中马为该菌的自然宿主。此病的流行主要特点是地方性小范围流行。

5. 组织胞浆菌病

临床上表现为肝、脾、淋巴结肿大，持续高热和多器官受损，最后全身衰竭。由于流行性淋巴管炎的临床症状易与其他疾病混淆，因此须通过实验室诊断确诊。

（五）预防措施和安全用药

1. 预防措施

经常刷拭马体，消除各种可能发生外伤的因素。发生外伤后，及时隔离治疗。对久治不愈的创伤或瘘管，应采取脓汁做进一步检查。应加强国境检疫，防止引进阳性或感染马匹。对新引进马匹应隔离检疫，并做细致的体表检查，注意有无结节和脓肿，防止带入病马。在常发生本病的地区，进行灭活菌或活疫苗的免疫接种。

2. 安全用药

本病无特效的治疗方法。一旦发病，立即划定疫区，严格封锁，及时隔离治疗或扑杀，将马匹置于干净、通风良好的环境，减少应激，降低发病率，减轻感染严重程度，防止该病的扩散传播。扑杀或自然死亡的尸体、治疗过程中摘除的病变组织以及其他含有病原菌的物质（如换下的敷料、分泌物、排泄物等），应进行焚烧或其他无害化处理。除去圈舍垫草和粪便，改善环境卫生，粪便堆集发酵，农具、鞍具固定专用。污染的场地、用具、圈舍用 5% 氢氧化钠溶液每天消毒 1 次；饮用水源用 1% ～ 2% 漂白粉溶液消毒，每隔 10 d 消毒 1 次。

重症病马采用全身疗法，选用青霉素 400 万 IU，复方氨基比林 20 mL，混合 1 次肌内注射，每天 2 次，连用 7 d；将土霉素盐酸盐 2 ～ 3g 溶于 50 mL5% 氯化镁溶液中，1 次涂布，1 次 /d，10 d 为 1 个疗程，或将上述剂量的土霉素盐酸盐溶于 5% 葡萄糖溶液中，静脉注射，每天 1 次，连用 5 ～ 10 d。对体质虚弱的病马强心、补液，5% 葡萄糖 500 ～ 1000 mL、10% 维生素 C 20 mL、10% 安钠咖 20 mL，一次静脉注射，连用 3 d。

轻症病马局部治疗，首先剪毛，用 3% 来苏儿清洗，除去坏死组织和脓汁，然后扩创，再用 2% 高锰酸钾溶液反复冲洗创面，直至肉芽组织带有鲜红色即可，接着患部涂擦达克宁软膏或克霉唑软膏，每天 1 ～ 2 次，并覆盖灭菌纱布。

二、马痘

马痘，又称传染性脓疱性皮炎或传染性脓疱性口炎，是由痘病毒引起的一种急性、热性传染病。临床特征是皮肤和黏膜上发生特征性痘疹，典型病例的发展过程是初期为丘疹，后变为水疱，再变为脓疱，脓疱干燥结痂，最后痂皮脱落自愈。

（一）发病原因

马痘病毒属于痘病毒科正痘病毒属的马痘病毒。痘病毒为 DNA 病毒，有囊膜呈砖形或卵圆形。病毒对热、直射阳光、碱和多数常用消毒药物均较敏感，如 58℃ 5 min 可杀死病毒。

病马是主要传染源。通过与健马接触或者通过被污染的饲料、饮水、鞍具、梳刷用具等经呼吸道、消化道或磨损的皮肤传播本病，也可通过交配、人工授精和产道检查等传播本病。

（二）临床症状

根据发病部位可分为皮肤型和黏膜型。皮肤型又叫传染性脓疱性皮炎，在系部和球节处皮肤上出现丘疹、水疱、脓疱等病变，因局部疼痛而出现跛行；黏膜型又叫传染性脓疱性口炎，在唇内侧、齿龈、舌、舌系带、颊部等黏膜发生特征性痘疹，幼驹发病较为严重，可造成死亡。我国还存在一种马痘病毒引起的传染性皮肤黏膜疾病，特征是在外生殖器皮肤黏膜上形成脓疱和溃疡，且有高度接触传染性。

（三）类症鉴别

1. 水疱性口炎

该病是由水疱性口炎病毒引起的，各种动物均可发病，具有传染性和明显季节性，多流行于夏、秋季节，秋末趋于平息。主要病变发生在口腔，尤其是唇和舌面，出现水疱、破溃、糜烂。

2. 口炎

一般由饲养管理不当引起，不具有传染性，仅表现口腔局部的病变，轻度口炎一般体温不升高。

3. 马流行性淋巴管炎

是由伪皮疽组织胞浆菌引起，呈慢性经过，散发，秋末到冬初发生较多，2～6岁马多发，体温一般不升高，皮肤和鼻腔黏膜出现结节、脓肿、溃疡，淋巴管索状肿及串珠状结节，局部淋巴结肿大。

（四）预防措施和安全用药

1. 预防措施

饲养管理人员要注意洗手消毒，防止自身感染或成为传播媒介。刷拭用具等要固定使用，并经常消毒。发病地区可用牛痘苗免疫接种。

2. 安全用药

首先隔离病马，冲洗患部，涂擦抗生素或10%磺胺软膏，较严重病例可对症治疗。发生马痘时，对假定健康马匹，用牛痘苗涂擦颈部划破的皮肤处，剂量为人用药剂量的10倍。用良性经过病马的唾液涂擦在假定健康马的唇内，可起紧急接种作用。

三、恶性水肿

恶性水肿是由以腐败梭菌为主的多种梭菌引起的一种经创伤感染的急性传染病，临床上以创伤局部发生急剧气性炎性水肿，并伴有发热和全身毒血症为特征。本病分布于世界各地，我国也时有散发病例。

（一）发病原因

本病的病原为梭菌属中的腐败梭菌、魏氏梭菌及诺维氏梭菌、溶组织梭菌等，其中主要是腐败梭菌，其次是魏氏梭菌。腐败梭菌为严格厌氧菌，可产生多种外毒素（主要是α、β、γ、δ 毒素），α 毒素为卵磷脂酶，具有坏死、致死和溶血作用；β 毒素是 DNA 酶，具有杀白细胞作用；γ 和 δ 毒素分别具有透明质酸酶和溶血素活性，它们可使血管通透性增强，导致炎性渗出，并不断向周围组织扩散，使组织坏死。本菌的芽孢抵抗力很强，一般消毒药需长时间作用。而强力消毒药（如 10% ～ 20% 漂白粉液，3% ～ 5% 硫酸、石炭酸合剂，3% ～ 5% 氢氧化钠）可于短时间内杀灭菌体。

本菌广泛分布于自然界，以土壤和动物肠道中较多，而成为传染源。主要由外伤引起感染，尤其是创伤深并存在坏死组织，造成缺氧更易发病。一般为散发，但在去势、挫牙或预防注射时如消毒不严，则可能出现群发病例。

（二）临床症状

潜伏期一般为 12 ～ 72 h。病初减食，体温升高，伤口周围出现气性炎性水肿，并迅速扩散蔓延，肿胀部初期坚实、灼热，后变无热痛，触之柔软、有轻度捻发音，尤以触诊部上方明显；切开肿胀部，则见皮下和肌间结缔组织内流出多量淡红褐色带少许气泡、味酸臭的液体。随着气性炎性水肿的急剧发展，全身症状严重，表现高热稽留、呼吸困难、脉搏细速、发绀、偶有腹泻，多在 1 ～ 3 d 内死亡。因去势感染的，多于术后 2 ～ 5 d，在阴囊、腹下发生弥漫性气性炎性水肿，黏膜充血发炎，有不洁、红褐色恶臭液体流出。会阴呈气性炎性水肿，并迅速蔓延至腹下、股部，以致发生运动障碍和严重的全身症状。

（三）剖检变化

剖检可见发病局部的弥漫性水肿，皮下和肌间结缔组织有红褐色液体浸润，常会有少许气泡，其味酸臭。肌肉呈白色、煮肉样，易于撕裂，有的呈暗褐色。实质器官变性，肝、肾浊肿，脾、淋巴结肿大，偶有气泡，血凝不良，心包、腹腔有多量积液。

（四）类症鉴别

1. 巴氏杆菌病（水肿型）

类似处：有传染性，体温高（40 ～ 41 ℃），肿胀初热痛、后变冷、痛减轻，呼吸困难。不同处：是由多杀性巴氏杆菌引起幼驹的一种急性、发热性、败血性传染病，临床上分为高热和麻痹型、腹泻型、水肿型。水肿型常于头部、颈部和肩前部出现炎性肿胀，头部肿胀呈河马头状。肿胀部无捻发音，肿胀多在咽喉、胸前。血检可见两极浓染的小杆菌。

2. 蜂窝织炎

在皮下、筋膜下及肌间隙或深部疏松结缔组织内的蜂窝组织内形成浆液性、化脓性和腐败性渗出液，一开始就呈弥漫性肿胀，有捻发音，按压可感觉有气泡串动，穿刺有脓汁。全身症状明显，治疗不及时可导致局部坏死，甚至转化为全身化脓性感染。

3. 坏死杆菌病

该病由坏死梭杆菌引起，散发，呈慢性经过，有明显的季节性，以夏季多雨、潮湿季节多发。蹄冠边缘和系部皮肤痛痒、肿胀、脓肿、溃疡，跛行。病料涂片镜检，可见呈串珠状长丝形菌体或细长的杆菌。

（五）预防措施和安全用药

1. 预防措施

我国已研制出预防梭菌病的多联苗，在梭菌病常发地区，常年注射，可有效预防本病发生。平时注意防止外伤，当发生外伤后要及时进行消毒和治疗，还要做好各种外科手术、注射等无菌操作和术后护理工作。

2. 安全用药

该病经过急，发展快，全身中毒严重，治疗应从早从速，从局部和全身两方面同时着手。局部治疗应尽早切开肿胀部，扩创清除异物和腐败组织，吸出水肿部渗出液，再用氧化剂（如 0.1% 高锰酸钾或 3% 过氧化氢液）冲洗，然后撒上青霉素或结晶磺胺粉末，并施以开放疗法；或在肿胀部周围注射青霉素。全身治疗应早期应用抗菌消炎药，如青霉素、链霉素及土霉素或磺胺类药物等，同时还要注意对症治疗，如强心、补液、解毒。病死马不可利用，必须深埋或焚烧处理，污染物品和场地要彻底消毒，防止感染。

四、坏死杆菌病

坏死杆菌病是由坏死梭杆菌引起的一种慢性传染病，临床上以多种组织坏死，尤其是皮肤、皮下组织、口腔或消化道黏膜，有的在内脏形成转移性坏死灶为特征。本病广泛发生于世界各地，一般为慢性经过，多呈散发，有时表现为地方流行性。

（一）发病原因

坏死梭杆菌为多型性杆菌，无鞭毛，无芽孢，无荚膜。该种病原菌可继发于其他病原感染或与其混合感染，其坏死性外毒素在引发特征性病变中具有重要作用。本菌对理化因素抵抗力不强，60℃加热 30 min，65℃加热 15 min 或煮沸 1 min 即可杀死，日光直射 8 ～ 10 h 可杀菌。但在污染的土壤中能长时间存活（10 ～ 30d）。1% 高锰酸钾、5% 氢氧化钠、1% 福尔马林 15 min 内可将其杀死；对四环素、多黏菌素、青霉素 G 和磺胺类药物敏感。

本菌在自然界中分布很广，主要经损伤皮肤、黏膜而侵入组织，也可经血液而散布全身。本病一年四季均可发生，但带有明显的季节性，以夏季多雨、潮湿及炎热季节多发，而秋、冬季节仅见散发病例。

（二）临床症状

潜伏期长短不一，短的几小时，长的可达 2 周，一般为 1 ～ 3 d。根据马坏死杆菌病的病程发展，可分为 3 种病型。

① 局限性坏死性皮炎：以炎性化脓性浸润为特征。初期在蹄冠边缘和系部皮肤发生痛痒、肿胀，有热痛和出现黄豆大小的脓肿。此时患肢着地困难，出现跛行。当脓肿破溃后，流出少量黏液性渗出物，此时痒觉消失，炎症稍退。如使病马休息，给予及时治疗，促使炎症渗出物吸收，则 3 ～ 7 d 可治愈。若炎症继续发展，则病理过程可由炎性化脓性浸润转为湿性坏疽。

② 湿性坏疽：患处皮肤呈青紫色、柔软，跛行加重，从局部破溃的脓肿或蹄冠裂隙中流出带有特别臭味的黄色脓汁，并形成不易愈合的溃疡，创面呈污秽红色。一般病马全身症状基本良好，如治疗及时，尚能恢复，若病势严重时，则能发展成进行性坏疽。

③ 进行性坏疽：坏疽深达蹄匣，并蔓延至腱、韧带、蹄软骨甚至骨骼，进而形成瘘管和局部蜂窝织炎，有些病例由于真皮遭受损伤，蹄质发生变形导致蹄匣脱落。当病理过程转到肺时，时常出现坏死性肺炎，听诊肺部有湿啰音。病马体温升高，出现呼吸困难。这种病例多数取死亡转归。

（三）剖检变化

坏死梭杆菌在侵入处繁殖，发生炎症，其毒素使组织发生凝固性坏死。病变组织感染其他细菌（如化脓菌、腐败梭菌等）则往往出现湿性坏疽或气性坏疽。在死亡的组织中坏死梭杆菌常迅速死亡，只有在病健组织交界处，可见到放射状排列的菌体。在坏死过程的同时，白细胞及组织细胞进入坏死组织中及其周围，进而形成肉芽组织，坏死组织被排出或被结缔组织包围、机化和钙化；当机体抵抗力弱或细菌毒力强时，则病变蔓延或转移，最后由于全身中毒、大面积内脏坏死和栓塞，或在继发性感染下死亡。进行性坏疽出现坏死性肺炎时，剖检常见转移性的坏死性小叶性肺炎变化，其他脏器也可见到坏死病灶。

（四）类症鉴别

1. 恶性水肿

恶性水肿是由梭菌经创伤感染，伤口周围出现气性炎性水肿，触之有捻发音，高热稽留，呼吸困难。

2. 蜂窝织炎

在皮下、筋膜下及肌间隙或深部疏松结缔组织内的蜂窝组织内形成浆液性、化脓性和腐败性渗出液，一开始就呈弥漫性肿胀，有捻发音，按压可感觉有气泡串动，穿刺有脓汁。全身症状明显，治疗不及时可导致局部坏死，甚至转化为全身化脓性感染。

（五）预防措施和安全用药

1. 预防措施

预防本病的发生，关键在于避免皮肤、黏膜损伤，保持厩舍、环境用具的清洁与干燥，正确的饲料配合科学的饲养。牧场要注意排水，及时清理场地上的粪便、污水，正确进行护蹄，发现外伤应及时处理。

2. 安全用药

一旦出现本病，应注意检查、隔离和治疗病马，污染场地应铲土消毒。患马腐败组织、创伤液和污染用具，应及时销毁和消毒。一般采用局部治疗方法，配合全身疗法，如注射土霉素、四环素、磺胺类药物等。既可控制本病的发展，又可控制继发感染。同时，还应按病情施以对症治疗，如强心、解毒、补液等措施，可促使康复，提高治愈率。

对蹄部的治疗，应彻底清除患部坏死组织，用 1% 高锰酸钾冲洗，或用 6% 福尔马林。也可通过 10% ～ 30% 硫酸铜溶液浴蹄，每天 1 ～ 2 次，连续 3 d。然后，在蹄底孔或洞内堵塞硫酸铜、水杨酸粉或高锰酸钾粉。对软组织可用松馏油、磺胺碘仿或抗生素如土霉素等药物，以绷带包扎，再以融化的柏油涂布，以防污水渗入创内。

五、马葡萄球菌病

马葡萄球菌病是马的一种慢性传染病，临床上以皮肤、皮下组织、阴囊、乳房等出现局灶性溃疡和化脓为特征。

（一）发病原因

葡萄球菌是革兰氏阳性菌，不同型的菌株可产生不同色素。兼性厌氧菌，易被碱性染料着色。无芽孢、无鞭毛、一般不形成荚膜（某些幼龄菌形成荚膜或黏液层）。普通琼脂培养基上形成圆形、表面光滑、边缘整齐、湿润、隆起的不透明白色或奶油状菌落。多数致病菌在血液琼脂平板上形成 β 溶血，并具有产生血浆凝固酶、肠毒素、皮肤坏死毒素、透明质酸酶、杀白细胞素等多种毒素和酶，DNA 酶和分解甘露醇的能力。多数菌株在 10%NaCl 或结晶紫培养基上生长，菌苔呈土黄色。

葡萄球菌对外界抵抗力较强，在尘埃、干燥脓汁和血液中能存活数月。对常用酚类、卤素等消毒药敏感，易产生耐药性。近年发现以前被认为不具备致病性、凝固酶阴性的葡萄球菌也能引起多种感染性疾病，如菌血症、尿路感染、创伤感染和食物中毒。

（二）临床症状

潜伏期为 4 ～ 6 周。局部感染初期引起皮肤丘疹、结节，毛囊发炎（图 6-5-1），进而皮肤结节增大，形成拳头大小的肿块，以阴囊、胸、肩部等处形成皮肤化脓性病灶（图 6-5-2），精索内形成久不愈合的瘘管，乳房上出现凹凸不平的结节、化脓性灶及瘘管为特征。有时脓肿可以转移到其他组织或器官，形成新的脓肿或化脓性灶。

（三）类症鉴别

1. 马痘

是由痘病毒引起，临床特征是皮肤和黏膜上发生特征性痘疹。

2. 马流行性淋巴管炎

是由伪皮疽组织胞浆菌引起，呈慢性经过，散发，秋末到冬初发生较多，2 ～ 6 岁马

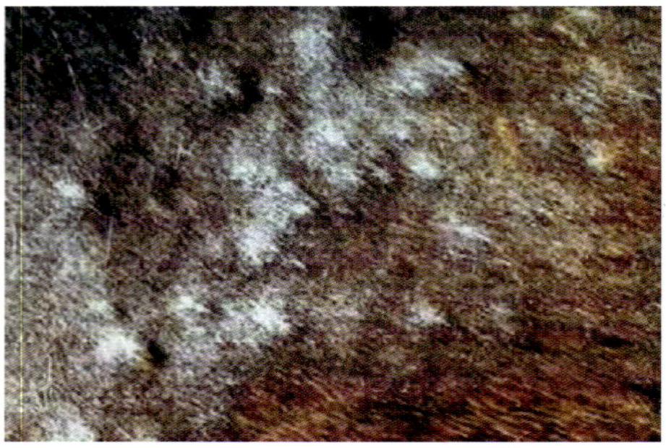

图 6-5-1 皮肤丘疹，毛囊发炎

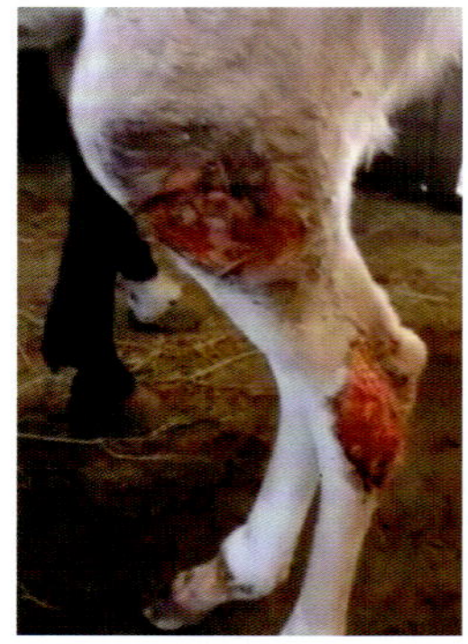

图 6-5-2 皮肤化脓性病灶

多发，体温一般不升高，皮肤和鼻腔黏膜出现结节、脓肿、溃疡，淋巴管索状肿及串珠状结节，局部淋巴结肿大。

（四）预防措施和安全用药

加强饲养管理，搞好环境卫生。试用自家菌苗进行免疫预防。用喹诺酮类药物、大环内酯类药物、氨基糖苷类药物或头孢类抗生素有一定的治疗效果，可依据药敏试验选用。

六、马副丝虫病

马副丝虫病，又称“血汗症”或皮下丝虫病，由丝虫科的多乳突副丝虫寄生于马的皮下和肌间结缔组织引起。主要特征是马的躯干皮肤常于夏季形成皮下结节，结节多于短时间内出现，迅速破裂，出血后自愈。因导致虫伤性皮肤出血，如同血汗，故称“血汗症”。由于失血及虫体消耗机体营养，致使马匹消瘦乏力，使役能力降低。本病在印度次大陆、南美、北非、东欧，特别是苏联草原地区马群多发。我国云贵、青藏高原以及东北、新疆地区亦有此病。

（一）发病原因

本病是由丝虫科副丝虫属的多乳头副丝虫感染引起发病。多乳突副丝虫寄生于马的皮下组织和肌间结缔组织，成虫呈白色柔软丝状，虫体前端表皮有许多乳突状的隆起。本虫的中间宿主是黑角蝇属的一种吸血蝇类。成熟雌虫在皮下组织内，用头端穿破皮肤，并损伤微血管造成出血，随后产卵于血液中，经数分钟或几小时，从卵内孵出幼虫（微丝蚴）。当吸血蝇类叮吮马匹患部时，微丝蚴便进入蝇体内，在蝇体内经 10 ～ 15 d 发育成感染性幼虫。当吸血蝇类重复叮咬马匹时，将感染性幼虫经吻管注入马匹血液内，使马受到感染。经一年左右时间，幼虫在马体内发育为成虫。

马副丝虫病是一种季节性疾病，本病流行与吸血绳（中间宿主）有关，雄虫穿过真皮和表皮形成出血性小结，小结的出现有季节性。每当马骡处于日光下，气温在 15℃以上时才易出现，一般每年 4 月份开始，7、8 月份达高峰，以后逐减至冬季消失。

（二）临床症状

本虫在马体的颈侧部、肩胛部、胸侧部、鬐甲部、腰部和背部等处形成 0.6 ～ 2.0 cm 直径的半圆形结节。结节常突然出现，周围肿胀，毛竖起，结节是由于血液在皮下聚积形成的。数小时后，雌虫在结节顶部形成一个小的孔道并产卵，卵随结节中的血液自小孔流出，继之结节消失。溢于皮肤表面的血液干结成痂，使局部被毛污秽不洁而失去光泽。患马反复发生出血现象，常常延续很久，并且间隔 3 ～ 4 周不定。多侵害 3 岁左右的消瘦使役马。有时出血部可因感染而发生化脓或坏死。病马有时贫血、嗜酸性粒细胞增多。

患马被感染的部位在夏季白天而炎热的情况下，出血的时间较长且量多；进入冬季后，患马所有症状消失，至下一年春季气候回暖后，症状再度出现。患马的精神状态、体温、饮水和食欲等，一般无异常变化。

（三）类症鉴别

1. 马葡萄球菌病

马葡萄球菌病是由葡萄球菌感染引起，呈慢性经过，临床上以皮肤、皮下组织、阴囊、乳房等出现局灶性结节、溃疡和化脓为特征。

2. 马痘

马痘是由痘病毒引起，临床特征是皮肤和黏膜上发生特征性痘疹。

（四）预防措施和安全用药

1. 预防措施

以驱避和消灭吸血昆虫为主。同时保持厩舍、外环境及马体清洁卫生，经常进行清扫和消毒。昆虫活跃季节，尽量选择在高燥牧地放牧，避免遭受感染。在蝇类活跃期，定期用农药灭蝇。用敌百虫等杀虫剂喷涂马体，以减少蝇类传播疾病的机会。此外，也可定期使用依维菌素或海群生等驱虫剂进行预防。

2. 安全用药

依维菌素按每千克体重 0.3 mg，皮下注射，连用 3 d。或用盐酸左旋咪唑，按每千克体重 4 ～ 6 mg，肌内注射，每天 2 次，连用 2 ～ 3 d。或用 1% ～ 2% 酒石酸锑钾溶液 100 mL，静脉注射，每天 1 次，连用 3 d。或 5% 敌百虫溶液 0.5 ～ 2mL，在患畜感染部位周围分 2 ～ 3 点皮下注射；或以 3% 敌百虫溶液、1% ～ 2% 石炭酸溶液（苯酚）对患部进行外涂，每日 2 次，连涂数日。静脉注射 1.75% ～ 2% 酒石酸锑钾溶液 100 mL，共注射 3 次，每次间隔 1 ～ 2 d。内服海群生，出血局部可以涂擦碘酊或 1% ～ 2% 石炭酸溶液，每天 1 ～ 2 次。

中药治疗：苦参、鹤虱、苦楝根皮各 30 g，贯众、大黄、黄连各 20 g，小蓟、侧柏叶各 15 g，赤芍、丹皮、使君子各 10 g，药物水煎 2 次，混合药液后灌服，每日 1 剂，连用 7 d。

七、皮肤真菌病

皮肤真菌病，又称为皮肤霉菌病，俗称脱毛癣、钱癣或匐行疹等，是由多种皮肤霉菌引起马的一种慢性皮肤性传染病。临床上以皮肤、毛发、指（趾）甲、爪、蹄等体表角化组织形成癣斑，导致脱毛、脱屑、渗出，结痂及瘙痒等为特征。本病分布于世界各地。

（一）发病原因

对马有致病性的皮肤真菌主要有小孢霉菌属和毛癣菌属。小孢霉菌属主要侵害毛发和皮肤，一般不侵害指爪及蹄，在紫外线照射下，多数可出现绿色荧光（图 6-7-1）。毛癣菌属可侵害皮肤、指爪、蹄及毛发等角质组织，经紫外线照射无荧光（图 6-7-2）。皮肤真菌对外界的抵抗力很强，耐干燥，对一般消毒药也有很强的耐受性，对一般抗生素和磺胺类药均不敏感，但制霉菌素、灰黄霉素和两性霉素 B 对其有较好作用。

图 6-7-1 寄生于毛发的小孢霉菌

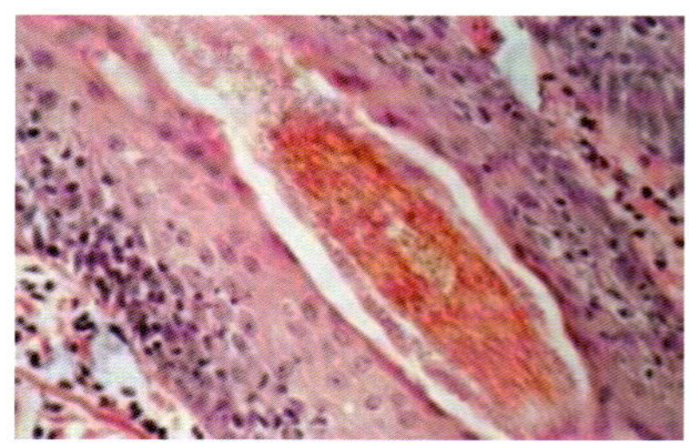

图 6-7-2 寄生于皮肤的毛癣菌

马皮肤真菌主要存在于病马的皮肤表层、毛囊内、毛根周围、毛干及鳞屑内，患病动物和带菌者为本病的传染源，主要经直接接触传播，也可经梳刷用具、鞍挽具、搔痒、摩擦或蚊蝇叮咬等间接传播。本病全年均可发生，以秋、冬季舍饲期间发病较多。一般无年龄和性别差异，但幼年较成年易感。营养缺乏，皮肤和被毛卫生不良，环境温暖、潮湿、污秽、阴暗，均可促进本病的发生。

（二）临床症状

皮肤真菌病以马驹最常见，成年马也有发生。主要发生于头部（眼周、耳、面）、颈、胸侧和臀部等处，但也可发生于身体的其他部位（图 6-7-3 ～图 6-7-9）。多数是由马小孢霉菌或称犬小孢霉菌所致。病马皮肤上出现界线明显的圆形如剪毛状脱毛斑，并带有残毛，又名“剪毛癣”（图 6-7-10）。也有患部发生丘疹（扁豆大或更大）。水疱，干燥后形成薄痂（图 6-7-11）。同时皮肤增厚、粗糙，并有面粉样鳞屑，被毛于距皮肤数毫米处折断，癣斑不断扩大，融合成不规则的癣面。有时老病灶痊愈后，周围又可形成新的癣斑，最后身体各处都可能有散在性病变。病马无痒觉。

少数病例由马毛癣菌，须毛癣菌，疣状毛癣菌等所致。癣斑部毛蓬乱，继则形成水疱，破溃，其上盖以灰色鳞屑，并不断脱落。经 1 ～ 2 周被毛从皮肤折断，癣斑大小不一，有痒觉（图 6-7-12）。

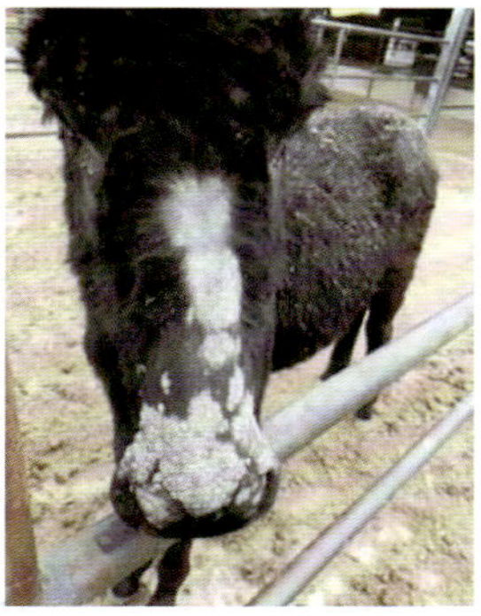

图 6-7-3　鼻面部皮肤真菌

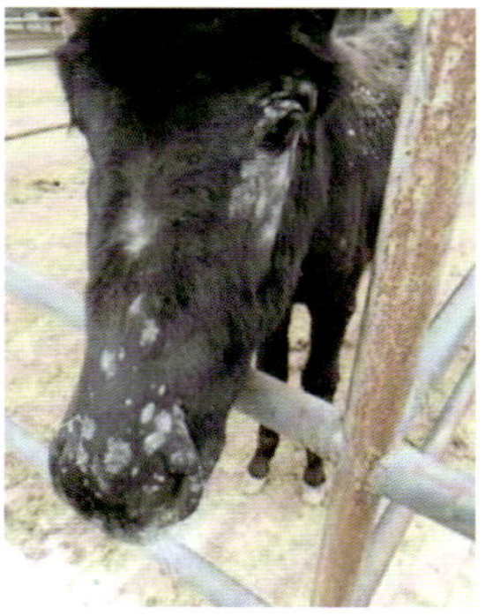

图 6-7-4　眼周围皮肤真菌

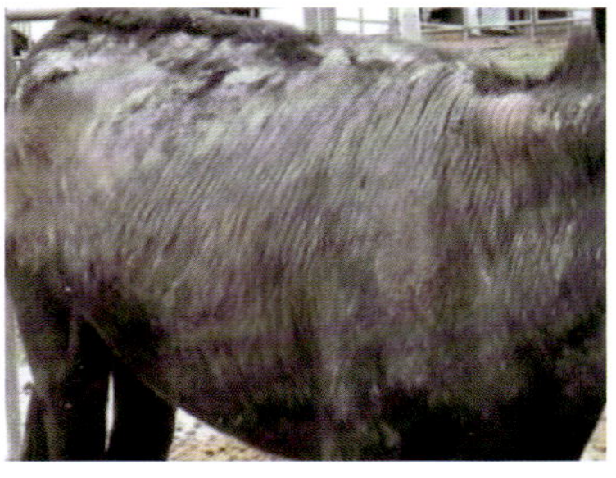

图 6-7-5　背部皮肤真菌

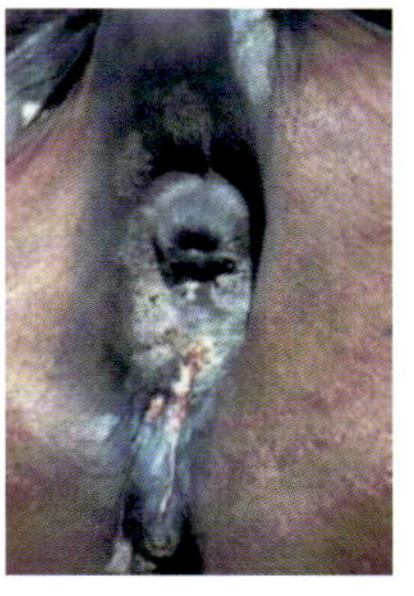

图 6-7-6　会阴部皮肤真菌

图 6-7-7　四肢皮肤真菌

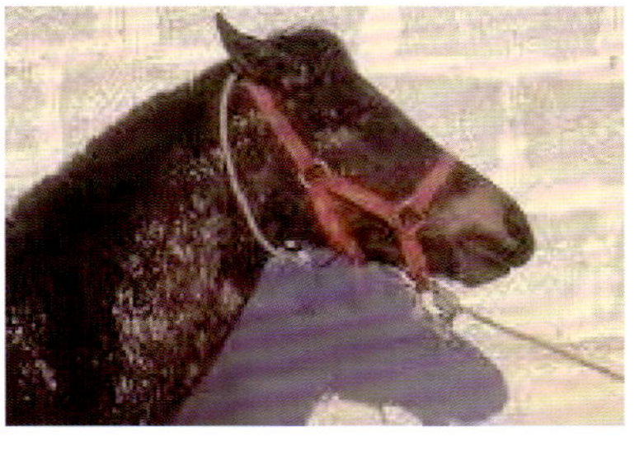

图 6-7-8　颈部皮肤真菌

图 6-7-9　胸侧皮肤真菌图

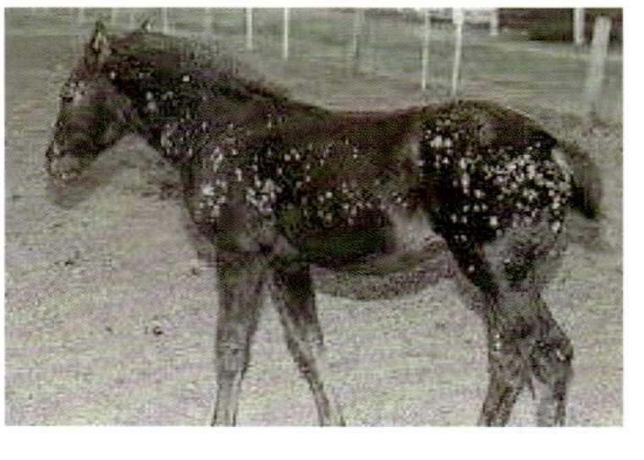

图 6-7-10　皮肤上出现界线明显的圆形脱毛斑

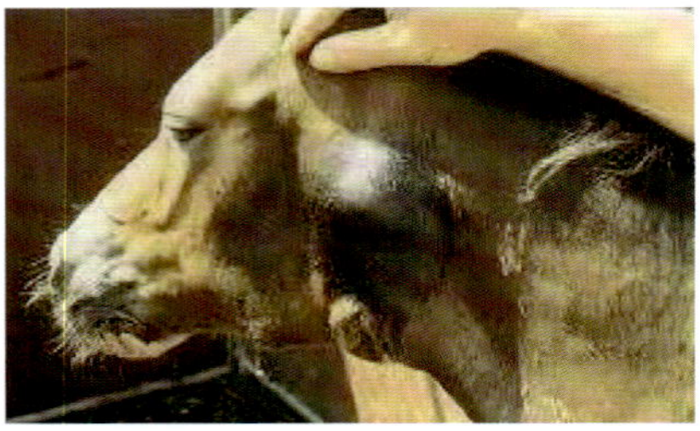

图 6-7-11 皮肤出现鸡蛋大丘疹

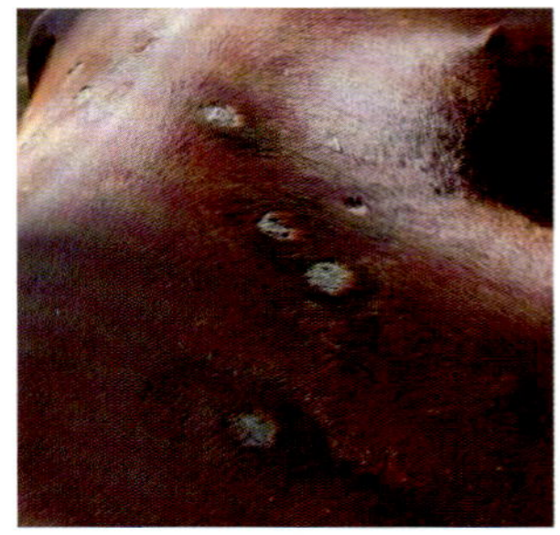

图 6-7-12 马毛癣菌感染

（三）类症鉴别

1. 过敏性皮炎

吸血昆虫叮咬引起，多发生于夏季，表现不安，被叮咬处红肿、剧痒、皮下水肿，有明显皮炎症状。体表检查可发现马血虱和卵，用抗过敏药治疗有效。

2. 螨病

痒觉剧烈，皮肤上没有特征的圆形癣斑，病变处痂块明显突出体表，不易剥脱，镜检可检出螨。

3. 湿疹

无传染性，没有境界明显的癣斑，并且受害的毛不从毛根部附近折断，轻度发痒，尤其是皮脂溢出性湿疹，通常不发生痒觉。镜检皮肤病料，检不出病原体。

4. 葡萄球菌病

葡萄球菌病由葡萄球菌引起，渗出较为明显，涂片镜检可以区别。

5. 渗出性皮炎

渗出性皮炎多由葡萄球菌引起，广谱抗生素治疗有效。

（四）预防措施和安全用药

1. 预防措施

平时加强饲养管理，防止外伤，搞好圈舍及体表卫生，挽具、鞍套等固定使用。发现病马应全群检查，隔离治疗。厩舍及用具等用 2% 热氢氧化钠或 0.5% 过氧乙酸或次氯酸钠消毒。坚持自繁自养，新购入的马匹，必须隔离检疫 30 d，经过触摸皮肤和详细观察确认其健康后，才能和原来马匹合群。禁止将不同种类动物混群饲养。发现有马匹患有本病时，需对病马群中所有的马匹进行临床检查，并对其皮肤进行全面触诊，一旦发现病马，应立即对其隔离并治疗。同时对其污染的厩舍、饲槽和用具等，必须进行严格的消毒处理。

2. 安全用药

首先隔离病马，同时要注意护理。在治疗时，应先对患部进行剪毛，再用肥皂水清洗其患部皮肤，然后使用温的 3% ～ 5% 克辽林液洗涂患部，最后除去软化的痂皮。也可直接涂擦下列药物：10% 水杨酸酒精或油膏，或 5% ～ 10% 硫酸铜液，每天或隔天 1 次，外用，直至痊愈。水杨酸 6 g、苯甲酸 12 g、石炭酸 2 g、敌百虫 5 g、凡士林 100 g，混匀后外用。石炭酸 15 g、碘酊 25 mL、水合氯醛 10 mL，混匀后外用，每天 1 次，3 d 后用水洗掉，涂以氧化锌软膏。水杨酸 50 g、鱼石脂 50 g、硫黄 400 g、凡士林 600 g，混合制成软膏，每隔 3 d 涂药 1 次，连用 4 次。硫酸铜粉 25 g、凡士林 75 g，混合制成软膏，外用，每隔 5 d 涂药 1 次，连用 2 ～ 3 次。

常用的外用抗真菌药物有酮康唑软膏、皮康霜软膏、克霉唑软膏、灰黄霉素软膏和癣净等，涂擦患部，初期每天涂擦 1 ～ 2 次，以后每隔 1 ～ 2 d 重复 1 次，直至痊愈时为止。同时，配合内服灰黄霉素、酮康唑、制霉菌素、两性霉素 B 等药物。

八、马疥癣

马疥癣又称马螨虫病、马癞，是由螨虫寄生在马体皮肤，产生剧烈痒感的一种接触传染的慢性皮肤病，临床上以全身衰竭，厌食，皮肤强烈瘙痒，出现丘疹、水疱、皮炎、皮肤鳞屑、结痂、脱毛、皮肤增厚等为特征。以颈部皮肤病变最严重，病情严重的可蔓延至全身，对马匹的危害很大。

（一）发病原因

该病主要由疥螨和痒螨引起（图 6-8-1，图 6-8-2），此外还有由马足螨、马蠕形螨引起的。疥螨在表皮的角质层内挖掘穴道，以表皮细胞和组织液为营养；痒螨寄生在马的皮肤表面，以组织液为营养。

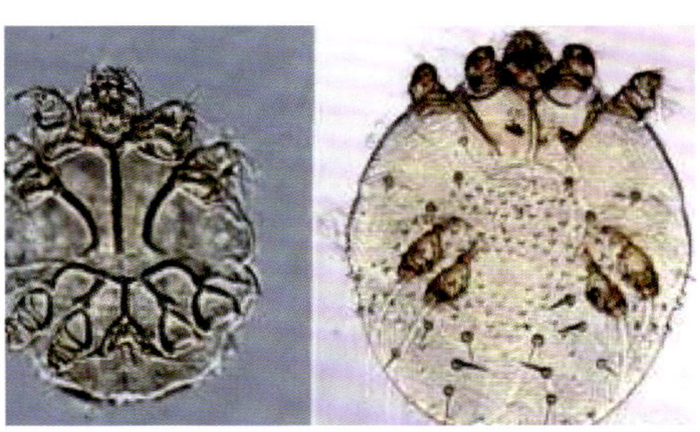

图 6-8-1　马疥螨（左为雄螨，右为雌螨）

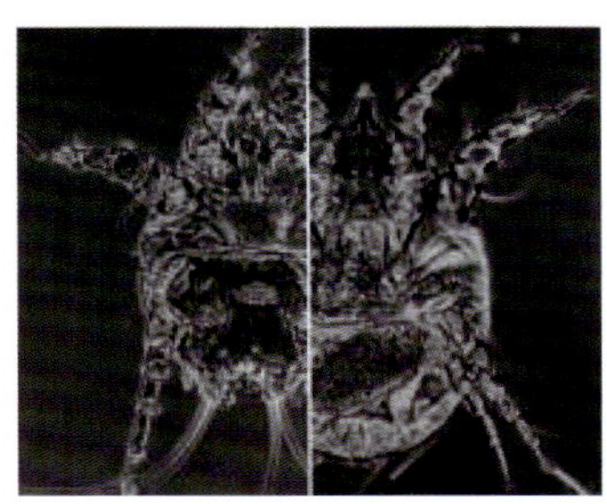

图 6-8-2　马痒螨（左为雄螨，右为雌螨）

该病主要由于健康马与患病动物直接接触或通过与被螨虫及其虫卵污染的厩舍、用具、鞍挽具等间接接触而引起感染。另外，也可由饲养人员或兽医人员的衣服和手传播病原。本病主要发生于冬季和秋末、春初。夏季如有发生，症状也不明显。

（二）临床症状

马疥螨病初可见马的头部、颈部和肩部皮肤有损伤，受长毛保护的部位和低位末梢部位一般不受侵害。最初症状为强烈痛痒，尤其当病马进入温暖场所或运动后皮温增高时，虫体更加活跃，痒觉更加剧烈。剧痒使病马不停地啃咬患部，并在各种物体上摩擦患部。患部皮肤出现丘疹和水疱，后发展成急性皮炎，皮肤迅速鳞屑化随后结痂、掉毛、皮肤增厚，痂皮硬固，不易剥离。以颈部皮肤病变最严重。病情严重的可蔓延至全身，导致虚弱无力，全身衰竭，厌食，逐渐消瘦，有时发生继发感染，严重时死亡。

马痒螨病最常发生的部位是鬃、尾、颌间、股内侧及腹股沟。乘挽马常发于与鞍具、颈轭、鞍褥接触部位。皮肤皱褶处不明显，痂皮柔软、黄色脂肪样、易剥离，但皮肤结痂面积更大。

马足螨病特征是散发性的后肢系部屈面皮炎。

马蠕形螨病报告最少，该种螨虫生活在毛囊和皮脂腺中，可使皮肤产生丘疹和溃疡，以眼周和额头处多见。损伤随后扩展到肩部，最后遍及整个体表。病变处皮肤覆盖鳞屑，无痒感。

（三）类症鉴别

1. 过敏性皮炎

由吸血昆虫叮咬引起，多发生于夏季，表现不安，被叮咬处红肿、剧痒、皮下水肿，有明显皮炎症状，体表检查可发现马血虱和卵，用抗过敏药治疗有效。

2. 皮肤真菌病

由多种皮肤真菌引起，呈慢性经过，以马驹最常见，皮肤上出现脱毛斑、鳞屑、丘疹、水疱、结痂，及皮肤瘙痒等。皮屑和毛发显微镜检查见有菌丝及分生孢子。

（四）预防措施和安全用药

1. 预防措施

应经常保持马厩、马体的清洁卫生。马相关用具要固定使用，必要时要用杀虫药物，如 5% 敌百虫溶液处理马体和用具。一旦发生疥癣病，要停止使役，隔离治疗，并进行厩舍、用具的消毒。常用的消毒药物为 10% ～ 20% 石灰乳、5% 热碱液或 20% 草木灰水等。有可疑症状的马匹，也应给予治疗。病马症状消失后，应继续观察 20 d，如未再发，再一次用杀虫药物处理，方准回群。护理病马人员要注意经常消毒，以免通过手和衣服、用品等散播病原。

2. 安全用药

若发现有马患有疥癣病，需立即停止使役，隔离治疗，同时对其相关的厩舍、用具进行消毒处理。可用杀螨剂进行治疗，方法有口服、皮下注射、喷雾、擦洗或药浴等。对发病马群，药浴是最方便的一种治疗方法。依维菌素，按每千克体重 0.2 mg，口服；或依维菌素注射剂，按每千克体重 0.3 mg，皮下注射，5 ～ 7 d 1 次，连用 3 ～ 4 次。5% 敌百虫溶液（取来苏儿 5 份，溶于温水 100 份中，再加敌百虫 5 份即成），涂擦患部皮肤。或涂擦辣椒烟叶合剂（辣椒 500 g、烟叶 1500 g、水 1.5 ～ 2.5 L，混合后煮沸，浓缩到 0.5 ～ 1 L，滤去粗渣）。患部总面积过大时，要分区用药，每次只能涂擦整个体表的 1/3, 1 ～ 2 d 后再涂擦其他患部。

九、马虱、蜱病及蠓咬性皮炎

是由吸血昆虫血虱、毛虱，蜱及马蠓等寄生在马的体表而引起的一种皮肤寄生虫病。临床上以精神不安、消瘦、发育不良、患部皮肤剧痒、皮肤损伤、皮炎、脱毛等为特征。马血虱、毛虱及蜱都可叮咬马，寄生于体外导致咬性皮炎又称过敏性皮炎，是夏季的一种多发病，对马危害较大。

（一）发病原因

寄生于马体表的虱子主要有虱亚目血虱科血虱属的马血虱及食毛亚目毛虱科毛虱属的马毛虱两种。蜱属节肢动物门、蛛形纲、蜱螨目、蜱科，有软蜱和硬蜱两大类型，其中硬蜱是动物体表一种重要的外寄生虫，又称草爬子、狗豆子、壁虱、扁虱（图 6-9-1）。马血虱寄生于马体表面，多寄生于耳基部周围、颈部、腹下和四肢内侧，以吸食血液为生。马血虱病主要为直接接触传播，即患病马匹与健康马匹相互接触时，虫卵、若虫或成虫落到健康马身体上而引起健康马匹感染，此外也可以通过与带有虱卵或爬有若虫或成虫的饲养工具、树桩、栏杆、墙壁、饲槽及垫草等间接接触而感染。马毛虱寄生于马的毛上，以食毛及皮屑为生。蜱虫蛰伏于浅山丘陵的草丛、植物上，或寄宿于动物皮毛间。硬蜱随种类不同其生活场所亦有差异，血红扇头蜱、长角血蜱和二棘血蜱主要生活于农区和野地，活动季节为 4 ～ 9 月；草原革蜱主要生活于草原，越冬的成虫在早春 2 月末或 3 月初开始出现，4 月为旺期，5 月逐渐减少；微小牛蜱主要生活于农区，在华北地区的活动季节为 4 ～ 11 月。蠓咬性皮炎一般 4 ～ 5 月份起，至 10 月份发病率降低，后渐痊愈。离蠓 3 周后，病马症状自消。本病无传染性，天越热越严重。

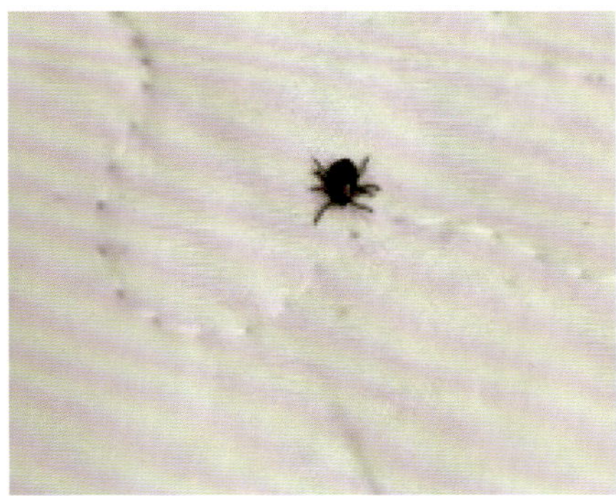

图 6-9-1　蜱

（二）临床症状

马血虱寄生于马的头部、颈部的鬃、肩、鼠蹊等部位，引起马匹蹭痒、不安、啃痒或到处擦痒，造成皮肤损伤、脱毛、消瘦、发育不良等。马毛虱寄生于马的毛上，亦引起马匹痒感，精神不安。被叮咬处红肿、剧痒、皮下水肿，有明显皮炎症状。病马被毛脱落，表皮破溃，形成厚痂、皮肤肥厚等。局部有大小不一的丘疹，丘疹破溃后形成干痂，后期可形成秃毛斑。久之出现消瘦，增重缓慢，幼驹发育不良。

少数蜱的叮咬，一般不表现临床症状，但数量增多时，显现痛痒，烦躁不安，摩擦、抓和舐咬患部皮肤，导致局部出血、水肿、发炎和角质增生。一只雌蜱每次平均吸血 0.4 mL，因此当大量寄生时，可引起贫血、消瘦和发育不良。蜱在叮刺吸血时多无痛感，但由于螯肢、口下板同时刺入宿主皮肤，可造成局部充血、水肿、急性炎症反应，还可引起继发性感染。有些硬蜱在叮刺吸血过程中唾液分泌的神经毒素可导致宿主运动性纤维的传导障碍，引起上行性肌肉麻痹现象，可导致呼吸衰竭而死亡，称为蜱瘫痪。

蠓咬性皮炎马匹表现为不安，被叮咬处红肿、剧痒、皮下水肿，有明显皮炎症状。病马被毛脱落、表皮破溃、形成厚痂、皮肤肥厚等。局部有大小不一的丘疹，丘疹破溃后形成干痂，后期可形成秃毛斑，最后可自愈。

（三）类症鉴别

1. 马疥癣

马疥癣由螨虫寄生在马体皮肤引起，呈慢性经过，痒觉剧烈，皮肤上出现丘疹、水疱、皮炎、皮肤鳞屑、结痂、脱毛，皮肤增厚等，病变处痂块明显突出体表，不易剥脱，镜检可检出螨。

2. 葡萄球菌病

葡萄球菌病由葡萄球菌引起，渗出较为明显，涂片镜检可以区别。

3. 渗出性皮炎

渗出性皮炎多由葡萄球菌引起，广谱抗生素治疗有效。

（四）预防措施和安全用药

1. 预防措施

主要是搞好马厩及马体卫生，尽力消除马厩周围吸血昆虫的滋生地和栖息地。草原地区采取牧场轮换和牧场隔离。清理厩舍，堵洞嵌缝以防蜱类滋生。常用杀昆虫药喷洒马体及昆虫越冬场所，包括菊酯类和有机磷药物，可定期喷洒 2% 盖杀畏等杀虫药。对马匹进行定期药浴。用稻草根、艾蒿等烟熏驱外寄生虫。每年春秋两季皮下注射依维菌素，也有较好的预防效果。

2. 安全用药

依维菌素注射液，按每千克体重 0.3 mg，皮下注射，5 ～ 7 d 1 次，连用 3 ～ 4 次。也可用杀昆虫药喷洒体表，如 1% 敌百虫溶液，阳光下喷洒马体，隔 10 d 再重复用药 1 次。或用百部 30 g、水 500 mL，煎煮 30 min 后，涂擦。或用扁豆叶 500 g，加水适量，煮沸候温，取汁洗涤马体 1 ～ 3 次。皮蝇磷、辛硫磷、马拉硫磷、氧硫磷、双甲脒、二氯苯醚菊酯和戊酸氰菊酯等均可有效杀死马体表的吸血昆虫。此外，皮下注射依维菌素也有很好的效果。

十、马尖尾线虫病

马尖尾线虫病的病原体属尖尾目尖尾科尖尾属的马尖尾线虫，又称马蛲虫，寄生于马的大肠。特征症状为臀部发痒。分布于全国各地，为马的常见病。

（一）发病原因

马尖尾线虫雄、雌虫的大小差异甚大，雄虫体形小，为白色；雌虫长，未成熟时为白色，成熟后为灰褐色（图 6-10-1）。雄虫交配后死亡，雌虫产卵时下行到肛门，将虫体前部伸出肛外，在肛门周围和会阴部皮肤上产卵，卵互相黏着，呈黄白色团块（图 6-10-2，图 6-10-3）。雌虫产出全部虫卵后，即皱缩死亡。由于肛门部具有适宜的温度、湿度和空气等条件，故虫卵发育迅速，于 3 ～ 5 d 在卵壳内即已形成感染性幼虫。由于卵块的干缩或马的擦痒等动作，卵块落入自然界，马由于摄食被感染性虫卵污染的饲料或饮水、舔食被污染的用具而受感染。在小肠内，幼虫从卵壳中溢出，移居大肠肠腔内，感染后 5 个月发育为成虫。

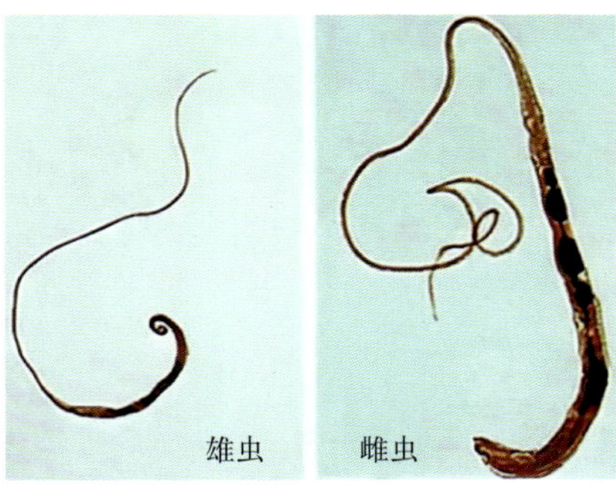

图 6-10-1　马尖尾线虫

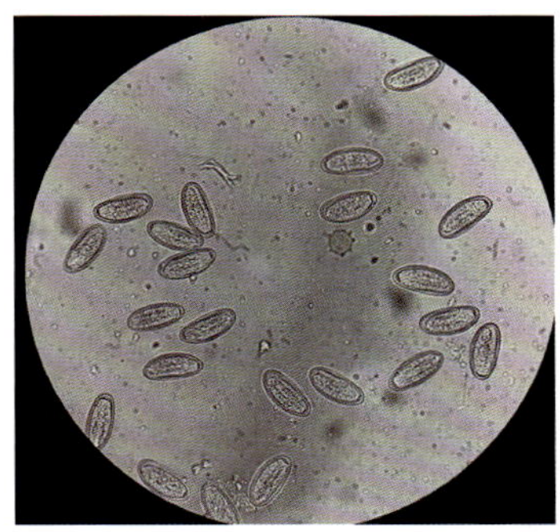

图 6-10-2　马尖尾线虫卵

本病多见于幼驹和老马，在卫生状况恶劣的厩舍中和不做刷拭、卫生不良的马匹，常普遍发生感染。

（二）临床症状

主要症状是雌虫产卵时引起肛门部剧痒，患马常以臀部抵在各种物体上摩擦，引起尾根部和坐骨部擦伤、脱毛和发生皮炎（图 6-10-4）；继发细菌感染时，可能引起化脓。发痒可使患马兴奋不安，进食不佳，引起消瘦。有时有肠炎症状。

（三）类症鉴别

1. 过敏性皮炎

由吸血昆虫叮咬引起，多发生于夏季，表现不安，被叮咬处红肿、剧痒、皮下水肿，有明显皮炎症状。体表检查可发现马血虱和卵，用抗过敏药治疗有效。

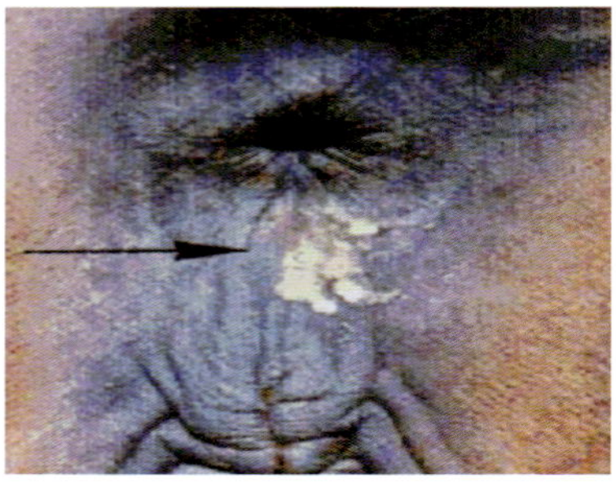

图 6-10-3 卵互相黏着，呈黄白色团块

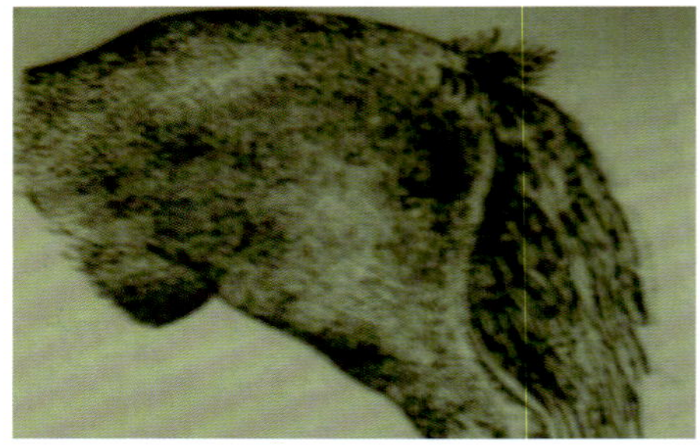

图 6-10-4 根部皮肤脱毛

2. 马葡萄球菌病

是由葡萄球菌感染引起，呈慢性经过，临床上以皮肤、皮下组织、阴囊、乳房等出现局灶性结节、溃疡和化脓为特征。

（四）预防措施和安全用药

1. 预防措施

彻底清洗厩舍的墙壁和地面，经常消毒用具（可用沸水烫洗）和被病马蹭痒的各种器物。不要在地上喂草。经常刷洗患马的肛门部，并服药治疗。健康马与患马分开饲养。新购进的马匹，应先隔离检查，证明为健康时方可并群。

2. 安全用药

可用丙硫苯咪唑，按每千克体重 0.2 ～ 0.3 片，一次内服；或左旋咪唑按每千克体重 8 mg，一次内服；或噻苯唑按每千克体重 0.1 ～ 0.15 片，一次内服。也可用依维菌素，按 0.2 mg/kg，一次皮下注射。驱虫同时用消毒液洗刷肛门周围皮肤，清除卵块，防止再感染。

十一、创伤

创伤是因锐性外力或强烈的钝性外力作用于机体组织或器官，使其受伤部位皮肤或黏膜出现伤口及深层组织与外界相通的机械性损伤。按伤后经过的时间分为新鲜创和陈旧创；按创伤有无感染分为无菌创、污染创和感染创。

（一）发病原因

马属动物创伤常发生于各种意外情况，如尖锐细长物体刺入组织内发生的损伤；锐利的刀类、铁片、玻璃片等切割组织发生的损伤；由于钝性外力的作用（如打击、冲撞、蹴踢等）或跌倒在硬地上所致的组织损伤；由于钩、钉等钝性牵引作用，使组织发生机械性牵张而断裂引起的损伤；由车轮碾压或重物挤压所致的组织损伤；绳捆缚时引起的损伤；由其他马或犬等动物的牙咬所致的组织损伤；被毒蛇咬、毒蜂刺螯等所致的组织损伤；由枪弹或弹片所造成的损伤等。

（二）临床症状

创伤发生后主要表现出血、创口裂开、疼痛及机能障碍等局部症状。如果是伤后时间较短的新鲜创，创内还有血液流出或存有血凝块，且创内各组织轮廓仍能识别，有的虽被严重污染，但未出现创伤感染症状（图 6-11-1 ～图 6-11-3）；如果是伤后经过时间较长的陈旧创，创内各组织轮廓不易识别，出现明显的创伤感染症状，有的排出脓汁，有的出现肉芽组织，一般都有明显的全身症状（图 6-11-4，图 6-11-5）。

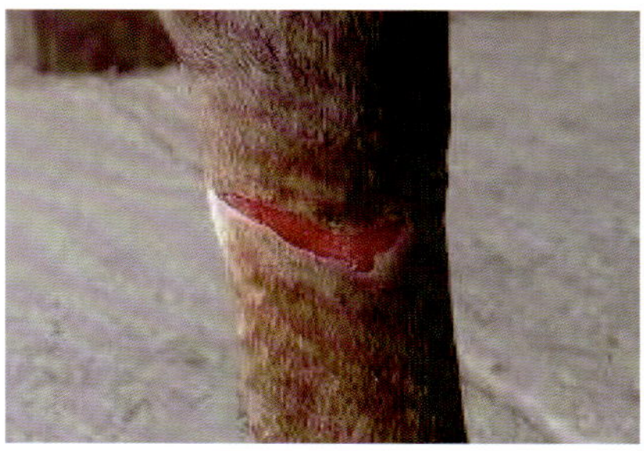

图 6-11-1　前肢新鲜创

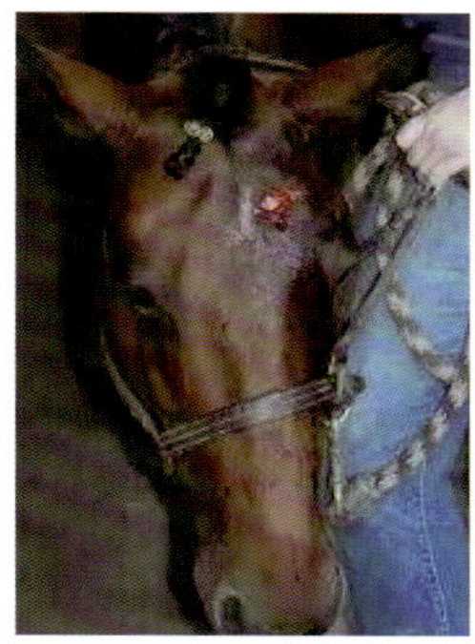

图 6-11-2　头部新鲜创

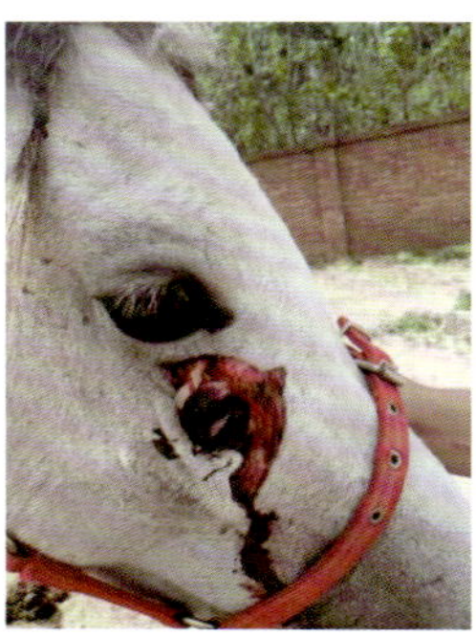

图 6-11-3　面部新鲜创

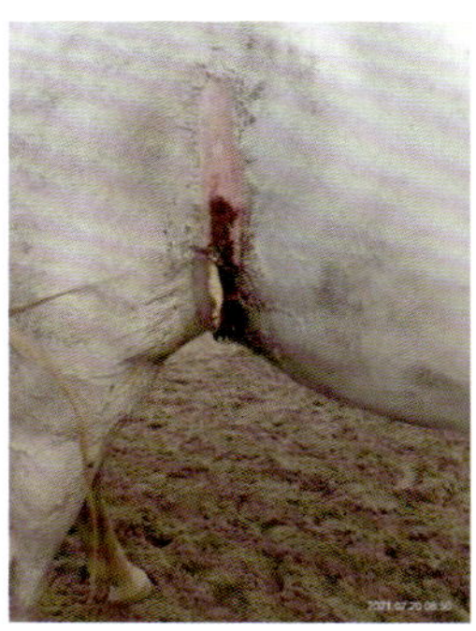

图 6-11-4　腹部陈旧创

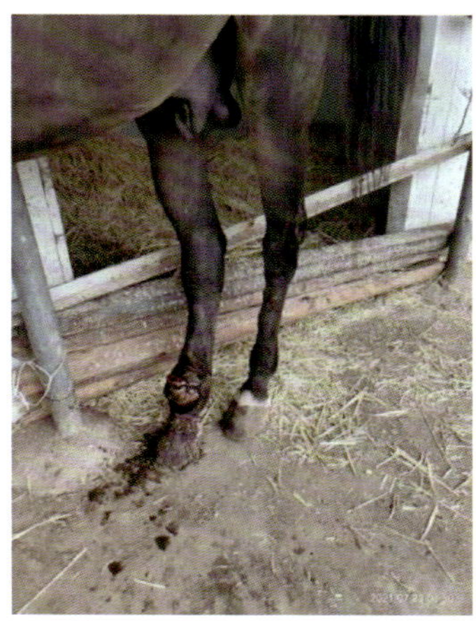

图 6-11-5　陈旧创引起肉芽组织增生

（三）类症鉴别

1. 马葡萄球菌病

马葡萄球菌病由葡萄球菌感染引起，呈慢性经过，临床上以皮肤、皮下组织、阴囊、乳房等出现局灶性结节、溃疡和化脓为特征。

2. 渗出性皮炎

渗出性皮炎多由葡萄球菌引起，广谱抗生素治疗有效。

3. 挫伤

由钝性外力作用引起的非开放性损伤，局部肿胀、疼痛、渗出、出血和机能障碍等，创口没有裂开。

（四）预防措施和安全用药

1. 预防措施

本病主要注意防止各种意外致伤情况的发生。

2. 安全用药

治疗的基本原则是积极抢救，防止休克、感染，纠正水与电解质紊乱，促进创口愈合和机能恢复。

（1）局部治疗

① 止血：对于严重损伤，在难以进行正式治疗之前，在受伤现场应采取一系列紧急措施，进行紧急救护。可采用临时止血、包扎及固定等措施，防止进一步的损伤发生。对创伤出血，可根据出血的部位、性质和程度，采用压迫、填塞、钳压、结扎等止血方法，也可于创面上撒布止血粉。必要时可应用全身性止血剂。

② 清创：先用数层灭菌纱布块覆盖创面，防止异物落入创内。用剪毛剪将创围被毛剪去，用肥皂水和消毒液洗刷干净，最后用5%碘酊或75%酒精以5 min的间隔，两次涂擦创围皮肤。然后揭去覆盖创面的纱布块，用生理盐水冲洗创面后，持消毒镊子除去创面上的异物、血凝块或脓痂。再用生理盐水或防腐液反复清洗创伤，直至清洁为止。创腔较浅且无明显污物时，可用浸有药液的棉球轻轻地清洗创面；创腔较深或存有污物时，可用洗创器吸取防腐液冲洗创腔，并随时除去附于创面的污物，但应防止过度加压形成的急流冲刷创伤，以免损伤创内组织和扩大感染。清洗创腔后，用灭菌纱布块轻轻地擦拭创面，以便除去创内残存的液体和污物。最后将创内所有的失活组织切除，除去可见的异物、血凝块，消灭创囊、凹壁，扩大创口（或作辅助切口），保证排液畅通，力求使新鲜污染创变为近似手术创伤，争取创伤的一期愈合。

③ 创伤用药：对清创手术比较彻底的创伤，在创面涂布碘酊或用0.25%普鲁卡因青霉素溶液向创内灌注或行创围封闭即可；如创伤污染严重，外科处理不彻底、不及时或因解剖特点不能施行外科处理时，要早期应用广谱抗生素，可向创内撒布青霉素粉、碘仿磺胺粉（1∶9）等；对创伤感染严重的化脓创，可用10%盐水、硫呋液（硫酸镁20 g、0.01%呋喃西林溶液加至100 mL）湿敷；如果创内坏死组织较多，可用蛋白溶解酶（纤维蛋白溶酶30 IU、脱氧核糖核酸酶2万IU，调于软膏基质中）创内涂布；对肉芽创可选用10%氧化锌软膏、生肌散（制乳香、制没药、煅象皮各6 g，煅石膏12 g、煅珍珠1 g、血竭9 g、冰片3 g，共研成极细末），或20%龙胆紫溶液等涂布创面；对赘生肉芽组织，可用硝酸银棒、硫酸铜或高锰酸钾粉腐蚀。

④ 创伤缝合：根据创伤情况可分为初期缝合、延期缝合和肉芽创缝合。初期缝合是对受伤后数小时的清洁创或经彻底外科处理的新鲜污染创施行缝合。有污染的创伤先用药物治疗 3 ～ 5 d，无创伤感染后，再施行缝合，称此为延期缝合。肉芽创缝合又叫二次缝合，适合于肉芽创，缝合的创内应无坏死组织，肉芽组织应呈红色平整颗粒状；肉芽组织上被覆的少量脓汁内无细菌存在，可合理施行部分或密闭缝合。

⑤ 创伤引流：当创腔深、创道长，创内有坏死组织、化脓感染，或创底遗留渗出物等时，常用引流法。引流纱布条要浸以药液（如青霉素、中性盐类高渗溶液、魏氏流膏等），用长镊子将引流纱布条的两端分别夹住，将一端疏松地导入创底，另一端游离于创口下角。也可用胶管、塑料管进行被动引流。

⑥ 创伤包扎：创伤包扎应根据创伤具体情况而定，一般经外科处理后的新鲜创都要包扎。

⑦ 创伤物理疗法：常用方法有红外线、紫外线、激光等光疗法，也可用直流电药物离子透入法，短波、超短波及微波等电疗法，还可使用特定电磁波治疗仪进行治疗。

（2）全身治疗　当病马出现体温升高、精神沉郁、食欲减退、白细胞增数等全身症状时，则应实行全身治疗。对伴有大出血和创伤愈合迟缓的病马，应输血；对严重污染而很难避免创伤感染的新鲜创，应使用抗生素或磺胺类药物，必要时需输液，注射破伤风抗毒素或类毒素；对有局部化脓性炎症的，可静脉注射 10% 氯化钙溶液 100 ～ 150 mL 和 5% 碳酸氢钠溶液 500 ～ 1000 mL；对创伤失血后机体严重脱水和电解质失衡的病马，应合理补液和补充电解质。为防止酸中毒，可静脉注射 5% 碳酸氢钠溶液 500 ～ 1000 mL。同时，加强饲养管理，给予高蛋白及富含维生素的饲料，增强机体抵抗力，能促进伤口愈合。

十二、挫伤

挫伤是机体在钝性外力直接作用下，引起的组织非开放性损伤。

（一）发病原因

如被其他马蹴踢、棍棒打击、车辆冲撞、车辕砸压、山区马匹失足掉落悬崖等都容易发生挫伤。受伤的组织或器官可能是皮肤、皮下组织、筋膜、肌肉、肌腱、腱鞘、韧带、神经、血管、骨、关节、滑液囊胸腹腔及内脏器官等。机体的各种组织对外力作用具有不同程度的抵抗力，皮下疏松结缔组织、小血管和淋巴管抵抗力最弱；中等血管稍强；肌肉、筋膜、腱和神经抵抗力强；皮肤因具有很大的弹性和韧性，抵抗力最强。

（二）临床症状

1. 皮下组织挫伤

多由皮下组织的小血管破裂引起。少量的出血常发生局限性的小的出血斑（点状出血）；出血量大时，常发生溢血。皮下出血后小部分血液成分被机体吸收，大部分发生凝固，血色素发生溶解，红细胞破裂后被吞噬细胞吞噬，经血液循环和淋巴循环吸收，挫伤部皮肤初期呈黑红色，逐渐变成紫色、黄色后恢复正常。如果皮下裂伤时，皮肤仍完整，但皮下组织与皮肤发生剥离，常有血液和渗出液等积聚皮下。如肋骨骨折伤及肺部时，在发生裂创的皮下疏松结缔组织间可形成皮下气肿。

2. 肌肉挫伤

由钝性外力直接作用引起。轻度的肌肉挫伤常发生淤血或出血；重度的肌肉挫伤常发生坏死，挫伤部肌肉软化呈泥样，治愈后形成瘢痕，因瘢痕挛缩常引起局部组织的机能障碍。重症时不能起立，长时间趴卧后压迫挫伤部的皮肤和肌肉，渐渐地皮肤也发生损伤，进而形成湿性坏疽。

3. 神经挫伤

挫伤的神经多为末梢性的混合神经，损伤区域发生感觉和运动麻痹，肌肉呈渐进性萎缩。中枢神经系统脊髓发生挫伤时，因受挫伤的部位不同可发生呼吸麻痹、后躯麻痹、尿失禁等症状。

4. 腱挫伤

腱的挫伤多由过度运动，腱的剧烈伸展使一束腱纤维发生断裂或分离引起，多见于马的四肢屈肌腱。

5. 滑液囊挫伤

滑液囊挫伤后常形成滑液囊炎，滑液大量渗出，局部显著肿胀，初期热痛明显，形成慢性炎症后，呈无痛的水样潴留。

6. 关节挫伤

皮肤脱毛，皮下出血，局部稍肿，关节有疼痛反应，跛行等。

7. 骨的挫伤

多见于骨膜的局限性损伤。局部肿胀、有压痛，易形成骨赘。

（三）类症鉴别

1. 创伤

有外力作用病史，表现局部出血、创口裂开、疼痛及机能障碍等局部症状。

2. 脓肿

脓肿多由细菌感染引起，一般初期疼痛明显，肿胀呈弥漫性，初期界限不明显，脓肿成熟后界限明显，温度高，初期坚实，后期软化按压有波动感，穿刺有脓汁。良性脓肿一般不扩散，全身症状不明显，如果脓肿膜破裂或恶性脓肿可扩散形成转移性脓肿或全身化脓性感染。

3. 蜂窝织炎

一开始就呈弥漫性肿胀，有捻发音，按压可感觉有气泡串动，穿刺有脓汁，全身症状明显，治疗不及时可导致局部坏死，甚至转化为全身化脓性感染。

4. 淋巴外渗

淋巴外渗由钝性外力作用引起的非开放性损伤，常发生于颈部、胸前部、鬐甲部、腹侧部、臂部和股内侧部等。肿胀呈缓慢性、渐进性发生，界限明显，局部温度不高、无疼痛性，按压有明显波动感，炎症反应轻微，穿刺有淋巴液。

5. 血肿

钝性外力作用引起的非开放性损伤，发生速度极快，初期温度高，后期温度低，按压肿胀有明显波动感，局部界限明显，穿刺有血液，大的血肿可致机体休克。

（四）预防措施和安全用药

1. 预防措施

预防发生本病注意马群体不要过大，防止相互践踏；使役、骑乘时防止意外情况发生；山路、林区注意慢行；遇到冰雪路面注意防止滑倒等。

2. 安全用药

治疗本病的主要原则为制止溢血和渗出、促进炎性产物的吸收、镇痛消炎、防止感染、加速组织的修复。

（1）冷疗和热疗　挫伤初期有热痛时实施冷疗法，使患马安定，消除急性炎症，缓解疼痛。热痛肿胀特别严重时，给予冰袋冷敷。为促进炎性渗出物的吸收，2 ～ 3 d 后可改用温热疗法（酒精绷带温敷、四肢末端温水浴），中波、超短波及红外线疗法等，以恢复机能。

（2）刺激疗法　炎症慢性化时可行刺激疗法。涂氨搽剂（氨与蓖麻油比例为 1∶4）、樟脑酒精、5% 鱼石脂软膏或复方醋酸铅散（醋酸铅 100 g、明矾 50 g、樟脑 20 g、薄荷脑 10 g、白陶土 820 g）等，这些药物可引起一过性充血，促进炎性产物吸收，对促进肿胀的消退有良好效果。或用中药山栀子粉加淀粉或面粉，以黄酒调成糊状外敷；也可用七厘散以黄酒调成糊状外敷。

（3）其他疗法　严重挫伤时，可应用镇痛剂，并服用跌打丸或云南白药等舒筋活血药。关节挫伤伴发高度跛行时，可用夹板绷带固定 3 ～ 7 d，以保持局部的安静。同时在治疗过程中，应注意加强功能锻炼，并及时治疗并发症和继发性疾病。

十三、血肿

血肿是由于各种外力作用，导致血管破裂，溢出的血液分离周围组织，形成充血的腔洞。

（一）发病原因

血肿常见于软组织非开放性损伤，但骨折、刺创、火器创也可形成血肿。马的血肿经常发生于胸前、鬐甲、股部、腕和跗部。血肿可发生在皮下、筋膜下、肌间、骨膜下及浆膜下。根据损伤的血管不同，血肿可分为动脉性血肿、静脉性血肿和混合性血肿。

血肿形成速度快，一般均呈局限性肿胀，且能自然止血。较大的动脉断裂时，血液沿筋膜下或肌间浸润，形成弥漫性血肿。小血肿，由于血液凝固而缩小，血清部分被吸收，凝血块在蛋白分解酶的作用下软化、溶解和被组织逐渐吸收。其后由于周围肉芽组织的新生，血肿腔结缔组织化。大的血肿，周围可形成较厚的结缔组织囊壁，中间仍有血液，久则变为褐色或无色。

（二）临床症状

血肿的临床特点是肿胀迅速增大，肿胀呈明显的波动感或饱满有弹性（图 6-13-1、图 6-13-2）。4 ～ 5 d 后肿胀周围坚实，并有捻发音，中央部有波动，局部增温。穿刺时，可排出血液。有时可见局部淋巴结肿大和体温升高等全身症状。血肿感染也可形成脓肿，需注意鉴别。

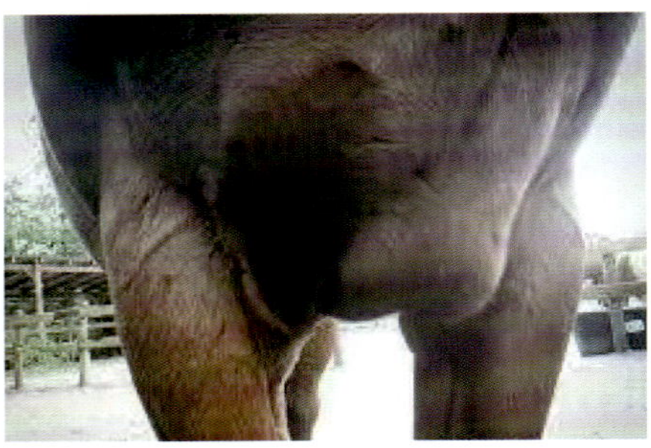

图 6-13-1　马胸前血肿

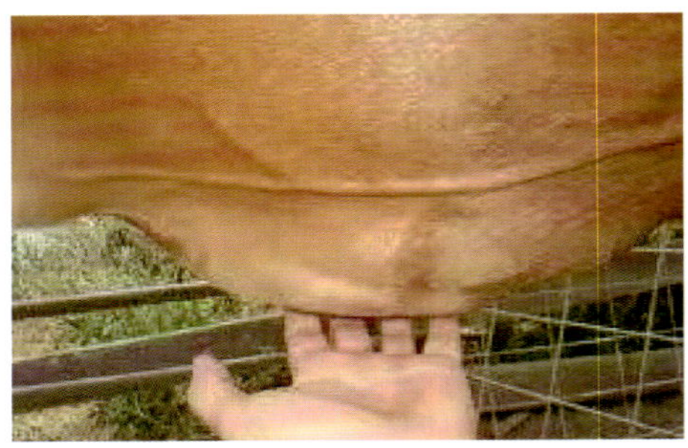

图 6-13-2　马腹下血肿呈波动感富有弹性

（三）类症鉴别

1. 脓肿

多由细菌感染引起，一般初期疼痛明显，肿胀呈弥漫性，初期界限不明显，脓肿成熟后界限明显，温度高，初期坚实，后期软化按压有波动感，穿刺有脓汁。良性脓肿一般不扩散，全身症状不明显，如果脓肿膜破裂或恶性脓肿可扩散形成转移性脓肿或全身化脓性感染。

2. 淋巴外渗

由钝性外力作用引起的非开放性损伤，常发生于颈部、胸前部、鬐甲部、腹侧部、臂部和股内侧部等。肿胀呈缓慢性、渐进性发生，界限明显，局部温度不高、无疼痛性，按压有明显波动感，炎症反应轻微，穿刺有淋巴液。

（四）预防措施和安全用药

治疗主要是制止溢血、防止感染和排除积血。可于患部涂碘酊，装压迫绷带。经 4 ～ 5 d 后，可穿刺或切开血肿，排出积血或血凝块和挫伤组织。如发现继续出血，可行结扎止血，清理创腔后再行缝合创口或开放疗法。

十四、淋巴外渗

淋巴外渗是指在钝性外力作用下，由于淋巴管破裂，致使淋巴液聚积于组织内的一种非开放性损伤。

（一）发病原因

其原因是钝性外力在马的身体上强行滑擦，致使皮肤或筋膜与其下部组织发生分离，淋巴管发生断裂。淋巴外渗常发生于淋巴管较丰富的皮下结缔组织，而筋膜下或肌间则较少。常发生于颈部、胸前部、鬐甲部、腹侧部、臂部和股内侧部等。

（二）临床症状

淋巴外渗在临床上发生缓慢，一般于伤后 3 ～ 4 d 出现肿胀，并逐渐增大，有明显的界限，呈明显的波动感（图 6-14-1），皮肤不紧张，炎症反应轻微。穿刺液为橙黄色稍透明的液体，或其内混有少量的血液。若发生时间较久，则析出纤维素块，若囊壁有结缔组织增生，则有明显的坚实感。

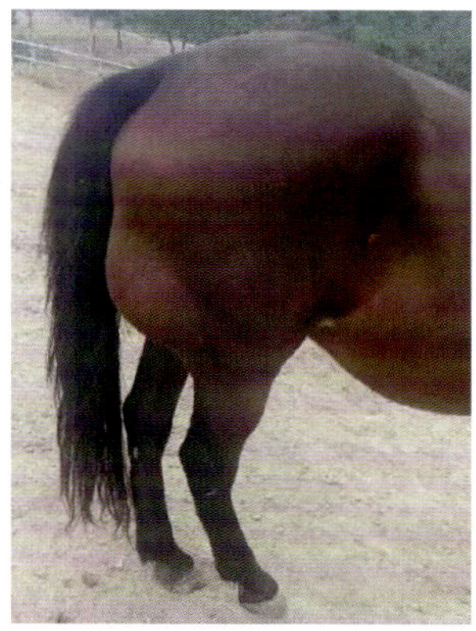

图 6-14-1 马股内侧部淋巴外渗

（三）类症鉴别

1. 血肿

钝性外力作用引起的非开放性损伤，发生速度极快，初期温度高，后期温度低，按压肿胀有明显波动感，局部界限明显，穿刺有血液，大的血肿可致机体休克。

2. 脓肿

多由细菌感染引起，一般初期疼痛明显，肿胀呈弥漫性，初期界限不明显，脓肿成熟后界限明显，温度高，初期坚实，后期软化按压有波动感，穿刺有脓汁。良性脓肿一般不扩散，全身症状不明显，如果脓肿膜破裂或恶性脓肿可扩散形成转移性脓肿或全身化脓性感染。

（四）预防措施和安全用药

首先使马安静，有利于淋巴管断端的闭塞。较小的淋巴外渗可不必切开，于波动明显处，用注射器抽出淋巴液，然后注入 95% 酒精或酒精福尔马林液（95% 酒精 100 mL、福尔马林 1 mL、碘酊数滴，混合备用），停留片刻后，将其抽出，使淋巴液凝固堵塞淋巴管断端，应用一次无效时，可进行第二次注入。较大的淋巴外渗，可行切开，排出淋巴液及纤维素，用酒精福尔马林液冲洗，并将浸有上述药液的纱布填塞于腔内做假缝合。当淋巴管完全闭塞后，可按创伤治疗。

十五、坏死与坏疽

坏死是指生物体局部组织或细胞失去活性。坏疽是组织坏死后受到外界环境影响和不同程度的腐败菌感染而产生的形态学变化。

（一）发病原因

① 外伤：严重的组织挫灭、局部的动脉损伤等。
② 持续性的压迫：如褥疮、鞍伤、绷带的压迫、肠扭转等。
③ 理化因素：见于烧伤、冻伤、腐蚀性药品、电击、放射线、超声波等引起的损伤。
④ 细菌及毒物性因素：多见于坏死杆菌感染、毒蛇咬伤等。
⑤ 其他：血管病变引起的栓塞、中毒及神经机能障碍等。

（二）临床症状

① 凝固性坏死：坏死部组织发生凝固、硬化，表面覆盖一层灰白至黄色的蛋白凝固物。见于肌肉的蜡样变性、肾梗死等。

② 液化性坏死：坏死部肿胀、软化，随后发生溶解。多见于热伤、化脓灶等。

③ 干性坏疽：坏死组织初期表现苍白，水分渐渐失去后，颜色变成褐色至暗黑色，表面干裂，呈皮革样外观（图 6-15-1）。

④ 湿性坏疽：局部组织脱毛、浮肿，呈暗紫色或暗黑色，表面湿润，有恶臭的分泌物。

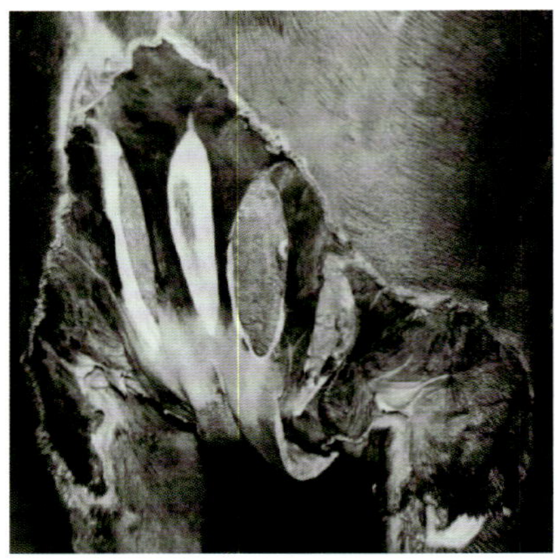

图 6-15-1 胸前和前肢近端皮肤干性坏疽

（三）类症鉴别

1. 蜂窝织炎

在皮下、筋膜下及肌间隙或深部疏松结缔组织内的蜂窝组织内形成浆液性、化脓性和腐败性渗出液，一开始就呈弥漫性肿胀，有捻发音，按压可感觉有气泡串动，穿刺有脓汁，全身症状明显，治疗不及时可导致局部坏死，甚至转化为全身化脓性感染。

2. 脓肿

脓肿多由细菌感染引起，一般初期疼痛明显，肿胀呈弥漫性，初期界限不明显，脓肿成熟后界限明显，温度高，初期坚实，后期软化按压有波动感，穿刺有脓汁。良性脓肿一般不扩散，全身症状不明显，如果脓肿膜破裂或恶性脓肿可扩散形成转移性脓肿或全身化脓性感染。

（四）预防措施和安全用药

首先除去病因，局部进行剪毛、清洗、消毒。用蛋白分解酶除去坏死组织，等待长出健康的肉芽。也可用硝酸银或烧烙阻止坏死恶化，后用外科手术切除坏死组织。对湿性坏疽应手术切除坏疽部位，用化学消毒剂进行局部清洗消毒，同时，在疾病早期，足量应用敏感抗生素对控制病情极为重要，注意保持营养状态。

十六、脓肿

在任何组织或器官内形成外有脓肿膜包裹、内有脓汁潴留的局限性脓腔时称为脓肿。它是致病菌感染后所引起的局限性炎症过程。如果在解剖腔（胸膜腔、喉囊、关节腔、鼻窦等）内有脓汁潴留时则称为蓄脓，如关节腔蓄脓、上额窦蓄脓、胸膜腔蓄脓、子宫蓄脓等。

（一）发病原因

多数脓肿是由细菌感染引起，主要是葡萄球菌，其次是化脓性链球菌、化脓性棒状杆菌、大肠杆菌、铜绿假单胞菌和腐败性细菌等。静注水合氯醛、氯化钙、高渗盐水及砷制剂等刺激性强的化学药品时出现漏注，也能发生脓肿。注射时方法不当、消毒不严，也可引起注射部位脓肿。或由于血液或淋巴液将致病菌由原发病灶转移至新的组织或器官内所形成转移性或多发性脓肿。

（二）临床症状

根据脓肿发生的部位可分为浅在性脓肿和深在性脓肿。

浅在性脓肿常发生于皮下结缔组织、筋膜下及表层肌肉组织内。急性初期，局部肿胀，无明显的界限，触诊局温增高、坚实，有疼痛反应（图 6-16-1）。以后肿胀的界限逐渐清晰成局限性，最后形成坚实样的分界线；随着病情的继续发展，在肿胀的中央部位开始软化，形成具有波动感的脓肿，脓肿成熟之后可自溃排脓（图 6-16-2）。但常因皮肤溃口过小，脓汁不易排尽。浅在慢性脓肿一般发生缓慢，虽有明显的肿胀和波动感，但缺乏温热和疼痛反应或非常轻微。

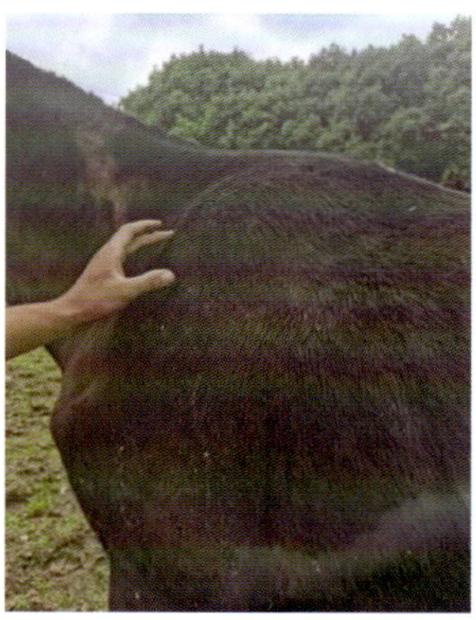

图 6-16-1 肩部脓肿

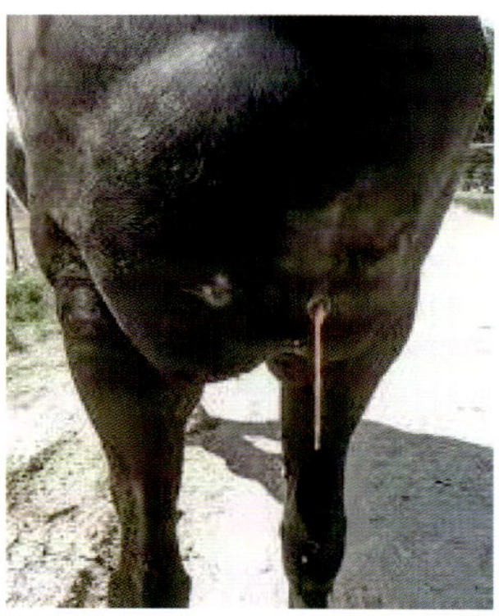

图 6-16-2 脓肿破溃

深在性脓肿常发生于深层肌肉、肌间、骨膜下及内脏器官（图 6-16-3）。由于部位深在，加之被覆较厚的组织，局部增温不易感知。常出现皮肤及皮下结缔组织的炎性水肿，触诊时有疼痛反应并常有指压痕。在压痛和水肿明显处穿刺，抽出脓汁即可确诊。当较大的深在性脓肿未能及时治疗，脓肿可穿破脓肿膜的薄弱点而自溃，并可向深部组织扩散导致感染扩散而呈现较明显的全身症状，严重时还可能引起败血症。

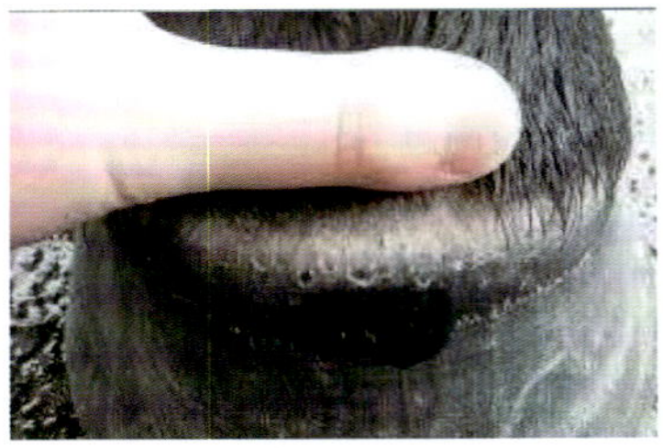

图 6-16-3 蹄冠脓肿

（三）类症鉴别

1. 淋巴外渗

淋巴外渗由钝性外力作用引起的非开放性损伤，常发生于颈部、胸前部、鬐甲部、腹侧部、臂部和股内侧部等。肿胀呈缓慢性、渐进性发生，界限明显，局部温度不高、无疼痛性，按压有明显波动感，炎症反应轻微，穿刺有淋巴液。

2. 挫伤

挫伤由钝性外力作用引起的非开放性损伤，局部肿胀无明显界限，疼痛明显，呈弥漫性肿胀，肿胀呈坚实感，无波动，有渗出、出血和机能障碍等，创口没有裂开。

3. 疝气

局部呈现圆形柔软隆起，可还纳，且能摸到疝轮，一般无热、无痛。

4. 肿瘤

一般发生于老龄马，呈慢性经过，体表有圆形隆起，呈坚实感，无热无痛，表面不光滑，周围静脉扩张、增粗。患马表现贫血、消瘦、无力。

（四）预防措施和安全用药

1. 消炎、止痛及促进炎症产物消散吸收

当局部肿胀正处于急性炎性细胞浸润阶段，可局部涂擦樟脑软膏，或用冷疗法（如复方醋酸铅溶液、鱼石脂酒精、栀子酒精冷敷），以抑制炎性渗出并具有止痛作用。病灶周围可用 0.5% 普鲁卡因青霉素溶液进行封闭。当炎性渗出停止后，可用温热疗法（热敷、红外线、特定电磁波谱照射等）、短波透热疗法、超短波疗法，以促进炎症产物的消散吸收或促进脓肿的成熟。

2. 促进脓肿的成熟

当炎症产物无法自行消散，局部可用鱼石脂软膏、鱼石脂樟脑软膏、超短波疗法、温热疗法等，以促进脓肿成熟。待局部出现明显的波动，脓肿成熟时，即可手术。

3. 手术疗法

如果让脓肿自溃排脓，则很难自愈，只有进行手术排脓，并经过适当的处理才能治愈。常用的手术疗法有三种。

① 脓汁抽出法：适用于深部组织较小的脓肿和关节部位脓肿膜形成良好的小脓肿。可利用注射器将脓肿腔内的脓汁抽出，然后用生理盐水反复冲洗脓腔，抽净腔中的液体，最后灌注混有青霉素的溶液。

② 脓肿切开法：脓肿成熟出现波动后立即切开。切口应选择在波动最明显且容易排脓的部位。按手术常规对局部进行剪毛消毒，再根据情况作局部或全身麻醉。作纵向切口以保证脓汁能顺利排出，深在性脓肿切开时要麻醉，最好进行分层切开，并对出血的血管进行仔细的结扎或钳夹止血，以防脓肿的致病菌进入血液循环，污染其他器官。切开后，要排尽脓汁，但切忌用力压挤脓肿壁或用棉纱等粗暴擦拭脓肿膜内肉芽组织。对浅在性脓肿可用防腐液（3% 双氧水、0.1% 新洁尔灭溶液等）或生理盐水反复清洗脓腔，最后用脱脂纱布轻轻吸出残留在腔内的液体，切开后的脓肿创口可按化脓创进行外科处理。

③ 脓肿摘除法：常用以治疗脓肿膜完整的浅在性小脓肿。在小脓肿周围的健康组织上完整切除脓肿，然后缝合形成新的无菌手术创。

4. 全身疗法

对于已经出现全身症状的深在性脓肿，还应该在局部治疗的同时，根据马匹的情况配合应用抗生素、磺胺类药物，并采用对症疗法。

十七、蜂窝织炎

蜂窝织炎是疏松结缔组织内发生的急性弥漫性化脓性炎症。临床上常发生在皮下、筋膜下及肌间隙或深部疏松结缔组织内的蜂窝组织内，以在其中形成浆液性、化脓性和腐败性渗出液并伴有明显的全身症状为特征。

（一）发病原因

引起蜂窝织炎的致病菌主要是金黄色葡萄球菌和溶血性链球菌等化脓性球菌，也可为大肠杆菌、厌氧菌及其他链球菌等。一般多由皮肤或黏膜的微细创口原发病灶感染而引起；也可继发于邻近组织或器官化脓性感染的直接扩散，或通过血液循环和淋巴管的转移而发生。疏松结缔组织内误注或漏入刺激性强的化学制剂（如氯化钙、高浓盐水、松节油等）后也能引起蜂窝织炎的发生。当机体维生素缺乏，营养不良，特别是患有马腺疫、副伤寒等传染病或局部发生淤血、肿胀等情况下，马匹防御机能显著下降，此时，皮肤或黏膜发生创伤，创内存有大量凝血块、坏死组织、异物，引起化脓感染；治疗不及时或治疗不当，使感染向周围蔓延扩散而发生蜂窝织炎。

（二）临床症状

蜂窝织炎病程发展迅速。其局部症状主要表现为大面积肿胀，局部温度增高，疼痛剧烈和机能障碍。其全身症状主要表现为病马精神沉郁，体温升高，食欲不振并出现各系统

（循环、呼吸及消化系统等）的机能紊乱。

1. 皮下蜂窝织炎

常发生于四肢（特别是后肢），主要由于外伤感染所引起。病初局部出现弥漫性渐进性肿胀，触诊时热痛反应非常明显，初期呈捏粉状，有指压痕，后变为稍坚实感，局部皮肤紧张。随着炎症的进展，局部的渗出液由浆液性转变为化脓性浸润（图 6-17-1）。此时，患部肿胀更加明显，热痛反应剧烈，病马体温显著升高。随着局部坏死组织的化脓性溶解而出现化脓灶，触诊柔软而有波动感。病程经过良好者，化脓过程局限化或形成蜂窝织炎性脓肿，脓汁排出后病马局部和全身症状减轻；病程恶化时，化脓灶继续往周围和深部蔓延使病情加重。

2. 筋膜下蜂窝织炎

常发生于前肢的前臂筋膜下、鬐甲部的深筋膜和棘横筋膜下，以及后肢的小腿筋膜下和阔筋膜下的疏松结缔组织中。其临床特征是患部热痛反应剧烈，机能障碍明显，患部组织呈坚实性炎性浸润（图 6-17-2）。全身症状严重恶化，甚至发生全身化脓性感染而引起死亡。

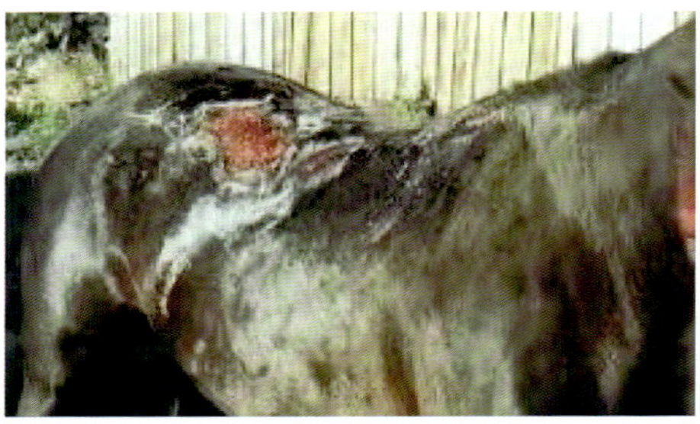

图 6-17-1 皮下蜂窝织炎

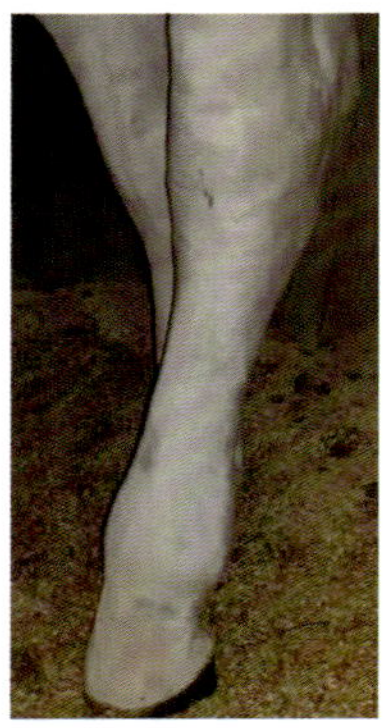

图 6-17-2 左后肢的球节筋膜下蜂窝织炎

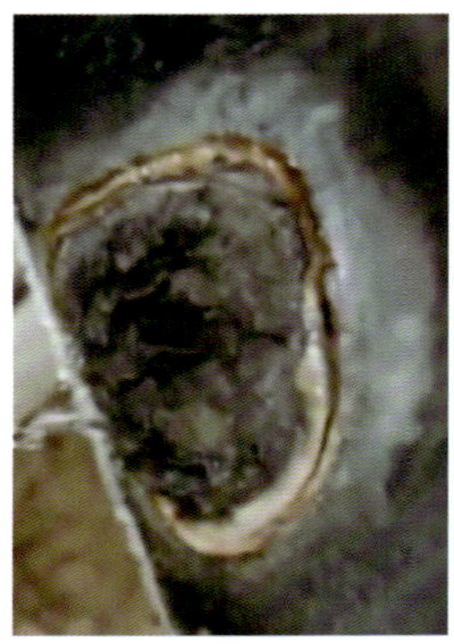

图 6-17-3 颈静脉周围炎

当颈静脉注射刺激性强的药物时，若漏入到颈部皮下或颈深筋膜下，能引起筋膜下的蜂窝织炎。注射后经 1 ～ 2 d 局部出现明显的渐进性肿胀，有热痛反应，但无明显的全身症状。当并发化脓性或腐败性感染时，则经过 3 ～ 4 d 后局部即出现化脓性浸润，继而出现化脓灶。若未及时切开则可自行破溃而流出微黄白色较稀薄的脓汁（图 6-17-3）。它能继发化脓性血栓性颈静脉炎。当马采食时由于饲槽对患部的摩擦或其他原因，常造成颈静脉血栓的脱落而引起大出血。

3. 肌间蜂窝织炎

常继发于开放性骨折、化脓性骨髓炎、关节炎及腱鞘炎之后，有些是由于皮下或筋膜下蜂窝织炎蔓延的结果。感染可沿肌间和肌群大动脉及大神经干的路径蔓延，先发生炎性水肿，继而形成脓性浸润，并逐渐发展成为化脓性溶解。患部肌肉肿胀、肥厚、坚实、界限不清，机能障碍明显，触诊时疼痛剧烈（图 6-17-4、图 6-17-5）。全身症状明显，体温升高，精神沉郁，食欲不振。

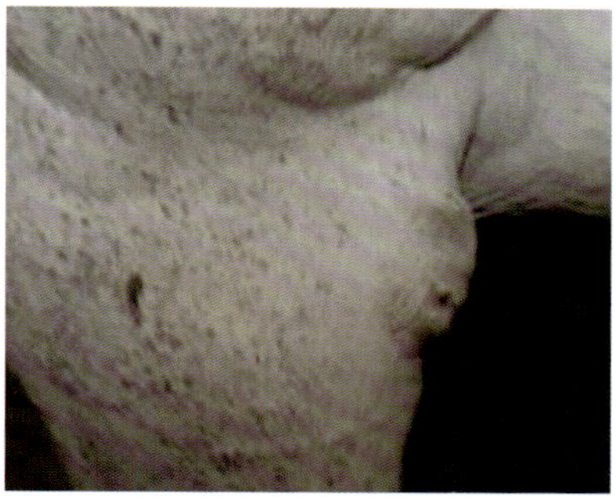

图 6-17-4　马左前肢肘肌局部肌间蜂窝织炎

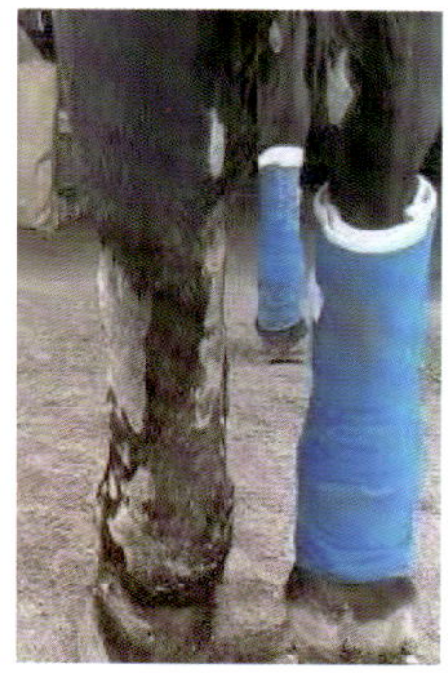

图 6-17-5　马右后肢肌间蜂窝织炎

（三）类症鉴别

1. 坏死杆菌病

坏死杆菌病由坏死梭杆菌引起，散发，呈慢性经过，有明显的季节性，以夏季多雨、潮湿季节多发，蹄冠边缘和系部皮肤痛痒、肿胀、脓肿、溃疡，跛行。病料涂片镜检，可见呈串珠状长丝形菌体或细长的杆菌。

2. 过敏性皮炎

过敏性皮炎由吸血昆虫叮咬引起，多发生于夏季，表现不安，被叮咬处红肿、剧痒、皮下水肿，有明显皮炎症状。体表检查可发现马血虱和卵，用抗过敏药治疗有效。

3. 渗出性皮炎

多由葡萄球菌引起，广谱抗生素治疗有效。

（四）预防措施和安全用药

治疗原则是减少炎性渗出、抑制感染扩散、减轻组织内压、改善全身状况、增强机体抗病能力。要局部和全身疗法并举，早期较浅表的蜂窝织炎以局部治疗为主，部位深、发展迅速、全身症状明显者应尽早全身应用抗菌药物。

1. 局部疗法

控制炎症发展，促进炎症产物消散吸收：病马绝对休息，最初 24 ～ 48 h 以内，当炎症继续扩散，组织尚未出现化脓性溶解时，为了减少炎性渗出可用冷敷（50% 硫酸镁溶液、10% 鱼石脂酒精、90% 酒精、0.1% 雷夫奴尔、醋酸铅明矾液、栀子浸液等），涂以醋调制的醋酸铅散，用 0.5% 盐酸普鲁卡因青霉素溶液做病灶周围封闭。当炎性渗出已基本平息（病后 3 ～ 4 d），为了促进炎症产物的消散、吸收，可用上述溶液温敷，也可用红外线、紫外线、超短波疗法等进行治疗。亦可外敷雄黄散，内服连翘散。

手术切开：如冷敷后炎性渗出不见减轻，组织出现进行性肿胀，病马体温升高，以及其他症状都有明显恶化的趋向时，不需等待脓肿成熟，应立即进行手术切开以减轻组织内压，排除炎性渗出液。局限性蜂窝织炎性脓肿时，可等待其出现波动后再行切开。

2. 全身疗法

早期应用抗生素疗法（青霉素、氨苄西林、头孢类抗生素等）、磺胺疗法及盐酸普鲁卡因封闭疗法。同时，加强饲养管理，注意补液，纠正水、电解质及酸碱平衡的紊乱，特别是多给予富含维生素的饲料。

十八、湿疹

湿疹是表皮和真皮浅层由致敏物质所引起的一种过敏性炎症反应。临床上以患部皮肤发生红斑、丘疹、水疱、脓疱、糜烂、结痂及鳞屑等皮损，并伴有热、痛、痒症状为特征。

（一）发病原因

① 外界因素：主要有机械刺激，如挽具压迫摩擦；物理刺激，如皮肤不洁，阴雨连绵，皮肤角质软化；生物刺激，如昆虫叮咬，生存于皮肤表面的裂殖菌及各种分解产物进入生发层细胞中；化学因素，如皮肤应用化学药物不当。

② 内在因素：上述外在因素是引起湿疹的条件，而湿疹的发生决定于机体的内在状态。其中变态反应在本病的发生中占有重要位置。如消化道炎症、便秘伴有腐败产物吸收，或吃入过敏性饲料、细菌毒素等均可引起湿疹。此外，维生素缺乏、内分泌紊乱均可使皮肤抵抗力下降，发生湿疹。

（二）临床症状

按病程及皮肤损伤表现可分为急、慢性两种。急性湿疹要经过红斑期、丘疹期、水疱期、脓疱期、糜烂期、结痂期及鳞屑期。湿疹的命名就是按其所处的分期进行的，如处在丘疹期的湿疹就叫丘疹性湿疹，处在鳞屑期的湿疹就叫鳞屑性湿疹。红斑期表现充血，有轻度肿胀，指压褪色（白色皮肤）；丘疹期皮肤形成界限分明的粟粒大小或更大的隆起，触之发硬；水疱期因炎性渗出，皮肤角质层分离，表皮下层形成水疱；脓疱期为水疱化脓感染；糜烂期为脓疱破溃形成糜烂面；结痂期为上期的渗出物凝固结痂；鳞屑期是痂皮脱落，新生上皮逐渐角化，病变部位皮肤覆盖白色糠秕样皮屑。

慢性湿疹往往是急性湿疹持久不愈或反复发作而形成，以皮屑增厚、苔藓样病变及被毛粗糙为特征。瘙痒症状加重，皮肤可增厚、皲裂。

（三）类症鉴别

1. 过敏性皮炎

过敏性皮炎由吸血昆虫叮咬引起，多发生于夏季，表现不安，被叮咬处红肿、剧痒、皮下水肿，有明显皮炎症状。体表检查可发现马血虱和卵，用抗过敏药治疗有效。

2. 马疥癣

马疥藓是由螨虫寄生在马体皮肤引起，呈慢性经过，痒觉剧烈，皮肤上出现丘疹、水疱、皮炎、皮肤鳞屑、结痂、脱毛，皮肤增厚等，病变处痂块明显突出体表，不易剥脱，镜检可检出螨。

（四）预防措施和安全用药

1. 预防措施

保持动物皮肤清洁、干燥，厩舍要通风良好，使动物适当运动，并给以一定时间的日光浴，防止强刺激性药物刺激，给以富有营养而易消化的饲料。

2. 安全用药

治疗原则是除去病因、脱敏、消炎。

急性病马可内服或肌内注射马来酸氯苯那敏，静脉注射葡萄糖酸钙或氯化钙，也可内服或注射维生素 A、维生素 C，必要时可注射地塞米松等激素类药品。在红斑期与丘疹期可外涂鱼石脂与水杨酸膏剂（鱼石脂 10 g、水杨酸 10 g、氧化锌软膏 300 g，混合调匀），每天一次。当患部渗出液较多时，可用收敛防腐剂，如用 1% ～ 2% 鞣酸溶液、3% 硼酸溶液洗涤，局部涂 2% 硝酸银溶液或 3% ～ 5% 龙胆紫酒精溶液，也可撒布硼酸和鞣酸粉剂（1∶1）。如果患部感染化脓时，可用 3% 双氧水或 0.1% 雷夫奴尔溶液等清洗，然后再撒布磺胺粉。如果患部结痂，鳞屑积聚时，宜用 3% 双氧水清洗，然后涂以鱼石脂膏剂。对于慢性湿疹，可用肥皂水洗净患部，然后外涂碘仿鞣酸软膏（碘仿 10 g、鞣酸 5 g，加凡士林至 100 g，混匀），或 10% 硫黄煤焦油软膏（硫黄 10 g、煤焦油 10 g、樟脑 1 g、石炭酸 1 g，加凡士林至 100 g，混匀）。全身疗法可用自家血疗法、普鲁卡因封闭疗法等。

中药治疗：金银花 60 g、连翘 40 g、苦参 35 g、苍术 30 g、，黄柏 35 g、茯苓 40 g、茵陈 40g、大黄 40 g、生甘草 25 g，共研为细末，开水冲调，候温一次灌服。同时，患处撒布青黛散（青黛 60 g、石膏 120 g，滑石 120 g、黄柏 60 g，各研细末后混匀）。

十九、荨麻疹

荨麻疹又叫风疹块，也是一种过敏性疾病。本病特点是起病急，发展快，皮肤上出现扁平疹块，消散也快，伴有瘙痒。

（一）发病原因

外因是各种刺激，如昆虫叮咬、有毒植物刺激（如荨麻等）或一些外用药刺激等；内因是采食霉败有毒饲料、消化道疾病（如肠炎、便秘等）、某些传染病（如马腺疫等）及一些寄生虫病的经过中，一些有毒物质吸收后引起过敏反应。

（二）临床症状

突然发生，皮肤上出现疹块，可迅速遍布全身，呈扁平状蚕豆大小甚至核桃大的疹块（图 6-19-1 ～图 6-19-4）。也可迅速消散。一般数小时或 1 ～ 2 d，不留痕迹而痊愈。极少数反复发作转为慢性。

图 6-19-1 头面部荨麻疹

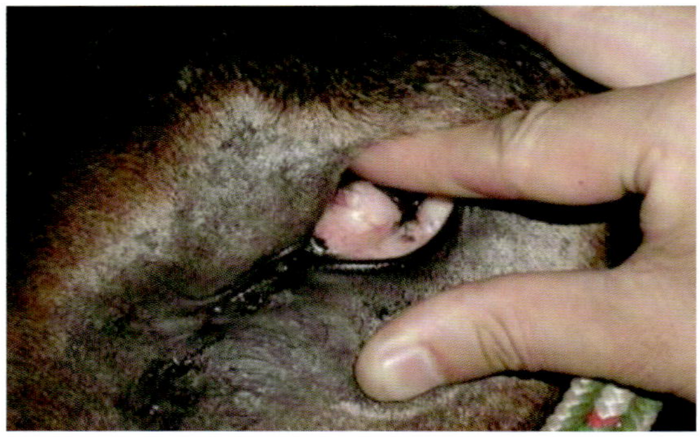

图 6-19-2 马荨麻疹结膜充血

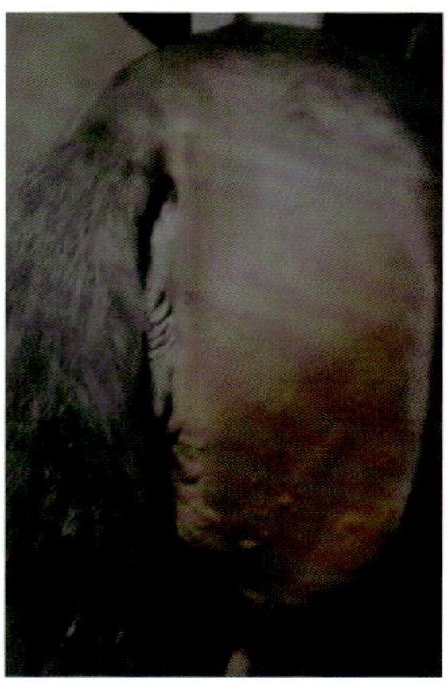

图 6-19-3 马臀部荨麻疹

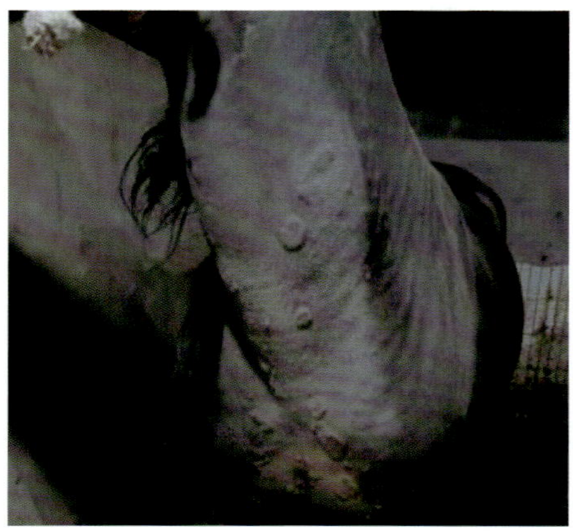

图 6-19-4 马颈部荨麻疹

（三）类症鉴别

1. 马疥癣

马疥癣由螨虫寄生在马体皮肤引起，呈慢性经过，痒觉剧烈，皮肤上出现丘疹、水疱、皮炎、皮肤鳞屑、结痂、脱毛，皮肤增厚等，病变处痂块明显突出体表，不易剥脱，镜检可检出螨。

2. 皮肤真菌病

皮肤真菌病由多种皮肤真菌引起，呈慢性经过，以马驹最常见，皮肤上出现脱毛斑、鳞屑、丘疹、水疱、结痂，及皮肤瘙痒等。皮屑和毛发显微镜检查见有菌丝及分生孢子。

3. 湿疹

湿疹由各种理化因素刺激引起，常发生于被毛稀少部位，临床上以患部皮肤发生红斑、丘疹、水疱、脓疱、糜烂、结痂及鳞屑等皮损，并伴有热、痛、痒症状为特征。

（四）预防措施和安全用药

1. 预防措施

加强饲养管理，保持厩舍卫生；避免马匹接触或采食有毒植物及饲料；使其适当运动，给以一定时间的日光浴；定期检查马匹的健康状况，避免引起过敏反应，而导致本病发生。

2. 安全用药

治疗原则为除去病因、脱敏止痒、局部处理。脱敏止痒可用马来酸氯苯那敏 60 ～ 100 mg；或异丙嗪 0.25 ～ 0.5 g，肌内注射；或 0.25% ～ 0.5% 的普鲁卡因 100 ～ 150 mL，静脉注射。也可用 10% 葡萄糖液 2000 mL、浓盐水 500 mL、强力解毒敏 60 mL、强尔心 20 mL，混合后静脉滴注。为防止渗出，可用肾上腺素 2 ～ 5 mL、氯化钙等，静脉注射。体温升高者，可肌内注射青霉素钾 480 万 IU，30% 安乃近 20 mL。也可采用放血疗法。

二十、疝气

疝气是临床上常见的一种外科疾病，又称赫尔尼亚，是因腹腔及盆腔内的器官从自然孔道或病理性的破裂孔脱至皮下或邻近的解剖腔内所致。根据发生部位分为外疝和内疝。外疝又称皮下疝，包括脐疝、腹股沟阴囊疝、会阴疝、腹壁疝等。内疝为体腔疝，如膈疝等。根据发生时间分为先天性疝和后天性疝。根据可否可还纳分为可复性疝和不可复性疝，后者包括粘连性疝和嵌闭性疝。

（一）发病原因

脐疝：脐疝以幼驹多见。一般以先天性原因为主，可见于初生时，或者出生后数天或数周，多数在 5 ～ 6 月龄后逐渐消失。主要原因是脐孔发育不全或没有闭锁、断脐不当、脐部化脓、突然性腹压增大或腹壁发育缺陷等。

腹股沟阴囊疝：见于公马。先天性腹股沟阴囊疝常在胎儿睾丸下降过程留下腹股沟环，过大或关闭不全时引发，若非两侧同时发生，则多半见于左侧。后天性腹股沟阴囊疝主要是由腹压增大而引起的，如公马配种时，两前肢凌空，身体重心向后移，腹内压加大，有时发生腹股沟阴囊疝；还可因装蹄时保定失误，马剧烈挣扎而加大腹内压力所引起。

外伤性腹壁疝：由于腹肌或腱膜受到钝性外力的作用而形成腹壁疝的较为多见，主要由强大的钝性暴力所引起。

膈疝：是腹腔内的一种或几种内脏器官通过膈的破裂孔进入胸腔。在膈的腱质部或肌质部遭到意外损伤产生裂孔或膈先天性缺损时可导致本病。膈先天性缺损常见于幼驹。后天性膈疝常因剧烈运动，如跳跃、外伤或增大腹压（怀孕后期或分娩）引起，还见于擦伤、撕裂伤、挫伤或骨折伴发膈疝。

（二）临床症状

非嵌闭性疝一般不引起全身性障碍，而只是在局部突然呈现一处或多处柔软性隆起。嵌闭性疝则突然出现剧烈的腹痛，局部肿胀增大、变硬、紧张。

1. 脐疝

脐部呈现局限性球形肿胀，质地柔软，也有的紧张，但缺乏红、痛、热等炎症反应。病初多数能在挤压疝囊或改变体位时将疝内容物还纳到腹腔，且可以摸到疝轮。听诊可听到肠蠕动音。后期由于结缔组织增生及腹压增大，往往摸不清疝轮。脱出的网膜常与疝轮粘连，或肠壁与疝囊粘连，也有疝囊与皮肤发生粘连的。肠粘连往往是广泛而多处发生，因此手术时必须仔细剥离。嵌闭性脐疝虽不多见，一旦发生就有显著的全身症状，病马极度不安，马出现程度不等的疝痛，食欲废绝。患马可很快发生腹膜炎，体温升高，脉搏加快，如不及时进行手术则常引起死亡。

2. 腹股沟阴囊疝

有单侧性和双侧性两种。当发生腹股沟阴囊疝时，单侧性或双侧性阴囊增大，皮肤紧张发亮，触诊时柔软有弹性、无热、无痛（图 6-20-1、图 6-20-2）；有的呈现发硬、紧张、敏感。听诊时可听到肠蠕动音。先天性及可复性疝时直肠检查可触知腹股沟内环扩大（可容纳 3 指），落入阴囊的肠管随腹内压的大小而有轻度变化。嵌闭性腹股沟阴囊疝的全身症状明显，若发现和采取紧急措施不及时，往往因耽误治疗而发生死亡。表现为剧烈的腹痛，单侧（或双侧）阴囊变得紧张，出现浮肿，皮肤发凉（少数病例发热），阴囊的皮肤因汗液而变湿润。病马不愿走动，并在运步时后肢开张，步态紧张；脉搏及呼吸数增加。随着炎症的发展，全身症状加重，体温增高。当嵌闭的肠管坏死时，表现为嵌闭综合征，必须采取急救手术切除坏死肠段，方能挽救生命。

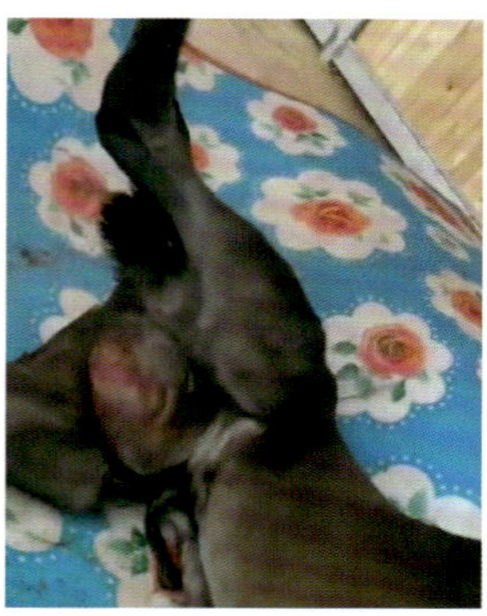

图 6-20-1 马腹股沟阴囊疝

图 6-20-2 马腹股沟阴囊疝

3. 外伤性腹壁疝

主要症状是腹壁受伤后局部突然出现一个局限性扁平、柔软的肿胀，触诊时有疼痛，常为可复性，多数可摸到疝轮。伤后 2 d，炎性症状逐渐发展，形成越来越大的扁平肿胀并逐渐向下、向前蔓延，伴发浮肿、腹膜炎、腹水。因大面积炎症肿胀而不易摸清疝轮，肿胀部位听诊时可听到皮下的肠蠕动音。外伤性腹壁疝很容易发生粘连和嵌闭，一旦发生粪性嵌闭则出现程度不一的腹痛。病马的表现可由轻度不安、前肢刨地转变为时卧时起、急剧翻滚，有的甚至因未及时抢救继发肠坏死而死亡。腹壁疝内容物多为肠管（小肠），但也有网膜、真胃、瘤胃、膀胱、怀孕子宫等各种脏器，并经常与相近的腹膜或皮肤粘连，尤其是在伤后急性炎症阶段更为多见。

4. 膈疝

症状差异很大，主要有呼吸困难和疝痛。多数病例呈慢性经过，疼痛症状在膈撕裂后不久，内脏嵌入后一段时间才出现。呼吸次数的增加是由疼痛、内毒素以及肺塌陷所引起的，并非特征性症状。肠梗塞是常见的死亡原因，小肠变位时肠梗塞的症状明显，常常比大肠梗塞致死更快。病马喜欢站立或站在斜坡上，保持前高后低姿势，头颈伸展不愿卧地，呼吸加深加快。患先天性膈疝的幼驹，常在奔跑或挣扎中突然倒地，呈现高度呼吸困难，可视黏膜发绀，安静后症状逐渐消失，也有的发生急性死亡。

（三）类症鉴别

1. 血肿

血肿是由钝性外力作用引起的非开放性损伤，发生速度极快，初期温度高，后期温度低，按压肿胀有明显波动感，局部界限明显，穿刺有血液，大的血肿可致机体休克。

2. 脓肿

脓肿多由细菌感染引起，一般初期疼痛明显，肿胀呈弥漫性，初期界限不明显，脓肿成熟后界限明显，温度高，初期坚实，后期软化按压有波动感，穿刺有脓汁。良性脓肿一般不扩散，全身症状不明显，如果脓肿膜破裂或恶性脓肿可扩散形成转移性脓肿或全身化脓性感染。

3. 淋巴外渗

淋巴外渗由钝性外力作用引起的非开放性损伤，常发生于颈部、胸前部、鬐甲部、腹侧部、臂部和股内侧部等，肿胀呈缓慢性、渐进性发生，界限明显，局部温度不高、无疼痛性，按压有明显波动感，炎症反应轻微，穿刺有淋巴液。

4. 蜂窝织炎

在皮下、筋膜下及肌间隙或深部疏松结缔组织内的蜂窝组织内形成浆液性、化脓性和腐败性渗出液，一开始就呈弥漫性肿胀，有捻发音，按压可感觉有气泡串动，穿刺有脓汁，全身症状明显，治疗不及时可导致局部坏死，甚至转化为全身化脓性感染。

5. 肿瘤

一般发生于老龄马，呈慢性经过，体表圆形隆起，呈坚实感，无热无痛，表面不光滑，周围静脉扩张、增粗。患马表现贫血、消瘦、无力。

（四）预防措施和安全用药

1. 脐疝治疗

保守疗法：适用于疝轮较小的幼驹。可用疝带（皮带或复绷带）和强刺激剂。幼驹用赤色碘化汞软膏等促使局部炎性增生闭合疝口。也可用 95% 酒精或 10% 氯化钠溶液，在疝轮四周分点注射，每点 3 ～ 5 mL。可用一大于脐环的、外包纱布的小木片抵住脐环，然后用绷带加以固定，以防移动。若同时配合疝轮四周分点注射 10% 氯化钠溶液，效果更佳。国外用金属制疝夹治疗马驹可复性脐疝，疝轮直径不超过 6 ～ 8 cm 时可成功。

手术疗法：比较可靠，按常规无菌技术施行手术。现已有人造的脐疝修补网，并成功地用于马。制修补网的材料有塑料、不锈钢、尼龙及碳纤维等。修补网有两种用法，一种是放置在腹腔疝环的内侧面；另一种是放在疝轮的外侧面。用脐疝修补网缝合在疝环内或疝轮外进行修补手术。

2. 腹股沟阴囊疝治疗

嵌闭性腹肌沟阴囊疝具有剧烈腹痛等全身性症状，只有立即进行手术治疗才可能挽救其生命。可复性腹股沟阴囊疝，尤其是先天性的，有可能随着年龄的增长而逐渐缩小其腹股沟环而达到自愈，但本病的治疗还是以早期进行手术为宜。

3. 外伤性腹壁疝治疗

目前仍可采用保守疗法与手术疗法。

保守疗法：适用于初发的外伤性腹壁疝，凡疝孔位置高于腹侧壁的 1/2 以上、疝孔小、有可复性、尚不存在粘连的病例，可试作保守疗法。在疝孔位置安放特制的软垫，用特制压迫绷带在身体上绷紧后可起到固定填塞疝孔的作用；缺点是压迫的部位有时不很确实，绷带移动时会影响疗效。压迫绷带的制备：用橡胶轮胎或 5 mm 厚的胶皮带切成长 25 ～ 30 cm，宽 20 cm 的长方块，按图 6-20-3 所示打上 8 个孔，再接上 8 条固定带，以便固定。固定法：先整复疝内容物，在疝轮部位压上适量的脱脂棉，随即将压迫绷带对正患部，将长边两侧的三条固定带经背上及腹下交叉缠好，紧紧压实，同时将向前的两条固定带拴在颈环上，以防止其前后移动。经常检查压迫绷带，使其保持在正确的位置上，经过 15 d，如已愈合即可解除压迫绷带。

手术疗法：是积极可靠的方法。对疝轮较大的病例，要充分禁食，以降低腹内压，便于修补。关于进行手术的时间问题，应根据病情决定。国外不少人主张发病后急性炎症阶段（5 ～ 15 d）不宜做手术。但国内许多单位经长期实践证明，手术宜早不宜迟，最好在发病后立即手术。

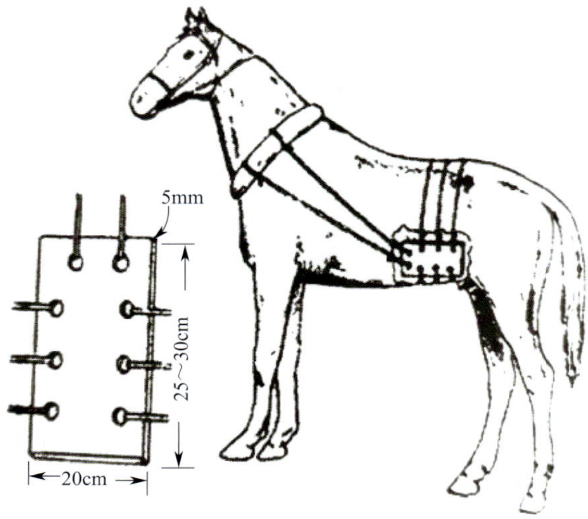

图 6-20-3　压迫绷带治疗马外伤性腹壁疝

4. 膈疝治疗

手术修补膈疝时，要注意预防心脏纤颤，它是手术的主要并发症。最好供给氧气，施行人工呼吸。马膈疝手术修补也有成功的报道，腹中线切开皮肤和腹壁，助手将疝内容物拉回腹腔后，用一片合成纤维盖于疝环处，用双股合成纤维（0.6 mm）线相距 2 cm 作简单的连续缝合，离疝轮边缘 3 cm，分别闭合腹壁与皮肤。手术后应注意对病马进行纠正水盐代谢紊乱，适当补充电解质，应特别注意膈疝主要出现呼吸性酸中毒。抗生素连用 7 ～ 10 d。

二十一、肿瘤

肿瘤是机体中正常的组织细胞，在不同的始动与促进因素的长期作用下，产生细胞增生与异常分化而形成的病理性新生物。它与受累组织的生理需要无关，无规律生长，正常细胞功能遗失，原来的器官结构被破坏，有的还会转移到其他部位，危及生命。

根据危害程度分为良性肿瘤和恶性肿瘤；根据形态和组织来源又可分为以下几种。

① 乳头状瘤：多发生于四肢、尿道口、乳房和尾根部皮肤，呈现花椰菜头形状、乳头状或结节状，表面不平整，常常有皱褶，一般多单发，且界限分明，有短蒂或柄，与正常的组织相连接（图 6-21-1）。

② 鳞状细胞癌：简称鳞癌，发生于包皮、眼睑、肛门近旁与胸前。呈结节状或大肿块，与周围的组织界限不清。其表面多有出血或化脓（图 6-21-2）。

③ 纤维瘤：多位于皮下，也见于黏膜，如会阴、四肢、胸、包皮、龟头、眼睑、颈、背部以及口、唇黏膜和颌下腺中。一般为多发，甚至呈瘤团状，界限分明，质地坚硬，切面多汁、色灰红或淡灰白（图 6-21-3）。

④ 纤维肉瘤：位于龟头与前颈部。形态特征与纤维瘤基本相同，但生长速度快，多有出血、坏死，切除后常再发（图 6-21-4）。

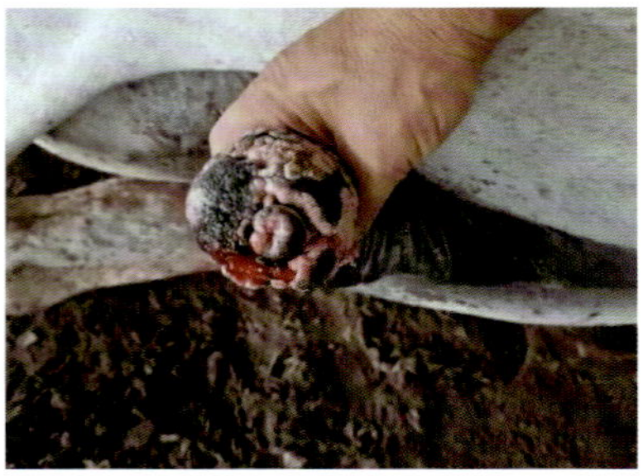

图 6-21-1 尿道口乳头状瘤

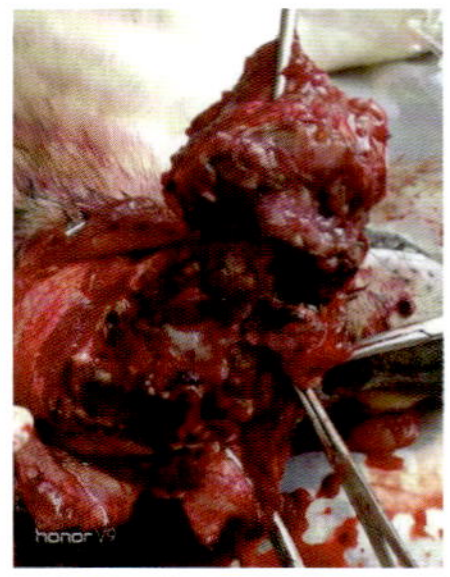

图 6-21-2 肛门近旁鳞癌

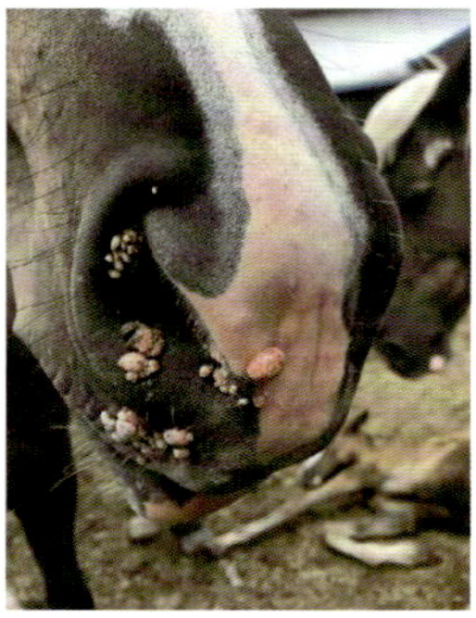

图 6-21-3 马口唇周围纤维瘤

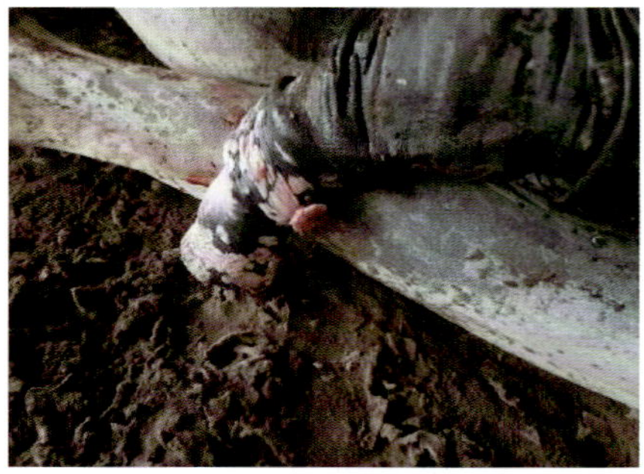

图 6-21-4 阴茎和龟头纤维肉瘤

⑤ 黑色素瘤：主要位于尾根、肛门附近、尾体和会阴部，也常见于肩胛部。一般呈结节状，伴随有痛感，表面常摩擦出血，切面色黑或灰（图 6-21-5 ～图 6-21-7）。

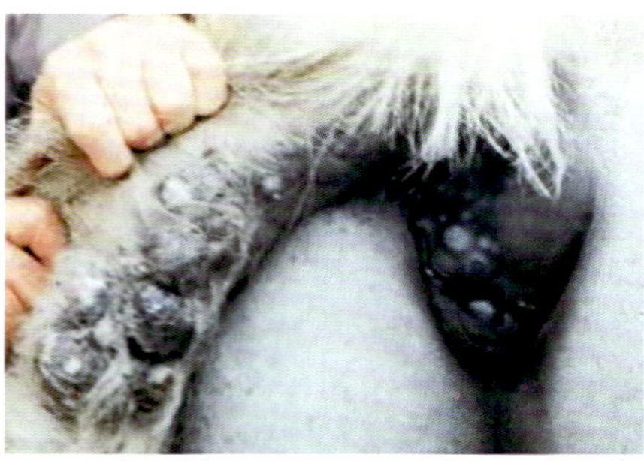

图 6-21-5 会阴部黑色素瘤

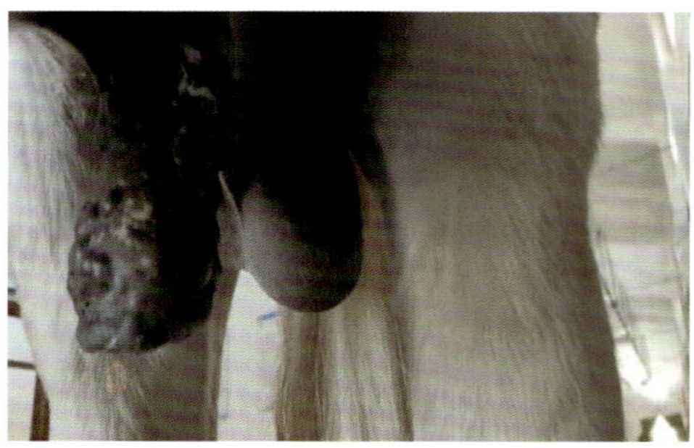

图 6-21-6 阴囊黑色素瘤

（一）发病原因

1. 外界因素

① 物理因子：如机械的、电离辐射、紫外线等刺激都可直接或间接地诱发肿瘤、白

血病与癌。

② 化学因子：当前已知的化学致癌物质大约有一百余种，且伴随着日益严重的环境污染，可诱发多种组织的各类肿瘤。

2. 内部因素

① 免疫状态：机体的免疫状态与肿瘤的发生、扩散和转移之间存在巨大联系。

② 内分泌系统：实验证明性激素平衡紊乱，长期过量使用激素都会引起肿瘤或对其发生起到一定程度的影响。此外，癌的发生也受肾上腺皮质激素、甲状腺素紊乱的作用。

③ 遗传因子：遗传因子与肿瘤发生存在一定关系已被很多实验证明，如一卵性双生子相同器官的肿瘤相当普遍。

④ 其他因素：肿瘤的发生因为品种间的易感性不同而存在很大的差异，例如黑色素瘤多发生于白毛或青毛马。肿瘤的发生与年龄有相关性，一般的规律是年龄越大，肿瘤发病率就越高，则危害性也越大。饲养管理条件也在一定条件下对肿瘤的发生存在影响，如霉败变质饲料容易致癌，且饲喂过多霉败饲料、饲喂的时间过长，肿瘤发病率就越高。

（二）临床症状

肿瘤症状取决于其性质、部位、发生组织和发展程度。肿瘤发生早期一般无明显临床症状。但若在特定的组织器官上发生，可能出现明显症状。如颌窦肿瘤表现单侧鼻孔流浓稠恶臭鼻液，颌窦肿胀变形（图 6-21-8）。

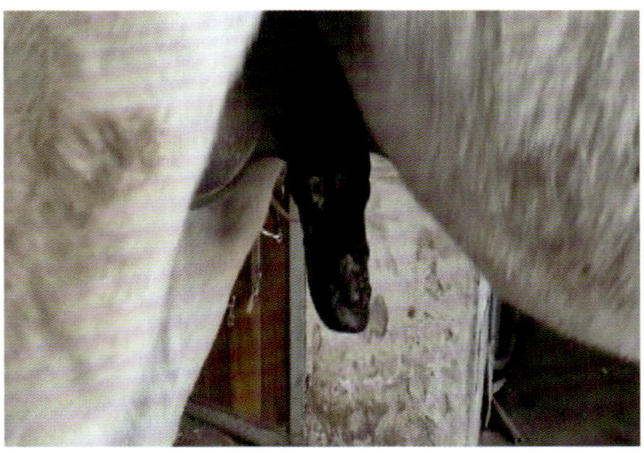

图 6-21-7 阴茎黑色素瘤

图 6-21-8 颌窦鳞状上皮细胞癌

1. 局部症状

① 肿块（瘤体）：发生于体表或浅在的肿瘤，肿块是主要症状，通常伴有相关的静脉扩张、增粗（图 6-21-9）。肿块的硬度、可动性和有无包膜，因肿瘤的种类而存在不同，位于深在或内脏器官时，不易触及，但可表现功能异常。良性瘤肿块的生长速度慢，恶性快且有发生相应转移灶的可能。

② 疼痛：肿块膨胀生长、损伤、破溃、感染时，神经会受到刺激或压迫，伴随有不

同程度的疼痛。

③ 溃疡：体表、消化道的肿瘤，若生长过快，会因供血不足而继发坏死，或因感染而导致溃疡。恶性肿瘤、呈菜花状瘤，肿块表面常有溃疡（图 6-21-10），并有恶臭和血性分泌物。

④ 出血：表在肿瘤，易损伤、破溃、出血（图 6-21-11）；消化道肿瘤，可能存在呕血或便血；泌尿系统肿瘤，可能出现血尿。

图 6-21-9 腹壁瘤引起静脉扩张、增粗

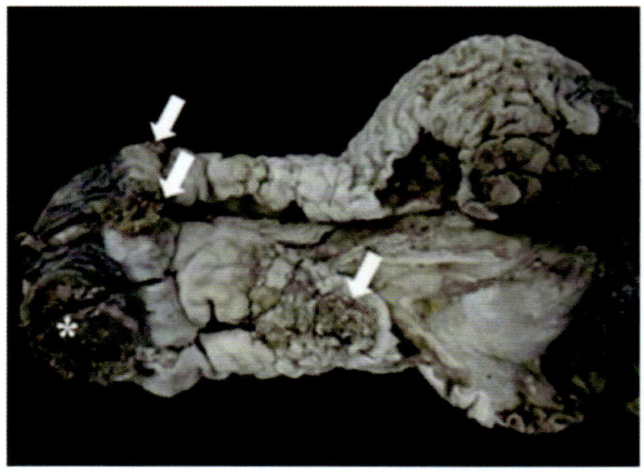

图 6-21-10 阴茎乳头状瘤溃疡灶和菜花样生长

⑤ 功能障碍：肠道肿瘤会导致肠梗阻；乳头状瘤于上部食管发生，可导致吞咽困难。

2. 全身症状

早期恶性及良性肿瘤，一般不存在明显的全身症状，或存在如贫血、消瘦、无力等非特异性的全身症状。如当肿瘤对营养摄入产生影响或并发出血与感染时，会有明显的全身症状出现。一般恶性肿瘤常常转移到其他脏器，引起多脏器损伤的临床症状（图 6-21-12）。晚期全身衰竭的最主要表现是恶病质，肿瘤发生部位不同，恶病质出现的时间各异。

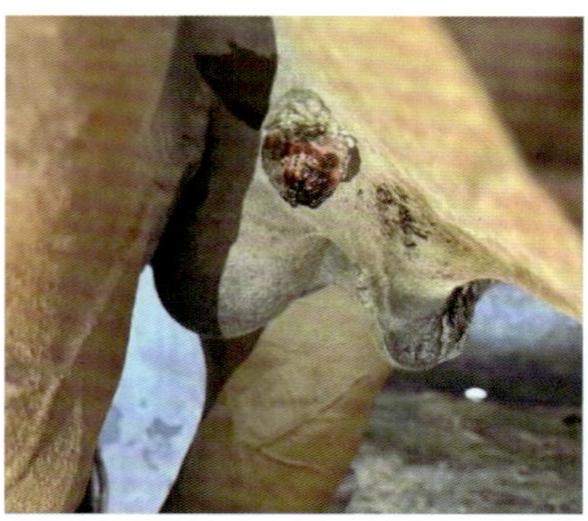

图 6-21-11 表在肿瘤破溃、出血

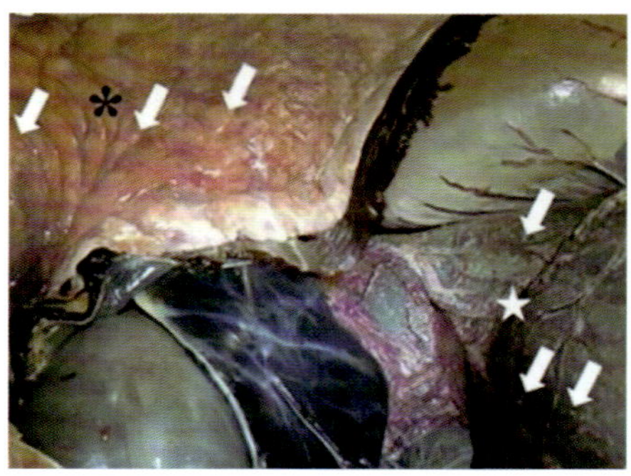

图 6-21-12 转移性阴茎鳞状细胞癌可见肺脏和网膜表面存在大量肿瘤结节

（三）类症鉴别

1. 疝气

局部呈现圆形柔软隆起，可还纳，且能摸到疝轮，一般无热、无痛。

2. 放线菌病

放线菌病主要发生于精索，呈现硬实无痛觉的硬结，有时也可在颌骨、颈部或鬐甲部发生放线菌肿。

3. 脓肿

多由细菌感染引起，一般初期疼痛明显，肿胀呈弥漫性，初期界限不明显，脓肿成熟后界限明显，温度高，初期坚实，后期软化按压有波动感，穿刺有脓汁。良性脓肿一般不扩散，全身症状不明显，如果脓肿膜破裂或恶性脓肿可扩散形成转移性脓肿或全身化脓性感染。

（四）预防措施和安全用药

1. 良性肿瘤的治疗

治疗原则是手术切除。但手术时间的选择，应根据肿瘤的种类、位置、症状、大小和有无并发症而有所不同。易恶变的、已有恶变倾向的、难以排除恶性的良性肿瘤等应该在早期进行手术。当良性肿瘤出现危及生命的并发症时，应做紧急手术处理。影响使役、肿块大或并发感染的良性肿瘤可择期进行手术。某些生长慢、无症状、不影响使役的较小的良性肿瘤可以不进行手术，施行定期观察。冷冻疗法对良性肿瘤具有良好的疗效，可以直接对瘤体进行破坏，也可以短时间内阻塞血管而破坏细胞。被冷冻的肿瘤会日益缩小，直至消失。

2. 恶性肿瘤的治疗

① 手术治疗：前提是肿瘤还未扩散或转移，通过手术切除病灶，要连同切除部分周围的健康组织，应注意切除附近的淋巴结。

② 放射疗法：是利用各种射线，如深部 X 射线、γ 射线或高速电子、中子或质子等照射肿瘤，使其生长受到抑制而死亡。对基底细胞瘤、巨细胞瘤、会阴腺瘤、纤维肉瘤、鳞状细胞癌、乳头状瘤等疗效较好。

③ 化学疗法：早期是用如硝酸银、氢氧化钾等腐蚀性药物，对皮肤肿瘤进行烧灼、腐蚀而达到治疗的目的。50% 尿素液、鸦胆子油等对乳头状瘤有良好的效果。此外，还有马利兰、甘露醇氮芥类、环磷酰胺等药物。植物类抗癌药物如长春新碱和长春花碱等。抗代谢药物如甲氨蝶呤，6- 巯基嘌呤等均有一定的疗效。

④ 免疫疗法：近年来，随着免疫的基本现象不断被发现和免疫理论的不断发展，利用免疫学原理对肿瘤防治的研究已取得了明显的成就，已作为对肿瘤手术、放射或化学疗法后消灭残癌的综合治疗法。

二十二、马浑睛虫病

马浑睛虫病是由旋尾目、丝状科、丝状属的牛指形丝状线虫、马丝状线虫和唇乳突丝状线虫的幼虫寄生于马的眼前房中而引起的寄生虫病。临床上以结膜炎和角膜炎为特征。

（一）发病原因

蚊类为中间宿主和传播者，传播本病的蚊虫为中华按蚊和雷氏按蚊。当携带有感染性幼虫的蚊虫刺吸马的血液时，幼虫即进入马体内，但由于宿主不适，它们常循淋巴或血液进入眼前房，停留于幼虫阶段，引起马浑睛虫病。

（二）临床症状

临床上所见的病例多为一侧眼患病，于眼前房液中可看到虫体的游动（多见为一条虫）（图 6-22-1）。虫体若游到眼后房，则不见其游动，但随时都可游到眼前房内。由于寄生虫不断刺激眼房和毒素的作用，引起角膜炎、虹膜炎和白内障。患眼羞明、流泪，结膜和巩膜表层血管充血，角膜和眼房液轻度混浊，瞳孔散大，视力减退，眼睑肿胀。病马不停摇头，或在马槽或桩上摩擦患眼。严重时可导致失明。

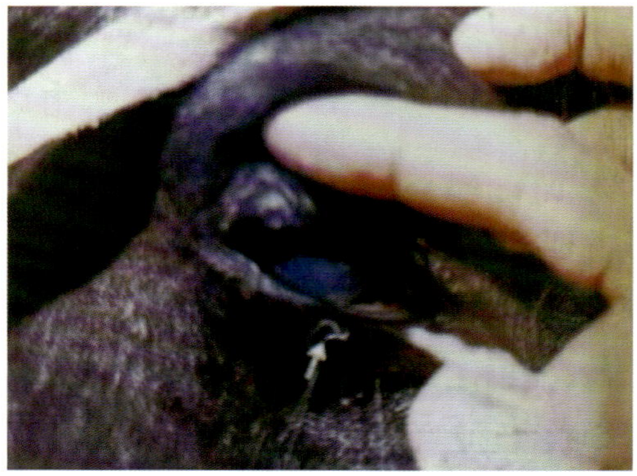

图 6-22-1 马浑睛虫病

（三）类症鉴别

1. 结膜炎

表现羞明流泪或有脓性分泌物，疼痛，结膜充血、浮肿，结膜下有点状或小片状出血。

2. 角膜炎

表现羞明流泪或有脓性分泌物，疼痛，结膜充血、浮肿，角膜混浊或角膜翳，角膜缺损或溃疡，视力丧失。

3. 吸吮线虫病

吸吮线虫病是由吸吮线虫寄生于马瞬膜、泪管和结膜囊内而引起，常发生于夏秋季节，临床上以化脓性结膜炎，角膜混浊、溃疡为特征。眼睛检查在第三眼睑、角膜面上发现虫体。

（四）预防措施和安全用药

1. 预防措施

在加强饲养卫生管理的前提下，每年应对马进行定期驱虫，一年至少 2 次；服用低剂量硫化二苯胺（1～2 g）有预防作用。

2. 安全用药

1% 阿维菌素注射液，按 10 kg 体重 0.6 mL，皮下注射。间隔 7 ～ 10 d 连用 2 次。蒸馏水冲洗患眼，擦干净后取敌甘合剂（敌百虫和甘油各等份，混匀）1 ～ 2 mL 直接涂入患眼内，每日早晚各 1 次，连用 3 d 即可。也可用噻苯唑或甲苯咪唑治疗，甲苯咪唑按每千克体重 15 ～ 20 mg，每天 1 次，口服，连用 5 d。若云翳没有退净，服用退翳散：青葙子 35 g、木贼 35 g、石决明 30 g、草决明 30 g、谷精草 30 g、蝉蜕 25 g、苍术 25 g、菊花 25 g，共研为细末，开水冲服，每天 1 剂，连服 3 d。

最好的治疗方法是进行角膜穿刺术除去虫体，方法为：将一枚兽用 6 号注射针头尖端稍磨钝，在离针尖 0.3 ～ 0.4 cm 处缠上几圈棉线并固定好，消毒备用。一般于柱栏内站立保定，确实保定头部。先用冷生理盐水冲洗患眼，或用 1% 毛果芸香碱点眼，使瞳孔缩小（在虫体游到眼前房液时点眼，防止虫体复入眼后房液中），再用 1% 普鲁卡因溶液或 2% 利多卡因溶液 2 ～ 3 滴点眼，每 5 min 一次，共滴 2 ～ 3 次，使眼球麻醉。术者用左手食指及拇指翻开上下眼睑使眼球暴露，并予固定（助手用止血钳把内眼角瞬膜夹住，使眼球、瞬膜固定），右手持针，当虫体游至眼前房时，用针倾斜 30° ～ 45° 角轻轻急刺开天穴（黑睛下缘与白睛上缘交界处），刺穿角膜，虫体即随眼前房液流出。若虫体只出来一小部分，可用眼科镊子将其拉出。术后每天涂抗菌眼药水 2 ～ 3 次，连用 3 ～ 5 d，注射抗生素药物 3 ～ 5 d，以防感染。如分泌物多，可用桑叶煎水或用硼酸液冲洗，并用抗生素眼药水点眼，一般 3 d 后症状即可消失。如 3 ～ 5 d 后仍有翳障者，可内服蝉蜕散加减（蝉蜕 15 g、黄连 9 g、荆芥 12 g、苍术 15 g、川芎 9 g、甘草 9 g、栀子 15 g、地骨皮 9 g、龙胆草 9 g、谷精草 12 g、白蒺藜 15 g、石决明 20 g、蒲公英 20 g）。

二十三、吸吮线虫病

吸吮线虫病是由于吸吮线虫寄生于马的瞬膜、泪管和结膜囊内而引起的一种寄生虫病，临床上以化脓性结膜炎，角膜混浊、溃疡为特征。常于夏秋之时大批流行，又叫东方线虫病。

（一）发病原因

马露得西吸吮线虫出现于结膜和第三眼睑下，也有的出现于泪管里；马的泪管吸吮线虫出现于泪管和结膜囊内。

（二）临床症状

病初患眼羞明、流泪。眼睑浮肿并闭合，结膜潮红肿胀，患眼有痒感，食欲减退，性情变得暴躁。由眼内角流出脓性分泌物（化脓性结膜炎）。角膜混浊，先自角膜中央开始，再向周围扩散，致整个角膜均混浊。一般呈乳青色或白色，后则变为浅黄或淡红色。角膜周围新生血管致密呈明显的红环瘢，角膜中心呈白色脓疱样向前突出。此时若不治疗，角膜便开始化脓并形成溃疡。某些病例由于溃疡逐渐净化，溃疡面常被角膜翳所覆盖。化脓剧烈时，可发生角膜穿孔，病程为 30 ～ 50 d。

（三）类症鉴别

1. 马浑睛虫病

马浑睛虫病由丝状线虫的幼虫寄生于马的眼前房引起，临床上主要表现结膜炎和角膜炎，于眼前房液中可看到虫体游动。

2. 结膜炎

表现羞明流泪或有脓性分泌物，疼痛，结膜充血、浮肿，结膜下有点状或小片状出血。

3. 角膜炎

表现羞明流泪或有脓性分泌物，疼痛，结膜充血、浮肿，角膜混浊或角膜翳，角膜缺损或溃疡，视力丧失。

（四）预防措施和安全用药

行患眼表面麻醉，用眼科镊拉开第三眼睑，用浸以硼酸液的小棉棒插入结膜囊腔、第三眼睑后间隙擦去虫体。也可用 0.5% ～ 3% 含氯石灰水冲洗患眼，以便将虫体冲出，然后滴入抗生素。10% 敌百虫或 3% 己二酸哌嗪点眼，均有杀死虫体的作用，但点眼后 5 min 要用生理盐水冲去药液。可每日点眼 1 次，连续 3 d。局部应用 0.03% 碘依可酯或 0.025% 异氟磷（包括有机磷酸酯），对于治疗马的泪管吸吮线虫是有效的。同时建议使用抗生素类，如固醇软膏，对炎症和继发感染进行控制。对感染泪管吸吮线虫的马，单次使用常用驱虫药，包括依维菌素，通过胃管给药，剂量为 0.2 mg/kg，似乎有一定效果。而用芬苯达唑 10 mg/kg，每天 1 次，连用 5 d，治疗泪管吸吮线虫病也有很好的效果。

二十四、结膜炎和角膜炎

结膜炎和角膜炎是结膜组织和眼角膜在外界和机体自身因素的作用而发生的炎症反应的统称，结膜炎有卡他性、化脓性、滤泡性、伪膜性及水泡性结膜炎等型。角膜炎可分为外伤性、表层性、深层性（实质性）及化脓性角膜炎等。

（一）发病原因

多由于外伤（如鞭梢的打击、笼头的压迫、尖锐物体的刺激）而引起。各种化学药品或农药误入眼内；遭受夏季日光的长期直射、紫外线或 X 射线照射等；结膜和角膜暴露、细菌感染、营养障碍、邻近组织病变的蔓延等均可诱发本病。此外，在某些传染病（如马腺疫、流行性感冒）和浑睛虫病、吸吮线虫病时，能并发结膜炎和角膜炎。

（二）临床症状

共同症状是羞明、流泪（图 6-24-1）、疼痛、眼睑闭合、结膜充血、结膜浮肿、眼睑痉挛、角膜混浊、角膜缺损或溃疡等。

结膜炎：结膜充血（图 6-24-2），流出卡他性或脓性分泌物，常可坚固地黏于睫毛，使晨起眼睑睁开困难。结膜水肿，结膜下有点状或小片状出血。

角膜炎：外伤性角膜炎常可找到伤痕，透明的表面变为淡蓝色或蓝褐色（图 6-24-3）。随时间延长出现角膜混浊或角膜翳（图 6-24-4）。因角膜外伤或角膜上皮抵抗力降低，致使细菌侵入，角膜的一处或数处形成脓肿，脓肿破溃后便形成溃疡（图 6-24-5）。角膜损伤严重的可发生穿孔，导致眼房液流出，从而丧失视力（图 6-24-6）。

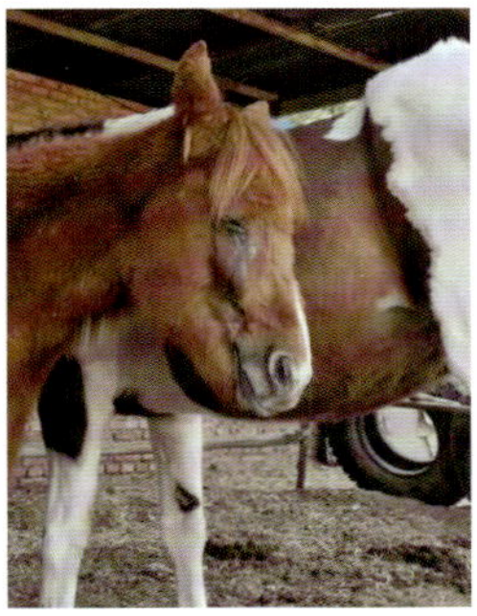

图 6-24-1　羞明、流泪

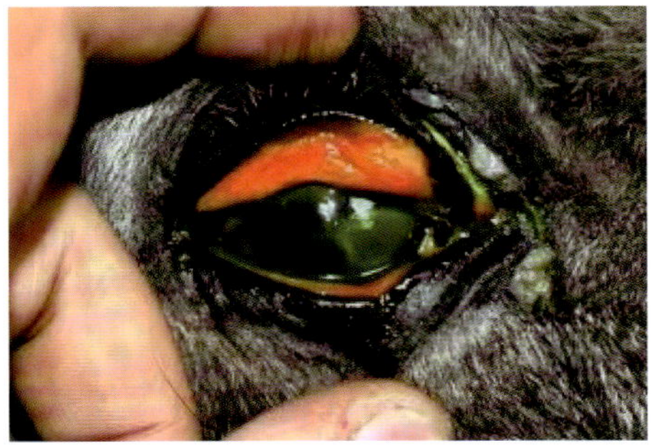

图 6-24-2　结膜充血

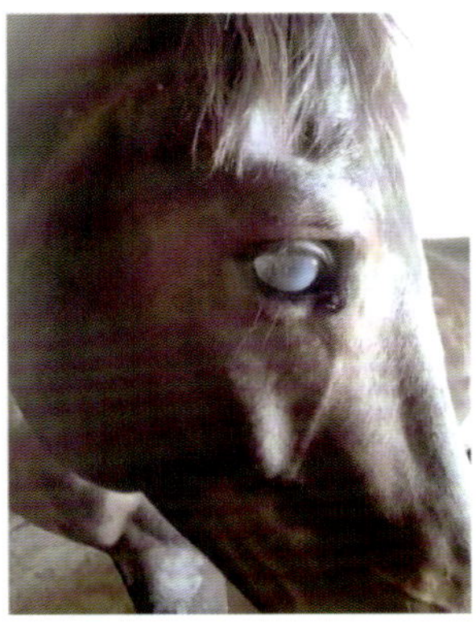

图 6-24-3　马角膜变为淡蓝色

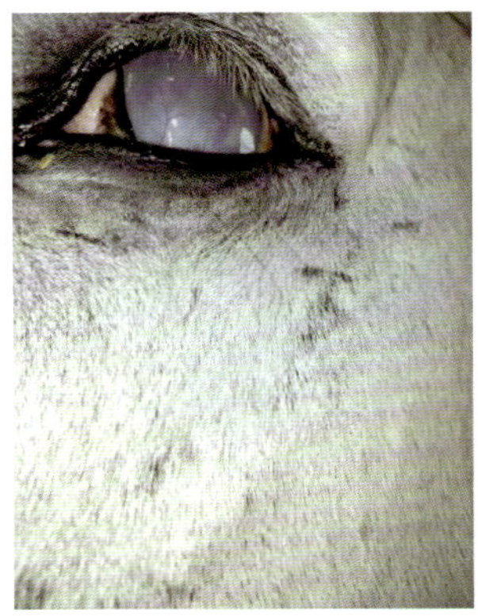

图 6-24-4　马角膜混浊

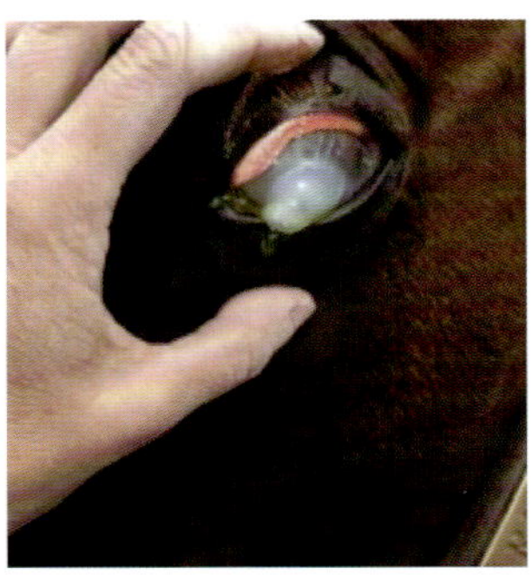

图 6-24-5　马角膜溃疡

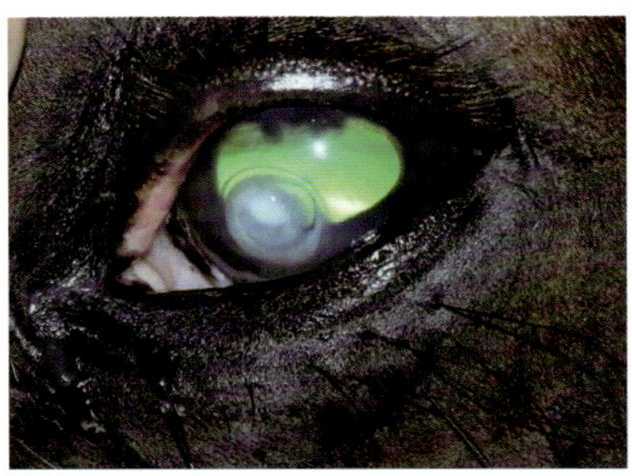

图 6-24-6　角膜穿孔

（三）类症鉴别

1. 马浑睛虫病

马浑睛虫病由丝状线虫的幼虫寄生于马的眼前房引起，临床上主要表现结膜炎和角膜炎，于眼前房液中可看到虫体游动。

2. 吸吮线虫病

吸吮线虫病由吸吮线虫寄生于马瞬膜、泪管和结膜囊内而引起，常发生于夏秋季节，临床上以化脓性结膜炎，角膜混浊、溃疡为特征。眼睛检查在第三眼睑、角膜面上发现虫体。

（四）预防措施和安全用药

1. 预防措施

保持厩舍和运动场的清洁卫生，注意通风换气与光照，防止风尘的侵袭，严禁在厩舍里调制饲料和刷拭畜体。笼头不合适应加以调整。注意防护眼睛，避免外伤。治疗眼病时，要特别注意药品的浓度和有无变质情形。

2. 安全用药

治疗的基本原则是采取一切有效措施迅速控制感染。

（1）局部治疗

① 冲洗眼睛：如果分泌物较多，可用生理盐水或 2% ～ 3% 硼酸溶液，每日冲洗结膜和角膜 3 次或更多次，以便将分泌物、坏死组织、细菌和细菌产生的毒素冲洗出去。

② 局部用药：抗菌药物或抗病毒滴眼剂，如 10% ～ 30% 磺胺醋酰钠和 4% 磺胺异恶唑眼药水或 0.5% ～ 1% 硝酸银滴眼液。对于革兰氏阳性球菌的感染，可用 0.1% 利福平眼药水、0.5% 红霉素、0.5% 杆菌肽眼药水、0.5% 金霉素、0.25% 氯霉素和 0.5% 四环素等；对于革兰氏阴性杆菌的感染，可选用 1% ～ 5% 链霉素、0.3% ～ 0.5% 庆大霉素、多黏菌素 B（2 万 IU/mL）、0.25% ～ 0.5% 新霉素、0.5% 卡那霉素等，每日局部滴用 4 ～ 6 次。对于细菌培养及药物敏感试验结果尚未知晓而病情较为严重的溃疡，开始时可同时试用多种广谱抗生素，轮流交替地每数分钟或 15 min 滴 1 次，继则酌情递减。对于病毒感染，选用 0.1% 疱疹净等。对于霉菌感染，选用制霉菌素、0.1% 两性霉素、0.5% 曲古霉素等。

（2）全身治疗　对于严重的结膜炎和角膜炎，需结合全身用药治疗。

二十五、马周期性眼炎

马周期性眼炎或马再发性色素层炎，是马失明的主要原因。病的发作常呈周期性，发作间隔期多为 1 周至 1 个月，故有月盲症之称。本病初发时是色素层的一种周期再发性炎症，其后侵害整个眼球组织，引起眼球萎缩，终致失明。本病一年四季均可发生，但夏、秋季多发，冬、春季发病较少。有时可在一个地区或一个马群中呈流行性发生，1 ～ 4 岁龄的公马发病率高。我国大多数地区均有发生。

（一）发病原因

确切的病因尚未肯定，大多数学者倾向认为钩端螺旋体是本病的病原。对于钩端螺旋体的致病作用，有人认为该微生物可局限并永存于眼组织内，本病的再发可能是钩端螺旋体在色素层移行所致。另有人认为在钩端螺旋体菌血症期间，眼组织变得敏感，以后导致迟发性超敏反应。另有寄生虫（弓形虫）性、中毒性、过敏性和具有遗传倾向的自身免疫反应性等假说。

（二）临床症状

① 急性期：突然发病，羞明、流泪甚至眼睑肿胀闭锁。指压眼球，除感局部温度增高外，患马出现疼痛反应。若强行张开患眼，即由眼内角流出多量的黏液性泪液。结膜轻度充血，有时被覆有分泌物（黏液性，间或为黏液脓性）。角膜变得无光泽，同时有红褐色的纤维蛋白小块覆盖。发病的同时或经过 3 ～ 5 d，角膜轻度混浊。角膜面上出现新生血管。角膜周围血管呈刷状充血（图 6-25-1）。一般病后 5 ～ 6 d 角膜完全混浊，以致不能观察到眼内部变化。巩膜表面血管充血，在发病的前 2 ～ 3 d，眼前房内有纤维素性或纤维素出血性渗出物蓄积。虹膜失去其固有色彩而呈暗褐色，表面粗糙，其固有放射状细沟变得不明显。瞳孔缩小，且对散瞳药的反应缓慢甚至不反应。当仔细检视瞳孔时，往往在眼后房发现小片状的纤维素性渗出物，这是睫状体炎的特征。

晶状体呈局限性或泛发性混浊（白内障），严重病例玻璃体也混浊。眼底不清，视神经乳头呈黄色或淡红黄色，视神经乳头周围变暗。发病后 4 ～ 12 d，眼内变化达最高潮，以后则逐渐减轻。急性期持续 12 ～ 20 d，极个别病例可达 45 d 之久。渗出物被吸收后，急性炎症现象消失。

② 间歇期：在急性期过后，局部症状好转，然而病理过程却未完全终止。用检眼镜检查患眼内部，常可见到以下病变：虹膜粘连、撕裂，瞳孔边缘不规整；晶状体附有大小不同的虹膜色素斑点；玻璃体内呈絮状或线状混浊；视网膜部分脱落，视神经乳头往往萎缩，影响病马视力。眼球容积逐渐缩小并深陷于眼眶内，从而在眼睑上出现皱襞（即所谓的第三眼角）（图 6-25-2）。此期时间长短不一，短者 1 ～ 2 周，长者达数月以至数年，但病马经过 1 ～ 6 个月间歇期后，即可再次急性发作。

图 6-25-1 角膜周围呈刷状充血

图 6-25-2 第三眼角和晶状体完全混浊

③ 再发期：通常经过 4 ～ 6 周后或更长时间，又出现急性期的临床症状，但与第一次初发时比较要轻微得多。如此反复发作，致使晶状体完全混浊或脱位，玻璃体混浊与视网膜脱离，最终使患眼失明（图 6-25-3）。根据多数病例的观察证实，每再发一次，眼的受害必加重。

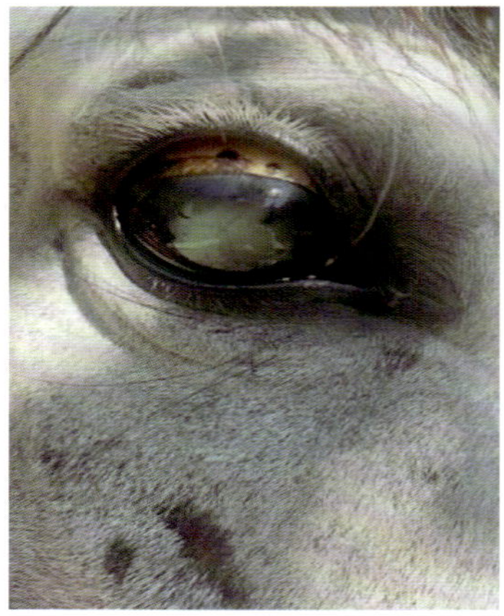

图 6-25-3 晶状体完全混浊，患眼失明

（三）类症鉴别

1. 结膜炎

马周期性眼炎是发生在眼睛内部虹膜睫状体的炎症，而结膜炎是发生在眼表结膜的炎症（包括球结膜、睑结膜和穹窿结膜）。结膜炎的症状会有眼红、疼痛、异物感，有较多的分泌物，但是没有明显的视力下降。周期性眼炎的症状除了眼红、疼痛，还会有明显的视力下降，但是周期性眼炎没有分泌物。从体征上来说，结膜炎患马眼结膜充血，结膜上还有乳头滤泡的增生，就是角膜后沉着物，房水是清亮的，瞳孔大小也正常。周期性眼炎表现为球结膜的混合充血，角膜后可见灰白色的沉着物，房水混浊，病变一侧的瞳孔较正常一侧的瞳孔会变小。

2. 角膜炎

表现羞明流泪或有脓性分泌物，疼痛，结膜充血、浮肿，角膜混浊或角膜翳，角膜缺损或溃疡，视力丧失。

3. 马浑睛虫病

由丝状线虫的幼虫寄生于马的眼前房引起，临床上主要表现结膜炎和角膜炎，于眼前房液中可看到虫体游动。

4.吸吮线虫病

由吸吮线虫寄生于马瞬膜、泪管和结膜囊内而引起，常发生于夏秋季节，临床上以化脓性结膜炎，角膜混浊、溃疡为特征。眼睛检查在第三眼睑、角膜面上发现虫体。

（四）预防措施和安全用药

1. 预防措施

及时进行钩端螺旋体病的血清学检查，严格隔离阳性马。尽量避免饲料的急变，除去劣质的或发霉的饲料。每匹马每天给以核黄素 40 mg 并补充矿物质。进行马匹的驱虫工作，驱虫后应将马厩清扫干净并消毒。对所有的粪便均应进行无害化处理，挖去厩床上的泥土（约挖 20 cm 深），重新更换泥土并撒上漂白粉。注意牧场上的排水工作，不饲喂来自沼泽地的牧草，尽量让马饮用井水。加强防鼠和灭鼠工作。连续 3 周，每天在饲料中添加吩噻嗪0.45 g与核黄素40 mg。停药一周后，再单喂核黄素一年（每天混在饲料中给予）。

2. 安全用药

治疗原则为消除炎症、促进渗出物的吸收、防止虹膜粘连、增强机体抗病能力。

在炎症的急性期，为促进渗出物的吸收和消散，可用生理盐水和3%硼酸溶液进行温敷，每日3～4次，每次保持15～30 min；也可用0.5%醋酸可的松液点眼，每日2～3次；还可向结膜上点涂适量0.5%新霉素软膏，每日2～3次。

为防止虹膜粘连，可用1%～2%硫酸阿托品液点眼，每次滴眼5～7滴，每日2～3次。当瞳孔散大后，应改用0.5%醋酸可的松液点眼，每日1～2次。也可每日1次使用1%硫酸阿托品软膏，以维持瞳孔的散大。同时肌内注射链霉素3～5 g，每日1次，连用1～2周。

为减缓患部疼痛，每只患眼球结膜下注射醋酸强的松龙、2%盐酸普鲁卡因各2 mL，间隔3～5天1次。也可用0.5%～1%普鲁卡因溶液5 mL，加青霉素80万IU、复合维生素B 2 mL、维生素B_1 2 mL、维生素B_{12} 1 mL，患眼球后注射，每日1次。

中药菊花明目散：白菊花35 g、石决明20 g、草决明20 g、蝉蜕18 g、柴胡24 g、龙胆草24 g、胡黄连25 g、白蒺藜15 g、川芎10 g、防风10 g、谷精草24 g、板蓝根30 g、生地黄30 g、蔓荆子15 g、郁金24 g。上药煎汤，候温投服，隔日一剂。

参考文献

[1] 秦晓冰 . 马疫病学 [M] . 北京：中国农业大学出版社，2016.

[2] 刘焕奇 . 马普通病学 [M] . 北京：中国农业大学出版社，2017.

[3] 李靖，孙忠超 . 马场兽药规范使用手册 [M] . 北京：中国农业出版社，2020.

[4] 王洪斌 . 兽医外科学 [M] . 5 版 . 北京：中国农业出版社，2011.

[5] 黄克和 . 兽医内科学 [M] . 2 版 . 北京：中国农业大学出版社，2020.

[6] 王俊东，刘宗平 . 兽医临床诊断学 [M] . 2 版 . 北京：中国农业出版社，2010.

[7] 王小龙 . 畜禽营养代谢病和中毒病 [M] . 北京：中国农业出版社，2009.

[8] 陈焕春，文心田，董常生 . 兽医手册 [M] . 北京：中国农业出版社，2013.

[9] 王俊东 . 兽医学概论 [M] . 北京：中国农业出版社，2008.

[10] 吴清民 . 兽医传染病学 [M] . 北京：中国农业大学出版社，2002.

[11] 蔡宝祥 . 家畜传染病学 [M] . 4 版 . 北京：中国农业出版社，2001.

[12] 周进海 , 钱铭伟 . 静注乳酸钠治疗醉马草中毒 [J] . 畜牧兽医杂志，1988（4）: 30.